新工科·普通高等教育机电类系列教材

机械制造技术

主　编　李　言
副主编　李鹏阳　郑建明
参　编　肖继明　杨振朝　元振毅

机械工业出版社

本书围绕制造过程的特点和基本要求，从培养高层次制造技术人才、不断提高制造技术水平，以提升制造业的竞争优势这一主题出发，系统介绍了机械制造的基本知识、机械加工方法与机床、金属切削加工原理与刀具、机床夹具、机械加工质量分析与控制、机械加工工艺规程制订、机器装配工艺基础、智能制造基础等内容，并简单介绍了智能制造基础的相关知识。

本书可作为高等院校机械工程、工业工程、车辆工程、管理工程等制造相关专业的专业课教材和教学参考书，也可作为制造业工程技术人员的参考读物。

图书在版编目（CIP）数据

机械制造技术/李言主编．—北京：机械工业出版社，2022.1（2026.1重印）

新工科·普通高等教育机电类系列教材

ISBN 978-7-111-69923-1

Ⅰ.①机…　Ⅱ.①李…　Ⅲ.①机械制造工艺—高等学校—教材　Ⅳ.①TH16

中国版本图书馆 CIP 数据核字（2021）第 261271 号

机械工业出版社（北京市百万庄大街 22 号　邮政编码 100037）
策划编辑：王勇哲　　责任编辑：王勇哲　杨　璇
责任校对：樊钟英　王明欣　封面设计：张　静
责任印制：单爱军
北京盛通数码印刷有限公司印刷
2026 年 1 月第 1 版第 3 次印刷
184mm×260mm·25.5 印张·633 千字
标准书号：ISBN 978-7-111-69923-1
定价：69.80 元

电话服务　　网络服务
客服电话：010-88361066　　机　工　官　网：www.cmpbook.com
010-88379833　　机　工　官　博：weibo.com/cmp1952
010-68326294　　金　书　网：www.golden-book.com
封底无防伪标均为盗版　　机工教育服务网：www.cmpedu.com

前　言

制造业作为国民经济的支柱和基础产业，是一个国家技术水平和国力的综合体现，拥有完善的制造业体系和先进的高端制造产业链，是世界工业强国的基本特征和重要标志。

制造技术是制造业健康可持续发展的重要支撑，在长期的研究和发展过程中形成了涵盖产品全生命周期所有制造活动的系统性适用技术。制造技术的研究从单一功能向系统集成的方向发展，研究内容从以切削理论和工艺方法为主的单学科领域向综合性多学科领域不断拓展，从而构筑了完整的制造科学理论体系。互联网、大数据和人工智能技术的发展，对制造模式产生了深远的影响，智能制造的概念、原理和框架结构得以出现，并受到了广泛重视。但无论技术如何发展，使用的理论工具如何变化，制造技术作为产品设计和生产制造的桥梁和纽带的基本功能不会改变；探索和研究如何最优地由原材料获取有效产品，使企业获得良好的经济效益和社会效益的根本目标永远不变。因此，如何围绕制造过程的特点和基本要求，培养高层次制造技术人才、不断提高制造技术水平以提升制造业的竞争优势是一个永恒的主题。

机械制造技术研究制造过程的基本理论、基本原理和基本方法，是机械工程及相关专业的一门重要的专业课程。根据教学改革实践和新课程体系的要求，该课程涉及表面成形原理和方法的基本知识、切削运动及机床知识、切削原理和刀具知识、工件定位安装和夹具知识，产品精度和质量的分析与控制知识，以及材料的选择及热处理知识、加工工艺及装配工艺的设计与分析知识等内容。本书结合编者多年教学实践经验和国内外同行专家的教学研究成果编写而成。

本书在内容选择和结构安排上充分考虑了机械制造过程的逻辑和技术发展变革的轨迹，遵循学生对制造技术的认知规律，按照机械制造过程及制造系统、表面成形方法与机床、刀具与切削原理、机床夹具原理、机械加工质量与控制、机械制造工艺规程制订、机器装配基础及智能制造技术的顺序进行章节编排。力求做到机床-刀具-夹具等工艺装备知识一条线，表面成形原理-金属切削原理-工件定位原理-加工误差原理-制造工艺原理等理论知识相融合，以达到培养学生分析和解决实际制造技术问题的综合能力。

按照立德树人这个教育的根本任务的要求，编者挖掘整理了25个思政主题，按照理论原理、思维启迪、融合应用的逻辑结构，把教材中100多个知识点贯穿起来，作为附录，以便师生思考、分析及应用。教师在授课过程中，可结合自身教学实践情况和特点，把所讲述的专业知识与思政原理通过思维启迪的方式融合起来，达到“为课程铸魂、为学生引路”的课程育人目标。

本书由李言任主编，并编写了第1章、第6章、第7章主要内容；杨振朝编写了第2章以及第4章部分内容；肖继明编写了第3章以及第6章部分内容；郑建明编写了第5章以及第7章部分内容；元振毅编写了第4章以及第3章部分内容；李鹏阳编写了第8章以及第5章部分内容；李淑娟、王权岱、杨明顺、袁启龙、刘永、杨新刚、郭美玲、郭正参与了全书的研讨和部分图表文字处理工作。全书由李言教授负责统稿。

在本书的编写过程中，编者听取了许多专家的意见，并参考了国内外部分文献的内容，在此谨表衷心感谢！

由于编者水平有限，不足之处在所难免，敬请广大读者批评指正。

编　者

目　录

第1章

机械制造概述

1.1 制造的概念

1.1.1 制造、制造业与制造技术

制造（Manufacture）是人类按照所需目的，运用主观掌握的知识和技能，借助手工或客观可以利用的物质工具，采用有效的方法，将原材料转化成最终物质产品，并投放市场的全过程。它包括市场调研和预测、产品设计、选材和工艺设计、生产加工、质量保障、生产过程管理、营销、售后服务等产品寿命周期（Life Cycle）内一系列相互联系的活动。

制造业是将可用资源与能源通过制造过程，转化为可供人和社会使用或利用的工业产品或生活消费品的行业，它是所有与制造活动有关的实体或企业机构的总称。制造业涉及国民经济的各个行业，如机械、电子、轻工、食品、石油、化工、能源、交通、军工和航空航天等。

制造业是国民经济的基础行业，是经济建设和综合国力的支柱产业。这是因为一方面它创造价值，生产物质财富；另一方面，它为国民经济各部门包括国防和科学技术的进步和发展提供手段和装备。社会的进步和发展，离不开制造业的革新和发展。可以这样来理解：①物质资料的生产是人类社会赖以生存和发展的基础，人类最基本的活动是物质资料的生产，推动人类社会进步、决定人类社会面貌的主要因素仍然是物质资料的生产；②生产的目的永远是满足社会和人们生活的需要，制造业则是满足这一需要的基石；③没有强大、先进的制造业，就不可能保持在激烈的市场竞争中取胜，提高综合国力和人民生活水平就没有保障；④健康强大的制造业是一个国家综合实力的体现。人类社会的发展史，特别是近几十年世界经济的发展状况就是有力的证明。纵观世界各国的发展，如果一个国家的制造业发达，其经济必然强大，因此制造业和社会的进步与发展有着密切的关系。

随着信息技术特别是以互联网、大数据、云计算和人工智能为代表的新技术快速发展，使制造的内涵和范围也发生了很大的变化，如软件生产、大数据、信息利用等已成为很大的产业，催生了以知识经济、数字经济、共享经济等为特征的制造业新模式和新形态。

制造技术是完成制造活动所需的一切手段的总和。高质量、高水平的制造业必然有先进的制造技术作为后盾。所以说制造技术是一个国家科技水平的综合体现，是国家经济可持续发展的根本动力。为了赢得激烈的市场竞争，在世界经济中占一席之地，就必须研究和利用

先进制造技术，不断完善和改造制造业，使其具有优越的生存环境，并能提供功能（Function）适用、交货期（Time to Market）短、质量（Quality）好、价格（Cost）低、服务（Service）优良和环境（Environment）友好的具有竞争力的产品。

1.1.2 制造的类型

根据产出物的形态变化，生产的发展大致经历了三个阶段。

（1）自然生产（Nature Production） 在远古时代，自然界既是生产活动的对象，也是唯一的财富来源，人们最基本的生产活动是采集果实、狩猎和捕鱼，称为自然生产。经过漫长的发展，演变成当今社会的第一产业。

（2）市场生产（Market Production） 通过制造或工业活动生产实际的产品或财富，主要强调有形产品的生产。由于市场生产概念的确立，诞生了今天的第二产业，如制造业、建筑业等。

（3）效用生产（Utility Production） 效用是满足人类需求程度的一种指标，效用生产是通过生产或增大效用来增加附加价值。因此效用生产的概念还包括了一切服务业和信息产业，也就是当今的第三产业。

就工业生产而言，可以把制造活动分为三大种类：基础制造、变换制造和最终制造。

（1）**基础制造** 基础制造就是获取自然资源，并把它们转换成能被其他制造业利用的原材料，如采矿、钢铁冶炼等。

（2）**变换制造** 变换制造是指把基础制造的输出转换成工业产品，如轧钢、化工生产等。变换制造的特征是产品的物理形态不完整。

（3）**最终制造** 最终制造是指把毛坯、原材料或半成品经过加工并装配成用户可以直接使用的最终产品，如机械加工、装配等生产都属于这一类。

1.2 制造过程

1.2.1 生产过程和工艺过程

1. 生产过程

生产过程是将原材料转变为成品的全部劳动过程。成品可以是一台机器、一个完整的部件或者是某一个零件。广义而言，生产过程一般包括设计、制造及组织管理三大过程；而从狭义理解，生产过程一般包括以下几个过程。

1）原材料及半成品、成品的准备、运输和保存。

2）生产技术准备工作，如产品开发与设计、工艺规程设计、工艺装备设计与制造、各种生产资料的准备与生产组织管理等工作。

3）毛坯设计与制造，如铸、锻、焊、冲压等。

4）零件的机械加工、热处理和表面处理。

5）产品的装配、调试、试验与检验、喷漆、包装等工作。

为了提高生产率和降低生产成本，在现代企业组织中，许多成品已不单由一个企业独立生产，而是由多家企业以专业化的生产方式合作完成，因此生产过程的组织管理工作显得更加重要。

2. 工艺过程

工艺是指劳动者利用生产工具对各种原材料或半成品进行加工或处理（如切削、测量、热处理、检验等），最后使之成为产品的方法，即工艺就是制造产品的方法。一般制造机械产品的方法称为机械制造工艺。它包含零件的机械加工工艺和机械装配工艺。

在生产过程中，直接改变生产对象状态（包括形态和性态，如形状、位置、尺寸以及物理力学性能等），使其成为成品或半成品的过程称为**工艺过程**。它是生产过程的主要组成部分。其中，采用机械加工方法改变毛坯或原材料的形状、尺寸、相对位置、表面质量及性能，使其成为合格零件的过程，称为机械加工工艺过程；而把组成产品的全部零部件按设计要求，采用合理的装配顺序和方法正确地组合装配在一起，形成最终产品的过程，称为机械装配工艺过程。

1.2.2　工艺过程的组成

1. 工序

工序是指一个（或一组）工人，在一台机床（或一个工作地点），对同一个（或同时对几个）工件所连续完成的那一部分工艺过程。它是组成工艺过程的基本单元。判断是否为同一工序的主要依据是：工作地点（或机床）是否变动和对同一个工件的加工是否连续。

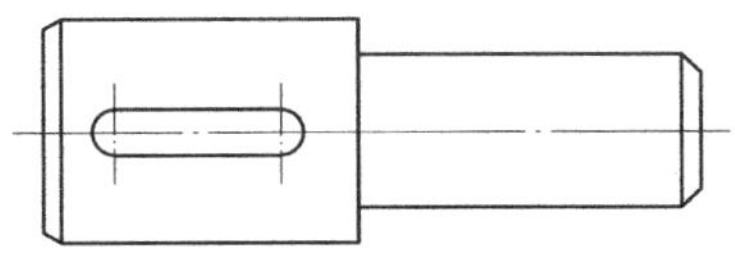

图1-1　阶梯轴

例如：图1-1所示的阶梯轴，当加工数量较少时，其工艺过程及工序的划分见表1-1，由于加工不连续和机床变换而分为三个工序。如果加工数量很少，也可以不换车床而连续完成车削工作，这时则变成两个工序。当加工数量较多时，其工艺过程及工序的划分见表1-2，考虑到工序任务的平衡及生产率，铣端面及钻中心孔采用专用机床，车削任务分给两台车床，去毛刺工序也单独进行，因此共有五个工序。

在工件的加工工艺过程中，有一些工作并不改变工件形状、尺寸和表面质量，但却直接影响工艺过程的完成，如检验、打标记、包装等，一般把完成这些工作的工序称为辅助工序。

表1-1　单件小批生产的工艺过程及工序的划分

工序号	工序内容	设备
1	车一端面，钻中心孔；掉头车另一端面，钻中心孔	车床1
2	车大外圆及倒角；掉头车小外圆及倒角	车床2
3	铣键槽；去毛刺	铣床

表1-2　大批大量生产的工艺过程及工序的划分

工序号	工序内容	设备
1	铣端面，钻中心孔	专用机床
2	车大外圆及倒角	车床1
3	车小外圆及倒角	车床2
4	铣键槽	键槽铣床
5	去毛刺	钳工台

2. 工步

工步是在加工表面不变、加工工具不变，切削用量中进给量和切削速度不变的情况下所连续完成的那一部分工艺过程。上述三个因素中任一因素改变，都将变成新的工步。例如：

表 1-1 中工序 1 和 2 均要加工四个表面，故各有四个工步。

在实际生产中，经常遇到采用多刀具或许多相同要素表面的加工问题，给工步的理解带来困难，为了简化工艺文件，把许多表面复合起来，形成复合工步。对下列情况，可以看作一个复合工步。

1）用同一把刀具加工多个相同要素的表面。如图 1-2 所示，用一把钻头钻削 4 个 ϕ15mm 的孔，可以写成工步：钻 4×ϕ15mm 孔。

2）用几把刀具同时加工几个不同的表面。如图 1-3 所示，为了提高加工效率，用一把钻头和两把车刀同时加工三个表面。

3）用成形刀具和复合刀具加工不同的表面。图 1-4 所示为用成形刀具加工台阶轴。

4）用刀具进行仿形加工复合表面。图 1-5 所示为用液压仿形车床加工台阶轴类零件。

5）在数控加工中，在一次安装下用一把刀具通过编程切削零件的多个表面也看作是一个工步。

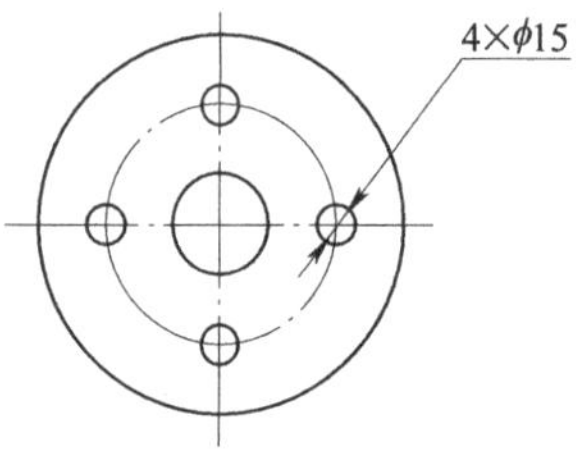

图 1-2　加工四个相同表面的工步

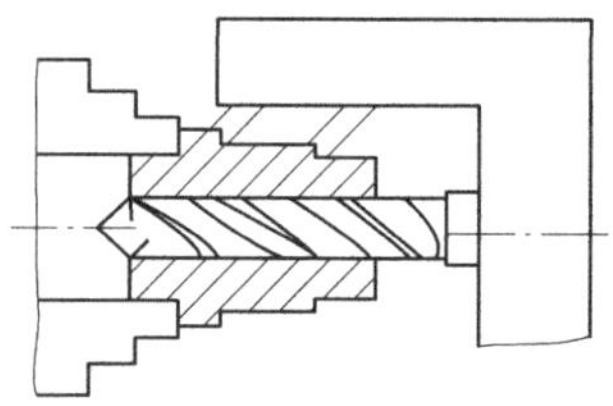

图 1-3　多刀加工

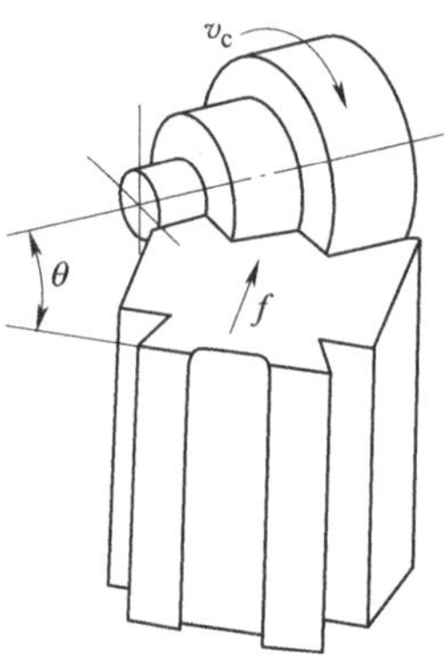

图 1-4　用成形刀具加工台阶轴

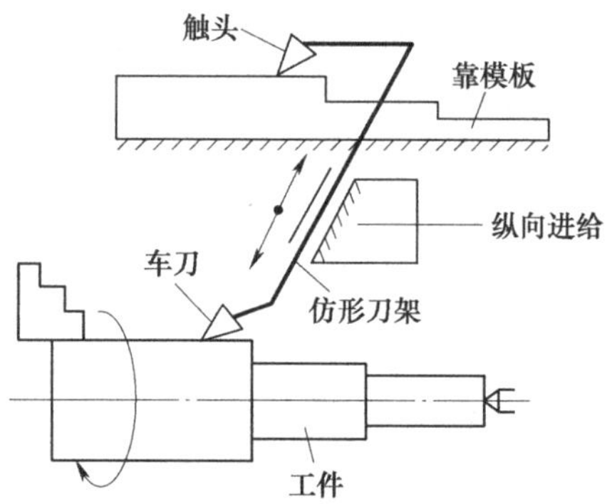

图 1-5　用液压仿形车床加工台阶轴类零件

3. 工作行程

工作行程也称为**走刀**，是指加工刀具在加工表面上切削一次所完成的那一部分工步内容。在一个工步内，若被加工表面的余量很大，一次切削无法完成，则可分几次切削，每切削一次就是一个工作行程。

4. 安装和工位

采取一定的方法，确定工件在机床上或夹具中占有正确位置的过程就称为**定位**。定位的目的是保证加工表面有适当的余量，加工表面与已加工表面之间、加工表面与不加工表面之间的尺寸、位置符合该工序的加工要求。

工件定位后将其固定，使其在加工过程中的位置保持不变的操作称为**夹紧**。

工件在机床上或夹具中定位后施以夹紧的过程称为**安装**。在表 1-1 的工序 1 和工序 2 中都有两个安装，而在工序 3 中以及表 1-2 的各道工序中都只有一个安装。

采用转位（或移位）夹具、回转工作台或在多轴机床上加工时，工件在机床上一次安装后，要经过若干个位置依次进行加工。工件在机床上所占据的每一个特定的位置就称为一个工位。图 1-6 所示为一个四工位加工的例子，其中工位Ⅰ为安装工位，工位Ⅱ、Ⅲ、Ⅳ分别为钻、扩、铰孔加工工位。

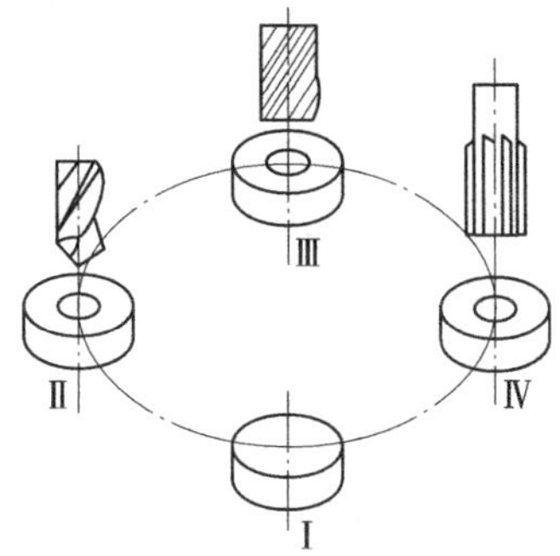

图 1-6　一个四工位加工的例子

1.3　制造系统和工艺系统

1. 制造系统

“系统”是由若干相互依赖、相互作用的部分所组成并具有特定功能的有机整体，因此系统应具有集合性、相关性、目的性和环境适应性的特征。

制造系统是由包括人、生产设备、生产工具、物料传输设备及其他辅助装置组成的硬件环境和由生产信息、决策信息、生产方法、工艺手段和管理模式所形成的软件支持条件所构成的有机整体，其根本目标是把原材料转变成产品。图 1-7 所示为机械制造系统示意图。

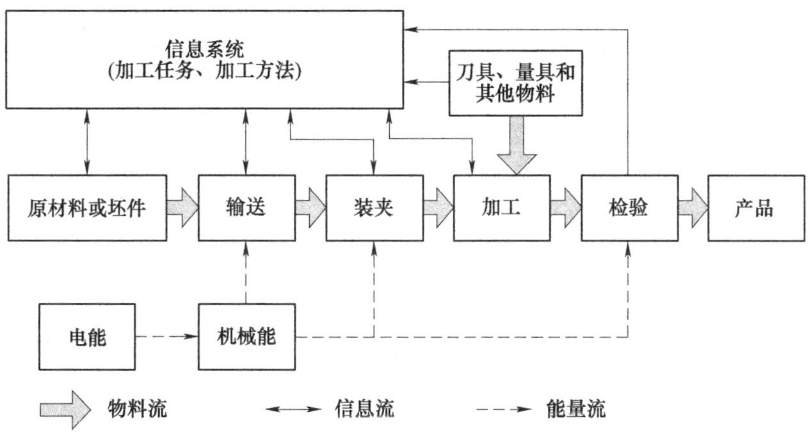

图 1-7　机械制造系统示意图

从图 1-7 中可以看出系统三种基本“流素”，即物料流、信息流和能量流，同时还有其他隐含“流素”，如资金流、误差流、人员流等。

（1）物料流　制造系统与外部环境有物质交换，即从系统外部输入原材料、坯件及配套件，输出成品和废弃物。在物料流子系统支持下，把加工、处理、检验、装配等工作站或设备连接成系统，输入物料按预定顺序流过制造系统，完成规定的转换，输出成品等，把物料的运动与变换过程称为物料流。

(2) 信息流　信息流表征了制造系统的信息与外部交换以及系统内部信息传递与交换的特性，如设计信息与控制指令的输入，上层控制和管理所需信息的输出等，其中包含了决策过程产生的决策信息流。

(3) 能量流　制造过程必须从外界吸收能量，在系统内进行能量转换，同时排出废弃的能量。在能量流动过程中，除了直接用于物料转换的能量外，还存在着因摩擦生热等消耗的能量。因此能量流表征了系统与外界能量的交换、系统内能量的变换和耗散的特性。

(4) 资金流　制造过程是消耗资金和创造财富的过程，资金的转换和劳动的物化使产品增值，故资金的流动情况是制造过程经济学特性的重要指标。它覆盖了包括规划、设计、制造和控制及检测、包装、运输等在内的制造活动，合理地规划和运筹资金流，会使制造过程取得良好的效益。

(5) 误差流　误差流又称为加工误差流或制造误差流。加工误差流是指输入制造系统的坯（工）件误差转换成输出的工（零）件或产品误差的过程，它表征了制造系统误差形态的变化。

(6) 人员流　人是制造系统重要的资源。人员流是指现代企业对人力资源的开发利用以及对人员的合理配置，使每个人在系统中充分发挥自己的潜能，取得最佳的使用效果。

2. 工艺系统

在零件的加工过程中，每一个加工内容都是借助于一定的机床、刀具和夹具来完成的。把机床、刀具、夹具和被加工工件共同构成的闭环系统，称为**机械加工工艺系统**，简称为**工艺系统**。

机床是加工工件的工作机械，刀具直接对工件进行切削，夹具用来固定加工对象即工件，使之占有正确位置。图 1-8 所示为机械加工工艺系统的构成。

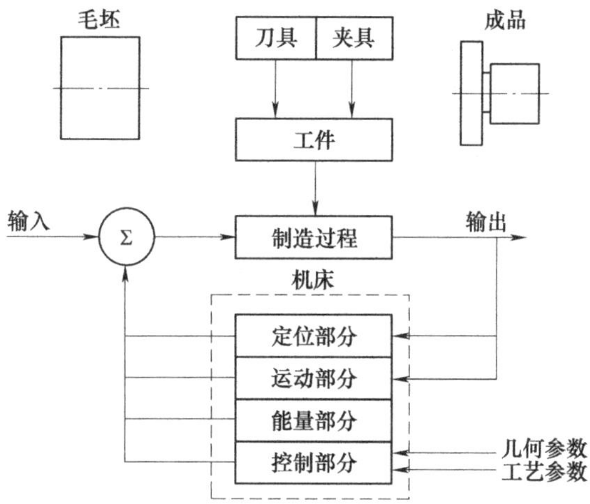

图 1-8　机械加工工艺系统的构成

不同的加工方法有不同的机械加工工艺系统。同一个被加工工件可以有不同的加工工艺过程，因而也就有不同的工艺系统。工艺系统及其特性对机械加工过程、质量、效率、成本有直接的影响，研究工艺系统的特性及其在不同情况下的合理组成和应用是机械制造技术的主要内容之一。

1.4　制造过程的生产组织

机械产品的制造过程是一个复杂的过程，需要经过一系列的机械加工工艺和装配工艺才能完成。工艺过程的要求是优质、高效、低耗，只有这样才能取得最佳经济效益。不同的产品，其制造工艺各不相同，即使是同一种产品，在不同的条件下其制造工艺过程也可能不尽相同。一种产品的制造工艺过程的确定不仅取决于产品自身的结构、功能特征、精度要求以及企业的设备技术条件和水平，更取决于市场对该产品的种类及产量的要求。工艺过程的不同决定了生产系统的构成也不相同，从而有了不同的生产过程，这些差别的综合反映就是企业的生产组织类型的不同。

1.4.1 生产纲领

生产纲领是企业根据市场需求和自身的生产能力决定的、在计划生产期内应当生产的产品产量。零件的年生产纲领就是包括备品和废品在内的年产量，其公式表达为

$$N = Qn(1+\alpha)(1+\beta)$$

式中，N 是零件的年生产纲领（件/年）；Q 是产品的年产量（台/年）；n 是每台产品中该零件的件数（件/台）；α 是该零件的备品率；β 是该零件的废品率。

生产纲领确定后，还要根据生产车间的实际情况和生产能力，将零件在一年中分批投产，零件一次投入生产的数量称为生产批量。但从市场的角度看，零件的生产批量首先取决于市场。

1.4.2 生产类型

生产纲领对企业的生产过程和生产组织起着决定性的作用，包括决定各工作地点的专业化程度、加工方法、加工工艺、设备和工装等。例如：机床的生产与汽车的生产就有着不同的工艺特点和专业化程度。同一种产品，生产纲领不同会有完全不同的生产过程和生产专业化程度。从工艺特点上看，单件生产与小批生产相近，大批生产与大量生产相近。因此，根据产品的大小、特征、生产纲领和批量以及产品所处行业特征，生产中一般按单件小批、中批、大批大量生产来划分生产类型。表 1-3 列出了生产类型的划分依据。

表 1-3 生产类型的划分依据

<table>
<tr><td rowspan="5" colspan="2">生产类型</td><td colspan="6">行业及零件特点</td></tr>
<tr><td rowspan="3">重型零件</td><td>电子机械（>30kg）</td><td rowspan="3">中型零件</td><td>电子机械（4~30kg）</td><td rowspan="3">轻型零件</td><td>电子机械（<4kg）</td></tr>
<tr><td>机床工业（>50kg）</td><td>机床工业（15~50kg）</td><td>机床工业（<15kg）</td></tr>
<tr><td>重型机械（>2000kg）</td><td>重型机械(100~2000kg)</td><td>重型机械（<100kg）</td></tr>
<tr><td colspan="6">零件生产纲领（件/年）</td></tr>
<tr><td colspan="2">单件生产</td><td colspan="2">≤5</td><td colspan="2">≤10</td><td colspan="2">≤100</td></tr>
<tr><td rowspan="3">成批生产</td><td>小批生产</td><td colspan="2">>5~100</td><td colspan="2">>10~200</td><td colspan="2">>100~500</td></tr>
<tr><td>中批生产</td><td colspan="2">>100~300</td><td colspan="2">>200~500</td><td colspan="2">>500~5000</td></tr>
<tr><td>大批生产</td><td colspan="2">>300~1000</td><td colspan="2">>500~5000</td><td colspan="2">>5000~50000</td></tr>
<tr><td colspan="2">大量生产</td><td colspan="2">>1000</td><td colspan="2">>5000</td><td colspan="2">>50000</td></tr>
</table>

生产类型不同，无论在生产组织、生产管理、车间布置，还是在毛坯、设备、工具、加工方法等各方面，要求均有所不同。不同生产类型的特点和要求见表 1-4。因此在制订工艺规程时，必须考虑不同生产类型特点和要求，以取得最佳的经济效果。

表 1-4 不同生产类型的特点和要求

项目	单件小批生产	中批生产	大批大量生产
产品数量	少量	中等	大量
加工对象	经常变换	周期性变换	固定不变
机床设备和布置	万能设备按机群布置	万能和专用设备，按工艺路线布置成流水线	专用设备和自动生产线
夹具	非必要时不采用专用夹具和特种工具	广泛使用专用夹具和特种工具	广泛使用高效能专用夹具和特种工具
刀具和量具	一般刀具和量具	专用刀具和量具	高效率专用刀具和量具
安装方法	划线找正	部分划线找正	不需划线找正
工作性质	根据测量进行试切加工	用调整法加工，有时还可组织成组加工	使用调整法自动化加工
零件互换性	钳工试配	普遍应用互换性，同时保留某些试配	全部互换，某些精度较高的配合件用配磨、配研、分组选择装配，不需钳工试配
毛坯制造	木模造型和自由锻造	金属模造型和模锻	采用金属模机器造型、模锻、压力铸造等高效率毛坯制造方法
工人技术要求	高	中等	一般
工艺规程的要求	只编制简单的工艺过程卡	除有较详细的工艺过程卡外，对重要零件的关键工序需有详细说明的工序操作卡	详细编制工艺规程和各种工艺文件
生产率	低	中	高
成本	高	中	低

1.5 制造技术的发展

世界科学技术的巨大进步，推动了社会生产力的迅速发展。今天，无论是工业、农业、交通运输，还是通信、航空航天等各个领域，其发展速度和取得的成就都是前所未有的。机械制造工业，已由两百多年前的个体手工作坊式生产方式以及随后发展的大批大量生产方式，逐渐向自动化、柔性化、智能化、敏捷精益化的定制生产方式过渡，使得企业快速提供用户所需要的质量高、成本低、个性化的产品成为可能。

1.5.1 材料及制造方法的发展

随着产品的发展，材料性能也不断提高。在蒸汽机时代，所用的主要工程材料是低碳钢和铸铁，其极限抗拉强度不超过 210MPa。但随着产品性能和结构要求的提高，对材料性能提出了越来越高的要求，如要制造燃气轮机，就必须要有耐磨、耐热的新材料，于是出现了耐磨、耐热的合金钢；由于发展飞机和人造卫星的需要，又出现了钛和钛合金，随即出现了高强度钢以及各种新材料，使材料极限抗拉强度超过 2110MPa。目前由于产品需求的极大变化，各种新材料更是层出不穷，如结构陶瓷、复合材料、超高强度合金材料、各种涂层材料、超导材料、形状记忆合金、石墨烯以及智能材料等，都在工业生产中发挥着越来越多的作用。

材料的发展促进了刀具材料及制造方法的发展。伴随着材料性能不断改善和提高，制造技术和加工方法也必须相应地改变。尤其是出现了高强度、耐热合金以后，传统的切削加工方法已很难对用这类材料制造的零件进行加工，于是新的加工方法相继出现，如电火花加工、电化学加工、电子束加工、等离子体加工、激光加工等。高性能非金属材料、复合材料的广泛使用，使射流加工、超声加工、化学加工、光蚀加工、生物制造、增材制造等技术得到广泛的发展。

总之，市场和需求推动了产品的发展，产品的发展给材料的发展提出了新的要求，同时促进了材料技术的发展，这就要求制造工艺和方法能快速适应这一发展的要求，使它们相互依赖、共同发展。因此研究开发新材料、新工艺是机械工业永无止境的追求目标。

1.5.2　加工质量的发展

保证零件加工质量是机械加工方法要解决的首要问题，加工质量的指标中最重要的是加工精度。保证加工精度是指把加工产生的误差值限定在允许的范围之内，而提高加工精度是指要减小加工误差值。

生产的发展要求不断提高机器的工作精度和运转精度，为此必须相应地提高零件的加工精度。19世纪中期相继出现了各种金属切削方法和机床，形成了精度理论和公差制度。20世纪初由于发明了能测量0.001mm的千分尺和光学比较仪等，加工精度便逐渐向微米级过渡，成为机械加工精度发展进程中的转折点。当时在机械工业中将达到微米级精度的加工称为精密加工。20世纪50年代末以来，迅速发展的宇航、计算机、激光技术以及自动控制系统等高新科学技术，就是综合利用了近代的先进技术和工艺方法的结果。另外由于大规模集成电路生产的需要，出现了各种微细加工工艺。通过利用切削和非切削加工方法，在二三十年的时间里使机械加工精度由20世纪50年代末的微米级（10^{-6}m），提高到目前的纳米级（1nm=10^{-9}m），从而进入超精密加工的时代。现在测量超大规模集成电路所用的电子探针，其测量精度已可达2.5Å（1Å=10^{-10}m），使原子级的加工和测量已成现实。各年代达到的加工精度的大致情况如图1-9所示。

从图1-9中可见，传统的机械加工方法（一般的粗加工和精密加工）与超精密机械加工方法一样，也是随新技术、新工艺、新设备以及新的测试技术和仪器的采用，其加工精度也不断提高。一般精密加工（如研磨）现在可达到0.05μm的精度。加工精度的不断提高，反映了在加工工件时材料的分割水平不断由宏观进入微观的发展趋势。

提高机械加工精度的措施主要有：开发新的机械加工工艺方法，如单刃金刚石刀具精密、超精密车削及铣削的新工艺；新型刀具材料的研制和采用，如应用涂层硬质合金、聚晶立方氮化硼和人造金刚石材料等；研究超精密加工用机床，如采用空气轴承，具备低速进给机构和微量进刀机构，具有优越的抗热、抗振特性。另外，在加工过程中进行加工精度实时监测和控制，是稳定提高加工精度的有效方法。

为了延长机械设备的使用寿命和提高其工作可靠性，国内外近年来特别注意零件经机械加工后的表面质量，提出了表面完整性（Surface Integrity）的概念，它比过去一般所谓表面

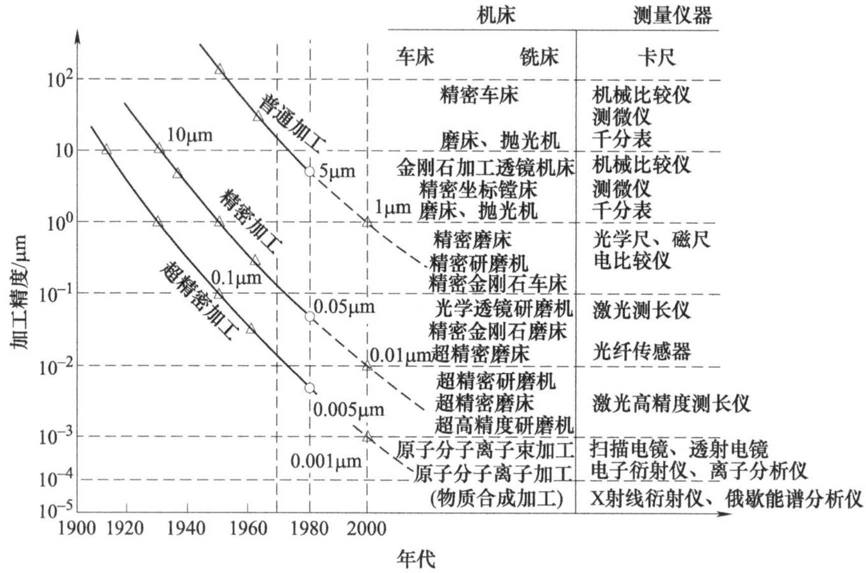

图 1-9 各年代达到的加工精度的大致情况

质量包含了更多的内容。表面完整性不但是指机械加工后表面的粗糙度、波纹度以及纹理等表面特征，还包含已加工表面大致在 0.38mm（0.015in）厚度范围内各种物理、力学、冶金方面的特性，如残余应力、硬化程度、微观组织变化、晶间腐蚀、热损伤区、材质不匀等。表面完整性对于零件在工作时受很大应力或经受交变载荷以及使用环境恶劣时尤为重要。现在已提出了评价表面完整性的一系列重要指标，研究了各种加工工艺方法与表面完整性的关系，找到了提高表面完整性的工艺方法，如低应力磨削方法。随着对连续生产过程设备、能源设备、海上采油设备、航天设备等的安全性、可靠性要求日益提高，对表面完整性的研究也不断深入和扩大。

1.5.3 生产类型的演变和发展

国际生产工程学会（CIRP）曾对美国、日本、欧洲的工业部门所采用的生产类型进行过调查，调查结果如图 1-10 所示。

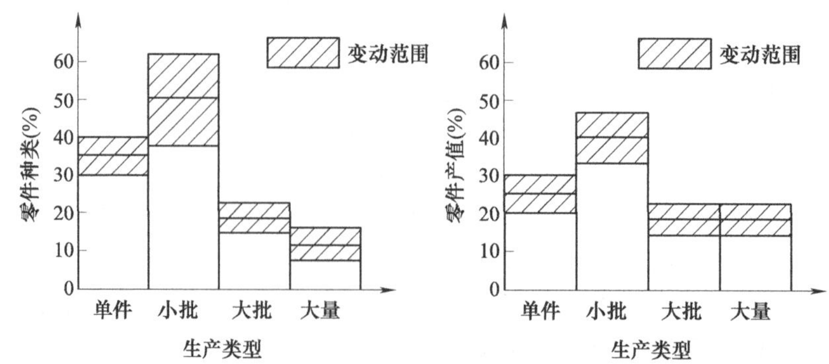

图 1-10 生产类型调查结果

从图 1-10 中可以看出，各国工业企业不论零件种类，还是零件产值，在单件和小批生产类型下生产的占总量的 80%左右。我国对机械工业的统计结果也表明，批量在 10~100 件的零件约占生产类型种类数的 70%，单件生产还不包括在内。由此可见，无论国内还是国外，单件小批方式下生产的零件占大多数。随着市场竞争的日趋激烈、人们生活需求的多样化，产品的品种和规格将会不断增加。因此，多品种小批量生产将成为今后生产的主流。

综观制造技术的发展历程，由于材料和制造工艺、产品需求的变化，生产类型和生产方式也随之改变。图 1-11 所示为生产类型和生产方式的演变过程。

从图 1-11 中可以看出生产类型和生产方式演变大致经历了四个阶段。

（1）单件生产（Craft Production）　1770 年瓦特发明蒸汽机揭开了工业化的序幕，这一阶段称为“技艺”性生产方式。随着产品设计、机械加工和装配技术水平的提高，逐渐过渡到机械代替手工，从作坊形成工厂，形成了单件生产方式。

（2）大批量生产（Mass Production）　20 世纪初，泰勒提出了以劳动分工为基础的科学管理理论，继而福特（Ford）和斯隆（Sloan）用泰勒理论找到了克服单件生产的缺点和方法，推行劳动分工，提高机器设备精度，应用互换性原理，发明了流水线装配，开始了以高效自动化专用设备和流水线为特征的大批量生产方式，这种生产方式在 20 世纪中期达到了顶峰。

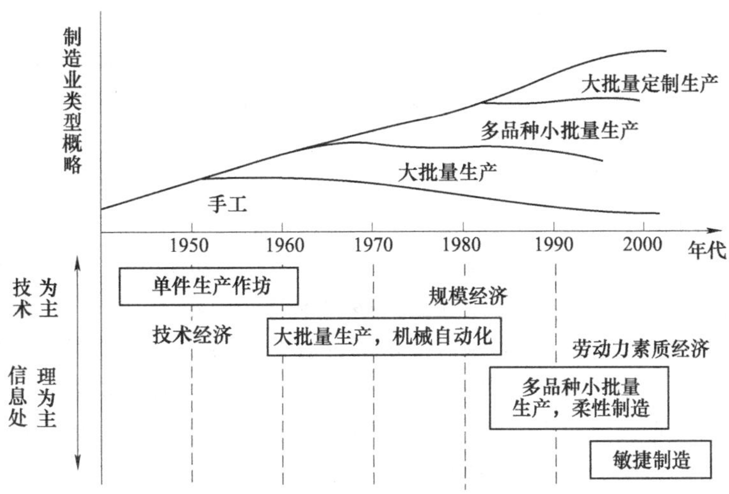

图 1-11　生产类型和生产方式的演变过程

（3）多品种小批量生产（Batch Production）　随着科学技术的发展，新产品不断出现，产品的复杂程度不断增高，市场寿命日益缩短，对大批量生产提出了挑战。1952 年美国麻省理工学院（MIT）研制出世界上第一台数控铣床，敲响了柔性自动化的钟声，相继出现了各种数控技术，如 NC（Numerical Control）、CNC（Computer Numerical Control）、DNC（Direct/Distributed Numerical Control），同时一些发达工业国家还研究出了更加先进的柔性制造系统 FMS（Flexible Manufacturing System）。1974 年，美国 J. Harrington 博士提出计算机集成制造 CIM（Computer Integrated Manufacturing）概念，把这一生产方式的研究推向高潮，并逐步实用化。

（4）大批量定制生产（Mass Customization Production）　20 世纪 80 年代后期，人们开始

注意多品种小批量生产的效益问题，开始考虑如何以大批量生产的效益生产出具有个性化（客户化）的产品。提出按订单生产（Make-to-Order）和大批量定制生产的理论，要求以计算机辅助技术和系统的信息集成为支撑，以并行工程和并行设计为手段，按敏捷化、网络化、虚拟化和智能化的制造模式实现上述要求，这一理论已成为当前和今后一段时间的研究重点和热门课题。

1.5.4 制造自动化的发展

自从1900年意大利开发的第一台电液仿形机床和1913年福特建立第一条装配流水线开始，到1952年MIT发明第一台三轴立式数控铣床，揭开了自动化和数字化制造的序幕，经过几十年的探索和发展，制造自动化技术得到了飞速发展，并已进入了实用化阶段。20世纪90年代以来，制造的理念发生了质的变化，相应地提出了许多制造自动化新技术。回顾发展历史，制造自动化技术大约经历了五个阶段，如图1-12所示。可以预见未来制造自动化技术的发展可以用“七化”来描述，它们是：

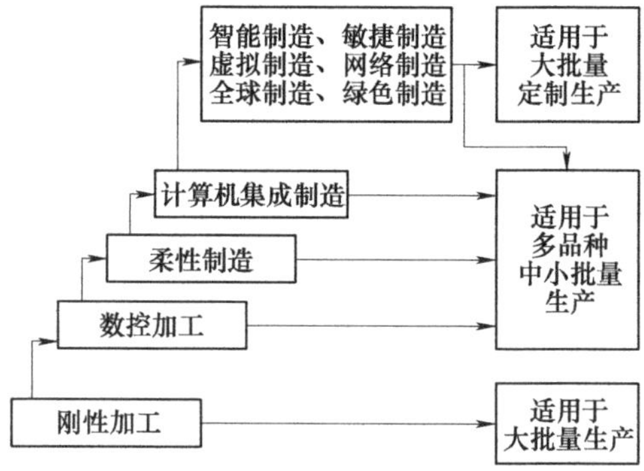

图1-12 制造自动化技术经历的阶段

（1）制造集成化（Integration） 将从制造系统内部的信息和功能集成，发展到实现整个产品生命周期全过程的集成，最终发展到全球制造的全局集成。

（2）制造智能化（Intelligence） 由智能机器和人类专家共同组成的人机一体化智能系统，将使制造系统具有自感知能力、自适应能力、自学习能力和自组织能力，以提高系统的响应速度和决策水平。

（3）制造敏捷化（Agility） 要求制造环境和制造过程敏捷化，其内容非常广泛，包括机器设备和工艺等的柔性、重构能力、快速的集成化制造方法等。

（4）制造虚拟化（Virtual） 以制造技术和计算机支持的系统建模和仿真技术为基础，集现代制造工艺、图形学、并行工程、人工智能以及多媒体技术等多项高新技术为一体，并对现实制造环境及制造过程建模，映射到计算机及其相关技术支持的虚拟制造环境中，通过信息-物理孪生系统对制造系统行为和性能进行预测和评价的一种方法，这是实现敏捷制造的关键技术之一。

（5）制造网络化（Network） 由于网络技术，特别是互联网和物联网技术的迅速发展，基于网络的产品设计与制造，包括制造环境内部的网络化、整个企业的网络化、企业间的网络化以及异地设计与制造成为可能，并形成了强劲的发展势头。

（6）制造全球化（Globalization） 由于通信及交通技术的不断发展，使得市场变得越来越小，形成了“地球村”的市场格局。因此全球化是今后的一个重要发展方向。它包括市场的全球化，产品设计和开发的国际合作，产品制造的跨国化，制造企业在全球范围内的重组与集成，制造资源的跨地区、跨国家的协调、共享和优化利用等。

（7）制造绿色化（Green） 环境、资源、人口是当今社会面临的三大主要问题。绿色制造（Green Manufacturing）是一个综合考虑环境影响因素和资源效率的现代化制造模式，其目标是产品从设计、制造、包装、运输、使用到报废处理的整个产品生命周期中，对环境的影响（副作用）最小，资源效率最高。它要求产品绿色化和制造过程绿色化，这是可持续发展战略在制造业中的具体体现。

从上述的发展看，技术的进步和市场的变化，导致产品结构、生产模式以及生产过程都不同程度地发生了改变，使现代制造工程已不再是传统意义上的机械工程学，而已成长为一门独立的新学科。它是集成融合机械与结构技术、设计与工艺技术、计算机控制与辅助技术、自动化技术、信息技术、电子技术、材料技术、财会金融与新型管理为一体，综合运用于企业经营、研究开发、设计、加工、质量保证、设备维护、售后服务与生产管理等全过程，以提高企业综合效益和竞争力为目标，把科学技术和经济效益紧密结合起来的一门应用性的新科学技术，即先进制造技术。

先进制造技术是以提高综合效益为目的，以人为主体，以计算机技术为支柱，综合应用系统技术，自动化技术，信息、材料与工艺技术，能源与环保等高新技术以及现代系统管理技术，研究并改造制造过程作用于产品整个生命周期的所有适用技术的总称。从目前的发展情况看，先进制造技术一般由先进工程设计技术、先进加工工艺技术、制造自动化及信息技术、先进制造管理技术四大技术群组成。

1.6 课程主要内容及学习要求

任何机械产品都是由零件组成，而零件是由不同材料按一定的方法先制成毛坯，并依据一定的工艺规范在机床-刀具-夹具-工件组成的机械加工工艺系统上进行加工，达到图样规定的几何形状及精度和质量要求，各个零件经过装配成为满足规定性能要求的产品。虽然各机械产品的用途和零件结构差异很大，但其制造技术和工艺方法却有许多共同之处，因此机械制造技术，是研究机械零件加工和装配技术应遵循的基本规律，它是长期生产实践和科学研究成果的积累和总结。重视和发展制造技术，对保障产品质量、提高劳动生产率、降低制造成本及资源消耗具有十分重要的意义。

掌握零件制造过程中的共同性规律，具备解决具体工艺技术问题的知识和能力，是一个复杂的问题，需要多方面的知识作为支撑。它涉及表面成形原理和方法的基本知识、切削运动及机床的知识、切削原理和刀具的知识、工件定位安装和夹具的知识，以及产品精度和质量分析与控制的知识。除此之外还涉及材料的选择及热处理知识、加工工艺及装配工艺的设计与分析知识，对上述知识进行系统分析和综合，构成了机械制造技术的基本内容，从而形成了机械专业一门主要的专业课程。

本书在内容选择和结构安排上充分考虑了机械制造过程的逻辑性，遵循学生对制造技术的认知规律，按照机械制造概述、机械加工方法与机床、金属切削加工原理与刀具、机床夹具原理、机械加工质量分析与控制、机械加工工艺规程制订、机器装配工艺基础及智能制造基础的顺序进行章节编排。力求做到机床-刀具-夹具等工艺装备知识一条线，表面成形原理-金属切削加工原理-工件定位原理-加工误差原理-加工工艺原理等理论知识相结合，以达到培养学生分析和解决实际制造技术问题的能力。

通过本课程学习，要求学生对制造活动及制造技术的发展有全面了解和把握，了解机床、刀具、夹具的基本概念及结构，具备根据具体工艺要求进行工艺装备选型及参数选择的能力；掌握表面成形及机械加工的基本知识，熟悉金属切削过程的基本规律；掌握影响加工质量的因素，具备分析及解决加工质量问题的基本能力；掌握制订机械加工工艺规程及装配工艺规程的基本理论、知识和方法，能够完成中等复杂零件机械加工工艺规程的分析和制订工作。

1.7 本课程的学习方法

“机械制造技术”是机械类专业一门重要的专业课。它来自科学研究及工程实际，并服务于生产实践，是理论与实践相结合的产物，具有综合性、理论性、实践性、多样性的特点，因此本课程内容中充分反映出理论与实践并重，分析重于计算的思想。

针对本课程的特点，在学习过程中要特别注意综合运用已有知识，充分理解本课程的基本概念、方法和理论，形成解决机械制造过程中实际问题的全面系统的知识体系，同时应特别注重紧密联系实际，通过金工实习和工程训练、课程实验、课程设计、生产实习等实践教学环节，充分理解机械制造过程的内涵，并在理论联系实际的学习中培养自己分析和解决实际问题的能力。

思考及练习题

1. 什么是生产过程、工艺过程、机械加工工艺过程？
2. 什么是工艺、机械加工工艺系统？
3. 什么是工序、工步、走刀和工位？各自划分的依据是什么？举两个多工位的例子。
4. 某机床厂年产 CA6140 卧式车床 250 台，已知机床主轴的备品率为 10%，废品率为 2%，试计算机床主轴的年生产纲领，并说明其生产类型和工艺过程特点。
5. 分析制造系统的组成及机械制造技术的发展。

第2章

机械加工方法与机床

机械零件是具有特定功能和形状要求的表面组合体。零件的切削加工，就是在机床上通过刀具与工件的相对运动切除毛坯上的余量层，以获得具有一定尺寸、形状、位置精度和质量要求的表面成形过程，因此，切削加工过程实质上是零件表面的形成过程。

2.1 零件表面成形方法

2.1.1 制造工艺技术

制造工艺技术是指将原材料转化成具有一定几何形状、材料性能和精度要求的可用零件的一切过程和方法的总称。一般制造工艺过程有离散工艺过程和连续工艺过程。按对零件的作用效果可分为：改变形态的工艺过程，如切削加工；改变性态的工艺过程，如热处理；改变外观性能的工艺过程，如电镀等。按照零件由原材料或毛坯制造成为零件过程中质量 m 的变化，可分为减材制造技术（$\Delta m<0$），主要指切削、磨削加工和特种加工；等材制造技术（$\Delta m=0$），主要指铸造、锻造及压力成形方法；增材制造技术（$\Delta m>0$），主要指以材料累加为基本特征，以直接制造零件为目标的制造技术。按零件的精密程度可分为普通工艺过程、精密工艺过程以及超精密工艺过程；按使用的工具及能量形式，又可分为常规工艺、特种工艺、复合工艺以及快速制造工艺等。

由此可以把制造工艺分为成形工艺、塑性变形工艺、切削工艺、连接工艺、材料改性工艺、表面处理工艺、特种加工工艺和快速成形工艺。

1）成形工艺包括铸造、焊接、粉末冶金、注塑等。

2）塑性变形工艺包括锻造、轧制、冲压、挤压和拉拔等。

3）切削工艺包括单刃、多刃加工和磨料加工等。单刃、多刃加工主要有车削、铣削、刨削、钻削、镗削、拉削、插削、齿形加工等，磨料加工主要有砂轮磨、砂带磨、珩磨等。

4）连接工艺主要有机械连接工艺，包括螺栓连接、铆接和压力连接等。

5）材料改性工艺包括各种调质、淬火等热处理工艺，化学处理以及滚压、喷丸等强化工艺。

6）表面处理工艺包括电镀、发蓝、真空镀膜、着色、喷涂等。

7）特种加工工艺包括电火花加工、电解加工、超声波加工、激光束加工、电子束加工、离子束加工等。

8）快速成形工艺包括熔积成形法、光固化法、激光选区烧结、叠层制造等。

由于技术的不断发展和进步，新的制造工艺不断出现，这种分类方法也会不断改变。

2.1.2 获得机械加工表面形状的方法

机械零件的表面形状虽多种多样，但其构成元素不外乎几种基本的几何表面：平面、圆柱面、圆锥面、球面、螺旋面、环形面及成形曲面等，其轮廓都是由一些单一的几何表面按一定位置关系构成的。这些表面都可以看成是由一条线沿另一条线运动而形成的，如图 2-1 所示，这两条线分别称为母线和导线，而把形成零件上各种表面的母线和导线统称为形状发生线。需要注意的是：

1）表面可分为可逆表面和不可逆表面两种。如图 2-1 所示的平面、圆柱面和直齿圆柱齿轮的渐开线柱面等，这些表面的母线和导线没有严格的区分，可以互换，这类表面称为**可逆表面**；而圆锥面、螺旋面等，其表面的母线和导线不可互换，这类表面称为**不可逆表面**。

2）两条发生线完全相同，但母线的原始位置不同，可以形成不同的表面。如图 2-2 所示，母线均为直线 1，导线为 2，轴线为 $O—O$，其运动形式也相同，由于母线 1 相对于旋转轴线 $O—O$ 的原始位置不同，所产生的表面也就不同。

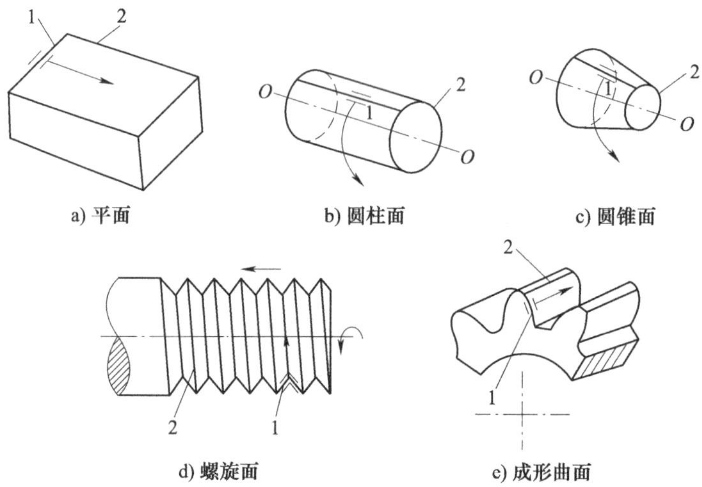

图 2-1 零件表面形状及形成过程

1—母线 2—导线

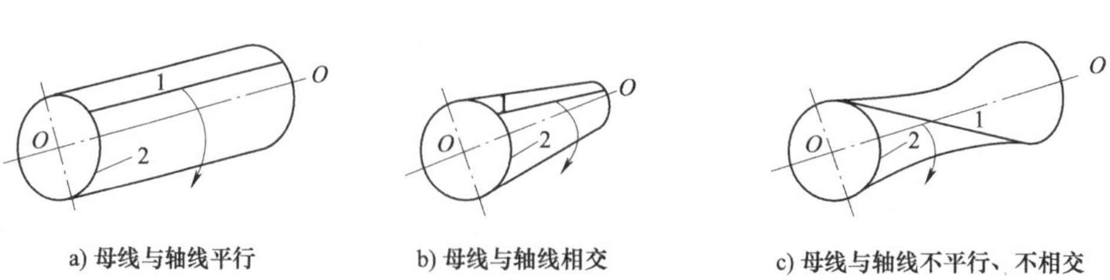

图 2-2 母线原始位置变化时形成的不同表面

1—母线 2—导线

加工时，发生线是由刀具切削刃与工件的相对运动得到的，并通过运动将工件表面切削成形。不同的运动和切削刃形状，形成发生线的方式会不同，因此形成工件表面的方法也就不同，概括起来有以下四种。

（1）轨迹法　轨迹法是指刀具切削刃与工件表面在近似点接触的情况下，通过刀具与工件之间的相对运动，由刀尖运动轨迹实现表面成形的方法。采用轨迹法形成发生线时，工件表面的发生线（母线和导线）均由轨迹运动生成，如图 2-3a 所示，刀具切削点 1 按一定的规律做轨迹运动，形成所需的发生线 2，在旋转运动作用下形成完整的表面。

（2）成形法　成形法是指刀具切削刃与工件表面在线接触的情况下，切削刃的形状构成表面的一条发生线，刀具与工件的相对运动形成另一条发生线来实现表面成形的方法。如图 2-3b 所示，切削刃形状及尺寸与需要形成的发生线 2 完全一致，工件旋转运动形成完整表面。

（3）相切法　相切法是指利用刀具旋转轨迹的包络线生成一条发生线，并沿另一条发生线运动实现表面成形的方法。如图 2-3c 所示，采用铣刀等旋转刀具加工时，刀具中心按一定的规律做轨迹运动，切削刃可以看作一个切削点 1，切削点运动轨迹与工件相切就形成了发生线 2。因此采用相切法生成发生线时，需要两个相互独立的成形运动，即刀具的旋转和刀具中心按一定规律运动。

（4）展成法　展成法是指刀具切削刃与工件表面在线接触的情况下，刀具与工件之间做展成运动（或称为啮合运动），切削刃各瞬时位置的包络线形成齿形表面的母线，从而实现齿形表面加工的方法。如图 2-3d 所示，用齿条插刀加工直齿圆柱齿轮时，刀具切削刃的形状为一条切削线 1，切削线 1 与发生线 2 做纯滚动运动，切削线 1 与发生线逐点相切，形成切削线的包络线，在刀具和工件独立复合成形运动（展成运动）的条件下形成完整的齿轮表面。该方法实质上是相切法的一种特殊形式。

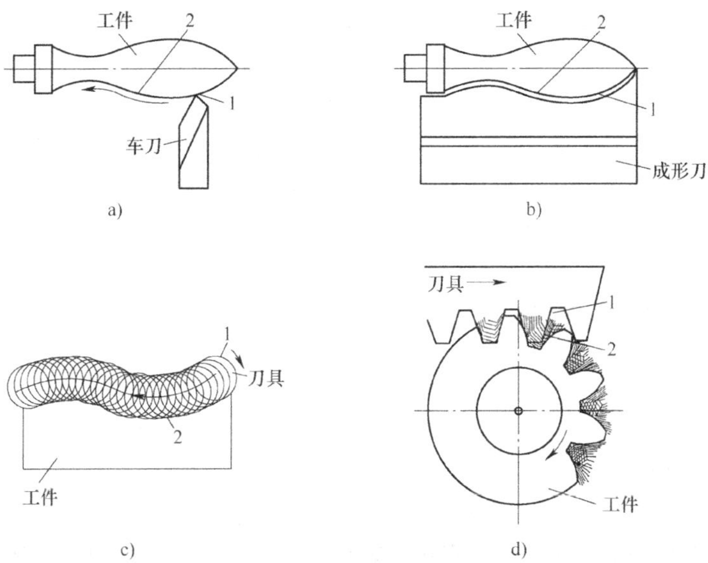

图 2-3　表面成形的方法

1—切削点或线　2—发生线

2.1.3　表面成形运动和辅助运动

机床的切削加工是由工具（包括刀具、砂轮等）与工件之间的相对运动来实现的。机床的运动分为表面成形运动和辅助运动。

1. 表面成形运动

表面成形运动是直接形成加工表面的运动，包括主运动和进给运动，这两种不同性质的运动和不同形状的刀具配合，可以实现轨迹法、成形法、相切法和展成法等各种不同的加工方法，构成不同类型的机床。

（1）主运动　主运动是指直接切除工件上余量形成加工表面的运动。主运动的速度即切削速度，一般用 v_c 表示。

（2）进给运动　进给运动是指不断把余量投入切削的运动。进给运动的速度即进给速度，一般用 v_f 表示。

2. 辅助运动

机床在加工过程中，加工工具与工件除了表面成形运动以外的其他运动称为辅助运动。辅助运动用以实现机床的各种辅助动作，主要包括以下几种。

（1）切入运动　用于保证工件被加工表面获得所需要的尺寸，使工具切入工件表面一定的深度。有些机床的切入运动属于间歇运动形式的进给（吃刀）。数控机床的切入运动可通过控制相应轴的进给来实现，如数控车床的 X 轴进给。

（2）各种空行程运动　空行程运动主要是指进给前后的快速运动。例如：趋近，进给前加工工具与工件相互快速接近的过程；退刀，进给结束后加工工具与工件相互快速离开的过程；返回，退刀后加工工具或工件回到加工前位置的过程。

（3）其他辅助运动　它包括分度运动、操纵和控制运动等，如刀架或工作台的分度转位运动，刀具和机械手的自动换刀运动，变速、换向，部件和工件的夹紧与松开，自动测量、自动补偿等。

主运动和进给运动是实现切削加工的基本运动，可以由刀具完成，也可以由工件完成，还可以由刀具和工件共同完成。同时，主运动和进给运动可以是直线运动，也可以是回转运动，还可以是平动和转动的复合运动。正是由于上述不同运动形式和不同运动执行元件的多种组合，才产生了不同的机械加工方法。

2.2　常用机械加工方法

2.2.1　车削加工

1. 车削加工方法

工件旋转做主运动，车刀在平面内做直线或曲线进给运动的切削加工方法称为**车削加工**。车削加工可以在卧式车床、立式车床、转塔车床、仿形车床、自动车床、数控车床以及各种专用车床上进行，主要用来加工各种回转表面：外圆（含外旋转槽）、内圆（含内旋转槽）、端面（含台肩端面和切断）、锥面、螺纹表面和滚花面等。

根据所选用的车刀角度和切削用量的不同，车削可分为粗车、半精车和精车。一般粗车的尺寸公差等级为IT12~IT11，表面粗糙度 Ra 值为25~12.5μm；半精车的尺寸公差等级为IT10~IT9，表面粗糙度 Ra 值为6.3~3.2μm；精车的尺寸公差等级为IT8~IT6，表面粗糙度 Ra 值为1.6~0.8μm，精车有色金属 Ra 值可达0.8~0.4μm。车削的生产率较高，切削过程比较平稳，刀具及加工方法较简单。

（1）车外圆　车外圆是最常见、最基本的车削方法，如图 2-4 所示。通常用右偏刀加工，左偏刀主要用于需要从左向右进给车削右边有直角轴肩的外圆以及右偏刀无法车削的外圆。

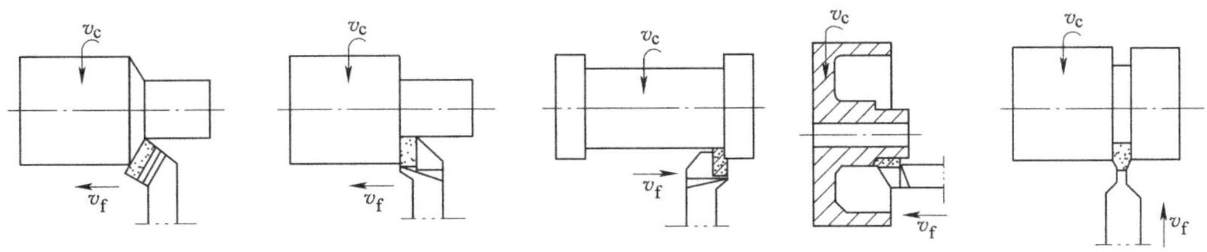

a) 45°弯头车刀车外圆　b) 右偏刀车外圆　c) 左偏刀车外圆　d) 车外槽

图 2-4　车外圆的方法

（2）车内圆　车内圆是用车削方法扩大工件内孔直径或加工空心工件的内表面。车内圆的方法如图 2-5 所示。车不通孔或台阶孔时，车刀先纵向进给，当车到孔的根部时，再横向向中心进给完成端面车削。

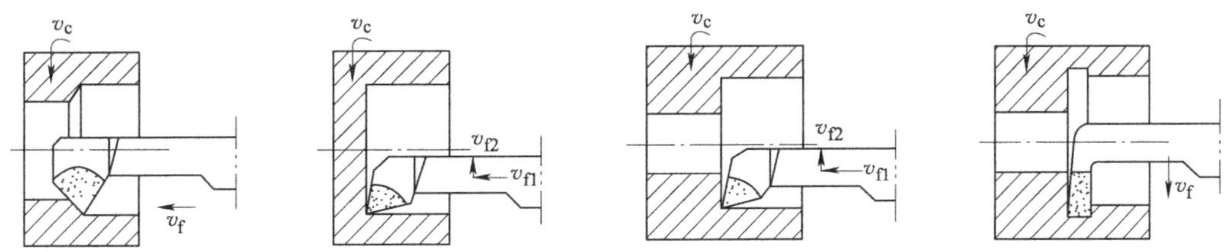

a) 车通孔　b) 车不通孔　c) 车台阶孔　d) 车内槽

图 2-5　车内圆的方法

（3）车端面　车端面的方法如图 2-6 所示。图 2-6a 所示为弯头刀车端面，切削顺利，表面光洁，大小端面均可车削；图 2-6b 所示为 90°右偏刀从外向中心进给以及从中心向外进给车端面的情况，前者适宜车削尺寸较小的平面或一般的台肩端面，后者适宜车削尺寸较大并且中心带孔的端面；图 2-6c 所示为左偏刀车端面，刀头强度较好，适宜车削较大直径工件的端面，尤其是铸锻件的端面。

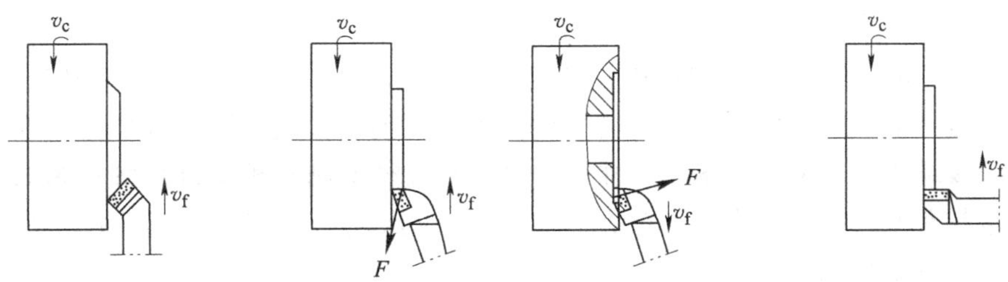

a) 弯头刀车端面　b) 右偏刀车端面　c) 左偏刀车端面

图 2-6　车端面的方法

（4）车锥面　锥面可以看作是内、外圆的一种特殊形式。车锥面的方法有宽刀法、小滑板转位法、尾座偏移法和靠模法等，如图 2-7 所示。宽刀法用于成批和大量生产中加工较短的内外锥面；小滑板转位法主要用于单件小批生产中加工精度较低和长度较短（≤100mm）的内外锥面；尾座偏移法用于单件或成批生产中加工轴类零件上较长的外锥面；靠模法用于成批和大量生产中加工较长的内外锥面。

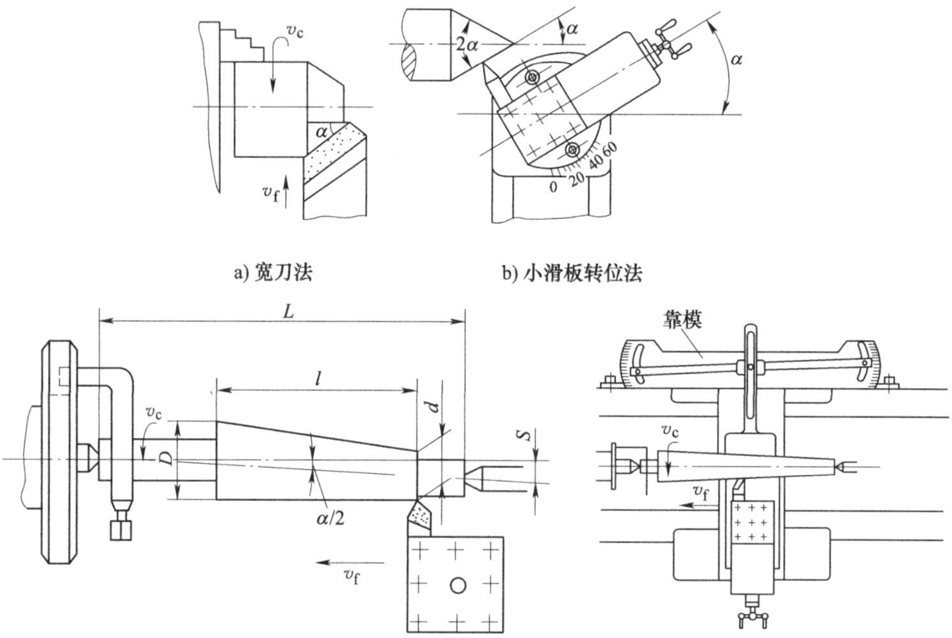

a) 宽刀法　　b) 小滑板转位法

c) 尾座偏移法　　d) 靠模法

图 2-7　车锥面的方法

2. 车削加工机床

在机械制造中，车床约占切削机床总量的 20%~35%，主要用于车削内外圆柱面和圆锥面、端面、成形回转面、内外螺纹面以及钻、扩、铰孔等。

车床的运动特征是：主运动为主轴回转运动，进给运动通常由刀具来完成。

车床加工所使用的刀具主要是车刀，还可用钻头、扩孔钻、铰刀等孔加工刀具。

车床的种类很多，按用途和结构的不同有卧式车床、立式车床、转塔车床、自动和半自动车床以及各种专用车床等，其中卧式车床是应用最广泛的一种。

（1）卧式车床　卧式车床的通用程度较高，加工范围较广，适用于各种中、小型的轴类和盘套类零件的加工。卧式车床能完成的主要加工有：①内外圆柱面和圆锥面、各种环槽、成形面及端面；②常用的米制、寸制、模数制及径节制 4 种标准螺纹；③加大螺距螺纹、非标准螺距及较精密的螺纹；④钻孔、扩孔、铰孔、滚花和压光等。图 2-8 所示为常用的 CA6140 型卧式车床的外形图。

（2）立式车床　立式车床主要特点是主轴垂直布置，并有一个很大的圆形工作台，供装夹工件之用，工作台台面在水平面内，工件安装调整安全方便，工作台由导轨支承，刚性好，因而能长期保持机床精度。立式车床适用于加工径向尺寸大而轴向尺寸相对较小的大型和重型零件，如各种盘、轮类零件。立式车床分单立柱式和双立柱式两种，前者用于加工直

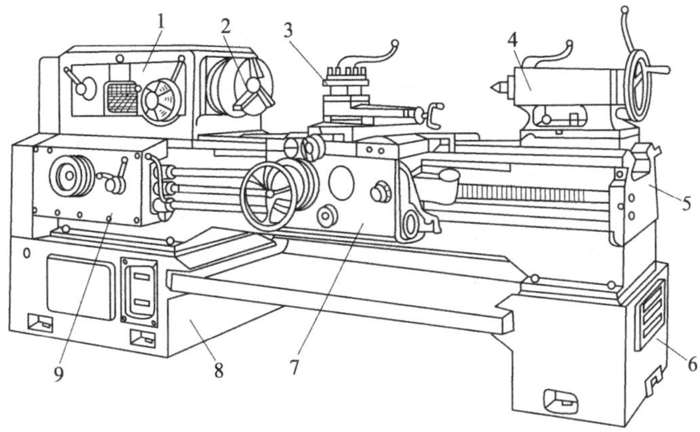

图 2-8　常用的 CA6140 型卧式车床的外形图

1—主轴箱　2—卡盘　3—刀架　4—尾座　5—床身　6、8—床腿　7—溜板箱　9—进给箱

径较小（一般小于 ϕ1600mm）的零件，后者用于加工直径较大（一般大于 ϕ2000mm）的零件。图 2-9 所示为立式车床的外形图。

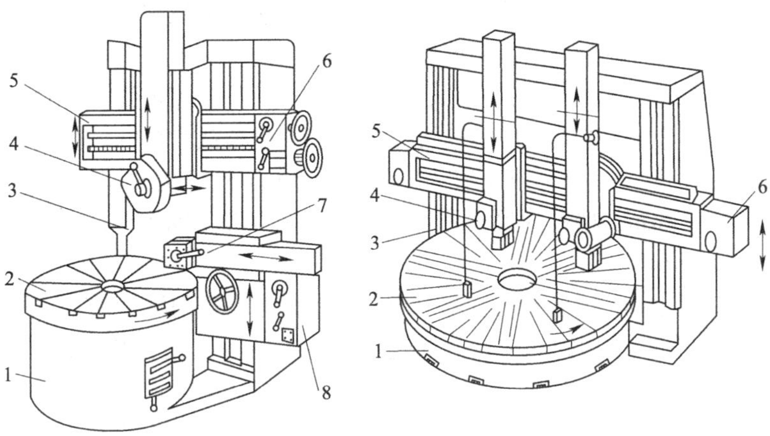

a) 单立柱式　　b) 双立柱式

图 2-9　立式车床的外形图

1—底座　2—工作台　3—立柱　4—垂直刀架　5—横梁　6—垂直刀架进给箱　7—侧刀架　8—侧刀架进给箱

（3）转塔车床　与卧式车床相比，转塔车床的尾座由转塔刀架所代替，只做纵向运动，前刀架可做纵向和横向进给，转塔的六角面上可利用附具分别安装挡料块、车刀、钻头、铰刀、板牙等切削刀具和工具，也可在一个附具上安装数把车刀以实现多刀同时加工。用转塔车床加工时，根据工件的加工工艺，预先将所用的全部刀具安装在车床转塔刀架上，并调整好，每组刀具的行程终点位置由可调整的挡块来控制，加工时用这些刀具轮流进行切削，因此，在成批加工复杂工件时，转塔车床的生产率比卧式车床高。图 2-10 所示为普通转塔车床的外形图。

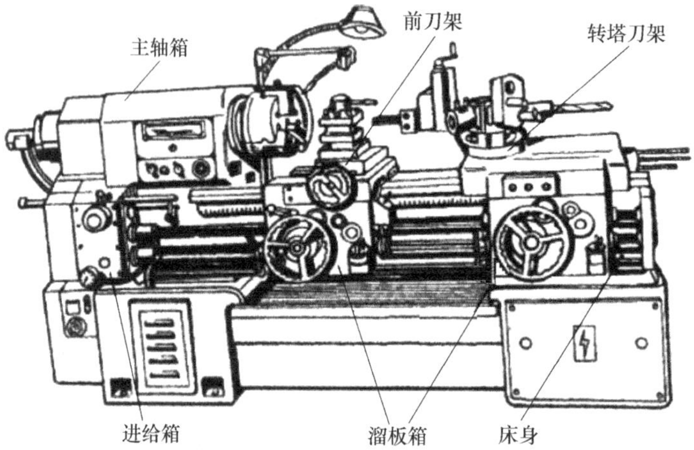

图 2-10　普通转塔车床的外形图

2.2.2　铣削加工

1. 铣削加工方法

铣刀旋转做主运动，工件做进给运动的切削加工方法称为**铣削加工**。铣削加工可以在卧式铣床、立式铣床、龙门铣床、工具铣床以及各种专用铣床上进行。

铣削可以加工各种平面、沟槽、齿轮、凸轮等成形面及轮廓表面；同时，借助铣床可以进行钻、扩、铰、镗和分度等工作。铣削可分为粗铣、半精铣和精铣。粗铣后两平行平面之间的尺寸公差等级为 IT12~IT11，Ra 值为 25~12.5μm；半精铣的尺寸公差等级为 IT10~IT9，Ra 值为 6.3~3.2μm；精铣的尺寸公差等级为 IT8~IT7，Ra 值为 3.2~1.6μm，直线度误差为 0.08~0.12mm/m。

根据铣刀形式不同，用分布于铣刀端平面上的刀齿进行铣削称为**端铣**；用分布于铣刀圆柱面上的刀齿进行铣削称为**周铣**。周铣分为逆铣和顺铣两种方式，其中，逆铣是指铣削时，铣刀切入工件时的切削速度方向和工件的进给方向相反的铣削方式；顺铣则是指铣削时，铣刀切入工件时的切削速度方向与工件的进给方向相同的铣削方式，如图 2-11 所示。

（1）**逆铣**　逆铣时，刀齿的切削厚度从零逐渐增大至最大值。刀齿在开始切入时，由于切削刃钝圆半径的影响，刀齿在已加工表面上滑擦一段距离后才能真正切入工件，因而刀齿磨损快，加工表面质量较差。此外，刀齿对工件的垂直铣削分力向上，容易使工件的装夹松动。铣床工作台的纵向进给运动一般是依靠丝杠和螺母来实现的。螺母固定不动，丝杠转动带动工作台一起移动，逆铣时，纵向铣削分力 F_f 与纵向进给方向相反，使丝杠与螺母间传动面始终贴紧，故工作台不会发生窜动现象，铣削过程较平稳。

（2）**顺铣**　顺铣时，刀齿的切削厚度从最大逐渐递减至零，没有逆铣时的刀齿滑行现象，加工硬化程度大为减轻，已加工表面质量较高，刀具使用寿命也比逆铣时高。顺铣时，刀齿对工件的垂直铣削分力始终将工件压向工作台，避免了上下振动，加工比较平稳。但纵向铣削分力 F_f 方向始终与进给方向相同，由于丝杠与螺母传动副有间隙，铣刀会带动工件和工作台窜动，使铣削进给量不均匀，容易打刀。因此，采用顺铣方式时，铣床工作台进给丝杠螺母副间应有消除侧向间隙机构，或采取其他有效措施。

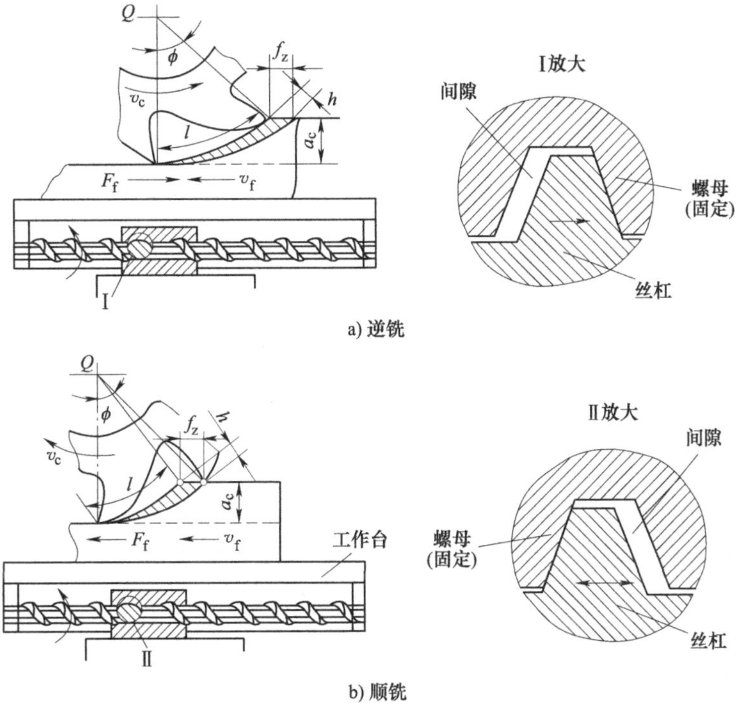

图 2-11　逆铣和顺铣

（3）铣平面　铣平面是平面加工的主要方法之一，有端铣、周铣和两者兼有的三种方式，所用刀具有镶齿面铣刀、套式立铣刀、圆柱铣刀、三面刃铣刀和指形立铣刀等，如图 2-12 所示。

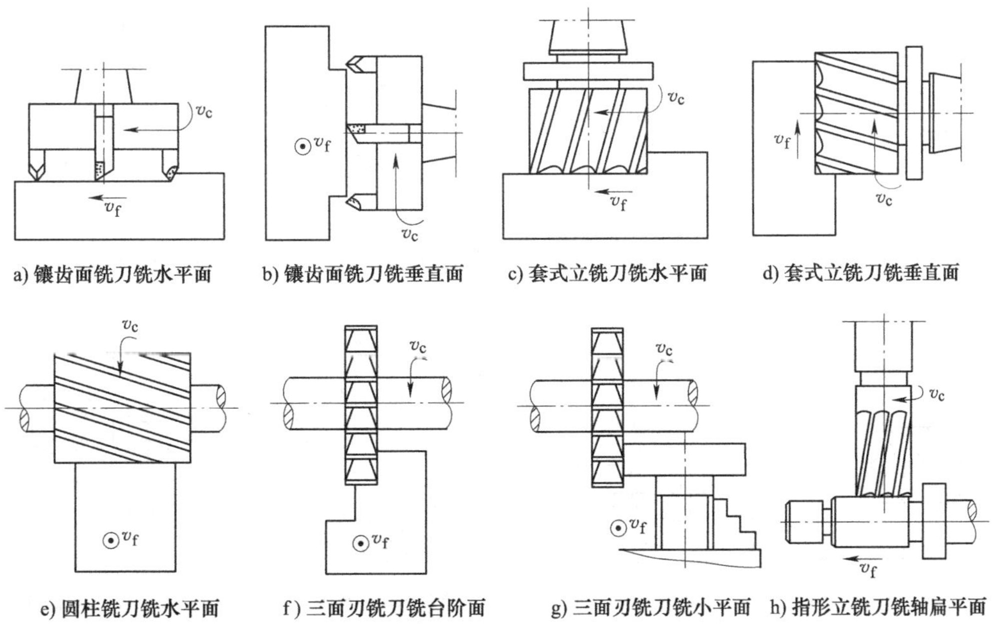

图 2-12　铣平面的方法

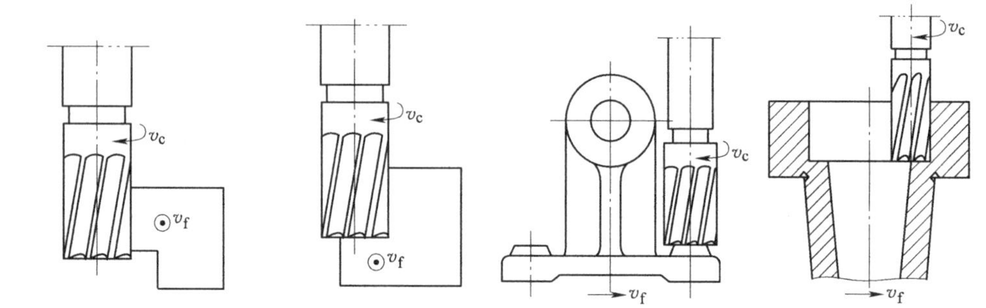

i) 指形立铣刀铣垂直面　j) 指形立铣刀铣台阶面　k) 指形立铣刀铣小凸台　l) 指形立铣刀铣内凹平面

图 2-12　铣平面的方法（续）

镶齿面铣刀的刀盘直径一般为 75～300mm，所镶刀齿为硬质合金刀片，切削速度可达 100m/min 以上，生产率高，应用广泛，主要用于大平面加工；套式立铣刀的直径一般为 40～160mm，材料为高速钢，切削速度较低，生产率较低，用于铣削各种中小平面和台阶面；圆柱铣刀的直径为 50～100mm，用于卧式铣削中小平面；三面刃铣刀的直径为 50～200mm，用于卧式铣削小型台阶面和四方、六方螺钉头等小平面；指形立铣刀的直径为 2～71mm，多用于铣削小平面。

（4）铣沟槽　铣沟槽的方法如图 2-13 所示，其中图 2-13e、f 所示在铣削之前应先用立铣刀切出直角槽；图 2-13g 所示立铣刀铣圆弧槽时，要使用圆形工作台附件；图 2-13h 所示铣螺旋槽时，工件在做等速移动的同时还要做等速旋转，且应保证工件轴向移动一个导程时刚好自转一转。

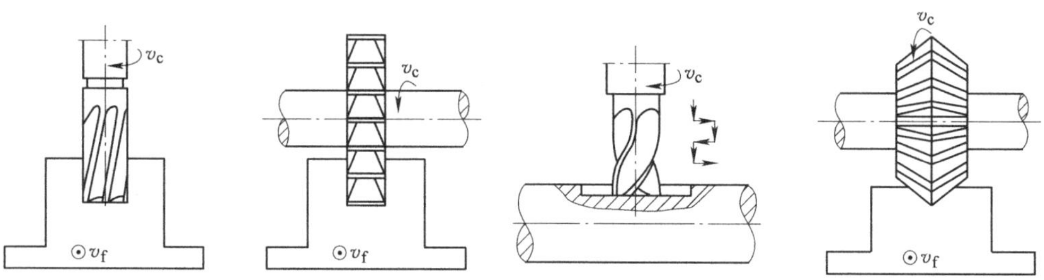

a) 指形立铣刀铣直角槽　b) 三面刃铣刀铣直角槽　c) 键槽铣刀铣键槽　d) 角度铣刀铣V形槽

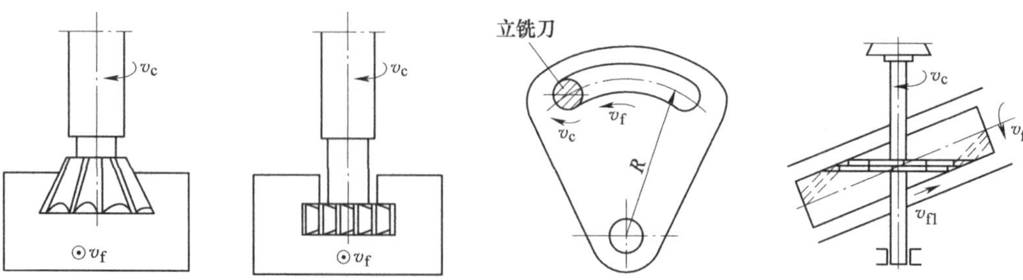

e) 燕尾铣刀铣燕尾槽　f) T形槽铣刀铣T形槽　g) 立铣刀铣圆弧槽　h) 盘形铣刀铣螺旋槽

图 2-13　铣沟槽的方法

2. 铣床

铣床的用途广泛，可以加工各种平面、沟槽、齿槽、螺旋形表面等。铣床上用的刀具是铣刀，以相切法形成加工表面，同时有多个切削刃参加切削，因此生产率较高。但多刃刀具断续切削容易引起振动而影响加工表面的质量，所以对机床的刚度和抗振性有较高的要求。

铣床的主要类型有卧式升降台铣床、立式升降台铣床、工作台不升降铣床、龙门铣床、工具铣床、仿形铣床和各种专用铣床（如凸轮铣床、曲轴铣床）等，其中应用最广的是升降台式铣床。它的工作台安装在可垂直升降的升降台上，使工作台可在相互垂直的三个方向上调整位置或完成进给运动，由于升降台刚性较差，所以其只适合加工中小型工件。升降台式铣床可分为卧式升降台式、万能升降台式和立式升降台式三种结构形式。图 2-14、图 2-15 所示分别为卧式和立式升降台铣床。

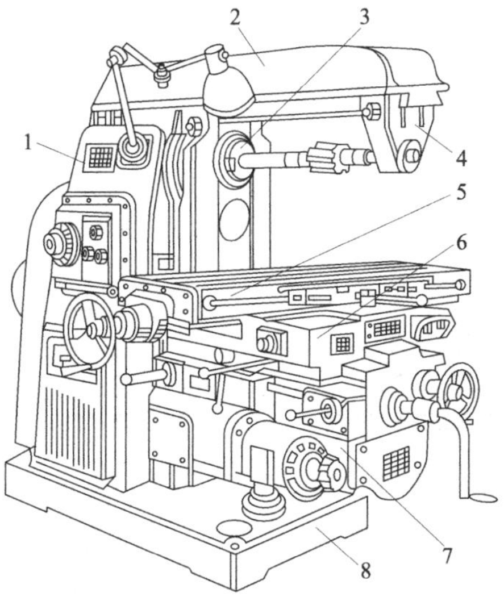

图 2-14　卧式升降台铣床

1—床身　2—悬梁　3—主轴　4—刀杆支架
5—工作台　6—滑座　7—升降台　8—底座

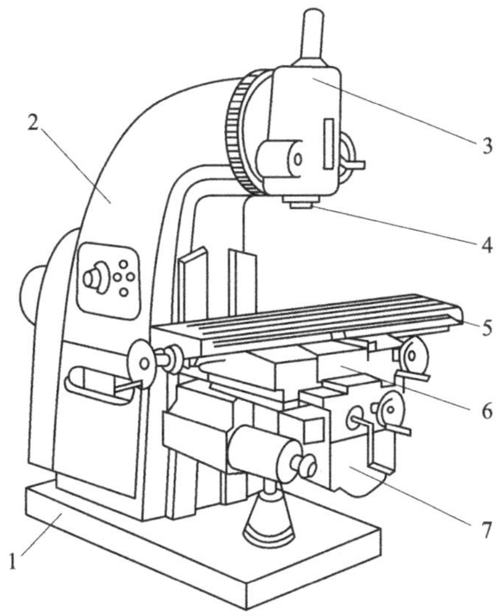

图 2-15　立式升降台铣床

1—底座　2—床身　3—铣头　4—主轴
5—工作台　6—滑座　7—升降台

2.2.3　刨削、插削与拉削加工

1. 刨削加工

刨刀和工件做相对直线运动的切削加工方法称为**刨削加工**。刨削可加工平面、沟槽和直线形成形面等。普通刨削可分为粗刨、半精刨和精刨。粗刨后两平行平面之间的尺寸公差等级为 IT12~IT11，*Ra* 值为 25~12.5μm；半精刨的尺寸公差等级为 IT10~IT9，*Ra* 值为 6.3~3.2μm；精刨的尺寸公差等级为 IT8~IT7，*Ra* 值为 3.2~1.6μm，直线度误差为 0.04~0.08mm/m。刨平面和沟槽的方法如图 2-16 和图 2-17 所示。

刨削通常在牛头刨床和龙门刨床上进行，前者适宜加工中小型工件，后者适宜加工大型工件或同时加工多个中型工件，且加工精度和生产率都高于前者。刨床类机床的主运动是刀具或工件所做的直线往复运动；进给运动由刀具或工件完成，其方向与主运动方向垂直，它是在空行程结束后的短时间内进行的，因而是一种间歇运动。

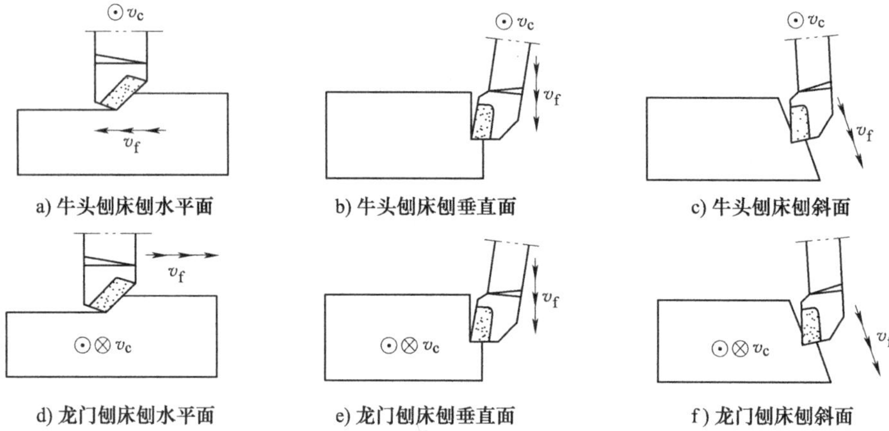

图 2-16　刨平面的方法

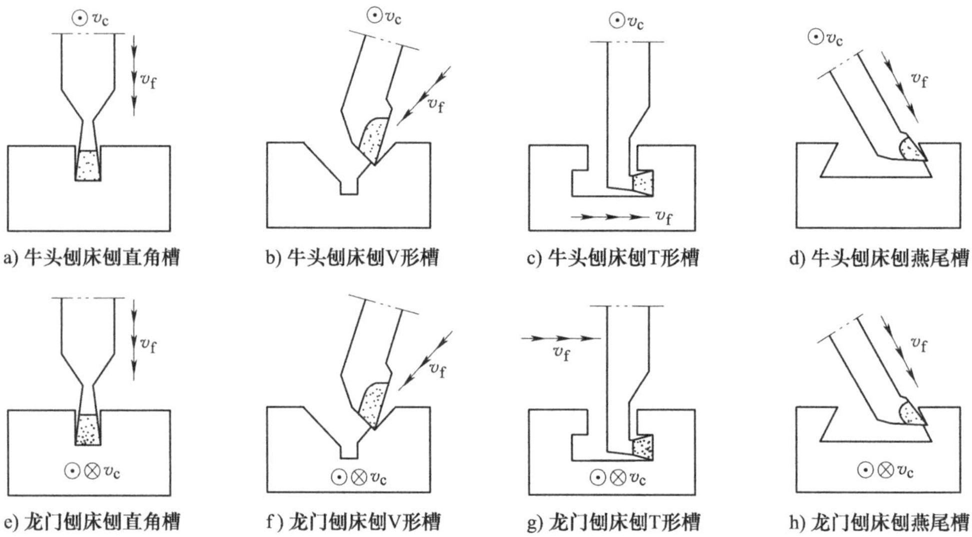

图 2-17　刨沟槽的方法

刨床类机床所用刀具结构简单，在单件小批生产条件下，加工形状复杂的表面比较经济，且生产准备工作时间短。此外，用宽刃刨刀大进给量加工狭长平面时的生产率较高，因而在单件小批生产中，特别是在机修加工和工具车间，是常用的设备。但这类机床由于其主运动反向时需克服较大的惯性力，限制了切削速度和空行程速度的提高，同时还存在空行程造成的时间损失，因此在多数情况下生产率较低，在大批大量生产中常被铣床和拉床所代替。

图 2-18 和图 2-19 所示为牛头刨床和龙门刨床。

2. 插削加工

利用插刀在竖直方向上相对工件做往复直线运动，工件做径向或横向进给运动，加工沟槽和异形孔的切削加工方法称为**插削加工**。插削主要用于单件小批生产中零件的某些内表面的加工，也可加工有特殊要求的外表面，如图 2-20 所示。

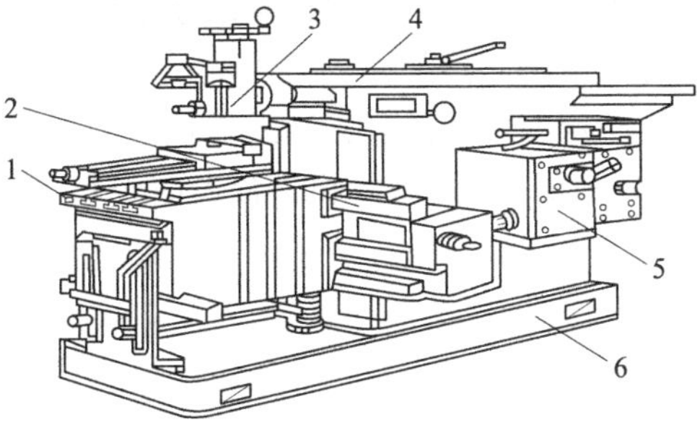

图 2-18　牛头刨床

1—工作台　2—滑座　3—刀架
4—滑枕　5—床身　6—底座

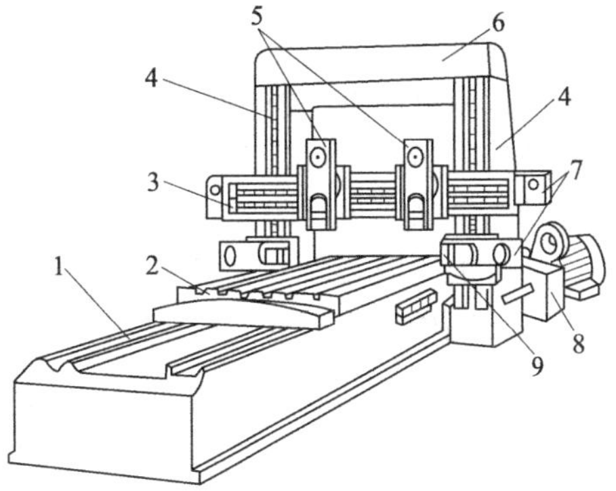

图 2-19　龙门刨床

1—床身　2—工作台　3—横梁　4—立柱　5—立刀架
6—顶梁　7—进给箱　8—变速箱　9—侧刀架

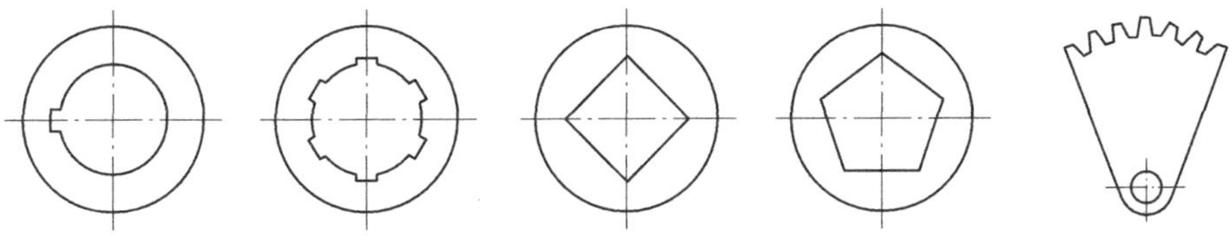

图 2-20　插削加工举例

插削孔内单键槽的方法如图 2-21 所示。首先在工件孔的端面上划出键槽加工线，采用卡盘或压板螺栓装夹，将工件安装在插床圆形工作台上并找正，使工件孔的轴线与圆形工作台的回转轴线重合。键槽插刀一般采用平头成形插刀。当键槽宽度较小时，可用宽度等于槽宽的插刀，一次进给插到槽宽尺寸，经多次进给后插到槽深要求。

插削通常在插床上进行，插床可以看作是立式刨床，主要用于单件小批量生产中插削与安装基面垂直的面，如孔中的键槽及多边形孔或内外成形表面。图 2-22 所示为插床的外形图。

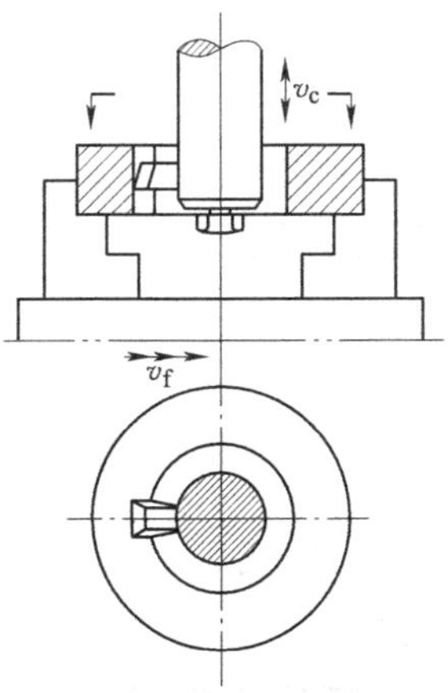

图 2-21　插削孔内单键槽的方法

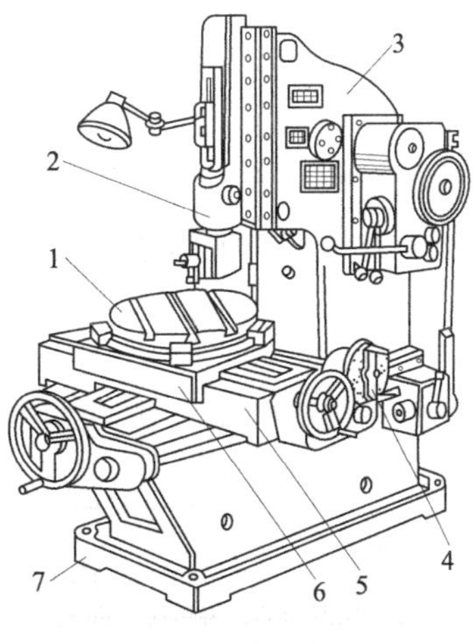

图 2-22　插床的外形图

1—工作台　2—滑枕　3—床身　4—分度盘
5—下滑座　6—上滑座　7—底座

3. 拉削加工

采用拉或推的方式使刀具拉刀做直线运动加工成形表面的方法称为**拉削或推削加工**。拉削在卧式拉床和立式拉床上进行。拉刀的直线运动为主运动。拉削无进给运动，其进给靠拉刀每齿升高量来实现，因此拉削可以看作是按高低顺序排列成队的多把刨刀进行的刨削。

拉削可加工内表面（如各种型孔）和外表面（如平面、半圆弧面和组合表面等），如图2-23所示，图中黑点部分为拉削余量。

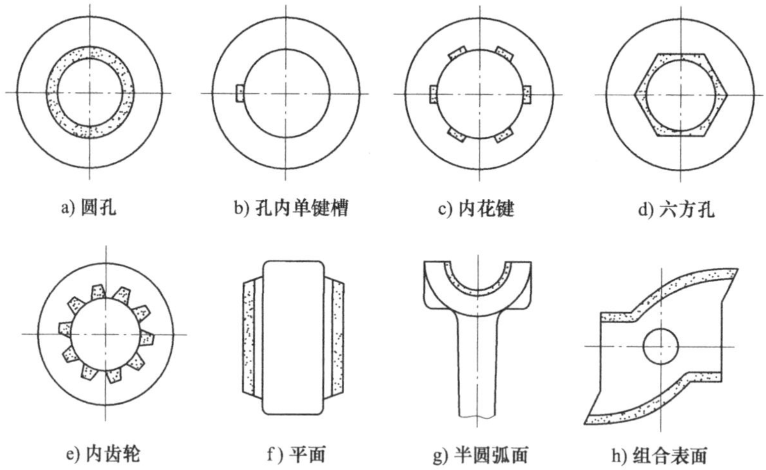

图2-23　拉削加工举例

拉削可分为粗拉和精拉。粗拉的尺寸公差等级为IT8~IT7，*Ra*值为1.6~0.8μm；精拉的尺寸公差等级为IT7~IT6，*Ra*值为0.8~0.4μm。拉削的孔直径一般为8~125mm，长径比$L/D\leqslant5$。圆孔拉刀及拉圆孔的方法如图2-24所示，工件不需要夹紧，只用已加工过的一个端面为支承面即可。当工件端面与拉削孔的轴线不垂直时，由球面浮动支承装置自动调节，始终使受力方向与端面垂直，以防止拉刀崩刃和折断。

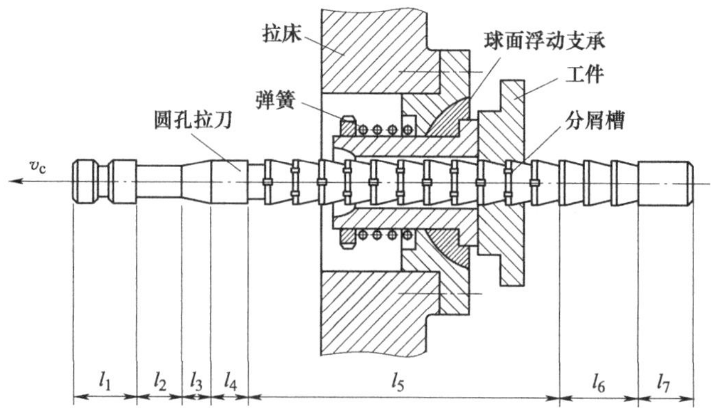

图2-24　圆孔拉刀及拉圆孔的方法

l_1—拉刀柄部，夹持拉刀部位　l_2—颈部，拉刀强度薄弱部位，过载折断，在此处焊接修复

l_3—过渡锥，起引导对准孔中心作用　l_4—前导部分，引导拉刀进入预加工孔中

l_5—切削部分，前部为粗切齿，后部为精切齿　l_6—校准部分，无齿升量，起校准、修光已加工表面的作用

l_7—后导部分，保持拉刀最后的正确工作位置

拉削加工一般在一次行程中完成粗、精加工，生产率很高。拉刀属于定形刀具，拉床又是液压传动，切削平稳，加工质量好，但刀具制造复杂，费用较高，因此，拉削加工广泛用于大批大量生产中。

拉床是用拉刀加工各种内外成形表面的机床，按机床布局可分为卧式和立式两种。按加工表面种类不同可分为内拉床和外拉床，内拉床用于拉削工件的内表面，外拉床用于拉削工件的外表面。图2-25a所示为卧式内拉床，用以拉内花键、键槽和精加工孔。图2-25b所示为立式外拉床，用于汽车、拖拉机行业加工气缸体等零件的平面。

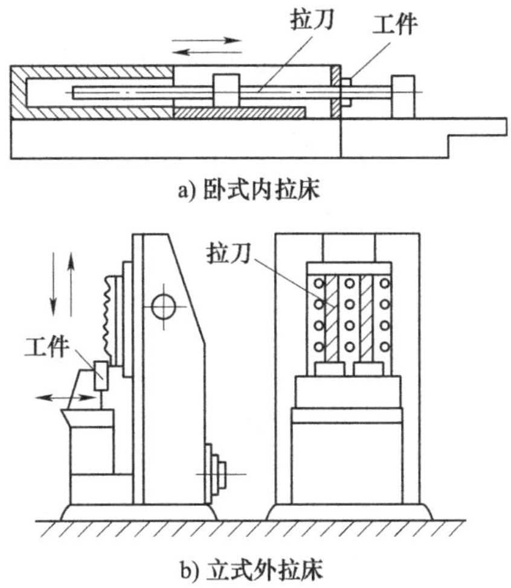

图2-25　拉床外形

2.2.4　钻削和镗削加工

1. 钻削加工

用钻头或铰刀、锪钻在工件上加工孔的方法统称为**钻削加工**。它可以在台式钻床、立式钻床、摇臂钻床上进行，也可以在车床、铣床、镗床或专用机床上进行。

（1）钻孔　钻孔是用钻头在实体材料上加工孔的一种加工方法。钻孔是最常见的孔加工方法之一，属于粗加工，按长径比（孔深 L 与孔径 D 之比）可分为浅孔钻和深孔钻。其中，浅孔是长径比 $L/D \leqslant 5$ 的孔，加工浅孔使用的刀具通常为麻花钻，加工公差等级一般为IT12～IT10，Ra 值为25～3.2μm。深孔是长径比 $L/D>5$ 的孔，其中 $5<L/D \leqslant 20$ 的孔称为普通深孔，加工时可用深孔刀具或接长麻花钻在车床或钻床上完成；$20<L/D \leqslant 100$ 的孔称为特殊深孔，加工时需用深孔刀具在深孔加工机床上进行。

孔加工按运动形式可分为：①工件旋转、刀具做进给运动；②刀具旋转、工件或刀具做进给运动；③工件旋转，刀具做反向旋转又做进给运动。深孔加工按系统类型则可分为枪钻系统、BTA系统、喷吸钻系统和DF系统。

1）麻花钻钻孔。麻花钻是钻孔最常用的刀具，其切削部分有两条主切削刃、两条副切削刃和一条横刃，如图2-26a所示。麻花钻钻孔时，相当于两把反向的车孔刀同时切削，如图2-26b所示。

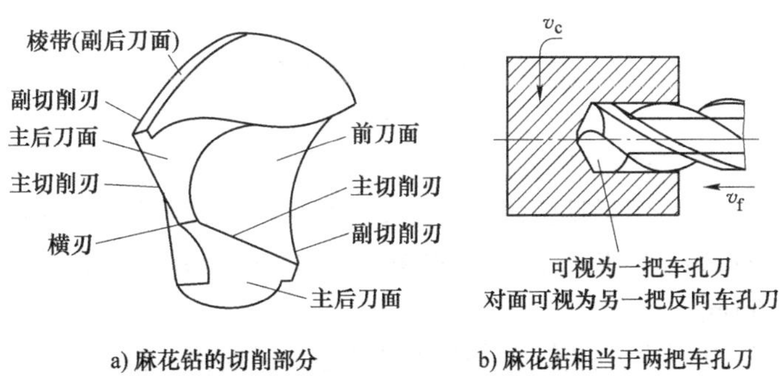

图2-26　麻花钻

钻孔的方法如图 2-27 所示。钻孔属于半封闭式切削，孔内材料要全部变成切屑，只能沿钻头的螺旋槽从孔口排出，致使切屑与孔壁剧烈摩擦，产生大量的切削热，划伤和拉毛已加工的孔壁，切削液又难以进入切削区域；同时，麻花钻具有刚度差、导向性差和进给力大的特点，因此钻孔的切削条件较差。由于这些因素的存在，再加上钻头的刃磨难以准确对称，致使钻孔时有钻头易引偏、孔径易扩大和孔壁质量差等工艺问题。

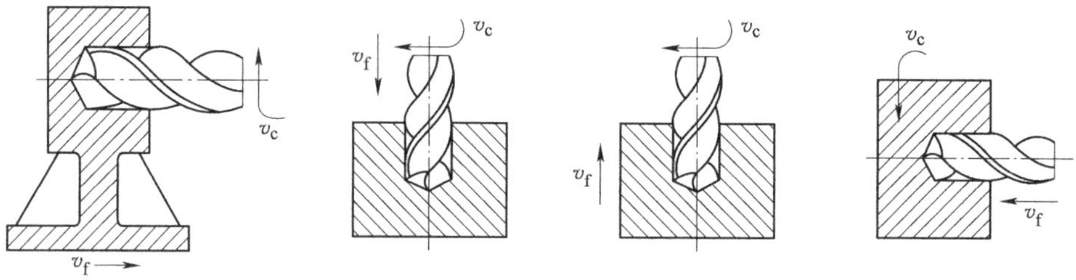

a) 镗铣床钻孔　b) 钻床钻孔　c) 立铣钻孔　d) 车床钻孔

图 2-27　钻孔的方法

2）枪钻钻孔。单刃外排屑深孔钻因最初主要用于军事工业中枪管和炮管的加工而得名枪钻。它主要用来加工直径范围在 3~25mm、大长径比的深孔，孔加工的公差等级为 IT10~IT8，表面粗糙度 *Ra* 值为 3.2~0.8μm。枪钻系统属于外排屑方式，其结构如图 2-28 所示，主要由静态中心架、导向排屑器（包括钻套、容屑盒、钻杆支承及密封等）、钻杆连接器和冷却润滑油路系统组成。导向排屑器用于钻头切入时导向，并提供向外排屑的通道；连接器用于夹持钻杆及切削液供给，承受钻削扭矩和进给力。枪钻系统的工作原理是：切削液通过钻杆上输油孔进入钻杆内部，到达钻头切削部位进行冷却润滑，并将切屑从钻头外部的 V 形槽中排出。由于枪钻钻杆为非对称结构，故抗扭刚性差，只能传递有限的扭矩。因此枪钻只适用于小直径孔的加工。

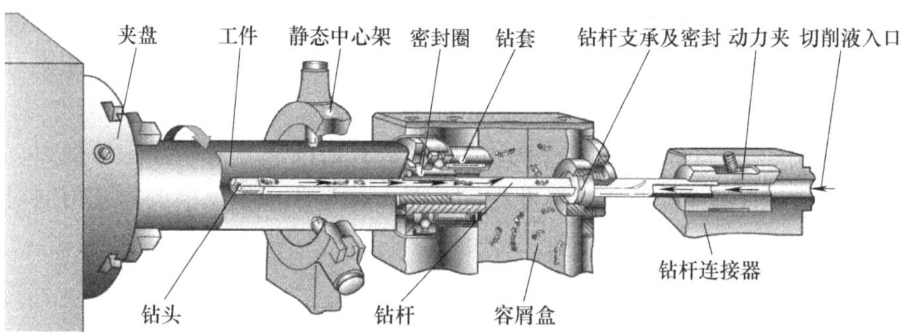

图 2-28　枪钻系统结构

3）BTA 钻孔。BTA 是国际钻镗协会的英文缩写。BTA 深孔钻是一种内排屑深孔钻，适用于加工直径在 16mm 以上、长径比较大的深孔，加工的公差等级为 IT10~IT7，表面粗糙度 *Ra* 值为 3.2~1.6μm。

BTA 系统如图 2-29 所示，钻头通过螺纹和空心钻杆连接，由静态中心架、授油器、钻杆连接器和冷却润滑油路等组成钻削系统。BTA 系统中的授油器与枪钻系统中的导向排屑器功能不同，授油器除了具有导向功用之外，还提供了向切削区供油的通道。BTA 系统的工作原理是：切削液通过授油器从钻杆外壁与工件已加工表面之间进入，到达刀具头部进行冷却润滑，并将切屑由钻杆内部推出。

BTA 钻孔是深孔加工的重要方法，但在切削过程中，工件与授油器之间会形成一个高压区，使工件与授油器的密封比较困难。

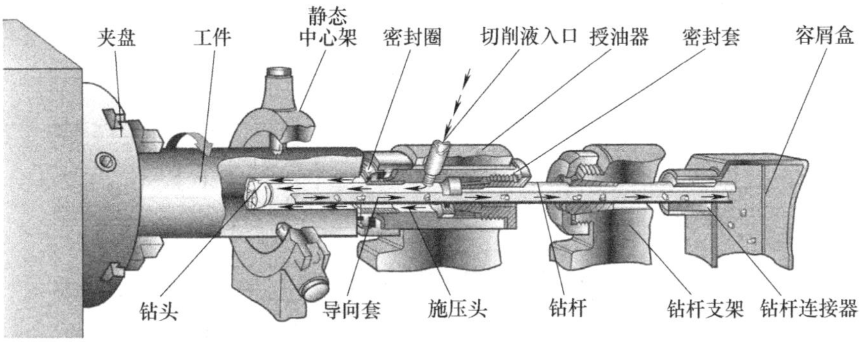

图 2-29 BTA 系统

4）喷吸钻钻孔。喷吸钻系统的钻削过程与 BTA 系统完全相同，所不同的是钻杆由两层管与钻头相连构成刀具系统，其工作原理是：切削液在一定压力作用下，由连接器上输油口进入，其中 2/3 的切削液向前进入内外钻杆之间的环形空间，通过钻头部位的小孔流向切削区，对切削和导向部分进行冷却和润滑，并将切屑推入内腔向后排出；另外 1/3 的切削液，由内钻杆上月牙状喷嘴高速喷入内钻杆后部，根据流体力学原理，在内钻杆内腔形成一个负压区，切削区的高压与内钻杆内的负压形成的压差，使切削液与切屑一起形成前“喷”后“吸”的效果，提高了冷却和排屑的效果。因此在喷吸钻钻孔时，切削液压力低而稳定，不易外泄，排屑顺畅，降低了钻削系统的密封要求，保证了钻削加工可以在较大的切削用量下进行，可有效解决 BTA 深孔钻中的高压和泄漏问题。喷吸钻系统如图 2-30 所示。

由于有内钻杆，喷吸钻加工最小直径受到限制，一般不能小于 18mm；同时，两层钻杆也使刀具系统变得复杂。

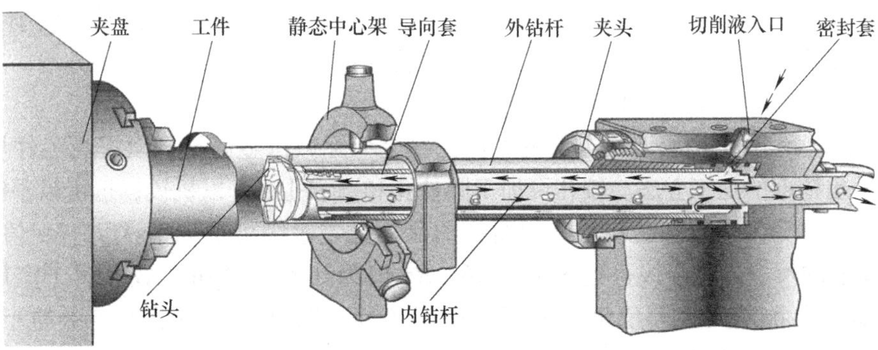

图 2-30 喷吸钻系统

5）DF 钻孔。双供油（Double Feeder，DF）钻削系统将 BTA 方法推出切屑方式与喷吸钻吸出切屑方式相结合，仅用单一钻杆完成喷吸双重作用，同时兼备 BTA 钻和喷吸钻的优点，并克服了各自不足，使钻削直径范围增大（最小直径可达6mm），密封压力减小，加工精度和效率提高。DF系统将切削液分成两路分别供给授油器和连接器，如图2-31所示，约2/3的切削液经授油器进入切削区，将切屑从钻杆内部排出；另外1/3的切削液直接从钻杆连接器的负压抽屑装置进入钻杆内腔，产生一定的负压，将切削区的切削液和切屑向后抽吸，促使切屑顺利排出。

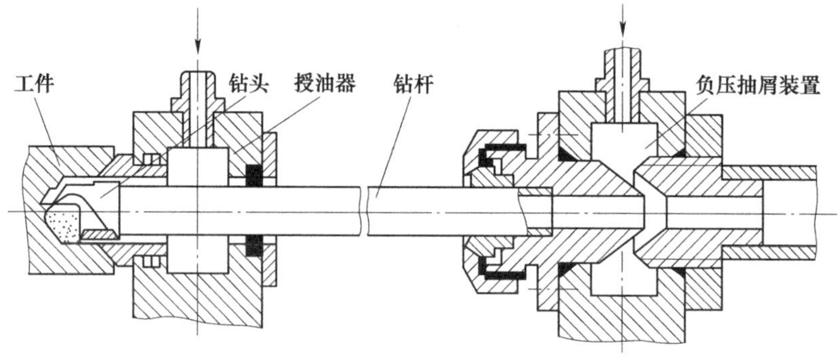

图2-31　DF系统

（2）扩孔　扩孔是扩大孔径的一种孔加工方法，所用机床与钻孔相同，在钻床上扩孔的方法如图2-32所示。扩孔钻的规格为$\phi10 \sim \phi100$mm，其中常用的是$\phi15 \sim \phi50$mm，扩孔的余量（$D-d$）一般为孔径的1/8。

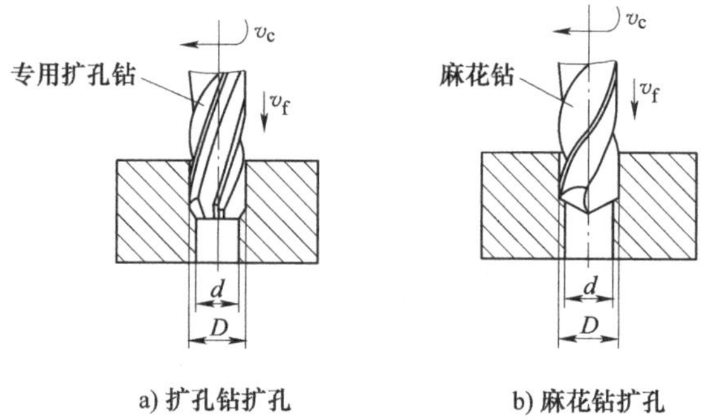

图2-32　在钻床上扩孔的方法

专用扩孔钻的排屑槽浅而窄，钻芯比较结实，设有3~4个刀齿，每个刀齿周边上有一条螺旋棱带，中心部位不切削，无横刃。切屑薄而窄，不易划伤孔壁，使切削条件改善。扩孔钻与麻花钻相比，刚度、导向性和切削条件较好，进给力较小，因此扩孔的加工精度比钻孔高，可在一定程度上纠正原孔轴线偏斜，属于半精加工方法，其尺寸公差等级可达IT10~IT9，Ra值可达6.3~3.2μm。

（3）铰孔　铰孔是用铰刀在未淬硬工件孔壁上切除微量金属层，以提高工件尺寸精度和降低表面粗糙度的加工方法。铰孔可加工圆柱孔和圆锥孔，可以机铰，也可以手铰。铰孔属于精加工，可分为粗铰和精铰，其中粗铰的尺寸公差等级可达IT8~IT7，Ra值为1.6~0.8μm；精铰的尺寸公差等级可达IT7~ IT6，Ra值为0.8~0.4μm。铰孔属于定尺寸加工法，适宜加工中批或大批大量生产中不宜拉削的孔，以及单件小批生产中的小孔（$D<10$mm）、细长孔（$L/D>5$）和定位销孔。

铰孔的精度和表面粗糙度主要不取决于机床的精度，而取决于铰刀的精度、安装方式以及加工余量、切削用量和切削液等条件。因此，铰孔时应采用较低的切削速度，一般不大于5m/min，以避免产生振动、积屑瘤和过多的切削热；宜选用较大的进给量，要施加合适的切削液；机铰时铰刀与机床最好用浮动连接方式，以避免因铰刀轴线与被铰孔轴线偏移而使铰出的孔不圆，或使孔径扩大；铰孔之前最好用同类材料先试铰，以确保铰孔质量。

（4）锪孔　锪孔是用锪钻或代用刀具加工各种沉头螺栓孔、锥孔等的加工方法。锪孔一般在钻床上完成。它虽不如钻、扩、铰应用广泛，但也是一种不可缺少的加工方法。图 2-33a 所示为用锪钻锪平底沉孔，图 2-33b 所示为由麻花钻两主切削刃刃磨成 180°代替平底锪钻锪孔。

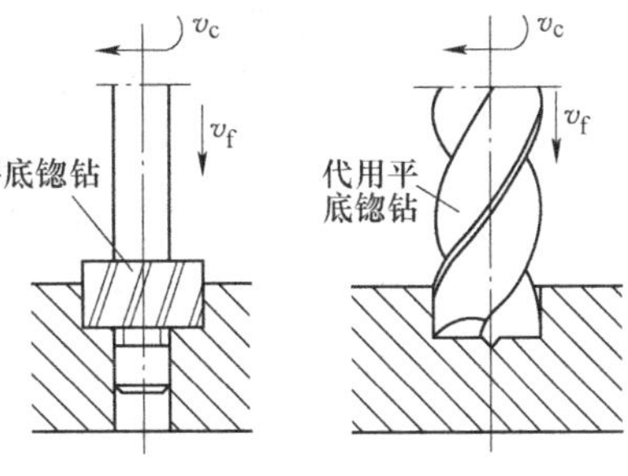

图 2-33　锪平底沉孔的方法

（5）钻床　钻床是指主要用钻削工具在工件上加工孔的机床，通常以钻头的回转为主运动，钻头或工件的轴向移动为进给运动。钻床可分为台式钻床、立式钻床、卧式钻床、摇臂钻床、中心孔钻床、坐标镗钻床、深孔钻床、铣钻床 8 种。钻床的主要功用为钻孔和扩孔，也可以用来铰孔、攻螺纹、锪沉头孔及凸台端面等。

在普通钻床中，应用最广泛的是立式钻床、台式钻床和摇臂钻床。图 2-34、图 2-35 所示分别为立式钻床和摇臂钻床。

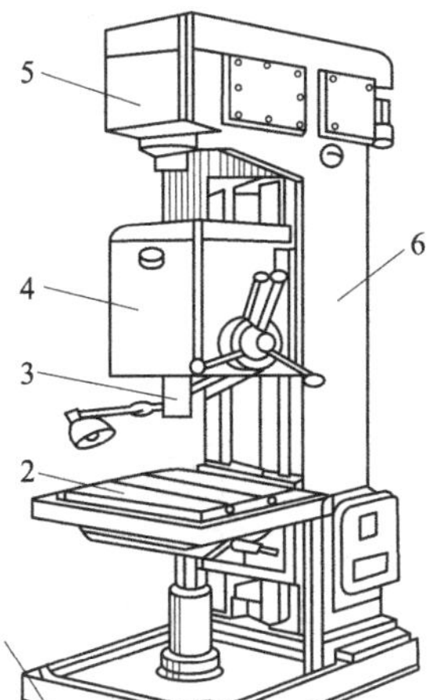

图 2-34　立式钻床

1—底座　2—工作台　3—主轴　4—进给箱　5—变速箱　6—立柱

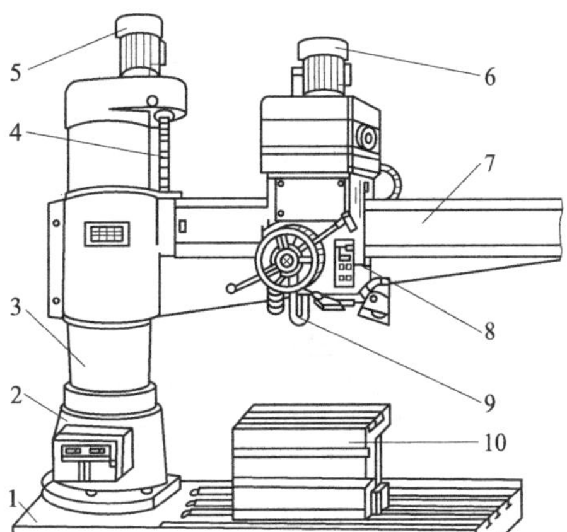

图 2-35　摇臂钻床

1—底座　2—外立柱　3—内立柱　4—丝杠　5、6—电动机　7—摇臂　8—主轴箱　9—主轴　10—工作台

2. 镗削加工

镗削是扩大已有孔孔径的一种加工方法。镗孔工作既可以在镗床或镗铣床上进行，也可以在车床上进行。在车床上镗孔时工件做旋转运动，刀具做轴向进给运动；在镗床或镗铣床上镗孔时镗刀做旋转主运动，工件或镗刀做进给运动。一般意义上的镗削主要是指在镗床或镗铣床上进行的加工，用于加工箱体类零件上的孔以及要求相互平行或垂直的孔系。镗孔可作为粗加工、半精加工、精加工和精细加工工序，粗镗孔的尺寸公差等级为 IT12～IT11，*Ra* 值为 25～12.5μm；精镗孔的尺寸公差等级为 IT8～IT7，*Ra* 值为 1.6～0.8μm；精细镗孔的尺寸公差等级为 IT7～IT6，*Ra* 值为 0.8～0.2μm。

在镗铣床上镗孔的方法有**单刃镗刀镗孔**和**浮动镗刀镗孔**，如图 2-36 和图 2-37 所示。单刃镗刀是把镗刀头安装在镗刀杆上，其孔径大小依靠调整刀头的悬伸长度来保证，多用于单件小批生产中。

浮动镗有固定镗刀片和可调镗刀片两种，可调浮动镗刀片的两切削刃之间的距离为孔径尺寸，可通过调节获得，如图 2-37b 所示。镗削加工时沿直径方向刀片能自由浮动，依靠两切削刃径向切削力的平衡自动定心，相当于与机床浮动连接，因此浮动镗孔的实质是铰孔，其工艺特点与铰孔相同。浮动镗孔适宜加工成批生产中孔径较大（$\phi40\sim\phi330$mm）的孔。浮动镗刀片也可在车床上使用。

镗铣床镗孔主要用于机座、箱体、支架等大型零件上孔和孔系的加工，也可以加工外圆和平面，特别适合加工箱体和其他大型零件上与孔有位置精度要求、需要与孔在一次安装中加工出来的短而大的外圆和端面等，如图 2-38 所示。

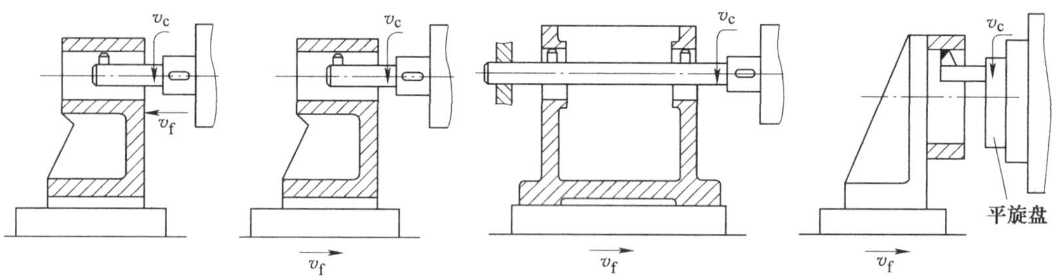

a) 悬臂式　b) 支承式　c) 平旋盘镗大孔

图 2-36　单刃镗刀镗孔

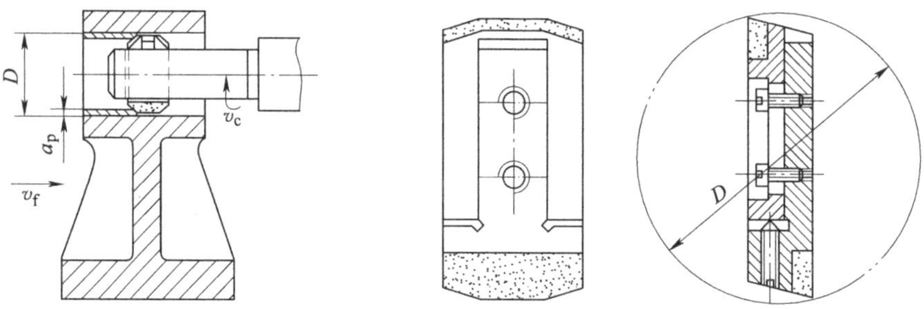

a) 浮动镗刀镗孔　b) 可调浮动镗刀片

图 2-37　浮动镗刀镗孔

镗床主要有卧式镗铣床、坐标镗床和金刚镗床等，以卧式镗铣床应用最广泛。对于较大的复杂箱体类零件，能在一次装夹中完成各种孔和箱体表面的加工，并能较好地保证其尺寸精度和形状位置精度，这是其他机床难以胜任的。图 2-39 所示为卧式镗铣床。

坐标镗床是一种高精密机床，主要用于镗削高精度的孔，特别是相互位置精度很高的孔系加工，如钻模、镗模等的孔系加工。由于机床上具有坐标位置的精密测量装置，镗孔时，按直角坐标来精密定位，所以称为坐标镗床。坐标镗床有立式和卧式两种。图 2-40 所示为卧式坐标镗床。

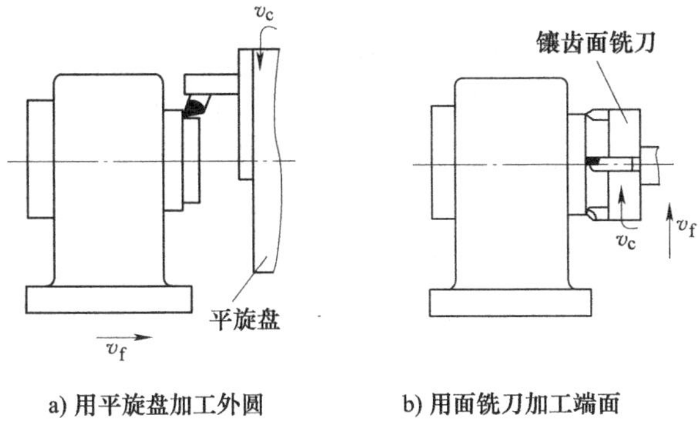

图 2-38　在镗铣床上加工外圆和端面

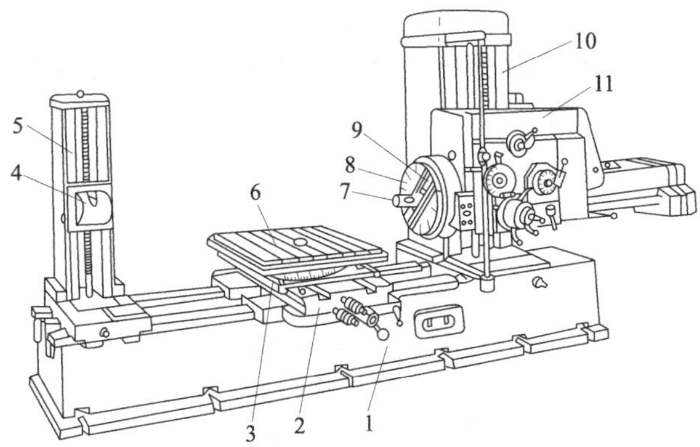

图 2-39　卧式镗铣床

1—床身　2—下滑座　3—上滑座　4—后支架
5—后立柱　6—工作台　7—镗轴　8—平旋盘
9—径向刀架　10—前立柱　11—主轴箱

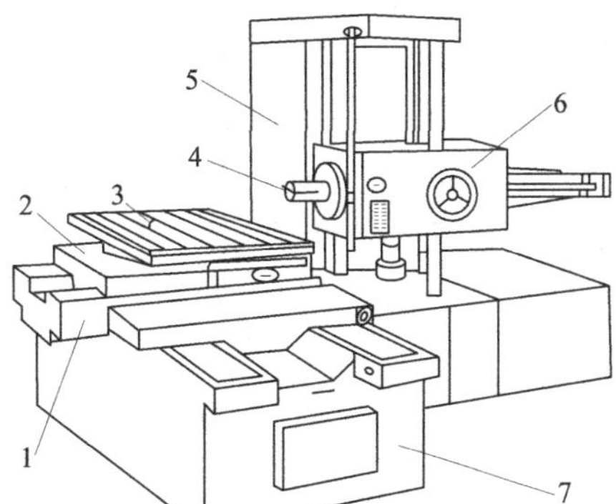

图 2-40　卧式坐标镗床

1—下滑座　2—上滑座　3—工作台　4—主轴
5—立柱　6—主轴箱　7—床身

2.2.5　齿轮和螺纹加工

1. 齿轮加工

齿轮齿面的加工运动比较复杂，根据形成齿面的加工原理不同，可分为成形法和展成法两种。成形法采用与被加工齿轮的齿槽形状相同的成形刀具进行齿轮加工，加工精度和生产率较低，仅在单件小批生产中使用。展成法是将齿轮啮合副中的一个齿轮转化为刀具，另一个齿轮转化为工件，齿轮刀具做切削主运动的同时，以内联系传动链强制刀具与工件做严格的啮合运动，即展成运动，于是刀具切削刃就在工件上加工出所要求的齿形表面来。这种方法的加工精度和生产率都较高。

（1）齿轮加工方法　常见齿轮加工方法主要有铣齿、滚齿、插齿等。为了获得高精度齿轮，滚齿和插齿加工后还需进行齿轮齿形的精加工。常用的齿轮精加工方法有剃齿、珩齿和磨齿等。

1）铣齿。铣齿是成形法加工，是用与被切齿轮的齿槽法向截面形状相符的成形铣刀切出齿形的方法，如图 2-41 所示。

铣齿时，工件装夹在分度头和尾座两顶尖之间的心轴上，分度头和尾座安装在工作台上。铣刀旋转做主运动，工件随工作台做直线进给运动。当铣完一个齿槽后，铣刀沿原进给方向退回，工件分度后再铣下一个齿槽。铣齿成形刀具有盘状铣刀和指形铣刀两种。通常情况下，多用盘状铣刀在卧式万能铣床上铣削模数 $m \leqslant 20$mm 的齿轮；而用指形铣刀在立式铣床上铣削模数 $m>20$mm 的齿轮。铣齿精度较低，一般只能加工 9 级精度及以下的齿轮，齿面表面粗糙度 Ra 值为 6.3~3.2μm。因此，用成形法铣齿只适用于一般修配，或单件小批生产某些低速及精度要求低的齿轮。

2）滚齿。滚齿是根据展成法原理，在滚齿机上用齿轮滚刀加工齿形的一种方法。齿轮滚刀的形状与蜗杆相似，它是在蜗杆的基础上开槽、铲齿后形成刀齿，并将每个刀齿都磨成一定的前角和后角，经淬硬后形成具有切削刃的刀具。

用滚刀加工齿轮，相当于一对螺旋齿轮啮合的过程。齿轮滚刀是一个螺旋角很大而头数很少（1~3）的螺旋齿轮。滚齿加工时滚刀与工件之间保持啮合运动关系，滚刀的旋转运动即为主运动，滚刀和工件之间的啮合运动组成展成运动，即当滚刀的齿数为 k、工件的齿数为 z 时，滚刀转一转，工件转过 k/z 转；加上滚刀沿齿宽方向做进给运动就能完成整个切齿工作，如图 2-42 所示。

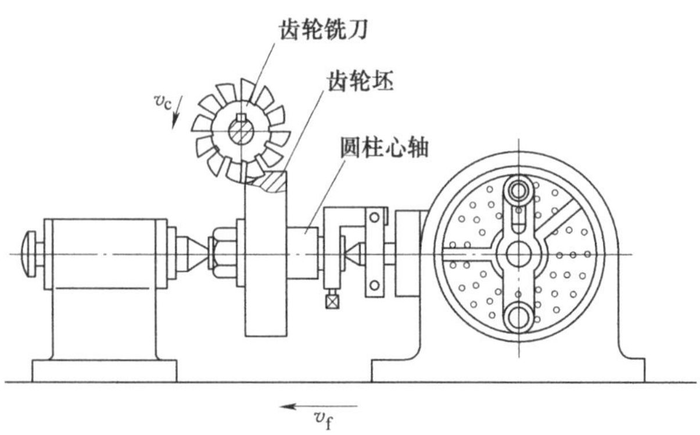

图 2-41　铣齿

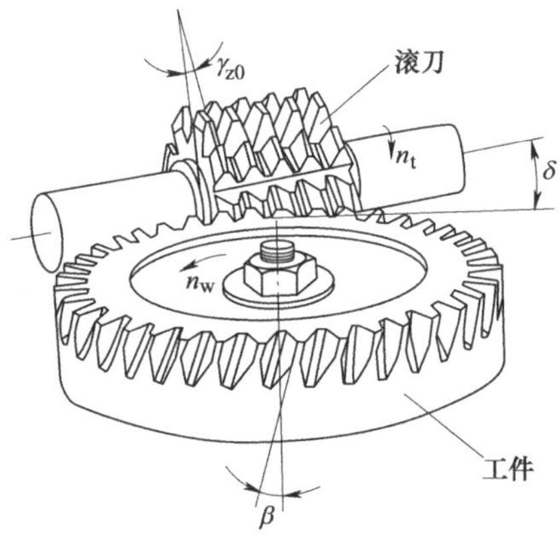

图 2-42　滚齿加工原理

可用一把滚刀滚削加工相同模数的所有齿数的齿轮，所以减少了刀具数量，给刀具制造和使用带来了极大方便。滚齿为连续分齿切削，同时在切削过程中无空回程，所以，在一般情况下滚齿生产率高于铣齿和插齿。滚齿可加工 6~10 级精度的齿轮，常用于加工直齿、斜齿圆柱齿轮及蜗轮。由于滚刀的切入、切出运动的影响，滚齿不能加工内齿轮以及齿轮间距太近的多联齿轮。

3）插齿。插齿也是根据展成法原理，用插齿刀在插齿机上加工齿形的一种方法，其原理如图 2-43 所示。插齿时，插齿刀沿着齿宽方向的往复切削运动为主运动，在插齿刀转过一个齿时，工件也准确地转过一齿，为了切出齿轮的齿高，插齿刀还要向工件的中心做径向进给运动，插齿刀向上做回程运动时，工件相对插齿刀做让刀运动，以免擦伤已加工齿面。

同一模数的插齿刀可以加工相同模数的各种齿数的齿轮，生产率高于铣齿而低于滚齿。插齿的加工精度略高于滚齿，加工齿轮的精度可达 7~9 级，常用于加工内、外直齿圆柱齿轮和多联齿轮，借助一些附件还可以加工齿条及斜齿轮等。

4）剃齿。剃齿在原理上属于展成法加工，是由剃齿刀在剃齿机上对未淬火齿轮进行精加工的一种齿形加工方法。在与工件啮合运转时，剃齿刀的切削刃从工件齿面上剃下细丝状的切屑，从而提高齿形精度，减小齿面表面粗糙度，其精度可达 5~7 级，适合大批生产。

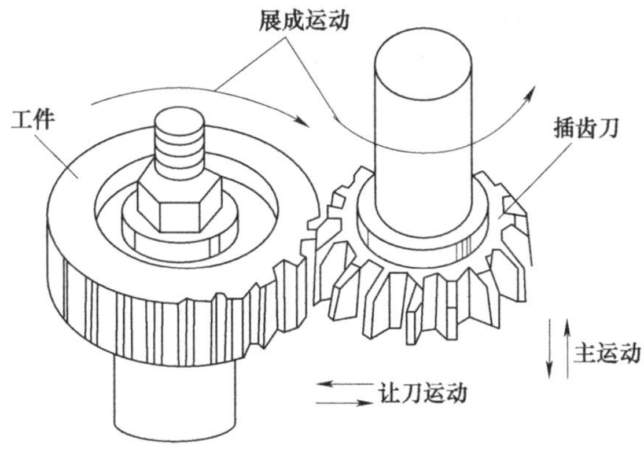

图 2-43　插齿加工原理

剃齿刀在外形上像一个斜齿圆柱齿轮，齿形准确，并在其齿侧面上开有若干狭窄的容屑槽，这些容屑槽与齿面的交线形成切削刃，淬硬后便成为剃齿刀，如图 2-44a 所示。加工直齿圆柱齿轮时，剃齿刀与被加工齿轮的轴线在空间交叉成一个角度，即剃齿刀的螺旋角 β。当剃齿刀旋转时，啮合点 A 的圆周速度 v_A 可以分解为两个分速度：一个是切向分速度 v_{An}，它带动工件做旋转运动；另一个是轴向分速度 v_{At}，它使两个啮合齿产生相对滑移，v_{At} 为剃削速度。为了能沿齿轮全宽进行剃削，工件由工作台带动做往复直线运动，工作台往复行程终了时，工件还要对剃齿刀做垂直进给，以便从齿面上剃去 0.007~0.008mm 金属层，剃齿运动如图 2-44b 所示。

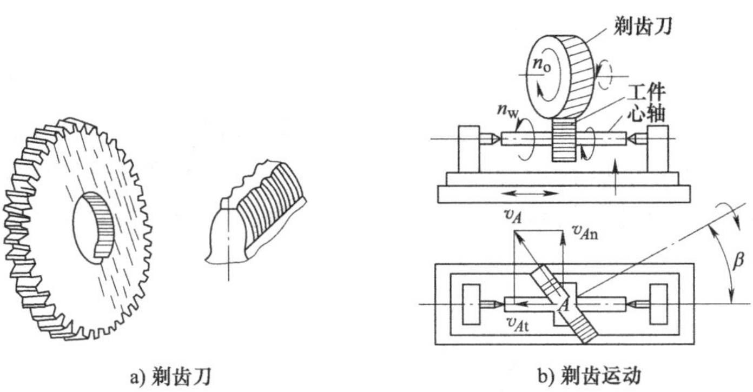

图 2-44　剃齿加工原理

5）珩齿。珩齿是齿轮热处理后的一种光整加工方法。珩齿与剃齿原理完全相同，只不过所用刀具不是剃齿刀，而是珩磨轮。珩磨轮是用磨料与环氧树脂等材料浇注或热压在钢制轮芯上的螺旋齿轮。珩磨轮与工件在自由转动中靠齿面间的压力和相对滑动，产生磨削作用进行加工。

珩磨加工表面质量好，主要用于需淬火齿轮的精加工，对齿形的预加工有较高的要求。

6）磨齿。磨齿是应用较广泛的齿轮齿形精加工方法，多用展成法加工。生产中常用锥形砂轮和碟形砂轮磨齿，如图 2-45 和图 2-46 所示，都是利用齿条与齿轮的啮合原理进行磨齿加工的。其中碟形砂轮刚性较差、切削深度小、生产率较低，但磨削精度高，适用于单件小批磨制高精度的直齿、斜齿圆柱齿轮。磨齿对齿轮误差或热处理变形具有较强的修正能力，加工后齿轮的精度可达 3~6 级。

（2）齿轮加工机床　齿轮加工机床是加工齿轮轮齿的机床。齿轮加工机床按加工对象的不同，分为圆柱齿轮加工机床和锥齿轮加工机床两大类。圆柱齿轮加工机床主要有滚齿机、插齿机、车齿机。锥齿轮加工机床有用于加工直齿锥齿轮的刨齿机、铣齿机、拉齿机和加工弧齿锥齿轮的铣齿机。用于精加工齿轮齿面的有研齿机、剃齿机、珩齿机和磨齿机等。

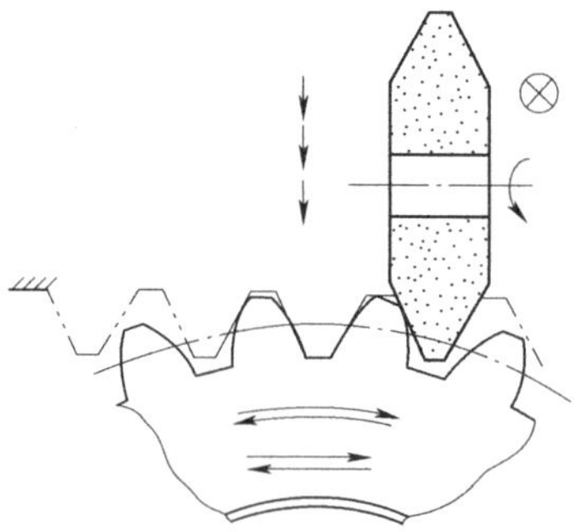

图 2-45　锥形砂轮磨齿

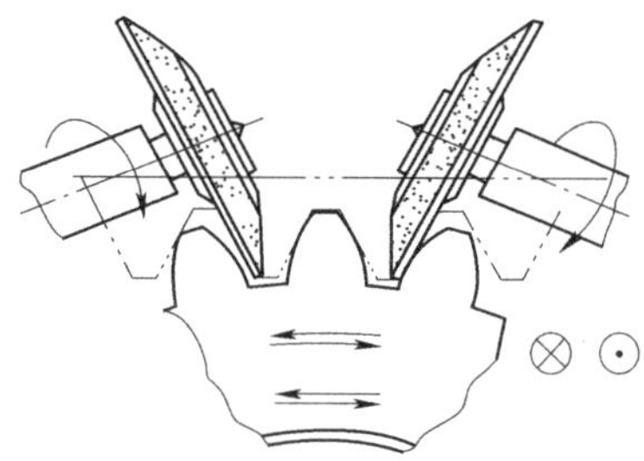

图 2-46　碟形砂轮磨齿

齿轮加工机床种类较多，加工方式也各不相同，但按齿形加工原理来分只有成形法（仿形法）和展成法两种。目前绝大多数齿轮加工机床都采用展成法，其中以滚齿机和插齿机应用最为广泛。

图 2-47 所示为 Y3150E 型滚齿机外形图，其主要用于滚切直齿和斜齿圆柱齿轮和蜗轮。床身上固定立柱，刀架溜板可沿立柱上的导轨做垂直方向的移动，以实现滚刀进给。滚刀安装在刀杆上，可调整其倾斜角度。工件安装在工作台的心轴上，并支承在支架孔中，由工作台带动做旋转运动。滚刀的旋转是主运动；滚刀与工件之间的啮合是展成运动，由机床的内联系传动链实现；滚刀沿轴向的移动是进给运动。此外，在滚斜齿轮时，还必须有一个附加的转动即差动运动。

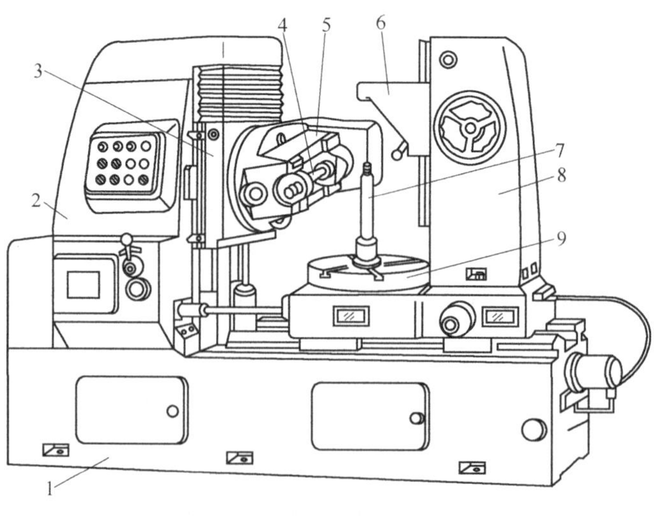

图 2-47　Y3150E 型滚齿机外形图

1—床身　2—立柱　3—刀架溜板　4—刀杆　5—刀架体　6—支架　7—心轴　8—后立柱　9—工作台

插齿机用来加工内外啮合的圆柱齿轮或齿条。图 2-48 所示为插齿机外形图，其主要由工作台、刀架、横梁和床身等部件组成。插齿刀装在主轴上，工件安装在回转工作台上，回转工作台下面的横向滑板可沿床身导轨做径向切入进给运动及快速接近或退出运动。

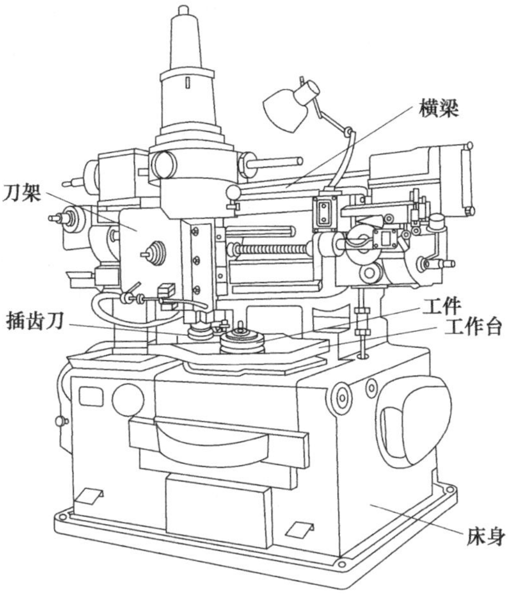

图 2-48　插齿机外形图

根据上述分析，对各种齿形加工方法的原理、精度及应用范围等进行汇总，见表 2-1。

表 2-1　常用齿形加工方法

加工方法	加工原理	精 度	表面粗糙度值/μm	生产率	设 备	应用范围
铣　齿	成形法	9~11	6.3~3.2	低	普通铣床	低精度圆柱齿轮、锥齿轮、蜗轮
拉　齿	成形法	7~8	1.6~0.4	高	拉　床	齿轮拉床制造复杂，应用少
插　齿	展成法	7~9	3.2~1.6	较高	插齿机	内齿轮、扇形齿轮、人字齿轮、带凸台齿轮、间距小的多联齿轮
滚　齿	展成法	6~10	3.2~1.6	较高	滚齿机	直齿圆柱齿轮、斜齿圆柱齿轮、蜗轮
剃　齿	展成法	5~7	0.8~0.4	高	剃齿机	精加工未淬火圆柱齿轮
珩　齿	展成法	改善不大	0.8~0.4	很高	珩齿机	光整加工已淬火的圆柱齿轮
研齿	展成法	改善不大	1.6~0.2	很高	研齿机	光整加工已淬火的圆柱齿轮
磨齿	成形法、展成法	3~6	0.8~0.2	较低	磨齿机	精加工已淬火的圆柱齿轮

2. 螺纹加工

螺纹属于成形表面，按形状可分为圆柱螺纹、圆锥螺纹；按牙型可分为三角形螺纹、矩形螺纹、梯形螺纹、圆弧形螺纹等，应用最多的为三角形螺纹；按用途可分为连接螺纹（如螺栓等）和导向螺纹（如丝杠等）。螺纹加工方法有车削加工、铣削加工、搓丝、磨削加工等，如图 2-49 所示。

1）车削螺纹。车床上可以加工各种形状、各种牙型的内外螺纹，如图 2-49b 所示。螺纹表面是复杂的成形面，在车削加工时，工件的旋转和刀具的移动要有严格的比例关系，即工件旋转一周，刀具移动螺纹的一个导程，这种运动关系由螺纹加工传动链来保证。因此，车床加工螺纹的精度一方面由刀具本身的精度决定，另一方面由车床传动链精度保证。

螺纹车削大多使用单刃车刀加工，因为刀具简单，车床调整方便，故适应性强，应用非常广泛，适用于单件小批生产，但生产率较低。

2）铣削螺纹。铣削螺纹和车削螺纹原理相同，在成批生产中，为提高生产率多用铣削加工螺纹。图 2-49c 所示为旋风铣削螺纹。根据刀具与工件的位置可分为内接铣削与外接铣削，前者适合较短的螺纹加工，工件只一端装夹，要求装夹刚度较高；后者适用轴类螺纹加工，工件可两头装夹，如图 2-50 所示。

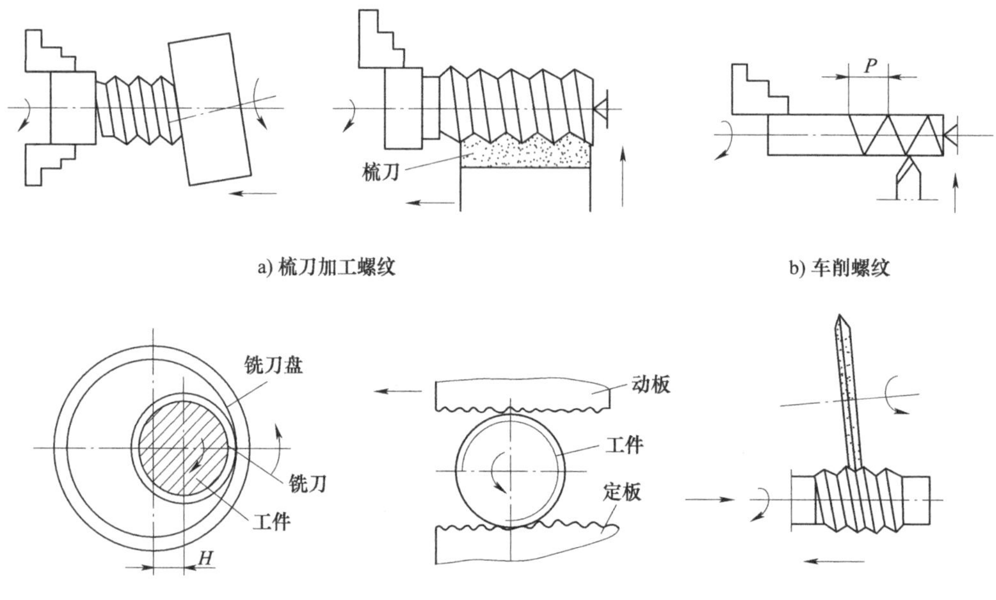

a) 梳刀加工螺纹　　b) 车削螺纹

c) 铣削螺纹　　d) 搓丝　　e) 磨削螺纹

图 2-49　螺纹加工方法

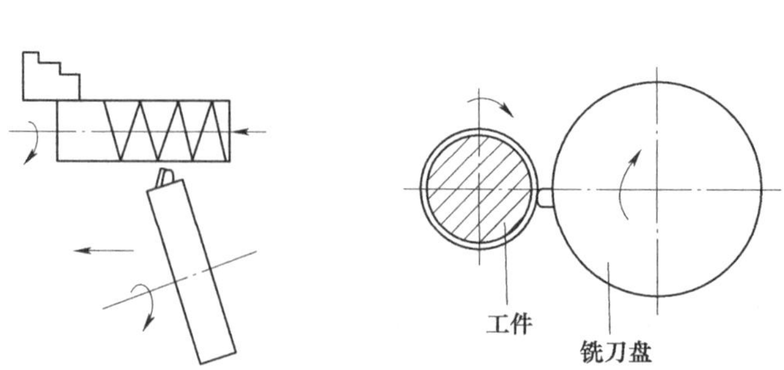

a) 装夹　　b) 加工

图 2-50　旋风铣削螺纹（外接）

3）搓制螺纹（搓丝）。在大量生产中，小型圆柱螺纹零件多采用搓丝方法加工，它属于无屑塑性加工，如图 2-49d 所示。搓丝时，定板不动，动板前后移动，工件自动定位，生产率极高，在标准件厂应用较多。螺纹加工精度取决于搓丝板的精度及机床运动精度，一般加工精度不高，该方法多适用于连接螺纹加工。

4）磨削螺纹。精密导向螺纹多采用磨削方法加工，图 2-49e 所示为单片砂轮磨削螺纹。因切削用量小，故切削力小，切削热少，螺纹磨削加工精度高。磨削螺纹因使用成形砂轮，故砂轮精度直接影响螺纹加工精度，应随时注意砂轮的修整。磨削螺纹生产率较低，一般用在淬火后螺纹及高精度螺纹加工中。

螺纹加工分为大批量生产和单件小批生产两种类型。大批量生产通常采用专用螺纹加工机床，如滚丝机、搓丝机、梳丝机、攻丝机等；单件小批生产中，螺纹大多在车床、铣床、钻床等通用设备上加工完成。

2.2.6　磨削加工

磨削加工是指用磨具以较高的线速度对工件表面进行加工的方法。磨具的种类很多，有砂轮、砂带、油石和研磨料等。磨削加工主要在磨床上进行，属于精加工，尤其适合对淬硬钢件和高硬度材料的精加工。磨削加工可分为普通磨削、无心磨削、高效磨削、砂带磨削和低粗糙度磨削等。其中低粗糙度磨削属于精密加工范畴。

1. 普通磨削

普通磨削是用砂轮在通用磨床上进行的磨削加工。它可以对内外圆、平面、锥面等进行磨削加工。普通磨削可分为粗磨和精磨，粗磨后的公差等级为 IT8～IT7，*Ra* 值为 0.8～0.4μm，精磨后的公差等级为 IT6～IT5，*Ra* 值为 0.4～0.2μm。普通磨削包括磨外圆、磨内圆、磨平面。

1）磨外圆（包括外锥面）。磨外圆在普通外圆磨床和万能外圆磨床上进行，具体方法有纵磨法和横磨法两种，如图 2-51 和图 2-52 所示。纵磨精度较高，*Ra* 值较小，但生产率较低；横磨生产率高，但加工精度较低，*Ra* 值较大。因此，纵磨法广泛用于各种类型的生产中，而横磨法只适用于大批大量生产中，磨削刚度好、精度不高、长度较短的轴类零件上的外圆表面和成形面。

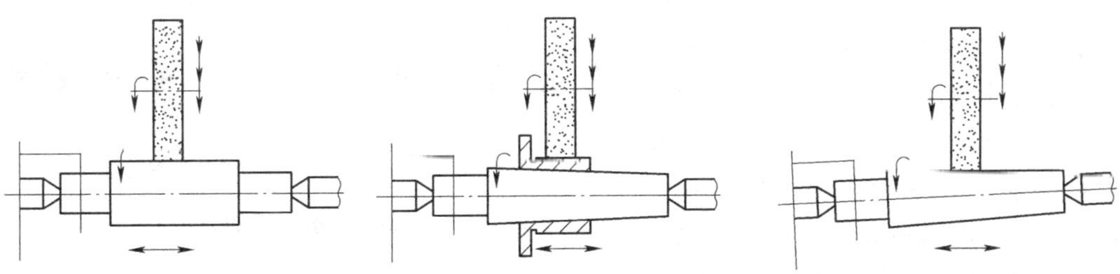

a) 磨轴零件外圆　　b) 磨盘套零件外圆　　c) 磨轴零件锥面

图 2-51　纵磨法磨外圆

2）磨内圆（包括内锥面）。磨内圆在内圆磨床和万能外圆磨床上进行，其方法如图 2-53所示。由于砂轮受孔径限制，难以达到磨外圆的速度，同时砂轮轴直径小，悬伸长，刚

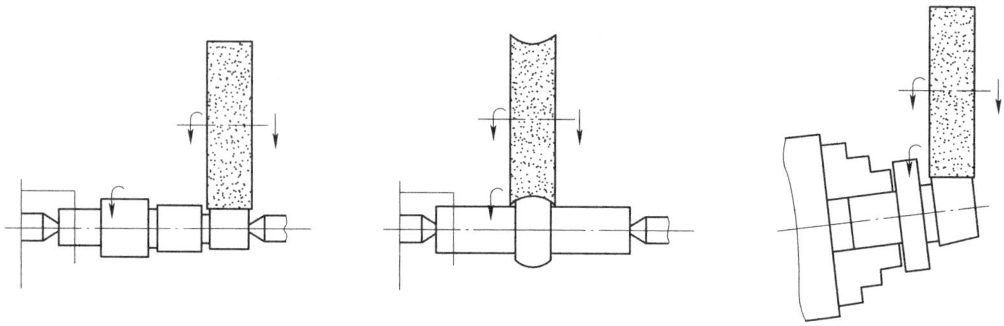

a) 磨轴零件外圆　　b) 磨成形面　　c) 扳转头架磨短锥面

图 2-52　横磨法磨外圆

度差，易弯曲变形和振动，因此只能采用很小的背吃刀量。另一方面，砂轮与工件成内切圆接触，接触面积大，磨削热多，散热条件差，表面易烧伤，因此，磨内圆比磨外圆生产率低得多，加工精度和表面质量也较难控制。

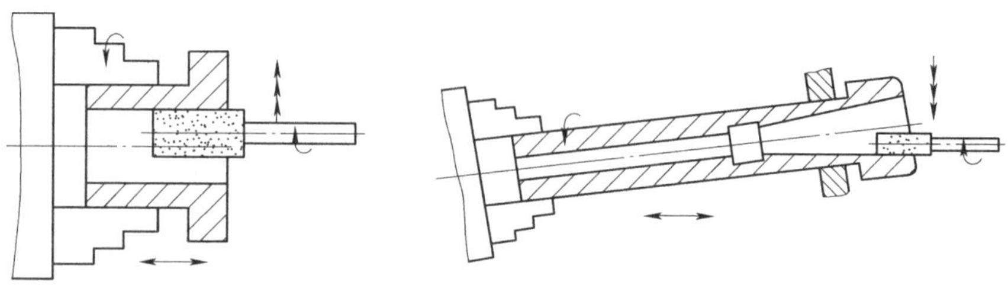

a) 磨内圆　　b) 扳转上工作台磨锥孔

图 2-53　磨内圆的方法

3）磨平面。磨平面在平面磨床上进行，其方法有周磨法和端磨法两种，如图 2-54 所示。周磨法加工精度高，表面粗糙度 Ra 值小，但生产率较低，多用于单件小批生产中。端磨法生产率较高，但加工质量略差于周磨法。磨平面常作为铣平面或刨平面后的精加工，特别适宜磨削具有平行度要求的平面零件。例如：在成批或大量生产中，常在专用的导轨磨床上对导轨面做最后的精加工，如图 2-55 所示。

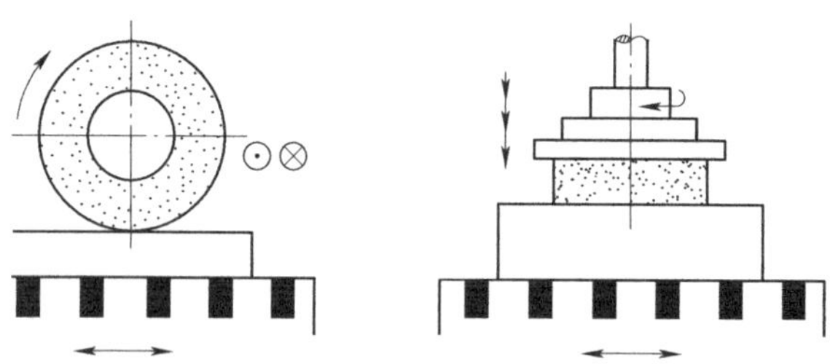

a) 周磨法　　b) 端磨法

图 2-54　磨平面的方法

2. 无心磨削

无心磨削在无心磨床上进行，其方法也有纵磨法和横磨法两种。无心纵磨法磨外圆如图 2-56 所示，大轮为工作砂轮，起切削作用，小轮为导轮，起导向和推进工件作用。两轮与托板构成 V 形定位面托住工件。

由于导轮的轴线与砂轮轴线倾斜 β 角（1°~6°），其线速度 $v_{导}$ 分解成 $v_{工}$ 和 $v_{进}$。$v_{工}$ 带动

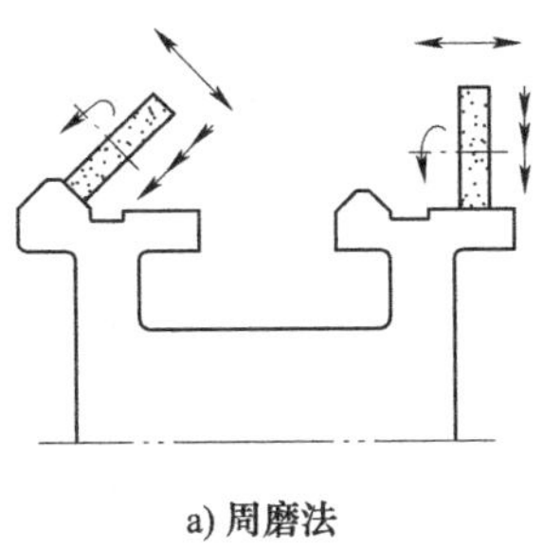

图 2-55　磨导轨面

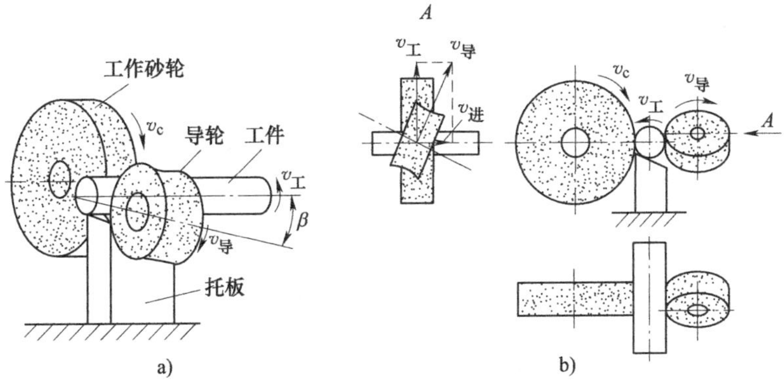

图 2-56　无心纵磨法磨外圆

工件旋转，$v_{进}$带动工件轴向移动，为使导轮与工件直线接触，应把导轮圆周表面的母线修整成双曲线。无心纵磨法主要用于大批大量生产中磨削细长光滑轴及销钉、小套等零件的外圆。

无心横磨法磨外圆如图 2-57 所示，导轮的轴线与工作砂轮轴线平行，工件不做轴向移动。无心横磨法主要用于磨削带台肩而又较短的外圆、锥面和成形面等。

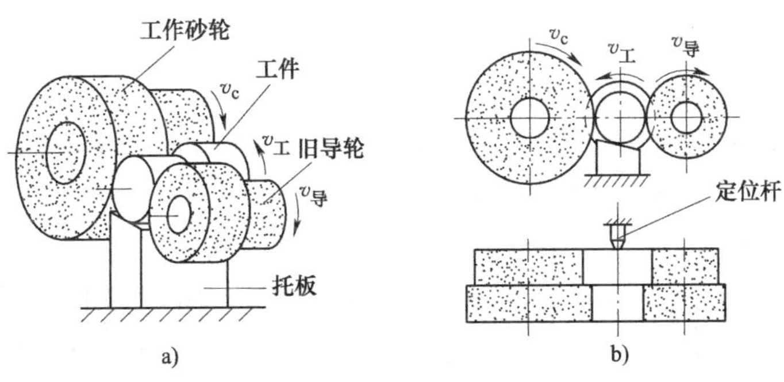

图 2-57　无心横磨法磨外圆

3. 高效磨削

高效磨削是在普通磨削的基础上逐步发展起来的高效率、高精度的磨削方法，包括高速磨削、缓进给深磨削、恒压力磨削、宽砂轮与多砂轮磨削等。

1）高速磨削。普通磨削砂轮线速度通常在 30~35m/s 以内。当砂轮线速度达到 45m/s 以上时则称为高速磨削。目前国内砂轮线速度可达 50~60m/s，甚至高达 80m/s，而发达国家已达 230m/s。高速磨削生产率一般可提高 30%~100%，砂轮寿命提高 0.7~1 倍，工件表面粗糙度可稳定地达到 0.8~0.4μm，因此已广泛应用于各种磨削工艺中。

2）缓进给深磨削。缓进给深磨削是一种强力磨削的方法，其磨削深度约为普通磨削的 100~1000 倍，可达 3~30mm，多经一次磨削即可完成，生产率高，砂轮损耗小，磨削质量好，如图 2-58 所示。其缺点是设备及砂轮费用高，将高速快进给磨削与深磨削相结合，其效果更佳，会使生产率大幅度提高。

3）恒压力磨削。恒压力磨削实际上是横磨法的一种特殊形式，其原理如图 2-59 所示。磨削时，无论磨削余量、工件材料硬度、砂轮钝化程度等如何变化，砂轮始终以预定的压力压向工件，直到磨削结束为止。恒压力磨削加工质量稳定可靠，生产率高；可以避免砂轮超负荷工作，操作安全。

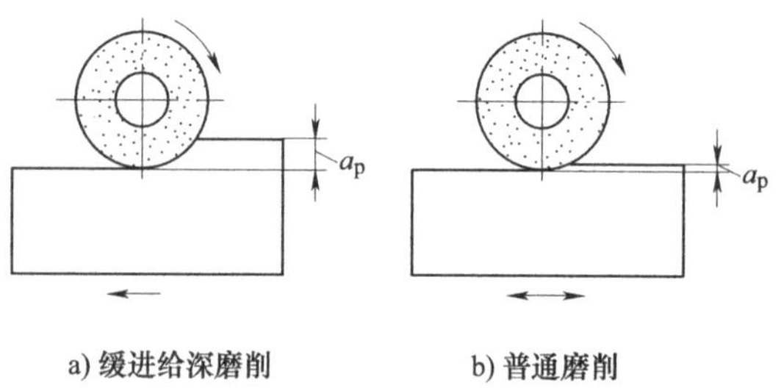

图 2-58　缓进给深磨削与普通磨削比较

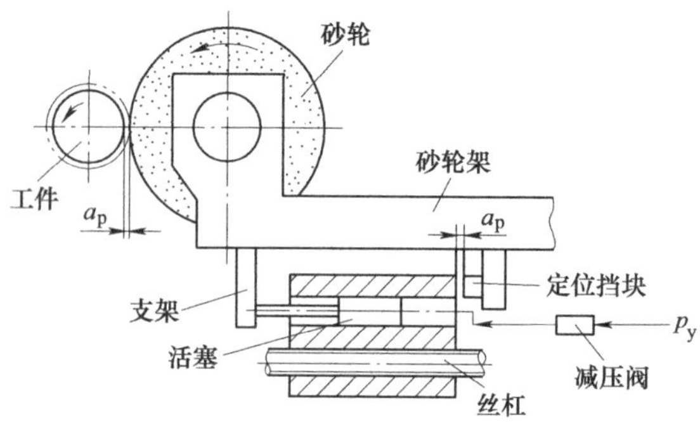

图 2-59　恒压力磨削原理

4）宽砂轮与多砂轮磨削。宽砂轮磨削是用增大磨削宽度的方法提高磨削效率，如图 2-60 所示。普通外圆磨削的砂轮宽度为 50mm 左右，而宽砂轮外圆磨削的砂轮宽度可达 300mm，平面磨削可达 400mm，无心磨削可达 1000mm。宽砂轮外圆磨削一般采用横磨法，主要用在大批大量生产中，如磨削外花键、电动机轴以及轧辊等，其尺寸公差可达 IT6，*Ra* 值可达 0.4μm。

多砂轮磨削如图 2-61 所示，它实际上是宽砂轮磨削的另一种形式，其尺寸公差和 *Ra* 值与宽砂轮磨削相同，适用于大批大量生产，目前多用于外圆和平面磨削。近年来在内圆磨床上也开始采用这种方法，用来磨削零件上的同轴孔系。

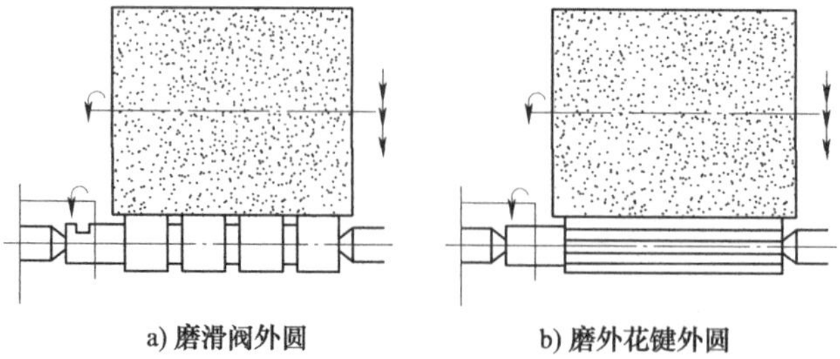

图 2-60　宽砂轮磨削

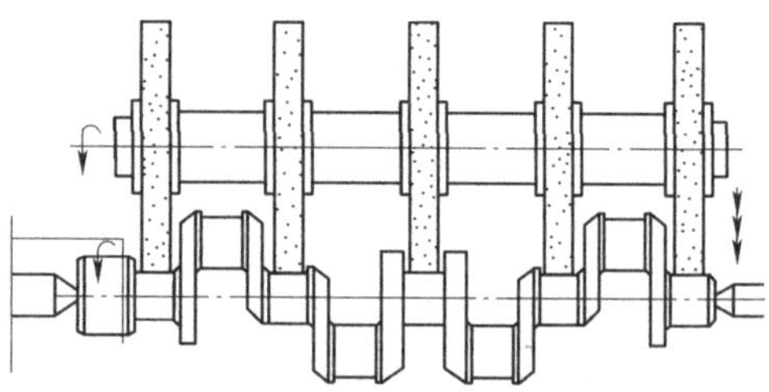

图 2-61　多砂轮磨削

4. 砂带磨削

利用高速运动的砂带以适当的接触方式对工件进行加工的方法称为砂带磨削，如图 2-62 所示，是一种新型高效工艺方法。

砂带所用磨料大多是经精选的针状磨粒，用静电植砂工艺，使磨粒直立于砂带基体并定向整齐均匀排列，因而磨粒具有良好的等高性，磨粒间容屑空间大，磨粒与工件接触面积小，全部磨粒参加切削。因此，砂带磨削效率高，磨削热少，散热条件好。经砂带磨削的工件，其表面变形强化程度和残余应力均大大低于砂轮磨削。砂带磨削多在砂带磨床上进行，也可在卧式车床、立式车床上利用砂带磨头或砂带轮磨头进行，适合加工大、中型尺寸的外圆、内圆和平面。

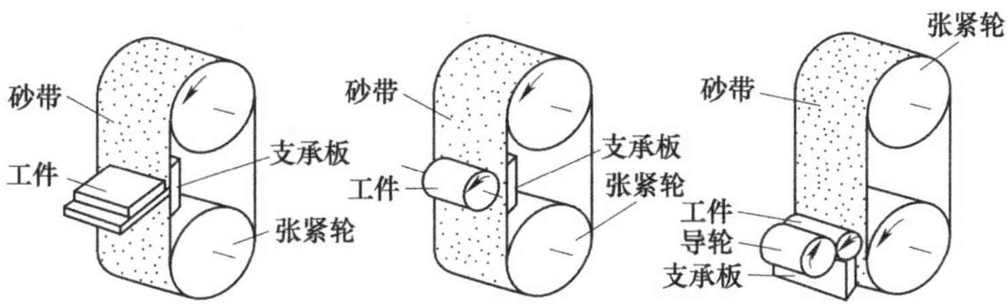

a) 磨平面　b) 磨外圆　c) 无心磨外圆

图 2-62　砂带磨削

5. 磨床

用磨料磨具（砂轮、砂带、油石、研磨料等）为工具对工件进行加工的机床，统称为磨床。磨床通常用于精加工，也可用来进行高效率的粗加工或一次完成粗、精加工。磨床的工艺范围非常广泛，工业发达国家磨床已占到机床总数的 30%~40%。

为了适应各种表面、工件形状和生产批量的磨削要求，形成了多种类型的磨床，主要有外圆磨床、内圆磨床、平面磨床、工具磨床（包括工具曲线磨床、钻头沟槽磨床、丝锥沟槽磨床等）、刀具刃具磨床（包括万能工具磨床、拉刀刃磨床、滚刀刃磨床等）以及加工特定零件（如曲轴、外花键等）的各种专用磨床、研磨机和珩磨机等。

图 2-63 所示为万能外圆磨床；图 2-64、图 2-65 所示分别为普通内圆磨床和平面磨床。

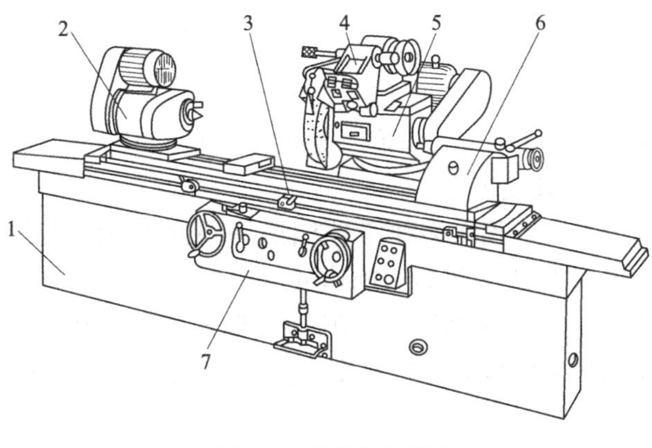

图 2-63　万能外圆磨床

1—床身　2—工作头架　3—工作台　4—内圆磨具　5—砂轮架　6—尾座　7—液压控制箱

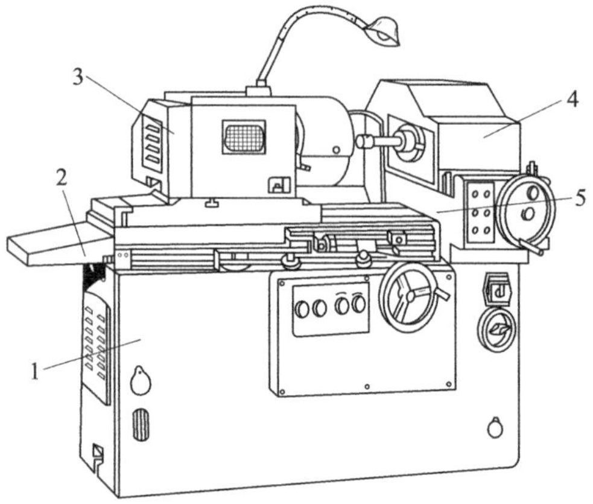

图 2-64　普通内圆磨床

1—床身　2—工作台　3—头架　4—砂轮架　5—滑座

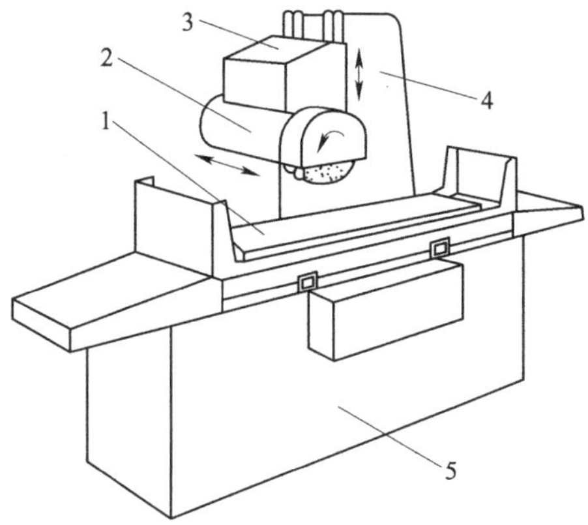

图 2-65　平面磨床

1—工作台　2—砂轮架　3—滑座　4—立柱　5—床身

2.3　其他加工方法

2.3.1　高速切削加工

1. 高速切削技术的思想和内涵

1931 年，德国学者萨洛蒙（C. Salomon）经过研究指出，当高速加工金属时，切削速度与切削温度有如下关系：当切削速度大于一定值后，切削速度越快，其切削温度越低，可以实现改善材料的切削性、降低切削阻力和提高加工精度的目的，而且刀具不容易产生磨耗，如图 2-66 所示。萨洛蒙这一预测产生了高速切削技术的思想。

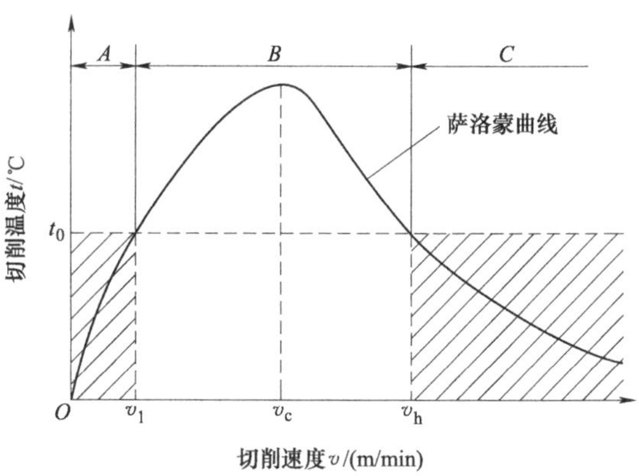

图 2-66　萨洛蒙曲线

高速切削技术目前还没有统一的定义，一般指采用超硬材料的刀具，通过极大地提高切削速度和进给速度，以提高材料切除率、加工精度和加工表面质量的现代加工技术，以主轴转速界定，高速加工的主轴转速不小于 10000r/min。

2. 高速切削技术的切削速度范围

高速切削技术涉及车、铣、磨等多种切削方法。一般切削速度范围因不同的加工方法和不同的工件材料而异，通常高速车削的切削速度范围为 700～7000m/min，高速铣削的切削速度范围为 300～6000m/min，高速磨削的切削速度范围为 50～300m/s。而有的研究则定义了切削速度的下限，如德国 Schulz 公司就定义铣削速度下限为：铝件 1200m/min，铸铁 900m/min，钢件 500m/min。

3. 高速切削技术的特点

1）加工效率高。进给率较普通加工提高 5～10 倍，材料去除率提高 3～6 倍。

2）切削力小。较普通切削降低 30%以上，背向力降低更明显，这有利于减小工件受力变形，适合加工薄壁件和细长件。

3）切削热少。加工过程迅速，95%以上的切削热被切屑带走，工件集聚热量少，温升低，适于加工易氧化和易产生热变形的零件。

4）加工精度高。刀具激振频率远离工艺系统固有频率，不易产生振动；又因切削力小，热变形小，残余应力小，易于保证加工精度和表面质量。

5）工序集约化。可获得高的加工精度和低的表面粗糙度，在一定的条件下，可对淬硬表面加工，从而使工序集约化，这对模具加工有特别意义。

2.3.2　精密和超精密切削加工

精密和超精密切削加工是在传统切削和磨削加工基础上，综合应用现代科学技术和工艺成果而形成的一门高新技术。精密切削加工，一般是指切削加工精度为 10~0.1μm，表面粗糙度 *Ra* 值为 0.1~0.025μm 的切削加工方法。超精密切削加工，一般是指切削加工精度为 0.1~0.01μm，表面粗糙度 *Ra* 值小于等于 0.025μm 的切削加工方法。超精密切削加工中的微细加工是目前最精密的制造技术，其精度已能达到纳米（10^{-9}m）级，这是用单纯的切削加工方法难以达到的。

精密和超精密切削加工方法是指能达到上述切削加工水平的刀具切削加工和磨料加工方法。常用的精密和超精密切削加工方法见表 2-2。

表 2-2　常用的精密和超精密切削加工方法

加工方法		加工工具	精度/μm	表面粗糙度 *Ra* 值/μm	被加工材料	应用
刀具切削加工	精密、超精密车削	天然单晶金刚石、人造聚晶金刚石、立方氮化硼、陶瓷和硬质合金刀具	10~0.1	0.1~0.008	金刚石刀具：有色金属及其合金等软材料 其他材料刀具：各种材料	球面、曲面、磁盘、反射镜
	精密、超精密铣削					多面棱体、多面镜
	精密、超精密镗削					孔
磨料加工	精密、超精密磨削	氧化铝、碳化硅、立方氮化硼、金刚石等砂轮、砂带	5~0.5	0.1~0.008	黑色金属、硬脆材料、非金属材料	外圆、孔、平面、磁头
	精密、超精密研磨	铸铁、硬木、塑料、油石等研具，氧化铝、碳化硅、金刚石等磨料	10~0.1	0.01~0.008	黑色金属、硬脆材料、非金属材料、有色金属	外圆、孔、平面、型腔
	精密、超精密抛光	抛光器，氧化铝、氧化铬等磨料，抛光液等	5~0.001	0.01~0.008	有色金属、黑色金属、非金属	外圆、孔、平面、型腔
	超精加工	磨条，磨削液	1~0.1	0.025~0.01	黑色金属等	外圆
	精密珩磨	磨条，磨削液	1~0.1	0.025~0.01	黑色金属等	孔

精密和超精密切削加工具有以下特点。

1）精密和超精密切削加工是一门多学科的综合性高技术，包括机、电、光等多种技术，不仅要考虑加工方法、设备、刀具、加工环境、被加工材料、加工中的检测与补偿等问题，还要研究其切削机理及其相关技术。

2）加工和检测一体化。精密和超精密切削加工的在线检测和在位检测都极为重要。因为加工精度很高，表面粗糙度值很小，如果工件加工完毕卸下来后再检测，发现问题就难以再进行加工了，因此要进行在线检测和在位检测。

3）精密和超精密切削加工与自动化技术联系紧密。采用计算机控制、误差分离与补偿、自适应控制和工艺过程优化等技术可以进一步提高加工精度和表面质量，避免了机器本身和手工操作引起的误差，保证了加工质量及其稳定性。

4）精密和超精密切削加工机理和一般切削加工不同。精密和超精密切削加工是微量切削，其关键是能够从被加工表面去除微量表面层，去除的微量表面层越薄，加工精度越高。

2.3.3 特种加工

在机械工业中，切削加工一直是主要的加工手段。但是，随着科技的发展、新材料的出现和特殊加工要求的提出，传统的切削加工方法已难以满足某些特殊加工的需要，例如：硬质合金、超强耐热钢、光学玻璃等高硬度、高强度、高韧性、高脆性材料或者精密小孔、窄缝、薄壁零件和异形孔的加工等。这些新的加工要求需要新的加工方法来完成，特种加工便是适应这些特殊要求的重要工艺手段。

特种加工是指除常规切削加工以外的新的加工方法。这些加工方法利用电、磁、声、光、化学等能量或其各种组合作用在工件的被加工部位上，实现对材料的去除、变形、改变性能和镀覆，以达到加工的目的。按能量形式和作用原理划分，特种加工有如下类型：

（1）电能与热能作用方式　电火花加工（EDM）、电火花线切割加工（WEDM）、电子束加工（EBM）、等离子加工（PM）。

（2）电能与化学能作用方式　电解加工（ECM）、电镀加工（ECM）、刷镀加工。

（3）电化学能与机械能作用方式　电解磨削（ECG）、电解珩磨（ECH）。

（4）声能与机械能作用方式　超声波加工（USM）。

（5）光能与热能作用方式　激光加工（LBM）。

（6）电能与机械能作用方式　离子束加工（IBM）。

（7）液流能与机械能作用方式　挤压珩磨（AFH）、水射流切割（WJC）。

在特种加工中，工具的硬度可以比被加工材料的低，并且加工中工具和工件都不受明显切削力的作用，所以工件的受力受热变形小，加工精度和表面质量高。下面介绍几种常见特种加工方法。

1. 电火花加工

（1）电火花加工的原理　电火花加工（Electrical Discharge Machining，EDM）是直接利用电能对工件进行加工的一种方法，其加工原理是使工件和工具之间产生周期性的瞬间脉冲放电，依靠电火花产生的高温将金属熔蚀，并在工件上形成与工具电极截面形状相同的精确形状，而工具电极的形状保持不变。电火花加工是基于脉冲放电的腐蚀原理，故也称为放电加工或电蚀加工，其加工原理如图 2-67 所示。

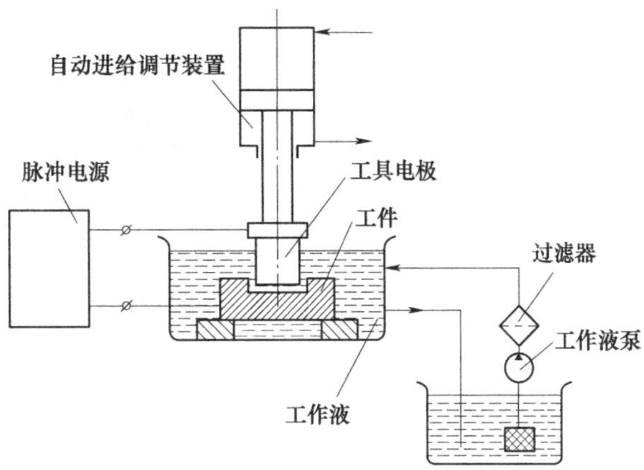

图 2-67　电火花加工原理

（2）电火花加工的特点

1）可加工任何强度和韧性、硬度和脆性的导电材料，如不锈钢、钛合金、硬质合金、导电陶瓷等。

2）加工时无明显切削力，适用于低刚度工件和微细结构的加工。

3）脉冲参数可根据需要进行调节，可在一台机床上进行粗加工、半精加工和精加工。

4）在一般情况下，生产率低于切削加工。

5）长时间放电过程会使工具电极损耗，影响成形精度。

（3）电火花加工的应用

1）电火花成形加工：通过工具电极相对于工件做进给运动，将工具电极的形状和尺寸复制在工件上，从而加工出所需要的工件。电火花成形加工包括电火花型腔加工和电火花穿孔加工。

① 电火花型腔加工：三维型腔、型面加工和电火花雕刻。它主要用于加工各类热锻模、压铸型、挤压模、塑料模、胶木模型腔。

② 电火花穿孔加工：主要用于加工型孔（圆孔、方孔、多边形孔、异形孔）、曲线孔（弯孔、螺旋孔）、小孔、微孔，如图 2-68 所示。

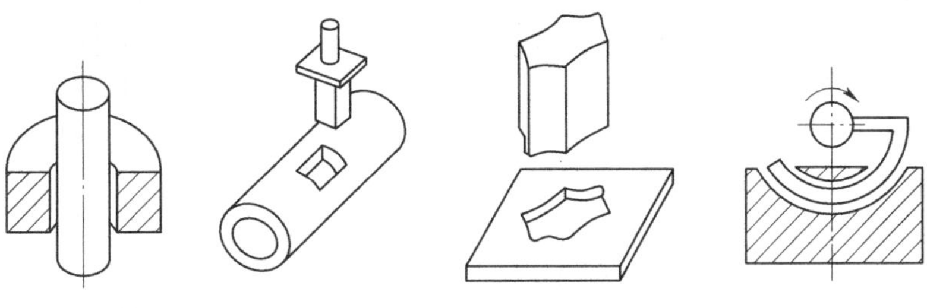

a) 圆孔　b) 方孔　c) 异形孔　d) 弯孔

图 2-68　电火花穿孔加工

2）电火花线切割。电火花线切割加工（Wire Cut Electrical Discharge Machining，WEDM），有时又称为线切割，其基本工作原理是利用连续移动的金属细丝（称为电极丝，通常为铜丝、钨丝或钼丝）作为电极，按预定的轨迹对工件进行脉冲火花放电，蚀除金属、切割成形。数控电火花线切割原理如图 2-69 所示。

电火花线切割加工主要用于加工各种形状复杂和精密细小的工件，如冲裁模的凸、凹模、卸料板等，成形刀具、样板、电火花成形加工用的金属电极，各种微细孔、槽、任意曲线等。它具有加工余量小、精度高、生产周期短、成本低等优点，已在生产中获得广泛的

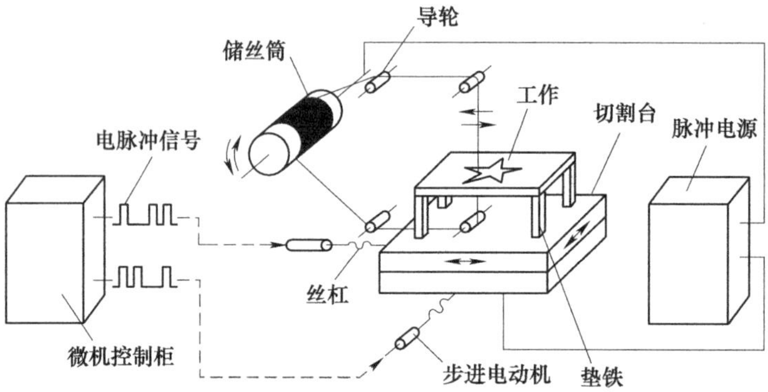

图 2-69　数控电火花线切割原理

应用。

根据电极丝的运行速度不同，电火花线切割机床通常分为两类：一类是高速走丝电火花线切割机床（WEDM-HS），其电极丝做高速往复运动，一般走丝速度为 8～10m/s，电极丝可重复使用，加工速度较高，但快速走丝容易造成电极丝抖动和反向时停顿，使加工质量下降，此类机床是我国生产和使用的主要机型，这种电火花线切割加工模式为我国独创；另一类是低速走丝电火花线切割机床（WEDM-LS），其电极丝做低速单向运动，一般走丝速度低于 0.2m/s，电极丝放电后不再使用，这类机床工作平稳、均匀、抖动小、加工质量较好，但加工速度较低，是国外生产和使用的主要机型。

3）电火花磨削与镗磨加工。电火花磨削加工利用专用脉冲电源以及旋转工具电极解决各种超硬导电材料复杂型面的磨削加工问题。电火花镗磨加工中，工件旋转，工具电极做往复运动和进给运动进行孔的高精度加工。其设备简单，加工精度高，表面质量好，但生产率较低。

2. 电解加工

（1）电解加工的原理　电解加工（Electrochemical Machining，ECM）是利用金属在电解液中产生阳极溶解的电化学腐蚀原理对工件进行成形加工的一种方法，也称为电化学加工。图 2-70 所示为电解加工原理。工件接阳极，工具（铜或不锈钢）接阴极，两极间加直流电压（6～24V），工具阴极连续缓慢均匀向工件进给，极间保持 0.1～1mm 间隙，具有一定压力（0.5～2MPa）的电解液（10%～20%的食盐水）从两极间隙中高速（5～60m/s）流过，阳极工件表面的金属逐渐按阴极型面的形状溶解，电解物被高速电解液带走，于是在工件表面上加工出与阴极型面基本相似的形状。

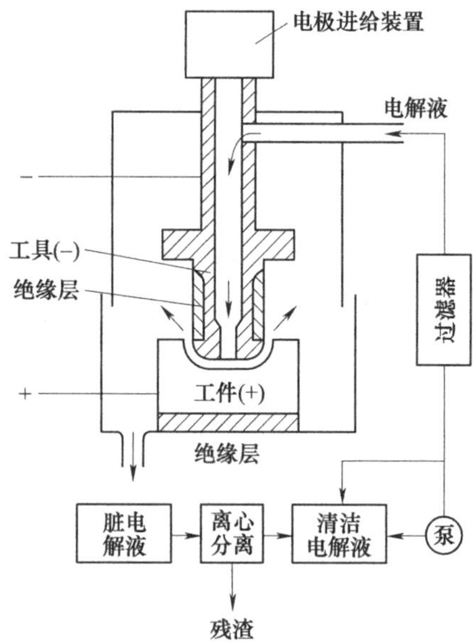

图 2-70　电解加工原理

（2）电解加工的特点　电解加工的特点主要有：①可加工高硬度、高强度、高韧性等难切削金属，适用范围广，加工生产率高；②加工中工具和工件间无切削力存在，适用于加工易变形的工件；③加工后的表面无残余应力和毛刺，*Ra* 值可达 1.25~0.2μm，加工精度为±0.1mm 左右；④加工过程中工具损耗极小，可长期使用。

3. 振动加工

振动加工（Vibration Machining）是在刀具或工具上附加一个或多个不同方向的低频或超声振动，使传统加工的连续接触加工变成间断、瞬间、往复的断续接触加工。

（1）超声波加工

1）超声波加工的原理。超声波加工（Ultrasonic Machining）是利用超声频（16~25kHz）振动的工具端面冲击工作液中的悬浮磨料，由磨料对工件表面撞击抛磨实现对工件加工的一种方法，其加工原理如图 2-71 所示。

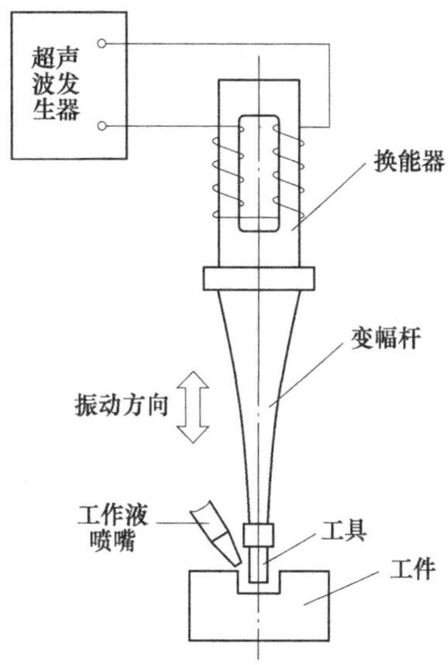

图 2-71 超声波加工原理

超声波发生器产生超声频电振荡，由换能器将其转变为超声频机械振动，机械振动的振幅很小，再通过变幅杆将振幅扩大，工具端部的振幅一般为 20~80μm。加工时，工具固定在变幅杆端头，获得超声频机械振动，在工具与工件之间不断地注入工作液，当工具靠近工件时，由于工具高速冲击工作液，使工作液中的液体分子及固体磨料以极高的速度冲击工件被加工面，在加工面上产生很大的瞬间压力，通过磨料的作用使工件局部材料破碎成粉状并被打击下来。与此同时，由于工作液的扰动，磨料还以很高的速度和频率抛光研磨工件的加工面。工作液的循环流动，可使磨料不断更新，并带走被粉碎下来的材料微粒，工具逐渐向工件伸入，工具形状就可复制在工件上。磨料常用碳化硼、碳化硅、氧化铝或金刚石粉等。

2）超声波加工的特点。超声波加工的特点主要有：①不仅能加工金属导电材料，而且更适宜加工玻璃、陶瓷、石英、宝石、金刚石、半导体等不导电的非金属脆硬材料；②能以简单的进给运动加工复杂的表面，使机床结构简化；③切削力小、切削热少，不会引起变形及烧伤，工件表面的残余应力和加工变形很小，表面质量好，*Ra* 值可达 1~0.1μm，加工精度可达 0.01~0.02mm。它可以加工微细结构，如薄型、窄缝和低刚度零件。

除此之外，在加工难切削材料时，可将超声振动与其他加工方法结合形成复合加工，如超声车削、超声钻孔、超声磨削等。这些复合加工方法把两种甚至多种加工方法结合在一起，能起到取长补短的作用，使加工效率、加工精度及表面质量显著提高。

（2）振动切削　振动切削（Vibration Cutting）就是在普通切削过程中，给刀具或工件施加某种有规律、可控制的振动，使切削用量按某种规律变化，形成一种脉冲切削，改变刀具与工件之间的时-空存在条件及切削机理，从而达到减小切削力、切削热，提高加工质量和加工效率的目的。

振动切削按振动频率可分为高频振动切削和低频振动切削两类。高频振动切削（超声振动切削）是指振动频率在 16kHz 以上，利用超声波发生器、换能器、变幅杆来实现的振动切削。低频振动切削是指振动频率低于 200Hz 的振动切削，振动主要靠机械装置来实现。

振动切削具有切削力小、切削温度低、加工精度高、表面粗糙度低、刀具寿命长，以及可改善排屑状况、强化切削液的使用效果、提高加工表面耐磨性和耐蚀性等特点。因此，振动切削已应用于超精加工、微细加工、新材料与难加工材料加工等领域。

超声振动切削装置如图 2-72 所示。超声波发生器产生超声频电振荡，由换能器将其转变为超声频机械振动，机械振动的振幅很小，再通过变幅杆将振幅放大到 15μm 以上，而连接在变幅杆前端的刀具就能以相同的频率进行振动。换能器、变幅杆、刀杆与超声波发生器输出的超声频电振荡均处于谐振状态，形成一个谐振系统，其固定点都应在位移的节点上。

超声振动切削已使切屑的形成机理产生了重要变化，主要用于改善被切削材料的可加工性，提高加工质量，延长刀具寿命，提高切削效率，扩大切削加工的应用范围，可广泛用于车削、刨削、铣削、磨削、螺纹加工和齿轮加工等方面。另外，超声振动切削在难加工材料和难加工零件或工序中的应用也越来越受到人们的重视。

（3）低频振动钻孔　迄今为止，深孔加工特别是精密深孔加工，传统的工艺方法还有很多问题不能很好地解决，采用低频振动钻孔加工方法进行精密深孔加工，取得了良好的工艺效果。这里对枪钻低频振动钻孔问题进行简要讨论。

1）低频振动钻孔时刀具的运动。

① 切削刃上一点的运动方程。钻孔过程可以简化成图 2-73 所示的模型。普通钻孔时，刀具的运动可分解为旋转主运动和直线进给运动，这样，切削刃上一点在运动过程中形成一条空间螺旋线，其运动方程可表示为

$$X_1 = v_s t \quad Y_1 = r\sin\theta \quad Z_1 = r\cos\theta \tag{2-1}$$

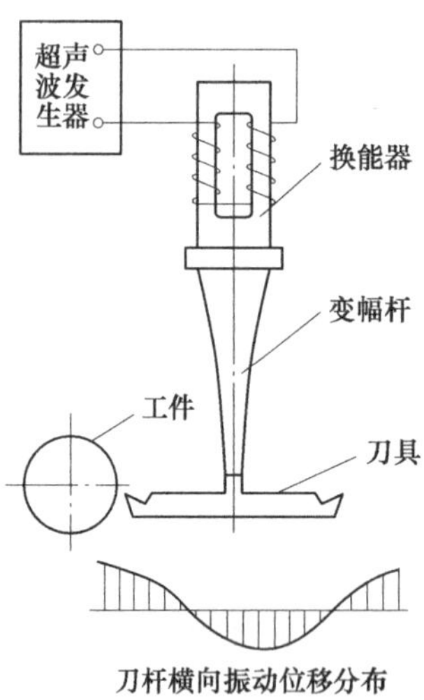

图 2-72　超声振动切削装置

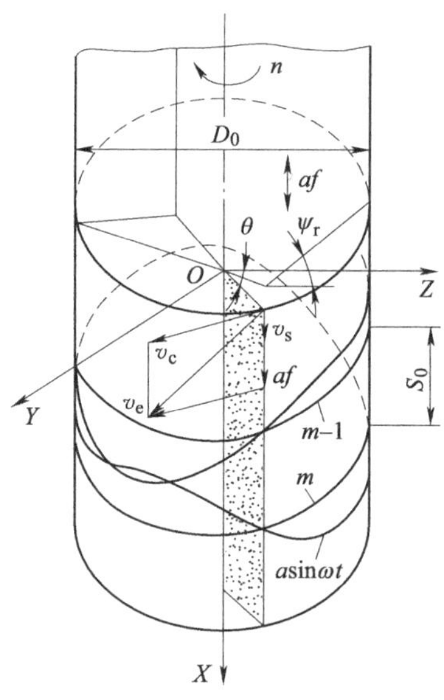

图 2-73　钻孔过程简化模型

而当轴向振动钻孔时，除上述两个运动外，给刀具或工件在轴向施以附加的振动，那么切削刃上同一点相对工件的运动轨迹就变成了一条带有振动波纹的空间曲线。设所加的轴向振动为 $X' = a\sin\omega t$，则切削刃上同一点的方程变为

$$Z = r\cos\theta \quad Y = r\sin\theta \quad X = v_s t + a\sin\omega t \tag{2-2}$$

式中，r 是切削刃上一点到中心的距离；v_s 是普通钻孔时轴向进给速度；a 是所加振动的振幅；ω 是所加振动的圆频率。

设进给量为 S_0(mm/r) 刀具或工件的转速为 n(r/s)，振动频率为 f(Hz)，则

$$\theta = 2\pi nt \quad \omega = 2\pi f \quad v_s = S_0 n \quad \omega t = \omega \frac{\theta}{2\pi n} = \frac{f}{n}\theta \tag{2-3}$$

式（2-2）就变成下列形式，即

$$Z = r\cos\theta \qquad Y = r\sin\theta \quad X = S_0 nt + a\sin\frac{f}{n}\theta \tag{2-4}$$

如果把刀具或工件每转之中的振动次数 $60f/n$ 用 $k+i$ 表示，其中 k 表示整数部分，i 表示小数部分，那么相邻两转之间切削刃运动轨迹的相位差为

$$\varepsilon = 2\pi i \tag{2-5}$$

随着振动参数的变化，切削过程中的各切削参数都随时间发生变化。对这一过程进行系统的研究，有利于掌握各参数的变化规律，进而取得更好的使用效果。

② 临界刃磨后角。振动钻孔过程中，由于所加振动的影响，实际切削速度的大小和方向随时都在变化，从而造成前角和后角大小的改变。对后角而言，如果变化量过大，就有可能产生负后角，导致刀具严重磨损和刀杆的冲击振动，甚至产生崩刃，因此选择参数时应考虑这一重要因素。

根据图 2-73，轴向振动钻孔时，切削刃上直径 D_0处的后角变化量可由下式表示，即

$$\Delta\alpha = \arctan\left[\left(\frac{S_0}{\pi} + \frac{2af}{n}\right)\frac{\cos\psi_r}{D_0}\right] \tag{2-6}$$

式中，ψ_r 是枪钻余偏角。

一般情况下，只要实际后角 $\alpha_e = \alpha_0 - \Delta\alpha \geqslant 0$，就可以避免负后角的产生。但在钻心处，由于切削速度为 0，故不可能不产生负后角。因此在刀具设计时，要求切削刃低于中心一个 Δ 量来解决切削速度为零的问题。经过计算知道，ψ_r 对后角的影响，在 $\psi_r \leqslant 45°$时影响很小，而在 $\psi_r > 45°$时，随 ψ_r 增大，$\Delta\alpha$ 值下降很快。但对枪钻而言，ψ_r 一般都小于 45°，故可以认为 ψ_r 对后角的影响为一常数。

通常情况下，刀具直径是确定的，进给量及切削速度则根据所加工的材料及加工条件决定，按照这些条件刃磨好刀具的几何参数。那么振动钻孔时，为不出现负后角，振动参数可按照下式确定，即

$$(a \times f)_{\max} = \left[\frac{D_0\tan\alpha_0}{\cos\psi_r} - \frac{S_0}{\pi}\right]\frac{n}{2} \tag{2-7}$$

由此可见，选择振动参数的原则就是，低速小直径时，应选择低频小振幅的振动，反之则可选用高频大振幅的振动，这样才能获得良好的切削效果。

2）瞬时实际进给量。振动钻孔时虽然进给量 S_0并没有变化，但每一瞬时，切削刃相邻两转之间的实际轴向距离都在变化。我们把这一距离称为瞬时进给量，用 S_t表示。瞬时进给量的变化引起切削厚度和切削面积的变化，因此，对加工过程中的切削力和刀杆稳定性等都会有较大的影响。

根据式（2-4），在任一瞬时 θ，切削刃上一点在相邻两转上的轴向坐标为

$$\left.\begin{aligned} X_B &= \frac{S_0}{2\pi}\theta + a\sin\frac{f}{n}\theta \\ X_A &= \frac{S_0}{2\pi}(\theta - 2\pi) + a\sin\frac{f}{n}(\theta - 2\pi) \end{aligned}\right\} \tag{2-8}$$

则瞬时进给量 S_t 为

$$S_t = X_B - X_A = S_0 + 2a\sin\left(\frac{f}{n}\pi\right)\cos\left(\omega t - \frac{f}{n}\pi\right) \tag{2-9}$$

此式说明瞬时进给量是在普通进给量 S_0 的基础上叠加了一个以 $2a\sin\left(\frac{f}{n}\pi\right)$ 为振幅的余弦函数，把式（2-9）稍做变化就有

$$S_t = S_0 - 2a\sin\left(\frac{f}{n}\pi\right)\sin\left[\omega t - \left(\frac{\pi}{2} + \frac{f}{n}\pi\right)\right] \tag{2-10}$$

从变化规律上分析，瞬时进给量的变化与所加振动具有相同的规律，只是在相位上相差 $\left(\frac{1}{2}+\frac{f}{n}\right)\pi$。切削力与切削面积有密切的关系，故瞬时切削力波形应和瞬时进给量的变化相对应。

所谓瞬时进给量，是根据普通切削原理中进给量的概念，只考虑了相邻两转之间刀具运动造成的进给量变化情况。但是在振动钻孔中，往往选择的振幅较大，在参数选择不同时，切削层参数不仅与相邻两转有关，而且可能是多转之间切削关系共同影响的结果。切削刃外圆处沿孔壁运动曲线的展开图如图 2-74 所示。从该图上看，在任一瞬时，切削层沿轴向的尺寸是由几转之间的切削刃运动形成的，也就是说，相邻多转之间切削刃运动轨迹有干涉，那么仅用两转之间的运动关系来研究振动钻孔过程是不够的。下面我们再从切屑形状和切削层厚度两方面来研究这个问题。

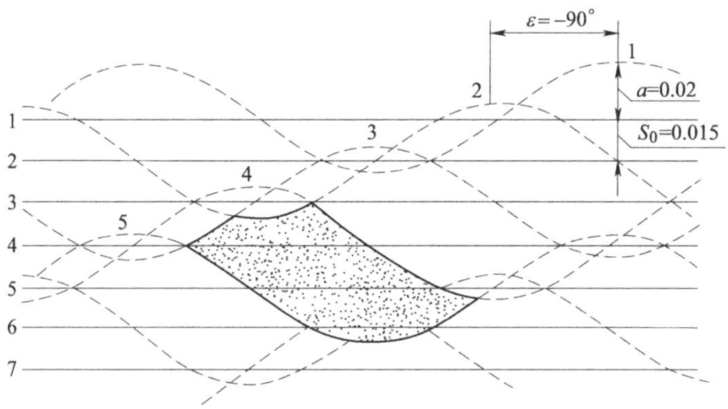

图 2-74　切削刃外圆处沿孔壁运动曲线的展开图

① 圆周方向的切屑形状。在不考虑切削变形等因素的影响时，如果相邻两转之间切削刃的运动轨迹没有干涉，则得到连续的切削过程，只是切屑的上下表面带有波纹。若选择的参数满足一定的条件，得到的切屑周向形状是两转或多转之间切削刃运动轨迹所包容的。在不同参数情况下得到的圆周方向切屑的理论形状，如图 2-75 阴影部分所示。当 S_0、a 以及 ε 不同时，形成切屑的包容轨迹数不同，切屑形状也不同。直观分析看，两转之间切削形成的切屑尺寸变大，而如果是多转包容形成的切屑则尺寸变小。同时，随刀具每转中振动次数增加，则圆周方向切屑长度减小。这就是说，采用轴向振动钻孔的方法，完全可以做到用调整参数的方法来控制切屑形成过程及切屑形状和大小，不再需要在刀具刃磨上花很大工夫，就能产生断屑，从而为解决孔加工中的断排屑问题提供了新的途径。

② 瞬时轴向切削层厚度。按照上边的分析，用瞬时进给量的概念来考虑切削层厚度，进行切削面积计算，并不能完全反映实际情况。因此，这里定义瞬时轴向切削层厚度的概念，对切削过程加以讨论。

瞬时轴向切削层厚度是指在某一瞬时，刀具切削刃在本次切削与上几转切削中某一转在同一位置沿轴向所度量的实体距离，用 S_X 表示。图 2-75 所示 S_{X1}、S_{X2}、S_{X3} 分别表示不同瞬时的轴向切削层厚度。

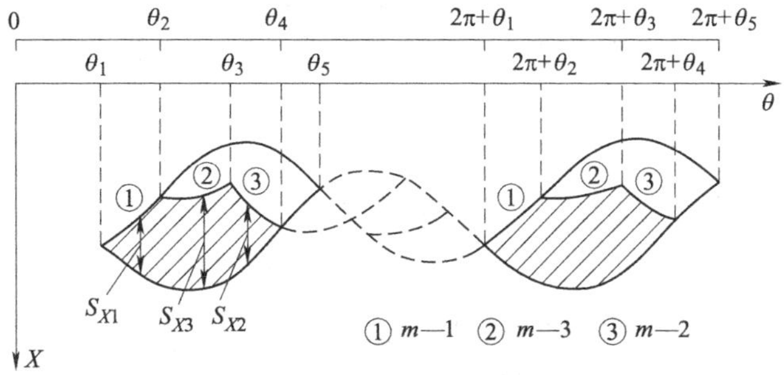

图 2-75　圆周方向切屑形状的形成过程

根据式（2-4），以本转切削轨迹为起点向上推，在每转中切削刃转过 θ 角时，其上某一点在同一位置角上的轴向坐标可由下列方程式表示，即

$$\left.\begin{aligned}
X_1 &= \frac{S_0}{2\pi}\theta + a\sin\left(\frac{f}{n}\theta\right)\\
X_2 &= \frac{S_0}{2\pi}(\theta - 2\pi) + a\sin\left[\frac{f}{n}(\theta - 2\pi)\right]\\
X_3 &= \frac{S_0}{2\pi}(\theta - 2\times 2\pi) + a\sin\left[\frac{f}{n}(\theta - 2\times 2\pi)\right]\\
&\vdots\\
X_{m-1} &= \frac{S_0}{2\pi}[\theta - (m-2)2\pi] + a\sin\left\{\frac{f}{n}[\theta - (m-2)2\pi]\right\}\\
X_m &= \frac{S_0}{2\pi}[\theta - (m-1)2\pi] + a\sin\left\{\frac{f}{n}[\theta - (m-1)2\pi]\right\}
\end{aligned}\right\} \tag{2-11}$$

式中，m 是与切削单元有关的波形数。所以瞬时轴向切削层厚度为

$$S_X = X_1 - X_m = (m-1)S_0 + 2a\sin\left[\frac{f}{n}(m-1)\pi\right]\cos\left\{\frac{f}{n}[\theta - (m-1)\pi]\right\} \tag{2-12}$$

带入不同的 m 值，就可求得不同瞬时轴向切削层厚度值。如 $m=2$ 时

$$S_X = S_0 + 2a\sin\left(\frac{f}{n}\pi\right)\cos\left(\frac{f}{n}\theta - \frac{f}{n}\pi\right) \tag{2-13}$$

式（2-13）恰好就是前边讨论的瞬时进给量的表达式。这就是说，瞬时进给量与瞬时轴向切削层厚度在意义上是相同的，而瞬时轴向切削层厚度在范围上更加扩展，更符合实际情况。把 $\frac{f}{n}2\pi$ 用相位差 ε 代替，且 $\theta=2\pi nt$，则式（2-12）变为

$$S_X = (m-1)S_0 + 2a\sin\left(\frac{m-1}{2}\varepsilon\right)\cos\left(\omega t - \frac{m-1}{2}\varepsilon\right) \tag{2-14}$$

这就是瞬时轴向切削层厚度的关系式，以此为基础，就可以对切削过程进行深入研究。

理论和实验研究都表明，振动钻孔时，切削过程中一切参数都是时间的函数，随着切削速度、进给量、振动频率和振幅的不同，切屑形成规律也有所不同。因此在切削时，只要对振动参数和切削用量进行合理的选择和匹配，就会形成稳定可靠的断屑效果，解决了深小孔加工中的断排屑问题，也给自动化加工中的切屑处理创出了一条新路，同时使切削力和切削热降低，加工质量、刀具寿命以及加工效率大大提高。一次钻孔代替普通加工中的钻-扩-铰工艺，具有良好的应用前景。

4. 激光加工

（1）激光加工的原理　激光是一种发散角小、亮度高、方向性和单色性好的相干光，理论上可通过一系列装置把激光聚焦成直径与光的波长相近的极小光斑，其焦点处的功率密度可达 $10^7 \sim 10^{11}\,\mathrm{W/cm^2}$，温度高达上万摄氏度，在此高温下，任何坚硬的或难加工的材料都将瞬时急剧熔化和气化，并产生强烈的冲击波，使熔化的物质爆炸式地喷射出去，从而实现加工。

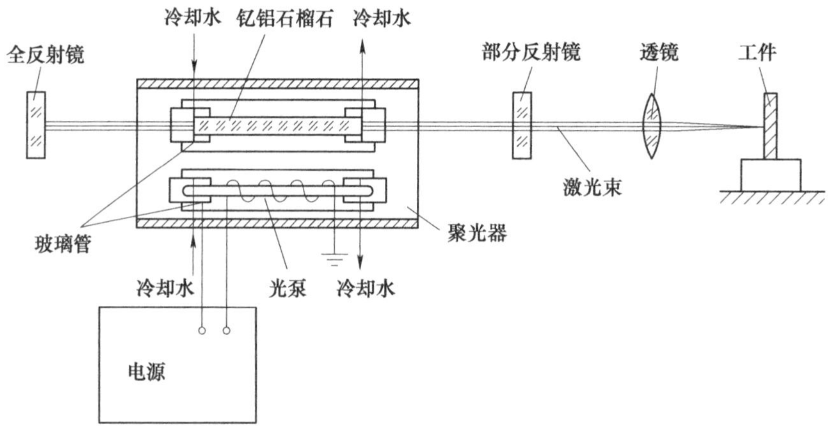

图 2-76　激光加工的基本原理

图 2-76 所示为激光加工的基本原理。当激光工作物质（如红宝石、钕玻璃和钇铝石榴石等）受到光泵（即激励脉冲氙灯）的激发后，吸收特定波长的光，在一定条件下可形成工作物质中的亚稳态粒子数大于低能级粒子数的状态，这种现象称为粒子数反转。此时，一旦有少数激发粒子自发辐射发出光子，即可感应所有其他激发粒子产生受激辐射跃迁，造成光放大，并通过谐振腔的反馈作用产生振荡，由谐振腔一端输出激光。通过透镜将激光束聚焦到待加工表面上，即可对工件进行加工。

（2）激光加工的特点

1）材料的适应性强。激光加工的功率密度是各种加工方法中最高的一种，激光加工几乎可以用于任何金属和非金属材料，如高熔点材料、耐热合金及陶瓷、宝石、金刚石等硬脆材料。

2）打孔速度极快，热影响区小。

3）不需要专门工具，由于属于非接触加工，工件无受力变形，对刚性差的工件可实现高精度加工。

4）激光能聚焦成极细的光束，适于深而小的微孔和窄缝的精微加工，而且激光切割的切缝窄，切割边缘质量好。

5）可透过由光学透明介质制成的窗口对隔离室内的工件进行加工，因而能穿越介质进行加工。

由于激光加工的诸多特点，可用于打孔、切割、电子器件的微雕、焊接、热处理等各个领域。

5. 电子束加工

（1）电子束加工的原理　电子束加工（Electron Beam Machining，EBM）是在真空条件下，利用聚焦后能量密度极高（10^6~10^9W/cm^2）的电子束，以极高的速度冲击到工件表面极小的面积上，在极短的时间内，其能量的大部分转变为热能，使被冲击部分的工件材料达到几千摄氏度以上的高温，从而使材料局部熔化和气化，被真空系统抽走。电子束加工按其能量密度和能量注入时间的不同，可用于打孔、切割、蚀刻、焊接、热处理和光刻加工等，图 2-77 所示为电子束加工的原理。

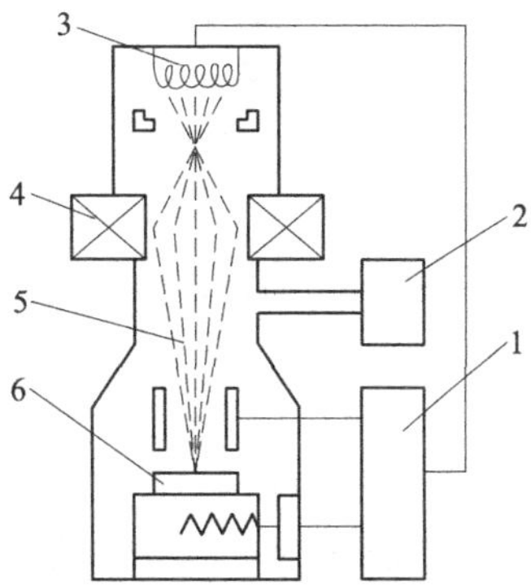

图 2-77　电子束加工的原理
1—电源及控制系统　2—抽真空系统
3—电子枪系统　4—聚焦系统
5—电子束　6—工件

（2）电子束加工的特点

1）电子束可以微细聚焦，是一种精密微细的加工方法。

2）能量密度高，生产率高，是非接触式加工，不产生应力和变形，加工材料范围广。

3）可以通过电场或磁场对电子束的强度、位置、聚焦等进行直接控制，易实现整个加工系统自动化。

4）污染少，表面不氧化，特别适合易氧化材料的加工。

5）费用高，使应用受到限制。

6. 离子束加工

（1）离子束加工的原理　离子束加工（Ion Beam Machining，IBM）是在真空条件下，先由电子枪产生电子束，再引入已抽成真空且充满惰性气体的电离室中，使低压惰性气体离子化，由阳极引出阳离子又经加速、集束等步骤，最后射入工件表面，利用离子的微观撞击实现对材料的加工，如图 2-78 所示。

离子束加工原理与电子束加工原理基本相同，不同的是离子带正电荷，其质量比电子大数千倍、数万倍，如氩离子的质量是电子的 7.2 万倍，所以一旦离子加速到较高的速度时，离子束比电子束具有更大的撞击动能。它是靠微观的撞击能量，而不是靠动能转化为热能来进行加工的。

（2）离子束加工的特点

1）加工精度和表面质量高。靠微观力效应加工，被加工表面层不产生热量，不引起机械应力和损伤。离子束斑直径可控制在 1μm 以内，加工精度可达纳米级。

2）加工材料范围广。可对各种材料进行加工。

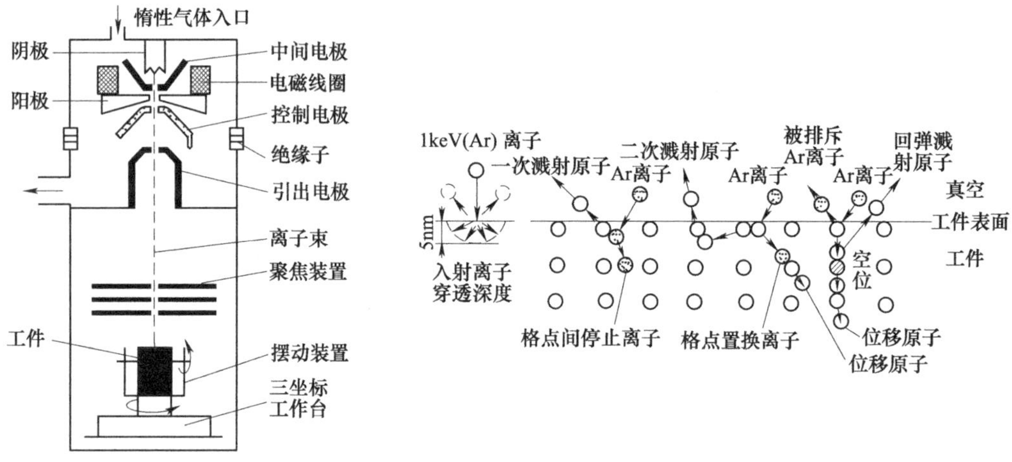

a) 离子束加工原理　　b) 离子撞击过程

图 2-78　离子束加工原理及离子撞击过程

3）加工方法丰富。可进行去除、镀膜、注入等加工，利用这些加工原理形成了多种加工方法，如成形、刻蚀、减薄、曝光等，在集成电路制作中占有极其重要的地位。

4）控制性能好，易于实现自动化。

5）应用范围广。可根据加工要求选择离子束的束斑直径和能量密度来实现不同的加工目的，如去除加工用直径小、能量密度大的离子束；镀膜、刻蚀用直径大、能量密度较低的离子束；注入用直径大、能量弱的离子束。

6）需要一整套专用设备和真空系统，价格较贵，因而应用受到限制。

7. 水射流加工

（1）水射流加工的原理　水射流加工（Water Jet Machining）是以一束从小口径孔中射出的高速水射流作用在材料上，通过将水射流的动能变成去除材料的机械能，对材料进行清洗、剥层、切割的加工技术。水射流是喷嘴流出形成的不同形状的高速水流束，其流速取决于喷嘴出口直径及压力差。加工机理是由射流液滴与材料的相互作用过程以及材料的失效机理所决定的。水射流加工是利用高压高速水流（或水与磨料的混合液）对工件的冲击作用来去除材料的一种工艺方法，有时称为水刀、水箭。

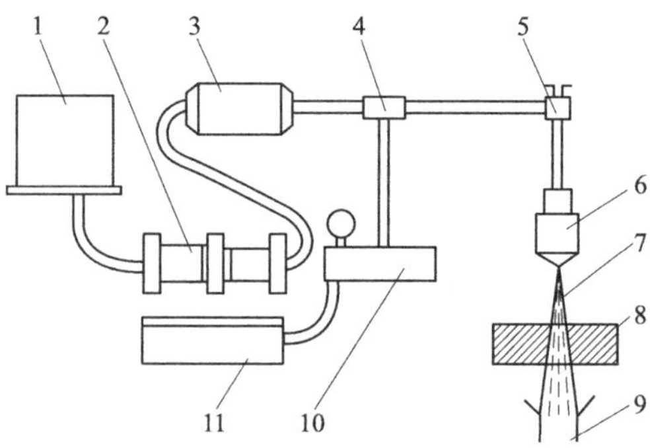

图 2-79　高压水射流切割

1—水箱　2—水泵　3—蓄能器　4—控制器　5—阀　6—蓝宝石喷嘴　7—水射流　8—工件　9—水槽　10—送砂器　11—磨料箱

如图 2-79 所示，高压水射流切削的基本原理为：运用液体增压原理，通过特定的装置（高压口或高压泵），将动力源的机械能转换成压力能，具有巨大压力能的水在通过小孔喷嘴时，将压力能转变成动能，从而形成高速射流，带动具有切割作用的微颗粒（碳化硅、金刚石等）冲击被加工材料表面，实现加工作用。

（2）水射流加工的特点

1）可切割范围广。可以切割绝大部分材料，如金属、大理石、玻璃等。

2）切割质量好。切口平滑，不会产生粗糙的边缘。

3）无热加工。因为它是采用水切割，在加工过程中不会产生热（或产生极少热量），这种效果对被热影响的材料是非常理想的，如钛。

4）环保性。采用水切割，在加工过程中不会产生毒气，可直接排出，较为环保。

5）不需要更换切割装置，一个喷嘴就可以加工不同类型的材料和形状，节约成本和时间。

6）减少毛刺。采用水加工切割，切口只有较少的毛刺。

（3）水射流加工的应用

1）切割金属表面粗糙度 Ra 值可达 1.6μm，切割精度达±0.10mm，可用于精密成形切割。

2）用于有色金属和不锈钢的切割中有独到之处，无反光影响和边缘损失。

3）复合材料、复合金属、不同熔点的金属复合体与非金属的一次成形切割。

4）低熔点及易燃材料的切割，如纸、皮革、橡胶、尼龙、毛毡、木材、炸药等材料。

5）特殊场地和环境下的切割，如水下、有可燃气体环境下的切割。

6）高硬度和不可溶材料的切割，如石材、玻璃、陶瓷、硬质合金、金刚石等的切割。

2.3.4　增材制造技术

增材制造（Additive Manufacturing，AM）技术是指以材料累加为基本特征，以直接制造零件为目标的技术。增材制造技术融合了计算机辅助设计、材料加工与成形技术，以数字模型文件为基础，通过软件与数控系统将专用的金属材料、非金属材料以及医用生物材料，按照挤压、烧结、熔融、光固化、喷射等方式逐层堆积，制造出实体物品。与传统的对原材料去除、切削、组装的加工模式不同，是一种“自下而上”通过材料累加的制造方法，从无到有。

增材制造技术不需要传统的刀具、夹具、模具及多道加工工序，在一台设备上就可以快速精密地制造出任意复杂形状的零件，从而实现了零件的“自由制造”，解决了许多复杂结构零件的成形难题，并且能简化工艺流程，减少加工工序，缩短加工周期。

增材制造技术包括很多种工艺方法，其中比较成熟的有以下几种。

（1）立体光固化（Stereo Lithography Appearance，SLA）　如图 2-80 所

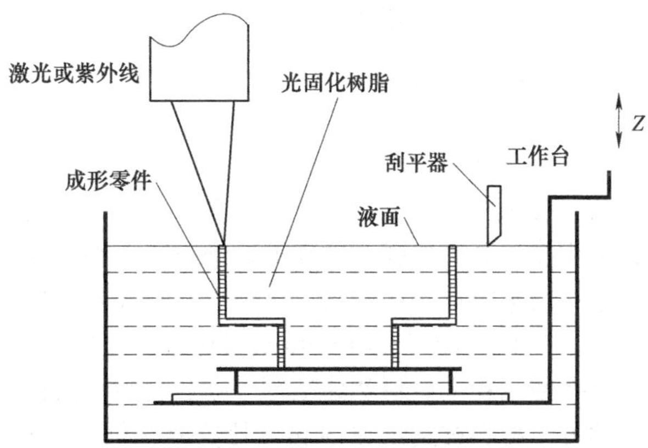

图 2-80　SLA 原理

示，液槽中盛满液态光固化树脂，它在一定波长和强度的激光或紫外线照射下就会固化。成形开始时，工作台在液面下一个确定深度，如0.05~0.2mm，聚焦后的光斑在液面上按计算机指令逐层扫描，即逐点固化，当一层扫描完成后，未照射的地方仍然是液态树脂，然后升降架带动工作台下降一层高度，已成形的层面上又布满一层树脂，再进行第二层扫描，新固化的一层牢固地黏在前一层上，如此重复直到整个零件制造完毕。

（2）选择性激光烧结（Selective Laser Sintering，SLS） 如图2-81所示，采用20~40W的CO_2激光器，使用的材料为裹覆了树脂的粉末材料。先在工作台上铺一层粉末，采用激光束在计算机控制下有选择地进行烧结（零件的空心部分不烧结，仍为粉末材料），被烧结处裹覆在粉末外的树脂熔化，从而使粉末黏结在一起，一层完成后再进行下一层，新一层与其上一层被牢牢地固化在一起。全部黏结完成后，去除多余的粉末，便得到了一个半成品，再经烧结而成原型或零件。常采用的材料有尼龙、塑料、陶瓷和金属粉末。

（3）分层实体制造（Laminated Object Manufacturing，LOM） 如图2-82所示，根据零件连续的分层几何信息切割箔材，将所获得的层片黏接成三维实体。首先铺上一层箔材，然后用20~40W的CO_2激光在计算机控制下切出本层轮廓，非零件部分全部切碎成小块以便于去除。当本层完成后，再铺上一层箔材，用辊子辗压并加热，以固化树脂黏结剂，使新铺上的一层牢固地黏结在已成形体上，再切割该层的轮廓，如此反复直到加工完毕，最后去除切碎部分以得到完成的零件。LOM的关键技术是控制激光的发光强度和切割速度，使它们达到最佳配合，以便保证良好的切口质量和切割深度。

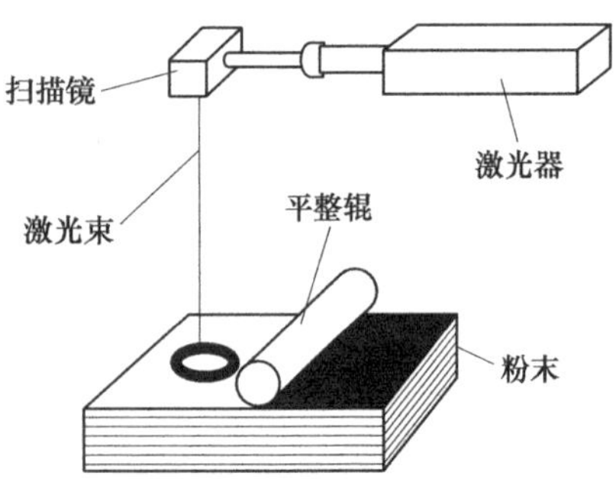

图2-81 SLS原理

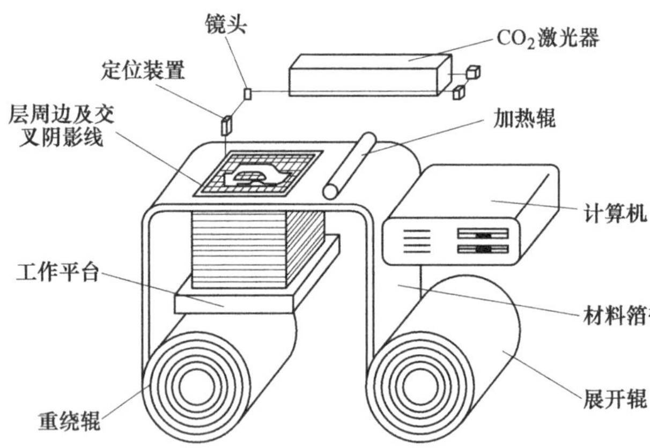

图2-82 LOM原理

（4）熔融沉积制造（Fused Deposition Modeling，FDM） FDM是一种不使用激光器的加工方法，技术关键在于喷头，如图2-83所示。丝材在喷头中被加热熔化，温度略高于其熔点，喷头在计算机控制下做X-Y联动扫描，在扫描运动中喷出熔融的材料，形成一个加工层并与上一层牢牢连接在一起，这样层层扫描叠加便形成了一个空间实体。

（5）三维打印（3D Printing，3DP） 这是一种不依赖于激光的成形技术，如图2-84所示。3DP使用粉末材料和黏结剂，喷头在每一层铺好的材料上有选择地喷射黏结剂，有黏结剂的地方，材料被黏结在一起，其他地方仍然是粉末，这样层层黏结后就得到一个空间实体，去除粉末进行烧结就得到所要求的零件。

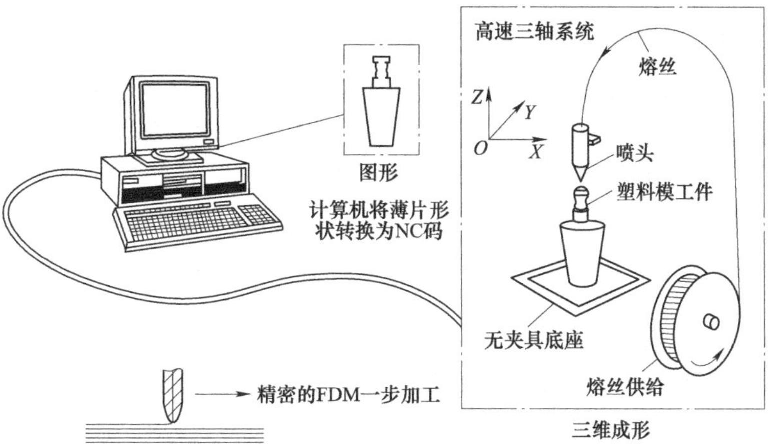

图 2-83　FDM 原理

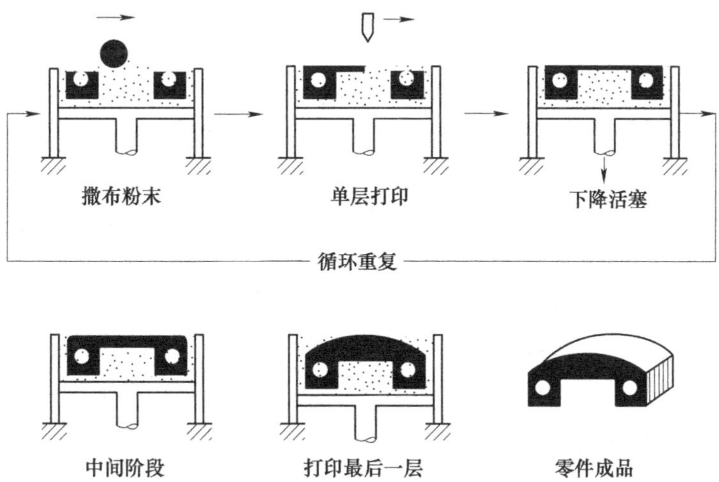

图 2-84　3DP 原理

2.4　机床概论

机床是将毛坯加工成机器零件的机器，是制造机器的机器，所以又称为工作母机。在现代机械制造工业中，机械加工工艺（包括切削、磨削和其他特种加工）是将毛坯通过机床加工成具有一定尺寸、形状和位置精度要求零件的方法，所以机床是加工机器零件的主要设备，它所承担的工作量，在一般情况下约占机器总制造工作的 40%～60%，其先进程度直接影响机械制造业的产品质量和劳动生产率。因此，机床工业是机械工业的基础，机床的品种、质量和加工效率决定着其他机械产品的生产水平和经济效益。一个国家机床工业的现代化水平和规模以及所拥有的机床数量和质量是其工业发达程度的重要标志之一。

2.4.1 机床的基本组成

机床种类多样，功能和布局也各不相同，但通常都由下列基本部分组成。

（1）动力与驱动装置　它是为机床提供动力和运动的驱动部分，如各种交流电动机、直流电动机、伺服电动机和液压传动系统的液压泵、液压马达等。

（2）传动系统　它是实现机床各种运动的部分，包括主运动、进给运动及辅助运动的传动系统，如变速箱、进给箱等部件。常见的传动形式有齿轮传动、齿轮齿条传动、螺母丝杠传动、蜗杆蜗轮传动以及各种带传动等。

（3）支承与工作部件　它包括：

1）承受重力和切削力，维持机床正常工作的基础构件，如床身、底座、立柱等。

2）最终实现切削加工主运动和进给运动有关的执行部件，如主轴及主轴箱、工作台及其溜板或滑座、刀架及其溜板等安装工件或刀具的部件。

3）工件和刀具安装及调整有关的部件或装置，如自动上下料、自动换刀、砂轮修整器等装置。

4）与上述部件或装置有关的分度、转位、定位机构和操纵机构等。

不同种类的机床，由于其用途、表面形成运动和结构布局不同，各工作部件的构成和结构差异很大，但就运动形式来说，主要是旋转运动和直线运动，所以工作部件结构中大多含有轴承和导轨。

（4）控制系统　它是用于控制各工作部件正常运行的部分，主要是电气控制系统，有些机床局部采用液压或气动控制系统，数控机床则是数控系统。

（5）冷却润滑系统　它是用于对加工工件、刀具及机床的某些发热部位进行冷却以及对机床的运动副（如轴承、导轨等）进行润滑以减小摩擦、磨损和发热的装置。

（6）其他装置　如排屑装置、自动测量装置等。

2.4.2 机床的技术参数与性能指标

机床不同于一般的机械，它是用来生产其他机械的工作母机，因此在技术要求、运动特性等方面要求更高。下面简要介绍机床的技术参数与性能指标。

1. 机床的性能要求

机床的技术性能是根据使用要求提出和设计的，通常包括下列内容。

（1）机床的工艺范围　机床的工艺范围是指在机床上加工的工件类型和尺寸，能够加工的工序，使用的刀具等。不同的机床，工艺范围有所不同。通用机床具有较宽的工艺范围，同一台机床可以满足较多的加工需要，适用于单件小批生产。专用机床是为特定零件的特定工序而设计的，自动化程度和生产率较高，但工艺范围较窄。数控机床则既有较宽的工艺范围，又能满足零件较高精度的要求，并可实现自动化加工。

（2）机床的技术参数　机床的主要技术参数包括尺寸参数、运动参数与动力参数。

1）尺寸参数具体反映机床的工艺范围，包括主参数、第 2 主参数和与加工零件有关的其他尺寸参数。例如：卧式车床，主参数是床身上工件最大回转直径，第 2 主参数是工件最大长度。

2）运动参数指机床执行元件的运动速度，如主轴最高与最低转速、刀架最大与最小进给量等。

3）动力参数指机床电动机的功率，有些机床还应给出主轴允许承受的最大转矩等其他参数。

2. 机床的性能指标

（1）精度　为了保证被加工工件能达到要求的精度和表面粗糙度，并在长期使用中能保持这种能力，机床本身必须具备的精度称为**机床精度**。它包括几何精度、运动精度、传动精度、定位精度、工作精度及精度保持性等几个方面。

1）几何精度。几何精度是指机床在不运动或运动速度较低时各主要部件的形状、相互位置和相对运动的精确程度。例如：导轨的直线度，主轴径向圆跳动及轴向窜动，主轴中心线对滑台移动方向的平行度或垂直度等。几何精度直接影响加工工件的精度，是评价机床质量的基本指标，其主要决定于结构设计、制造和装配质量。

2）运动精度。运动精度是指机床空载并以工作速度运动时，主要零部件的几何位置精度，如高速回转主轴的回转精度。

3）传动精度。传动精度是指机床传动系统各末端执行件之间运动的协调性和均匀性。影响传动精度的主要因素是传动系统的设计、传动元件的制造和装配精度。

4）定位精度。定位精度是指机床的定位部件运动到规定位置的精确程度。定位精度直接影响被加工工件的尺寸精度和几何精度。机床构件和进给控制系统的精度、刚度以及其动态特性，机床测量系统的精度都将影响机床定位精度。

5）工作精度。加工规定的试样，用试样的加工精度表示机床的工作精度，一般用形状精度、尺寸精度、位置精度和表面粗糙度来衡量。工作精度是机床自身精度、刚度、热变形和刀具、工件的刚度及热变形等各种因素综合影响的结果。

6）精度保持性。精度保持性是指机床在规定的工作期内，能稳定保持所要求精度的特性。影响精度保持性的主要因素是磨损和变形。

（2）刚度　**机床刚度**是指机床系统抵抗变形的能力。作用在机床上的载荷有多种形式，按照载荷的性质不同，可分为静载荷和动载荷：不随时间变化（如重力）或变化极为缓慢的力称为静载荷；凡随时间变化的力（如冲击振动力及交变切削力等）称为动载荷。因此机床刚度被分为静刚度及动刚度，动刚度与机床的抗振性密切相关，通常所说的机床刚度一般是指静刚度，是指整台机床在静载荷作用下，各构件及结合面抵抗变形的综合能力。

（3）抗振性　**机床抗振性**是指机床在交变载荷作用下，抵抗变形的能力。它包括两个方面：抵抗受迫振动的能力和抵抗自激振动的能力，习惯上称前者为抗振性，后者为切削稳定性。

机床振动会降低加工精度、工件表面质量和刀具寿命，影响生产率并加速机床的损坏，而且会产生噪声，使操作者疲劳等。影响机床振动的主要原因如下。

1）机床的刚度。如构件的材料选择、截面形状、尺寸、肋板分布，接触表面的预紧力、表面粗糙度、加工方法、几何尺寸等。

2）机床的阻尼特性。提高阻尼是减少振动的有效方法。机床结构的阻尼包括构件材料的内阻尼和部件结合部的阻尼。结合部阻尼往往占总阻尼的 70%~90%左右，故在结构设计中正确处理结合部对抗振性影响很大。

3）机床系统固有频率。若激振频率远离固有频率，将不出现共振。在设计阶段应通过分析计算预测所设计机床的各阶固有频率。

(4) 热变形　机床在工作时受到内部热源（如电动机、液压系统、机械摩擦副、切削热等）和外部热源（如环境温度、周围热源辐射等）的影响，使机床各部分温度发生变化。因不同材料的热膨胀系数不同，使机床各部分的变形不同，导致机床产生热变形。它会破坏机床的原始几何精度，加快运动件的磨损，甚至会影响机床正常运转。

机床工作时一方面产生热量，另一方面又要向周围发散热量，当达到某一温度时，单位时间内发热量等于散出的热量，即达到了热平衡。达到稳定温度的时间一般称为热平衡时间。

为了减小热变形，一般可采用减少热源的发热量、将热源置于易散热的位置、增加散热面积、强制通风冷却、将热源的部分热量移至构件温升较低处以减少构件的温差或使机床部件的热变形转向不影响加工精度处，采用热对称结构，也可通过增加机床预热、自动温度控制、温度补偿装置、隔热等措施解决。

(5) 噪声　物体振动是产生噪声的根源。机床工作时各种振动频率和振幅也不同，它们将产生不同频率和不同强度的声音。这些声音无规律地组合在一起即成噪声。随着现代机床切削速度的提高、功率的增大、自动化功能的增多，噪声污染问题也越来越严重。机床噪声主要来自以下几个方面。

1）机械噪声，如齿轮、滚动轴承及其他传动元件的振动、摩擦等。一般速度增加 1 倍，噪声增加 6dB；载荷增加 1 倍，噪声增加 3dB。故机床速度提高、功率加大都可能增加噪声污染。

2）液压噪声，如泵、阀、管道等的液压冲击、气穴、紊流产生噪声。

3）电磁噪声，如电动机定子内磁滞伸缩等产生的噪声。

4）空气动力噪声，如电动机风扇、转子高速旋转对空气的搅动等产生的噪声。

5）切削噪声，由切削加工时的材料变形、摩擦等产生的噪声。

(6) 低速运动平稳性　机床上有些运动部件，需要做低速或微小位移。当运动部件低速运动时，主动件匀速运动，而被动件会出现明显的速度不均匀的跳跃式运动，这种现象称为爬行。

机床运动部件产生爬行，影响工件的加工精度和表面粗糙度，如精密机床和数控机床加工中当移动速度很低或位移很小时，会产生爬行进而影响定位精度。

目前一般认为爬行是摩擦面上的摩擦系数的变化、阻尼和间隙变化以及传动机构刚性不足引起的。为防止爬行，在设计低速运动部件时，应减少静、动摩擦系数之差，提高传动机构的刚度，提高阻尼比和降低移动件的质量。

2.4.3　机床的分类及型号

1. 机床的分类

机床种类繁多，分类比较复杂。目前主要是按加工性质和所使用的刀具进行分类，我国将机床分为 12 大类：车床、钻床、镗床、磨床、齿轮加工机床、螺纹加工机床、铣床、刨插床、拉床、锯床、特种加工机床和其他机床。在每一类机床中，又按工艺范围、布局形式和结构特点等分为若干组，每一组又分为若干个系列。

除上述基本分类方法外，还有其他分类方法。按照通用程度，机床可分为：

1）通用机床。这类机床可以加工多种零件的不同工序，工艺范围广，但结构复杂，如卧式车床、万能升降台铣床、万能外圆磨床等均属于通用机床。

2）专门化机床。工艺范围较窄，专门用于加工某一类或几类零件的某一道工序或某几道特定工序，如凸轮轴车床、丝杠车床、齿轮加工机床等均属于专门化机床。

3）专用机床。工艺范围窄，用于加工某一种零件的某一道特定工序，具有专用、高效、自动化程度高和易于保证加工精度的特点，适用于大批大量生产，如曲轴磨床、各种类型的组合机床等均属于此类机床。

按照自动化程度，机床可分为手动机床、机动机床、半自动机床和自动机床。

按照机床的工作精度，机床可分为普通机床、精密机床和高精度机床。

按照重量和尺寸，机床可分为仪表机床、中型机床、大型机床、重型机床和超重型机床。

按照机床的主要工作部件数目，机床可分为单刀机床、多刀机床、单轴机床、多轴机床等。

按照数控功能，机床又可分为非数控机床、一般数控机床、加工中心、柔性制造单元等。

2. 金属切削机床型号编制方法

在现代机械制造业中，由于不同的用途和目的，所使用的机床品种和规格不同，加之机床的名称往往又很长，为了便于区别、管理和使用，须对机床进行分类和编制型号。目前我国机床型号是按照 GB/T 15375—2008《金属切削机床　型号编制方法》编制的，用以表明机床的类型、通用和结构特性、主要技术参数等。标准规定，机床型号由大写汉语拼音字母和阿拉伯数字按一定规律组合而成。

（1）通用机床型号编制　通用机床型号的表示方法为

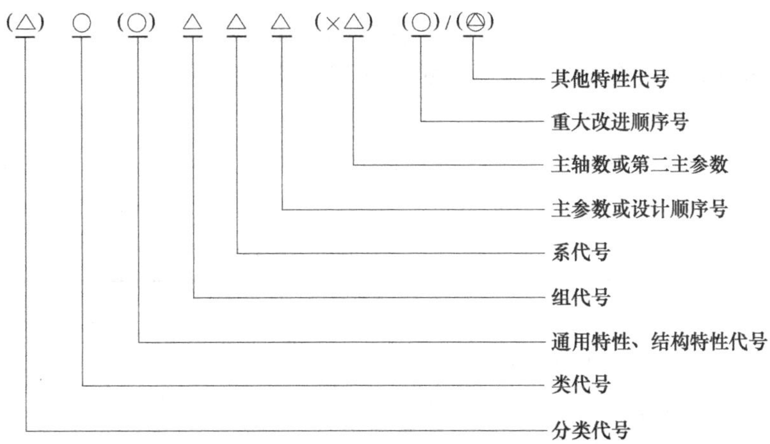

注：有“（ ）”的代号或数字，当无内容时，则不表示，若有内容则不带括号；
有“○”符号的，为大写的汉语拼音字母；有“△”符号的，为阿拉伯数字；
有“◬”符号的，为大写的汉语拼音字母，或阿拉伯数字，或两者兼有之。

1）机床类代号。用大写的汉语拼音字母表示，如“车床”用“C”来表示。当需要时，每类机床又可分为若干分类，分类代号用阿拉伯数字表示，放在类代号之前，但第一分类不予表示，如磨床类分为 M、2M、3M 三个分类。机床的类代号见表 2-3。

表 2-3　机床的类代号

类别	车床	钻床	镗床	磨床			齿轮加工机床	螺纹加工机床	刨插床	拉床	铣床	其他机床
代号	C	Z	T	M	2M	3M	Y	S	B	L	X	Q
读音	车	钻	镗	磨	二磨	三磨	牙	丝	刨	拉	铣	其

2）机床的通用特性和结构特性代号。

① 通用特性代号。对具有某种通用特性的机床，则在类代号后加上相应的特性代号，通用特性代号可多个同时使用。例如："XK" 表示数控铣床、"MBG" 表示半自动高精度磨床；如某类型机床仅有某种通用特性，而无普通型时，则通用特性不必表示。机床的通用特性代号见表 2-4。

表 2-4　机床的通用特性代号

通用特性	高精度	精密	自动	半自动	数控	加工中心（自动换刀）	仿形	轻型	加重型	柔性加工单元	数显	高速
代号	G	M	Z	B	K	H	F	Q	C	R	X	S
读音	高	密	自	半	控	换	仿	轻	重	柔	显	速

② 结构特性代号。对于主参数相同而结构、性能不同的机床，在型号中加结构特性代号予以区分。结构特性代号用大写的汉语拼音字母表示。与通用特性代号不同，结构特性代号在型号中没有统一的含义，只在同类机床中起区分机床结构、性能不同的作用。当机床有通用特性代号时，结构特性代号应排在通用特性代号之后。为避免混淆，通用特性代号已用的字母及 "I" 和 "O" 都不能作为结构特性代号。

3）机床的组、系代号。组、系代号用两位阿拉伯数字表示，前一位表示组，后一位表示系。每类机床按其结构性能及使用范围划分为 10 个组，用 0~9 表示。每一组又分为若干个系。系的划分原则是：主参数相同，并按一定公比排列，工件和刀具本身以及相对的运动特点基本相同，且主要结构及布局形式相同的机床划分为一个系。不同类机床组的划分见表 2-5（系的划分可参阅有关文献）。

表 2-5　不同类机床组的划分

组别类别	0	1	2	3	4	5	6	7	8	9
车床 C	仪表车床	单轴自动车床	多轴自动、半自动车床	回轮、转塔车床	曲轴及凸轮轴车床	立式车床	落地及卧式车床	仿形及多刀车床	轮、轴、辊、锭及铲齿车床	其他车床
钻床 Z		坐标镗钻床	深孔钻床	摇臂钻床	台式钻床	立式钻床	卧式钻床	铣钻床	中心孔钻床	其他钻床
镗床 T			深孔镗床		坐标镗床	立式镗床	卧式铣镗床	精镗床	汽车、拖拉机修理用镗床	其他镗床

（续）

组别类别		0	1	2	3	4	5	6	7	8	9
磨床	M	仪表磨床	外圆磨床	内圆磨床	砂轮机	坐标磨床	导轨磨床	刀具刃磨床	平面及端面磨床	曲轴、凸轮轴、花键轴及轧辊磨床	工具磨床
	2M		超精机	内圆珩磨机	外圆及其他珩磨机	抛光机	砂带抛光及磨削机床	刀具刃磨床及研磨机床	可转位刀片磨削机床	研磨机	其他磨床
	3M		球轴承套圈沟磨床	滚子轴承套圈滚道磨床	轴承套圈超精机		叶片磨削机床	滚子加工机床	钢球加工机床	气门、活塞及活塞环磨削机床	汽车、拖拉机修磨机床
齿轮加工机床 Y		仪表齿轮加工机		锥齿轮加工机	滚齿及铣齿机	剃齿及珩齿机	插齿机	花键轴铣床	齿轮磨齿机	其他齿轮加工机	齿轮倒角及检查机
螺纹加工机床 S					套丝机	攻丝机		螺纹铣床	螺纹磨床	螺纹车床	
铣床 X		仪表铣床	悬臂及滑枕铣床	龙门铣床	平面铣床	仿形铣床	立式升降台铣床	卧式升降台铣床	床身铣床	工具铣床	其他铣床
刨插床 B			悬臂刨床	龙门刨床			插床	牛头刨床		边缘及模具刨床	其他刨床
拉床 L				侧拉床	卧式外拉床	连续拉床	立式内拉床	卧式内拉床	立式外拉床	键槽、轴瓦及螺纹拉床	其他拉床
锯床 G				砂轮片锯床		卧式带锯床	立式带锯床	圆锯床	弓锯床	锉锯床	
其他机床 Q		其他仪表锯床	管子加工机床	木螺钉加工机		刻线机	切断机	多功能机床			

4）机床主参数、设计顺序号及第二主参数。机床主参数是表示机床规格大小的一种参数。在机床型号中，用阿拉伯数字给出主参数的折算值，折算系数一般是 1/10 或 1/100，也有少数是 1。主要机床的主参数和折算系数见表 2-6。

某些通用机床，当无法用一个主参数表示时，则用设计顺序号来表示。第二主参数是对主参数的补充，如最大工件长度、最大跨距、工作台工作面长度等，第二主参数一般不给出。

表 2-6　主要机床的主参数和折算系数

机床	主参数名称	折算系数
卧式车床	床身上最大回转直径	1/10
立式车床	最大车削直径	1/100
摇臂钻床	最大钻孔直径	1
卧式镗床	镗轴直径	1/10

（续）

机床	主参数名称	折算系数
坐标镗床	工作台面宽度	1/10
外圆磨床	最大磨削直径	1/10
内圆磨床	最大磨削孔径	1/10
矩台平面磨床	工作台面宽度	1/10
齿轮加工机床	最大工件直径	1/10
龙门铣床	工作台面宽度	1/100
升降台铣床	工作台面宽度	1/10
龙门刨床	最大刨削宽度	1/100
插床及牛头刨床	最大插削及刨削长度	1/10
拉床	额定拉力	1/10

5）机床的重大改进顺序号。当机床的性能和结构有重大改进，并按新产品重新设计、试制和鉴定时，在原机床型号尾部加重大改进顺序号，以区别原机床型号，序号按 A、B、C 等字母的顺序选用。

6）其他特性代号。它主要用以反映各类机床的特性，如对于数控机床，可以用来反映不同的数控系统；对于一般机床可以用来反映同一型号机床的变型等。其他特性代号用汉语拼音字母或阿拉伯字母或两者的组合表示。

例如：根据通用机床型号的编制方法，CA6140 型卧式车床及某机床厂生产的 MG1432A 型高精度万能外圆磨床编号意义表示如下。

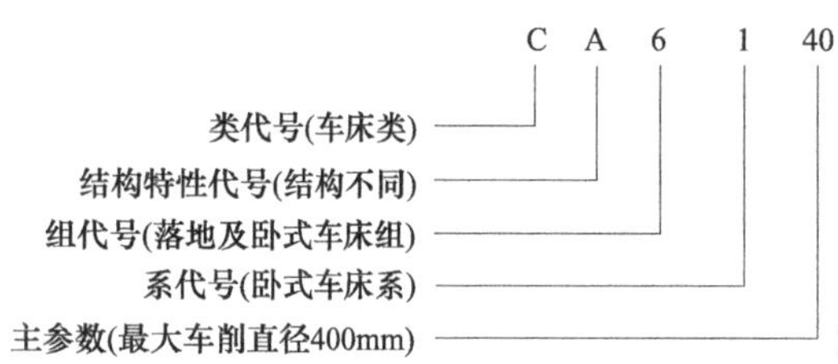

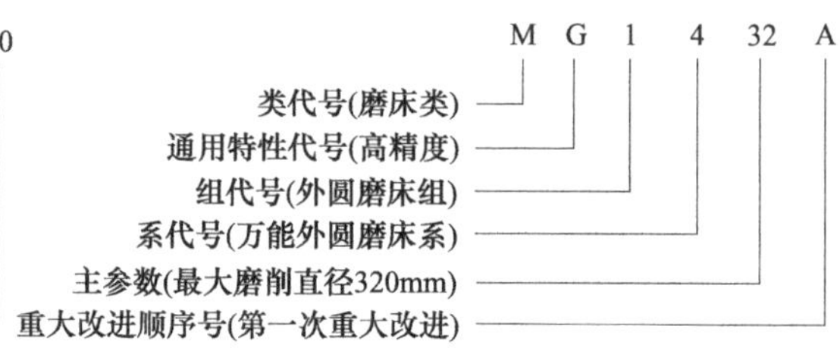

（2）专用机床型号编制　专用机床型号由设计单位代码、产品组号及设计顺序号组成。专用机床的设计顺序号按各单位设计制造的专用机床的先后顺序排列。例如：北京第一机床厂设计制造的第 115 种专用机床为专用铣床，属于第三组，其型号为 B1-3115。

2.4.4 数控机床及加工中心

1. 数控机床的概念

数字控制（Numerical Control，NC）是一种自动控制技术，是利用数字信号对机床的运动及其加工过程进行控制的一种方法，简称为**数控**。**数控机床**（NC Machine）是一种装有程序控制系统的机床，该系统能处理具有特定代码和其他符号编码指令规定的程序。

数控系统（NC System）就是程序控制系统，能处理输入到系统中具有特定代码的程序，并将其译码，从而控制机床运动并加工零件。**数控程序**是指输入数控系统中、使数控机床执行确定加工任务、具有特定代码和其他符号编码的一系列指令。计算机数控（Computer Numerical Control，CNC）系统是由装有数控系统程序的专用计算机、输入输出设备、可编程序控制器（PLC）、存储器等部分组成的控制系统。

数控加工是根据零件图及工艺要求等原始条件编制零件数控加工程序，并输入数控系统，以控制数控机床中刀具与工件的相对运动，从而完成零件的加工。

2. 数控机床的组成

数控机床一般由数控系统、伺服系统和机床本体三大部分以及辅助控制系统和加工位置反馈系统等组成，如图 2-85 所示。

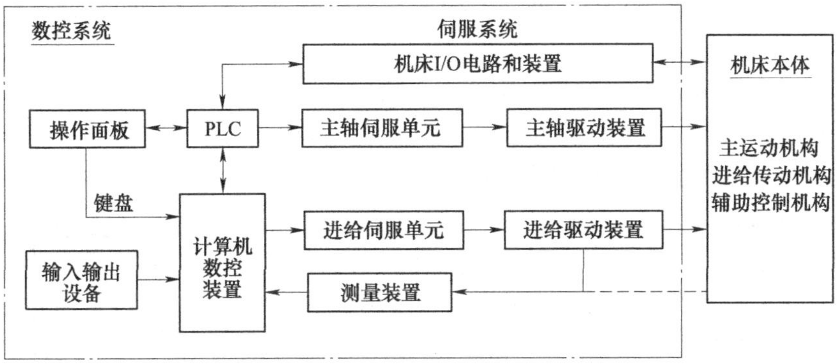

图 2-85　数控机床的组成

（1）数控系统　数控系统是数控机床的核心，其主要作用是对输入的零件加工程序进行数字运算和逻辑运算，然后向伺服系统发出控制信号。数控系统是一种专用的计算机系统，其由硬件和软件组成。有些数控机床的数控系统由计算机配以数控系统软件构成。

（2）伺服系统　数控机床的伺服系统是数控系统的执行部分，它包括位置控制单元、速度控制单元、执行电动机、测量反馈单元等部分。它接收数控系统发出的各种动作指令，经功率放大后，严格按照指令信息的要求驱动机床的运动部件，从而完成指令规定的运动。执行电动机可以是步进电动机、电液马达、直流伺服电动机或交流伺服电动机。

（3）机床本体　机床本体是加工运动的实际部件，包括主运动部件、进给运动部件（如工作台、刀架）和支承部件（如床身、立柱）等。有些数控机床还配备了特殊的部件，如刀库、自动换刀装置和托盘自动交换装置等。数控机床的本体结构与传统机床相比，发生了较大变化，普遍采用了滚珠丝杠、滚动导轨，传动效率更高；同时由于减少了齿轮的使用数量，使得传动系统更加简单。

3. 数控机床的特点

数控机床自问世以来能得到高速的发展，并逐渐被接受或认可，这与其在加工中表现出来的特点分不开，其特点如下。

1）适应性强。加工对象改变，除更换刀具和解决工件装夹方式外，只需改变程序即可，特别适应于目前多品种、小批量、变化快的生产特征。

2）自动化程度高。除工件装夹外，全部加工过程都由机床自动完成，大大减轻了工人的劳动强度。

3）加工精度高，加工质量稳定。数控加工的尺寸精度一般在 0.005～0.01mm，不受工件结构复杂程度的影响。数控加工过程中，机床自始至终都在指定的控制指令下工作，消除了操作者技术水平及情绪变化对加工质量的影响。

4）生产率高。机床自动化程度高，可以实现刀具自行更换、工件自动检测。一次装夹后，除定位装夹表面不能加工外，其余表面均可加工；生产准备周期短，加工对象变化一般不需专门的工艺装备设计制造时间；切削加工中可采用最佳切削参数和进给路线。

5）易于建立计算机通信网络。数控机床使用数字信息作为控制信息，易于与 CAD 系统连接，从而形成 CAD/CAM 一体化系统，它是 FMS、CIMS 等现代制造技术的基础。

4. 数控机床的分类

为了研究、使用和管理上的方便，可根据不同的需要，从不同的角度对数控机床进行分类。

（1）按工艺用途分类　按工艺用途分类，数控机床可分为数控钻床、数控车床、数控铣床、数控镗床、数控磨床和数控齿轮加工机床等，有的压力机、弯管机、电火花切割机、火焰切割机、点焊机等也都采用数字控制。

（2）按运动方式分类

1）点位控制。点位控制就是保证单点在空间的位置，而不考虑点到点路径精度的控制。这种控制方法用于数控压力机、数控钻床、数控点焊设备中，还可用在数控坐标镗铣床上，如图 2-86 所示。

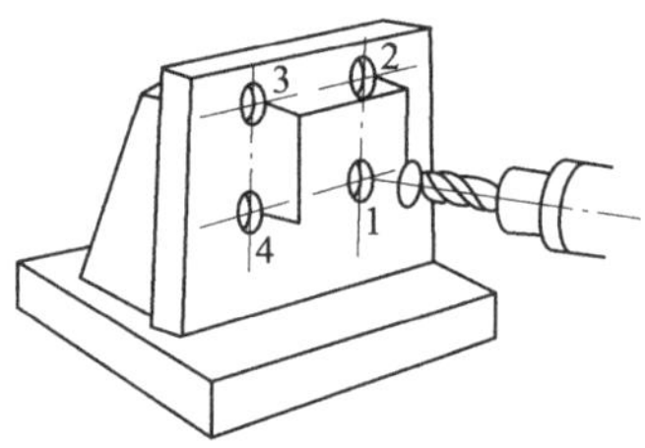

图 2-86　点位控制

2）点位直线控制。点位直线控制既要求点的准确定位，也要求控制两点之间移动轨迹是一条直线，且在运动过程中，刀具按规定的进给速度进行切削。采用这类控制的机床有数控车床、数控铣床、数控磨床等，一般用于加工矩形、台阶形零件，如图 2-87 所示。

3）轮廓控制。轮廓控制又称为连续控制，是对两个或两个以上的坐标轴同时进行控制。它不仅要保证各点的位置，还要控制加工过程中各点的位移速度，即刀具移动的轨迹。它既要保证尺寸精度，又要保证形状精度。在运动过程中，同时要向两个坐标轴分配脉冲，使它们能走出所要求的形状来，即为插补运算。轮廓控制加工是一种软仿形，而不是用靠模仿形，大大缩短了生产准备时间，而且精度要比硬仿形高很多。图 2-88 所示为轮廓控制。

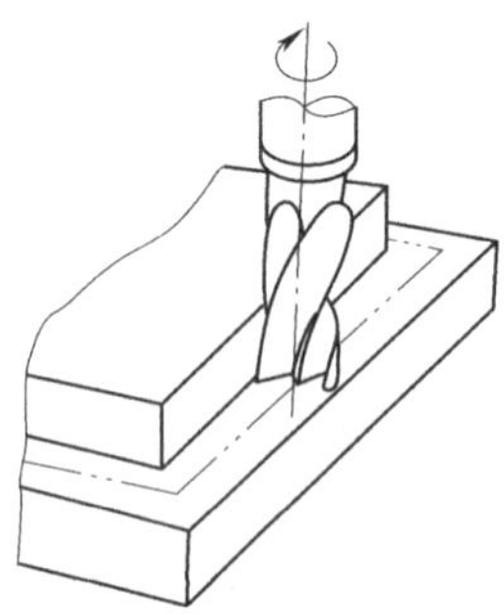
图 2-87　点位直线控制

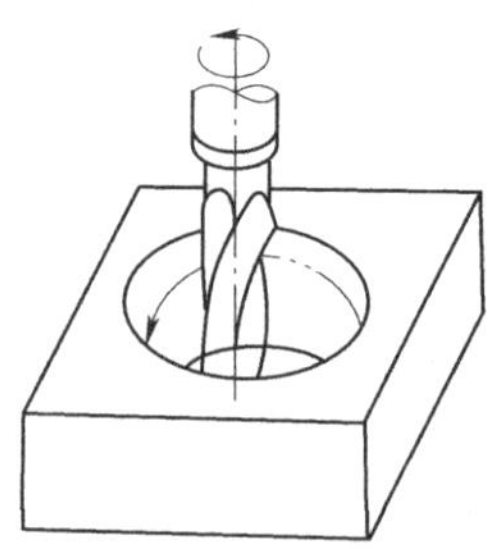
图 2-88　轮廓控制

轮廓控制类机床主要有数控车床、数控铣床、数控线切割机、加工中心等，其相应的数控装置称为轮廓控制数控系统。按所控制的联动坐标轴数的不同，又可分为下面几种主要形式。

① 二轴联动。主要用于数控车床加工曲线旋转面或者数控铣床等加工曲线柱面，如图 2-89a 所示。

② 二轴半联动。主要用于三轴以上控制的机床，其中两个轴互为联动，而另一个轴做周期进给，如在数控铣床上用球头铣刀采用行切法加工三维空间曲面，如图 2-89b 所示。

③ 三轴联动。一般分为两类，一类是 x、y、z 三个直线坐标轴联动，比较多地用于数控铣床、加工中心等，如用球头铣刀铣切三维空间曲面；另一类是除了同时控制 x、y、z 中两个直线坐标轴联动外，还同时控制围绕其中某一直线坐标轴旋转的旋转坐标轴，如图 2-89c 所示。

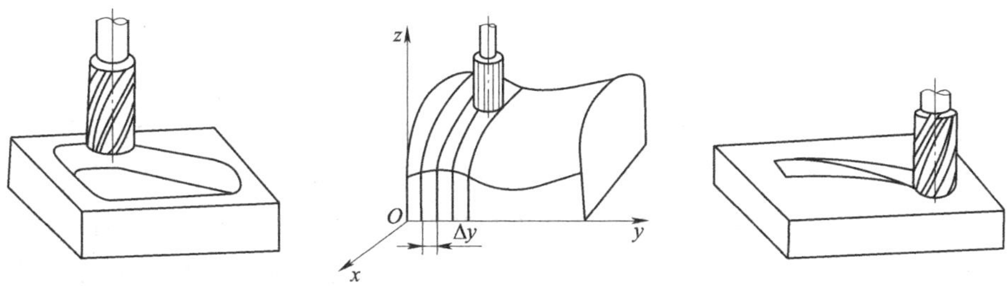

a)　　b)　　c)

图 2-89　不同铣削的联动轴数

④ 四轴联动。即同时控制 x、y、z 三个直线坐标轴和某一旋转坐标轴联动，如图 2-90 所示。

⑤ 五轴联动。如图 2-91 所示，除了同时控制 x、y、z 三个直线坐标轴联动外，还同时控制围绕这些直线坐标轴旋转的两个坐标轴，即形成同时控制五个轴联动。这时刀具可以被定在空间的任意方向。例如：控制切削刀具同时绕着 x 轴和 y 轴两个方向摆动，使得刀具在其切削点上始终保持与被加工的轮廓曲面成法线方向，以保证被加工曲面的平滑性，提高加工精度，减小表面粗糙度。

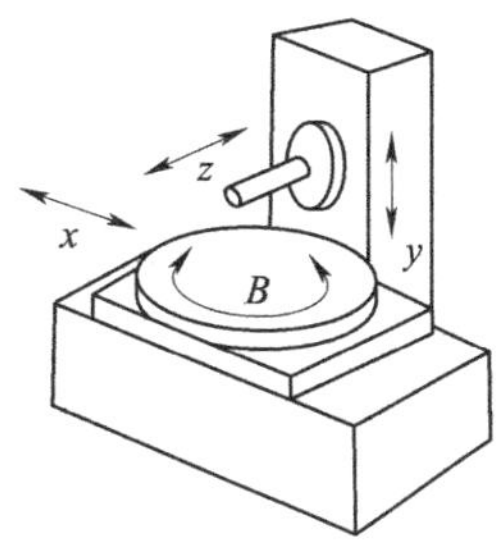

图 2-90　四轴联动的数控机床

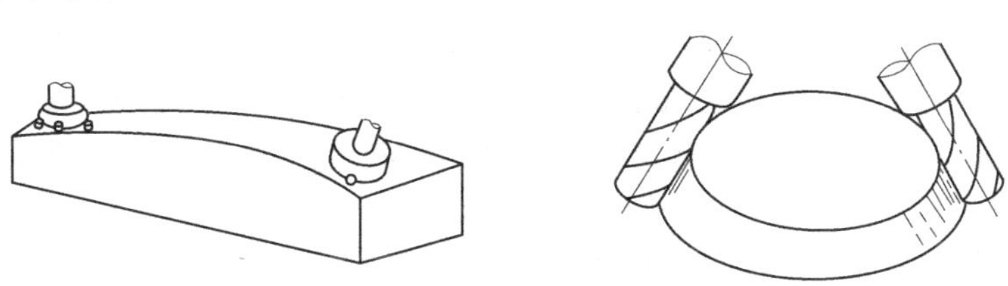

图 2-91　五轴联动的数控加工

（3）按控制方式分类

1）开环控制。开环控制就是无位置反馈的一种控制方法，通过改变脉冲的个数控制坐标点的位置，如图 2-92 所示。它采用的控制对象、执行机构大多是步进电动机或电液脉冲马达。由于其结构简单、控制方法简便，所以主要应用于对精度要求不高且功率需求不大的地方。随着机械制造业的发展，开环控制逐渐地不能适应机床高精度、大功率的要求；同时步进电动机功率小，而电液脉冲马达机构庞大，所以其被闭环系统所取代。

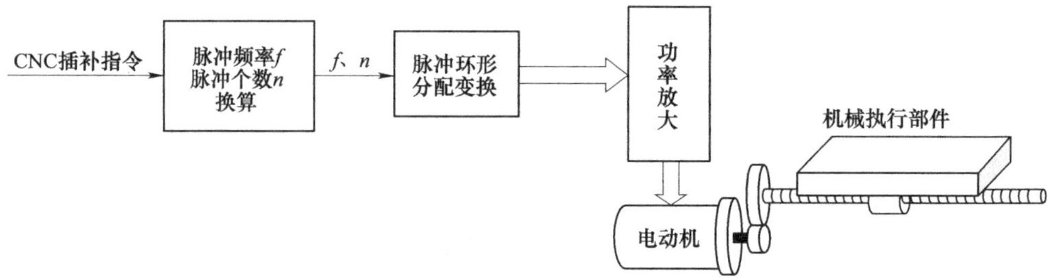

图 2-92　开环控制系统框图

2）半闭环控制。半闭环控制就是在系统的执行端之前（非最终端）设置监测，反馈回的信号可以对执行端之前的机构实时调整，编码器等检测装置一般安装在伺服电动机或丝杠上，如图 2-93 所示。工件的尺寸精度应由刀架的运动来测量，但半闭环控制系统则是通过测量带动刀架的丝杠转动的角度，根据螺距进行换算，计算出刀架的实际位移。这要求丝杠加工必须精确，并确保丝杠螺母间隙很小，因而有一定的局限性。虽然可以通过软件进行补偿，但对器件的精度与传动间隙仍有较高的要求。

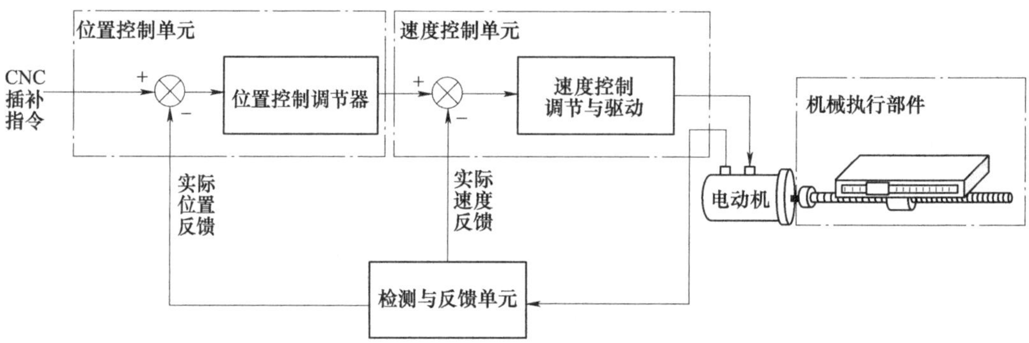

图 2-93　半闭环控制系统框图

3）闭环控制。闭环控制是对机床运动部件的位置直接进行检测，再把实际测量出的位置反馈信息送到数控装置中，获得与输入指令比较的差值，然后用这个差值进行控制，使运动部件按实际需要值运动，从而实现准确定位，如图 2-94 所示。这种方法，其精度取决于测量装置的精度，而与传动链的精度无关，因此其控制精度要比半闭环控制高。

5. 加工中心

加工中心是备有刀库，并能自动更换刀具，对工件进行多工序加工的数字控制机床。工件经一次装夹后，数字控制系统能控制机床按不同工序，自动选择和更换刀具，自动改变机床主轴转速、进给量和刀具相对工件的运动轨迹及其他辅助功能，依次完成工件多个面上多工序的加工。由于加工中心工序的集中和自动换刀，减少了工件的装夹、测量和机床调整等时间，使机床的切削时间达到机床开动时间的 80%左右（普通机床仅为 15%～20%）；同时也减少了工序之间的工件周转、搬运和存放时间，缩短了生产周期，具有明显的经济效益。

加工中心实现了工件一次装夹后即可进行铣削、钻削、镗削、铰削和攻螺纹等多种工序的集中加工。加工中心自诞生以来，得到迅速发展，形成了多种形式，如立式加工中心和卧式加

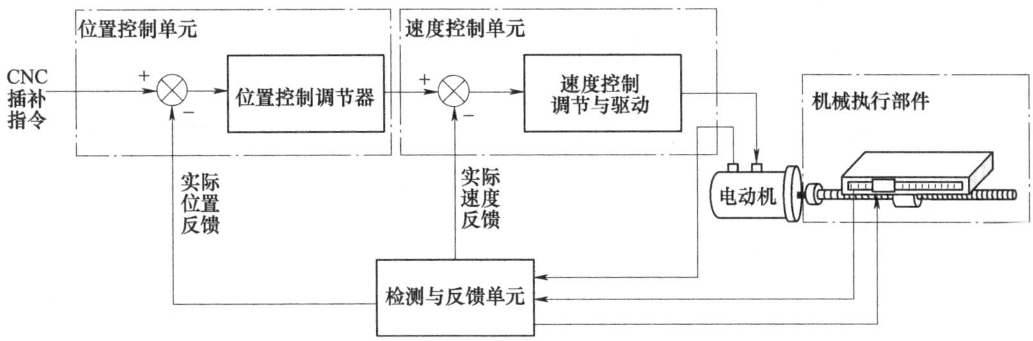

图 2-94　闭环控制系统框图

工中心等，但是从总体上来看其主要组成基本相同，主要由以下几部分组成，如图 2-95 所示。

1）基础部件。基础部件包括床身、立柱、横梁、工作台等，它们是加工中心中质量和体积最大的部分，承受了大部分载荷，所以必须有足够的刚度和强度，较好的制造精度和较小的热变形。基础部件一般为铸铁件或焊接结构。

2）主轴部件。主轴部件是加工中心的关键部件，由主轴箱、主轴电动机和主轴轴承组成。

3）数控系统。加工中心的数控系统由 CNC 装置、可编程序控制器、伺服驱动装置和操纵面板等部件组成，主要功能是控制加工中心完成各种加工动作。

4）自动换刀装置。自动换刀装置包括刀库、机械手、运刀装置等，在数控系统的控制下完成换刀动作。

5）辅助装置。辅助装置主要由润滑、冷却、排屑、防护、液压和检测装置构成。

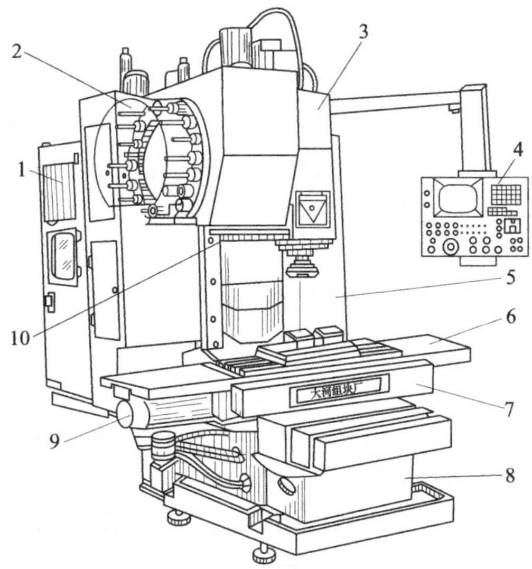

图 2-95　加工中心

1—数控柜　2—刀库　3—主轴箱　4—操纵台　5—驱动电源柜　6—纵向工作台　7—滑座　8—床身　9—x 轴进给伺服电动机　10—换刀机械手

由于加工中心的加工质量、加工效率高，并具备高度的柔性，其应用越来越广。但因为加工中心种类比较多，所以在选用加工中心时需根据自身需要考虑。

1）如工件以回转面为主，则可选用车削中心；如其上还有键槽、小平面、螺孔等需加工，要选择带动力头的车削中心。对箱体类工件的加工往往选择卧式加工中心，对模具、叶片等类的加工则宜选用立式加工中心。

2）根据加工表面及曲面的复杂程度，决定其联动轴数。一般采用三轴三联动或三轴两联动式。对复杂曲面加工，往往需要四轴三联动，甚至五轴五联动。

3）根据工件尺寸范围考虑其尺寸、型号，主要考虑 x、y、z 行程及工件大小、承重，再考虑其精度要求。加工中心导轨有的采用贴塑导轨，有的采用滚动导轨，前者负载能力较大，适宜重载切削的工况；后者磨损小，运动速度快，适宜切削力较小的工况。当切削力过大时，为了提高机床刚性，往往选用龙门式结构的加工中心。

4）其他功能。加工中心往往带有接触式测头，可以由程序控制调出，检测加工表面的精度，以防止切削力下变形过大。有些加工中心还有自适应控制功能，即根据电功率自动调整切削用量，以达到提高生产率、保护设备和刀具的目的。

加工中心适合加工形状复杂、工序多、精度要求较高、需要多种类型的普通机床和众多刀具及夹具，且经多次装夹和调整才能完成加工的零件，其加工的主要对象有箱体类零件，盘、套、板类零件，外形不规则零件，复杂曲面，刻线、刻字、刻图案以及其他特殊加工对象。推荐下列类型的零件为加工中心的主要选择对象。

1）中小批量轮番生产并有一定复杂程度的零件。

2）有多个不同位置的平面和孔系需加工的箱体或多棱体零件。

3）有较高的位置精度要求，更换机床加工时很难保证加工要求的零件。

4）加工精度一致性要求较高的零件。

5）切削条件多变的零件，如某些零件由于形状特点需切槽、镗孔、攻螺纹等。

6）可成组安装在工作台上，进行多品种混流加工的零件。

7）结构或形状复杂，普通加工时操作困难，加工时间长，加工效率低的零件。

8）可镜像加工的零件等。

6. 并联机床

传统机床为串联结构，存在悬臂部件，不易获得高的结构刚度；另外，其组成环节多，结构复杂，限制了加工精度和速度的提高。在20世纪90年代中期问世的并联机床，正是为解决传统机床存在的问题而进行的一种新尝试。

并联机床（Parallel Machine Tools）又称为并联结构机床（Parallel Structured Machine Tools）、虚拟轴机床（Virtual Axis Machine Tools）。并联机床基于空间并联机构Stewart平台原理开发，采用机械闭环结构，其基本特征是安装刀具的动平台由多个支路连接到固定平台上，没有滑台，没有导轨，通过支路上的运动副驱动平台运动，以改变刀具的位姿、实现刀具的进给运动。

并联机床是机构学理论、机器人技术与数控技术相结合的产物，同时兼顾了三者的优良特性。它克服了传统机床串联机构刀具只能沿固定导轨进给、刀具作业自由度偏低、设备加工灵活性和机动性不够等固有缺陷，可实现多坐标联动数控加工、装配和测量多种功能，更能满足复杂特种零件的加工。这种新型机床抛弃了固定导轨的刀具导向方式，采用多杆并联机构驱动，大大提高了机床的刚度，使加工精度和加工质量都将有较大的改进。另外，由于其进给速度的提高，从而使高速、超高速加工更容易实现。当然，要成为真正实用的机床，还有许多问题需要解决。

思考及练习题

1. 简述获得零件加工表面形状的方法。
2. 车削加工能成形哪些表面？

3. 何谓顺铣和逆铣？试述各自的特点及应用。
4. 齿轮加工方法主要有哪几种？试述各自的特点及适用场合。
5. 孔加工的方法有哪几种？其中深孔加工方法主要有哪些？
6. 高速切削是如何定义的？有哪些特点？
7. 何谓特种加工？它在成形工艺方面与切削加工有什么不同？
8. 简述电解加工、电火花加工、激光加工和超声波加工的表面成形原理和应用范围。
9. 简述机床的基本组成及主要技术性能指标。
10. 试举例说明从机床型号中可以获得的机床产品的信息。
11. 简述数控系统中开环、闭环和半闭环系统的区别。

第3章

金属切削加工原理与刀具

金属切削过程是指刀具在机床的驱动下，使工件上多余金属形成切屑的过程。在此过程中，始终存在着刀具切削工件和工件材料抵抗切削的矛盾，从而产生切削变形、切削力、切削热、刀具磨损等一系列现象，并最终影响加工质量。因此，研究这些现象，揭示其内在的机理，探索和掌握金属切削过程的基本规律，对保证加工质量、提高切削效率、降低生产成本具有十分重要的意义。

3.1 切削运动与切削要素

3.1.1 切削运动与切削表面

1. 切削运动

切削加工时，刀具与工件的相对运动称为切削运动。按切削运动在切削过程中所起的作用，可分为主运动和进给运动。

（1）主运动 **主运动**是直接切除工件上的切削层，以形成工件新表面的基本运动。主运动通常是切削运动中速度最高、消耗功率最多的运动。主运动的形式可以是旋转运动或直线运动，但每种切削加工方法中主运动通常只有一个。主运动的速度以 v_c 表示，称为切削速度。

（2）进给运动 **进给运动**是指不断地把切削层投入切削从而加工出完整表面所需的运动，其运动速度和消耗的功率都比主运动要小。进给运动可以没有，可以为一个或多个，其形式可以是直线运动、旋转运动或它们的组合。另外，进给运动可以是连续运动，也可以是间歇运动。进给运动用进给量 f 或进给速度 v_f 表示。

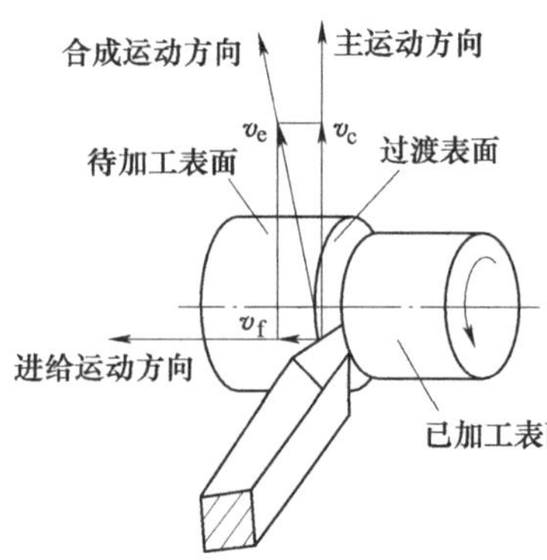

图 3-1 切削运动与切削表面

切削加工的主运动与进给运动往往是同时进行的，因此刀具切削刃上某一点与工件的相对运动应是上述两个运动的合成，其大小和方向用合成速度矢量 v_e 表示，如图 3-1 所示。

$$v_e = v_c + v_f \tag{3-1}$$

主运动和进给运动是实现切削加工的基本运动，可以由刀具来完成，也可以由工件来完成，还可以由刀具和工件共同来完成。同时，主运动和进给运动可以是直线运动（平动），也可以是回转运动（转动），还可以是平动和转动的复合运动。正是由于上述不同运动形式和不同运动执行元件的多种组合，产生了不同的切削加工方法。表 3-1 列出了常用机床的切削运动。

表 3-1 常用机床的切削运动

机床名称	主运动	进给运动	机床名称	主运动	进给运动
卧式车床 立式车床	工件旋转运动	车刀纵向、横向、斜向直线移动	龙门刨床	工件往复移动	刨刀横向、垂向、斜向间歇移动
钻床	钻头旋转运动	钻头轴向移动	外圆磨床	砂轮高速旋转	工件转动，同时工件往复移动，砂轮横向移动
卧式铣床 立式铣床	铣刀旋转运动	工件纵向、横向直线移动（有时也做垂直方向移动）	内圆磨床	砂轮高速旋转	工件转动，同时工件往复移动，砂轮横向移动
牛头刨床	刨刀往复移动	工件横向间歇移动或刨刀垂直、斜向间歇移动	平面磨床	砂轮高速旋转	工件往复移动，砂轮横向、垂向移动

2. 切削表面

如图 3-1 所示，在切削过程中，工件上出现三个不断变化着的表面。

（1）待加工表面　即将被切除切削层的表面。

（2）已加工表面　已经切去切屑形成的新表面。

（3）加工表面（过渡表面）　工件上正在被切削的表面。

3.1.2 切削要素

切削要素主要是指控制切削过程的切削用量要素和在切削过程中由加工余量变成切屑的切削层参数，如图 3-2 所示。

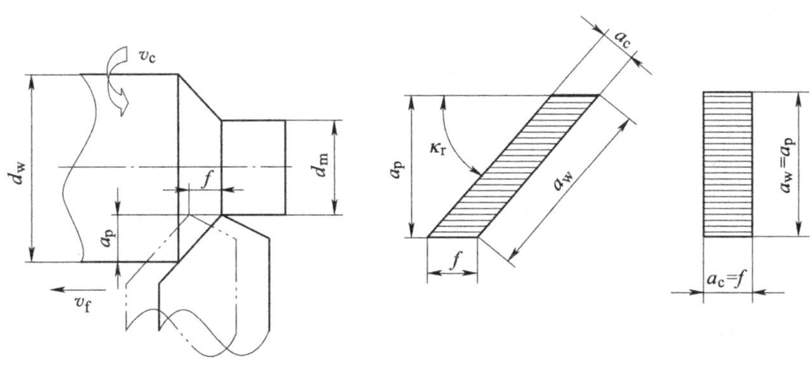

图 3-2 切削用量与切削层参数

1. 切削用量

切削用量是切削时各运动参数的总称，包括切削速度 v_c、进给量 f（或进给速度 v_f）和

背吃刀量 a_p，又称为切削用量三要素，它们是调整机床运动的依据。

（1）切削速度 v_c　单位时间内刀具切削刃上选定点相对于工件沿主运动方向的移动距离称为切削速度，单位为 m/s。计算时常用最大切削速度代表刀具的切削速度。若主运动为旋转运动，则切削速度为

$$v_c = \frac{\pi d_w n_w}{1000} \tag{3-2}$$

式中，d_w是工件待加工表面直径（mm）；n_w是工件转速（r/s）。

若主运动为往复运动（如刨削）时，其切削速度为

$$v_c = \frac{2 l n_r}{1000} \tag{3-3}$$

式中，n_r是主运动每秒钟的往复次数（次/s）；l 是往复运动的行程长度（mm）。

（2）进给量 f　在主运动每转一转或每一行程时，刀具在进给方向上相对工件的位移量称为进给量，单位为 mm/r（车削、镗削等）或 mm/行程（刨削、磨削等）。

进给运动还可以用进给速度 v_f（mm/s）或多刃刀具的每齿进给量 f_z（mm/齿）表示。一般

$$v_f = nf = nzf_z \tag{3-4}$$

式中，n 是主运动的转速（r/s）；z 是刀具齿数（个）。

（3）背吃刀量（切削深度）a_p　背吃刀量是待加工表面与已加工表面之间的垂直距离（mm）。

车削外圆时，有

$$a_p = \frac{d_w - d_m}{2} \tag{3-5}$$

钻孔时，有

$$a_p = \frac{d_m}{2} \tag{3-6}$$

式中，d_m是工件已加工表面的直径（mm）。

2. 切削层参数

切削层是指切削过程中，工件上正被刀具切削刃切削的一层金属，即相邻两个加工表面之间的金属层，如图 3-2 所示。切削层的大小反映了切削刃所承载荷的大小，直接影响加工质量、生产率和刀具磨损等。

（1）切削厚度 a_c　切削厚度是在垂直于加工表面测量的切削层尺寸（mm），即相邻两个加工表面之间的距离。它反映了切削刃单位长度上的切削载荷，车外圆时，有

$$a_c = f\sin\kappa_r \tag{3-7}$$

式中，κ_r是刀具主切削刃与工件轴线之间的夹角（°）。

（2）切削宽度 a_w　切削宽度是沿加工表面测量的切削层尺寸（mm）。它反映了切削刃参加切削的工作长度。当车刀主切削刃为直线车削外圆时，有

$$a_w = \frac{a_p}{\sin\kappa_r} \tag{3-8}$$

（3）切削面积 A_c　切削面积是切削层在切削层尺寸平面内的实际横截面积（mm^2）。车

削外圆时，有

$$A_c = a_c a_w = f\sin\kappa_r \frac{a_p}{\sin\kappa_r} = fa_p \tag{3-9}$$

3.2　刀具基础知识

3.2.1　刀具切削部分的组成

金属切削刀具的种类虽然很多，但它们切削部分的几何形状与参数却有共性，无论刀具结构如何复杂，它们的切削部分总是可以近似地以外圆车刀的切削部分为基本形态。国际标准化组织（ISO）在确定金属切削刀具工作部分几何形状的一般术语时，以车刀切削部分为基础，其他刀具如刨刀、钻头、铣刀等，都可以看成是车刀的演变和组合。

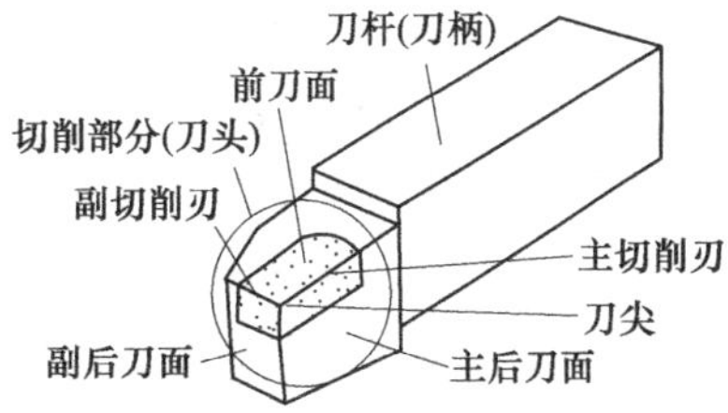

图 3-3　车刀的组成

如图 3-3 所示，车刀由切削部分（刀头）和刀杆（刀柄）组成。切削部分用于切削，刀杆用于装夹。车刀切削部分的构造要素可概括为“三面、两刃、一尖”。

1. 三面

（1）前刀面 A_γ　前刀面是刀具上与切屑接触并使切屑流出的表面。

（2）主后刀面 A_α　主后刀面是刀具上与工件加工表面接触并相互作用的表面。

（3）副后刀面 A'_α　副后刀面是刀具上与工件已加工表面接触并相互作用的表面。

2. 两刃

（1）主切削刃　主切削刃是前刀面与主后刀面的交线，它完成主要的切削工作。

（2）副切削刃　副切削刃是前刀面与副后刀面的交线，它配合主切削刃完成切削工作，并最终形成已加工表面。

3. 一尖

刀尖为三个刀面在空间的交点，也可以理解为主、副切削刃汇交的一小段切削刃。在实际应用中，为了增加刀尖的强度与耐磨性，一般在刀尖处磨出直线或圆弧形的过渡刃，如图 3-4 所示。

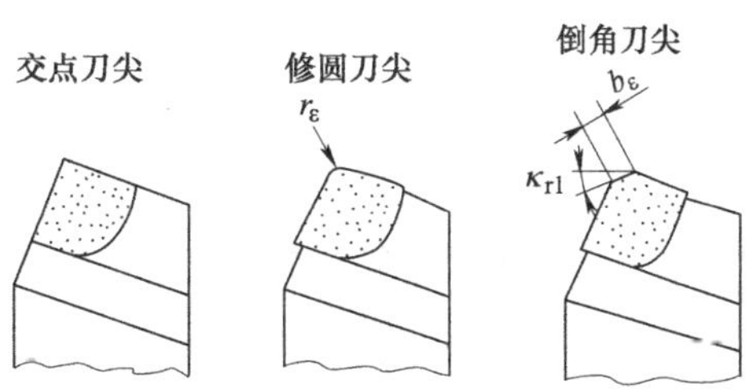

图 3-4　车刀刀尖形状

3.2.2　确定刀具角度的参考系

刀具从工件上切除金属，应具有一定的切削角度，也正是由于切削角度才决定了刀具切削部分各表面的空间位置。在实际切削过程中，把刀具在使用状态下与工件及切削运动联系起来的角度，称为**刀具工作角度**；而把设计、制造、刃磨和测量过程中所用的角度称为**刀具标注角度**。由于在设计和制造刀具时，刀具尚处于未使用状态，刀具与工件和切削运动的关系不能确定，为此必须制定一套参考系以方便角度的标注。该参考系的建立以下述假设为前提。

1. 运动条件

假定刀具的主运动方向和进给运动方向，并假定进给速度很小，可以用主运动矢量 v_c 近似地代替合成速度矢量 v_e。

2. 安装条件

假定标注角度参考系的各平面平行或垂直于刀具上便于制造、刃磨和测量时定位与调整的平面或轴线，如车刀、刨刀的底平面，镗刀刀杆的轴线，铣刀、钻头的轴线。

根据以上假设条件，目前生产中最常用的刀具标注角度参考系是由基面、切削平面和正交平面构成正交平面参考系，如图 3-5 所示。

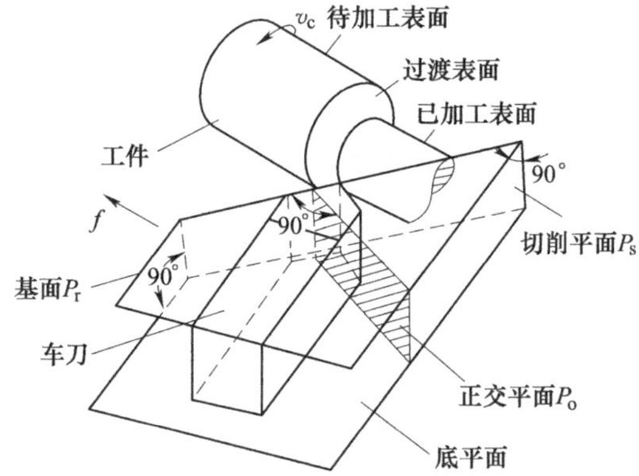

图 3-5　正交平面参考系

（1）**基面 P_r**　通过主切削刃上的某一点，并与该点切削速度方向垂直的平面。

（2）**切削平面 P_s**　通过主切削刃上的某一点，与工件加工表面相切并垂直于基面 P_r 的平面。

（3）**正交平面 P_o**　通过主切削刃上的某一点，与主切削刃在基面上投影互相垂直的平面。

除此之外，还有法平面参考系（图 3-6）、进给（背）平面参考系（图 3-7），不同平面参考系内的刀具标注角度可以进行换算。法平面 P_n 是通过主切削刃上的某一点，与主切削刃垂直的平面。进给平面 P_f 是通过主切削刃上的某一点，垂直于基面并与假定进给方向平行的平面。背平面 P_p 是通过主切削刃上的某一点，同时垂直于基面和假定进给方向的平面。

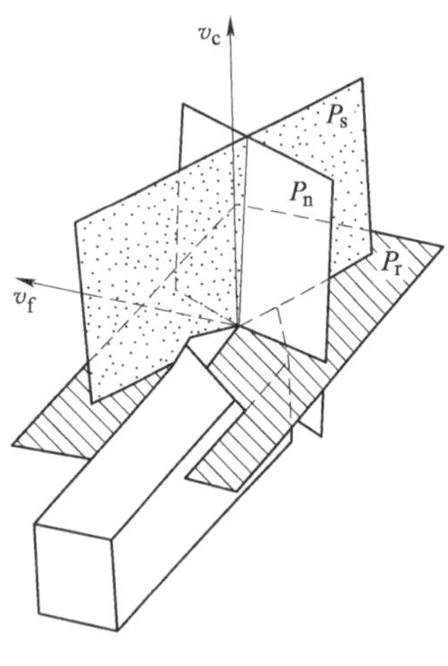

图 3-6　法平面参考系

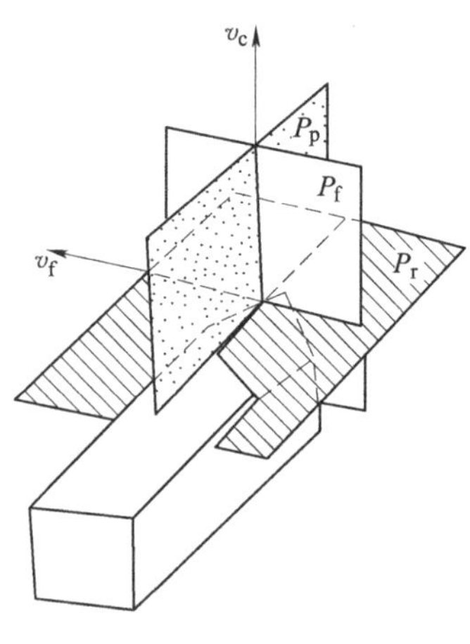

图 3-7　进给（背）平面参考系

3.2.3　刀具标注角度

刀具标注角度是制造和刃磨刀具所必需的，并在刀具设计图上标注的角度，如图 3-8 所示。

1. 在正交平面中测量的刀具角度

（1）前角 γ_o　前角是前刀面与基面之间的夹角，它表示前刀面的倾斜程度，有正、负和零值之分，正、负值规定，如图 3-8 所示。

（2）后角 α_o　后角是后刀面与切削平面之间的夹角，它表示后刀面的倾斜程度，同样有正、负和零值之分，正、负值规定，如图 3-8 所示，通常取正值。

2. 在基面中测量的刀具角度

（1）主偏角 κ_r　主偏角是主切削刃在基面上投影与进给运动方向之间的夹角，一般总是正值。

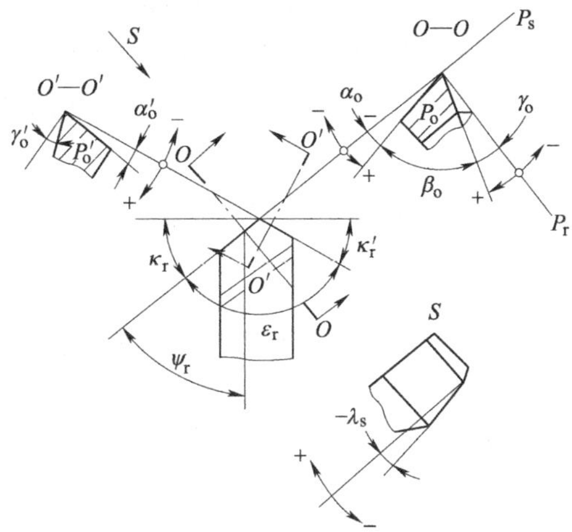

图 3-8　外圆车刀的角度标注

（2）副偏角 κ_r'　副偏角是副切削刃在基面上投影与进给运动反方向之间的夹角，一般取正值。

3. 在切削平面中测量的刀具角度

刃倾角 λ_s是主切削刃与基面之间的夹角，有正、负值之分。当主切削刃与基面平行时 $\lambda_s=0°$；当刀尖为主切削刃上最高点时，$\lambda_s>0°$；当刀尖为主切削刃上最低点时，$\lambda_s<0°$，如图 3-9 所示。

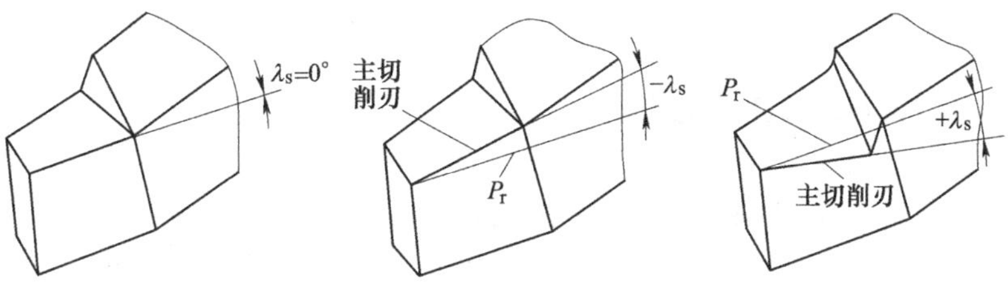

图 3-9　刃倾角的正、负值规定

根据刀具结构和基本角度，派生出楔角 β_o和刀尖角 ε_r，如图 3-8 所示。

（1）楔角 β_o　楔角是前刀面与后刀面之间的夹角，$\beta_o=90°-(\gamma_o+\alpha_o)$。

（2）刀尖角 ε_r　刀尖角是主、副切削刃在基面上的投影之间的夹角，$\varepsilon_r=180°-(\kappa_r+\kappa_r')$。

同理，与副切削刃对应的也有副前角 γ_o'、副后角 α_o'和副刃倾角 λ_s'，其定义与主切削刃上的角度类似。

3.2.4　刀具工作角度

刀具实际切削加工时，由于考虑了刀具实际安装位置和进给运动的影响，刀具标注角度会发生一定变化。因此，以切削过程中实际的基面、切削平面和正交平面为参考系所确定的刀具角度才是加工过程中的真实刀具角度，称为**刀具工作角度**，即实际角度。

1. 刀具安装对刀具工作角度的影响

通常车削外圆时，车刀的刀尖一般应与工件轴线等高。如果刀尖高于或低于工件轴线，如图 3-10 所示，则会引起实际基面和切削平面的位置改变，从而使车刀的实际切削角度发生变化。

若刀尖高于或低于工件轴线 h(mm)，在不考虑进给运动的情况下，有

$$\gamma_{oe} = \gamma_o \pm \theta, \alpha_{oe} = \alpha_o \mp \theta, \sin\theta = \frac{2h}{d} \tag{3-10}$$

镗孔时计算公式与车削外圆时相反。

当车刀刀杆的中心线与进给运动方向不垂直时，如图 3-11 所示，设刀杆纵向轴线偏移角度为 θ，则车刀的实际主偏角 κ_{re} 和副偏角 κ'_{re} 为

$$\kappa_{re} = \kappa_r \pm \theta, \kappa'_{re} = \kappa'_r \mp \theta \tag{3-11}$$

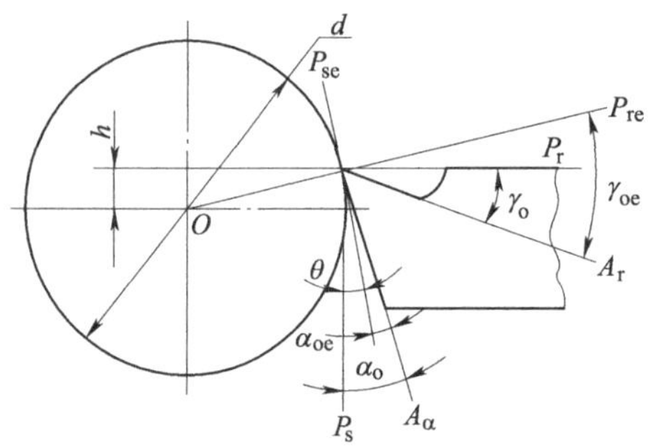

图 3-10　车刀安装高低对工作角度的影响

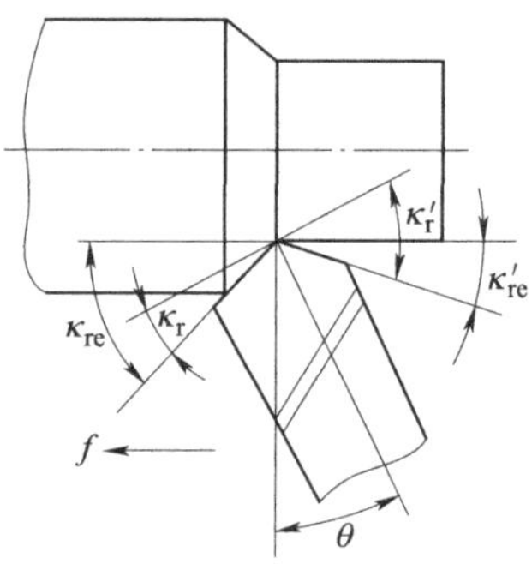

图 3-11　车刀安装倾斜对工作角度的影响

2. 进给运动对刀具工作角度的影响

(1) 横向进给运动的影响　在车床上车端面或切断时，进给运动是沿横向进行的，如图 3-12 所示。若不考虑进给运动时，刀具的基面为 P_r，切削平面为 P_s，标注角度前角为 γ_o，后角为 α_o；而车端面或切断时由于进给量较大，切削刃上选定点相对于工件的运动轨迹为一平面阿基米德螺旋线，因此实际切削平面变为与螺旋面相切的平面 P_{se}，实际基面也相应地变为 P_{re}，角度变化为 μ。此时刀具的工作前角 γ_{oe} 和工作后角 α_{oe} 为

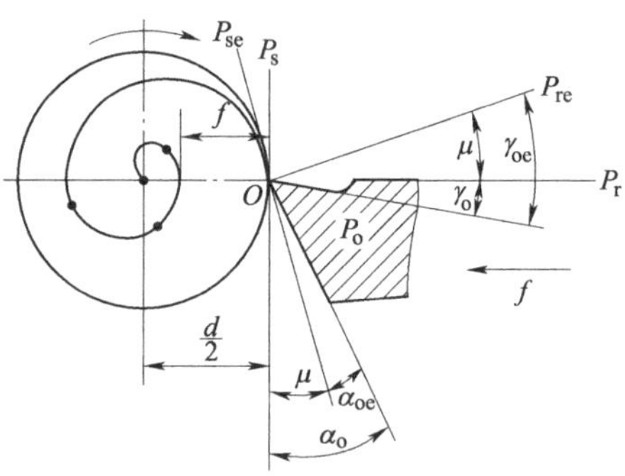

图 3-12　横向进给运动对刀具工作角度的影响

$$\gamma_{oe} = \gamma_o + \mu, \alpha_{oe} = \alpha_o - \mu, \tan\mu = \frac{v_f}{v_e} = \frac{f}{\pi d} \tag{3-12}$$

式中，μ 是合成切削速度角（°），是主运动方向与合成切削速度方向之间的夹角。

由式 (3-12) 可知，当横向进给量一定时，μ 值随工件直径 d 的减小而增大，当接近工件中心时，μ 值急剧增大，工作后角 α_{oe} 将变为负值，这时往往会使切削刃崩碎或将工件挤断。进给量 f 的大小也对 μ 值有很大的影响，进给量 f 增大，μ 值增大，也有可能使工作后角 α_{oe} 变为负值。因此，在横向切削时不宜采用过大的进给量 f，并应适当增大刀具的标注后角 α_o。

(2) 纵向进给运动的影响　一般车削外圆时，纵向进给量 f 较小，对车刀工作角度的影

响可忽略不计。但当进给量 f 较大，尤其是车削加工多线螺纹或蜗杆时，纵向进给的影响就不可忽视。如图 3-13 所示，若不考虑进给运动时，过切削刃上某一点的基面为 P_r，切削平面为 P_s，侧前角（也称为进给前角）与侧后角（也称为进给后角）为 γ_f 和 α_f，前角与后角为 γ_o 和 α_o。当考虑进给运动时，实际切削平面 P_{se} 为与圆柱螺旋面相切的平面，实际基面 P_{re} 垂直于合成切削速度矢量，它们分别相对于 P_s 或 P_r 倾斜了同样的角度，这个角度在假定工作进给平面 P_f 中为 μ_f，在正交平面 P_o 中为 μ。因此在假定工作进给平面（进给剖面）内的工作角度为

$$\gamma_{fe} = \gamma_f + \mu_f,\ \alpha_{fe} = \alpha_f - \mu_f,\ \tan\mu_f = \frac{f}{\pi d_w} \tag{3-13}$$

在正交平面内，刀具的工作角度为

$$\gamma_{oe} = \gamma_o + \mu,\ \alpha_{oe} = \alpha_o - \mu,\ \tan\mu = \tan\mu_f \sin\kappa_r = \frac{f\sin\kappa_r}{\pi d_w} \tag{3-14}$$

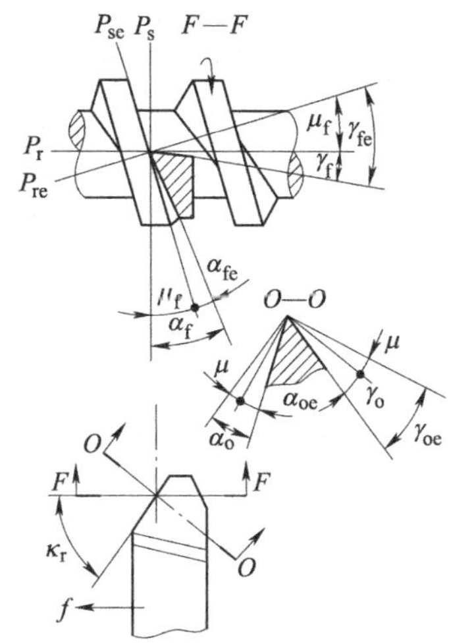

图 3-13　纵向进给运动对刀具工作角度的影响

由式（3-13）和式（3-14）可知，μ_f 和 μ 值与进给量 f 及工件直径 d_w 有关。f 增大或 d_w 减小时，μ_f 和 μ 均增大。上述分析只适合于车右螺纹时车刀的左侧切削刃，此时右侧切削刃的 μ_f 和 μ 的正、负号与其相反，因此对车刀右侧切削刃工作角度的影响也正好相反。这说明车削右螺纹时，车刀左侧切削刃应注意适当加大后角，而右侧切削刃应设法加大前角。

3.3　刀具材料

金属切削过程除了要求刀具具有适当的几何参数外，还要求刀具材料对工件要有良好的切削性能。刀具切削性能的优劣，不仅取决于刀具切削部分的几何参数，还取决于刀具切削部分所选配的刀具材料。金属切削过程中的加工质量、加工效率、加工成本，在很大程度上取决于刀具材料的合理选择。因此，刀具材料、结构和几何角度是构成刀具切削性能评估的三要素。

3.3.1　刀具材料应具备的基本性能

在切削加工时，刀具切削部分与切屑、工件相互接触的表面上承受着很大的压力（可达约 2~3kN/mm^2）和强烈的摩擦，刀具在高温下（常达 600~1000℃）进行切削的同时，还承受着冲击和振动，因此，作为刀具材料应具备以下基本性能。

（1）高的硬度和耐磨性　刀具材料的硬度必须高于工件材料的硬度，常温硬度在 60HRC 以上，更重要的是高温硬度要保持在一定水平。一般要求刀具材料与工件材料的硬度差应不小于 20HRC。耐磨性表示抵抗磨损的能力，它取决于组织中硬质点的硬度、数量、大小和分布。

（2）高的强度和韧性　为了承受切削过程中的压力、冲击和振动，避免崩刃和折断，刀具材料应具有足够的强度和韧性。

（3）高的耐热性　耐热性是指刀具材料在高温下保持硬度、耐磨性、强度和韧性的能力。通常刀具材料具有切削作用的最高温度为：高速钢≤650℃；硬质合金 800~1000℃；金

刚石≤800℃；陶瓷≤1200℃；CBN（立方氮化硼）1300~1500℃等。

(4) 良好的热物理性能和耐热冲击性能　刀具材料的导热性能要好，不会因受到大的热冲击产生刀具内部裂纹而导致刀具断裂。

(5) 良好的工艺性和经济性　为了便于制造，要求刀具材料应具有良好的锻造性能、热处理性能、焊接性能、切削加工性能等。此外，在满足以上性能要求时，宜尽可能满足资源丰富、价格低廉的要求。

对同一种刀具材料来说，材料的性能要求往往是相矛盾的，很难同时兼顾，如硬度越高，耐磨性越好的材料，其韧性和抗冲击性能就越差，因此只能根据所加工材料及不同的加工条件，有所偏重，综合考虑。

3.3.2 常用刀具材料

目前常用的刀具材料可分为五大类：工具钢（包括碳素工具钢、合金工具钢）、高速钢、硬质合金、陶瓷和超硬刀具材料，切削加工中用得最多的为高速钢和硬质合金。

1. 高速钢

高速钢是含有较多 W、Mo、Cr、V 等元素的高合金工具钢。高速钢硬度可达 62~67HRC，切削温度可达 550~600℃。与碳素工具钢和合金工具钢相比，高速钢能提高切削速度 4~6 倍，提高刀具寿命 10~40 倍，甚至更多，而且它的强度、韧性和工艺性都较好，是各类材料中低速切削加工及复杂形状刀具的理想材料，如钻头、丝锥、成形刀具、拉刀、齿轮刀具等的制造中，高速钢占据主要地位。

为了提高高速钢的硬度和耐磨性，改善其切削性能，常采用以下措施。

1）在高速钢中增添新的元素，如我国制成的铝高速钢，增添了铝元素，使其硬度达 68~69HRC，耐热性超过 600℃，被称为高性能高速钢。

2）用粉末冶金法制造的高速钢称为粉末冶金高速钢，它可消除碳化物的偏析并细化晶粒，提高材料的韧性、硬度，并减小热处理变形，适用于制造各种高精度刀具。

表 3-2 列出了常用高速钢的性能及主要用途。

表 3-2　常用高速钢的性能及主要用途

类别		牌　号	硬度 HRC	抗弯强度 σ_{bb}/GPa	冲击韧度 α_K/J·m^{-2}	600℃时的硬度 HRC	主要用途
普通高速钢		W18Cr4V	63~66	≈3.5	≈30	48.5	用途广泛，如齿轮刀具、钻头、丝锥、铰刀、铣刀、拉刀等
		W6Mo5Cr4V2	63~66	4.5~4.7	≈50	47~48	制造热塑性好及承受较大冲击载荷的刀具
高性能高速钢	高碳	9W18Cr4V	67~68	≈3.0	≈10.0	51	用于对韧性要求不高，但对耐磨性要求高的刀具
	高钒	W12Cr4V4Mo	65~67	≈3.2	≈25.0	51	用于形状简单，但对耐磨性要求高的刀具
	超硬	W6Mo5Cr4V2Al	68~69	3.5~3.8	≈20	55	制造复杂刀具及难加工材料用刀具
		W2Mo9Cr4VCo8	66~67	2.5~3.0	≈10	55	制造复杂刀具及难加工材料用刀具

2. 硬质合金

（1）硬质合金的组成与性能　硬质合金是由高硬度、高熔点的金属碳化物，如 WC、TiC、TaC 和 NbC 等微粉，用 Co 或 Mo、Ni 等金属成分作为黏结剂，经高温烧结而成的粉末冶金制品。由于其高温碳化物含量远远超过了高速钢，因此它的硬度、耐磨性和高热硬性均高于高速钢，温度达到 800～1000℃时仍能进行切削加工。但其抗弯强度较低，脆性较大，加工工艺性较差。

硬质合金的性能取决于其化学成分、碳化物粉末的粗细程度及其烧结工艺。碳化物含量增加时，则硬度增高，抗弯强度降低，适用于粗加工；黏结剂含量增加时，则抗弯强度增高，硬度降低，适用于精加工。

（2）普通硬质合金分类、牌号与使用性能　GB/T 18376.1—2008《硬质合金牌号　第 1 部分：切削工具用硬质合金牌号》将硬质合金分为 P、M、K、N、S 和 H 共 6 类，各个类别为满足不同的使用要求以及根据切削工具用硬质合金材料耐磨性和韧性的不同，分成若干个组，用 01、10、20 等两位数字表示组号，其牌号如“P201”，其中“P”表示类，“20”表示组，“1”表示细分号（需要时使用）。常用硬质合金牌号、成分和性能见表 3-3。

表 3-3　常用硬质合金牌号、成分和性能

类别	分组号	旧牌号	基本成分	力学性能		使用性能				
				常温硬度 HRA	抗弯强度 /MPa	加工材料类别	性能提高方向			
P	01	YT30	以 TiC、WC 为基，以 Co（Ni+Mo+Co）作为黏结剂的合金/涂层合金	≥92.3	≥700	长切屑材料的加工，如钢、铸钢、长切屑可锻铸铁等	↑耐磨性	韧性↓	↑切削速度	进给量↓
	10	YT15		≥91.7	≥1200					
	20	YT14		≥91.0	≥1400					
	30	YT5		≥90.2	≥1500					
	40			≥89.5	≥1750					
M	01		以 WC 为基，以 Co 作为黏结剂，或添加少量 TiC（TaC、NbC）的合金/涂层合金	≥92.3	≥1200	通用合金，用于不锈钢、铸钢、锰钢、可锻铸铁、合金钢、合金铸铁等的加工	↑耐磨性	韧性↓	↑切削速度	进给量↓
	10	YW1		≥91.0	≥1350					
	20	YW2		≥90.2	≥1500					
	30	GE1		≥89.9	≥1650					
	40	GE3		≥88.9	≥1800					
K	01	YG3X	以 WC 为基，以 Co 作为黏结剂，或添加少量 TaC、NbC 的合金/涂层合金	≥92.3	≥1350	短切屑材料的加工，如冷硬铸铁、短切屑可锻铸铁、灰铸铁等	↑耐磨性	韧性↓	↑切削速度	进给量↓
	10	YG6A YG6X		≥91.7	≥1460					
	20	YG6 YG8N		≥91.0	≥1550					
	30	YG8 YG8N		≥89.5	≥1650					
	40	YG15		≥88.5	≥1800					

（续）

<table>
<tr><th rowspan="2">类别</th><th rowspan="2">分组号</th><th rowspan="2">旧牌号</th><th rowspan="2">基本成分</th><th colspan="2">力学性能</th><th colspan="5">使用性能</th></tr>
<tr><th>常温硬度 HRA</th><th>抗弯强度 /MPa</th><th>加工材料类别</th><th colspan="4">性能提高方向</th></tr>
<tr><td rowspan="4">N</td><td>01</td><td></td><td rowspan="4">以 WC 为基，以 Co 作为黏结剂，或添加少量 TaC、NbC 或 CrC 的合金/涂层合金</td><td>≥92.3</td><td>≥1450</td><td rowspan="4">有色金属、非金属材料的加工，如铝、镁、塑料、木材等</td><td rowspan="4">↑耐磨性</td><td rowspan="4">韧性↓</td><td rowspan="4">↑切削速度</td><td rowspan="4">进给量↓</td></tr>
<tr><td>10</td><td></td><td>≥91.7</td><td>≥1560</td></tr>
<tr><td>20</td><td></td><td>≥91.0</td><td>≥1650</td></tr>
<tr><td>30</td><td></td><td>≥90.0</td><td>≥1700</td></tr>
<tr><td rowspan="4">S</td><td>01</td><td></td><td rowspan="4">以 WC 为基，以 Co 作为黏结剂，或添加少量 TaC、NbC 或 TiC 的合金/涂层合金</td><td>≥92.3</td><td>≥1500</td><td rowspan="4">耐热和优质合金材料的加工，如耐热钢，含镍、钴、钛的各类合金材料</td><td rowspan="4">↑耐磨性</td><td rowspan="4">韧性↓</td><td rowspan="4">↑切削速度</td><td rowspan="4">进给量↓</td></tr>
<tr><td>10</td><td></td><td>≥91.5</td><td>≥1580</td></tr>
<tr><td>20</td><td></td><td>≥91.0</td><td>≥1650</td></tr>
<tr><td>30</td><td></td><td>≥90.5</td><td>≥1750</td></tr>
<tr><td rowspan="4">H</td><td>01</td><td></td><td rowspan="4">以 WC 为基，以 Co 作为黏结剂，或添加少量 TaC、NbC 或 TiC 的合金/涂层合金</td><td>≥92.3</td><td>≥1000</td><td rowspan="4">硬切削材料的加工，如淬硬钢、冷硬铸铁等材料</td><td rowspan="4">↑耐磨性</td><td rowspan="4">韧性↓</td><td rowspan="4">↑切削速度</td><td rowspan="4">进给量↓</td></tr>
<tr><td>10</td><td></td><td>≥91.7</td><td>≥1300</td></tr>
<tr><td>20</td><td></td><td>≥91.0</td><td>≥1650</td></tr>
<tr><td>30</td><td></td><td>≥90.5</td><td>≥1500</td></tr>
</table>

为了克服硬质合金强度低、韧性差、脆性大、易崩刃的缺点，改善其切削性能，常采用以下措施。

1）调整化学成分，使硬质合金既具有高的硬度，又具有良好的韧性。

2）细化合金晶粒，提高硬度和抗弯强度。

3. 陶瓷

按化学成分的不同，目前生产中常用的刀具陶瓷可分为 Al_2O_3基陶瓷和 Si_3N_4基陶瓷。

Al_2O_3基陶瓷硬度（80~90HRA）比硬质合金高，耐热性好、摩擦系数小、化学稳定性好。陶瓷刀具可以加工钢、铸铁及高硬度合金，但由于抗弯强度低和冲击韧度较差，通常用于精加工和半精加工。为了克服 Al_2O_3 基陶瓷强度低和韧性差的缺点，在其基体中添加 20%~30%的 SiC 晶液制成晶须增韧陶瓷材料，SiC 晶须的作用犹如钢筋混凝土中的钢筋，它能成为阻挡或改变裂纹扩展的障碍物，使刀具的韧性大幅度提高，是一种很有发展前途的刀具材料。

Si_3N_4基陶瓷强度高、韧性好，特别是抗热冲击性大大优于 Al_2O_3基陶瓷。因此，可以加工铸铁及镍基合金等。

4. 超硬刀具材料

超硬刀具材料包括金刚石和立方氮化硼（CBN）。

（1）金刚石　一般有天然金刚石和人造金刚石（聚晶金刚石，PCD）两种。

天然金刚石是自然界中最硬的材料，硬度范围为 8000~12000HK（HK，努氏硬度，单位 kgf/mm^2，1kgf≈9.8N），密度为 3.48~3.56g/cm^3。由于天然金刚石是一种各向异性的单晶体，因此，在晶体上的取向不同，耐磨性及硬度也有差异，其耐热性为 700~800℃。天然金刚石的耐磨性极好，刃口锋利，切削刃的钝圆半径可达 0.01μm 左右，刀具寿命可长达数百小时。但天然金刚石价格昂贵，因此它主要用于制造加工精度和表面粗糙度要求极高零件的刀具，如加工磁盘、激光反射镜、感光鼓、多面镜等。

聚晶金刚石是由石墨在高温高压下聚合而成，因此不存在各向异性，其硬度比天然金刚石略低，价格便宜，焊接方便，可磨削性好，因此成为金刚石刀具的主要材料，但因其与铁元素的化学亲和力很强，因此不宜进行钢铁材料的加工，多用于有色金属及其合金以及一些非金属材料的加工，是目前超精密切削加工中最主要的刀具材料。

用等离子法开发的金刚石涂层刀具，其基体材料为硬质合金或氮化硅陶瓷，用途和聚晶金刚石相同。该方法可在硬质合金麻花钻、立铣刀、成形刀具及带断屑槽的刀片等复杂刀具上进行涂层，因此具有广阔的发展应用前景。

（2）立方氮化硼（CBN） 它是由单晶立方氮化硼微粉在高温高压下聚合而成，硬度可达3000~4500HV，仅次于金刚石，同时耐热性及热稳定性好，可承受1200℃左右的切削温度，化学惰性很好，在1000℃的温度下不与铁、镍和钴等金属发生化学反应，是理想的刀具材料。它主要用于淬硬工具钢、冷硬铸铁、耐热合金及喷焊材料等的加工，用于高精度铣削时可以代替磨削加工。

由于陶瓷、金刚石和立方氮化硼等材料硬度高、韧性差，因此要求使用这类刀具的机床刚性好、速度高、功率足够、主轴偏摆小，并且要求机床-夹具-工件-刀具系统的刚性好。只有这样才能充分发挥这些先进刀具材料的作用，取得良好的工艺效果。

3.3.3 刀具涂层技术

涂层刀具是近年出现的一种新型刀具，是刀具发展中的一项重要突破，是解决刀具材料中硬度、耐磨性与强度、韧性之间矛盾的一个有效措施。目前，常用涂层刀具有四种，即涂层高速钢刀具、涂层硬质合金刀具以及在陶瓷和超硬材料刀片上涂层的刀具，尤其以前两种涂层刀具应用最为广泛。

在陶瓷和超硬材料刀片上的涂层是硬度较基体低的材料，目的是为了提高刀片表面的断裂韧度（可提高10%以上），减少刀片的崩刃及破损，扩大其应用范围。

刀具涂层制备技术可分为化学气相沉积（CVD）和物理气相沉积（PVD）两大类。CVD技术可实现单成分单层及多成分多层复合涂层的沉积，涂层与基体结合强度较高，薄膜厚度较厚，可达7~9μm，具有很好的耐磨性。但CVD工艺温度高，易造成刀具材料抗弯强度下降；涂层内部呈拉应力状态，易导致刀具使用时产生微裂纹。目前，CVD技术主要用于硬质合金可转位刀片的表面涂层。与CVD工艺相比，PVD工艺温度低（最低温度可低至80℃），在600℃以下时对刀具材料的抗弯强度基本无影响；薄膜内部应力状态为压应力，更适用于对硬质合金精密复杂刀具的涂层；PVD工艺对环境无不利影响。PVD技术主要应用于整体硬质合金刀具和高速钢刀具的表面处理，已普遍应用于硬质合金钻头、铣刀、铰刀、丝锥、异形刀具、焊接刀具等的涂层处理。

涂层材料具有硬度高、耐磨性好、化学性能稳定、不与工件材料发生化学反应、耐热耐氧化、摩擦系数低以及与基体附着牢固等特点。目前，常用刀具涂层有以下几种。

（1）氮化钛涂层（TiN） TiN是一种通用型PVD涂层，可以提高刀具硬度并具有较高的氧化温度。该涂层用于高速钢切削刀具或成形工具可获得良好的加工效果。

（2）氮碳化钛涂层（TiCN） TiCN涂层中添加的碳元素可提高刀具硬度并获得更好的表面润滑性，是高速钢刀具的理想涂层。

(3) 氮铝钛或氮钛铝涂层 (TiAlN/AlTiN) TiAlN/AlTiN 涂层中形成的氧化铝层可以有效提高刀具的高温加工寿命，主要用于干式或半干式切削加工的硬质合金刀具。根据涂层中所含铝和钛的比例不同，AlTiN 涂层可提供比 TiAlN 涂层更高的表面硬度，因此是高速切削加工领域又一个可行的涂层选择。

(4) 氮化铬涂层 (CrN) CrN 涂层良好的抗黏结性，使其在容易产生积屑瘤的加工中成为首选涂层。涂覆这种几乎无形的涂层后，高速钢刀具或硬质合金刀具和成形刀具的加工性能会大大改善。

(5) 金刚石涂层 (Diamond) CVD 金刚石涂层可为非铁金属材料的加工刀具提供最佳性能，是加工石墨、金属基复合材料 (MMC)、高硅铝合金以及许多其他高磨蚀材料的理想涂层。但纯金刚石涂层刀具不能用于加工钢铁件，因为加工钢铁件时会产生大量切削热，从而导致发生化学反应，使涂层与刀具之间的黏附层遭到破坏。

3.4 常用刀具

3.4.1 刀具分类

生产中所使用的刀具种类很多，可按照不同的方式进行分类。

按加工方式和用途分，有车刀、孔加工刀具、铣刀、拉刀、螺纹刀具、齿轮刀具、磨削工具等。

按所用材料分，有高速钢刀具、硬质合金刀具、陶瓷刀具、立方氮化硼刀具、金刚石刀具等。

按结构形式分，有整体式刀具、镶嵌式刀具、机夹式刀具、复合刀具等。

按是否标准化分，有标准刀具和非标准刀具等。

3.4.2 常用刀具简介

1. 车刀

车刀是金属切削加工中应用最广泛的一种刀具。它可以用来加工外圆、内孔、端面、螺纹及各种内、外回转体成形表面，也可用于切断和切槽等，因此车刀类型很多，形状、结构、尺寸各异，图 3-14 所示为几种常用车刀。车刀的结构形式主要有整体式、焊接式、机夹重磨式和机夹可转位式等。

整体式车刀通常是用高速钢制造的同材质车刀，在易切削加工材料及形状复杂的表面加工中采用。

焊接式车刀是在碳钢刀体上按刀具几何角度，焊接硬质合金刀片，并经刃磨后使用的车刀，如图 3-15 所示。焊接式车刀结构简单、刚性好、适应性强。

机夹式车刀又分为机夹重磨式车刀和机夹可转位式车刀，如图 3-16 所示。机夹重磨式车刀（图 3-16a）是用机械的方法将刀片夹固在刀体上的车刀。刀片磨损后，可卸下重磨，然后再安装使用。

机夹可转位式车刀（图 3-16b）是将预先加工好的有一定几何角度的多角刀片，用机械的方法装夹在特制的刀体上的车刀。由于刀具的几何角度是由刀片的制造形状及其在刀体槽

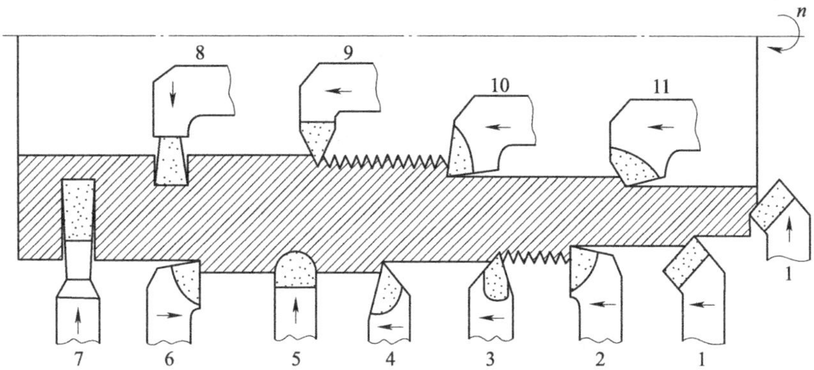

图 3-14　几种常用车刀

1—45°弯头外圆车刀　2—90°右偏外圆车刀　3—外螺纹车刀　4—75°外圆车刀　5—成形车刀　6—90°左偏外圆车刀　7—切断刀　8—内孔切槽刀　9—内螺纹车刀　10—不通孔车刀　11—通孔车刀

中的安装位置来确定的，故不需要刃磨。

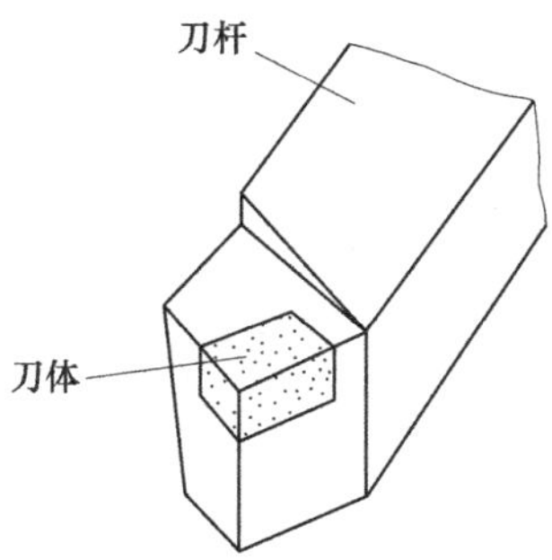

图 3-15　焊接式车刀

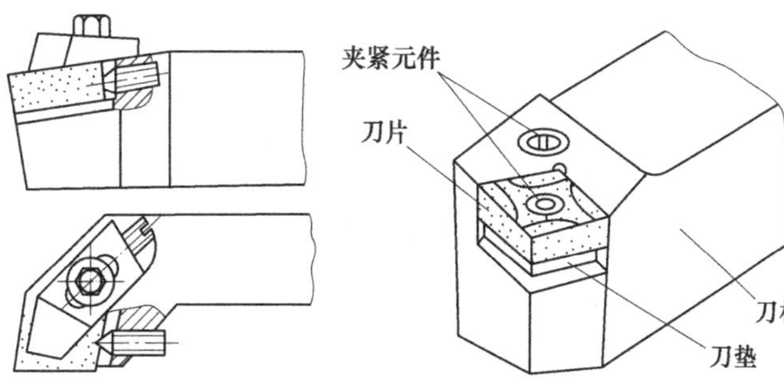

a) 机夹重磨式　b) 机夹可转位式

图 3-16　机夹式车刀

2. 孔加工刀具

孔加工刀具按其用途一般分为两大类：一类是在实体材料上进行孔加工的刀具，如麻花钻、中心钻、深孔钻等；另一类是对已有孔进行再加工的刀具，如扩孔钻、铰刀、镗刀等。

（1）麻花钻　麻花钻是一种形状较复杂的双刃钻孔或扩孔的标准刀具。麻花钻的材料大多为高速钢，也有硬质合金麻花钻。图 3-17 所示为标准麻花钻结构，其中带螺旋槽的刀体前端为切削部分，承担主要切削工作；后端为导向部分，起引导钻头的作用，也是切削部分的后备部分；刀柄有直柄和锥柄两种，起和机床连接的作用。切削部分有两个对称的刃瓣，通过中间钻芯连接在一起，中间形成横刃，两条对称的螺旋槽用于容屑和排屑；导向部分磨有两条棱边，也称为刃带，其作用是减少与加工孔壁的摩擦，棱边直径上磨出(0.03～0.12)/100 的倒锥，从而形成副偏角 κ_r'。通常麻花钻的两个刃瓣可以看成两把对称的车刀：螺旋槽的螺旋面为前刀面，与工件加工表面（孔底）相对的端部两曲面为主后刀面，与工件的已加工表面（孔壁）相对的两条棱边为副后刀面，螺旋槽与主后刀面的两条交线为主切削刃，棱边与螺旋槽的两条交线为副切削刃。麻花钻的横刃为两后刀面在钻芯的交线。

麻花钻的主要几何参数有螺旋角 ω、顶角 2ϕ（主偏角 $\kappa_r \approx \phi$）、横刃斜角 ψ、直径、横

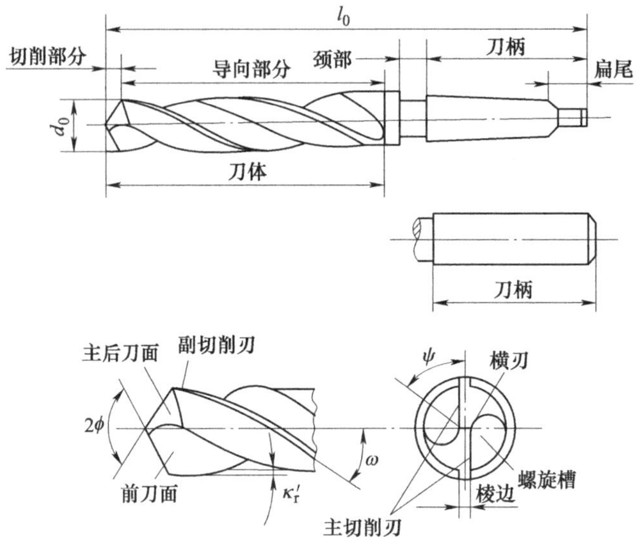

图 3-17　标准麻花钻结构

刃长度等。前角变化大是麻花钻的重要特点。通常前角从外缘处的大约+30°逐渐减小到钻芯处的大约-30°，横刃前角约为-60°。加之麻花钻切削刃长、螺旋槽排屑不畅、横刃部分切削条件很差等结构问题，使麻花钻的切削能力受到很大影响，生产中为了提高钻孔精度和效率，常将标准麻花钻按特定形式进行刃磨，形成了所谓的“群钻”（图 3-18）。群钻的基本特征为：三尖七刃锐当先，月牙弧槽分两边，一侧外刃开屑槽，横刃磨得低窄尖。

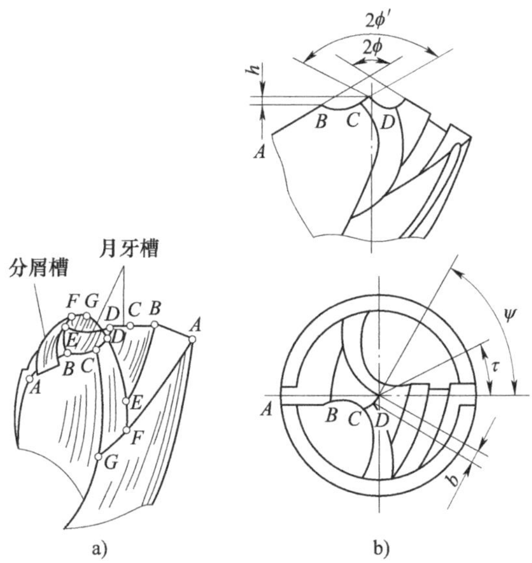

图 3-18　中型标准群钻

（2）中心钻　中心钻是用于加工中心孔的刀具，在结构上与麻花钻类似，排屑槽一般为直槽。常用中心钻有不带护锥的中心钻和带护锥的中心钻两种形式，如图 3-19 所示。

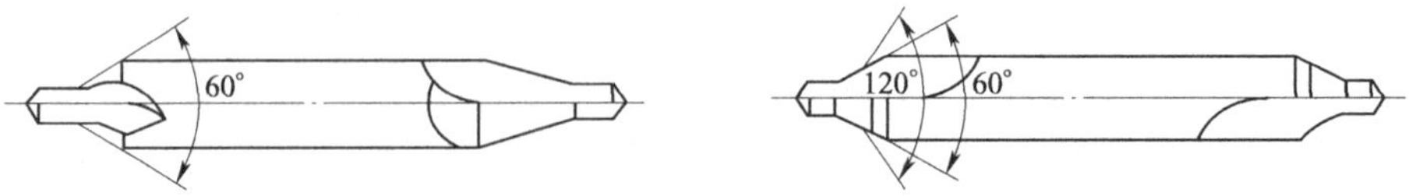

a) 不带护锥60° 复合中心钻　　b) 带护锥60° 复合中心钻

图 3-19　中心钻

（3）深孔钻　深孔钻是进行深孔（孔深 L 与孔径 D 之比大于 5 的孔）加工的刀具。深孔刀具的关键技术是要有较好的冷却润滑、合理的排屑结构以及导向措施。典型的深孔刀具有图 3-20 所示的外排屑深孔钻（枪钻）、图 3-21 所示的错齿内排屑深孔钻（BTA 深孔钻）以及图 3-22 所示的双管喷吸钻，另外还有深孔套料钻（图 3-23）等多种形式。

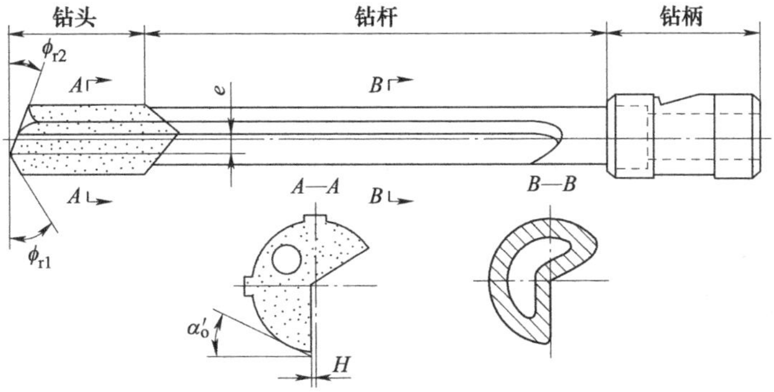

图 3-20　外排屑深孔钻（枪钻）

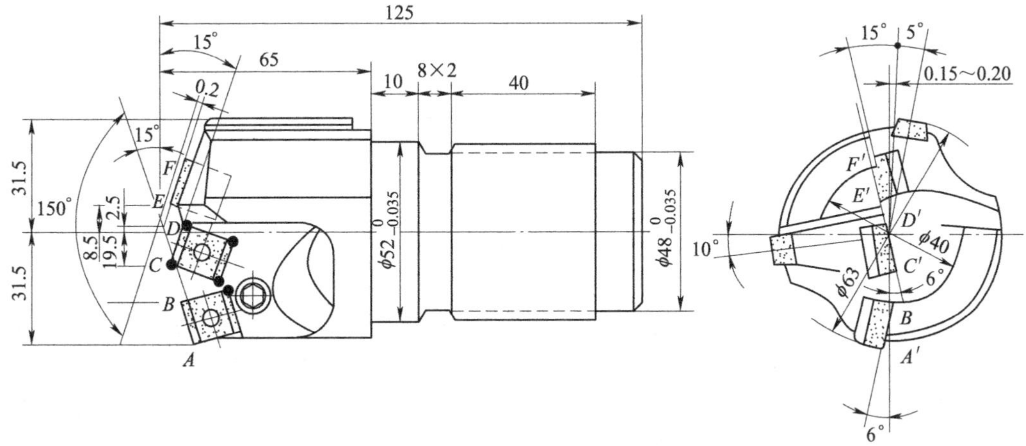

图 3-21　错齿内排屑深孔钻（BTA 深孔钻）

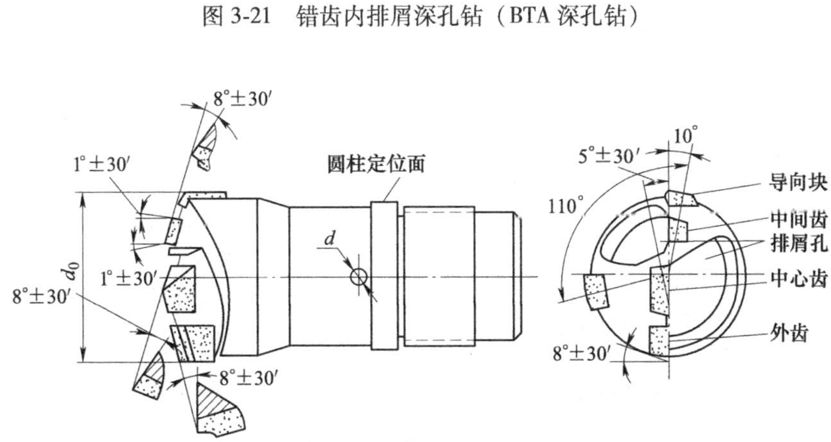

图 3-22　双管喷吸钻

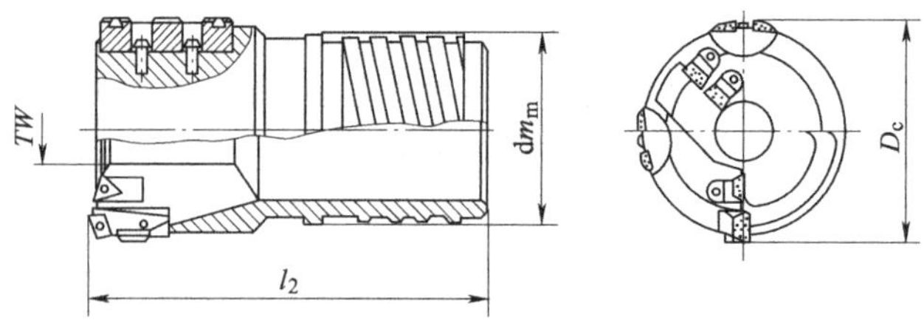

图 3-23　深孔套料钻

（4）扩孔钻　扩孔钻是对已有孔进一步加工，以扩大孔径或提高孔的加工质量的刀具。扩孔钻的刀齿比较多，一般有 3~4 个，故导向性好，切削平稳，由于扩孔余量较小，容屑槽较浅，刀体强度和刚性较好。常见扩孔钻的结构形式有高速钢整体式、镶齿套式和镶硬质合金可转位式，如图 3-24 所示。

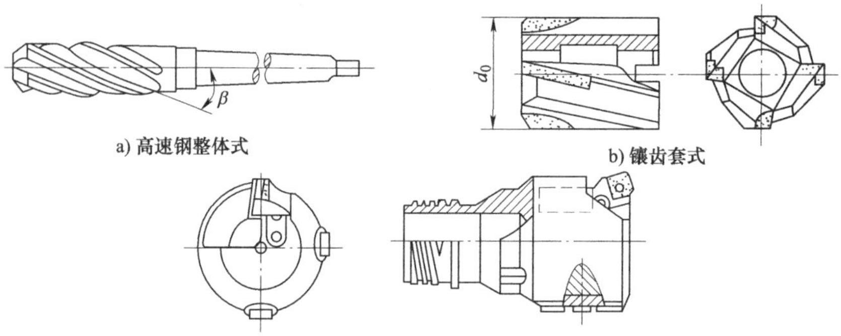

a) 高速钢整体式　b) 镶齿套式

c) 镶硬质合金可转位式

图 3-24　扩孔钻

（5）铰刀　铰刀用于中、小尺寸孔的半精加工和精加工，也可用于磨孔或研孔前的预加工。铰刀齿数多（6~12 个），导向性好，芯部直径大，刚性好。铰刀分为手用铰刀和机用铰刀两类。手用铰刀又分为整体式和可调式，机用铰刀分为带柄式和套式。加工锥孔用的铰刀称为锥度铰刀。图 3-25 所示为几种常用铰刀。

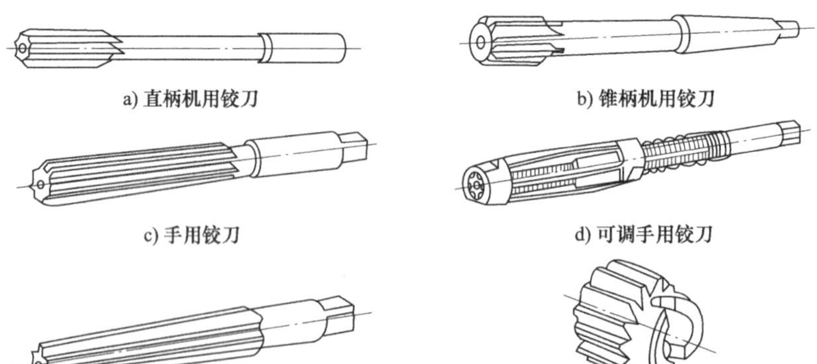

a) 直柄机用铰刀　b) 锥柄机用铰刀

c) 手用铰刀　d) 可调手用铰刀

e) 直柄莫氏锥铰刀　f) 套式机用铰刀

图 3-25　几种常用铰刀

铰刀的基本结构如图 3-26 所示。它由柄部、颈部和工作部分组成，工作部分包括切削部分和校准部分，切削部分用于切除加工余量，校准部分起导向、校准与修光作用。

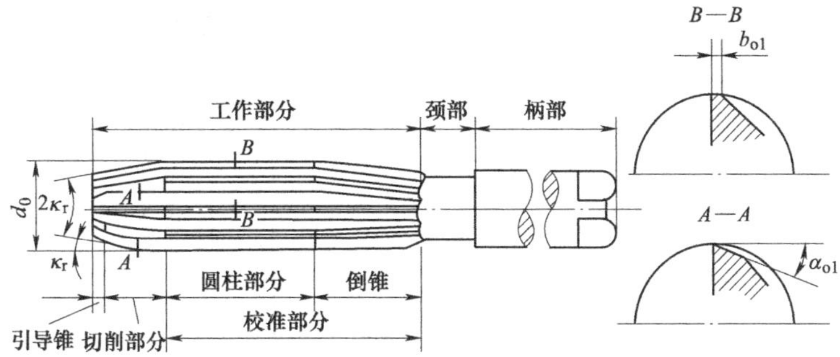

图 3-26　铰刀的基本结构

（6）镗刀　镗刀多用于箱体孔的粗、精加工，一般分为单刃镗刀和多刃镗刀两大类。

图 3-27 所示为单刃镗刀。它具有结构简单、制造方便、通用性好等优点；不足之处是调节费时，调节精度不易控制。在坐标镗床和数控机床上使用的一种微调镗刀，如图 3-28 所示。它具有调节尺寸容易、调节精度高等优点，主要用于孔的精加工。图 3-29 所示为可调节硬质合金浮动镗刀，浮动镗刀直径 20~330mm，其调节量为 2~30mm。镗孔时，将浮动镗刀装入镗杆的方孔中，无须夹紧，通过作用在两侧切削刃上的切削力自动定心，因此它能自动补偿由于安装误差和机床主轴偏差而造成的加工误差。浮动镗刀无法纠正孔的直线性误差和位置误差，故要求预加工孔的直线性好，表面粗糙度 Ra 值不大于 3.2μm。浮动镗刀结构简单，刃磨方便，但加工孔径不能太小，镗杆上方孔制造困难，切削效率低，适用于单件、小批生产中精加工直径较大的孔。

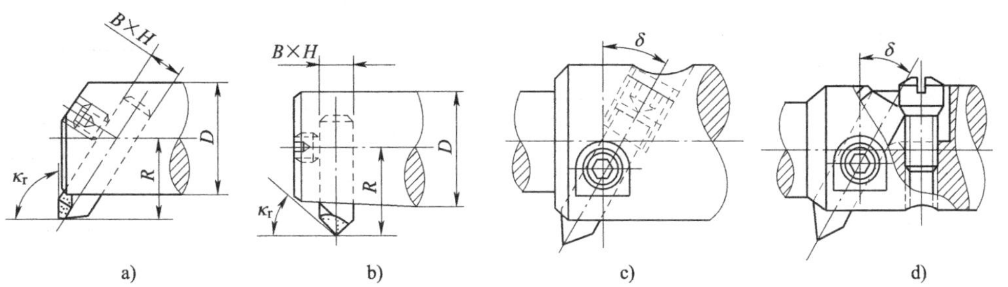

图 3-27　单刃镗刀

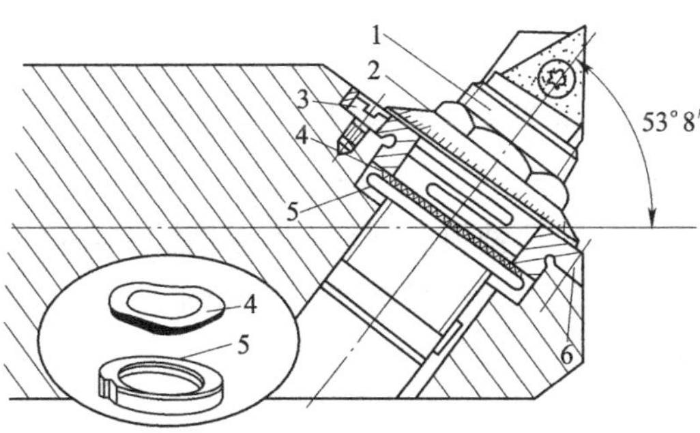

图 3-28　微调镗刀

1—镗刀头　2—微调螺母　3—螺钉　4—波形垫片　5—调节螺母　6—固定座套

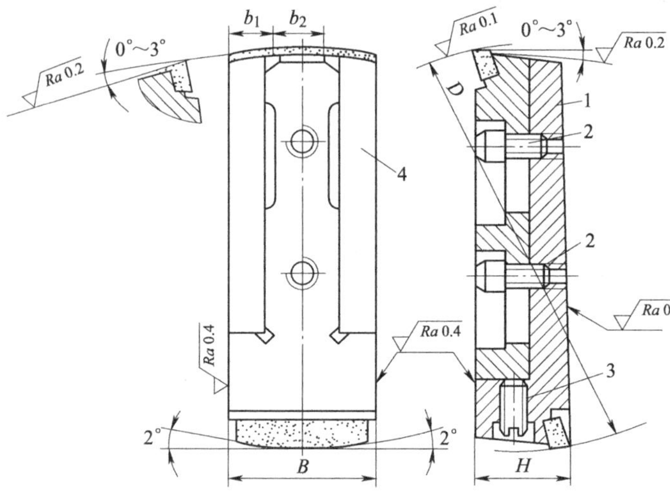

图 3-29　可调节硬质合金浮动镗刀

1—上刀体　2—紧固螺钉　3—调节螺钉　4—下刀体

（7）锪钻　锪钻如图 3-30 所示，主要用于加工各种埋头螺钉沉孔、锥孔及凸台等。

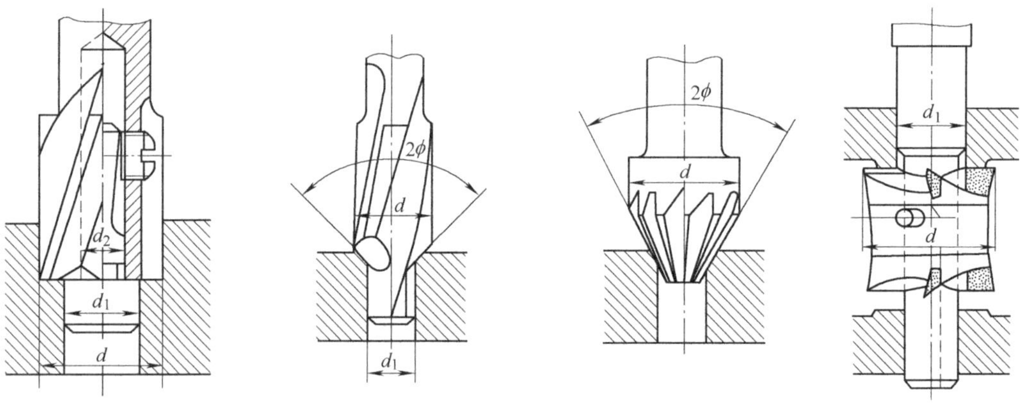

a) 带导柱平底锪钻　b) 带导柱90° 锥面锪钻　c) 不带导柱锥面锪钻　d) 端面锪钻

图 3-30　锪钻

3. 铣刀

铣刀是刀齿分布在圆周表面或端面上的多刃回转刀具，其种类很多。一般按用途可分为：加工平面用铣刀，如圆柱平面铣刀、端面铣刀等，如图 3-31a、b 所示；加工沟槽用铣刀，如立铣刀、两面刃铣刀或三面刃铣刀、锯片、T 形槽铣刀和角度铣刀，如图 3-31c～h 所示；加工成形面铣刀，如凸半圆铣刀和凹半圆铣刀，如图 3-31i、j 所示；加工其他复杂形面用铣刀，如图 3-31k～n 所示。

4. 拉刀

拉刀是一种高生产率、高精度的多齿刀具，广泛用于大批量生产中。拉削时，拉刀做等速直线运动，由于拉刀的后一个（或一组）刀齿高出前一个（或一组）刀齿，所以能够依

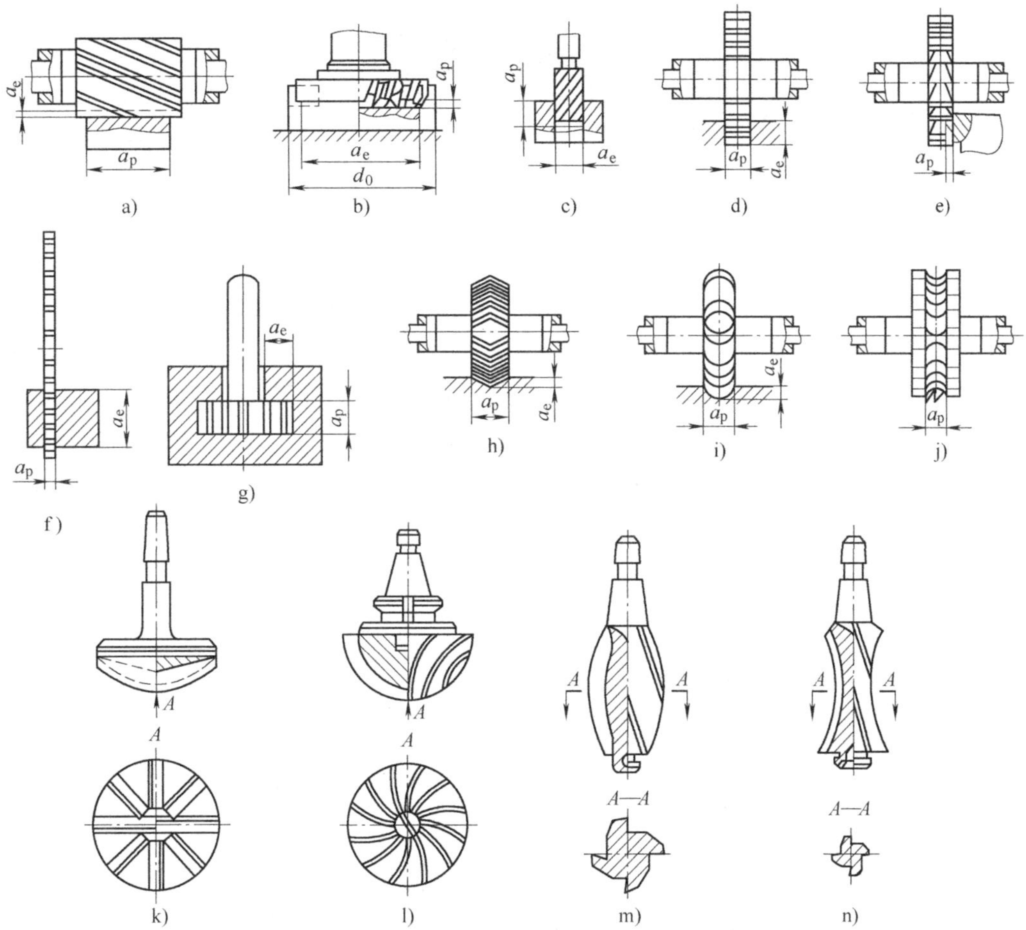

图 3-31　铣刀种类

次从工件上切下金属层，从而获得所需的表面。拉刀按加工工件表面不同，可分为图 3-32 和图 3-33 所示的内拉刀和外拉刀两类，前者用于加工各种形状的内表面，后者用于加工各种形状的外表面。按拉刀工作时受力方向的不同，可分为拉刀和推刀，前者受拉力，后者受压力。按拉刀的结构不同，可分为整体式和组合式拉刀，前者主要用于中、小型尺寸的高速钢整体式拉刀，后者多用于大尺寸拉刀和硬质合金组合拉刀。

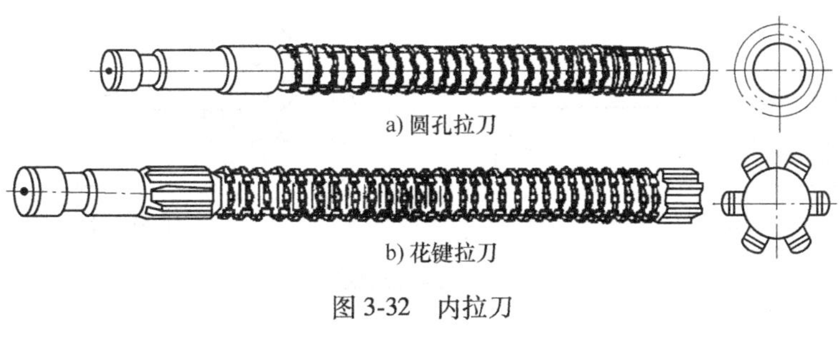

a) 圆孔拉刀

b) 花键拉刀

图 3-32　内拉刀

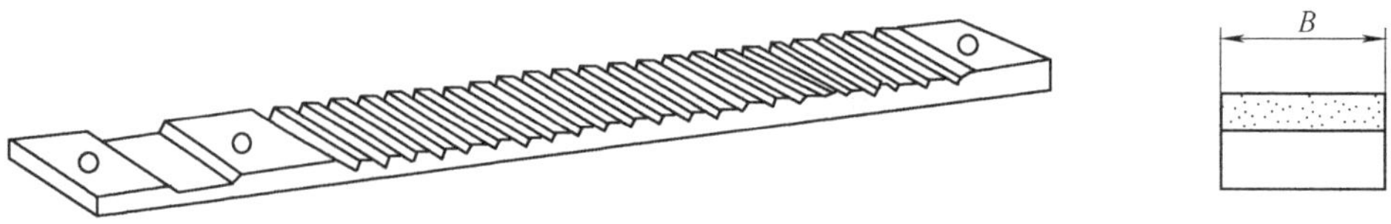

图 3-33　外拉刀

5. 螺纹刀具

螺纹可用切削法和滚压法进行加工。切削法螺纹加工可以在车床上车削完成，也可手动或在钻床上用丝锥或板牙进行加工，滚压法需要在专用滚丝设备上完成。图 3-34 和图 3-35 所示为切削法螺纹刀具和滚压法螺纹工具。其中，螺纹梳刀和铣刀的生产率较高，适用于螺纹的粗加工或精度要求不高螺纹的加工。滚压螺纹属于无屑加工，适用于滚压塑性材料。由于它效率高，精度好，螺纹力学性能好，工具寿命长，因此已广泛用于制作螺纹标准件、丝锥、螺纹量规等。

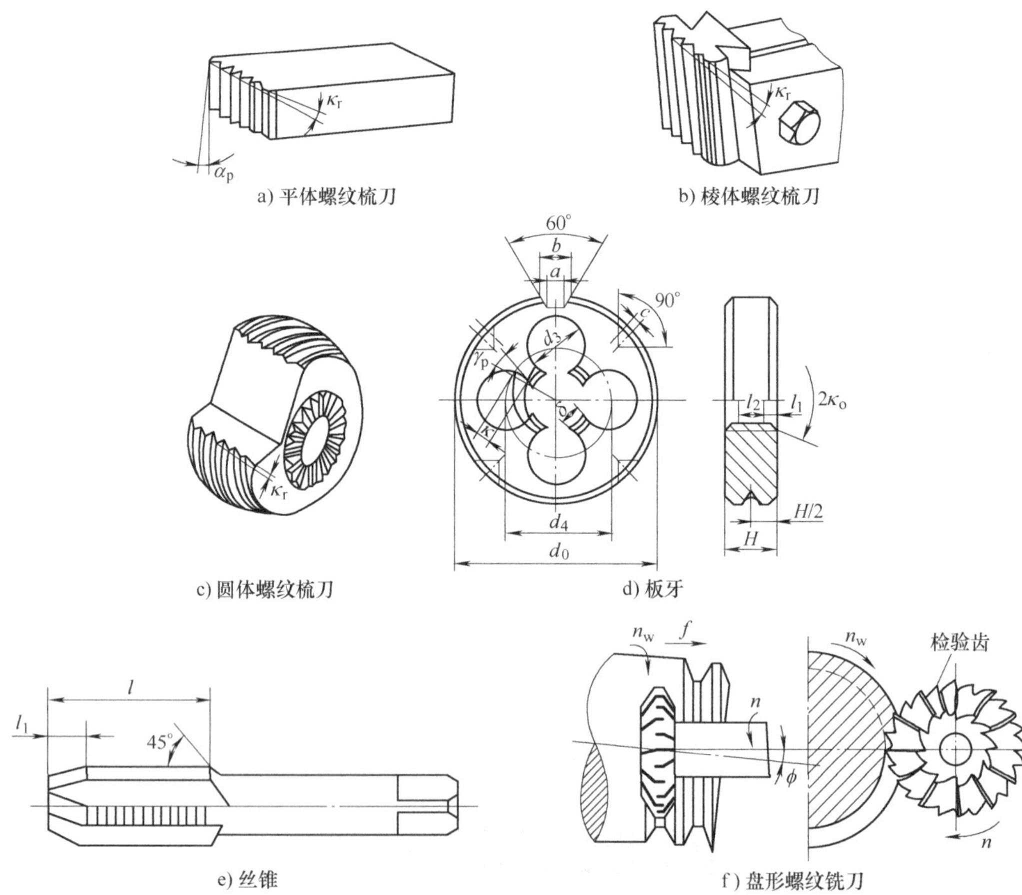

图 3-34　切削法螺纹刀具

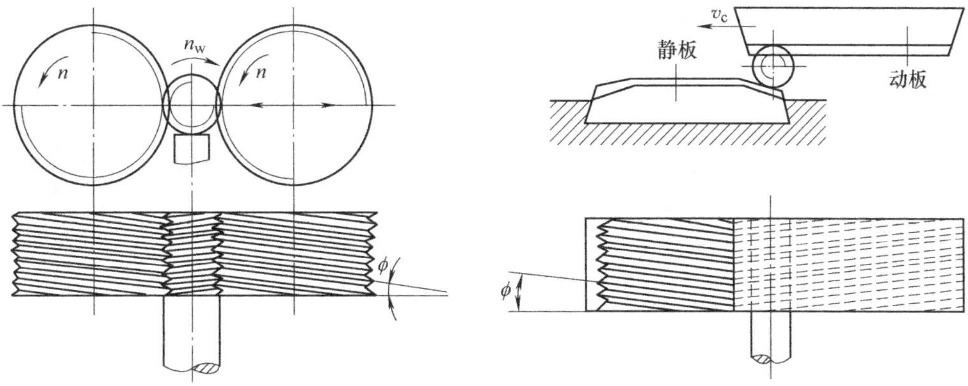

a) 滚丝轮　　b) 搓丝板

图 3-35　滚压法螺纹工具

6. 齿轮刀具

齿轮刀具是用于切削齿轮齿形的刀具。齿轮刀具结构复杂，种类繁多。按其工作原理，齿轮刀具可分为成形法齿轮刀具和展成法齿轮刀具两大类。

成形法齿轮刀具切削刃的廓形与被切齿轮齿槽的廓形相同或相似。常用的有盘形齿轮铣刀和指形齿轮铣刀等，如图 3-36 所示。

展成法齿轮刀具是利用齿轮的啮合原理来加工齿轮的。加工时，刀具本身就相当于一个齿轮，它与被切齿轮做无侧隙啮合，工件齿形由刀具切削刃在展成过程中逐渐切削包络而成。常用的有插齿刀、齿轮滚刀和剃齿刀等。

插齿刀可以加工直齿轮、斜齿轮、内齿轮、塔形齿轮、人字齿轮和齿条等，是一种应用很广泛的齿轮刀具，如图 3-37 所示。标准直齿插齿刀按其结构分为盘形直齿插齿刀（图 3-37a)、碗形直齿插齿刀（图 3-37b）和锥柄直齿插齿刀（图 3-37c）三种。

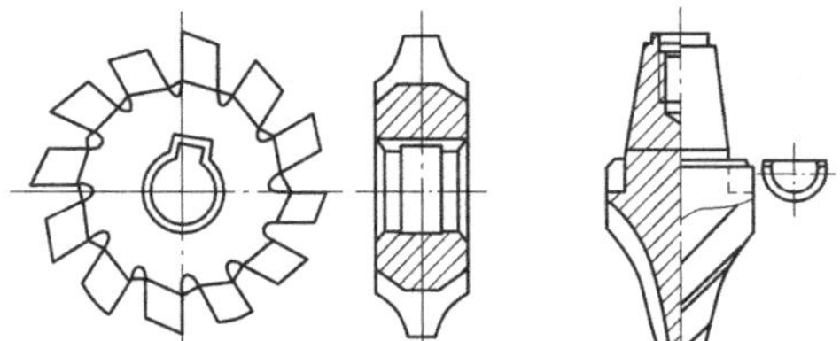

a) 盘形齿轮铣刀　　b) 指形齿轮铣刀

图 3-36　成形法齿轮刀具

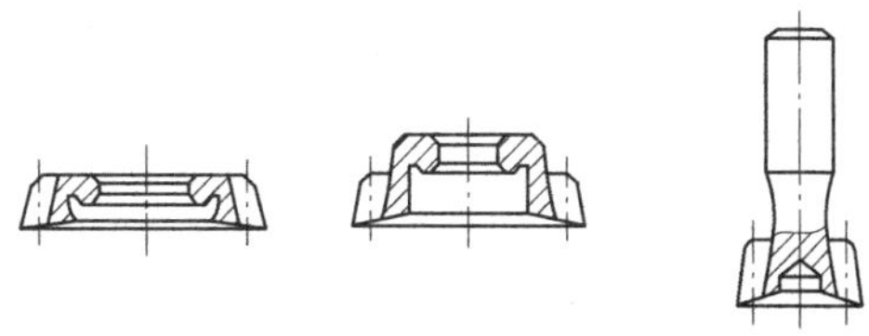

a) 盘形直齿插齿刀　b) 碗形直齿插齿刀　c) 锥柄直齿插齿刀

图 3-37　插齿刀

齿轮滚刀是加工直齿和螺旋齿圆柱齿轮时常用的一种刀具。它的加工范围很广，模数从 0.1~40mm 的齿轮均可使用滚刀加工。基本蜗杆齿轮滚刀相当于一个头数很少、螺旋角很大，而且轮齿很长的斜齿圆柱齿轮。为了使这个蜗杆能起到切削作用，需在其上开出几个容屑槽（直槽或螺旋槽），形成很多较短的刀齿，因此而产生前刀面和切削刃。每个刀齿有两个侧刃和一个顶刃。滚刀的切削刃必须保持在蜗杆的螺旋面上，这个蜗杆就是滚刀的铲形蜗杆，也称为滚刀的基本蜗杆，如图 3-38 所示。

剃齿刀是类似斜齿轮的齿面上开出许多微型槽，以形成切削刃，加工中在轴向分速度的作用下对被加工的齿进行精加工，如图 3-39 所示。

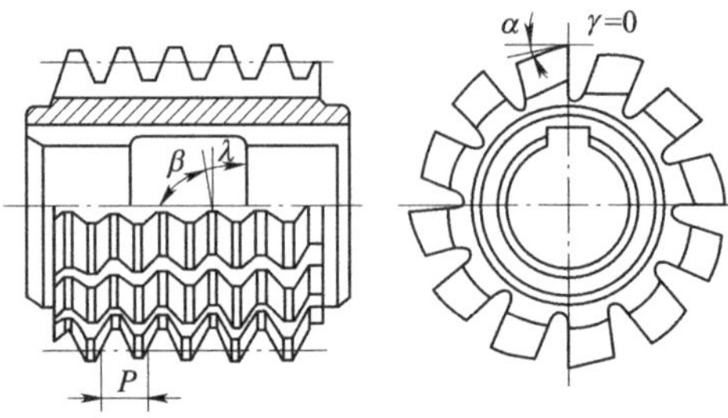

图 3-38　齿轮滚刀

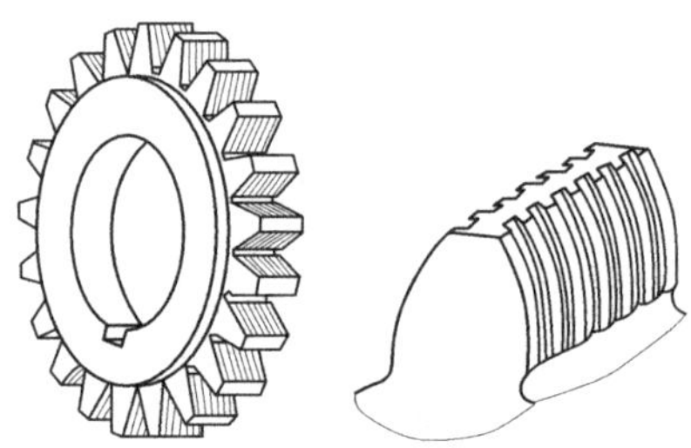

图 3-39　剃齿刀

选用插齿刀和齿轮滚刀时，应注意以下几点：①刀具基本参数（模数、齿形角、齿顶高系数等）应与被加工齿轮相同；②刀具公差等级应与被加工齿轮要求的公差等级相当；③刀具旋向应尽可能与被加工齿轮的旋向相同。滚切直齿轮时，一般用左旋齿刀。

3.5　切削变形与切屑的形成过程

3.5.1　切削变形及变形区划分

1. 切削变形

塑性金属受挤压时，随着外力的增加，金属内部应力增加，使金属的晶格沿晶面（约 45°）的方向发生滑移，最后产生破裂，其变形过程如图 3-40a 所示。金属受偏挤压时，由于压头下方金属较厚，阻力较大，因而被挤压的一层金属只能沿 *BC* 剪切面向上剪切滑移破坏，如图 3-40b 所示；金属切削时，刀具实际上就是偏挤压头，只是形状略微修改而已，如图 3-40c 所示。由此可见，金属切削过程的实质就是一种挤压过程。

2. 金属切削层的三个变形区

根据实验时切削层变形图绘制的切削过程模型如图 3-41 所示，其变形大致可分为三个变形区域。

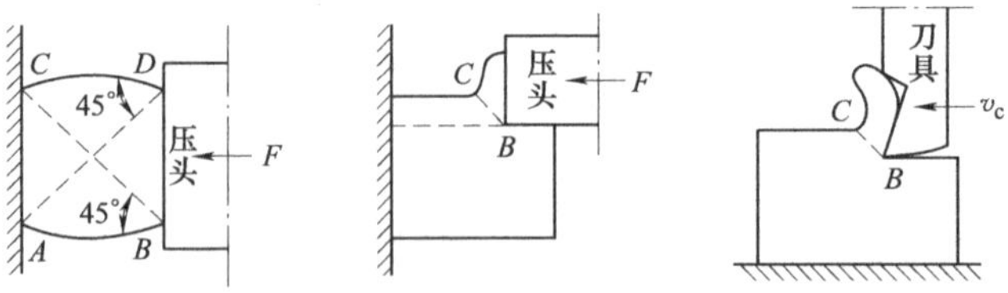

a) 金属挤压　b) 金属偏挤压　c) 金属切削

图 3-40　金属挤压与金属切削

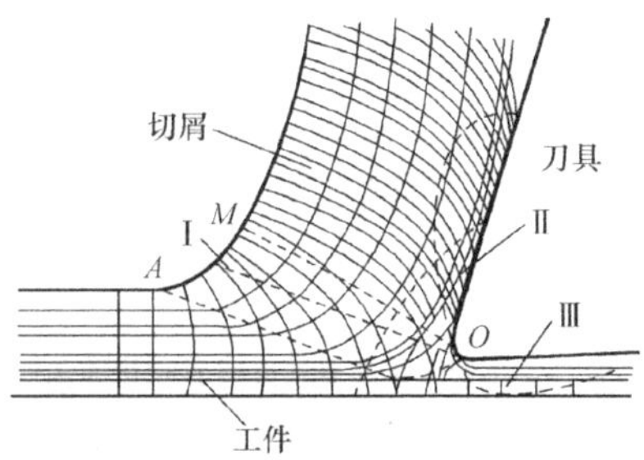

图 3-41　切削过程模型

（1）第一变形区　切削层从始滑移面 *OA* 开始发生塑性变形，到终滑移面 *OM* 晶粒的剪切滑移终止，然后离开切削刃而形成切屑，沿前刀面流出。*OA* 与 *OM* 之间形成的 *AOM* 塑性变形区，其主要特点是晶格间的剪切滑移，所以称为剪切滑移区，也称为第一变形区（Ⅰ）。

(2) 第二变形区　切屑沿前刀面流出时会进一步受到前刀面的阻碍，在刀具和切屑界面之间产生强烈的挤压和摩擦，使切屑底部靠近前刀面处的金属发生“纤维化”的二次变形，这一区域称为挤压摩擦区，也称为第二变形区（Ⅱ）。

(3) 第三变形区　已加工表面受到切削刃钝圆部分与后刀面的挤压和摩擦，使切屑与基体分离，大部分变成切屑，少量残留在已加工表面上，同时产生变形与回弹，造成纤维化与加工硬化，这一区域称为挤压摩擦回弹区，也称为第三变形区（Ⅲ）。

3.5.2　切屑的形成过程

切屑形成过程的理论很多，最简单而形象化的模型是将切屑形成比拟为推挤一叠卡片的情况，如图 3-42a 所示。当刀具切入时，卡片受力被推挤到相应的位置，卡片之间发生滑移，其滑移方向就是剪切面的方向。当 OM 不动，平行四边形 $OMma$ 受到剪应力的作用，变成了平行四边形 OMm_1a_1，如图 3-42b 所示。实际上，切屑单元在刀具前刀面的作用下受到了塑性挤压，使底边膨胀为 Oa_2，形成近似梯形的切屑单元 OMm_2a_2，许多梯形叠加起来就迫使切屑向前方转动，迫使切屑卷曲，如图 3-42c 所示。

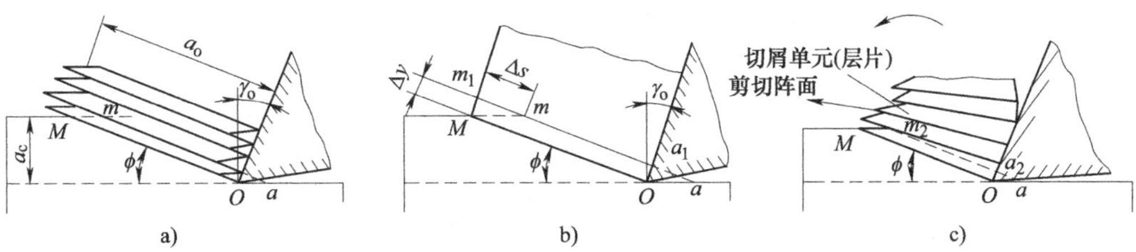

图 3-42　切屑形成过程模型

3.5.3　切屑变形的表示方法

切屑变形是材料微观组织的动态变化过程，因此，变形量的计算比较复杂。为了研究切屑变形的规律，通常用相对滑移 ε、变形系数 ξ 和剪切角 ϕ 的大小来衡量切屑变形程度。

1. 相对滑移 ε

相对滑移（或称为切应变）ε 是用来量度切屑变形程度的参数。如图 3-43 所示，当平行四边形 $OHNM$ 发生剪切滑移变形后，变成 $OGPM$，其相对滑移 ε 表示为

$$\varepsilon = \frac{\Delta s}{\Delta y} \tag{3-15}$$

在切削过程中，相对滑移可以近似看成发生在剪切面 HN 上，剪切面 HN 被推挤到 GP 的位置，故有

$$\varepsilon = \frac{\Delta s}{\Delta y} = \cot\phi + \tan(\phi - \gamma_o) \tag{3-16}$$

显然，用相对滑移 ε 的大小能比较真实地反映切屑变形的程度，即剪切角 ϕ 越小，ε 越大，切屑变形越大。

2. 变形系数 ξ

切削实践表明，刀具切下的切屑厚度 h_{ch} 通常要大于工件上切削层厚度 a_c，而切屑长度

l_{ch}却要小于切削层的长度 l_c，如图 3-44 所示。根据这一事实衡量切屑变形程度，并依据体积不变原理，变形系数可表示为

$$\xi = \frac{l_c}{l_{ch}} = \frac{h_{ch}}{a_c} > 1 \tag{3-17}$$

式中，l_c、a_c是切削层的长度和切削层厚度；l_{ch}、h_{ch}是切屑长度和切屑厚度。

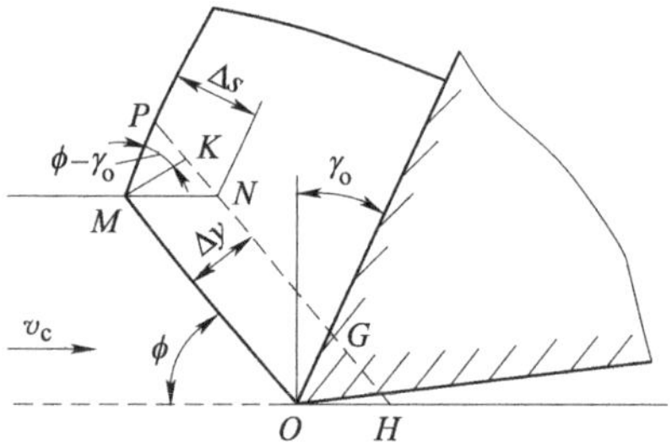

图 3-43　相对滑移

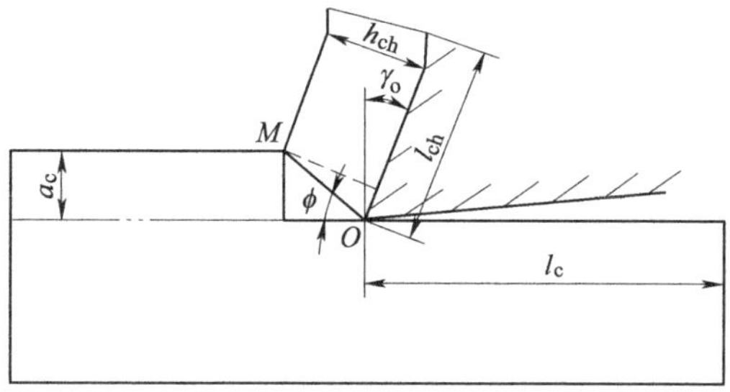

图 3-44　切屑的收缩

根据图 3-44 所示的几何关系，可导出 ξ 与剪切角 ϕ 的关系为

$$\xi = \cot\phi\cos\gamma_o + \sin\gamma_o \tag{3-18}$$

由式（3-18）可知，剪切角 ϕ 越小，变形系数 ξ 越大，切屑变形越大。

将式（3-18）代入式（3-16），可得变形系数 ξ 与相对滑移 ε 的关系为

$$\varepsilon = \frac{\xi^2 - 2\xi\sin\gamma_o + 1}{\xi\cos\gamma_o} \tag{3-19}$$

式（3-19）表明了相对滑移 ε 和变形系数 ξ 的关系，但这个函数关系比较复杂，不易直观地看出。通过计算可知，当 $\gamma_o = 0° \sim 30°$、$\xi \geqslant 1.5$ 时，ξ 的数值与 ε 相近；当 $\gamma_o < 0°$ 或 $\xi < 1.5$ 时，不能用 ξ 表示切屑的变形程度。

3. 影响切屑变形的因素

（1）工件材料　工件材料强度和硬度越大，变形系数 ξ 越小，即切屑变形越小。这是由于工件材料强度和硬度越大，切屑与前刀面的摩擦越小，切屑越易排出。

（2）刀具前角　刀具前角 γ_o越大，剪切角 ϕ 越大，变形系数 ξ 就越小。

（3）切削速度　在无积屑瘤的切削速度范围内，切削速度越大，则切屑变形越小。这有两方面的原因：一方面是因为切削速度较高时，切屑变形不充分，导致切屑变形减小；另一方面是因为随着切削速度的提高，切削温度升高，使刀-屑接触面上的摩擦减小，从而使切屑变形减小。

（4）切削厚度　在无积屑瘤的切削速度范围内，切削厚度越大，则切屑变形越小。这是由于切削厚度增大时，刀-屑接触面上的摩擦减小。

3.5.4　切屑类型及控制

工件材料不同，切削过程中的变形程度也不同。根据剪切滑移后形成切屑的外形，一般将切屑分为四种类型，如图 3-45 所示。

（1）带状切屑　切削层经塑性变形后被刀具切离，其外形呈连绵不断的带状，并沿刀具前刀面流出，如图 3-45a 所示。这是最常见的一种切屑，一般加工塑性金属材料，当切削

厚度较小、切削速度较高、刀具前角较大时，会得到此类切屑。

（2）挤裂切屑　切削层在塑性变形过程中，由于第一变形区较宽，在剪切滑移过程中滑移变形较大，剪切面上局部位置处的切应力 τ 达到材料的强度极限而产生局部断裂，使切屑外表面开裂形成锯齿状而内表面产生裂纹，如图 3-45b 所示。大多在低速度、大进给、切削厚度较大、刀具前角较小时产生此类切屑。

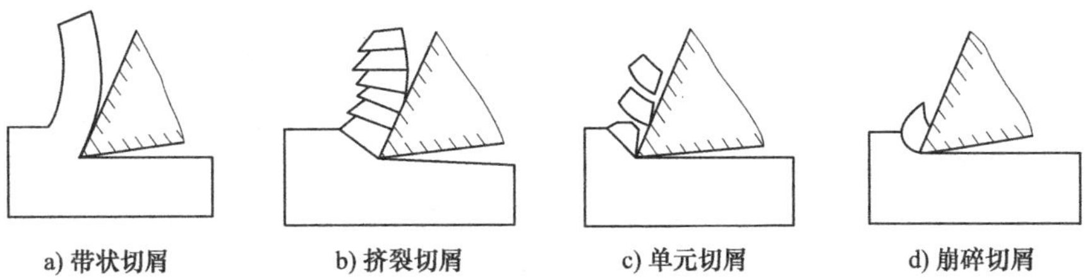

图 3-45　切屑类型

（3）单元切屑　当剪切面上的切应力 τ 超过材料的强度极限时产生了剪切破坏，并使切屑沿厚度方向完全断裂，形成均匀的相似粒状切屑，如图 3-45c 所示。在挤裂切屑产生的前提下，当进一步降低切削速度、增大进给量、减小前角时产生此类切屑。

（4）崩碎切屑　在切削脆性金属时，切削层几乎不经过塑性变形就产生脆性崩裂，得到不规则的细小颗粒状切屑，如图 3-45d 所示。一般工件材料硬度和脆性高、进给量大的条件下，易产生此类切屑。

以上是四种典型的切屑，但实际加工获得的切屑，其形状多种多样，有板条形、螺旋管形、发条形以及缠绕形带状切屑，也有长度、大小和形状不同的碎状切屑。但无论哪一种，其实质都是上述四种的变异体。实践表明，形成带状切屑时，切削过程平稳，切削力波动较小，加工表面粗糙度较小；形成挤裂、单元切屑时，切削力变化较大，加工表面粗糙度也增大；形成崩碎切屑时，切削力虽小，但具有较大的冲击振动，切屑在加工表面上不规则崩落，加工后表面较为粗糙。

生产中可通过改变加工条件，得到有利的切屑形状。例如：切削塑性金属时，提高切削速度、减小进给量、增大前角，可由单元或挤裂切屑转化为带状切屑；切削铸铁时，采用大前角、高速切削也可形成长度较短的带状切屑。

切屑控制是指在切削过程中采用适当的工艺措施来控制切屑的卷曲、流出方向以及有效折断，以形成便于处理和控制的切屑形态（形状和大小）。切屑控制的方法大致有以下几种：①在前刀面上磨出断屑槽，使切屑经过二次变形折断；②使用压块式断屑器强迫切屑折断；③合理选用切削用量及刀具角度以形成所需要的切屑形态；④采用变进给切削或振动切削是强制断屑的有效工艺方法。

衡量切屑可控制性的主要标准是：①不妨碍正常加工，即不缠绕在工件或刀具上，不飞溅到机床的运动部件中；②不影响操作者的安全；③易于清理、存放和搬运。

3.5.5　积屑瘤的形成及其对加工过程的影响

1. 积屑瘤的形成

在切削速度不高而又能形成连续切屑的情况下，加工一般钢料或其他塑性材料时，常在刀具前刀面切削处黏有剖面呈三角状的硬块，其硬度通常是工件材料硬度的 2~3 倍，能够代替切削刃进行切削。这部分冷焊在前刀面的金属称为**积屑瘤**。积屑瘤剖面的金相磨片，如图 3-46 所示。

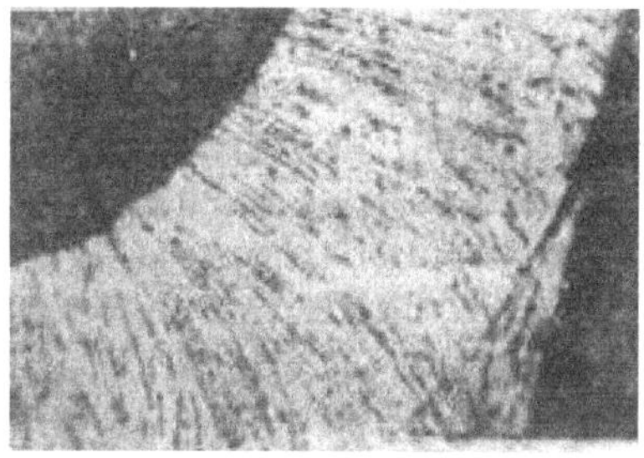

图 3-46　积屑瘤剖面的金相磨片

在刀-屑接触长度区间内，由于黏结作用，使切屑底层与前刀面接触的金属被黏结在前刀面上，也就是常说的“冷焊”现象，而切屑从其上面流过。在被黏结金属与切屑之间又形成内摩擦，产生加工硬化，在适当的温度与压力情况下，又有一层金属被阻滞在已黏结的金属层上面，与其黏结成一体并逐渐增大，便形成了积屑瘤。

形成积屑瘤的条件主要取决于切削温度。在切削温度很低时，切屑与前刀面呈点接触，摩擦系数很小，故不易形成黏结；在温度很高时，接触面间切屑底层金属呈微熔状态，起润滑作用，摩擦系数也较小，积屑瘤同样不易形成。在中温区，如切削中碳钢的温度在 300~380℃时，切屑底层材料软化，黏结严重，摩擦系数最大，产生的积屑瘤高度达到很大值，到 500℃以上时趋于消失。

在背吃刀量和进给量保持一定时，积屑瘤高度与切削速度的关系，如图 3-47 所示。在低速范围Ⅰ区内不产生积屑瘤；在Ⅱ区内积屑瘤高度随着切削速度增加而达到最大值；在Ⅲ区内积屑瘤随切削速度增加而减小；在Ⅳ区内积屑瘤不再生成。由于切削用量中切削速度对温度的影响最大，因此，图 3-47 也实际反映了积屑瘤与切削温度之间的关系。

此外，接触面间压力、刀具表面粗糙程度、黏结强度等因素都与形成积屑瘤的条件有关。

2. 积屑瘤对切削过程的影响

1）积屑瘤的存在，使实际前角增大（图 3-48），从而使切削力减小，这对切削过程起积极作用。积屑瘤越高，实际前角越大。

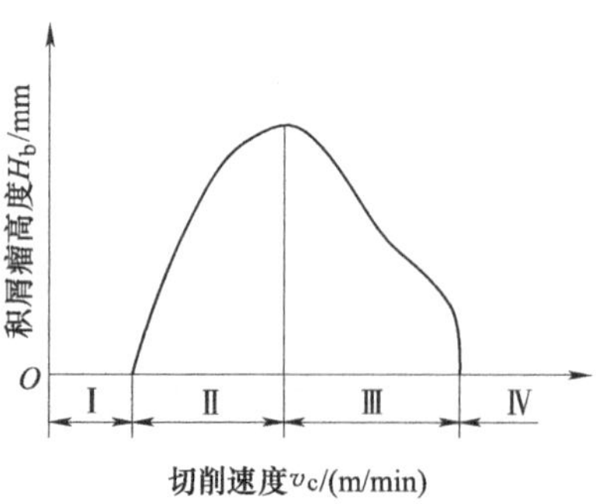

图 3-47　积屑瘤高度与切削速度的关系

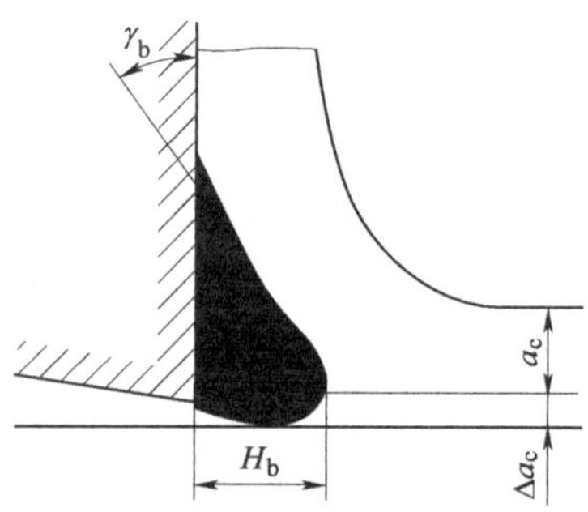

图 3-48　积屑瘤前角和伸出量

2）积屑瘤的存在，使切削厚度增大。由于积屑瘤的产生、成长和脱落过程频繁并具有随机性，引起切削厚度动态变化，因而容易引起切削振动。

3）积屑瘤的存在，使加工表面粗糙度增大。积屑瘤的稳定性差，容易破裂，一部分黏附于切屑底部而排出，一部分残留在加工表面上，使得加工表面粗糙度变差，因此在精加工时应避免或减小积屑瘤。

4）积屑瘤的存在，影响刀具寿命。积屑瘤黏附在刀具前刀面上，在相对稳定时，可代替切削刃切削，有减少刀具磨损，提高刀具寿命的作用；但在不稳定情况下，可加剧刀具磨损。

3. 抑制或消除积屑瘤的措施

1）采用低速或高速切削，切削速度是通过切削温度影响积屑瘤的，以切削 45 钢为例，在 v_c<3m/min 或 $v_c \geq$60m/min 时，摩擦系数都较小，故不易形成积屑瘤。

2）采用高润滑性的切削液，使刀-屑之间的摩擦和黏结减小。

3）适当减小进给量、增大刀具前角。

4）适当提高工件材料的硬度。

5）提高刀具的刃磨质量，减小表面粗糙度值。

6）合理调节各切削参数间的关系，以防止形成中温区。

3.6　切削力

切削力是金属切削过程中的主要作用力之一，其大小直接影响切削热、刀具磨损和刀具寿命，进而影响加工质量和加工效率。切削力又是设计和使用机床、刀具及夹具，制订合理切削用量，优化刀具结构与几何参数的重要依据；另一方面，切削力也是加工状态监控、刀具磨损、破损及折断检测的重要信号来源。因此，研究切削力，掌握其变化规律与计算方法，有利于分析切削过程，并对生产实践有着重要的指导意义。

3.6.1　切削力的来源及分解

在切削过程中，刀具作用于工件材料使其产生变形，并使多余材料变为切屑所需的力称为**切削力**；而工件抵抗变形作用于刀具上的力称为**切削抗力**。由图 3-49 所示的切削变形过程可以看出，切削力来源于两个方面：① 切屑形成过程中弹性变形及塑性变形产生的抗力；②刀具与切屑及工件表面之间的摩擦阻力。

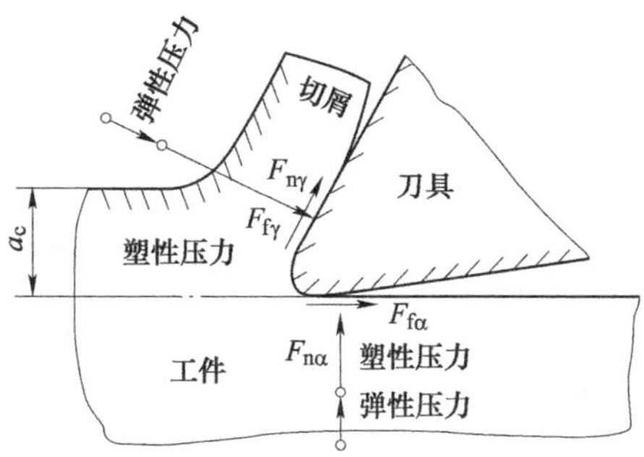

图 3-49　切削力的来源

在切削抗力和阻力形成了作用于刀具的合力 F。由于其大小、方向不易确定，为了便于分析和测量，通常将合力 F 分解为三个相互垂直的分力：主切削力 F_c、背向力 F_p、进给力 F_f，如图 3-50 所示。

（1）主切削力 F_c　它是垂直于基面并平行于主运动方向的分力。它大约消耗切削总功率的 95%左右，是设计与使用刀具、验算机床和夹具主要零部件的强度和刚度，以及计算电动机功率等的主要依据。

（2）背向力 F_p　它是在基面内与进给方向垂直的分力。它是进行加工精度分析、计算工艺系统刚度及振动的重要依据。

（3）进给力 F_f　它是基面内与进给方向平行但方向相反的分力。它大约消耗切削总功率的 5%左右。它是设计、校核机床进给机构，计算进给功率不可缺少的参数。

由图 3-50 可以看出：

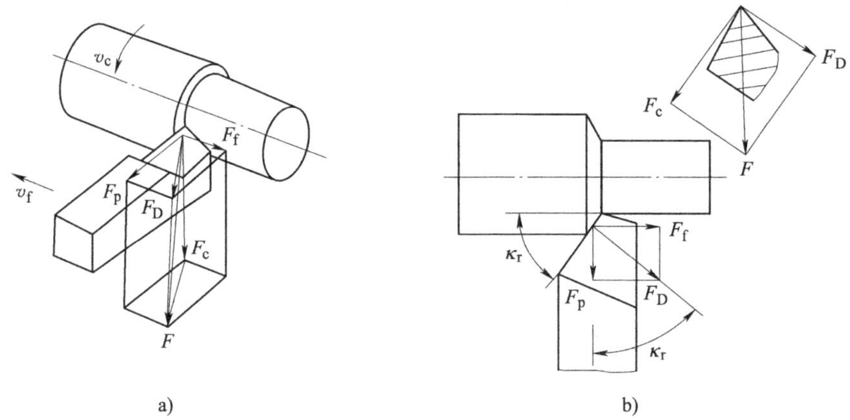

图 3-50　切削力的分解

$$F=\sqrt{F_c^2+F_D^2}=\sqrt{F_c^2+F_f^2+F_p^2} \tag{3-20}$$

根据实验，在车削钢料时，当 $\kappa_r=45°$、$\lambda_s=0°$、$\gamma_o=15°$时，F_c、F_f、F_p之间有如下近似关系，即

$$F_p=(0.55\sim0.65)F_c, F_f=(0.25\sim0.4)F_c$$

由此可得

$$F=(1.17\sim1.26)F_c$$

当然，随着刀具材料和刀具几何参数、切削用量、工件材料及刀具磨损状态的不同，各分力之间的比例关系也会有比较大的变化。

3.6.2 切削功率

消耗在切削过程中的功率称为**切削功率 P_m**，由于在 F_p方向没有位移，所以理论上不消耗功率，因此总切削功率为力 F_c与 F_f所消耗的功率之和，即

$$P_m=\left(F_c v_c+\frac{F_f n_w f}{1000}\right)\times10^{-3} \tag{3-21}$$

式中，P_m是切削功率（kW）；F_c是主切削力（N）；v_c是切削速度（m/s）；F_f是进给力（N）；n_w是工件转速（r/s）；f是进给量（mm/r）。

式（3-21）中的第二项是消耗在进给运动中的功率，相对于 F_c所消耗的功率很小，故可以忽略不计，则有

$$P_m=F_c v_c\times10^{-3} \tag{3-22}$$

获得切削功率 P_m之后，为了计算机床电动机功率 P_E，还应考虑机床的传动效率 η_c，故机床电动机功率应满足

$$P_E\geqslant\frac{P_m}{\eta_c} \tag{3-23}$$

一般 η_c取 0.75~0.85，大值适合新机床或传动链较短的机床，小值适合旧机床或传动链较长的机床。

3.6.3　切削力的计算及测量

1. 切削力计算

目前，人们在生产中已积累了大量的切削力实验数据。对于一般加工方法，如车削、铣削和钻孔加工等已建立了可直接利用的经验公式。切削力计算常采用以下几种方法：指数公式、单位切削力法和有限元计算等。

（1）指数公式　在金属切削中广泛应用指数公式计算切削力，常用的指数公式为

$$F_c = C_{F_c} a_p^{x_{F_c}} f^{y_{F_c}} v_c^{z_{F_c}} K_{F_c}$$
$$F_p = C_{F_p} a_p^{x_{F_p}} f^{y_{F_p}} v_c^{z_{F_p}} K_{F_p}$$
$$F_f = C_{F_f} a_p^{x_{F_f}} f^{y_{F_f}} v_c^{z_{F_f}} K_{F_f} \tag{3-24}$$

式中，C_{F_c}、C_{F_p}、C_{F_f}是系数，由被加工的材料性质和切削条件所决定；x_{F_c}、y_{F_c}、z_{F_c}，x_{F_p}、y_{F_p}、z_{F_p}，x_{F_f}、y_{F_f}、z_{F_f}分别是三个分力公式中，背吃刀量 a_p、进给量f和切削速度 v_c的指数；K_{F_c}、K_{F_p}、K_{F_f}分别是三个分力公式中，当实际加工条件与获得经验公式时的条件不符时，各种因素对切削力的修正系数的乘积。

式（3-24）中的系数 C_{F_c}、C_{F_p}、C_{F_f}和指数 x_{F_c}、y_{F_c}、z_{F_c}、x_{F_p}、y_{F_p}、z_{F_p}、x_{F_f}、y_{F_f}、z_{F_f}可在切削用量手册中查得。手册中的数值是在特定的刀具参数（包括几何角度和刀尖圆弧半径等）下针对不同的加工材料、刀具材料和加工形式，由大量的实验结果处理而来的。

表 3-4 列出了计算车削切削力的指数公式中的系数和指数，其中对硬质合金刀具 $\kappa_r=45°$，$\gamma_o=10°$，$\lambda_s=0°$；对高速钢刀具 $\kappa_r=45°$，$\gamma_o=20°\sim25°$，刀尖圆弧半径 $r_\varepsilon=1.0\text{mm}$。当刀具的几何参数及其他条件与上述不符时，各个因素都可用相应的修正系数进行修正，对于 F_c、F_p和 F_f，所有相应修正系数的乘积就是 K_{F_c}、K_{F_p}和 K_{F_f}。各个修正系数的值或者计算公式也可由切削用量手册查得。

由表 3-4 可见，除车螺纹外，主切削力 F_c中切削速度 v_c的指数 z_{F_c}几乎全为 0，这说明切削速度对主切削力影响不明显（经验公式中反映不出来）。这一点在后面还要进行说明。对于最常见的外圆纵车、横车及镗孔，$x_{F_c}=1.0$，$y_{F_c}=0.75$，这是一组典型值，不光计算主切削力有用，还可用于分析切削力中的一些现象。

表 3-4　计算车削切削力的指数公式中的系数和指数

加工材料	刀具材料	加工形式	公式中的系数及指数											
			F_c				F_p				F_f			
			C_{F_c}	x_{F_c}	y_{F_c}	z_{F_c}	C_{F_p}	x_{F_p}	y_{F_p}	z_{F_p}	C_{F_f}	x_{F_f}	y_{F_f}	z_{F_f}
结构钢及铸钢 $R_m=0.637\text{GPa}$	硬质合金	外圆纵车、横车及镗孔	1433	1.0	0.75	-0.15	572	0.9	0.6	-0.31	561	1.0	0.5	-0.4
		切槽及切断	3600	0.72	0.8	0	1393	0.73	0.67	0	—	—	—	—
	高速钢	车螺纹	23879	—	1.7	0.71	—	—	—	—	—	—	—	—
		外圆纵车、横车及镗孔	1766	1.0	0.75	0	922	0.9	0.75	0	530	1.2	0.65	0
		切槽及切断	2178	1.0	1.0	0	—	—	—	—	—	—	—	—
		成形车削	1874	1.0	0.75	0	—	—	—	—	—	—	—	—
不锈钢	硬质合金	外圆纵车、横车及镗孔	2001	1.0	0.75	0	—	—	—	—	—	—	—	—

（续）

加工材料	刀具材料	加工形式	公式中的系数及指数											
			F_c				F_p				F_f			
			C_{F_c}	x_{F_c}	y_{F_c}	z_{F_c}	C_{F_p}	x_{F_p}	y_{F_p}	z_{F_p}	C_{F_f}	x_{F_f}	y_{F_f}	z_{F_f}
灰铸铁 190 HBW	硬质合金	外圆纵车、横车及镗孔	903	1.0	0.75	0	530	0.9	0.75	0	451	1.0	0.4	0
		车螺纹	29013	—	1.8	0.82	—	—	—	—	—	—	—	—
	高速钢	外圆纵车、横车及镗孔	1118	1.0	0.75	0	1167	0.9	0.75	0	500	1.2	0.65	0
		切槽及切断	1550	1.0	1.0	0	—	—	—	—	—	—	—	—
可锻铸铁 150 HBW	硬质合金	外圆纵车、横车及镗孔	795	1.0	0.75	0	422	0.9	0.75	0	373	1.0	0.4	0
	高速钢	外圆纵车、横车及镗孔	981	1.0	0.75	0	863	0.9	0.75	0	392	1.2	0.65	0
		切槽及切断	1364	1.0	1.0	0	—	—	—	—	—	—	—	—
中等硬度不均匀铜合金 120 HBW	高速钢	外圆纵车、横车及镗孔	540	1.0	0.66	0	—	—	—	—	—	—	—	—
		切槽及切断	736	1.0	1.0	0	—	—	—	—	—	—	—	—
铝及铝硅合金	高速钢	外圆纵车、横车及镗孔	392	1.0	0.75	0	—	—	—	—	—	—	—	—
		切槽及切断	491	1.0	1.0	0	—	—	—	—	—	—	—	—

（2）单位切削力法　单位切削力是指单位切削面积上的主切削力，用 k_c表示（单位 N/mm²），即

$$k_c = \frac{F_c}{A_c} = \frac{F_c}{a_p f} = \frac{F_c}{a_c \cdot a_w} \tag{3-25}$$

式中，A_c是切削面积（mm²）；a_p是背吃刀量（mm）；f 是进给量（mm/r）；a_c是切削厚度（mm）；a_w是切削宽度（mm）。

单位切削力 k_c可通过实验或查阅金属切削手册获得，并根据切削用量 a_p和 f 计算出主切削力 F_c。

（3）有限元计算　随着计算机软硬件技术的发展，有限元技术以其特有的优势在金属切削领域得到广泛应用，越来越多的商用有限元软件被开发应用于金属切削加工模拟，如 ABAQUS、DEFORM、Third Wave AdvantEdge 等。有限元方法除了可以计算切削力外，还可以对切削温度、残余应力、刀具磨损等进行分析，优化切削参数，是用于模拟切削过程的有效工具。

2. 切削力测量

由于切削过程的复杂性及切削条件的多变性，因此理论公式都是在许多假设条件的基础上获得的，与实验结果相差较大，一般仅供定性分析使用。工程上一般多使用由实验建立的经验公式进行切削力计算。在需要较为准确地知道某种切削条件下的切削力时，还需进行实际测量，目前采用的切削力测量手段主要有以下几种。

（1）测量机床功率，计算切削力　用功率表测出机床电动机在切削过程中所消耗的功率 P_E后，可计算出主切削力 F_c。这种方法只能粗略地估算主切削力的大小，若要精确知道主切削力的大小，则需采用测力仪直接测量。

（2）测力仪测量获得切削力　测力仪的测量原理是利用切削力作用在测力仪的弹性元

件上所产生的变形，或作用在压电晶体上产生的电荷经过转换后，可直接获得三向切削力的数值。目前先进的测力仪常与计算机配套使用，直接进行数据处理和自动显示力值，并可建立切削力的经验公式。在自动化生产线中，还可利用测力传感装置产生的信号优化和监控切削过程。

3.6.4　影响切削力的主要因素

1. 工件材料对切削力的影响

工件材料的物理力学性能、加工硬化程度、化学成分、热处理状态以及切削前的加工状态都对切削力的大小有直接影响。一般情况下，工件材料的强度、硬度、冲击韧度、塑性和加工硬化程度越大，则切削力越大。工件材料的化学成分、热处理状态等因素都直接影响其物理力学性能，因而也影响切削力。

2. 切削用量对切削力的影响

（1）进给量和背吃刀量　进给量和背吃刀量增加，使切削力增加，但影响程度不同。背吃刀量增加一倍时，切削厚度不变，而切削宽度则增大一倍，切削刃上的切削载荷也随之增大一倍，即切削变形抗力和刀具前刀面上的摩擦力成倍增加，从而导致切削力也成倍增加；而进给量增大一倍时，切削宽度不变，只是切削厚度增大一倍，平均变形减小，切削力增加 75%左右。

（2）切削速度　加工塑性金属时，切削速度 v_c对切削力的影响规律与对切削变形影响规律一致，主要是对积屑瘤与摩擦作用的影响。图 3-51 所示为车削 45 钢时切削速度与切削力之间的关系。

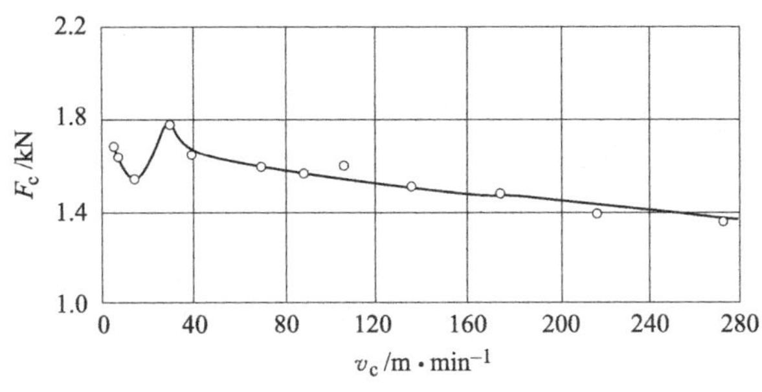

图 3-51　车削 45 钢时切削速度与切削力之间的关系

注：工件材料为 45 钢正火，硬度 178HBW；刀具结构为焊接式外圆车刀，刀片材料 P10（YT15）；切削用量为 $a_p=3mm$，$f=0.25mm/r$；刀具几何参数为 $\gamma_o=18°$，$\alpha_o=6°\sim8°$，$\alpha'_o=4°\sim6°$，$\kappa_r=75°$，$\lambda_s=0°$，$\kappa'_r=10°\sim12°$，$b_r=0mm$，$r_\varepsilon=0.2mm$。

3. 刀具几何参数对切削力的影响

（1）前角的影响　加工塑性材料时，γ_o增大，切削变形减小，切削力减小。但增大 γ_o，使三个分力 F_c、F_p和 F_f减小的程度不同。加工脆性材料时，由于切削变形很小，所以 γ_o对切削力的影响不显著。

（2）负倒棱的影响　在前刀面上磨出宽度为 $b_{\gamma1}$的负倒棱，以增加刃部强度，如图 3-52 所示。随 $b_{\gamma1}$与 f 之比增大，切削力随之增大。但当 $b_{\gamma1}/f>5$ 切削钢料或 $b_{\gamma1}/f>3$ 切削灰铸铁时，切削力趋于稳定，这时相当于负前角刀具的切削状态。

（3）主偏角的影响　主偏角 κ_r对 F_c的影响较小，影响程度不超过10%。κ_r在 60°~75°时，F_c最小，而 κ_r对 F_p和 F_f的影响较大，当 κ_r增大时，F_f增大而 F_p减小。

（4）刀尖圆弧半径的影响　刀尖圆弧半径 r_ε增大，使切削刃曲线部分的长度和切削宽度增大，但切削厚度减薄，各点的 κ_r减小。所以 r_ε增大相当于 κ_r减小时对切削力的影响。

（5）刃倾角的影响　由实验可知，刃倾角 λ_s对 F_c的影响很小，但对 F_p和 F_f影响较显著，当 λ_s增大时，F_f增大而 F_p减小。

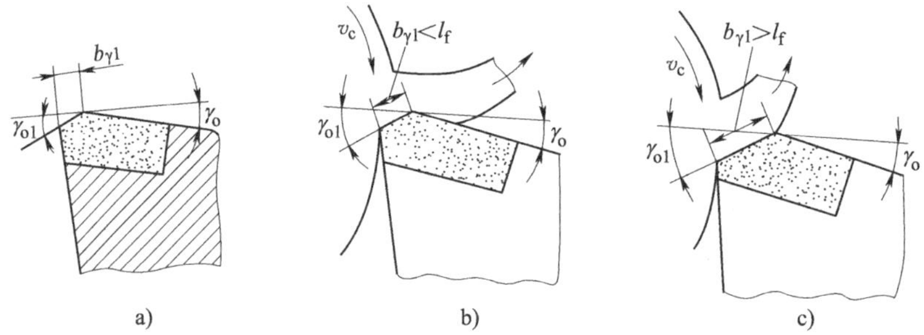

图 3-52　负倒棱对切削力的影响

4. 刀具磨损、刀具材料及切削液对切削力的影响

刀具磨损后，相当于刀具后角减小，甚至为0°后角，刀具锋利程度降低，造成切削变形难度增加，后刀面与工件的摩擦加剧，使切削力增加，刀具磨损对 F_f和 F_p的影响最为显著。

刀具材料不是影响切削力的主要因素，但由于不同刀具材料与工件材料间的摩擦系数不同，所以对切削力有一定的影响。一般按 CBN、陶瓷、涂层、硬质合金、高速钢的顺序，切削力依次增大。通过给刀具表面涂覆减摩效果良好的涂层材料，如 MoS_2等，是减小摩擦和切削力的有效途径。

切削液具有润滑作用，可以有效减小刀具与切削表面之间的摩擦，使切削力降低。切削液的润滑作用越好，切削力的降低越显著，在较低的切削速度下，切削液的润滑作用更为突出。

3.7　切削热与切削温度

切削热与切削温度是切削过程中产生的又一重要物理现象。切削热和由它产生的切削温度，直接影响刀具的磨损和使用寿命以及工件的加工精度和表面质量。因此，研究切削热和切削温度及其变化规律非常重要。

3.7.1　切削热的产生和传出

切削时所消耗的能量几乎全部转变为热量，三个变形区就是三个发热区。如图 3-53 所示，切削过程中，切削热来源于两个方面：①切削层金属产生弹性变形和塑性变形所消耗的功转换的切削热；②切屑与刀具前刀面、工件和刀具后刀面发生摩擦所消耗的功转换成的切

削热。即

$$Q = Q_{弹} + Q_{塑} + Q_{前摩} + Q_{后摩} \tag{3-26}$$

式中，$Q_{弹}$和$Q_{塑}$分别是弹性变形和塑性变形所做功转变的热；$Q_{前摩}$是刀具前刀面与切屑摩擦产生的热；$Q_{后摩}$是刀具后刀面和加工表面摩擦产生的热。

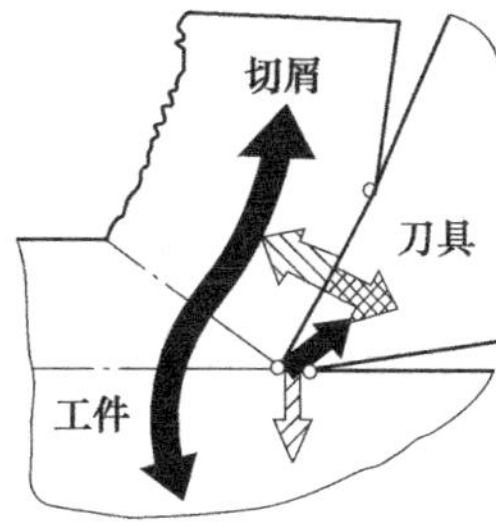

图 3-53　切削热的产生和传出

切削时产生的热由切屑、工件、刀具及周围的介质传出，各部分传出的比例随工件材料、切削速度、刀具材料及加工形式等而定，因此切削热的产生和传出的平衡关系式可表示为

$$Q = Q_{弹} + Q_{塑} + Q_{前摩} + Q_{后摩} = Q_{屑} + Q_{工} + Q_{刀} + Q_{介} \tag{3-27}$$

式中，$Q_{屑}$是切屑传出的热；$Q_{工}$是工件传出的热；$Q_{刀}$是刀具传出的热，$Q_{介}$是周围介质传出的热。

表 3-5 列出了车削和钻削时切削热的分布。

表 3-5　车削和钻削时切削热的分布

类型	$Q_{屑}$	$Q_{刀}$	$Q_{工}$	$Q_{介}$
车削	50%～86%	40%～10%	9%～3%	1%
钻削	28%	14.5%	52.5%	5%

热量传出的比例与切削速度有关，图 3-54 所示为不同切削速度下热量的分布。可以看出，切削速度增加时，由摩擦生成的热量增多，但切屑带走的热量也增加，在工件中的热量减少，在刀具中的热量更少。因此高速切削时，切屑温度很高，工件和刀具温度较低，这有利于切削加工的顺利进行。

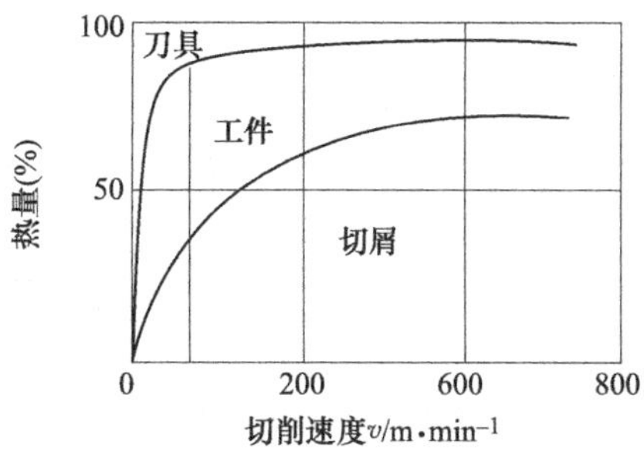

图 3-54　不同切削速度下热量的分布

3.7.2　切削温度及其对切削过程的影响

切削时工件、切屑和刀具吸收切削热而使温度升高，温度的高低不仅取决于切削时生热的多少，还与热的传导密切相关。所以，吸热多且散热不易的部位温度最高。一般所说的切削温度是指切削区的平均温度，用θ表示。

切削温度对工件、刀具及切削过程将产生一定的影响。

（1）对工件材料强度和切削力的影响　切削时的温度虽然很高，但对工件材料的硬度及强度、剪切区的应力影响并不明显。这一方面是由于在切削速度较高时，切削变形速度快，对增加材料强度的影响，足以抵消高的切削温度使材料强度降低的影响；另一方面，切削温度是在切削变形过程中产生的，因此对剪切面上的应力应变状态来不及产生很大影响，而只对切屑底层的抗剪强度产生影响。

工件材料预热至 500～800℃后进行切削加工时，切削力下降很多。但在高速切削时，切削温度经常达到 800～900℃，切削力下降却不多，这也间接证明，切削温度对剪切区内工件材料强度影响不大，因此加热切削是加工难加工材料的一种有效方法。

（2）对刀具材料的影响　高速钢刀具材料的耐热性为 600℃左右，硬质合金刀具材料耐热性好，在高温 800～1000℃时强度反而更高，韧性更好，超过该温度刀具即失效。因此适当提高切削温度，可防止硬质合金刀具崩刃，延长刀具寿命。实验表明，各类刀具材料在切削不同工件材料时，都有一个最佳切削温度范围。在最佳切削温度范围内，刀具寿命最长。

（3）对工件尺寸精度的影响　车削外圆或内孔时，工件受热膨胀，冷却后直径尺寸变小；刀杆受热膨胀，切削时实际背吃刀量增加，使工件直径减小；另一方面，由于切削温度升高，使工件伸长，由于装夹的原因，工件不能自由伸长而产生弯曲，加工后工件直径将发生变化。特别在精密和超精密加工时，切削温度的变化对工件尺寸精度的影响很大，因此控制切削温度是保证加工精度的有效措施。

（4）利用切削温度自动控制转速或进给量　上面已提到，各种刀具材料切削不同工件材料时都有一个最佳切削温度范围。因此，可利用切削温度来控制机床转速或进给量，保持切削速度在最佳范围内，以提高生产率及工件表面质量。

（5）利用切削温度与切削力控制刀具磨损　用刀具-工件热电偶能在几分之一秒内指示出一个较显著的刀具磨损的发生。跟踪切削过程中的切削力以及切削分力之间比例的变化，也可反映切屑碎断、积屑瘤变化或刀具前、后刀面及钝圆处的磨损状况。切削力与切削温度两个参数可以互相补充，用于分析切削过程的状态变化。

3.7.3　切削温度的测量及其分布

1. 切削温度测量

切削温度的确定及切削温度在切屑-工件-刀具中的分布可利用热传导和温度场理论计算确定，也可用有限元仿真分析方法获得切削区的温度场，但较为简便和常用的方法是利用实验来直接测量。测量切削温度的方法很多，常用的有热电偶法、热辐射法以及其他方法。热电偶法用得较多，其测温方法简单。

（1）自然热电偶法　自然热电偶法是利用工件材料和刀具材料化学成分的不同而构成热电偶的两极，并分别连接测量仪表，组成测量电路，切削区域产生高温形成热端，刀具与工件为热电偶冷端，冷、热端之间热电势由毫伏表测得，测量原理如图 3-55a 所示。切削温度越高，测得热电势越大，它们之间的对应关系可利用专用装置经标定得到。

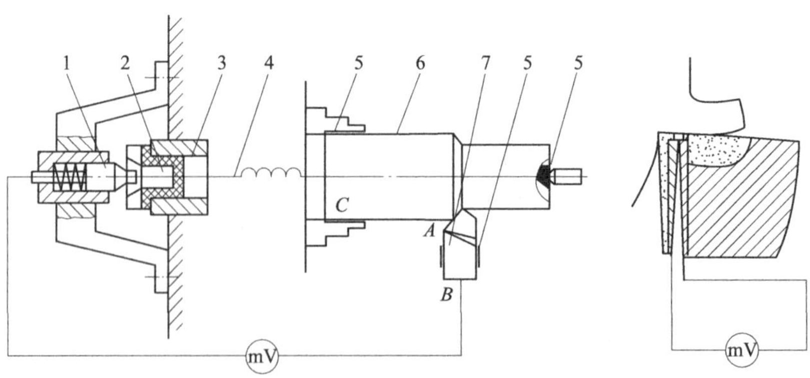

a) 自然热电偶法　　b) 人工热电偶法

图 3-55　热电偶测量原理

1—顶尖　2—铜塞　3—主轴　4—导线　5—绝缘层　6—工件　7—刀具

（2）人工热电偶法　人工热电偶法是由两种预先经过标定的金属丝组成热电偶，热电偶的热端焊接在刀具或工件需要测定温度的指定点上，冷端导线串联在电位差计或毫伏表上。根据仪表上的指示值和热电偶标定曲线，可测得指定点的温度，测量原理如图 3-55b 所示。

2. 切削温度分布

应用人工热电偶法测温，并辅以传热学的计算可得到刀具、切屑和工件的切削温度分布情况，如图 3-56 所示。由此可归纳出切削温度分布的一些规律。

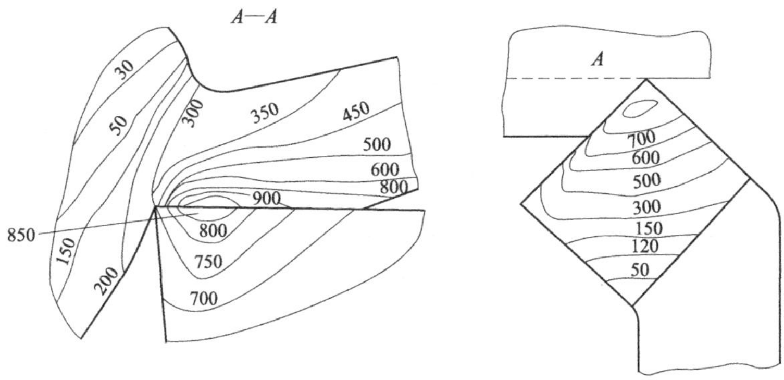

图 3-56　刀具、切屑和工件的切削温度（℃）分布

注：工件材料为 Gr15；刀具材料为 P20（YT14）；切削用量为 $v_c=1.3\text{m/s}$，$a_p=4\text{mm}$，$f=0.5\text{mm/r}$。

1）无论是前刀面，还是主后刀面上的最高温度都处于离主切削刃一定距离处。这是由于摩擦热沿刀面不断增加的缘故。在其后面的一段距离上，由于摩擦逐渐减小，热量又不断传出，故切削温度开始下降。

2）切屑底层温度最高，离底层越远，温度越低。这是因为切屑底层金属变形大，且又与前刀面有剧烈摩擦。

3）剪切平面上各点的温度变化不大。

4）切削塑性材料时，一般情况下前刀面的切削温度高于主后刀面。这是因为切削中前刀面与切屑底层摩擦剧烈的缘故。

3.7.4　影响切削温度的主要因素

切削区域温度的高低是产生热量多少和传出热量快慢两方面综合影响的结果。产生的热量越多而传出的热量越少时，则切削温度越高。在切削时影响产生热量和传出热量的主要因素有切削用量、工件材料、刀具几何参数、刀具磨损和切削液等。

1. 切削用量对切削温度的影响

通过实验获得的切削温度与切削用量之间的关系为

$$\theta = C_\theta v_c^{z_\theta} f^{y_\theta} a_p^{x_\theta} \tag{3-28}$$

式中，θ 是实验测出的前刀面接触区平均温度（℃）；C_θ 是切削温度系数；v_c 是切削速度（m/s）；f 是进给量（mm/r）；a_p 是背吃刀量（mm）；z_θ、y_θ、x_θ 是相应的指数。

用高速钢和硬质合金刀具切削中碳钢时，实验获得的切削温度系数 C_θ 及指数 z_θ、y_θ、x_θ，见表 3-6。

表 3-6 切削温度系数及指数

<table>
<tr><th>刀具材料</th><th>加工方法</th><th>C_θ</th><th colspan="2">z_θ</th><th>y_θ</th><th>x_θ</th></tr>
<tr><td rowspan="3">高速钢</td><td>车削</td><td>140~170</td><td colspan="2" rowspan="3">0.35~0.45</td><td rowspan="3">0.2~0.3</td><td rowspan="3">0.08~0.10</td></tr>
<tr><td>铣削</td><td>80</td></tr>
<tr><td>钻削</td><td>150</td></tr>
<tr><td rowspan="4">硬质合金</td><td rowspan="4">车削</td><td rowspan="4">320</td><td>f/mm · r^{-1}</td><td>z_θ</td><td rowspan="4">0.15</td><td rowspan="4">0.05</td></tr>
<tr><td>0.1</td><td>0.41</td></tr>
<tr><td>0.2</td><td>0.31</td></tr>
<tr><td>0.3</td><td>0.26</td></tr>
</table>

分析各因素对切削温度的影响，主要应从这些因素对单位时间内产生热量和传出热量的影响入手。如果产生的热量大于传出的热量，则这些因素将使切削温度增高；若某些因素使传出的热量增大，则这些因素将使切削温度降低。

由表 3-6 可知，在切削用量三要素中，v_c的指数最大，f次之，a_p最小。这说明切削用量中，v_c对θ影响最大，f次之，a_p最小。为了有效地控制切削温度，提高刀具寿命，在机床允许的条件下，选用较大的a_p和f比选用大的v_c更为有利。需要说明的是，目前在高效数控机床上选用高性能刀具材料及涂层刀具，采用高速切削加工，由于切削速度快，大部分切削热来不及传入工件和刀具就被切屑带走，使工件和刀具的温度反而降低，并有利于提高加工表面质量和加工效率。

2. 工件材料对切削温度的影响

1）工件材料的硬度和强度越高，切削时消耗的功就越多，产生的热量就越多，切削温度就越高。

2）工件材料导热系数的大小，直接影响切削热的传出，如不锈钢 1Cr18Ni9Ti 和高温合金 GH131，不仅导热系数小，且在高温下仍有较高的强度和硬度，故切削温度高。

3）灰铸铁等脆性材料切削时切削变形小，切屑呈崩碎状，与前刀面摩擦小，产生的热量少，故切削温度一般较切削钢料时低。

3. 刀具几何参数对切削温度的影响

在刀具几何参数中，对切削温度影响最为明显的因素是前角和主偏角，其次是刀尖圆弧半径。

前角增大，切削变形和摩擦减小，产生的热量减少，故切削温度降低。但前角过大，刀具热容量减小，散热条件变差，使切削温度升高，因此，在一定条件下，均有一个产生最低温度的最佳前角值。

主偏角减小，切削变形和摩擦增加，产生的热量增加，但因刀头体积和切削宽度增大，散热条件改善，从而使切削温度降低。

负倒棱及刀尖圆弧半径增大，使切屑变形程度增大，产生的切削热增加，也使散热条件改善，两者趋于平衡，因而负倒棱和刀尖圆弧半径对切削温度影响很小。

4. 刀具磨损对切削温度的影响

刀具磨损后切削刃变钝，使切削变形增加；同时刀具后刀面与工件的摩擦加剧。因此刀具磨损后切削温度上升。后刀面磨损量越大，切削温度上升越迅速。

5. 切削液对切削温度的影响

切削液对降低切削温度有明显的效果。切削液对切削温度的影响，与切削液的导热性、比热容、流量、浇注方式以及本身的温度有很大的关系。从导热性来看，油类切削液不如乳化液，乳化液不如水基切削液。

3.8　刀具磨损与刀具寿命

3.8.1　刀具磨损形式

在切削加工时，刀具在切下切屑的同时，在高温高压下，受到工件和切屑的摩擦作用，使刀具材料逐渐被磨耗或出现破损。当损耗到一定程度时，需要重新刃磨或更换新刀，才能正常切削。一般刀具的损坏形式主要有磨损和破损两种类型，前者是连续式逐步磨损；后者是崩刃、折断、剥落及裂纹等脆性或塑性破坏。刀具磨损或破损，会对加工质量、生产率产生很大影响，同时引起切削力和切削温度升高，产生振动，甚至无法加工；另外也使刀具消耗增加，提高加工成本。因此，研究刀具磨损与破损规律对保证加工质量、提高生产率、降低加工成本具有重要的作用。刀具磨损主要有以下几种。

（1）前刀面磨损　切削塑性材料时，如果切削速度和切削厚度较大，切屑与前刀面完全是新鲜表面的相互作用与摩擦，化学活性高，加之高温高压作用及切削液难以进入等原因，在前刀面上经常会磨出一个月牙洼，如图 3-57 所示。月牙洼的位置在刀具前刀面上切削温度最高的地方，月牙洼和切削刃之间有一条小棱边。在磨损过程中，月牙洼的宽度、深度不断增大，当月牙洼扩展到使棱边很窄时，切削刃的强度大为削弱，极易导致崩刃。月牙洼磨损量以其最大深度 KT 表示，如图 3-57b 所示。

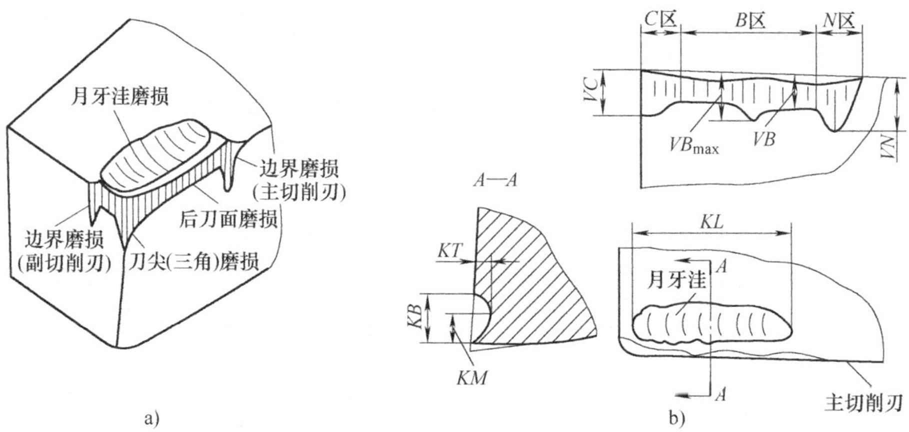

图 3-57　刀具磨损形态

（2）后刀面磨损　在后刀面与工件接触的很小一块面积上，由于大的接触压力而产生弹性变形和塑性变形，使后刀面被磨出宽窄不均的磨损带，如图 3-57 所示。

1）刀尖部分（C 区）。强度较低，散热条件差，磨损比较严重，其最大值为 VC。

2）主切削刃靠近工件待加工表面部分（N 区）。磨成较深的沟槽，磨损带宽度以 VN 表示。N 区磨损常被称为边界磨损。它主要是由于工件在边界处的加工硬化层、硬质点和刀具在边界处的较大应力梯度和温度梯度造成的，如加工铸件、锻件等外皮时容易发生边界磨损。

3）后刀面磨损带的中间部位（B 区）。磨损比较均匀，其平均宽度以 VB 表示，而其最大宽度以 VB_{max} 表示。

在实际生产中，较常见的是后刀面磨损，尤其发生在以低速和较小切削厚度进行塑性及脆性金属切削加工时。月牙洼磨损通常是在高速、大进给量（$f>0.5mm/r$）条件下切削塑性金属时产生。而以中等切削用量切削塑性金属时会使前刀面和后刀面同时磨损。

刀具破损是指在切削过程中刀具的磨损量尚未达到磨钝标准而突然无法正常使用的情况。破损通常有脆性破损和塑性破损两种。

（1）脆性破损　在振动、冲击切削作用下，刀具尚未发生明显磨损（$VB\leqslant 0.1mm$），但刀具切削部分却出现了微崩刃或刀尖崩碎、刀片或刀具折断、表层剥落、热裂纹等现象，使刀具不能继续工作，这种破损称为脆性破损。脆性破损常发生在硬质合金、陶瓷等硬度高、脆性大的刀具上。

（2）塑性破损　在切削加工时，刀具受到高温高压的作用，使刀具前刀面和后刀面的材料发生塑性变形，导致刀具丧失切削能力，这种破损称为塑性破损。刀具的塑性破损与刀具材料和工件材料的硬度比有关，硬度比越大，越不容易发生塑性破损。硬质合金刀具的高温硬度高，一般不容易发生塑性破损；而高速钢的耐热性较差，容易发生塑性破损。

3.8.2　刀具磨损机理

切削过程中刀具的磨损与一般机械零件的磨损具有显著的不同。刀具与切屑、工件间的接触表面经常是新鲜表面；前刀面和后刀面上的接触压力很大，有时超过了被切削材料的屈服强度；接触表面的温度很高，如硬质合金加工钢料时温度可达 800~1000℃。因此，刀具磨损是在机械、热和化学三种因素下的综合结果。

（1）磨粒磨损　工件材料中的杂质以及材料基体组织中的碳化物、氮化物、氧化物等硬质点和积屑瘤碎片等，在切削过程中会在刀具表面刻划出沟纹，使刀具磨损。这种由于硬质点的机械摩擦作用引起的磨损称为磨粒磨损。

磨粒磨损在各种切削速度下都会发生。对于切削脆性材料和在低速条件下工作的刀具，如拉刀、丝锥、板牙等，磨粒磨损是刀具磨损的主要因素。因为此时切削温度较低，其他形式的磨损尚不显著。高速钢刀具的磨粒磨损比较明显；而硬质合金刀具硬度较高，发生磨粒磨损较少。

（2）黏结磨损　在切削过程中，切屑、工件与刀具前刀面、后刀面之间存在着很大的压力和强烈的摩擦，形成新鲜表面接触而发生冷焊黏结。由于切屑在滑移过程中产生剪切破坏，带走少量刀具材料，从而造成黏结磨损。通常，工件材料或切屑的硬度较低，冷焊黏结的破裂往往发生在工件或切屑一方，但由于交变应力、热应力及刀具表层结构缺陷等原因，冷焊黏结的破裂也可能发生在刀具一方，刀具表面上的微粒逐渐被切屑或工件黏走，从而造成刀具的黏结磨损。一般来说，刀具与工件材料的硬度比越小，相互间的亲和力越大，黏结磨损就越严重。刀具的表面刃磨质量差，也会加剧黏结磨损。

（3）扩散磨损　在切削温度很高时，刀具与工件被切出的新鲜表面接触，由于两者化学元素活性大而有可能相互扩散，使刀具材料的化学成分发生变化，削弱其性能，若再经摩擦作用，刀具就容易被磨损。这种因固态下元素相互迁移而引起的磨损称为扩散磨损。它是一种化学性质的磨损。例如：用硬质合金刀具切削钢件时，从800℃开始，硬质合金中的钴便迅速地扩散到切屑、工件中去，碳化钨分解为钨和碳后扩散到钢件中；而切屑中的铁会向硬质合金中扩散，形成低硬度、高脆性的复合碳化物。由于钴的扩散，降低了硬质相碳化钨、碳化钛的黏结强度，所有这些都会使刀具磨损加剧。此外，随着切削速度的提高，引起切削温度升高，元素的扩散速率增加，扩散磨损程度加剧。

扩散磨损的快慢和程度与刀具材料中化学元素的扩散速率密切相关。例如：硬质合金中，钛的扩散速率远低于钴、钨，故P类硬质合金的抗扩散磨损能力优于K类硬质合金，涂层硬质合金的效果更佳。在硬质合金中添加钽、铌后形成固溶体，更不易扩散，故这类硬质合金具有良好的抗扩散磨损性能。

(4) 氧化磨损 用硬质合金刀具切削钢件时，当切削温度达700℃以上，空气中的氧与刀具中的Co及WC、TiC等发生氧化作用，在刀具表面形成一层硬度较低的化合物，如Co_3O_4、CoO、WO_3和TiO_2等，这些化合物被切屑或工件磨掉而形成的磨损，称为氧化磨损。它也是一种化学磨损。

一般情况下，空气不易进入切削区域，所以氧化磨损最容易发生在刀-屑接触区和刀-工接触区的边缘，这是边界磨损显著的标志之一，而且也是高速切削时刀具磨损的主要原因。

(5) 相变磨损 当切削温度达到或超过刀具材料的相变温度时，刀具材料中的金相组织将发生变化，而使硬度显著下降，引起的刀具磨损称为相变磨损。相变磨损是高速钢刀具在较高速度切削时产生塑性变形的主要原因。硬质合金刀具在高温（>900℃）、高压状态下切削也会因产生塑性变形而丧失切削能力。因此，相变磨损属于塑性破损的范畴。

防止刀具过早磨损和避免刀具破损的主要措施如下。

1）合理选择刀具材料，充分发挥刀具材料的性能，包括硬度、强度、化学稳定性、热导性、热膨胀性、表面惰性等。例如：涂层刀具材料具有硬度高，化学稳定性好，故在切削时对防止氧化磨损、月牙洼磨损、黏结磨损具有良好的效果；切削冷硬铸铁时，选用Al_2O_3基体陶瓷不易产生机械磨损；高速间断切削铸铁选用高温韧性好、强度高的Si_3N_4基体陶瓷不易出现破损。

2）选择合理的刀具角度，提高刀具强度。选用较小的前角、后角，刃磨负倒棱有利于提高刀具刃部强度，是防止刀具崩刃的有效措施。另外，减小主偏角，减小切削刃单位长度上的载荷，选择负的刃倾角，加强刀具头部强度，提高抗冲击能力，都有利于避免刀具的破损。

3）选择适当的切削用量，控制切削速度对刀具磨损的影响，选定合适的切削速度区域。高速钢刀具在低速和中速区域产生的磨粒磨损、积屑瘤是导致刀具磨损的主要原因，超过中速则会产生相变磨损；硬质合金刀具在中速时主要为黏结磨损，超过中速时则会产生扩散磨损、氧化磨损，在高速时产生塑性破损；陶瓷刀具会产生磨粒磨损、黏结磨损，在高速时产生氧化磨损，以及由于热冲击和机械摩擦作用产生微崩刃。另外，适当选择进给量和背吃刀量，不至于使切削力过大，有利于防止刀具破损。

4）提高刀具的刃磨质量，合理使用切削液，降低切削温度，对防止积屑瘤引起的刀具损坏、黏结磨损、热裂破损和磨粒磨损均有明显效果。

5）增加刀片和刀具强度，提高工艺系统刚性等，有利于防止刀具破损。

3.8.3　刀具磨损过程及磨钝标准

1. 刀具磨损过程

如图3-58所示，刀具磨损过程分为三个阶段：初期磨损阶段、正常磨损阶段和急剧磨损阶段。

（1）初期磨损阶段　因为新刃磨的刀具切削刃较锋利，其后刀面与加工表面接触面积很小，压应力较大，加之新刃磨的刀具的后刀面存在着微观不平等缺陷，所以这一阶段的磨损很快。一般初期磨损量为0.05~0.10mm，其大小与刀面刃磨质量有很大关系，经仔细研磨过的刀具，其初期磨损量较小。

（2）正常磨损阶段　经初期磨损后，刀具的粗糙表面已经磨平，承压面积增大，压应力减小，从而使磨损速率明显减小，刀具进入正常磨损阶段。这个阶段的磨损比较缓慢均匀。后刀面磨损量随切削时间延长而近似地成比例增加，这是刀具工作的有效阶段，正常磨损阶段越长，刀具寿命也越长。

（3）急剧磨损阶段　刀具经过正常磨损阶段后，切削刃变钝，切削力、切削温度迅速升高，磨损速率急剧增加，导致刀具损坏而失去切削能力。生产中应该避免达到这个磨损阶段，要在急剧磨损到来之前，及时更换刀具。

2. 刀具磨钝标准

刀具磨损到一定限度就不能继续使用，这个磨损限度称为**磨钝标准**。一般刀具的后刀面上都有磨损，它对加工质量和切削力、切削温度的影响比前刀面磨损显著，同时后刀面磨损量易于测量，因此，在金属切削加工中多数以后刀面平均磨损宽度 *VB* 作为磨钝标准，如图3-59所示。

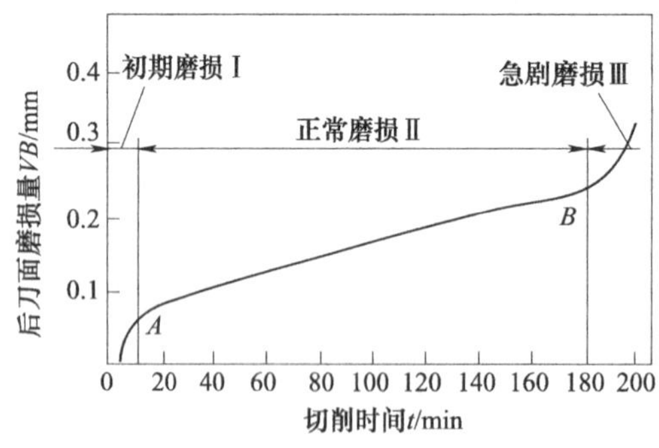

图3-58　刀具磨损过程

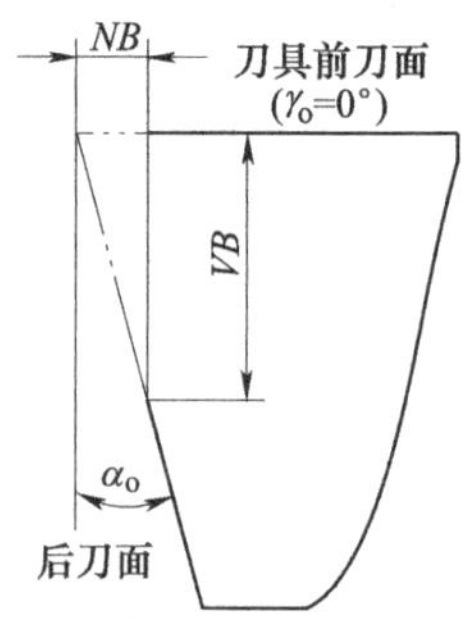

图3-59　车刀磨损量

在规定磨钝标准时，有两种不同的出发点，一种是尽可能充分利用刀具的正常磨损阶段，充分利用刀具材料，减少换刀次数，从而获得高生产率和低成本，这样规定的磨钝标准称为经济磨钝标准，适用于粗加工和半精加工；另一种是根据加工精度和表面质量的要求确定磨钝标准，这种标准可以保证工件要求的加工精度和表面质量，称为工艺磨钝标准，适用于精加工。两种磨钝标准，可通过实验或参考金属切削手册确定。

当后刀面磨损很不均匀时，以 VB_{max} 或 VC 值作为磨钝标准比较合理。

国际标准ISO推荐硬质合金外圆车刀的磨钝标准，可以是下列任何一种。

1）$VB=0.3\text{mm}$。

2）如果后刀面为无规则磨损，取 $VB_{max}=0.6\text{mm}$。

3）前刀面磨损量 $KT=0.06+0.3f$。

自动化生产中用的精加工刀具，常以沿工件径向的刀具磨损尺寸作为衡量刀具的磨钝标准，称为刀具径向磨损量，以 NB 表示，如图 3-57 所示。也有用切削力的数值作为刀具的磨钝标准，从而实现对刀具磨损状态的自动监控。

当工艺系统刚性较差时，应规定较小的磨钝标准，因为当后刀面磨损后，切削力将增大，尤以背向力 F_p增加显著，会对零件的加工精度产生较大影响；切削难加工材料时，切削温度较高，一般应选用较小的磨钝标准。

在实际生产中，经常卸下刀具测量磨损必然会影响生产的正常进行，因而常常根据切削中发生的一些现象，如出现火花、振动、噪音，或加工表面粗糙度恶化等来判断刀具是否已经磨钝。

3.8.4　刀具寿命

1. 刀具寿命的概念

刀具寿命是指刃磨后的刀具自开始切削直到磨损量达到刀具磨钝标准为止的实际切削时间，以 T 表示，单位为 min。对于可多次重磨的刀具，刀具寿命是指刀具两次刃磨之间所经历的实际切削时间；而把其从第一次投入使用直至完全报废时所经历的实际切削时间，称为**刀具总寿命**。

刀具寿命是表征刀具材料切削性能优劣的综合性指标。在相同切削条件下，刀具寿命越高，表明刀具材料的耐磨性越好。在比较不同的工件材料切削加工性时，刀具寿命也是一个重要的指标，在相同切削条件下刀具寿命越高，表明工件材料的切削加工性越好。

2. 刀具寿命与切削用量之间的关系

刀具寿命与切削用量之间的关系通常是由实验方法获得的。一般情况下，刀具寿命是根据刀具的磨钝标准制订的，在不同条件下，磨钝标准不同，所对应的刀具寿命估计值也不相同。为了对刀具寿命进行定量分析和正确认识制造过程，建立刀具寿命的经验计算公式是非常必要的。

实验表明，刀具后刀面的磨损与各种切削参数有关，即

$$VB=f(E,v_c,f,a_p,K) \tag{3-29}$$

式中，E 是与工件材料及刀具材料有关的系数；v_c是切削速度；f 是进给量，a_p是背吃刀量；K 是切削条件（如润滑条件等）对刀具磨损的影响系数。

若只考虑切削用量的影响，而把其他因素统一归入切削影响系数中，由实验得到的刀具寿命计算公式可由如下统一指数表达式表示，即

$$T=Av_c^z f^y a_p^x \tag{3-30}$$

式中，A 是常数；x、y、z 是指数。

获取公式中指数和常数的方法有两种，一是通过多因素正交实验，在规定的磨钝标准下，测得不同切削条件下的刀具寿命值，经多元非线性回归方法获得公式中的常数和各指数；二是通过单因素实验，经综合处理后得到相应参数。

单因素实验的方法是，在选定实验因素（以切削速度为例）和磨钝标准后，固定其他

切削条件，只改变切削速度，取 $v_c=v_{c_1}$、v_{c_2}、v_{c_3}等进行磨损实验，得到各切削速度下的刀具磨损曲线，如图 3-60 所示。再根据选定的磨钝标准求出在各切削速度下相应的刀具寿命 T_1、T_2、T_3 等。根据指数关系式，在 $\lg v_c$-$\lg T$ 的双对数坐标纸上定出（T_1，v_{c_1}）、（T_2，v_{c_2}）、（T_3，v_{c_3}）等点，如图 3-61 所示。

在一定切削速度范围内，这些点基本上分布在一条直线上。这条直线可用下列方程表示，即

$$\lg v_c = -m\lg T + \lg C_v$$

式中，$m=\tan\phi$，是该直线的斜率；$\lg C_v$是当 $T=1$ 时直线在纵坐标上的截距。m 及 $\lg C_v$可从图中实测。

因此，v_c-T 关系可写成

$$v_c T^m = C_v \tag{3-31}$$

式中，m 是指数，表示 v_c对 T 影响程度；C_v是系数，与刀具、工件材料和切削条件有关。

式（3-31）为重要的刀具寿命公式，指数 m 表示 v_c对 T 影响程度，耐热性越低的刀具材料，其 m 越小，v_c对 T 影响越大。例如：车削中碳钢和灰铸铁时，高速钢车刀 $m=0.11$；硬质合金车刀 $m=0.2\sim0.3$；陶瓷车刀 $m=0.4$。

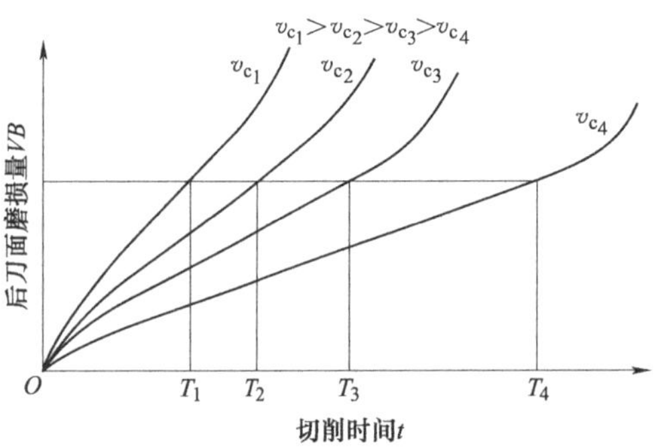

图 3-60　切削时间与后刀面磨损量之间的关系

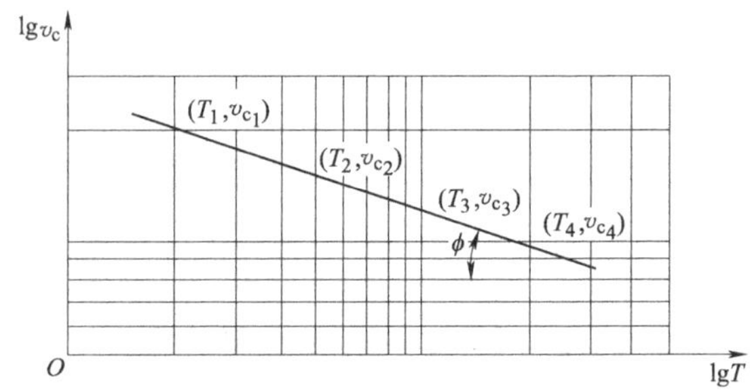

图 3-61　双对数坐标中刀具寿命与切削速度的关系

按同样的方法可求出进给量 f、背吃刀量 a_p与刀具寿命的关系式为

$$fT^n = C_f,\quad a_p T^p = C_{a_p} \tag{3-32}$$

对上述三式综合求解可得刀具寿命的综合表达式为

$$T = \frac{C_T}{v_c^{\frac{1}{m}} f^{\frac{1}{n}} a_p^{\frac{1}{p}}} = \frac{C_T}{v_c^z f^y a_p^x} \tag{3-33}$$

式中，C_T是刀具寿命系数，与刀具、工件材料和切削条件有关；z、y、x 是指数，$z=1/m$，$y=1/n$，$x=1/p$，分别表示切削用量对刀具寿命的影响程度。

用 P30（YT5）硬质合金车刀车削 $R_m=0.736\text{GPa}$ 的碳素钢时，切削用量（$f>0.7\text{mm/r}$）与刀具寿命的关系为

$$T = \frac{C_T}{v_c^5 f^{2.25} a_p^{0.75}} \tag{3-34}$$

由式（3-34）可知，v_c对刀具寿命的影响最大，f 次之，a_p最小。这与三者对切削温度的影响顺序完全一致。这也反映出切削温度对刀具磨损和刀具寿命有着最重要的影响。在实

际生产中，当确定了刀具寿命的合理数值后，应首先考虑增大 a_p，其次增大 f，然后根据 T 计算出 v_c。这样既能保证刀具寿命，又能发挥刀具切削性能，提高切削效率。

除切削用量外，工件材料、刀具材料及刀具几何参数以及冷却润滑条件等对刀具寿命也有影响，其影响规律与其对切削温度的影响规律相同。要延长刀具寿命，就是要设法降低切削温度。

3. 刀具寿命合理数值的确定

刀具寿命对切削加工的生产率和成本都有直接的影响，因此不能选得太高或太低。刀具寿命选择太高，则要用较小的切削用量，使切削时间增加，导致生产率下降；如果定得太低，虽然可用较大的切削用量，但会使换刀、磨刀或调整机床所用时间增加过多，生产率也会下降。通常确定刀具寿命合理数值的方法有两种：一是最高生产率刀具寿命 T_P，根据加工一个零件的生产时间最少或单位时间内加工出的零件最多而确定；二是最低生产成本刀具寿命 T_C，根据加工每个零件的工序成本最低原则确定。由于 T_C 高于 T_P，所以生产中常采用最低生产成本刀具寿命 T_C，只有当生产紧急或出现不平衡环节时，才采用最高生产率刀具寿命 T_P，如图 3-62 所示。

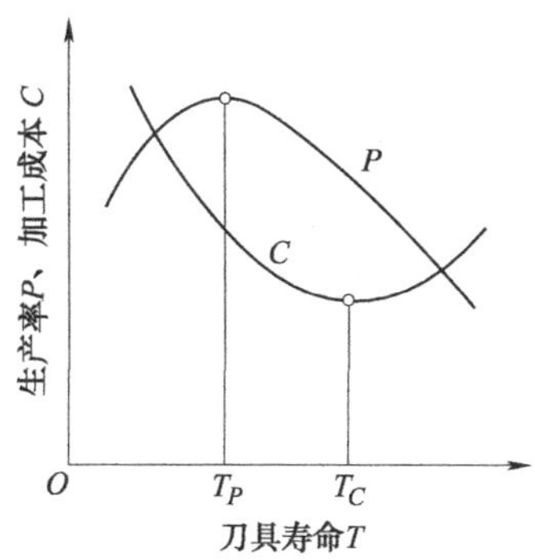

图 3-62　T 对生产率和加工成本的影响

确定各种刀具寿命时，可以按下列准则考虑。

1）复杂、高精度及多刃刀具寿命应比简单、低精度及单刃刀具高。

2）机夹可转位刀具，由于换刀时间短，为使切削刃始终处于锋利状态，刀具寿命可选得低些。

3）精加工刀具切削载荷较小，刀具寿命可选得高些。

4）对于换刀、调刀比较复杂的数控刀具、自动线刀具以及多刀加工用刀具时，刀具寿命应选得高些，以减少换刀次数，保证整机和整线的可靠工作。

5）大件加工时，为避免中途换刀，刀具寿命应选得高些。

表 3-7 列出了部分刀具寿命值，供选用时参考。

表 3-7　部分刀具寿命值

刀具类型	T/min	刀具类型	T/min
车、刨、镗刀	60	仿形车刀具	120~180
硬质合金可转位车刀	30~45	组合钻刀具	200~300
钻头	80~120	多轴铣床刀具	400~800
硬质合金面铣刀	90~180	数控机床、组合机床自动机、自动线刀具	240~480
切齿刀具	200~300		

3.9　工件材料的切削加工性

工件材料的切削加工性是指在一定的切削条件下，材料切削加工的难易程度，简称为**加**

工性。通常良好的加工性是指：刀具寿命长或一定刀具寿命下允许的切削速度高；相同的切削条件下切削力小，切削温度低；容易获得良好的加工表面质量；切屑容易控制和处理。

加工性是一个相对的概念，不同加工条件和加工要求，其难易程度的衡量指标也不同。例如：纯金属粗加工比较容易，但获得光洁表面较难，因此在精加工中认为其加工性差；不锈钢在自动机床上较难断屑，被认为加工性差。

3.9.1 工件材料加工性的衡量方法

在实际生产中，往往根据不同的要求，选用某一项指标来衡量材料加工性的一个侧面，通常用一定刀具寿命 T 下的切削速度 v_T 或相对加工性指标来衡量。v_T 是指当刀具寿命为 T 时，切削某种材料所允许的最大切削速度，如将刀具寿命 T 定为60min，则 v_T 可写为 v_{60}。显然，在一定刀具寿命 T 下所允许的切削速度 v_T 越高的材料，其加工性越好。

为了便于分析比较，一般以正火状态45钢的 v_{60} 为基准，写为 $(v_{60})_{\mathrm{j}}$，而把其他材料的 v_{60} 与之相比，其比值 K_{r} 称为相对加工性，即

$$K_{\mathrm{r}} = \frac{v_{60}}{(v_{60})_{\mathrm{j}}}$$

常用工件材料的相对加工性 K_{r} 可分为八级，见表3-8。凡 $K_{\mathrm{r}}>1$ 的材料，其加工性比45钢好；$K_{\mathrm{r}}<1$ 的材料，加工性比45钢差。K_{r} 越大，表明材料的加工性越好。K_{r} 实际上也反映了不同材料对刀具磨损和刀具寿命的影响。

表3-8 材料加工性等级

加工性等级	名称及种类		相对加工性 K_{r}	典型材料
1	很容易切削材料	一般有色金属	>3.00	5-5-5铜铅合金，9-4铝铜合金；铝镁合金
2	容易切削材料	易切削钢	2.50~3.00	退火15Cr，R_{m}=0.37~0.441GPa 自动机钢，R_{m}=0.393~0.491GPa
3		较易切削钢	1.60~2.50	正火30钢，R_{m}=0.441~0.549GPa
4	普通切削材料	一般钢及铸铁	1.00~1.60	45钢，灰铸铁
5		稍难切削材料	0.65~1.00	20Cr13调质，R_{m}=0.834GPa 85钢，R_{m}=0.883GPa
6	难切削材料	较难切削材料	0.50~0.65	45Cr调质，R_{m}=1.03GPa 65Mn调质，R_{m}=0.932~0.981GPa
7		难切削材料	0.15~0.50	50CrV调质，1Cr18Ni9Ti，某些钛合金
8		很难切削材料	<0.15	镍基高温合金

3.9.2 影响工件材料加工性的因素

工件材料加工性的好坏，主要取决于它的物理力学性能，而物理力学性能又与材料本身的化学成分和金相组织密切相关。

1. 物理力学性能

1）材料的硬度和强度越高，则切削力越大，切削温度越高，刀具磨损越快，故加工性越差。特别是材料的高温硬度和强度（又称为热强性）越高，高温下刀具材料的优势不明

显，导致难于加工。但并非硬度越低，越易切削。硬度过低时，由于塑性很高，也不易切削。

2）材料的塑性（以断后伸长率 A 表示）越大，则切削变形、加工硬化、切削力都越大，切削温度越高，刀-屑之间易黏结，刀具磨损加剧，不易获得好的已加工表面质量，且断屑困难，故加工性越差。但塑性很小，脆性很大时，切屑与前刀面接触长度过短，切削力和切削热都集中在切削刃附近，加剧切削刃的磨损，也会使加工性变差。

3）材料韧性高，切削力和切削温度也高，且不易断屑，加工性差。

4）材料的导热系数越大，切屑、工件散出的热量就越多，越有利于降低切削区的温度，加工性越好。但导热系数大的材料，加工中工件温升快，对控制尺寸精度造成一定困难。

2. 化学成分

碳素钢中碳元素含量对加工性有双重影响。硬度、强度随含碳量的增加而增高，而塑性、韧性则降低。因此，含碳量太高太低都对加工性不利。

钢中加入 Cr、Ni、V、Mo、Mn 等合金元素都能提高钢的强度和硬度；加入 Si 和 Al 容易形成氧化硅和氧化铝等硬质点，加剧刀具磨损。但这些合金元素含量低（一般以质量分数 0.3%为限）时，对钢的加工性影响不大；若超过 0.3%，则加工性降低。

在不影响材料使用性能的前提下，可在钢中适当添加一种或几种可以明显改进材料加工性的化学元素，如 S、Pb、Ca、P 等，获得易切钢，取得切削力小、易断屑、刀具寿命长、加工表面质量好等良好的加工性。

3. 金相组织

工件材料的金相组织主要有铁素体、渗碳体、珠光体、奥氏体和马氏体等。一般情况下、珠光体的硬度、强度和塑性都较适中，加工性好。其他组织，或因硬度、强度较高，或因塑性、韧性较高，加工性都较差，甚至极差。

金相组织的形状和大小对加工件也有影响。例如：珠光体有片状、球状之分，呈片状时，硬度高，刀具磨损大；经球化处理后，加工性显著改善。另外，粗大的晶粒细化，可改善已加工表面质量。

3.9.3　改善工件材料加工性的途径

（1）合理选择材料的供应状态　低碳钢以冷拔状态最易切削，中碳钢以部分球化的珠光体组织最好加工，高碳钢以完全球化退火状态加工性最好；铸件、气割件的周边余量不均匀且有硬皮，加工性就不如冷拔或热轧毛坯。

（2）进行热处理　通过适当的热处理使材料尽可能在最适宜的组织状态下切削，是改善加工性的主要方法。例如：碳素钢硬度在 173~230HBW 范围内时，切削性能最好。为此，对低碳钢进行正火处理，降低塑性，提高硬度；对中碳钢进行正火、调质处理，使其金相组织与材料硬度均匀；对硬度较高的高碳钢和工具钢进行球化退火处理，降低硬度，均有利于改善材料加工性。

（3）调整化学成分　在不降低使用性能的前提下，易切钢具有良好的加工性。例如：切削含硫易切钢时，切削力比普通钢减少 20%~30%，且易断屑，但价格稍贵。

上述方法仅是针对工件材料单方面而言，但绝不意味着可以脱离具体的切削条件，孤立地讨论加工性。必须认识到工件材料的加工性并非单指材料本身的性能，而是工件材料与一定的切削条件组合在一起时的切削加工难易程度。加工确定工件材料时，与一定的切削条件相配，可以得到优化的切削效果。

另外，随着切削加工技术的不断发展，加工性也会发生变化，新的加工方法的出现，会使得一些原本难加工的材料变得易于加工。

3.10 切削液

合理使用切削液能有效地减小切削力，降低切削温度，从而能提高刀具寿命，防止工件热变形和改善加工表面质量。此外，选用高性能切削液有利于改善某些难加工材料的切削加工性。

3.10.1 切削液的作用

（1）冷却作用　将切削液浇注到切削区域内，通过切削液的传导、对流和汽化等方式，可降低切削温度和减小工艺系统热变形。尤为重要的是，降低刀具前刀面上的切削温度，起到减小工件变形和提高刀具寿命的作用。

（2）润滑作用　切削液能渗透到刀具与切屑、工件表面之间，所形成的油膜可减小切屑、工件表面与刀面之间的摩擦，减小黏结，减少刀具磨损，从而提高加工表面质量。

（3）清洗和排屑作用　当切削过程中产生碎屑或粉末时，要求切削液具有良好的清洗作用。浇注切削液能冲走碎屑或粉末，可防止划伤机床导轨和加工表面。在磨削、钻削、深孔加工和自动线生产中，利用浇注或高压喷射切削液来排屑。

（4）防锈作用　在切削液中加入防锈添加剂，使之与金属表面起化学反应生成保护膜，起到防锈、防蚀作用。

3.10.2 切削液的种类

切削液的种类有水溶液、乳化液及切削油等，其配方也有许多种。不论采用哪种切削液，都应满足不污染环境，对人体无害和使用经济等要求。

（1）水溶液　水溶液的主要成分是水，在水中加入一定的添加剂，使其既能保持冷却性好，又具有防锈和一定的润滑性能。常用的有电解水溶液和表面活性水溶液，其配方见表3-9。

表 3-9　水溶液配方（质量分数）

电解水溶液			表面活性水溶液		
水	碳酸钠	亚硝酸钠	水	肥皂	无水碳酸钠
99%	0.75%	0.25%	94.5%	4%	1.5%

在水中加入各种电解质配成的电解水溶液，能渗透至表面油膜内部，起冷却作用，主要用于磨削、钻孔和粗车等。在水中加入皂类、硫化蓖麻油等表面活性剂配制的表面活性水溶液，增加水溶液的润滑性，主要用于精车、精铣和铰孔等。

（2）乳化液　乳化液是乳化油与80%~97%的水搅拌后形成的乳白色混合液体。乳化油是由矿物油和表面活性乳化剂配制而成的。乳化液的用途很广，低浓度乳化液中水的比例大，主要起冷却作用，适用于粗加工和普通磨削；高浓度乳化液主要起润滑作用，适用于精加工。加工普通碳素钢时的乳化液浓度见表3-10。

表3-10 加工普通碳素钢时的乳化液浓度

加工方法	粗车	切断	粗铣	铰孔	拉削	齿轮加工
乳化液浓度（质量分数,%）	3~5	10~20	5	10~15	10~20	15~20

（3）切削油　切削油有矿物油、动物油和植物油等，主要起润滑作用。由于动、植物油容易变质，故较少采用。生产中，常用的是矿物油，包括机械油、轻柴油和煤油等。纯矿物油润滑效果一般，但热稳定性较好，且资源丰富、价格便宜。机械油的润滑效果较好，普通车削、螺纹车削可选用机械油；煤油的浸润性和冲洗作用较好，当精加工有色金属、灰铸铁及用高速钢铰刀铰孔时，可选用煤油；镗孔或深孔加工，可选用煤油或煤油与机械油的混合油；自动机床上可选用黏度低、流动性好的轻柴油。

极压切削油是在切削油中添加氯、硫、磷等极压添加剂配制而成，能在高温条件下不破坏润滑膜，显著提高冷却润滑效果，故被广泛采用。

常用的含磷极压添加剂的硫代磷酸锌、有机磷酸酯等，含磷润滑膜降低摩擦、减小磨损的效果比含氯、硫的润滑膜更好。在生产中，为了得到更好的使用效果，往往将各种添加剂复合使用。

氯化切削油主要含石蜡、氯化脂肪酸等，由它们生成的化合物，如 $FeCl_2$，摩擦系数小，具有良好的润滑性能，可耐600℃的高温，特别适用于切削合金钢、高锰钢及其他难加工材料。

硫化切削油是在矿物油中加入硫化鲸鱼油、硫化棉籽油等含硫添加剂，硫含量（质量分数）为10%~15%，在高温作用下与铁化合成硫化亚铁（FeS）化学膜，熔点在1100℃以上。故在切削钢件时，在高温下仍能保持润滑性能，常用于钻孔、铰孔、铣削、拉削和齿轮加工，可提高刀具寿命，并获得小的表面粗糙度。

3.10.3 切削液的选用

切削液应根据加工性质、工件材料、刀具材料和工艺性要求等具体情况合理选用，选用的一般原则如下。

1. 根据加工性质选用

1）粗加工时，由于加工余量和切削用量较大，产生大量的切削热，因而会使刀具磨损加快，这时使用切削液的目的是降低切削温度，所以应选用以冷却为主的乳化液或水溶液。

2）精加工时，切削热较少，主要是为了延长刀具寿命，保证加工精度和表面质量，应选用切削油或高浓度的乳化液。

3）钻削、铰削和深孔加工时由于刀具在半封闭状态下工作，排屑困难，切削热不能及时传散，容易使切削刃烧伤并严重破坏加工表面质量。这时应选用黏度较小的极压乳化液，并应增加压力和流量。一方面进行冷却、润滑，另一方面将切屑冲刷出来。

4）磨削加工时虽然磨削用量较小，切削力不大，但由于切削速度比较高（一般为30~80m/s），因此，切削温度很高（可达800~1000℃），容易引起工件局部烧伤、变形，甚至产生裂纹。同时，磨削产生的大量细碎切屑和砂粒粉末也会破坏工件表面质量。故磨削时的切削液既要求具有较好的冷却性能和清洗性能，还要具有一定的润滑性能。磨削中常用的切削液为乳化液，但选用极压型合成切削液和多效型合成切削液效果更好。

2. 根据工件材料选用

1）切削钢件等塑性材料时，粗加工一般用乳化液，精加工用极压切削油。

2）切削铸铁、铜及铝等脆性材料时，由于切屑碎末会堵塞冷却系统，容易使机床导轨磨损，一般不加切削液。但精加工时，为了得到较高的表面质量，可采用黏度较小的煤油。

3）切削有色金属和铜合金时，可使用煤油和黏度较小的切削油，但不宜采用含硫的切削液，以免腐蚀工件。切削镁合金时，不能用切削液，以免燃烧起火，必要时，可使用压缩空气。

3. 根据刀具材料选用

1）高速钢刀具粗加工时，用极压乳化液。对钢件精加工时，用极压乳化液或极压切削油。

2）硬质合金刀具一般不加切削液。但在加工某些硬度高、强度大、导热性差的特种材料或细长工件时，可选用以冷却为主的切削液，如乳化液。

3.10.4 切削液的使用方法

实验表明，切削液能否充分发挥冷却润滑作用，其渗透能力强弱是一个重要的因素。因此，即使使用最好的切削液，如果不能有效地渗入到切削区域，也不能起到有效的冷却润滑作用。切削液的使用方法很多，目前常用的方法有浇注法、内冷却法和微量润滑（Minimal Quantity Lubrication，MQL）法等。

（1）浇注法　它是将充足大流量（一般在 10~20L/min）的低压切削液浇注到切削区域。这是生产中应用最多的方法，但使用该方法时，切削液在切削加工过程中以液体渗透和气体渗透两种方式进行，液体的渗透效率较低，尤其是切削速度较高时更低，因此使用效果较差。另外，使用该方法的负面问题（如环境污染、成本增加等）较多，应用越来越受到限制。

（2）内冷却法　它是使切削液通过刀体内部以较高的压力（一般为 1~10MPa）和较大的流量喷向切削区域，将切屑冲刷出来，并带走大量的热量，有效地降低切削温度，提高刀具寿命、切削效率和加工质量。深孔钻削、套料钻削等就是采用这种冷却方法。对于高速切削用的其他刀具，可在刀体上开出液体通道，将切削液通至接近切削区域来提高切削液的使用效果。图 3-63 所示为内冷却刀具。

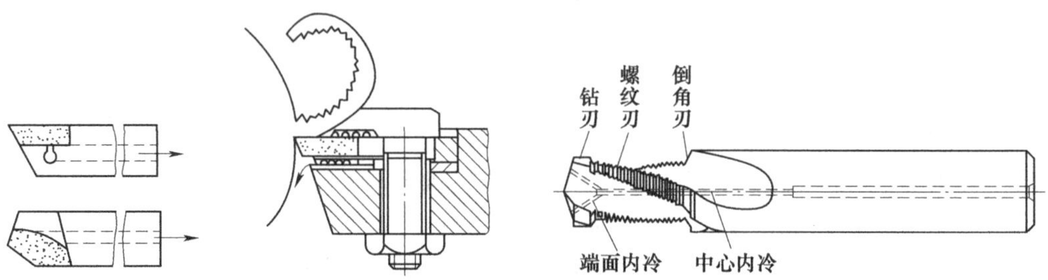

a) 焊接式车刀　b) 机夹式车刀　c) 高速螺纹钻铣刀

图 3-63　内冷却刀具

（3）微量润滑法　它是将 0.3～0.6MPa 的压缩空气与少量的切削液（一般为 0.03～0.2L/h）混合后，以气液两相流的形式高速喷射到切削区域，如图 3-64 所示。由于气液两相流的喷射速度较高，动能较大，因而渗透能力大大增强。另外，气液两相流中微量液体的尺寸很小，遇到温度较高的金属时极易汽化，可从多个方位向刀具切削区域渗透，吸收大量的切削热，所以冷却润滑效果较好，尤其是使用内喷法时效果更好。它既可用于一般切削，也可用于难加工材料切削或高速切削，应大力推广。

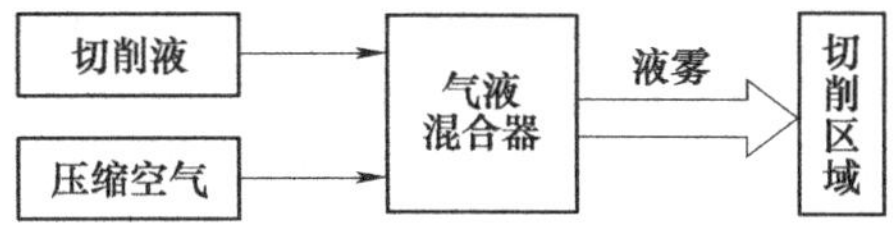

图 3-64　MQL 法原理图

需要指出的是随着环保法规的要求日趋严格，切削液的负面影响越来越受到重视，不使用切削液的干式切削技术已成为一种趋势。对于一些难以使用纯干式切削的加工方法，如钻孔、铰孔等半封闭式加工，应研究开发新的、高效的准（亚）干式切削技术，尽可能降低使用切削液对环境和人体的危害，以便获得最好的经济效益和社会效果。

3.11　刀具几何角度的合理选择

当刀具材料与刀具结构确定之后，刀具切削部分的几何参数对切削力的大小、切削温度的高低、切屑的控制、刀具寿命的高低，都有很大的影响。合理的刀具几何参数是指在保证加工质量的前提下，能获得最高的刀具寿命，从而达到提高切削效率，降低生产成本的刀具几何参数。它主要包括刀具角度、切削刃与刃口形状、前后刀面形式等。

3.11.1　前角和前刀面形式的选择

1. 前角的功用

（1）影响切削变形、切削力、切削温度、刀具磨损和刀具寿命　刀具前角增大，可减小切削层的塑性变形和切屑流经前刀面的摩擦阻力，从而减小切削力、切削热和切削功率，提高刀具寿命。

（2）影响切屑形态和断屑效果　减小刀具前角，可增大切屑的变形，使之易脆化断裂。

（3）影响加工表面质量　加工塑性金属时，增大刀具前角，可以抑制积屑瘤和鳞刺的生成，有利于减小加工表面粗糙度，有利于减小切削层的塑性变形和加工硬化层的深度，有利于减小工件表面的残余应力。

（4）影响切削刃及刀头强度、受力性质和散热条件　刀具前角过大，一方面会使切削刃及刀头强度降低，易造成崩刃；另一方面会使导热面积和容热体积减小，致使切削温度增高，刀具寿命下降。

2. 前角的选择原则

1）工件材料的强度和硬度低，可取较大前角；反之，应取较小前角。加工塑性材料，尤其是冷作硬化严重的材料时，应取较大前角；加工特别硬的材料，如淬火钢时，前角应取得很小，甚至取负值；加工脆性材料时，应取较小的前角。图 3-65 所示为加工不同材料刀具的合理前角。

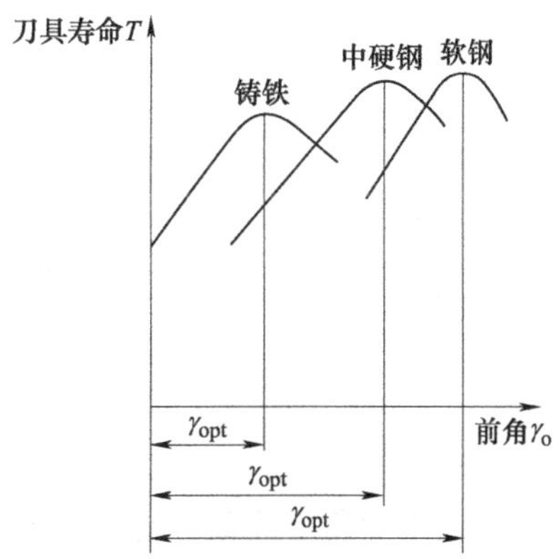

图 3-65　加工不同材料刀具的合理前角

2）粗加工，特别是断续切削（如铣削），承受冲击性载荷，或对有硬皮的铸锻件粗加工时，为保证切削刃具有足够的强度，应适当减小前角；但在采取某些强化切削刃及刀尖的措施之后，也可增大前角至合理的数值。

3）成形刀具及展成法刀具，为了防止刃形畸变，常取较小的前角，甚至取零前角，但这些刀具的切削条件不好，应在保证切削刃成形精度的前提下，设法增大前角，如大前角螺纹车刀、大前角齿轮滚刀等。

4）刀具材料的抗弯强度低、韧性较差时，应选用较小的前角。例如：高速钢刀具的抗弯强度和抗冲击韧度高，可选取较大的前角；硬质合金刀具的抗弯强度和抗冲击韧度低，故前角应较小；陶瓷刀具的抗弯强度更低，故前角应更小。

5）工艺系统刚性差、机床功率不足时，应选取较大的前角。数控机床和自动机、自动线用刀具，应考虑刀具寿命及工作的稳定性，而选用较小的前角。

总之，在保证刀具强度许可的条件下，应尽量选用大的前角。表 3-11 列出了常用硬质合金车刀的合理前角。

表 3-11　常用硬质合金车刀的合理前角

工件材料	合理前角		工件材料	合理前角	
	粗车	精车		粗车	精车
低碳钢	20°~25°	25°~30°	灰铸铁	10°~15°	10°~15°
中碳钢	10°~15°	15°~20°	铜及铜合金	10°~15°	10°~15°
合金钢	10°~15°	15°~20°	铝及铝合金	30°~35°	35°~40°
淬火钢	-15°~-5°		钛合金 $R_m \leqslant 1.177$GPa	5°~10°	
不锈钢（奥氏体）	15°~20°	20°~25°			

3. 前刀面形式及选择

图 3-66 所示为实际生产中常用的前刀面形式。

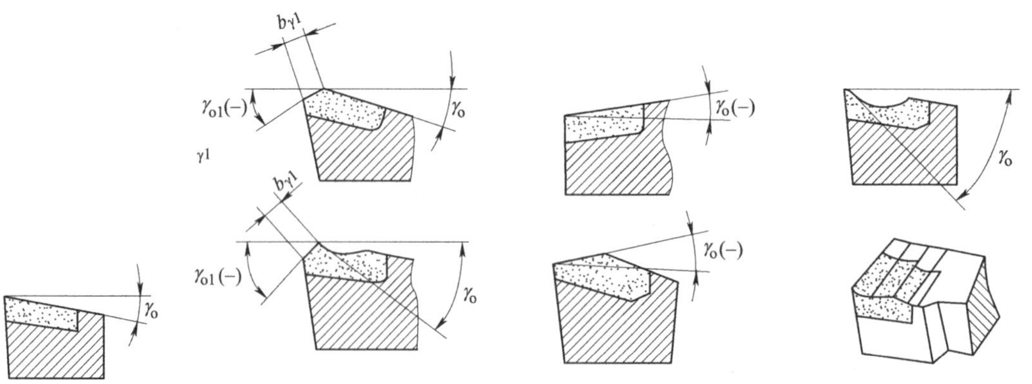

图 3-66　实际生产中常用的前刀面形式

（1）正前角平面型（图 3-66a）　形状简单，刃磨容易，切削刃锋利，但强度较低、散热条件较差，主要用于精加工的车刀和形状较复杂的成形刀具。

（2）正前角带倒棱型（图 3-66b）　在切削刃上磨出负倒棱，负倒棱宽度 $b_{\gamma1}$，负倒棱前

角 γ_{o1}，可提高切削刃强度，改善散热条件。由于负倒棱宽度较小，故不影响前角的功用。硬质合金刀具、陶瓷刀具，在粗加工或半精加工及磨有断屑槽的车刀上，常磨制负倒棱。通常，$b_{\gamma1}=0.1\sim0.6\text{mm}$，$\gamma_{o1}=-25°\sim-5°$。

（3）负前角型（图 3-66c）　可做成单面型或双面型。负前角的切削刃强度高、散热体积大，切削时刀片受压，改善了刀具的受力条件。但负前角使切削变形增大，导致切削力增大，且易振动。它常用于受冲击载荷刀具和加工高强度材料的刀具。

（4）曲面型（图 3-66d）　为了排屑、卷屑、断屑，在前刀面上磨出断屑槽或磨出曲面前刀面。它适用于加工韧性大、不易断屑材料的刀具。

图 3-67 所示为具有不同前刀面形式的可转位车刀刀片，可用于不同材料、不同目的的高效加工。

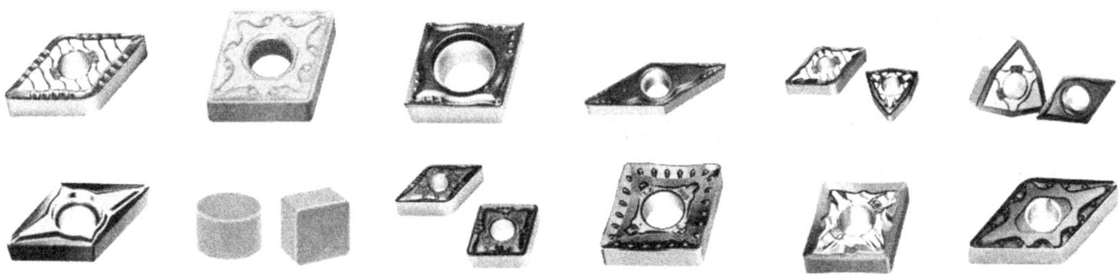

图 3-67　具有不同前刀面形式的可转位车刀刀片

3.11.2　后角和后刀面形式的选择

1. 后角的功用

1）后角的主要功用是减小后刀面与工件加工表面之间的摩擦。由于切屑形成过程中的弹塑性变形和切削刃钝圆半径的作用，在加工表面上有一个弹性恢复层。后角越小，弹性恢复层同后刀面的摩擦接触长度越大，它是导致切削刃及后刀面磨损的直接原因之一。从这个意义上来看，增大后角能减小摩擦，可以提高加工表面质量和刀具寿命。

2）后角越大，切削刃钝圆半径值越小，切削刃越锋利。

3）在同样的磨钝标准 *VB* 下，后角大的刀具由新刀到磨钝，所磨去的金属体积较大，这也是增大后角可以延长刀具寿命的原因之一。但它带来的问题是刀具径向磨损量 *NB* 大（图 3-68a），这会影响工件的尺寸精度。因此，工件尺寸精度要求较高时，就不宜采用大后角。

4）后角太大时，刀具楔角太小，散热体积小，切削刃强度差；且在径向磨损量 *NB* 一定时，增大后角，刀具磨钝时磨去的体积减小（图 3-68b），刀具寿命降低。

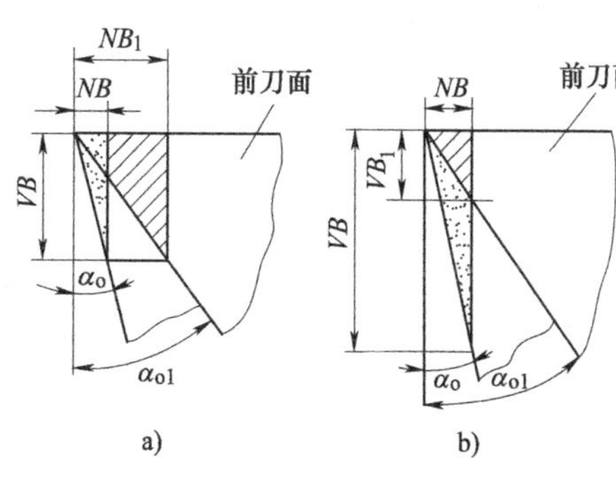

图 3-68　后角大小对刀具磨损体积的影响

2. 后角的选择原则

1）粗加工、强力切削及承受冲击载荷的刀具，要求切削刃（刃口）强固，应取较小的后角，如取 4°~8°；精加工时，刀具磨损主要发生在切削刃区和后刀面上，增大后角，如取 8°~12°，可提高加工表面质量和刀具寿命。

2）工件材料的强度、硬度较高时，为了保证切削刃强度，宜取较小的后角；工件材料较软、塑性较大或易加工硬化时，后刀面的摩擦对加工表面质量及刀具磨损影响较大，应适当加大后角；加工脆性材料时，切削力集中在刃区附近，宜取较小的后角；但加工特别硬而脆的材料，如铸造碳化钨、淬硬钢等时，在采用负前角的情况下，必须加大后角才能形成切削刃的切入条件。

3）工艺系统刚性差，如切断、高速车螺纹和车细长轴时，容易出现振动，应适当减小后角，甚至磨制消振棱，如图 3-69d 所示，以增加系统刚度。

4）各种有尺寸精度要求的刀具，如圆孔拉刀、铰刀等，为了限制重磨后刀具尺寸的变化，宜取较小的后角。

3. 副后角的选择原则

为便于制造，一般车刀和面铣刀上的副后角 α_o'做成与主后角相等；切断刀、三面刃铣刀等刀具为增强刀齿强度，副后角很小，α_o'取 1°~2°。

4. 后刀面形式及选择

后刀面的形式主要有单面型和双面型，如图 3-69 所示。

（1）单面型　后刀面上只有一个后角的称为单面型，如图 3-69a、b 所示。图 3-69a 所示平面型是一种基本形式，常用于高速钢单刃刀具，如各种车刀、刨刀等；图 3-69b 所示曲面型在相同后角时，其刃口强度较平面型好，但刃磨较复杂，一般用于有特定要求的刀具，如麻花钻、成形铣刀等。

（2）双面型　为了增强切削刃，减小切削振动，常在后刀面上磨出双重后角，而成为双面型，如图 3-69c、d 所示。图 3-69c 所示为沿切削刃磨出后角为零的窄棱面（$b_{\alpha1}$=0.02~0.3mm），称为刃带。其作用是在制造、刃磨刀具时便于控制、保持其尺寸精度，同时还起支承、导向、消振和熨平已加工表面的作用。图 3-69d 所示为沿切削刃磨出负后角（α_{o1}=−20°~−5°）的窄棱面（$b_{\alpha1}$=0.1~0.3mm），称为消振棱。它可以熨平压光已加工表面，增强切削刃，改善散热。使用恰当时，有助于消除低频振动，其是车细长轴、镗孔时常用的消振措施之一。

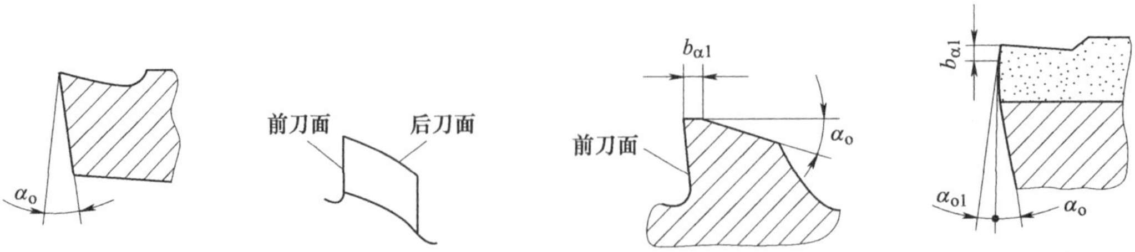

a) 平面型　b) 曲面型　c) 刃带　d) 消振棱

图 3-69　后刀面形式

3.11.3　主偏角和副偏角的选择

1. 主偏角和副偏角的功用

(1) 影响切削加工残留面积高度　从这个因素来看，减小主偏角和副偏角，可以减小已加工表面粗糙度，特别是主偏角对已加工表面粗糙度的影响更大，如图 3-70 所示。

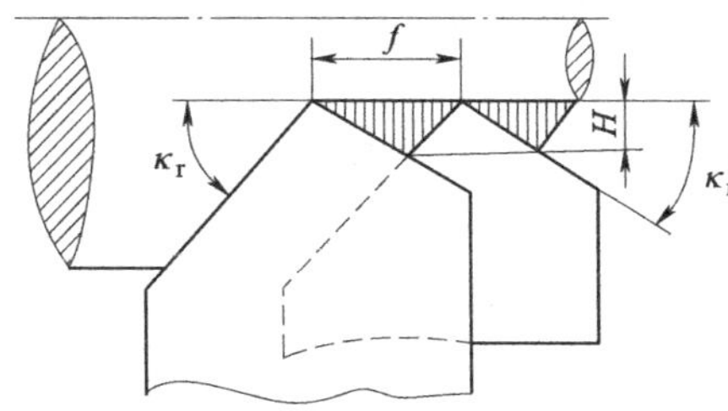

图 3-70　主偏角和副偏角对残留面积的影响

(2) 影响切削层的形状　主偏角直接影响切削刃的工作长度和切削刃单位长度上的载荷。在背吃刀量和进给量一定的情况下，增大主偏角，切削宽度减小，切削厚度增大，单位长度切削刃上载荷增大。因此，主偏角直接影响刀具磨损和刀具寿命。

(3) 影响切削力的大小和方向　在刀尖圆弧半径很小的情况下，增大主偏角和副偏角，可使背向力减小，进给力增大。而背向力的减小，有利于减小工艺系统的弹性变形和振动。

(4) 影响刀具寿命　减小主偏角会使切削厚度减小，切削宽度增大，从而使单位长度切削刃所承受的载荷减轻，散热条件改善，刀具寿命提高。主偏角和副偏角决定了刀尖角，故直接影响刀尖处的强度、导热面积和容热体积，所以影响刀具寿命。主偏角较小的刀具，在切入时切削刃先接触工件，有利于保护刀尖。但减小主偏角会使背向力增大，刀尖与工件的摩擦加剧，会导致刀具寿命下降。

(5) 影响断屑效果　主偏角增大时，切屑变得窄而厚，容易折断。

2. 主偏角的选择原则

1) 加工硬度高的材料，如冷硬铸铁和淬火钢时，为了减轻单位切削刃上的载荷，改善刀头的散热条件，提高刀具寿命，宜取较小的主偏角。

2) 粗加工和半精加工，硬质合金车刀一般选用较大的主偏角，以减小振动，提高刀具寿命，有利于断屑和采用较大的背吃刀量。

3) 工艺系统刚性较好时，减小主偏角可提高刀具寿命；刚性不足，如车细长轴时，应选取大的主偏角，甚至主偏角大于 90°，如 93°偏刀，以减小背向力，减小振动。

4) 需要从中间切入及仿形加工的车刀，应增大主偏角和副偏角；另因工件形状的限制，如车阶梯轴，则需用 90°偏刀。

5) 单件小批生产，希望一两把刀具加工出工件上所有的表面，则选取通用性较好的 45°车刀或 90°偏刀。

3. 副偏角的选择原则

1) 一般刀具的副偏角，在不引起振动的情况下可取较小的值，如车刀、端铣刀、刨刀等均可取 $\kappa_r' = 5° \sim 10°$。

2) 精加工刀具的主副偏角应取小一些，必要时甚至磨出一段 $\kappa_r' = 0°$ 的修光刃，如图 3-71 所示。修光刃长度应大于进给量，但不宜过大，以免引起振

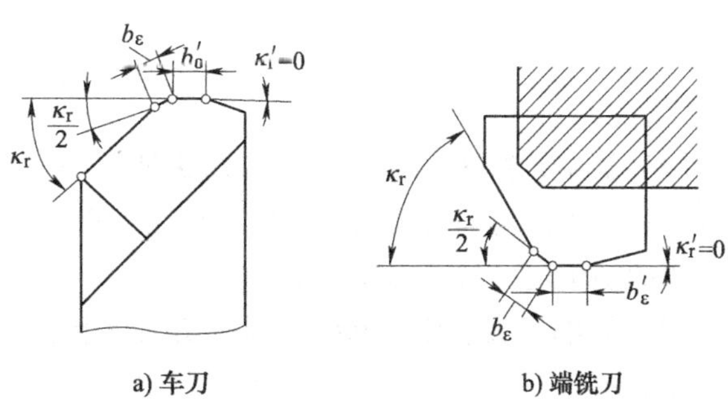

图 3-71　带有修光刃的刀具

动。例如：车刀修光刃长度可取 $b'_\varepsilon=(1.2\sim1.5)f$；硬质合金端铣刀修光刃长度可取 $b'_\varepsilon=(4\sim6)f$。

3）加工高强度、高硬度材料或断续切削时，应取较小的副偏角，如 $\kappa'_r=4°\sim6°$，以提高刀尖的强度。

4）切断刀、切槽刀、锯片铣刀等，为了保证刀头强度和重磨后刀头宽度变化较小，只能取很小的副偏角，如 $\kappa'_r=1°\sim2°$。

硬质合金车刀合理主偏角和副偏角的参考值见表3-12。

表 3-12　硬质合金车刀合理主偏角和副偏角的参考值

加工情况		参考值/(°)		加工情况	参考值/(°)	
		主偏角 κ_r	副偏角 κ'_r		主偏角 κ_r	副偏角 κ'_r
粗车	工艺系统刚性好	45，60，75	5~10	车细长轴、薄壁零件	90，93	6~10
	工艺系统刚性差	65，75，90	10~15	车冷硬铸铁、淬火钢	10~30	4~10
精车	工艺系统刚性好	45	0~5	从工件中间切入	45~60	30~45
	工艺系统刚性差	60，75	0~5	切断刀、切槽刀	60~90	1~2

3.11.4　刃倾角的选择

1. 刃倾角的功用

（1）影响切屑的流出方向　刃倾角 λ_s 的大小和正负，直接影响切屑的流出方向，如图3-72所示。当 $\lambda_s=0°$ 时（图3-72a），即直角切削，切屑在前刀面上近似沿垂直于主切削刃的方向流出，当 $\lambda_s\neq0°$ 时，即斜角切削时，切屑的流向发生了变化；当 λ_s 为负值时（图3-72b），切屑流向已加工表面，易划伤已加工表面，但刀头强度较好，常用于粗加工；当 λ_s 为正值时（图3-72c），切屑流向待加工表面，但刀头强度较差，适用于精加工。

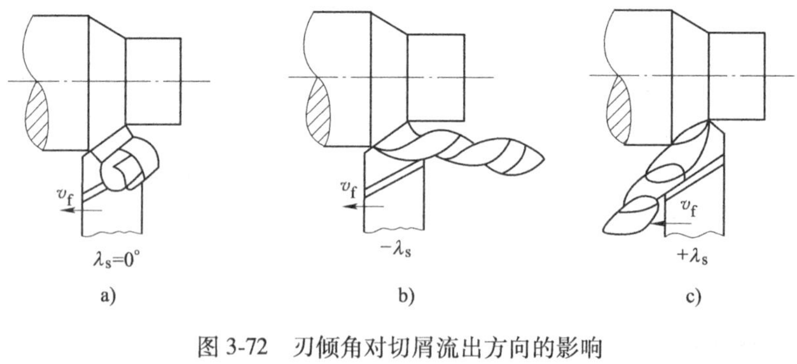

图3-72　刃倾角对切屑流出方向的影响

（2）影响切削刃的锋利性　实验表明，当 λ_s 的绝对值增大时，使实际工作前角增大、钝圆半径减小，切削刃锋利。例如：采用大刃倾角（$\lambda_s=45°\sim75°$）的精车刀、精刨刀可切下极薄的切削层，从而实现微量切削。

（3）影响刀头强度及断续切削时切削刃上受冲击的位置　一把 $\kappa_r=90°$ 的刨刀刨削工件的情况如图3-73所示。当 $\lambda_s=0°$ 时（图3-73a），整个切削刃同时切入工件，切削力瞬间增至最大，因而冲击较大；当 $\lambda_s>0°$ 时（图3-73c），刀尖首先接触工件，容易损坏刀尖；当 $\lambda_s<$

0°时（图 3-73b），切削刃上远离刀尖的某一点首先接触工件，保护了刀尖。因此，断续切削时，为了不损坏刀尖，刃倾角宜取负值。

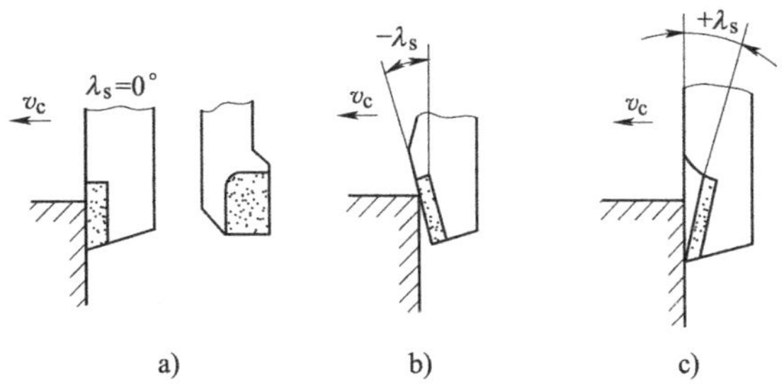

图 3-73　刨削时刃倾角对切削刃上受冲击位置的影响

（4）影响切削力的大小和方向　当 $\lambda_s>0°$时，切削力降低；当 $\lambda_s<0°$时，切削力增大。当负刃倾角绝对值增大时，背向力会显著增大，易导致工件变形和工艺系统振动。因此，在工艺系统刚度不足时不宜选用绝对值过大的负刃倾角。

（5）影响切削过程的平稳性　如上分析，当 $\lambda_s=0°$时（图 3-73a），整个切削刃同时切入、切出，冲击力较大，切削过程不平稳；当 $\lambda_s \neq 0°$时（图 3-73b、c），切削刃逐渐切入、切出，冲击小，切削过程平稳。例如：错齿三面刃铣刀切削过程的平稳性比直齿三面刃铣刀好。

（6）影响切削刃的工作长度　当 $\lambda_s \neq 0°$时，主切削刃工作长度为 $l_{se}=a_p/\sin\kappa_r\cos\lambda_s$。可见，$\lambda_s$的绝对值越大，$l_{se}$越大，切削刃单位长度上的载荷越小，有利于提高刀具寿命。

2. 刃倾角的选择原则

刃倾角主要根据刀具强度、流屑方向和加工条件而定。一般情况下选正刃倾角，当有冲击时采用负刃倾角，具体选择可参考表 3-13。

表 3-13　合理刃倾角的参考值

λ_s/(°)	0~5	5~10	-5~0	-10~-5	-15~-10	-45~-30
应用范围	精车钢和细长轴	精车有色金属	粗车钢和灰铸铁	粗车余量不均匀钢	断续车削钢和灰铸铁	带冲击切削淬硬钢

刀具几何参数是一个有机整体，各参数之间既有联系又有制约，各参数在切削过程中对切削性能的影响既存在有利的一面，又存在不利的一面。因此，在选择刀具角度时，应根据具体情况，抓出主要矛盾，综合考虑和分析各参数之间的相互关系，充分发挥各参数的有利作用，限制和克服不利的影响。

3.12　切削用量的合理选择及提高切削用量的途径

在切削加工中，切削用量的合理选择及优化，关系到加工生产率、加工精度、加工表面质量以及零件的使用寿命与可靠性等问题，是提高金属切削效益的主要途径之一。

1. 切削用量的优化目标与目标函数

不论对切削用量的合理选择还是切削用量的优化来说，首先要确定一个明确的目标。根据生产实践，此目标应该和企业需要完成的经济指标相一致，常用的优化目标有最大生产率和最低成本两种。

（1）最大生产率（最短的单件工时）　如以最大生产率为优化的目标，首先要分析单件工时的组成。此外，生产成本的高低也取决于加工时间的长短与生产费用的大小。车削一般

轴类零件外圆表面时，单件总工时 t_w 由以下几部分组成，即

$$t_w = t_m + t_{ct}\frac{t_m}{T} + t_{ot} \tag{3-35}$$

式中，t_m是工序加工工时（即机动时间）；t_{ct}是换刀一次所需要时间；T 是刀具寿命；t_{ot}是除换刀时间以外的其他辅助工时。

设工件加工部分长度为 l_w，工件转速为 n_w，工件直径为 d_w，加工余量为 Δ，则

$$t_m = \frac{l_w\Delta}{n_w f a_p} = \frac{l_w\Delta\pi d_w}{1000 v_c f a_p} \tag{3-36}$$

式中，l_w 是工件加工部分长度（mm）；Δ 是加工余量（mm）；d_w 是工件直径（mm）；n_w 是工件转速（r/s）；f 是进给量（mm/r）；a_p 是背吃刀量（mm）；v_c 是切削速度（m/s）。

式（3-36）中，分母部分代表单位时间内金属的切除量 Z_w（mm^3/s）。粗加工时，此值越大，表示生产率越高。因而可写成

$$Z_w = 1000 v_c f a_p \tag{3-37}$$

在切削用量三要素中，背吃刀量主要取决于加工余量的大小，选择余地比较小，因此切削用量的合理选择与优化的重点应放在切削速度与进给量上，因此，式（3-36）可简化为

$$t_m = \frac{L}{n_w f} \tag{3-38}$$

式中，L 是刀具行程的长度。

从理论上讲，t_m小对各方面都比较有利。为此，欲使 t_m最小，必须使工件转速与进给量的乘积最大。这就是以最大生产率为目标的切削用量优化的目标函数，写成

$$Z = n_w f = \mathrm{Max} \tag{3-39}$$

（2）最低成本（最小的单件加工成本） 加工一个工件的工序成本为

$$C = Mt_m + \frac{t_m}{T}Mt_{ct} + \frac{t_m}{T}C_t + Mt_{ot} \tag{3-40}$$

式中，C 是工序生产成本；M 是该工序单位时间内所分担的全厂开支；C_t是每次刃磨的费用，包括磨刀费用及刀具的折旧费。

只要将式（3-35）及刀具寿命 T 及切削用量间的关系式代入式（3-40）中，经过推导同样可以写出以最低成本为目标的切削用量优化的目标函数。

此外，如从生产单件产品得到的收益考虑，可求得利润率最大的加工条件。

总之，根据需要与具体情况，可选择不同的优化目标。当要求提高生产率以及在一些特定情况下，如该工序为生产上的短线，需求量激增，库存短缺时，即使加工费用增加一些，也可选取最大生产率或最短单件工时作为优化目标。在一般正常生产条件下，生产时间比较宽裕，在生产量受限制的订单生产中，在加工设备充裕的条件下，应以最低成本作为优化目标。

2. 限制切削用量提高的约束条件

由式（3-37）可知，增大切削用量，也就是增大单位时间内金属的切除量，可直接提高切削加工的生产率。由此可知，切削用量的合理选择与优化，就是要在保证加工质量和降低生产成本的基础上，采取措施，使 $v_c f a_p$ 的乘积不断增大。但是由于受到生产装备和生产任务的技术约束，往往不允许任意提高切削用量。约束条件主要来自工艺系统（如机床、刀

具等）的性能与工件的技术要求（如加工精度与加工表面质量等）两个方面。技术上可能出现的约束条件很多。根据加工种类（如车削、铣削、钻削、刨削、磨削等）与加工性质（如粗、精加工，连续与断续加工等）的不同，主要的约束条件也可能不同，但可按机床、刀具与工件三个方面归为图 3-74 所示的关系。

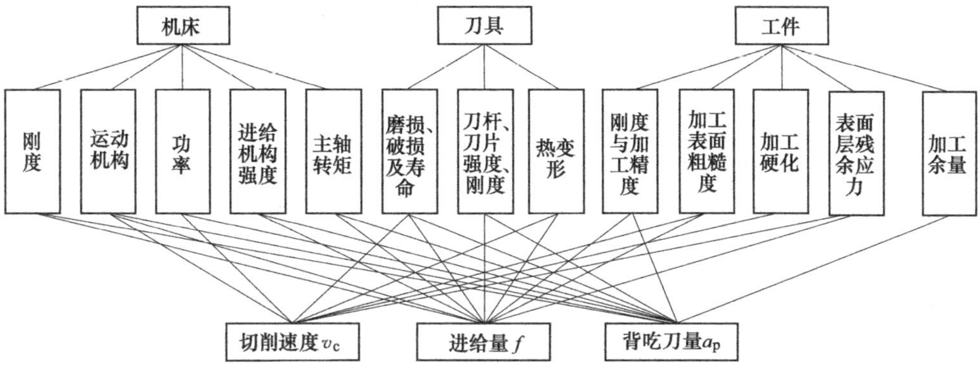

图 3-74　根据机床、刀具与工件三方面建立的约束条件

由图 3-74 可知，粗加工时，金属切除量大，因此切削力大，主要约束条件是工艺系统刚度、机床进给机构强度与刀片强度等方面；精加工时，以保证加工质量为主，因而主要约束条件是加工表面粗糙度与加工精度。其他还有一些约束条件与切削过程本身有关，如顺利的切屑形成条件、积屑瘤区与颤振区的避开，保证良好的卷屑与断屑等。可见，与切削用量优化有关的所有约束条件，就其性质来看，广泛地涉及切削过程物理学、机床运动学与加工系统静力学、动力学等几方面的问题。

3. 切削用量的选择原则

如前所述，增大切削用量三要素 v_c、f、a_p中的任何一个，均可使单位时间内金属的切除量成比例地增大，但受到工艺系统性能与工件技术要求两方面的约束，故不能任意地增大。在图 3-74 所示 13 个主要约束条件中，关键的约束条件应该是以刀具寿命表示的刀具切削性能和以功率表示的机床工作性能这两条。因此，可以说切削用量的提高主要通过下列三个方程起着相互制约的作用，即

$$Z_w = 1000v_c f a_p(\mathrm{mm^3/s})$$

$$T = \frac{C_T}{v_c^z f^y a_p^x}(\mathrm{s})$$

$$P_m = F_c v_c \times 10^{-3} = 9.81 \times 60^{Z_{F_c}} C_{F_c} a_p^{X_{F_c}} f^{Y_{F_c}} v_c^{(Z_{F_c}+1)} K_{F_c} \times 10^{-3}(\mathrm{kW})$$

式中，v_c 是切削速度（m/s）；f 是进给量（mm/r）；a_p 是背吃刀量（mm）；F_c 是主切削力（N）；C_T 是刀具寿命系数，与刀具、工件材料和切削条件有关；z、y、x 是指数；C_{F_c}是主切削力系数，由被加工材料性质和切削条件所决定；X_{F_c}、Y_{F_c}、Z_{F_c}分别是背吃刀量、进给量和切削速度的指数。

由前述分析可知，对刀具寿命而言，影响最小的因素是 a_p，其次是f，最大的是 v_c。所以当切削用量受到刀具寿命的限制时，应当先取大的 a_p，其次取大的f，最后再尽量取大的 v_c。

对切削功率而言，影响最小的因素是f，其次是v_c，最大的是a_p。因此，当切削用量受到机床功率的限制时，应尽量选取大的f，其次再取大的v_c与a_p。但考虑到a_p取得小时会增加进给次数，从而增加辅助工时，因此一般是先取大的a_p，其次取大的f，最后取大的v_c。只有当取大的f后，连辅助工时在内也比取大的a_p合算时，才可先取大的f。

一般情况下，提高切削用量常受到刀具寿命的限制，因此可以说，通常选择切削用量的顺序是先取大的a_p，其次取大的f，最后取大的v_c，这样在保持刀具寿命的条件下使$v_c f a_p$三者乘积最大，机动时间t_m最短。

4. 提高切削用量的途径

切削用量主要受刀具寿命、加工质量和机床动力消耗的限制，所以，凡能提高刀具寿命、降低表面粗糙度以及减小机床动力消耗的因素，都能提高切削用量。提高切削用量的主要途径如下。

1）采用切削性能更好的新型刀具材料，如用超硬高速钢、涂层高速钢代替普通高速钢；用新型硬质合金、涂层硬质合金、新型陶瓷、立方氮化硼等代替普通硬质合金。

2）采用合理的刀具结构、简化装夹和调整，如用机夹式可转位刀片代替整体式或焊接式刀具，以便采用比较低的刀具寿命标准，提高切削用量。

3）采用合理的刀具几何参数，提高刀具的刃磨质量，使其具有锋利的切削刃和低粗糙度的刀面，以减小切削过程中的变形和摩擦，提高刀具寿命。

4）采用新型的、性能好的切削液和高效的冷却润滑方法，以改善刀具的切削条件，提高刀具寿命和切削用量。

5）采用热处理方法等改善工件材料的切削加工性，以便提高刀具寿命和切削用量。

3.13 磨削原理

磨削是借助磨料或磨具的切除作用去除工件表面多余材料，使表面达到预定要求的加工方法。进行磨削加工的机床为磨床，而磨削工具一般为砂轮、砂带等。

随着近代机械制造业的飞速发展，各种高强度和难切削加工材料的广泛应用以及零件制造精度和表面质量要求越来越高，磨削加工获得了越来越广泛的应用和迅猛的发展。磨削加工不仅广泛用于精加工，而且还用于粗加工和毛坯的去皮加工，并能获得较高的生产率和良好的经济性。

3.13.1 砂轮的特性和选择

砂轮是最重要的磨削工具，其由磨料加结合剂采用陶瓷制造工艺方法制成。制造砂轮时，用不同的磨料和比例来控制砂轮的硬度和组织。

砂轮的特性主要由磨料、粒度、结合剂、硬度和组织五个因素决定。

1. 磨料

磨料是砂轮的主要成分，应具有很高的硬度，一定的强度、韧性及高温化学稳定性。常用的磨料有氧化物系、碳化物系和超硬磨料系三类。

氧化物系磨料的主要成分是Al_2O_3，碳化物系磨料主要成分是SiC、BC，超硬磨料系主要成分是人造金刚石和立方氮化硼。表3-14列出了常用磨料的特性及适用范围。

2. 粒度

粒度表示磨粒的大小，粒度大小用 F 加粒度号表示，粒度号越大，表示磨粒尺寸越小。通常规定，对尺寸较大（F4～F220）的磨粒用筛分法，即 1in×1in（25.4mm×25.4mm）面积内有多少个网孔的数目来表示；微粉（F230～F1200）主要用光电沉降仪进行区分。

磨粒粒度对磨削生产率和加工表面粗糙度都有很大的影响。一般来说，粗磨时用颗粒较粗的磨粒，精磨时用颗粒较细的磨粒。当工件材料软、塑性大和磨削面积大时，为避免堵塞砂轮，也可用较粗的磨粒。常用砂轮粒度及适用范围见表 3-15。

3. 结合剂

结合剂的作用是将磨粒黏合在一起，使砂轮具有一定的形状和强度。砂轮的强度、抗冲击性、耐热性及耐蚀性，主要取决于结合剂的性能。常用砂轮结合剂的特性及适用范围见表 3-16。

表 3-14　常用磨料的特性及使用范围

系别	磨料名称	代号	显微硬度 HV	颜色	硬度	韧性	适用范围
氧化物	棕刚玉	A	2200～2280	棕褐色	低→高	大←小	磨削碳素钢、合金钢、可锻铸铁等
	白刚玉	WA	2200～2300	白色			磨削淬硬钢、高碳钢、高速钢等
	铬刚玉	PA	2000～2200	紫红色			磨削高速钢、高强度钢，特别适用于成形磨削
碳化物	黑碳化硅	C	2840～3320	黑色			磨削铸铁、黄铜、耐火材料及非金属材料
	绿碳化硅	GC	3280～3400	绿色			磨削硬质合金、宝石、陶瓷、玻璃等
	碳化硼	BC	4400～5400	黑色			研磨硬质合金
超硬磨料	立方氮化硼	CBN	8000～9000	黑色			磨削高性能高速钢、不锈钢、耐热钢及其他难加工材料
	人造金刚石	MBD RVD	10000	乳白色			磨削硬质合金、光学玻璃、花岗岩、大理石、宝石、陶瓷等高硬材料

表 3-15　常用砂轮粒度及适用范围

类别	粒度号		颗粒尺寸/μm	适用范围
磨粒	粗粒	F12～F24	2000～800	荒磨，打毛刺
	中粒	F30～F46	800～400	一般磨削，加工表面粗糙度 *Ra* 值可达 0.8μm
	细粒	F54～F100	400～125	半精磨、精磨和成形磨，加工表面粗糙度 *Ra* 值可达 0.8～0.1μm
	微粒	F120～F220	125～40	精磨、超精磨、成形磨、刀具刃磨、珩磨
微粉	F230～F1200		40～0.5	精磨、超精磨、镜面磨、珩磨、螺纹磨、精研，加工表面粗糙度 *Ra* 值可达 0.05～0.01μm

表 3-16　常用砂轮结合剂的特性及适用范围

名称	代号	特　性	适用范围
陶瓷	V	耐热、耐油、耐酸、耐碱，强度较高，但较脆，成本低	除薄片砂轮外，能制成各种砂轮
树脂	B	强度高，弹性好，有一定抛光作用，耐热性差，不耐酸碱	荒磨砂轮、砂瓦，高速砂轮，切断和开槽砂轮，镜面磨砂轮

（续）

名称	代号	特性	适用范围
橡胶	R	强度高，弹性更好，抛光作用好，耐热性差，不耐油和酸，易堵塞	磨削轴承沟道砂轮，无心磨导轮，切断、开槽及抛光砂轮
金属	M	常见的是青铜，成形性好，强度高，有一定韧性，耐磨性好，寿命长，能承受大载荷磨削，但自锐性差，易堵塞	金刚石砂轮

4. 硬度

砂轮硬度是反映磨粒在磨削力的作用下，从砂轮表面脱落的难易程度。砂轮的软硬与磨粒的软硬是两个不同的概念，其反映磨粒与结合剂的黏结强度。砂轮硬，表示磨粒难以脱落；砂轮软，表示磨粒容易脱落。砂轮硬度等级及其选择见表 3-17。

选择砂轮时，硬度应选得适当。若砂轮太硬，会使磨钝了的磨粒不能及时脱落，因而产生大量的磨削热，造成工件表面烧伤；若砂轮太软，会使磨粒脱落得太快而不能充分发挥其切削作用。选择砂轮硬度时，可参照以下原则：

1）工件材料越硬，砂轮硬度应选得软些，使磨钝了的磨粒快速脱落，以便砂轮经常保持有锐利的磨粒在工作，避免工件因磨削温度过高而烧伤。工件材料越软，砂轮硬度应选得硬些，使磨粒脱落得慢些，以便充分发挥磨粒的切削作用。

表 3-17　砂轮硬度等级及其选择

等级	超软			软			中软		中		中硬			硬		超硬
代号	D	E	F	G	H	J	K	L	M	N	P	Q	R	S	T	Y
选择	磨未淬火钢用 L~N，磨淬火合金用 H~K，高表面质量磨削用 K~L，刃磨硬质合金刀具用 H~J															

2）砂轮与工件的接触面大时，应选用软砂轮，使磨粒脱落快些，以免因磨屑堵塞砂轮表面而引起工件表面烧伤。内圆磨削和端面平磨时，砂轮硬度应比外圆磨削的砂轮硬度低。磨削薄壁工件及导热性差的工件时，砂轮硬度也应选得低些。

3）精磨和成形磨削时，应选用硬一些的砂轮，以保持砂轮必要的形状精度。

4）砂轮的粒度越小，其硬度应越低，以免砂轮表面组织被磨屑堵塞。

5）磨削有色金属、橡胶、树脂等软材料时，应选用较软的砂轮，以免砂轮表面被磨屑堵塞。

在机械加工中，常用砂轮硬度为 H~N。荒磨钢锭及铸件时，可用硬度为 Q 的砂轮。

5. 组织

砂轮组织反映了磨粒、结合剂、气孔三者之间的比例关系。磨粒在砂轮总体积中所占的比例越大，则砂轮的组织越紧密，气孔越小；反之，磨粒的比例越小，则组织越疏松，气孔越大。

砂轮组织的级别可分为紧密、中等、疏松三大类别，细分可分为 0~14 级，见表 3-18。一般未标明组织号的砂轮，即为中等组织 4~7 级。

表 3-18　砂轮组织号及用途

类别	紧密				中等				疏松						
组织号	0	1	2	3	4	5	6	7	8	9	10	11	12	13	14
磨粒率(%)	62	60	58	56	54	52	50	48	46	44	42	40	38	36	34
用途	成形磨削，精密磨削				磨削淬火钢，刃磨刀具				磨削硬度不高的韧性材料					磨削热敏性高的材料	

6. 砂轮标志

为了适应在不同类型磨床上的使用需要，砂轮被制作成各种形状，如平面、筒形、碗形等。

砂轮标志印在砂轮端面上，其顺序为形状代号、尺寸、磨料、粒度号、硬度、组织号、结合剂和最高工作速度，例如：

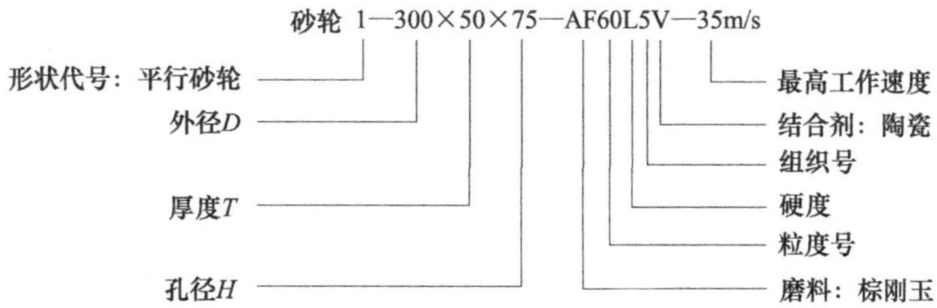

3.13.2　磨削运动与磨削用量

在磨削加工时，一般有砂轮主运动、径向进给运动、轴向进给运动及工件辅助运动四种运动，如图 3-75 所示。与之相对应的主运动速度 v_c、工件运动速度 v_w、轴向进给量 f_a 和径向进给量 f_r 被称为磨削用量四要素。

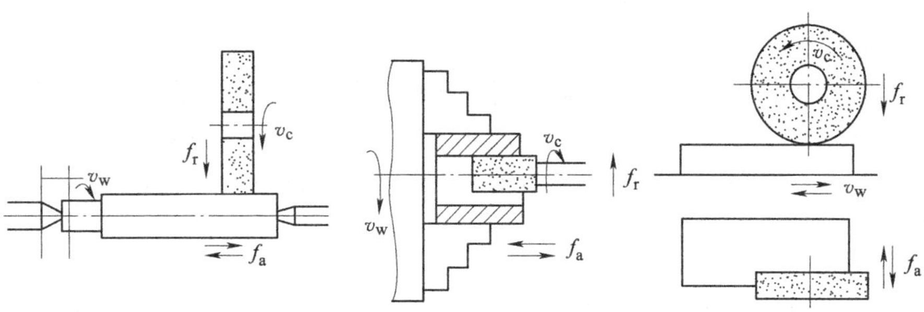

a) 外圆磨削　　b) 内圆磨削　　c) 平面磨削

图 3-75　磨削运动

（1）主运动速度 v_c　它是指砂轮外圆的线速度，即

$$v_c = \frac{\pi d_o n_o}{1000} \tag{3-41}$$

式中，v_c 是砂轮线速度，即磨削速度（m/s）；d_o 是砂轮直径（mm）；n_o 是砂轮转速（r/s）。

（2）径向进给量 f_r　工作台每双（单）行程内工件相对砂轮径向移动的距离称为径向进给量，单位为 mm/双行程（当工作台每单行程做进给时，单位为 mm/行程）。当连续进给时，单位为 mm/s。一般情况下，f_r=0.005～0.02mm/双行程。

(3) 轴向进给量f_a　它是指沿砂轮轴向的进给量。一般情况下$f_a=(0.2\sim0.8)B$(单位为mm/r),B是砂轮宽度(mm)。

(4)工件运动速度v_w

外圆磨削时,有

$$v_w=\frac{\pi d_w n_w}{1000} \tag{3-42}$$

平面磨削时，有

$$v_w=\frac{2Ln_{tab}}{1000} \tag{3-43}$$

式中，v_w是工件运动速度（m/s）；L是工作台行程（mm）；d_w是工件直径（mm）；n_w是工件转速（r/s）；n_{tab}是工作台往复频率（s^{-1}）。

(5) 金属切除量及切除率　磨削时，单位时间的金属切除量称为**切除率**，用W(mm^3/s)表示，它表示磨削的生产率，即

$$W=1000v_w f_r f_a \tag{3-44}$$

而每秒钟内砂轮每 1mm 宽度所切除的金属量，则称为**单位砂轮宽度切除率**，以Z_w [$mm^3/(s\cdot mm)$] 表示，即

$$Z_w=\frac{W}{B}=\frac{1000v_w f_r f_a}{B} \tag{3-45}$$

3.13.3　磨削过程及磨削特征

砂轮表面上的磨粒可近似地看作是一把微小的铣刀齿，其几何形状和角度有很大差异，使切削情况相差较大。因此必须研究单个磨粒的磨削过程。

1. 磨粒形状

磨粒一般是用机械方法破碎磨料而获得。磨粒具有多种几何形状，如图 3-76 所示，其中以菱形八面体最为普遍。磨粒的顶尖角通常为 90°~120°，切削时基本是负前角，同时其尖部均有钝圆，钝圆半径r_n大约在几微米至几十微米，如图 3-76d 所示。随着磨粒的磨损，其尖部负前角和钝圆半径还会增大。

2. 磨削过程

单个磨粒的磨削过程大致分为滑擦、刻划和切削三个阶段，如图 3-77 所示。

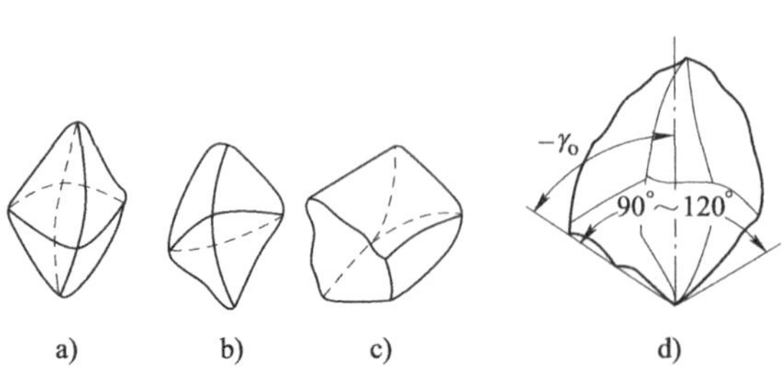

图 3-76　常见磨粒形状

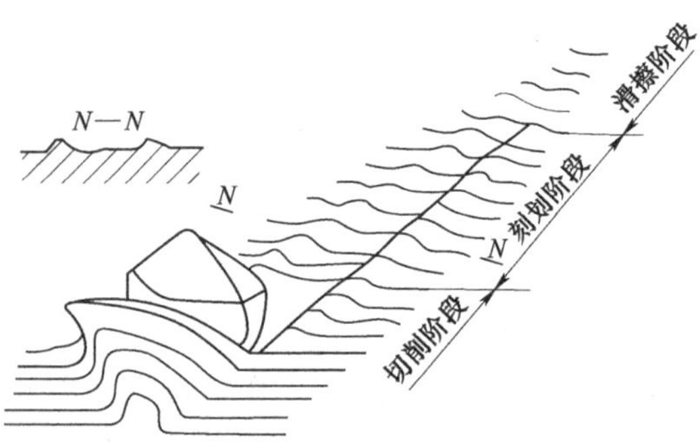

图 3-77　磨削过程

（1）滑擦阶段　在磨削过程中，切削厚度由零逐渐增大。在滑擦阶段，由于磨粒切削刃与工件开始接触时的切削厚度极小，当磨粒顶尖角处的钝圆半径 r_n 大于切削厚度时，磨粒仅在工件表面上滑擦而过，只产生弹性变形，不产生切屑。

（2）刻划阶段　随着磨粒挤入深度的增大，磨粒与工件表面的压力逐步加大，表面层也由弹性变形过渡到塑性变形。此时挤压摩擦剧烈，有大量热产生，当金属被加热到临界点时，法向热应力超过材料的临界屈服强度，切削刃就开始切入材料表层中。滑移使材料表层被推向磨粒的前方和两侧，使得磨粒在工件表面刻划出沟痕，沟痕的两侧则产生隆起。这一阶段的特点是，材料表层产生塑性流动与隆起，因磨粒的切削厚度未达到形成切屑的临界值，也不能形成切屑。

（3）切削阶段　当挤入深度增大到临界值时，被切层在磨粒的挤压下明显地沿剪切面滑移，则形成切屑沿前刀面流出。

由于磨粒在砂轮上的分布极不规则，其凸出砂轮表面的高度也不一致，所以各磨粒在磨削中所起的作用便不相同。砂轮上只有部分磨粒完成整个磨削过程的三个阶段，切下磨屑。而有些磨粒由于凸出高度较小，只起到滑擦或刻划作用。所以磨削过程是包含切削、滑擦、刻划作用的综合复杂过程。

3. 磨削特征

综合以上分析，磨削特征可以归纳如下。

（1）磨削过程复杂　一般切削刀具上的切削刃形状是确定的，而磨削时砂轮表面上每颗磨粒形状是不确定的，参加切削工作的磨粒的刃口形状也是不确定的，且它在砂轮上的分布是随机的。这直接影响磨削表面质量，同时使磨削过程复杂化。

（2）磨削速度很高　磨削速度一般在30~50m/s，是车削、铣削速度的10~20倍。因此，磨削层金属变形速度很快，磨削区在短时间内发热量大，瞬时温度可高达1000℃以上，将引起加工表面的物理力学性能改变，甚至产生烧伤和裂纹。

（3）能量消耗大、冷硬程度高　磨粒切削刃顶尖角常在100°以上，前角为很大的负值，后角小，刃口钝圆半径 r_n 较大，会使工件表层材料经受强烈挤压变形。特别是磨粒磨钝后和进给量很小时，金属变形更为严重，因而磨削时所消耗的能量是其他切削加工的10~20倍，冷硬程度也较其他切削方法严重，并伴有残余应力产生。

（4）单个磨粒的切削厚度极小　磨削时单个磨粒的切削厚度可小到几微米，故易于获得较高的加工精度和较小的表面粗糙度。

（5）径向磨削力 F_p 大　由于多数磨粒切削刃具有极大的负前角和较大的刃口钝圆半径 r_n，使径向磨削力 F_p 远大于切向磨削力 F_c，加剧了工艺系统变形，造成实际磨削深度常小于名义磨削深度。

（6）砂轮有自锐作用　在磨削过程中，磨粒在磨削力的作用下，会产生开裂和脱落，露出一层新的锋利磨粒，能够部分地恢复砂轮的切削能力，这种现象称为**砂轮的“自锐”作用**，也是其他切削刀具所没有的。

（7）能加工高硬度材料　磨削除可以加工铸铁、碳素钢、合金钢等一般结构材料外，还能加工一般刀具难以切削的高硬度材料，如淬火钢、硬质合金、陶瓷和玻璃等，但不宜精加工塑性较大的有色金属工件等。

3.13.4 磨削力

1. 磨削力的来源

与其他切削加工一样，磨削力主要来自于磨削过程中工件材料弹性和塑性变形时所产生的阻力，以及磨粒与工件表面之间的摩擦力。虽然单个磨粒切除的材料很少，但是一个砂轮表层有大量磨粒同时工作，而且磨粒的工作角度多为负前角，因此总的磨削力很大。总磨削力可分解为三个相互垂直的分力：切向磨削力 F_c、径向磨削力 F_p和轴向磨削力 F_f。不同类型磨削加工的三向分力，如图 3-78 所示。

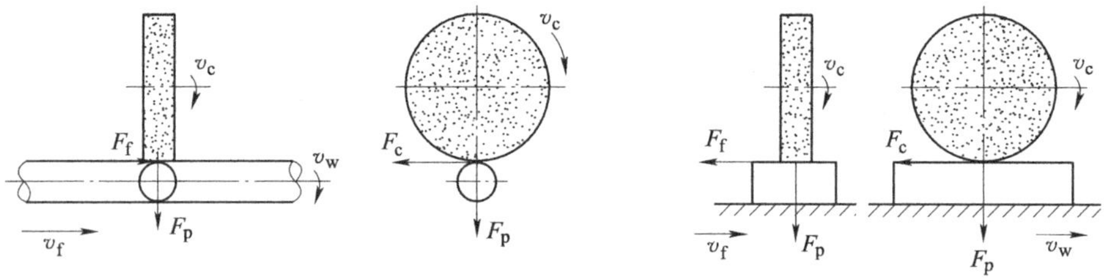

a) 外圆磨削　　b) 平面磨削

图 3-78　不同类型磨削加工的三向分力

2. 磨削力的主要特征

（1）单位磨削力很大　由于磨粒几何形状的随机性和参数不合理，磨削时的单位磨削力很大。根据不同的磨削用量，单位磨削力 k_c约在 $7\times10^4\sim20\times10^4$MPa，而其他加工方法 k_c值均在 7000MPa 以下。

（2）三向分力中径向磨削力 F_p最大　在正常磨削条件下，F_p/F_c为 2.0~2.5；由于 F_p与砂轮轴、工件的变形和振动有关，直接影响加工精度与表面质量，故 F_p是十分重要的因素。

3. 影响磨削力的主要因素

（1）主运动速度 v_c　主运动速度越高，单位时间内参与磨削的磨粒数量越多，每个磨粒的切削厚度越小，磨削力越小。

（2）工件运动速度 v_w　工件运动速度越高，单位时间内磨去的金属量越多，每个磨粒的切削厚度越大，磨削力越大。

（3）径向进给量 f_r　径向进给量越大，每个磨粒的切削厚度越大，砂轮与工件的磨削接触弧长越长，同时参与磨削的磨粒数越多，磨削力越大。

（4）砂轮磨损　砂轮磨损越大，磨削力越大。因此，磨削力的大小在一定程度上可以反映砂轮上磨粒的磨损程度。如果磨粒的磨损用磨削时工作台的行程次数（反映砂轮工作时间的长短）来间接地表示，则随着行程次数的增多，径向磨削力 F_p和切向磨削力 F_c都将增大，但 F_p增大的速率远比 F_c要快。

3.13.5 磨削温度

1. 磨削温度的概念

磨削时由于速度很高，切除单位体积金属所耗的能量也高（约为车削时的 10~20 倍），因此磨削温度很高。为了明确“磨削温度”的含义，把磨削温度划分为砂轮磨削区温度 θ_A 和磨粒磨削点温度 θ_{dot}，如图 3-79 所示。一般磨粒磨削点温度 θ_{dot} 瞬时可达 1000～1400℃，而砂轮磨削区温度 θ_A 只有几百摄氏度，而切削热传入工件，引起工件温度上升却只有几十摄氏度。一般工件温度升降对工件的尺寸、几何精度有较大影响，磨粒磨削点温度 θ_{dot} 不但影响加工表面质量，而且与磨粒的磨损有密切关系，而砂轮磨削区温度 θ_A 与磨削表面烧伤和表面裂纹密切相关。

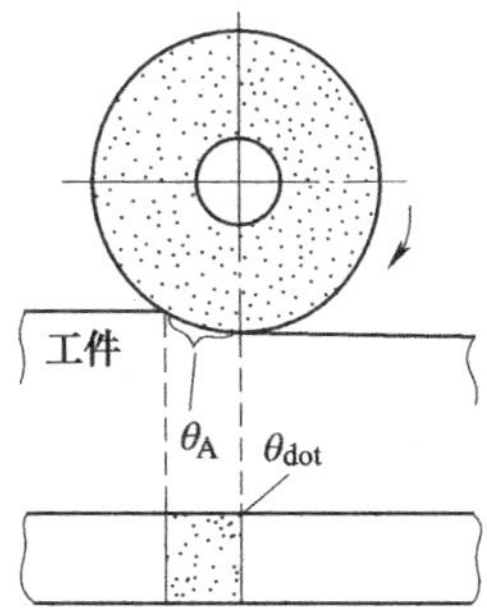

图 3-79　砂轮磨削区温度和磨粒磨削点温度

2. 影响磨削温度的主要因素

（1）主运动速度 v_c　主运动速度越高，单位时间内工作的磨粒数越多，单个磨粒的切削厚度越小，挤压和摩擦作用加剧，滑擦热显著增加。此外，还会使磨粒在工件表面的滑擦次数增多，磨削温度升高。

（2）工件运动速度 v_w　工件运动速度对磨削温度的影响，具有两种不同性质。一方面工件运动速度影响工件表面与磨削区热源接触时间的长短；另一方面工件运动速度决定了切削厚度及金属切除率，因而影响到磨削区热源发热量的大小。当工件运动速度极低（如 v_w<0.33m/s）时，虽然热源发热量略小，但由于磨削区热源在工件上移动极慢，接触时间较长，故磨削区温度极高。随着工件运动速度的增高，磨削温度下降较快。当 v_w>1m/s 以后，虽然切削厚度增大，但因砂轮的自锐作用发挥较好，磨削区发热量并非按比例增加；另一方面磨削区移动速度较快，散热也较容易，热量的发生与散出基本处于平衡状态，故磨削温度基本保持一定，变化很小。

（3）径向进给量 f_r　径向进给量增大，每个磨粒的切削厚度增大，磨削过程中磨削变形力和摩擦力增大，发热量增多，磨削温度升高较快。

（4）砂轮特性　砂轮硬度越软，粒度越粗，磨削温度越低。用软砂轮磨削时的磨削温度低，反之则磨削温度高。由于软砂轮的自锐性好，砂轮工作表面上的磨粒经常处于锐利状态，减小了由于摩擦和弹塑性变形而消耗的能量，所以磨削温度较低。砂轮的粒度粗时，磨削温度低，其原因在于砂轮粒度粗，砂轮工作表面上单位面积上的磨粒数就少，在其他条件均相同的情况下，与细粒度的砂轮相比，粗粒度的砂轮与工件接触面的有效面积较小，并且单位时间内与工件加工表面摩擦的磨粒数较少，因此有助于磨削温度的降低。

（5）工件材料　工件材料的导热性差、冲击韧度和强度高，则磨削温度高。对钢来说，含碳量高，则导热性差；铬、镍、铝、硅、锰等元素的加入会使导热性显著变差；合金的金相组织不同，导热性也不同，一般按奥氏体、淬火和回火马氏体、珠光体的顺序导热性变好。

为了降低磨削温度，除正确选择砂轮和磨削用量外，还可以采取其他相应的措施，如及时修整砂轮，使用合适的磨削液及高效的冷却方法（详见 3.10 节切削液）。

3.13.6　砂轮磨损与砂轮寿命

1. 砂轮磨损

砂轮磨损包含磨粒的磨耗磨损、磨粒破碎和脱落磨损三种形态，如图 3-80 所示。

（1）磨耗磨损　它是由于磨粒与工件之间的摩擦、黏结和扩散而引起的，一般发生在磨粒与工件的接触处，如图 3-80 所示的 *A* 点。开始时，在磨粒刃尖上出现一个磨损的微小平面，当微小平面逐步增大时，磨刃就无法顺利切入工件，而只是在工件表面产生挤压作用，从而使磨削热增加，磨削过程恶化。

（2）磨粒破碎　它发生在一个磨粒的内部，如图 3-80 所示的 *B—B* 处。磨粒在磨削过程中，在多次急热急冷作用下，表面形成极大的热应力，而导致局部破碎。磨粒的热传导系数越小，热膨胀系数越大，则越容易破碎。

（3）脱落磨损　如图 3-80 所示的 *C—C* 处，由于结合剂的强度不能抵抗磨削力的作用而产生断裂。磨削时，随着磨削温度的上升，结合剂强度下降，当磨削力超过结合剂强度时，整个磨粒从砂轮上脱落，形成脱落磨损。

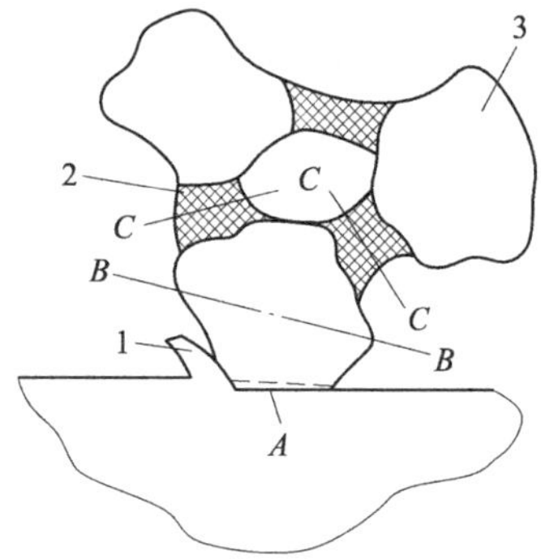

图 3-80　砂轮磨损

1—切屑　2—结合剂　3—磨粒

A—磨耗磨损　*B*—磨粒破碎

C—脱落磨损

砂轮磨损后，会导致磨削性能恶化。当砂轮硬度较高、磨削载荷较轻时，砂轮上出现钝化现象，使金属切除率明显下降；在砂轮硬度较低、磨削载荷较重时，砂轮出现脱落现象，使得砂轮廓形改变，严重影响磨削精度与表面质量。在磨削碳素钢时，磨削产生的高温使切屑软化，嵌塞在砂轮的空隙处，造成砂轮堵塞；磨削钛合金时，切屑与磨粒的亲和力强，从而造成黏附或堵塞。砂轮堵塞后即失去切削能力，磨削力及磨削温度剧增，表面质量显著下降。

2. 砂轮寿命

砂轮寿命用砂轮在两次修整之间的实际磨削时间表示。它是砂轮磨削性能的重要指标之一，同时还是影响磨削效率和磨削成本的重要因素。砂轮磨损量是最主要的砂轮寿命判据。当磨损量达到一定程度时，工件将发生颤振，表面粗糙度增大或出现表面烧伤现象。这时，需要重新修整砂轮。砂轮修整从本质上讲是对砂轮的加工，因此有很多方法都可以用于砂轮修整，如车削、磨削及电解等。

思考及练习题

1. 何谓切削用量的三要素？何谓切削层参数？各自的定义是什么？
2. 简述车刀切削部分的组成及定义。
3. 刀具正交平面参考系 P_r-P_s-P_o 中，刀具角度是如何定义的？标注角度和工作角度有何不同？
4. 设计一把焊接式外圆车刀，其切削部分主要几何角度为：$\gamma_o=14°$，$\alpha_o=\alpha'_o=6°$，$\kappa_r=75°$，$\kappa'_r=15°$，$\lambda_s=-15°$。
5. 刀具切削部分材料应具备的基本性能有哪些？简述常用刀具材料性能特点及主要用途。
6. 金属切削过程的实质是什么？切削过程三个变形区有何特点？
7. 切屑类型有哪几种？各种切屑类型的特征及形成条件是什么？
8. 分析积屑瘤产生的原因及其对切削过程的影响。避免产生积屑瘤有哪些措施？
9. 车削时，为什么要将切削力分解为三个相互垂直的分力来分析？试说明三个分力的作用。
10. 影响切削力的因素有哪些？背吃刀量与进给量对切削力的影响有何不同？

11. 切削热是如何产生和传出的？仅从切削热产生的多少能否说明切削温度的高低？
12. 切削温度的含义是什么？它在刀具上如何分布？
13. 影响切削温度的因素有哪些？分析说明切削用量三要素对切削温度影响的规律，如何运用这些规律指导生产实践？
14. 在刀具几何参数中，对切削温度影响的主要因素有哪些？增大前角降低切削温度的原因是什么？是否前角越大切削温度越低？
15. 试述刀具正常磨损形式及刀具磨损的原因。刀具正常磨损分几个阶段？各阶段的特点是什么？
16. 何谓刀具磨钝标准？试述制订刀具磨钝标准要考虑的因素。
17. 何谓刀具寿命？刀具寿命与磨钝标准有何关系？磨钝标准确定后，刀具寿命是否就确定了？为什么？
18. 影响刀具寿命的因素有哪些？分析说明切削用量三要素对刀具寿命的影响规律。
19. 何谓工件材料的切削加工性？评定指标有哪些？如何改善工件材料的切削加工性？
20. 在切削过程中，切削液有哪些作用？如何正确选择切削液的类型及使用方法？
21. 何谓刀具合理的几何参数？刀具各几何参数的功用及选择原则是什么？
22. 选择切削用量的原则是什么？从刀具寿命出发时，按什么顺序选择切削用量？从机床动力出发时，按什么顺序选择切削用量？为什么？
23. 粗加工和精加工在选择切削用量时，其主要约束条件有何不同？
24. 影响砂轮特性的因素有哪些？何谓磨粒的粒度和砂轮的硬度？
25. 磨削加工的特征有哪些？试分析磨削加工与单刃刀具切削加工的异同。
26. 试分析磨削力、磨削温度的特点及其影响因素。

第4章

机 床 夹 具

机床夹具是机械加工工艺系统的重要组成部分，是机械制造过程中重要的工艺装备。工件在机床上进行加工时，为保证加工精度和提高生产率，必须使工件在机床上相对刀具占有并保持正确的位置，完成这一功能的辅助装置称为机床夹具，简称为夹具。因此，夹具设计和制造是工艺准备工作的重要内容，它直接影响机械加工的产品质量、工人劳动强度、生产率和生产成本。

4.1 机床夹具概述

1. 工件装夹方法

进行加工时，放准工件在机床上的正确加工位置，并将其固定，以保证工件在加工过程中不发生位置变化，使加工出的表面达到规定的尺寸、形状和位置精度要求，这个过程称为安装。安装包括定位和夹紧两个方面的工作。随着生产批量、加工精度要求以及工件大小的不同，工件的安装方法也不同。

(1) 直接找正定位安装　对于形状简单的工件可以采用直接找正定位的装夹方法，即把工件直接放在机床工作台上或台虎钳、机床卡盘等机床附件中，用划针、百分表等直接在机床上找正工件的位置后进行夹紧。直接找正定位安装比较费时，对工人技术要求高，一般只适用于：①工件批量小，采用夹具安装不经济时；②工件的定位精度要求特别高，采用夹具不能保证时，只能用精密量具直接找正定位。

图4-1a所示为用单动卡盘装夹偏心零件，先用四爪调整，以百分表测量工件外圆 A 的偏心量，再夹紧工件进行外圆 B 的车削，以保证 A、B 之间的偏心量 e。

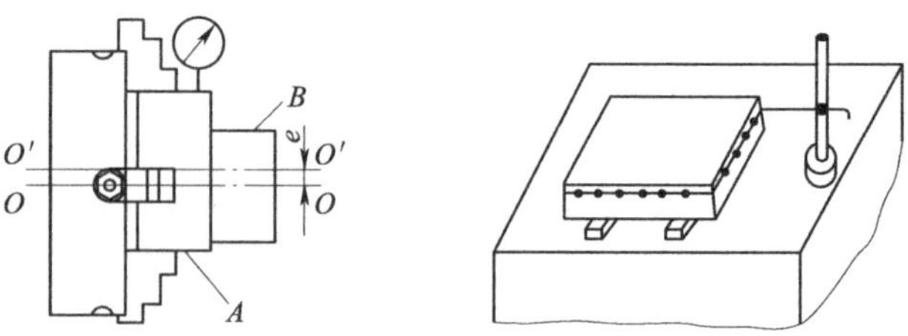

a) 直接找正　　b) 划线找正

图4-1　找正安装

(2) 按划线找正定位安装　对于形状复杂的工件，采用直接找正安装会顾此失彼，这时可以按照零件图在毛坯上先划出中心线、对称线及各待加工表面的加工线，并检查它们与各不加工表面的尺寸和位置关系，然后按照已划好的线找正工件在机床上的位置。对于形状复杂的工件，常常需要经过几次划线。划线找正的定位精度比较低，一般只能达到0.2~0.5mm，而且需要有技术专长的划线工，比较费时，因此只适用于：①批量不大，形状复杂的铸件；②在重型机械制造中，尺寸和质量都很大的铸件和锻件；③毛坯的尺寸公差大，表面粗糙，无法直接使用夹具时。

如图4-1b所示的大型毛坯铸件，为保证各加工面和非加工面的位置尺寸及各加工面的余量，可先在钳工台上划好线，然后在龙门刨床工作台上用可调支承支起毛坯，用划针按线找正并夹紧，再对加工表面进行粗刨。

（3）用夹具定位安装　对中小尺寸的工件，在批量较大时，大都采用夹具定位安装方法，夹具以一定的位置安装在机床上，工件按照六点定位原则在夹具中定位并夹紧，不需要进行找正。这样既能保证工件在机床上的定位精度（一般可达0.01mm），又装卸方便，可以节省大量辅助时间。对于某些工件（如连杆、曲轴等），即使批量不大，但为了达到某些特殊的加工要求，仍需要设计制造专用夹具。

非回转工件在车床上镗孔时，工件采用夹具进行定位安装，如图4-2所示。工件9以两孔在圆柱销2和削扁销1上定位，其平面直接在夹具体4的平面上定位。两螺钉压板分别在两定位销孔旁把工件夹紧。导向套6用来引导支承镗刀的刀杆。7是平衡块，用以消除夹具在回转时的不平衡现象。夹具上设置轴向定位基面5，它与圆柱销保持确定的轴向距离，可以用来控制刀具的轴向行程。整个夹具通过过渡盘3安装于机床主轴。

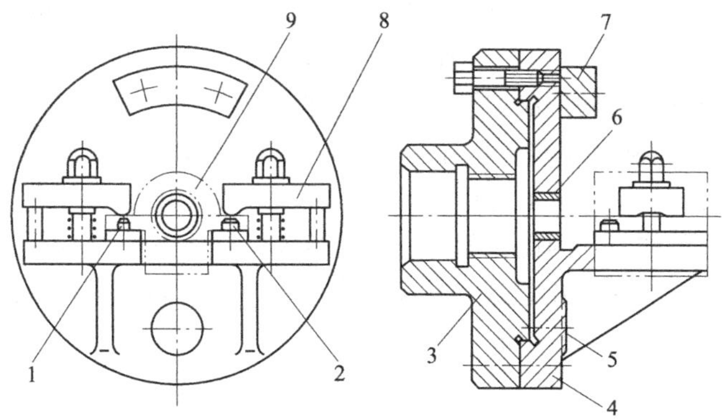

图4-2　非回转工件车床镗孔夹具

1—削扁销　2—圆柱销　3—过渡盘　4—夹具体　5—定位基面　6—导向套　7—平衡块　8—压板　9—工件

2. 夹具的作用与分类

（1）夹具的作用

1）保证工件的加工精度。采用夹具后，工件上各有关表面的相互位置精度直接由夹具保证，不受划线质量和找正水平的影响，故定位精度高而且稳定可靠。

2）提高机床生产率。采用夹具以后，定位夹紧可靠，增加了工艺系统刚度，可增大切削用量，缩短基本加工时间；另一方面，用夹具安装工件，不仅装夹方便，而且还可免去找正和对刀所花费的辅助时间，如果采用多工位夹具，还可使基本时间与辅助时间重合，从而提高生产率。

3）扩大机床工艺范围。在单件小批生产条件下，加工工件的种类及规格较多，而机床的品种、规格却有限，可设计、制造专用夹具以扩大机床的工艺范围。例如：在车床上拆下刀架换上磨头就可进行磨削加工；如果将工件安装在横溜板上，而刀杆固定在主轴锥孔中，就可对箱体进行镗孔加工；在铣床上准备一套镗模夹具，可以代替镗床镗孔。

4）减轻工人的劳动强度。采用夹具后，工件的装卸显然要比不用夹具方便、省力，安全。若在夹具中采用气动、液压夹紧或其他增力机构，还可进一步减轻工人的劳动强度。

（2）夹具的分类　夹具有多种分类方法，按适用工件的范围和特点分为通用夹具、专用夹具、组合夹具和通用可调夹具等；按适用的机床分为车床夹具、铣床夹具、钻床夹具、镗床夹具及数控机床夹具等；按动力源又可分为手动夹具、气动夹具、液压夹具、气液压夹具、电磁夹具、自紧夹具等。

1）通用夹具。通用夹具是指已经标准化、无须调整或稍加调整就可以用来装夹不同工件的夹具，如自定心卡盘、单动卡盘、平口虎钳和万能分度头等，这类夹具主要用于单件小批生产。

2）专用夹具。专用夹具是指专为某一工件的某一工序而设计制造的夹具，其结构紧凑，操作方便，生产率高，加工精度容易保证，适用于定型产品的成批和大量生产。

3）组合夹具。由一套预先制造好的标准元件和合件组装而成的专用夹具。

4）通用可调夹具。不对应特定的加工对象，适用范围宽，通过适当的调整或更换夹具上的个别元件，即可用于加工形状、尺寸和加工工艺相似的多种工件。

5）成组夹具。专为某一组工件的成组加工而设计，加工对象明确，针对性强。通过调整可适应不同形状和尺寸的工件加工需要。

6）随行夹具。随行夹具是自动或半自动生产线上使用的夹具，虽然它只适用于某一种工件，但毛坯装上随行夹具后，可从生产线开始一直到生产线终端的各位置上进行各种不同工序的加工，因此，随行夹具的结构具有适用各种不同工序加工的通用性特征。

（3）夹具的组成　在实际生产中，夹具多种多样，但工作原理基本相同，下面以图 4-3 为例介绍夹具的组成。

1）定位元件。定位元件是用来确定工件在夹具上位置的元件。图 4-3 所示的心轴 5 和键 6 以及定位销 2 即为定位元件。

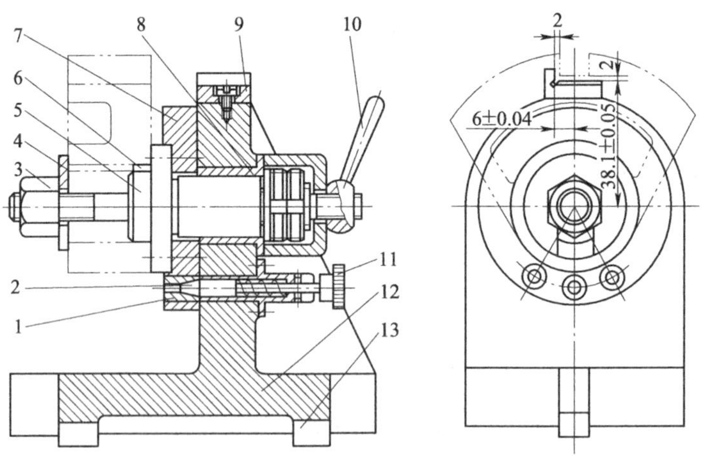

图 4-3　铣槽专用夹具

1—定位套　2—定位销　3—夹紧螺母　4—开口垫圈　5—心轴　6—键　7—分度盘
8—衬套　9—对刀块　10—手柄　11—手把　12—夹具体　13—定向键

2）夹紧装置。夹紧装置的作用是将工件紧固在夹具上，以保证在加工中不会因切削力、惯性力等的影响而发生位置的变化。图 4-3 所示的夹紧螺母 3 和开口垫圈 4 构成夹紧装置。

3）对刀及导向装置。对刀及导向装置是用来确定刀具相对于夹具位置的装置。图 4-3

所示的对刀块 9 即为对刀装置。钻、镗床夹具上用来引导钻头的钻套和引导镗刀杆的镗套是导向装置。

4）夹具与机床之间的连接元件。夹具与机床之间的连接元件是用来确定夹具相对于机床工作台、主轴等位置的元件。图 4-3 所示的定向键 13 就是起连接作用的元件。

5）其他元件及装置。为满足各种加工要求，有些夹具还设有其他元件及装置，如分度装置和为便于卸下工件而设置的顶出器等，图 4-3 所示的分度盘 7 和定位销 2 及手把 11 构成分度装置。

6）夹具体。夹具体是用来安装定位元件、夹紧装置、导向装置、对刀装置和连接元件等的零件。图 4-3 所示的零件 12 就是夹具体。

上述各部分中，定位元件、夹紧装置和夹具体一般是一个夹具必不可少的部分。夹具的组成及各组成部分与机床、工件、刀具的相互联系，如图 4-4 所示。

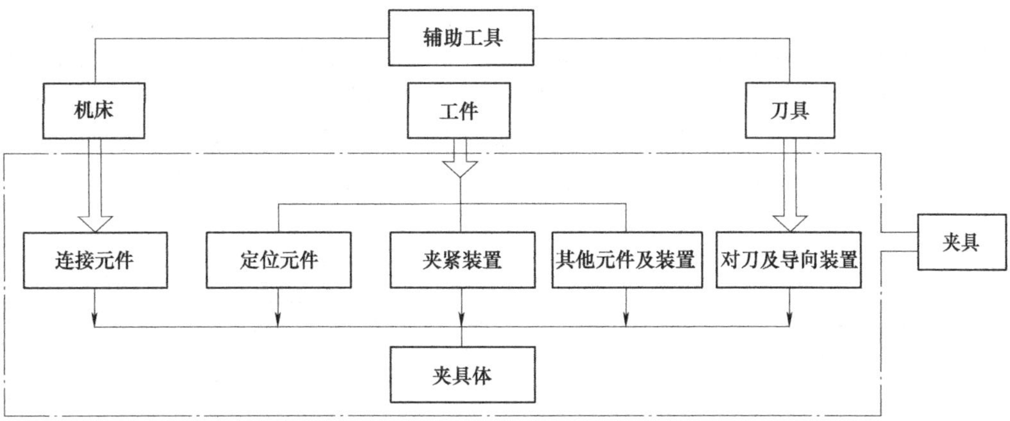

图 4-4　夹具的组成及各组成部分与机床、工件、刀具的相互联系

4.2　工件在夹具中的定位

4.2.1　基准的概念

基准就是产品或零件上用来确定其他点、线、面位置的那些点、线、面。基准的概念只有在研究点、线、面之间相互位置关系时才有意义。根据作用和应用场合的不同，基准又可分为设计基准和工艺基准两大类。

（1）设计基准　零件设计图上，用来确定其他点、线、面位置的那些点、线、面称为**设计基准**。如图 4-5a 所示，*A* 与 *B* 互为设计基准；图 4-5b 所示 *D* 为平面 *C* 的设计基准；图 4-5c 所示 ϕ60mm 的圆柱面为 ϕ40mm 圆柱面的设计基准。

对于整个零件来说，一般有很多位置尺寸和相互位置关系的要求，但在每个方向上往往只有一个主要设计基准，而这个主要设计基准又可能就是在装配时用来确定该零件在产品中位置所依据的基准。

（2）工艺基准　在加工和装配过程中所使用的基准，称为**工艺基准**。按其用途不同，又可分为工序基准、定位基准、测量基准和装配基准。

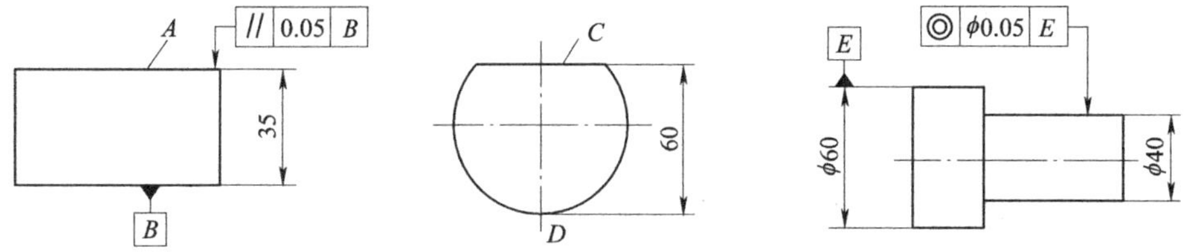

a) A、B互为基准　　b) D为C的设计基准　　c) ϕ60mm为ϕ40mm的设计基准

图 4-5　设计基准

1）工序基准。工件的加工工序图或其他工艺文件上用来确定被加工表面位置所使用的点、线、面称为工序基准。工序基准又称为原始基准。工序基准是某一工序所要达到的加工尺寸的起始点。图 4-6 所示为钻孔工序的工序简图。工序基准不同，工序尺寸也就因此不同。

2）定位基准。定位基准是加工时用来确定工件正确位置的基准。当工件在机床或夹具上定位时，它使工件在工序尺寸方向上相对刀具获得确定的位置。图 4-7 所示为加工某工件的两个工序简图，由于工序尺寸位置方向要求的不同，因此作为定位基准的表面也就不同，图 4-7a 所示为以底平面作为定位基准；图 4-7b 所示为以内孔表面及底平面作为定位基准。

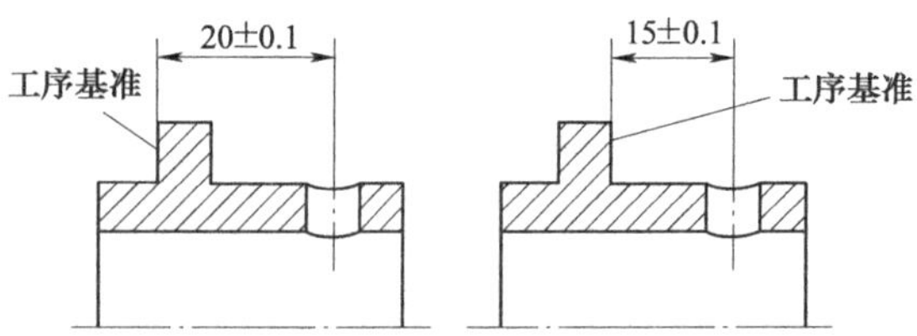

a)　　b)

图 4-6　钻孔工序的工序简图

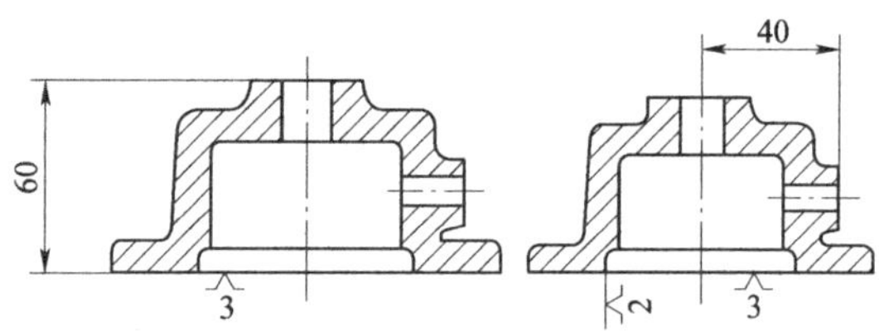

a)　　b)

图 4-7　加工某工件的两个工序简图

3）测量基准。测量基准是用以测量已加工表面位置的某些点、线、面或其组合。图 4-8 所示为检验被加工平面位置时两种不同的测量基准。

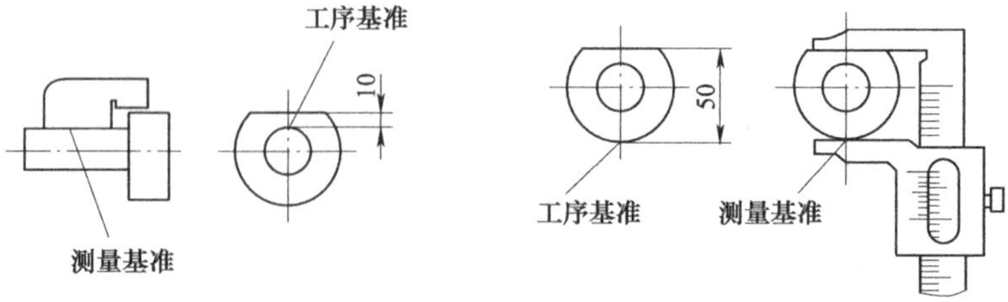

a)　　b)

图 4-8　检验被加工平面位置时两种不同的测量基准

4）装配基准。用来确定零件在部件或机器中正确位置的那些点、线、面，称为装配基准。

上述各基准在使用过程中应尽可能重合，以减少因基准转换带来的误差。例如：在设计机器零件时，应尽量以装配基准作为设计基准，以便直接保证装配技术要求；在编制零件的加工工艺规程时，应尽量以设计基准作为工序基准，以便直接保证零件的加工精度；在加工及测量工件时，应尽量使定位基准及测量基准与工序基准重合，以消除基准不重合误差。

在分析基准问题时，必须注意以下几点。

1）作为基准的点、线、面在工件上不一定存在，如孔的中心线、外圆的轴线以及对称面等，但在实际应用中常由某些具体的表面来体现，这些表面就可称为基面。例如：在车床上用自定心卡盘夹持一短圆柱，实际定位表面是外圆柱面，而它所体现的定位基准是圆柱的轴线。因此选择定位基准就是选择恰当的定位基面。

2）作为基准，可以是没有面积的点、线或很小的面，但是代表基准的点和线在工件上所体现的具体基面总有一定面积。例如：代表轴线的是中心孔锥面；用 V 形块支承轴颈定位时，理论上是两条线，但实际上由于弹性变形的关系也总有一定的接触面积。

3）上面所分析的都是尺寸关系的基准问题。对于分析表面的平行度、垂直度、同轴度等位置精度的关系时也是一样，如图 4-5 所示的平行度、同轴度等，也同样具有基准关系。

4.2.2　工件定位的基本原理

1. 六点定位原理

工件定位的实质就是要使工件在机床或夹具中占有某个确定的正确加工位置，这样的定位方法，可以转化为在空间直角坐标系中决定刚体坐标位置的问题来讨论。从力学原理知道，任一在空间处于自由状态的刚体，都有六个自由度，即沿 x、y、z 三个坐标轴的移动自由度 $\vec{x}$、$\vec{y}$、$\vec{z}$，以及绕三个坐标轴的转动自由度 $\overset{\frown}{x}$、$\overset{\frown}{y}$、$\overset{\frown}{z}$，如图 4-9a 所示。假设工件也是一个刚体，要使它在机床上或夹具中完全定位，就必须对工件在空间的六个自由度进行必要的限制和约束。这里引入定位支承点的概念，即将具体的定位元件抽象为定位支承点，用这些点来限制工件的运动自由度。如图 4-9b 所示，用六个定位支承点与工件接触，并保证定位支承点合理分布，每个定位支承点限制工件的一个自由度，便可将工件六个自由度完全限制，工件在空间的位置也就被唯一地确定。由此可见，要使工件完全定位，就必须限制工件在空间的六个自由度，这就是所谓的工件“**六点定位原理**”。

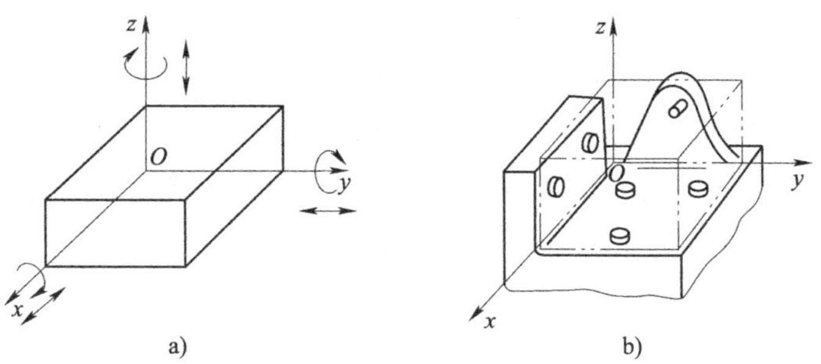

图 4-9　工件在空间中的自由度

“六点定位原理”可归纳为以下几点。

1）定位就是限制工件的自由度，其通过合理布置定位支承点的方法来实现。定位支承点是由定位元件抽象而来的，在夹具中，定位支承点总是通过具体的定位元件体现出来。

2）定位支承点限制工件自由度的作用，应理解为定位支承点与工件定位基面始终保持紧密接触，若两者脱离，则意味着失去定位作用。

3）一个定位支承点仅限制一个自由度，一个工件有六个自由度，所设置的定位支承点数目，原则上不应超过六个，且不得重复和矛盾。实际应用中到底设置几个定位支承点，完全由工件的加工技术要求所确定。

4）分析定位支承点的定位作用时，不考虑力的影响。工件的某一自由度被限制，是指工件在这一方向上有确定的位置，并非指工件在受到使其脱离定位支承点的外力时，不能运动。欲使其在外力作用下不能运动，是夹紧的任务；反之，工件在外力作用下不能运动，即被夹紧，也并不是说工件的所有自由度都被限制了。所以，定位和夹紧是两个概念，不能混淆。

2. 分析定位时应注意的问题

在夹具设计和定位分析中，为了能结合具体情况正确运用这一原理，必须注意以下问题。

（1）完全定位和不完全定位

1）完全定位。工件的六个自由度全部被限制而在空间占有完全确定的唯一位置的定位方式，称为完全定位。对于图 4-9b 所示的长方体工件，xOy 平面上的三个定位支承点限制了工件的三个自由度 $\overset{\frown}{x}$ 、$\overset{\frown}{y}$ 、$\vec{z}$；xOz 平面上的两个定位支承点限制了工件的两个自由度$\vec{y}$、$\overset{\frown}{z}$；yOz 平面上的一个定位支承点限制了工件的一个自由度 $\vec{x}$。因而，这样分布的六个定位支承点，限制了工件全部六个自由度，这就是完全定位的例子。

2）不完全定位。限制的工件自由度数不足六个，但可以满足工件加工要求的定位方式，称为不完全定位。在实际应用中，工件的自由度并非都需要完全限制，究竟应限制哪几个自由度，需根据具体加工要求确定。如图 4-10a 所示，在工件上铣一长槽，在沿三个轴的移动和转动方向上都有尺寸及位置要求，所以加工时必须限制全部六个自由度，即要“完全定位”；在图 4-10b 中，在工件上铣台阶面，在 y 方向无尺寸要求，故只需限制五个自由度，即不限制工件 y 向移动 $\vec{y}$，对工件的加工精度无影响，工件在这一方向上的位置不确定只影响加工时的进给行程而已；在图 4-10c 所示铣削工件上平面，只需保证 z 向的高度尺寸及上下平面之间的平行度要求，因此只要底平面支承，限制三个自由度 $\overset{\frown}{x}$ 、$\overset{\frown}{y}$ 、$\vec{z}$ 就可满足零件的加工要求。显然，在此情况下，不完全定位是合理的定位方式。因此，完全定位和不完全定位都属于定位的正常形式。

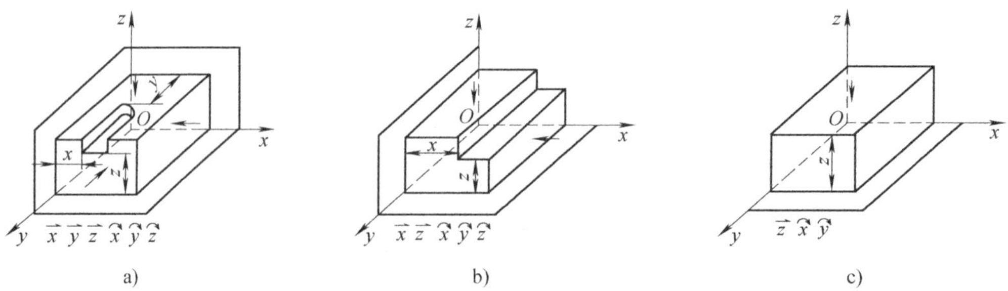

图 4-10　工件应限制自由度的确定

（2）欠定位和过定位

1）欠定位。实际定位所限制的自由度数少于工件加工精度要求必须限制的自由度数目的定位方式，称为欠定位。这种情况下，必然导致达不到所要求的加工精度。在图 4-10a 中，若在 xOz 平面内不设置定位支承点，则在定程切削中就难以保证 y 向的尺寸要求。显然，欠定位在实际生产中绝对不允许存在。

2）过定位。几个定位支承点同时重复限制工件的某一个自由度的现象，称为过定位。这种情况下对这个自由度的限制会产生矛盾和干涉，因此一般不允许出现过定位现象。如图 4-11 所示，在滚齿机上加工齿轮时，通常以工件的孔和一端面作为定位基准，放在夹具的心轴和支承凸台上定位。工件孔套在长心轴上，限制了工件四个自由度：$\overset{\frown}{x}$、$\overset{\frown}{y}$、$\vec{x}$、$\vec{y}$，支承凸台平面又限制了三个自由度：$\overset{\frown}{x}$、$\overset{\frown}{y}$、$\vec{z}$。这时，用心轴和支承凸台共同定位，相当于七个定位支承点。在这七个定位支承点所限制的自由度中，$\overset{\frown}{x}$、$\overset{\frown}{y}$ 被心轴和支承凸台重复限制，从而发生重复限制同一自由度的过定位现象。这种过定位现象是否允许采用，主要应从过定位所造成的后果来判断。

严格地说，如果心轴与凸台平面垂直度较差，在不受夹紧力作用时，虽然工件定位不够稳定，但并未出现相互干涉和冲突，而工件一旦被夹紧，则工件的端面必然要与支承凸台平面接触。这样，在夹紧条件下，重复限制同一自由度的定位支承点间所产生的矛盾、干涉和冲突，便表现为工件或夹具定位元件的变形，如图 4-12 所示。显然，不论工件还是夹具定位元件发生变形，其结果都将破坏工件的定位要求，从而严重影响工件的定位精度。因此过定位的后果就是变形，一般不能出现过定位。

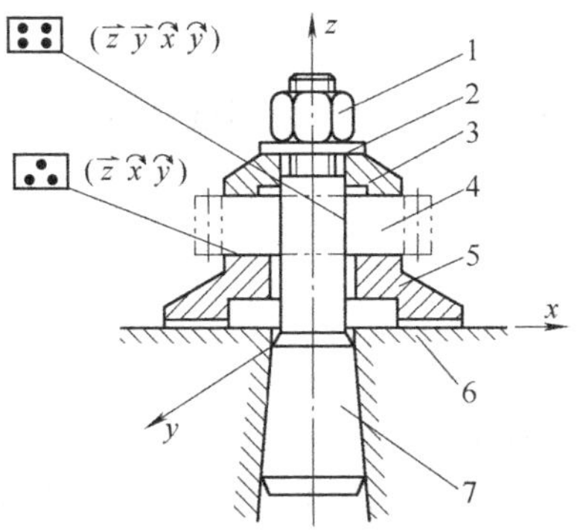

图 4-11　滚齿时齿坯的定位和所用夹具
1—压紧螺母　2—垫圈　3—压板　4—工件
5—支承凸台　6—工作台　7—心轴

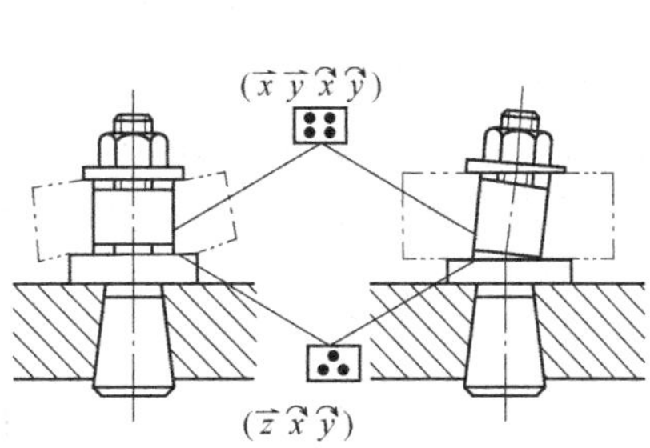

a) 工件变形　　b) 心轴变形

图 4-12　过定位可能引起的两种情况

不过在实际生产中，常会遇到工件按过定位方式定位的例子，如图 4-11 所示的滚齿加工中，如果心轴与定位平面、工件内孔与端面垂直度很高，虽然有过定位现象，但不产生过定位后果，而且能提高定位稳定性和工艺系统刚性，对保证加工精度是有利的，这种表面上的过定位在生产实际中仍然应用。因此，是否允许过定位存在，主要看是否产生过定位的后果，即是否引起定位元件或工件变形，如有变形产生，则一定要消除过定位。

消除过定位及其干涉的途径有两种：①改变定位元件的结构，以减少转化定位支承点的数目，消除被重复限制的自由度，如将长心轴接触改为短心轴接触，消除两个自由度，又如生产中常用的一面两销定位方案，其中一销为削扁销，其限制的自由度数目由原来的 2 个减少为 1 个；②提高工件定位基面之间及夹具定位元件工作表面之间的位置精度，以消除过定位引起的干涉，如图 4-11 所示应保证心轴与基面、孔与端面的垂直度。

（3）定位支承点的配置　定位支承点的配置对定位精度的保证和加工过程的稳定性有很大的影响，应正确分析和配置。

1）主定位面。工件上与分布在同一平面内的三个定位支承点相接触的定位基面，一般被称为主定位面。作为定位基面，通常要承受较大的外力，如切削力和夹紧力等；同时，工件定位的稳定性也主要取决于它。因此，工件上选为主要定位面的表面，应该力求其面积尽可能地大，而三个定位支承点的分布，也应尽量彼此远离和分散。

2）导向定位面。分布在同一平面上的两个定位支承点，只能限制一个移动自由度和一个转动自由度。工件上与这种分布在同一平面内的两个定位支承点相接触的定位基准，称为导向定位面。选为导向定位面的表面应尽可能长，两个支承点的距离尽可能大。

3）止推或防转定位面。工件上只与一个定位支承点相接触的定位基面，根据在定位过程中所起的作用，按限制移动和转动自由度的不同，分为止推或防转定位面。

4.2.3　典型定位方式及定位元件

工件的定位表面有多种形式，如平面、外圆、内孔等，对于这些表面，总是采用一定结构的定位元件与之对应，以保证定位元件的定位面和工件定位基面相接触或配合，实现工件的定位。一般来说，定位元件的设计应满足以下要求。

1）要有与工件相适应的精度。

2）要有足够的刚度，不允许受力后发生变形。

3）要有良好的耐磨性，以便在使用中保持其工作精度，一般多采用低碳钢渗碳淬火或碳素工具钢淬火，硬度 58~62HRC。

下面分析各种典型表面的定位方式和定位元件。

1. 工件以平面定位

在机械加工中，利用工件上的一个或几个平面作为定位基面进行工件定位的方式，称为平面定位。例如：箱体、机座、支架、板盘类零件等，多以平面为定位基准。支承分为基本支承和辅助支承，起限制自由度作用的支承为基本支承，不限制自由度而为增加刚性和稳定性而设置的支承为辅助支承。所用的定位元件包括固定支承、可调支承和自位支承。

（1）固定支承　固定支承是指高度尺寸固定，不能调整的支承，包括固定支承钉和固定支承板两类。

固定支承钉用于较小平面的支承，而固定支承板用于较大平面的支承。图 4-13 所示为各种固定支承钉，其中图 4-13a 所示为平头支承钉，用于已加工平面；图 4-13b 所示为球头支承钉，用于未加工平面，以便保证良好的接触；图 4-13c 所示为网纹头支承钉，用于未加工平面，可减小实际接触面积，增大摩擦，使定位稳定可靠，但由于槽中易积屑，故多用于侧面定位；图 4-13d 所示为带套筒的支承钉，用于大批大量生产，便于磨损后更换。

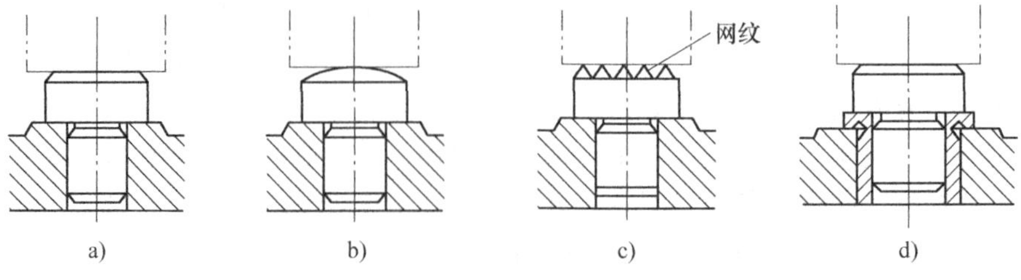

图 4-13　各种固定支承钉

固定支承板多用于工件上已加工表面的定位，有时可用一块支承板代替两个支承钉。图 4-14 所示为固定支承板的结构图。其中，A 型结构简单，但埋头螺钉处易堆积切屑，故用于工件侧面或顶面定位；而 B 型支承板可克服这一缺点，主要用于工件的底面定位。两个以上支承钉和支承板同时使用时，为保证工作面在同一平面上，装配后应将其顶面进行一次精磨。

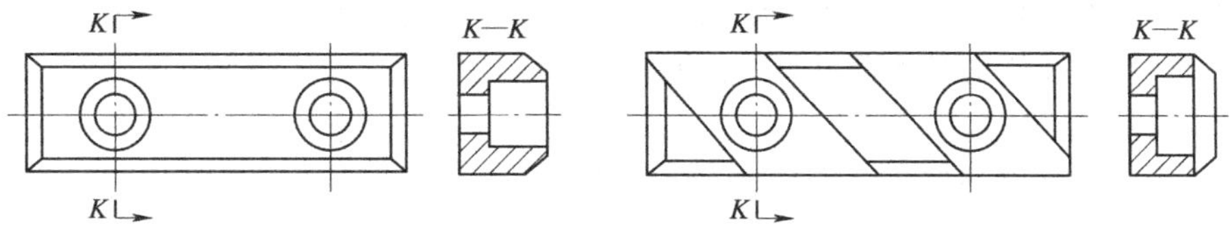

a) A型　　b) B型

图 4-14　固定支承板的结构图

（2）可调支承　可调支承是指定位支承点位置可在一定范围内调节的支承。可调支承主要用于毛坯质量不高，而又以粗基准定位的场合，通过调节来补偿各批毛坯尺寸误差，一般每批毛坯调整一次。图 4-15 所示为各种可调支承的基本形式，均由螺钉及螺母组成。支承高度调整后，要用螺母锁紧。此外，在生产系列化产品时，往往使用同一夹具，这时也可用可调支承在一定尺寸范围内调节，以适应工件的变化。

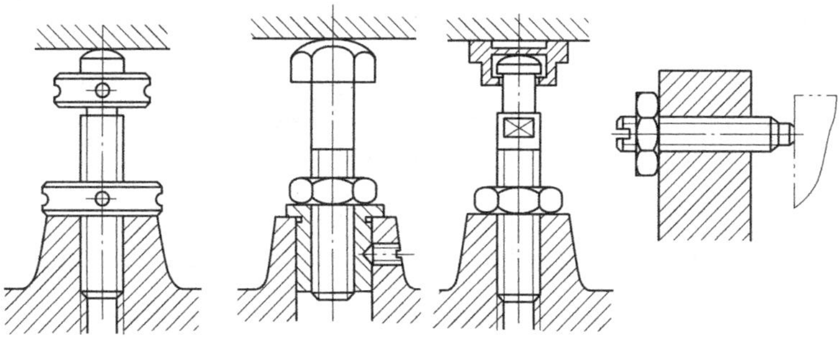
a)　　b)　　c)

图 4-15　各种可调支承的基本形式

（3）自位支承　自位支承是指支承本身的位置在定位过程中，能自动适应工件定位基准面位置变化的一类支承。其定位支承点在结构上可以活动，以增加与工件定位面的接触点数目，使单位面积压力减小，故多用于刚度不足、毛坯表面质量差、定位面之间位置精度不高或不连续的平面定位。此时，虽增加了接触点的数目，但未发生过定位。图 4-16 所示为自位支承，其中图 4-16a、b 所示为双接触点，图 4-16c 所示为三接触点，无论哪一种，都只相当于一个定位支承点，限制工件的一个自

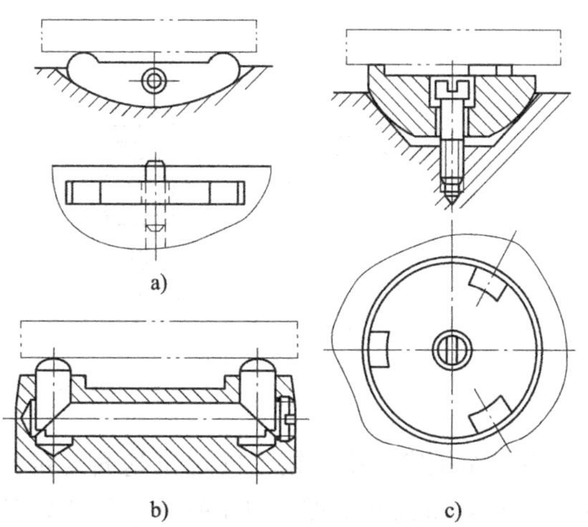
a)　　b)　　c)

图 4-16　自位支承

由度。

在生产中，有时为了提高工件的刚度和定位稳定性，常采用辅助支承。如图 4-17 所示的阶梯零件，当用平面 1 定位铣平面 2 时，在工件右部底面增设辅助支承 3，可避免加工过程中工件的变形。辅助支承的结构形式很多，如图 4-18 所示。无论采用哪一种形式，都应注意辅助支承不起定位作用，即不应限制工件的自由度，同时更不能破坏基本支承对工件的定位，因此，辅助支承的结构都是可调并能锁紧的结构形式。

2. 工件以圆孔定位

在生产中，经常遇到如套筒、盘盖、拨叉等类工件是以其上的主要孔作为定位基准，此时采用的定位元件便是定位销和定位心轴等。

（1）定位销　定位销一般可分为固定式和可换式两种。定位销的结构如图 4-19 所示。其中图 4-19a～c 所示为将定位销以 H7/r6 或 H7/n6 配合，直接压入夹具体的孔中；图 4-19d 所示为用螺栓经中间套以 H7/n6 与夹具配合，以便于更换。定位销头部应做出 15°倒角或圆角，以便于插入工件定位孔内。定位销工作部分直径可按 h5、h6、g5、g6、f6、f7 等公差制造，定位销主要用于直径小于 50mm 的中小孔定位中。

直径小于 16mm 的定位销，用 T7A 材料，淬火硬度 53～58HRC；直径大于 16mm 的定位销，用 20 钢渗碳淬火，硬度 53～58HRC。

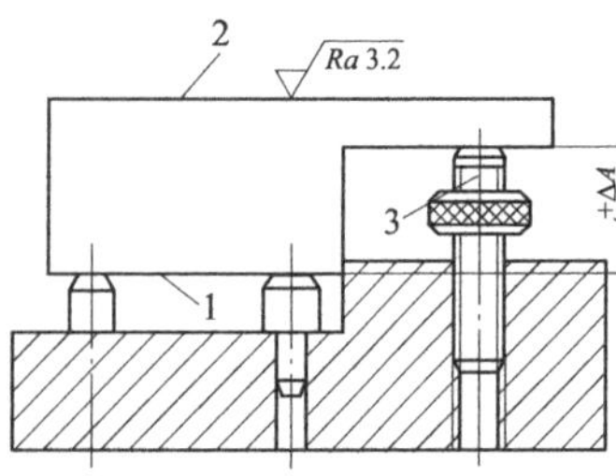

图 4-17　辅助支承的作用

1、2—平面　3—辅助支承

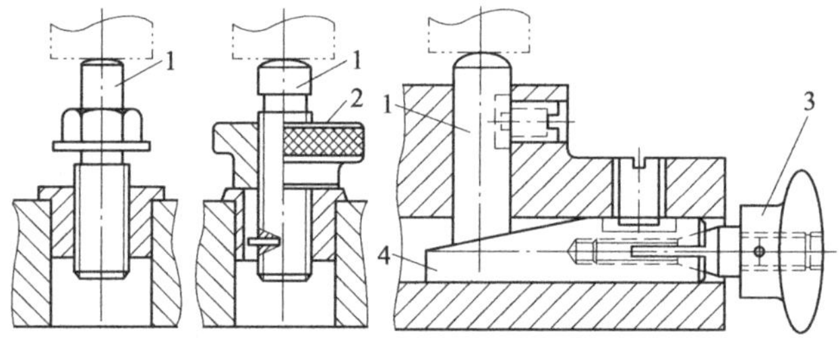

图 4-18　辅助支承

1—支承　2—螺母　3—手轮　4—楔块

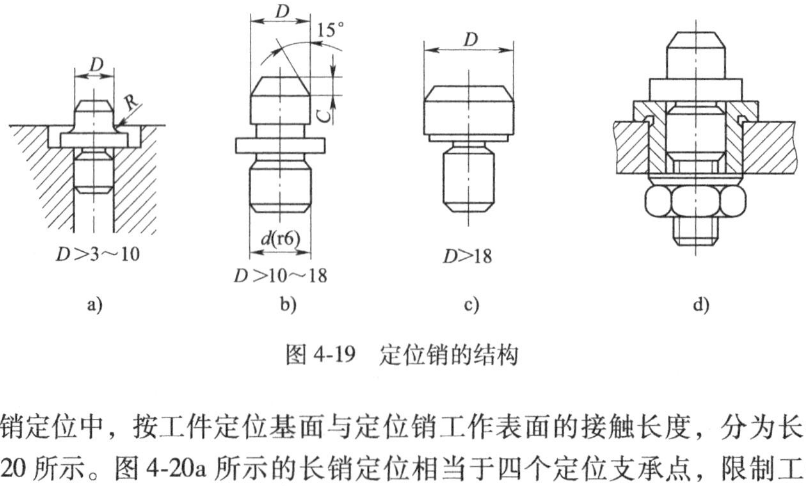

图 4-19　定位销的结构

在定位销定位中，按工件定位基面与定位销工作表面的接触长度，分为长销和短销两种，如图 4-20 所示。图 4-20a 所示的长销定位相当于四个定位支承点，限制工件四个自由度：$\overrightarrow{x}$、$\overrightarrow{y}$、$\overset{\frown}{x}$、$\overset{\frown}{y}$；图 4-20b 所示的短销定位相当于两个定位支承点，限制工件 $\overrightarrow{x}$、$\overrightarrow{y}$ 两个自由度。

（2）圆锥销　圆锥销常用于工件圆柱孔端的定位，如图 4-21 所示，图 4-21a 用于精基准，图 4-21b 用于粗基准，可限制工件三个移动自由度。

（3）定位心轴　定位心轴的结构形式很多，如刚性心轴、锥度心轴、弹性心轴、偏心心轴、液体塑性心轴等，除刚性心轴外，均属于定向夹紧式心轴。

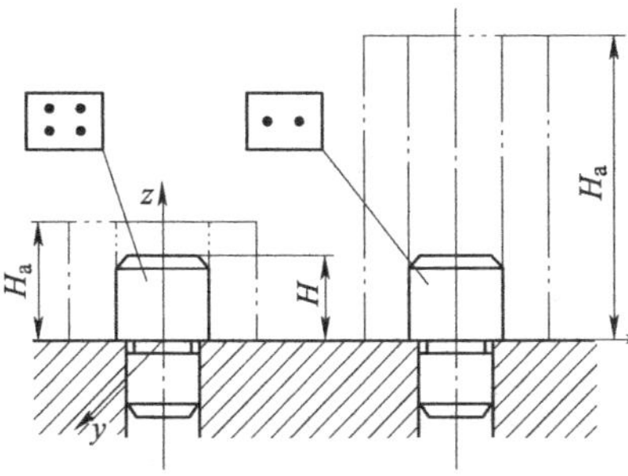

a) $H \approx H_a$　　b) $H \ll H_a$

图 4-20　定位销定位

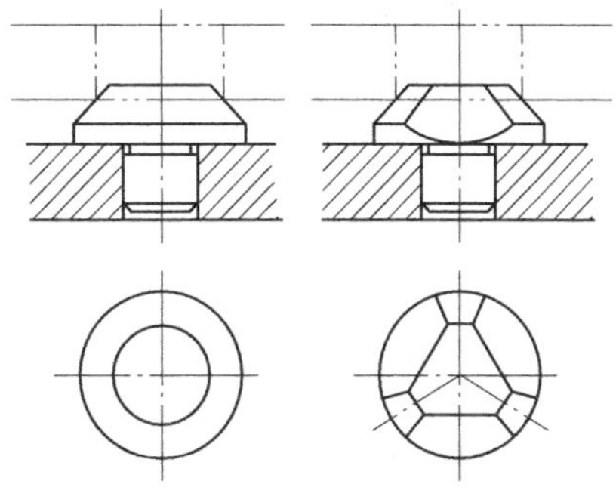

a)　　b)

图 4-21　圆锥销定位

图 4-22 所示为几种刚性心轴。其中，图 4-22a 所示为间隙配合圆柱心轴，心轴定位部分与工件定位孔为间隙配合（H7/g6），通过螺母把工件夹紧；图 4-22b 所示为过盈配合圆柱心轴，1 为导向部分，工作部分 2 的直径与工件定位孔为过盈配合，如 H7/r6，这类心轴定心精度高，但装卸费时，有时易损伤工件孔，多用于定心精度要求特别高的情况；图 4-22c 所示为小锥度心轴，锥度为 1/(500～100)，定位时，工件楔紧在心轴上，定心精度很高，可达 0.005～0.01mm，一般要求孔的尺寸公差不能低于 IT7，多用于车削或磨削同轴度要求高的盘类零件，可限制工件除旋转之外的五个自由度。

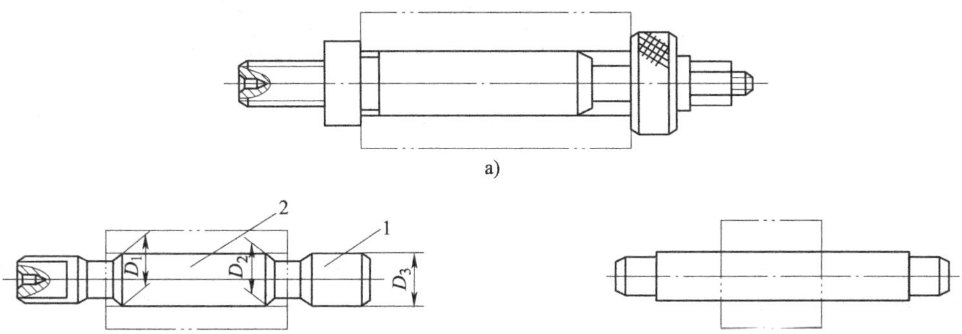

a)

b)　　c)

图 4-22　几种刚性心轴

1—导向部分　2—工作部分

3. 工件以圆锥孔定位

在加工轴类工件或某些要求精密定心的工件时，常以工件上的锥孔作为定位基准。如图 4-23a 所示的锥形套筒，是以其内锥孔在锥形心轴上定位来精加工外圆，而图 4-23b 所示的轴（图中只画出一端），是以顶尖孔在顶尖上定位车外圆。这类定位方式可以看成是圆锥面与圆锥面的接触。根据两者接触面的相对长度，分为两种情况：①接触面较长时，如图 4-23a 所示，相当于五个定位支承点，限制五个自由度：$\vec{x}$、$\vec{y}$、$\vec{z}$、$\overset{\frown}{y}$、$\overset{\frown}{z}$；②接触面较短时，如图 4-23b 所示，相当于三个定位支承点，限制三个自由度：$\vec{x}$、$\vec{y}$、$\vec{z}$。

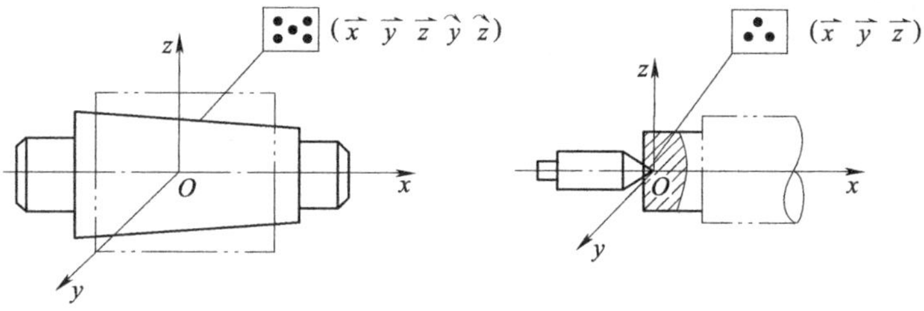

a) 在锥形心轴上定位　　b) 在顶尖上定位

图 4-23　圆锥孔在圆锥体上的定位分析

4. 工件以外圆柱面定位

轴套类工件以外圆柱面定位在生产中是常见的定位方式。常用的定位元件有 V 形块、定位套筒、半圆定位座等。

（1）V 形块　V 形块是应用最广泛的外圆表面定位元件。典型的 V 形块结构如图 4-24 所示。其中，图 4-24b、c 所示为长 V 形块，用于定位基面较长或分为两段时的情况。

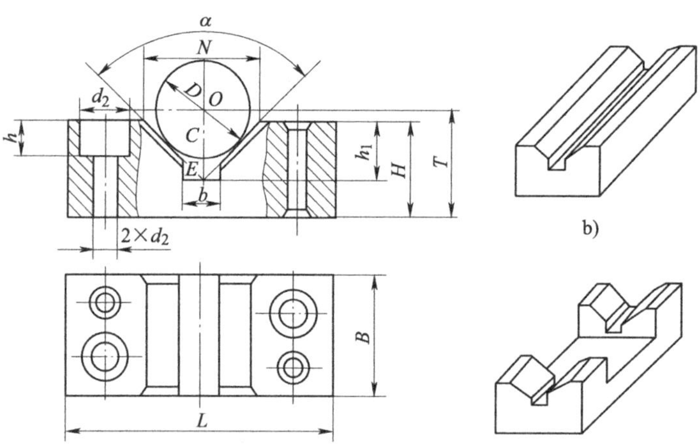

a)　　c)

图 4-24　典型的 V 形块结构

在 V 形块上定位时，工件具有自动对中作用。V 形块的材料为 20 钢，渗碳淬火处理，硬度 60~64HRC，渗碳层深度 0.8~1.2mm。V 形块的结构尺寸已经标准化，其两斜面的夹角有 60°、90°和 120°三种。设计非标准 V 形块时，可按图 4-24a 所示进行有关尺寸计算。V 形块的基本尺寸包括：

D——标准心轴直径，即工件定位用外圆直径（mm）。

H——V 形块高度（mm），对于大直径工件，$H \leqslant 0.5D$；对于小直径工件，$H \leqslant 1.2D$。

N——V 形块的开口尺寸（mm），当 $\alpha = 90°$ 时，$N = (1.09 \sim 1.13)D$；当 $\alpha = 120°$ 时，$N = (1.45 \sim 1.52)D$。

T——对标准心轴而言，V 形块的标准高度，通常可作为 V 形块的检验尺寸（mm）。

α——V 形块两工作平面间的夹角。

设计 V 形块应根据所需定位的外圆直径 D 计算，先设定 α、N 和 H 值，再求 T 值。T 值必须标注，以便于加工和检验，其值用如下公式计算，即

$$T = H + \frac{D}{2\sin\frac{\alpha}{2}} - \frac{N}{2\tan\frac{\alpha}{2}} \tag{4-1}$$

工件在 V 形块中用外圆定位时，基本上是圆柱面与两平面相接触，如图 4-25 所示。

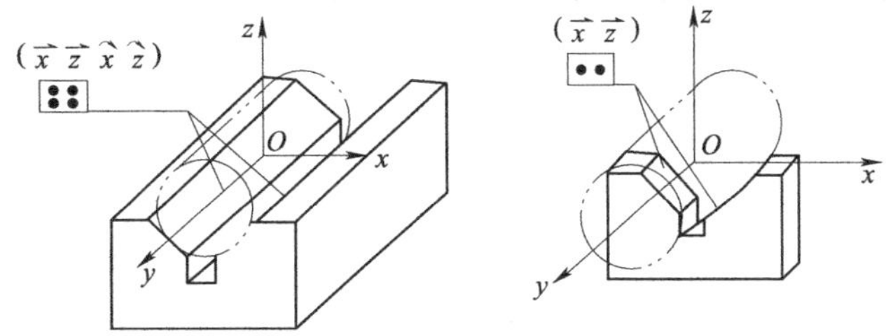

a) 长V形块　　b) 短V形块

图 4-25　圆柱体在 V 形块上定位

1）接触线较长时（图 4-25a），相当于四个定位支承点，限制四个自由度：$\vec{x}$、$\vec{z}$、$\overset{\frown}{x}$、$\overset{\frown}{z}$。

2）接触线较短时（图 4-25b），相当于两个定位支承点，限制两个自由度：$\vec{x}$、$\vec{z}$。

（2）定位套筒　定位套筒装在夹具体上，工件外圆装入定位套筒用以支承外圆表面而起定位作用，如图 4-26 所示。这种定位方法，定位元件结构简单，但定心精度不高，当工件外圆与定位孔配合较松时，容易使工件偏斜。因此，常采用套筒内孔与端面一起定位，以减少偏斜。若工件端面较大，为避免过定位，定位孔应适当短些。也可将同一圆周面的孔分成两半圆，下半部分装在夹具体上，起定位作用，上半部分装在可卸式或铰链式压盖上，起夹紧作用，以提高定位精度。

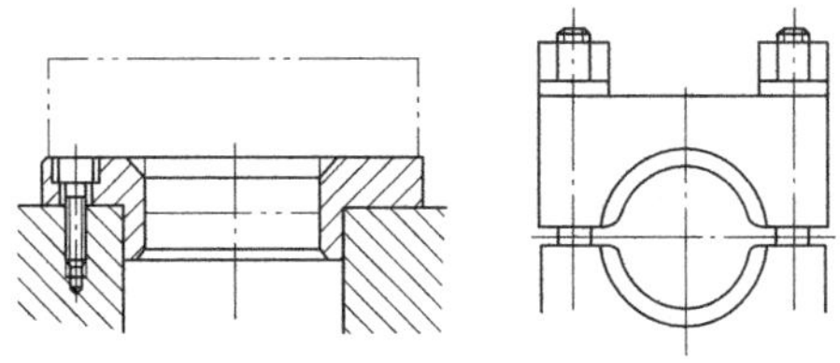

图 4-26　定位套筒

（3）外圆定心夹紧机构　在实现定心的同时，能将工件夹紧的机构，称为定心夹紧机构，如自定心卡盘、弹簧夹头等。图 4-27 所示为几种弹簧夹头的结构示意图，图 4-27a 所示为拉式弹簧夹头，图 4-27b 所示为推式弹簧夹头，图 4-27c 所示为不动式弹簧夹头。不动式弹簧夹头的特点是，夹紧时工件不会发生轴向移动，但结构较复杂。

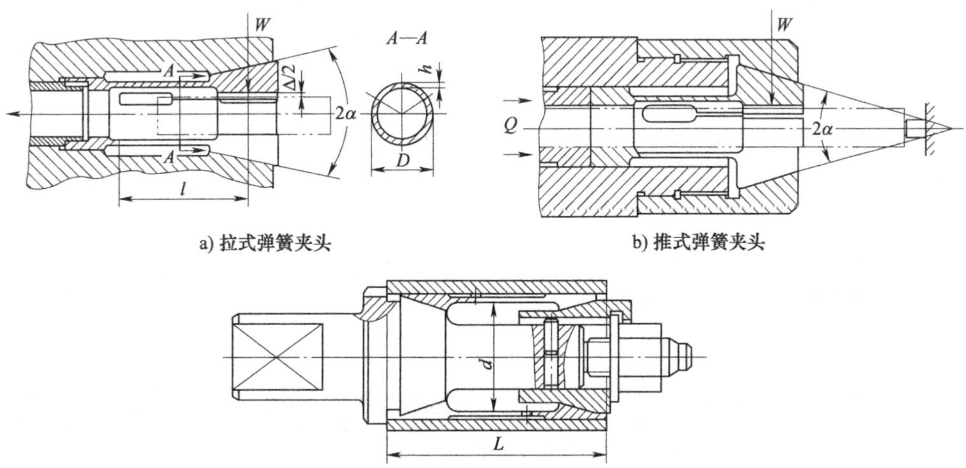

a) 拉式弹簧夹头　　b) 推式弹簧夹头

c) 不动式弹簧夹头

图 4-27　几种弹簧夹头的结构示意图

表 4-1 给出了工件的典型定位方式。

表 4-1　工件的典型定位方式

工件的定位面	夹具的定位元件				
平面	支承钉	定位情况	1 个支承钉	2 个支承钉	3 个支承钉
		图示	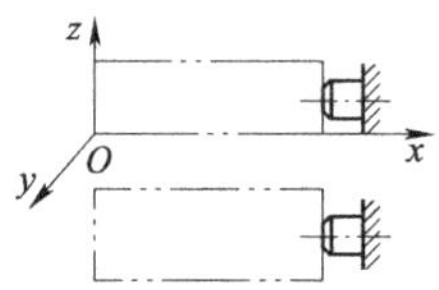	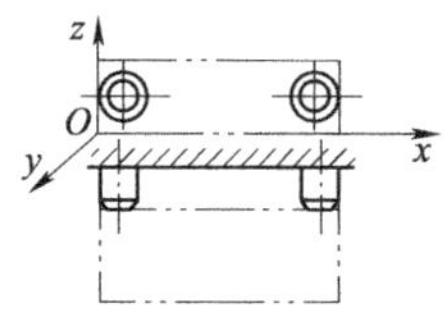	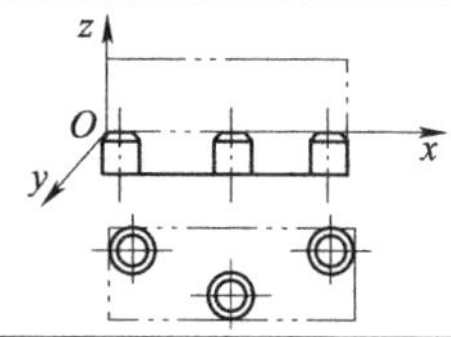
		限制的自由度	$\vec{x}$	$\vec{y}$　$\overset{\frown}{z}$	$\vec{z}$　$\overset{\frown}{x}$　$\overset{\frown}{y}$
	支承板	定位情况	一块条形支承板	两块条形支承板	一块矩形支承板
		图示	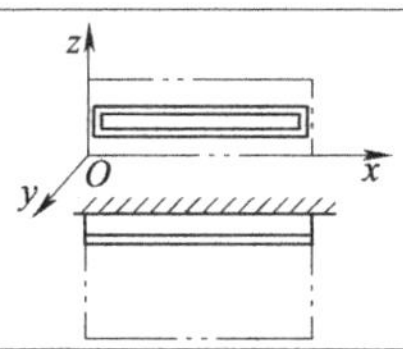	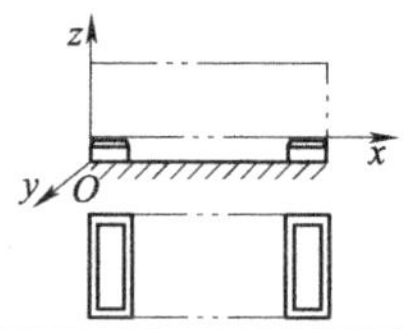	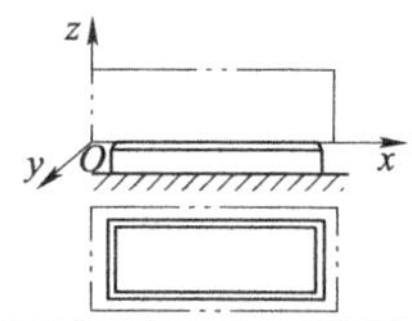
		限制的自由度	$\vec{y}$　$\overset{\frown}{z}$	$\vec{z}$　$\overset{\frown}{x}$　$\overset{\frown}{y}$	$\vec{z}$　$\overset{\frown}{x}$　$\overset{\frown}{y}$
圆孔	定位销	定位情况	短定位销	长定位销	两段短定位销
		图示	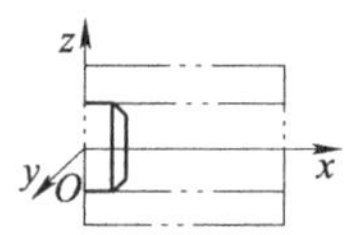	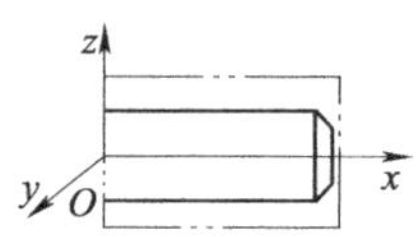	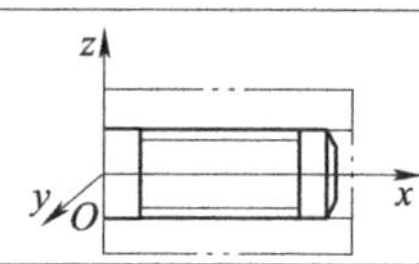
		限制的自由度	$\vec{y}$　$\vec{z}$	$\vec{y}$　$\vec{z}$　$\overset{\frown}{y}$　$\overset{\frown}{z}$	$\vec{y}$　$\vec{z}$　$\overset{\frown}{y}$　$\overset{\frown}{z}$
		定位情况	菱形销	长销小平面组合	短销大平面组合
		图示	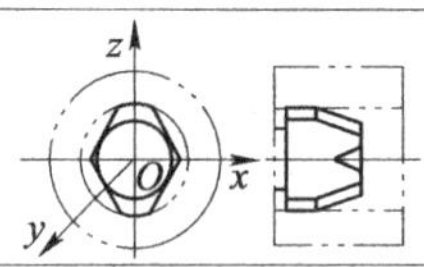	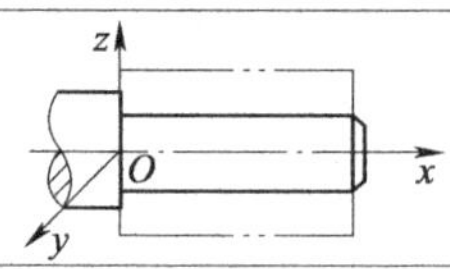	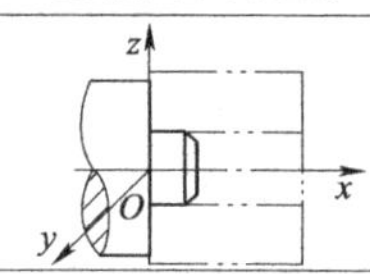
		限制的自由度	$\vec{z}$	$\vec{x}$　$\vec{y}$　$\vec{z}$　$\overset{\frown}{y}$　$\overset{\frown}{z}$	$\vec{x}$　$\vec{y}$　$\vec{z}$　$\overset{\frown}{y}$　$\overset{\frown}{z}$
	圆锥销	定位情况	固定锥销	浮动锥销	固定锥销与浮动锥销组合
		图示	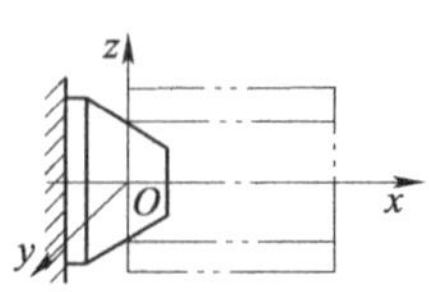	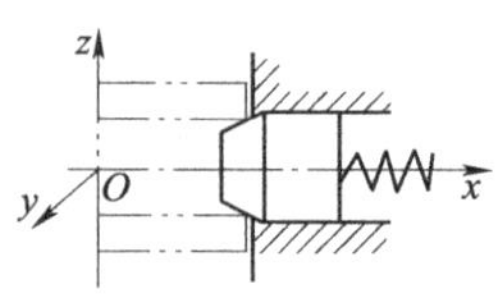	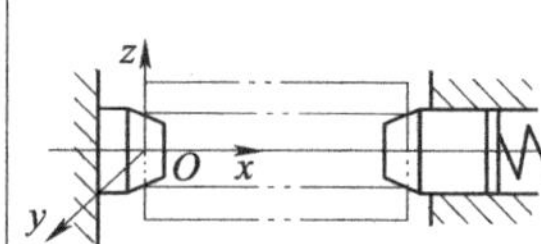
		限制的自由度	$\vec{x}$　$\vec{y}$　$\vec{z}$	$\vec{y}$　$\vec{z}$	$\vec{x}$　$\vec{y}$　$\vec{z}$　$\overset{\frown}{y}$　$\overset{\frown}{z}$
	心轴	定位情况	长圆柱心轴	短圆柱心轴	小锥度心轴
		图示	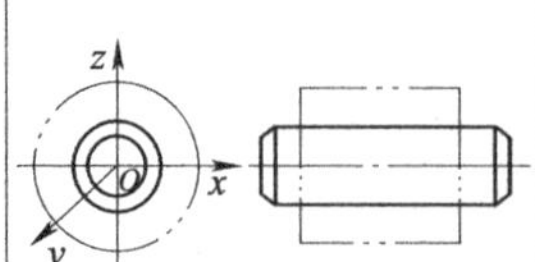	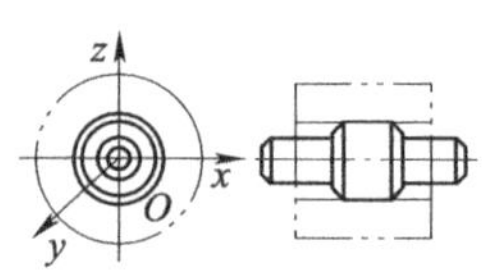	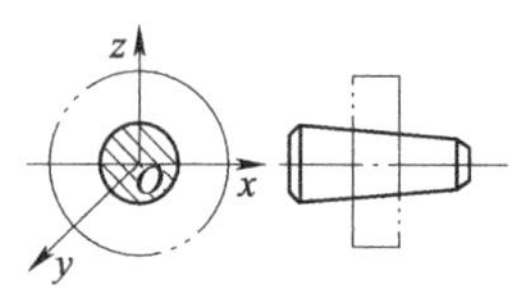
		限制的自由度	$\vec{x}$　$\vec{z}$　$\overset{\frown}{x}$　$\overset{\frown}{z}$	$\vec{x}$　$\vec{z}$	$\vec{x}$　$\vec{z}$

（续）

工件的定位面	夹具的定位元件				
外圆柱面	V形块	定位情况	一块短V形块	两块短V形块	一块长V形块
		图示	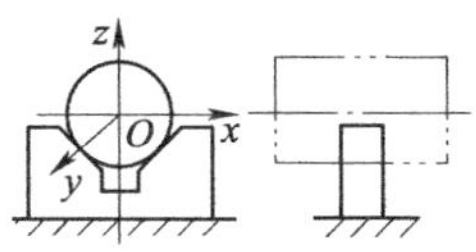	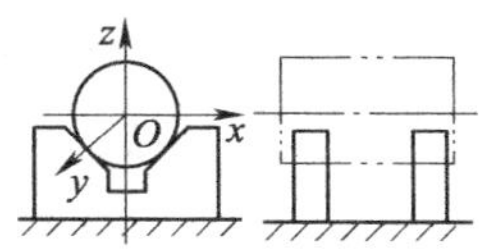	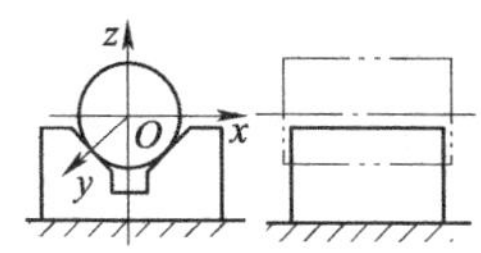
		限制的自由度	$\vec{x}$ $\vec{z}$	$\vec{x}$ $\vec{z}$ $\widehat{x}$ $\widehat{z}$	$\vec{x}$ $\vec{z}$ $\widehat{x}$ $\widehat{z}$
	定位套筒	定位情况	一个短定位套筒	两个短定位套筒	一个长定位套筒
		图示	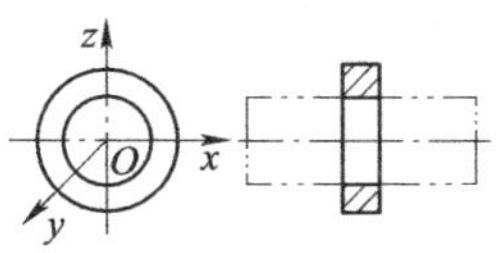	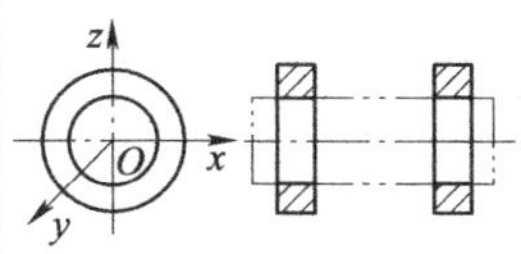	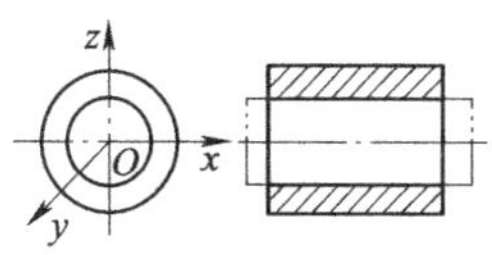
		限制的自由度	$\vec{x}$ $\vec{z}$	$\vec{x}$ $\vec{z}$ $\widehat{x}$ $\widehat{z}$	$\vec{x}$ $\vec{z}$ $\widehat{x}$ $\widehat{z}$
圆锥孔	锥顶尖和锥度心轴	定位情况	固定顶尖	浮动顶尖	锥度心轴
		图示	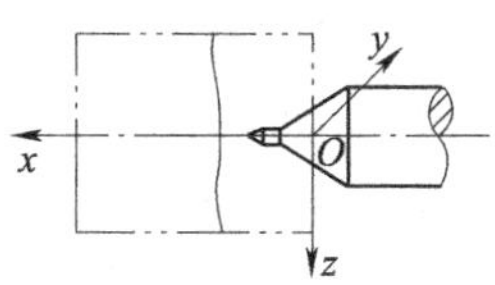	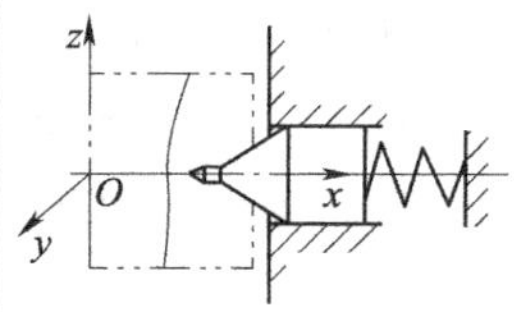	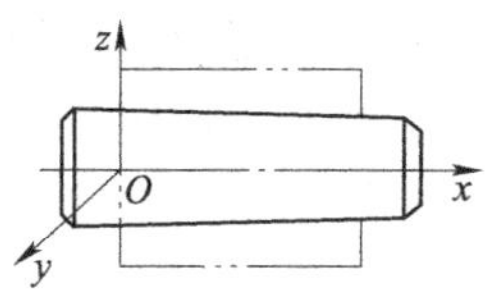
		限制的自由度	$\vec{x}$ $\vec{y}$ $\vec{z}$	$\vec{y}$ $\vec{z}$	$\vec{x}$ $\vec{y}$ $\vec{z}$ $\widehat{y}$ $\widehat{z}$

5. 工件以组合表面定位及其分析

以上所述定位方法，均指工件以单一表面定位。实际上，要可靠限制工件较多自由度时，工件往往是以几个表面同时起定位作用，称为“组合表面定位”。

（1）两短锥孔的组合　两短锥孔定位车削、磨削轴类工件时常用的一种装夹方式，如图4-28所示。若前、后两顶尖固定，则分别限制3个自由度，共限制6个自由度，但两顶尖组合只能限制5个自由度，而$\widehat{x}$自由度无法限制，因此必然存在过定位，即$\vec{x}$自由度；将前顶尖固定，限制$\vec{x}$、$\vec{y}$、$\vec{z}$ 3个自由度，而后顶尖沿x轴移动，只限制$\widehat{y}$、$\widehat{z}$ 2个自由度。

（2）短外圆和短锥孔的组合　如图4-29所示，若自定心卡盘夹持工件较长，后顶尖可

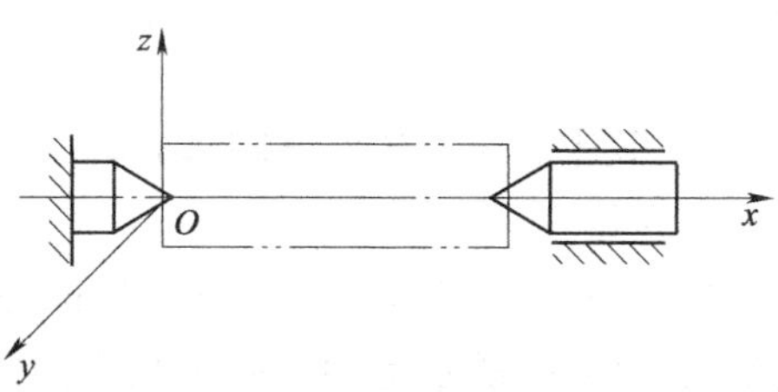

图4-28　工件以两短锥孔定位

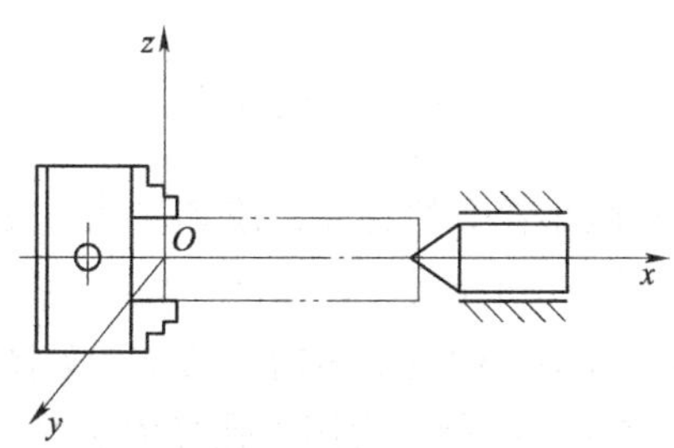

图4-29　工件以短外圆和短锥孔定位

沿 x 轴移动，则分别限制$\vec{y}$、$\vec{z}$、$\overset{\frown}{y}$、$\overset{\frown}{z}$ 4 个自由度和$\overset{\frown}{y}$、$\overset{\frown}{z}$ 2 个自由度，共限制 6 个自由度，而$\vec{x}$、$\overset{\frown}{x}$ 2 个自由度无法限制，因此必然存在过定位，即$\overset{\frown}{y}$、$\overset{\frown}{z}$ 2 个自由度，因此，采用这种定位方式时自定心卡盘夹持长度应尽量缩短。

（3）一个平面和两个与其垂直的外圆柱面的组合　如图 4-30 所示，工件在平面上定位后，再将工件左端用圆孔或 V 形块定位，右端外圆所用的 V 形块必须做成浮动结构，使其只能限制工件一个自由度，否则就会出现过定位。

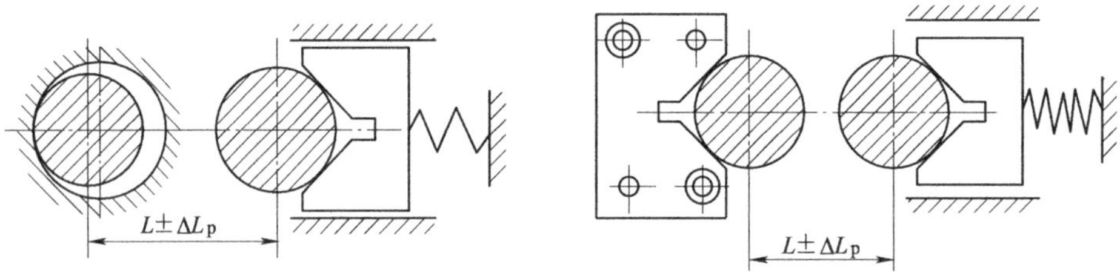

a)　　b)

图 4-30　工件以端面和两外圆定位

（4）一个平面和两个与其垂直孔的组合　在箱体、连杆、盖板等类工件加工中，常采用这种组合定位，称为“**一面两孔**”定位。一面两孔定位时所用定位元件是：平面采用支承板，两孔采用定位销，故又称为“**一面两销**”定位，如图 4-31 所示。这种情况下两定位销重复限制了沿 x 轴方向的移动自由度，属于过定位。由于工件上两孔的中心距与夹具上两销的中心距均会有误差（$\pm\Delta K$ 和$\pm\Delta J$），因而会出现图 4-32 所示的相互干涉现象，这是一面两孔定位需要解决的主要问题。

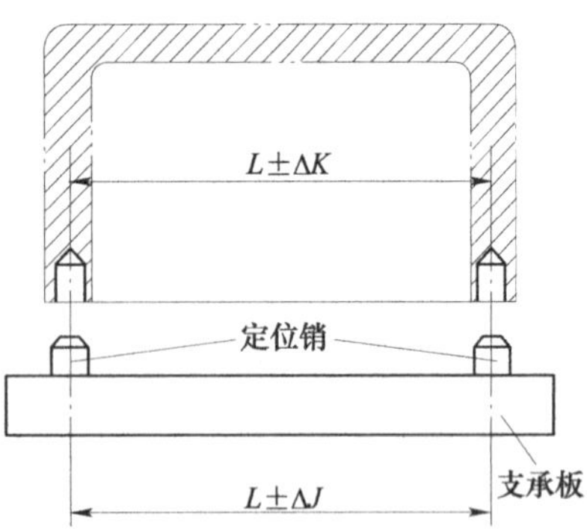

图 4-31　“一面两孔”的组合定位

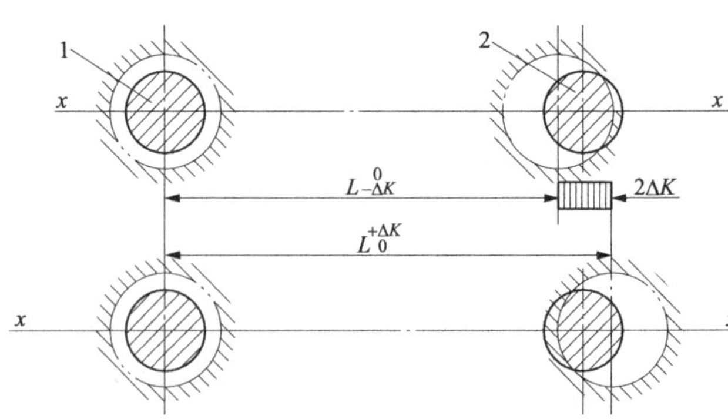

图 4-32　一面两孔定位时的相互干涉现象

1）减小销 2 的直径，使其与孔 2 具有最小间隙 Δ_2，其中，$\Delta_2=2(\Delta K+\Delta J-\Delta_1/2)$，以补偿孔、销的中心距偏差，式中的 Δ_1是孔 1 与销 1 的最小间隙。

2）将销 2 做成削扁销，其结构如图 4-33 所示。图 4-33a 所示为用于孔径 3~50mm 的定位销；图 4-33b 所示为用于孔径大于 50mm 的定位销；图 4-33c 所示为用于孔径很小的定位销；图 4-33d 所示的 b_1为削扁销留下的宽度，其取值 $b_1=D_2\Delta_2/(2a)$，式中 D_2为孔 2 的最小直径，Δ_2为孔 2 与销 2 的最小配合间隙，一般可取 $a=\Delta K+\Delta J$。

3）削扁销的长轴方向应布置在绕圆形销旋转的切线方向上，以提高旋转方向的定位精度。

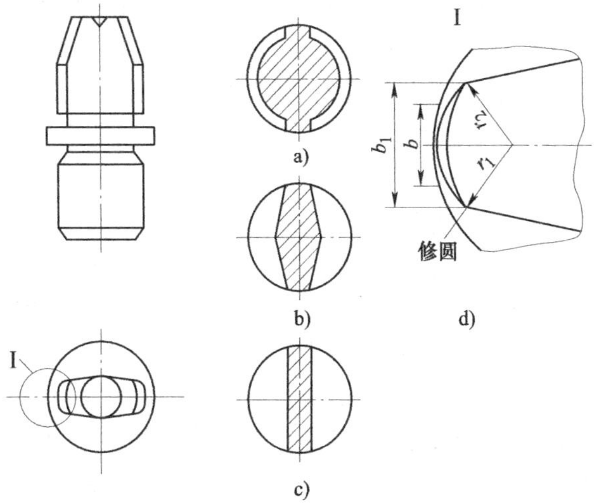

图 4-33　削扁销结构

（5）一个孔和一个平行于孔中心线的平面的组合　图 4-34 所示的两个工件，均需以大孔及底面定位，加工两小孔。按其加工尺寸要求的不同，图 4-34a 所示工件选用图 4-34c 所示定位方案；图 4-34b 所示工件选用图 4-34d 所示定位方案，均能避免过定位，并保证加工要求。

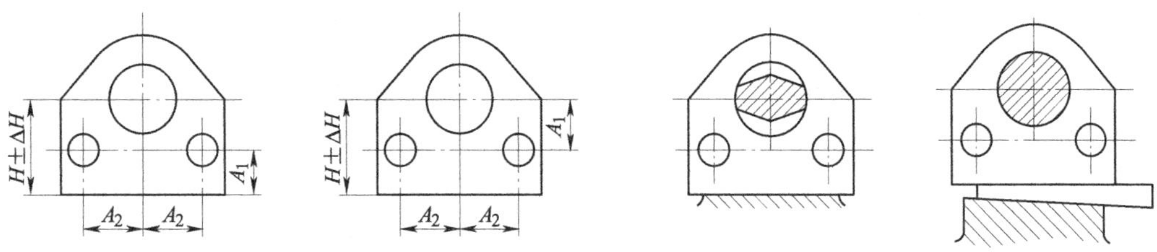

图 4-34　工件以一孔和一平面定位

4.3　定位误差分析

六点定位原理解决了工件自由度的限制问题，即工件在夹具中位置“定与不定”的问题。现在需要进一步研究定位精度问题，即工件位置定得“准与不准”的问题。由于一批工件逐个在夹具上定位时，各工件实际所占据的位置不完全一致。加工后，各工件的加工尺寸必然大小不一，形成误差。这种与工件定位有关的误差，称为**定位误差**，用 Δ_D 表示。工件位置“准”与“不准”，更确切地说是加工尺寸所依赖设计基准位置是否一致。影响各工件设计基准位置不一致的原因有二：一是定位基准与设计基准不重合；二是定位基准与限位基准不重合。定位误差就是指一批工件采用调整法加工时，因定位不正确，而引起的尺寸或位置所依赖的设计基准的最大变动量。定位误差由**基准不重合误差**和**基准位移误差**组成。

1. 基准不重合误差

在零件图上用来确定某一表面尺寸、位置所依据的基准称为**设计基准**，而在工序图上用来确定本工序被加工表面加工后的尺寸、位置所依据的基准称为**工序基准**。在机床上对工件进行加工时，须选择工件上若干几何要素作为加工（或测量）时的**定位基准（或测量基准）**，一般情况下，工序基准应与设计基准重合。如果所选用的定位基准（或测量基准）与设计基准不重合，就会产生基准不重合误差。**基准不重合误差 Δ_B 等于定位基准相对于设计基准在工序尺寸方向上的最大变动量。**

例如：加工图 4-35a 所示零件，设 e 面已加工好，今在铣床上用调整法加工 f 面和 g 面。在加工 f 面时，若选 e 面为定位基准，则 f 面的设计基准和定位基准都是 e 面，基准重合，没有基准不重合误差，尺寸 A 的允许的制造误差即为设计公差 T_A，如图 4-35b 所示。

当加工 g 面时，定位基准有两种不同的选择方案，一种方案（方案Ⅰ）是加工时选用 f 面作为定位基准，如图 4-35c 所示，此时定位基准与设计基准重合，没有基准不重合误差，尺寸 B 的制造误差为 T_B；但这种定位方式的夹具结构复杂，夹紧力的作用方向与铣削力方向相反，不够合理，操作也不方便。

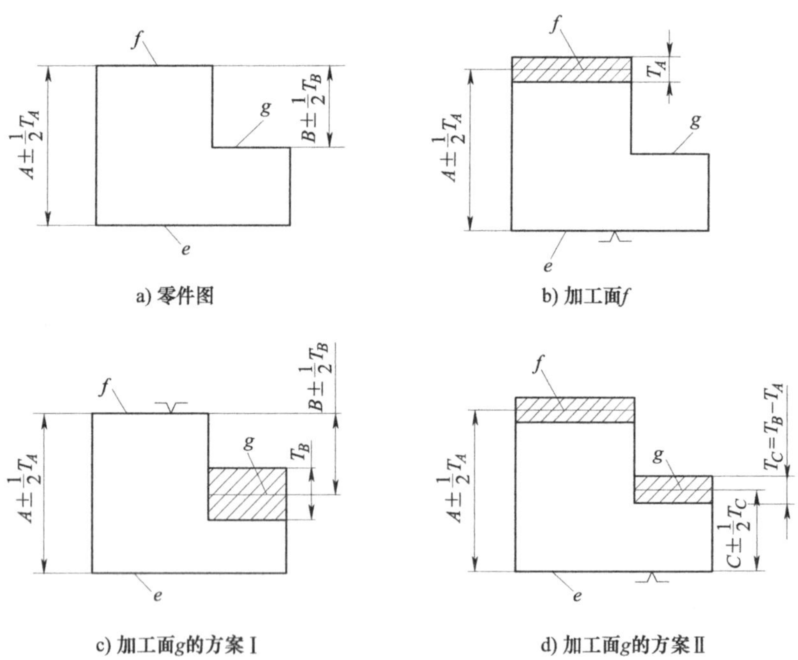

图 4-35　基准不重合误差分析示例

另一种方案（方案Ⅱ）是选用 e 面作为定位基准来加工 g 面，如图 4-35d 所示，此时，铣刀端面至定位基准 e 面之间的尺寸在加工一批工件中是不变的，**直接得到**的是工序尺寸 C，而尺寸 B 将由尺寸 A、C **间接保证**。根据图 4-35d，可推导出尺寸 B 的误差为

$$B_{max} = A_{max} - C_{min} = A + T_A/2 - (C - T_C/2) \tag{4-2}$$

$$B_{min} = A_{min} - C_{max} = A - T_A/2 - (C + T_C/2) \tag{4-3}$$

$$T_B = B_{max} - B_{min} = T_A + T_C \tag{4-4}$$

可见尺寸 B 的误差由本工序误差 T_C 和前一工序误差 T_A 构成，其中 T_A 即为基准不重合误差。因此，**由于定位基准 e 与设计基准 f 不重合而给 g 面加工带来的基准不重合误差 Δ_B 等于设计基准 f 面相对于定位基准 e 面在尺寸 B 方向上的最大变动量 T_A。**

为了保证尺寸 B 的设计允许误差 T_B，工序公差 T_C 必须满足

$$T_C \leqslant T_B - T_A \tag{4-5}$$

当 $T_A \geqslant T_B$ 时，$T_C = 0$ 或为负值，这在工艺上是不可能的，此时必须提高前道工序的加工精度，即压缩前道工序的制造误差。

当 $T_A < T_B$ 时，显然，本工序的制造精度被提高了，即以小的制造误差 T_C 去保证一个大的制造误差 T_B，这样不可避免会增加制造难度，加大制造成本。因此，加工过程中，尽量选择设计基准作为定位基准。

注意：定位基准与设计基准不重合时所产生的基准不重合误差，只有在采用调整法加工时才会产生，在试切法加工中不会产生。

2. 基准位移误差

工件在夹具中的正确位置是由夹具上的定位元件来确定的。夹具上的定位元件不可能按公称尺寸制造得绝对准确，它们的实际尺寸（或位置）都允许在分别规定的公差范围内变动，同时，工件上的定位基准面也会有制造误差。工件定位基准面与夹具定位元件共同构成定位副时，由于定位副制造不准确和定位副之间的配合间隙引起的工件最大位置变动量，称为**基准位移误差**，用 Δ_Y 表示。

如图 4-36 所示零件，在圆柱面上铣槽，加工尺寸为 A 和 B，工件以内孔 D 在圆柱心轴上定位，O 是心轴轴线，O_1、O_2 是工件孔的轴心。

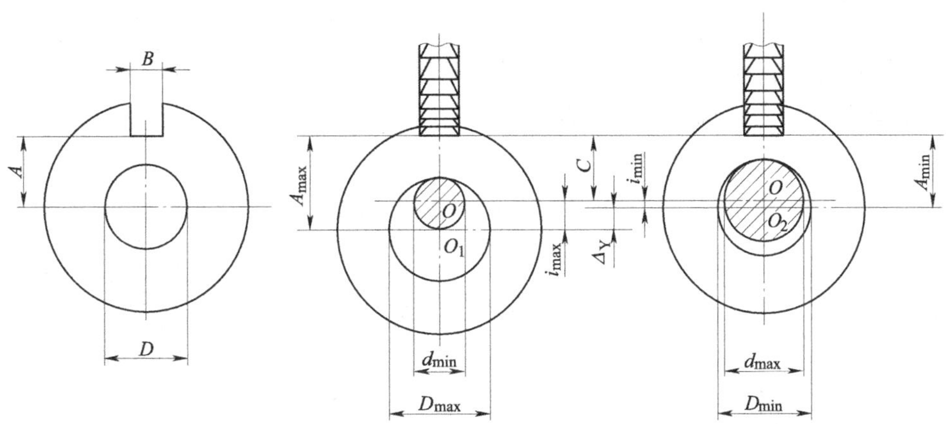

a) 零件图　　b) 加工时基准位移图

图 4-36　基准位移误差

尺寸 A 的设计基准是内孔轴心线，定位基准也是内孔轴心线，两者重合，$\Delta_B = 0\text{mm}$。但是由于定位副有制造公差和配合间隙，使得定位基准与限位基准不能重合，定位基准（工件的内孔轴线）相对于限位基准（心轴轴线）有了一个变动范围 O_1O_2。由于有了这一变动范围，影响到 A 尺寸的大小，给 A 尺寸造成了误差，这个误差就是基准位移误差，即

$$\Delta_Y = O_1O_2 = OO_1 - OO_2 \tag{4-6}$$

式中，OO_1 是孔最大、轴最小时的半径间隙，$OO_1=\frac{D_{max}-d_{min}}{2}$； OO_2 是孔最小、轴最大时的半径间隙，$OO_2=\frac{D_{min}-d_{max}}{2}$。

所以

$$\Delta_Y=O_1O_2=\frac{D_{max}-d_{min}}{2}-\frac{D_{min}-d_{max}}{2}$$
$$=\frac{D_{max}-D_{min}}{2}+\frac{d_{max}-d_{min}}{2}=\frac{\delta_D+\delta_d}{2} \tag{4-7}$$

从上式可以看出基准位移误差是因为定位副的制造误差 δ_D、δ_d 而产生的。

一般情况下，基准不重合误差的方向和基准位移误差的方向可能不相同，为此定位误差取为基准不重合误差和基准位移误差的矢量和。

3. 定位误差的分析计算示例

例 4-1 如图 4-37 所示，直径为 $d_{-\delta_d}^{\ 0}$的轴在 V 形块上定位铣平面，加工表面的设计尺寸有三种不同的标注方式。

1）要求保证上母线到加工面的尺寸 H_1，即设计基准为 B，如图 4-37b 所示。

2）要求保证下母线到加工面的尺寸 H_2，即设计基准为 C，如图 4-37c 所示。

3）要求保证轴心线到加工面的尺寸 H_3，即设计基准为 O，如图 4-37d 所示。

解 三种尺寸标注的工件均以外圆上的半圆面在 V 形块上定位，体现的定位基准为圆轴轴心线。由于工件尺寸有大有小，接触点 E、F 的位置将会变化，造成轴心线 O 产生垂直位移误差，而加工前调整机床时以不变点 A（V 形块两工作表面的交点）作为调整刀具位置尺寸 C 的依据。因此，对于加工尺寸 H_1、H_2、H_3都会产生基准不重合或定位基准本身制造误差而造成的定位误差。现分别计算如下。

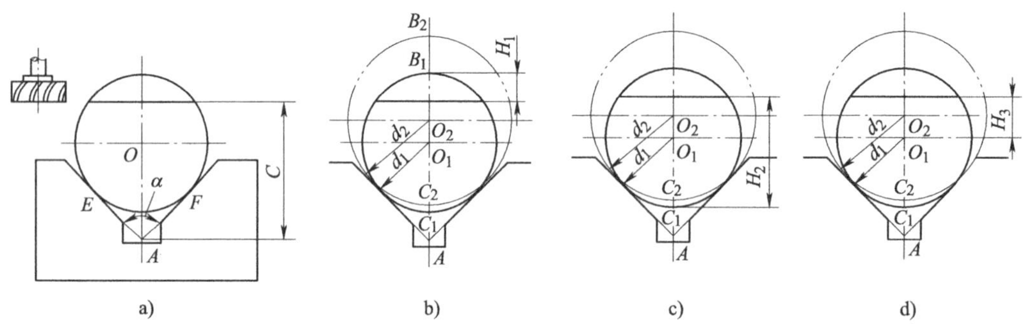

图 4-37 用 V 形块定位的误差

1）尺寸 H_1的定位误差。

① 误差判断。设计基准为圆轴上母线，定位基准为圆轴轴心线 O，两者不重合，$\Delta_B\neq0$；由于工件尺寸变化，使定位基准与限位基准不重合造成基准位移误差，故 $\Delta_Y\neq0$。

② 误差计算。Δ_B =定位基准相对于设计基准在工序尺寸方向上的最大变动量

$$=\frac{d_{\max}}{2}-\frac{d_{\min}}{2}=\frac{\delta_d}{2}$$

Δ_Y =定位基准相对于限位基准在工序尺寸方向上的最大变动量 O_1O_2

$$=\frac{d_{\max}}{2\sin\frac{\alpha}{2}}-\frac{d_{\min}}{2\sin\frac{\alpha}{2}}=\frac{\delta_d}{2\sin\frac{\alpha}{2}}$$

③ 误差综合。由于基准不重合误差和基准位移误差在同一尺寸方向，因此 $\Delta_D=\Delta_B\pm\Delta_Y$。符号的确定：假设定位基准 O 不动，当定位圆柱面直径由大变小时，则设计基准向下运动，基准不重合误差方向向下；另一方面，当定位圆柱面直径由大变小时，引起定位基准 O 向下移动，使基准位移误差方向也向下，因此两者变动方向相同，故有

$$\Delta_D=\Delta_B+\Delta_Y=\frac{\delta_d}{2}+\frac{\delta_d}{2\sin\frac{\alpha}{2}}=\frac{\delta_d}{2}\left(1+\frac{1}{\sin\frac{\alpha}{2}}\right) \tag{4-8}$$

2）尺寸 H_2的定位误差。同理，可推知 H_2 的定位误差为

$$\Delta_D=|\Delta_Y-\Delta_B|=\frac{\delta_d}{2}\left(\frac{1}{\sin\frac{\alpha}{2}}-1\right) \tag{4-9}$$

3）尺寸 H_3的定位误差。

① 误差判断。设计基准为圆轴轴心线 O，定位基准为圆轴轴心线 O，两者重合，$\Delta_B=0$；由于工件尺寸变化，使定位基准与限位基准不重合造成基准位移误差，故 $\Delta_Y\neq0$。

② 误差计算。Δ_Y =定位基准相对于限位基准在工序尺寸方向上的最大变动量 O_1O_2

$$=\frac{d_{\max}}{2\sin\frac{\alpha}{2}}-\frac{d_{\min}}{2\sin\frac{\alpha}{2}}=\frac{\delta_d}{2\sin\frac{\alpha}{2}}$$

③ 误差综合。$\Delta_D=\Delta_Y\pm\Delta_B=\Delta_Y=\dfrac{\delta_d}{2\sin\frac{\alpha}{2}}$ （4-10）

上述三种情况是从基准不重合与基准位移两个方面进行分析所得的计算结果，可以看出其获得的值实际上是设计基准在工序尺寸方向上的最大变动量，因此实际应用时也可直接进行计算。

通过以上分析计算可以看出：轴类零件以 V 形块定位时，定位误差随设计尺寸的标注方法不同而异；另外，随着 V 形块夹角 α 的增大，定位误差减小，但是夹角过大将引起工件定位的不稳定，故一般多采用 90°角 V 形块。

4.4 工件在夹具中的夹紧

工件定位后，在大多数场合，还无法进行加工，只有在夹具上设置相应的夹紧装置对工

件实行夹紧，才能完成工件在夹具中装夹的全部任务。

夹紧装置的基本任务就是保持工件在定位中所获得的既定位置，在切削力、重力、惯性力及振动等外力作用下，不发生移动和松动，确保加工质量和生产安全。有时工件的定位是在夹紧过程中实现的，如用自定心卡盘装夹工件；另外，正确的夹紧还能纠正工件定位的不正确位置。

4.4.1 夹紧装置的组成及其设计要求

1. 夹紧装置的组成

图 4-38 所示为典型的夹紧装置。可以看出，一般夹紧装置由动力源和夹紧机构两个基本部分组成，其中，夹紧机构包括中间递力机构和夹紧元件。

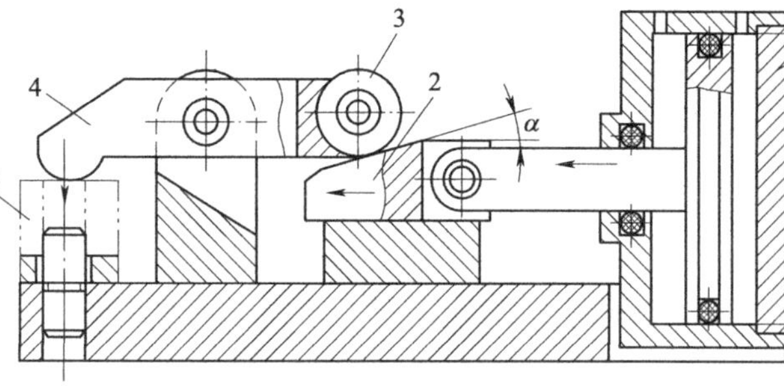

图 4-38 典型的夹紧装置

1—气缸 2—斜楔 3—滚子 4—压板 5—工件

1）动力源。动力源是产生原始作用力的部分。如果用人力对工件进行夹紧，称为手动夹紧；如果用气动、液压、气液联动、电动以及机床的运动等动力装置来代替人力进行夹紧，则称为机动夹紧。

2）夹紧机构。夹紧机构是接受和传递原始作用力，使之变为夹紧力，并执行夹紧任务的部分。它包括中间递力机构和夹紧元件。中间递力机构把来自动力源的力传递给夹紧元件，然后由夹紧元件最终完成对工件的夹紧。夹紧元件为夹紧机构的最终执行元件，与工件直接接触完成夹紧作用，如图 4-38 所示的压板 4。根据动力源的不同和工件夹紧的实际需要，一般中间递力机构在传递夹紧力的过程中，可起到以下作用：①改变作用力的方向；②改变作用力的大小；③具有一定的自锁性能，以保证夹紧可靠，在手动夹紧时尤为重要。

2. 夹紧装置的设计要求

夹紧装置的设计和选用是否正确合理，对于保证加工质量，提高生产率，减轻工人劳动强度有很大影响。为此，对夹紧装置提出如下基本要求：

1）夹紧不应破坏定位。

2）夹紧力的大小应能保证加工过程中工件不发生移动和振动，并能在一定范围内调节。

3）工件在夹紧后的变形最小，受压表面的损伤不应超出允许的范围。

4）应有足够的夹紧行程，手动时要有自锁作用。

5）具有足够的强度和刚度，结构紧凑。

6）动作灵活，制造、维护方便，操作省力、安全。

4.4.2 夹紧力的确定

根据力学基本知识，表述和研究任何一种力，必须掌握力的三个要素，即力的大小、方向和作用点。对于夹紧力来说，也不例外。下面提到有关设计和选用夹紧装置的基本准则，也主要是从正确确定夹紧力的方向、作用点和大小方面来考虑的。

1. 夹紧力的方向

（1）夹紧力应垂直于主要定位基面　为使夹紧力有助于定位，则工件应紧靠定位支承点，并保证各个定位基面与定位元件接触可靠。一般地讲，工件的主要定位基面其面积较大、精度较高，限制的自由度多，夹紧力垂直作用于此面上，有利于保证工件的加工质量和加工过程稳定。

如图 4-39a 所示，在角形支座上镗一与 A 面有垂直度要求的孔。根据基准重合原则，应选择 A 面为主要定位基准，因而夹紧力应垂直于 A 面而不是 B 面。只有这样，不论 A、B 面间角度 α 误差有多大，A 面始终紧靠支承面，因而易于保证垂直度。若要求所镗之孔平行于 B 面，则夹紧力的方向应垂直于 B 面，如图 4-39b 所示。

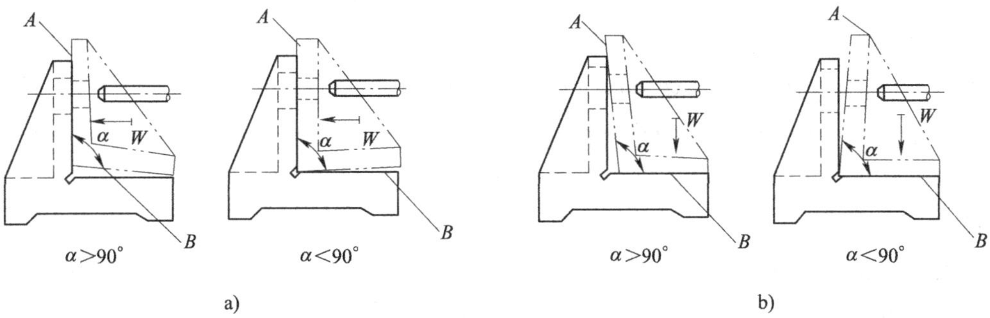

图 4-39　夹紧力方向对加工精度的影响

当需要对几个支承面同时施加夹紧力时，可分别加力，也可采用一定形状的压块，实现一力两用，如图 4-40 所示。

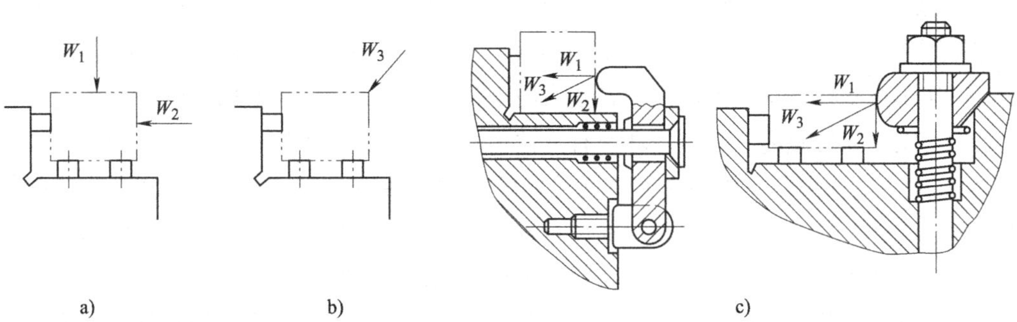

图 4-40　分别加力及一力两用

（2）夹紧力的方向应有利于减小夹紧力　图 4-41 所示为夹紧力 W 与切削力 F、重力 G 的关系。夹紧力方向不同，所需最小夹紧力也不同，其中，图 4-41a 中，$W \geqslant 0$；图 4-41b 中，$W \geqslant F/\mu - G$；图 4-41c 中，$W \geqslant [F(\cos\alpha - \mu\sin\alpha) - G(\sin\alpha + \mu\cos\alpha)]/\mu$；图 4-41d 中，$W \geqslant (F+G)/\mu$；图 4-41e 中，$W \geqslant F+G$。式中 μ 为工件和定位元件之间的摩擦系数。可以看出，图 4-41a 中所需夹紧力最小，较为理想；图 4-41d 最差，说明在依靠摩擦力克服切削力的情况下，所需要的夹紧力很大，所以，最理想的夹紧力的作用方向应与重力、切削力方向一致。

另外，为了减小夹紧力，可以在正对切削力 F 的作用方向，设置一支承元件，这种支承不起定位作用，而仅用来防止工件在加工中移动。

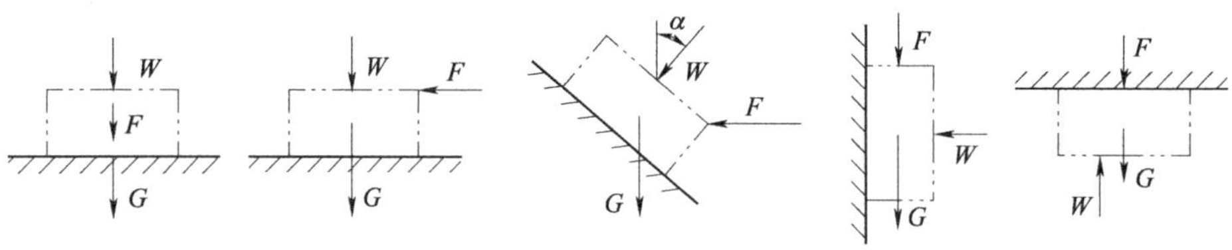

图 4-41　夹紧力 W 与切削力 F、重力 G 的关系

（3）夹紧力的方向应使工件变形尽可能小　由于工件不同方向上的刚度不同，不同的受力面也会因其面积不同而变形各异，夹紧薄壁工件时，尤其应注意这种情况。图 4-42 所示的套筒夹紧，用自定心卡盘夹紧外圆要比特制螺母从轴向夹紧工件的变形大得多。

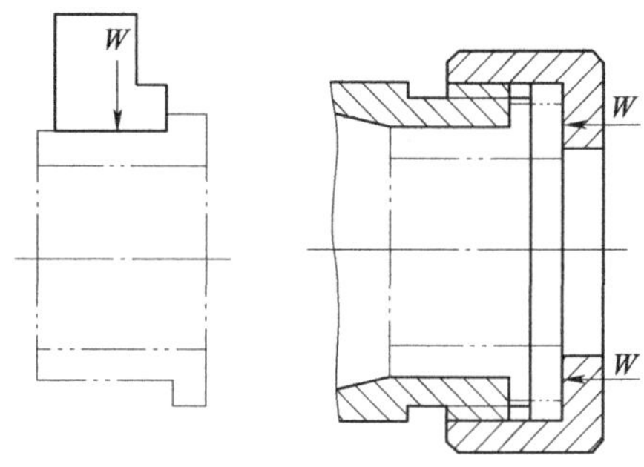

图 4-42　套筒夹紧

2. 夹紧力的作用点

夹紧力的作用点是指夹紧元件与工件相接触的一小块面积。选择作用点的问题是在夹紧力方向已定的情况下提出来的。选择夹紧力作用点位置和数目时，应考虑工件定位可靠，防止夹紧变形，确保工序的加工精度。

1）夹紧力的作用点应能保持工件定位稳定，而不致引起工件发生位移和偏转，因此夹紧力应作用在支承点上或支承所决定的范围内。如图 4-43 所示，夹紧力虽然朝向主要定位基面，但作用点却在支承范围以外，夹紧力与支反力构成力矩，夹紧时工件将发生偏转，使定位基面与支承元件脱离，以至破坏原有定位，故应使夹紧力作用在支承范围内。

2）夹紧力的作用点应作用在工件刚性好的部位，使被夹紧工件的夹紧变形尽可能小。对于箱体、壳体、杆叉类工件，要特别注意选择力的作用点问题。如图 4-44a 所示，对薄壁壳体工件，以底平面及两销孔定位，夹紧力单作用点，使工件变形较大，改换成图 4-44b 所示的形式，这样可防止由于工件夹紧变形而产生加工误差。因此，在使用夹具时，为尽量减少工件的夹紧变形，可采用增大工件受力面积或多点分散夹紧的措施。

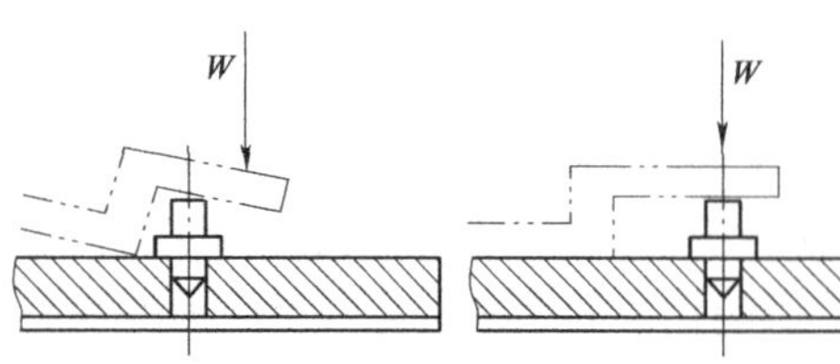

图 4-43　夹紧力作用点应在支承面内

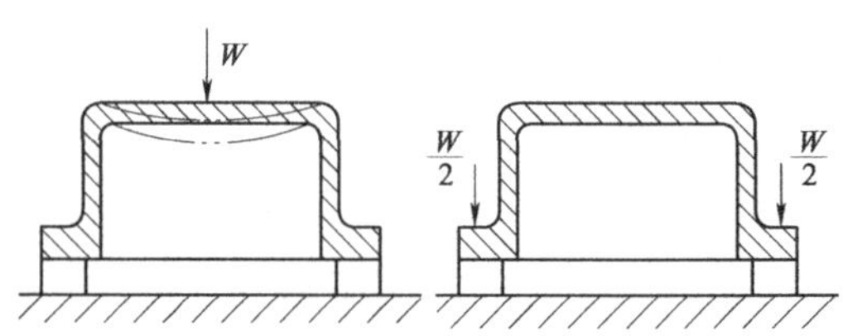

图 4-44　夹紧力作用点应落在刚性较好的部位

3）夹紧力的作用点应尽可能靠近工件加工表面，以提高定位稳定性和夹紧可靠性。图 4-45a 所示为滚齿加工情况，若压板及垫板的直径过小，则夹紧力离切削部位较远，切削中易产生振动，降低齿形加工的表面质量。图 4-45b 所示工件，由于铣削加工部位刚度很低，在靠近加工面处采用浮动夹紧机构或辅助支承，即可增大刚度，减少振动。

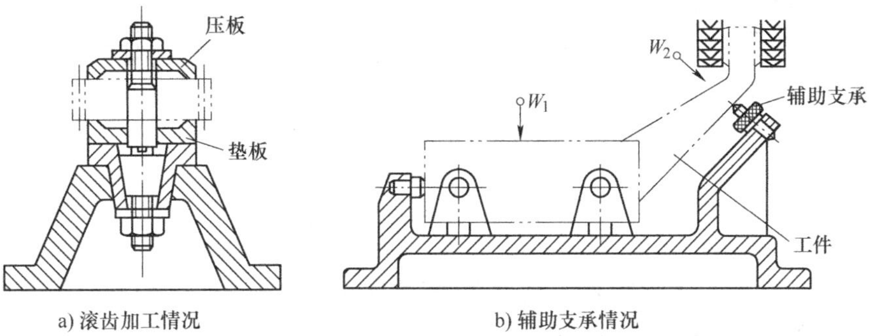

图 4-45　夹紧力的作用点靠近工件加工表面

3. 夹紧力的大小

夹紧力的大小必须适当。夹紧力过小，工件可能在加工过程中产生移动而破坏定位，不仅影响质量，还可能造成事故；夹紧力过大，会使工件和夹具产生变形，对加工质量不利，而且造成人力、物力的浪费。

计算夹紧力，通常将夹具和工件看成一个刚性系统，以便简化计算。根据工件受切削力、夹紧力（大型工件还应考虑重力，高速运动的工件还应考虑惯性力等）的状态，在处于静力平衡条件下，计算出理论夹紧力 W，再乘以安全系数 K，作为实际所需的夹紧力 W_0，即

$$W_0 = KW \tag{4-11}$$

式中，W_0是实际所需要的夹紧力；W 是按静力平衡条件计算的理论夹紧力；K 是安全系数。根据生产经验，一般取 $K=1.5\sim3$，当粗加工时，取 $K=2\sim3$；当精加工时，取 $K=1.5\sim2$。

4.4.3　夹紧机构设计

在夹紧装置中，不论采用何种动力源形式，一切外加的作用力要转化为夹紧力都须通过夹紧机构，因此，夹紧机构是夹紧装置中的一个很重要的组成部分。常用的夹紧机构有基本夹紧机构、定心夹紧机构、联动夹紧机构、组合夹紧机构等多种形式。基本夹紧机构包括斜楔夹紧机构、螺旋夹紧机构和偏心夹紧机构。

1. 斜楔夹紧机构

（1）作用原理　斜楔夹紧机构是夹紧机构中最基本的形式之一，螺旋夹紧机构、偏心夹紧机构及定心夹紧机构等都是斜楔夹紧机构的变型。图 4-46 所示为斜楔夹紧机构。可见，斜楔主要是利用其斜面移动时所产生的压力来夹紧工件的，也即所谓的楔紧作用。

（2）夹紧力分析　斜楔受外加作用力 Q 后所产生的夹紧力 W，可按斜楔受力的平衡条件计算。现以图 4-46a 所示的斜楔直接夹紧机构为对象进行受力分析，斜楔受力分析如图 4-47所示。

斜楔受到工件对它的反力 W 和摩擦力 F_2，夹具体的反作用力 N 和摩擦力 F_1。设 N 和F_1

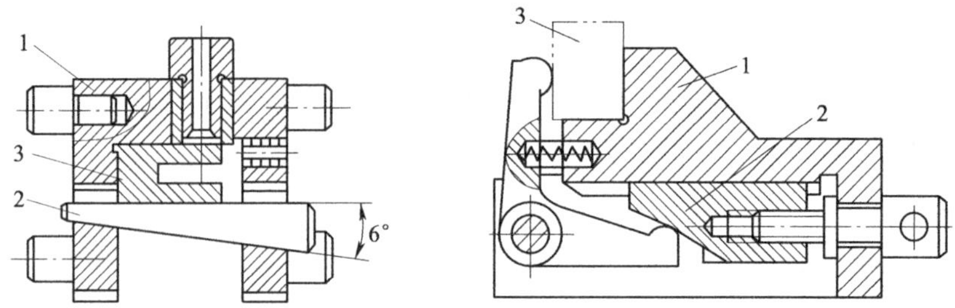

a) 斜楔直接夹紧　　b) 斜楔杠杆夹紧

图 4-46　斜楔夹紧机构

1—夹具体　2—斜楔　3—工件

的合力为 N'；W 和 F_2 的合力为 W'，则 N 和 N' 的夹角即为夹具体与斜楔之间的摩擦角 φ_1；W 与 W' 的夹角为工件与斜楔之间的摩擦角 φ_2。

夹紧时，Q、W'、N' 三力处于平衡，如楔角为 α，将三力分解为水平方向和垂直方向的力：

水平方向　$Q = N'_x + F_2 = N'\sin(\alpha + \varphi_1) + W\tan\varphi_2$

垂直方向　$W = N'_y = N'\cos(\alpha + \varphi_1)$

则有　$Q = W\tan(\alpha + \varphi_1) + W\tan\varphi_2$

即

$$W = \frac{Q}{\tan(\alpha + \varphi_1) + \tan\varphi_2} \tag{4-12}$$

因 α、φ_1、φ_2 均很小，当 $\varphi_1 = \varphi_2 = \varphi$ 时，上式可简化为

$$W \approx \frac{Q}{\tan\alpha + 2\tan\varphi} \tag{4-13}$$

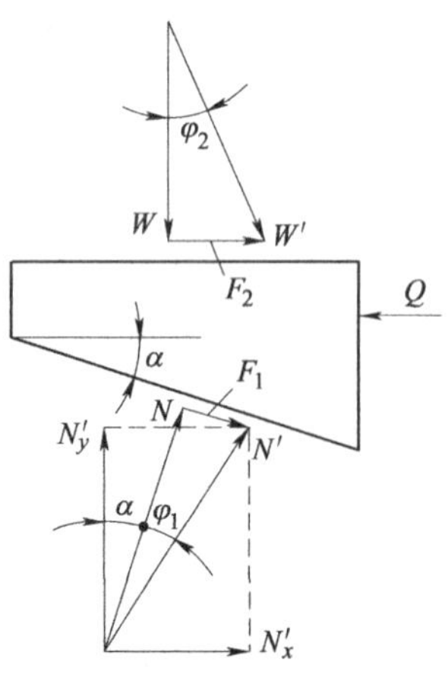

图 4-47　斜楔受力分析

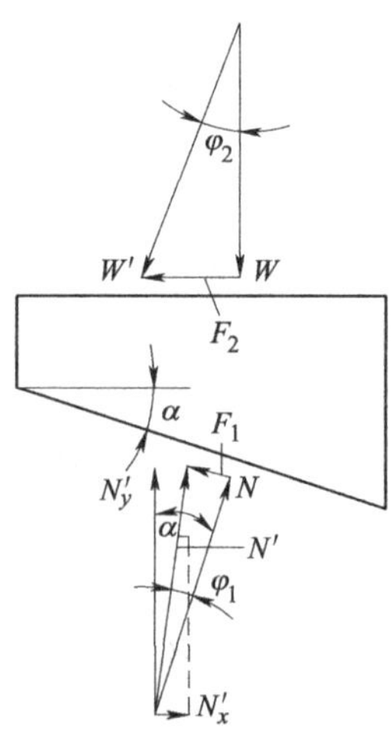

图 4-48　斜楔自锁条件分析

（3）自锁条件分析　一般对夹具的夹紧机构，都要求具有自锁性能。**自锁**即当外加作用力 Q 消失或撤除后，夹紧机构在纯摩擦力的作用下，仍能保持其处于夹紧状态而不松开

的性质。对于斜楔夹紧机构而言，这时摩擦力的方向应与斜楔企图松开和退出的方向相反，如图 4-48 所示。可见，斜楔要实现自锁，应满足 $F_2-N'_x>0$，则有

$$F_2 > N'\sin(\alpha - \varphi_1) \tag{4-14}$$

其中，$F_2 = W\tan\varphi_2$，$W = N'\cos(\alpha - \varphi_1)$，则上式可写为

$$W\tan\varphi_2 > W\tan(\alpha - \varphi_1) \tag{4-15}$$

由于两处摩擦角很小，故 $\tan\varphi_2 \approx \varphi_2$，$\tan(\alpha - \varphi_1) \approx \alpha - \varphi_1$，则有

$$\alpha < \varphi_1 + \varphi_2 \tag{4-16}$$

式（4-16）即为斜楔夹角的自锁条件。

通常 φ_1与 φ_2约等于 6°，因此，$\alpha<12°$。但是考虑到斜楔的实际工作条件，如斜楔与工件的受压面的接触不一定良好，为了自锁可靠，实际可取 $\alpha=6°$，此时 $\tan6° \approx 0.1=1/10$，这就是通常规定斜楔斜度取 1∶10 的原因。

除此之外，斜楔夹紧机构还具有改变夹紧力方向和增力的作用，但斜楔夹紧行程小，效率低。因此，斜楔夹紧机构主要用于毛坯质量较高的机动夹紧场合，手动夹紧机构中，因费时费力，效率低，而较少应用。

2. 螺旋夹紧机构

螺旋夹紧机构利用螺杆直接夹紧工件，或者与其他元件或机构组成复合夹紧机构完成夹紧工件，是实际生产中应用最广泛的一种夹紧机构。

（1）作用原理　螺旋夹紧机构中所用螺旋，实际上相当于把斜楔绕在圆柱体上，因此它的夹紧作用原理与斜楔一样。不过这里是通过转动螺旋，使绕在圆柱体上的斜楔高度发生变化来夹紧工件，螺旋升角即为楔角，其夹紧力计算与斜楔相似。

（2）结构特点　图 4-49a 所示为最简单的螺旋夹紧机构，直接用螺杆来压紧工件。图 4-49b 所示为典型的单螺杆螺旋夹紧机构。旋转手柄，则螺杆在螺母套筒的内螺纹中转动而起夹紧或松开作用，螺母套筒拧在夹具体上，使螺杆不直接与夹具体接触，以防止夹具体磨损，止动螺钉防止螺母套筒松动。若用螺杆头部直接压紧工件，不仅容易压坏工件表面，而且在拧动螺杆时，还会带动工件偏转而破坏原有定位，因此在螺杆头部装有摆动压块。

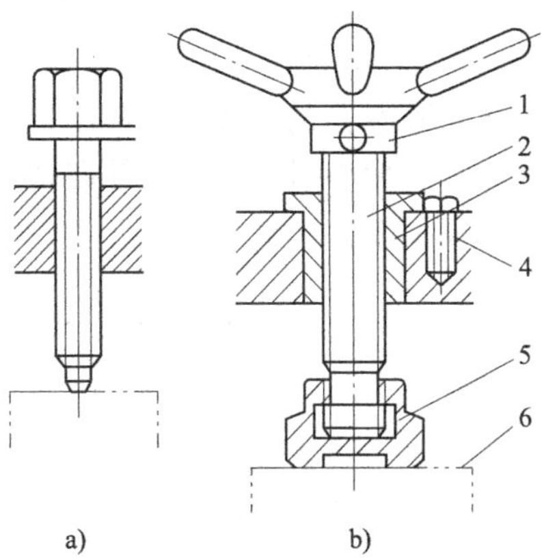

图 4-49　摆动螺旋夹紧机构
1—手柄　2—螺杆　3—螺母套筒
4—止动螺钉　5—压块　6—工件

由于螺旋夹紧机构的增力比可达 80∶1，远比斜楔夹紧力大，同时结构简单、自锁性好、不受夹紧行程的限制，所以使用非常广泛。但是，这种机构夹紧动作慢，效率较低，在实际应用中，用螺旋和压板组合形成杠杆式的夹紧机构应用更为普遍。图 4-50 所示为常见的几种螺旋压板夹紧机构，图 4-51 所示为钩形压板螺旋夹紧机构。

3. 偏心夹紧机构

偏心夹紧机构是一种快速动作的夹紧机构。它的工作效率较高，在夹具设计中应用得也较广泛。常用的偏心轮有圆偏心和曲线偏心两种形式。曲线偏心采用阿基米德螺旋线或对数螺旋线作为轮廓曲线。曲线偏心虽有升角变化均匀等优点，但因制造复杂，故而使用较少；

而圆偏心则因结构简单，制造容易，所以在生产中广泛应用，以下主要介绍圆偏心夹紧机构。

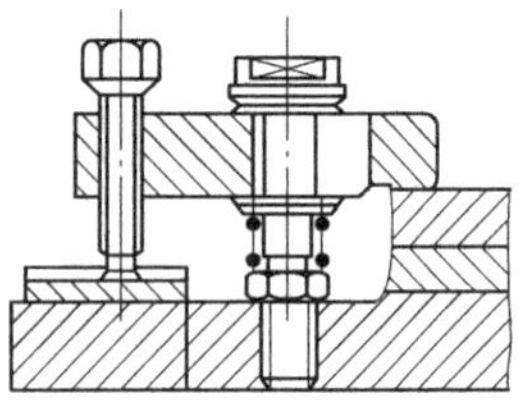

a) 移动式压板1

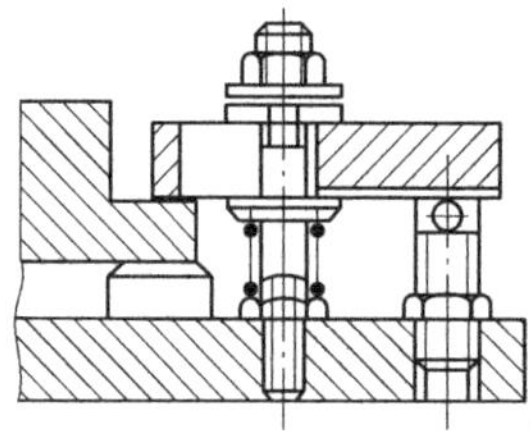

b) 移动式压板2

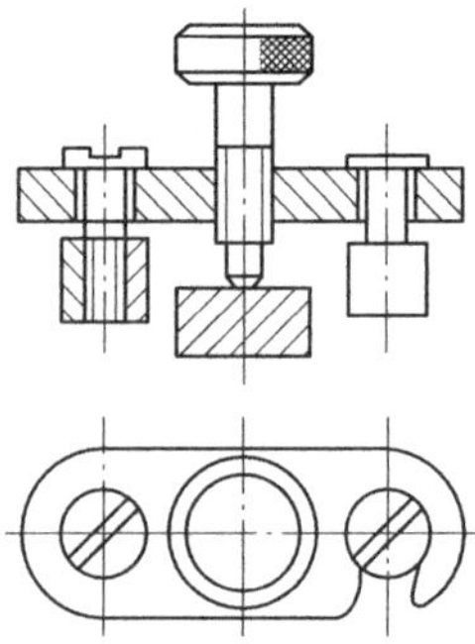

c) 回转式压板

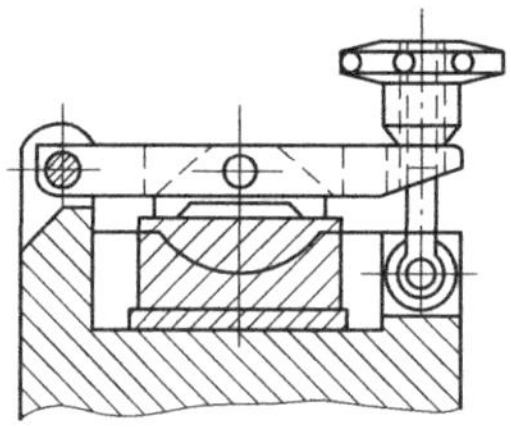

d) 翻盖式压板

图 4-50　常见的几种螺旋压板夹紧机构

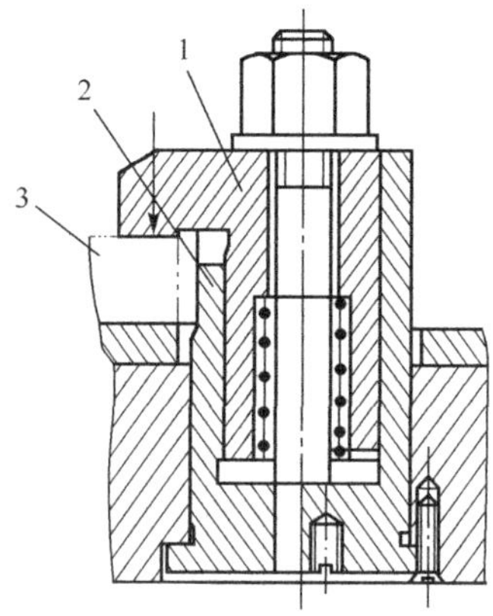

图 4-51　钩形压板螺旋夹紧机构

1—钩形压板　2—套筒　3—工件

（1）作用原理　在图 4-52a 中，O_1是偏心圆的几何中心，r 是偏心圆半径，O 是偏心圆的回转中心，r_o是最小回转半径，两中心间的距离 e 称为偏心距。当偏心圆绕 O 点回转时，圆上各点到 O 点的距离不断地变化，可以把图中阴影部分近似地看成一个绕在半径为 r_o圆上的曲线楔，偏心圆回转时，其回转半径不断增大，相当于曲线楔向前楔紧在 r_o圆与工件之间，因而把工件压紧。

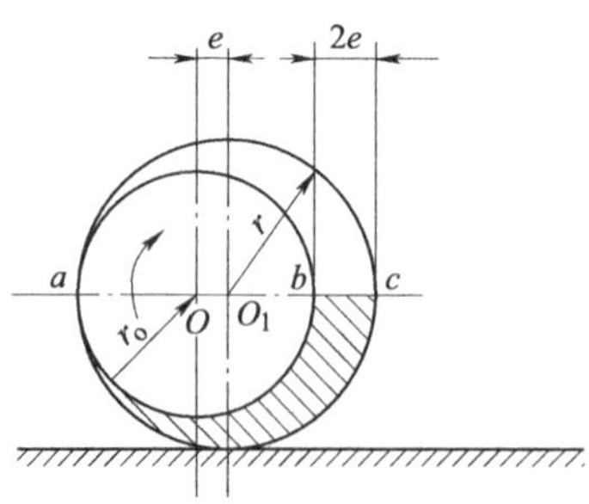

a)

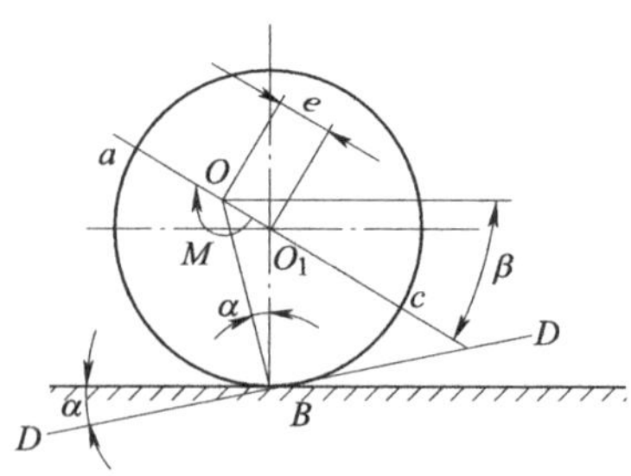

b)

图 4-52　圆偏心的作用原理及圆偏心上各点升角的计算

（2）结构特点　如果设偏心圆的回转角为β，偏心圆的升角为α。可以看出β在0°~90°范围内变化时，偏心圆和工件夹紧面上的接触点在变化，说明偏心圆上各点的升角也在变化。当$\beta=90°$时，$\alpha=0°$；当$\beta=0°$时，α 接近最大值 $\alpha\approx 2e/d$。

要保证夹紧机构自锁，必须使 $\alpha<\varphi$，$\tan\varphi=\mu$。由此得出圆偏心的自锁条件为

$$2e/d \leqslant \mu \tag{4-17}$$

式中，d 是偏心圆的圆直径；μ 是摩擦系数。一般摩擦系数 $\mu=0.10\sim0.15$，则圆偏心特征参数为 $d/e\geqslant14\sim20$。

根据圆偏心的自锁条件和圆偏心的特征参数，便可以决定圆偏心的基本尺寸。通常先确定 μ 和 e，然后求出 d 值。

图 4-53 所示为几种圆偏心夹紧机构，其结构简单，夹紧迅速，但夹紧行程小，增力倍数小，自锁性能差，故一般只在被夹紧表面尺寸变动不大和振动较小的场合应用。在通常情况下，偏心机构单独使用较少，而是与其他夹紧机构联合使用，如图 4-53b 所示的偏心-压板机构。

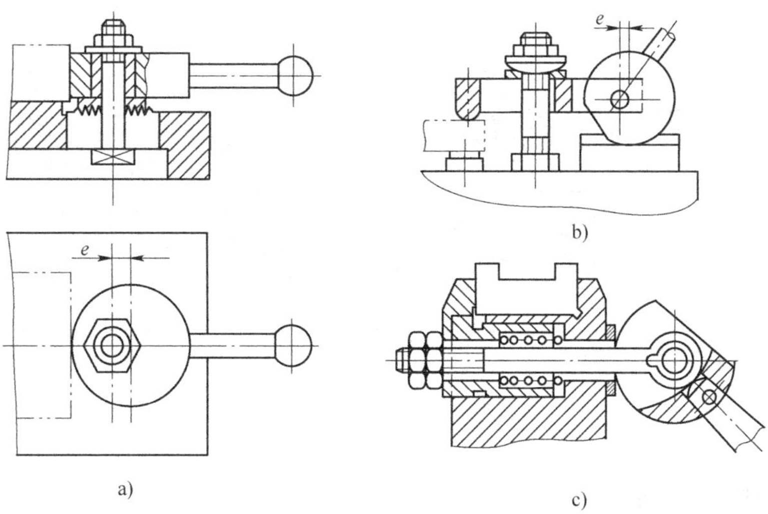

图 4-53　几种圆偏心夹紧机构

上述三种机构是夹紧机构最基本的形式，实际应用中经常与其他机构组合，形成多种复合夹紧机构，以完成不同的夹紧需要。此外，还有铰链夹紧机构，定心夹紧机构以及联动夹紧机构等其他类型的夹紧机构。

定心夹紧机构的定位元件也是夹紧元件，在夹紧的同时完成定位，其工作原理是用等速位移或元件的弹性变形来实现夹紧。如自定心卡盘及图 4-54 所示的定心夹紧机构。

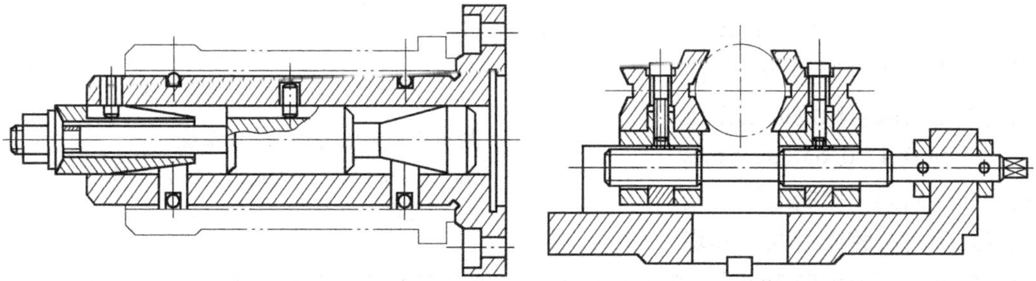

a) 弹簧夹头式　　b) 螺旋头式

图 4-54　定心夹紧机构

铰链夹紧机构是一种增力装置，它具有增力倍数较大、摩擦损失较小的优点，广泛应用于机动（如气动、液动）夹具中，如图 4-55 所示。

联动夹紧机构是一种高效的夹紧机构，它可通过一个操作手柄或一个动力装置，对工件的多个夹紧点实施夹紧，如图 4-56a 所示；或同时夹紧若干个工件，如图 4-56b 所示。它的特点是机构中具有一个或多个浮动元件，当其中的某一夹紧点受压后，浮动元件就会摆动或移动，直到另一点也接触工件表面直到均衡压紧工件为止。

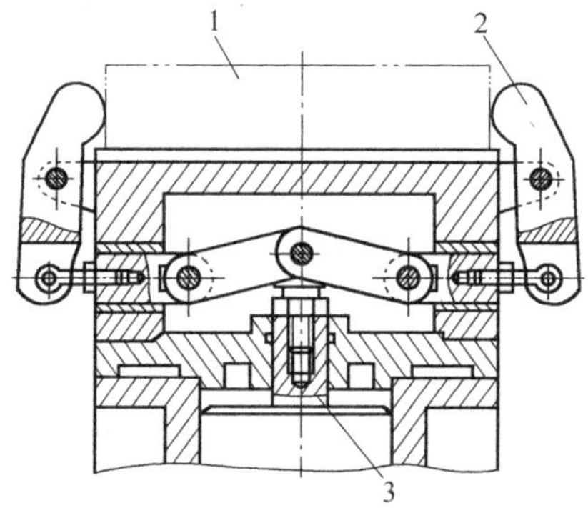

图 4-55　两点对向联动铰链夹紧机构

1—工件　2—浮动压板　3—活塞杆

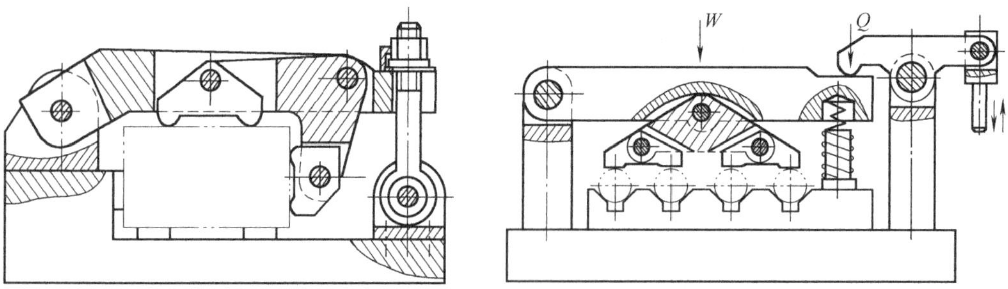

a) 单件双向多点联动　　b) 多件单向联动

图 4-56　联动夹紧机构

4.4.4　夹紧动力源装置

为了提高装夹可靠性和生产率，减小劳动强度，现代夹具一般都采用机动夹紧，因此配有如气压、液压、电磁、真空等动力源装置，其中以气动和液压夹紧应用最为普遍。

1. 气动夹紧

典型的气压传动系统如图 4-57所示。气源产生的压缩空气经车间总管路送来，先经雾化器 1 使其中的润滑油雾化并随之进入送气系统，以对其中的运动部件进行润滑；再经减压阀 2，使压缩空气压力减至稳定的工作压力，一般为 0.4～0.6MPa，经单向阀 3 和换向阀 4 控制压缩空气进入气缸 7 的前腔或后腔，实现夹紧或松开。其中单向阀防止压缩空气回流，造成夹紧装置松开；调速阀 5 可调节进入气缸的空气流量，以控制活塞的移动速度；作为动力部件的气缸，其尺寸应根据夹紧力的要求确定。对于单作用气缸，夹紧靠气压顶紧，松开由弹簧推回，用于夹紧行程较短的情况。

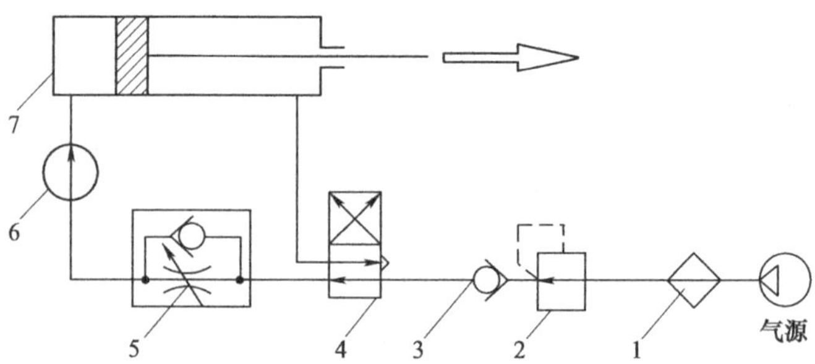

图 4-57　典型的气压传动系统

1—雾化器　2—减压阀　3—单向阀　4—换向阀

5—调速阀　6—气压表　7—气缸

单作用气缸在压缩空气作用下产生的原始推动力 F_p 为

$$F_p = \frac{\pi D^2}{4} p\eta - F_s \tag{4-18}$$

式中，D 是活塞直径（mm）；p 是压缩空气工作压力（N/mm^2）；η 是气缸的机械效率，通常为0.85~0.9；F_s 是弹簧力（N）。

对于双作用气缸，活塞的双向移动均由压缩空气驱动，用于行程较大或往复过程均需动力推动的情况。压缩空气进入无杆腔一侧时，活塞杆的推力 F_p 为

$$F_p = \frac{\pi}{4} D^2 p\eta \tag{4-19}$$

压缩空气作用于有杆腔一侧时，活塞杆的拉力 F_p 为

$$F_p = \frac{\pi}{4}(D^2 - d^2) p\eta \tag{4-20}$$

式中，d 是活塞杆直径（mm）。

气缸工作行程较长，且作用力的大小不受工作行程长度的影响，但其结构尺寸较大，制造维修困难，寿命短，且易漏气。

2. 液压夹紧

液压夹紧用高压油产生动力，工作原理及结构与气动夹紧相似。其共同优点是：操作简单，动作迅速，辅助时间短。液压夹紧与气动夹紧相比又有其自身的优点。

1）工作压力可达5~6.5MPa，比气压高出十余倍，故液压缸尺寸比气缸小得多。因传动力大，通常不需增力机构，使夹具结构简单、紧凑。

2）油液不可压缩，因此夹紧刚性好，工作平稳，夹紧可靠。

3）噪声小，劳动条件好。

液压夹紧特别适用于重力切削或加工大型工件时的多点夹紧，但如果机床本身没有液压系统时，需设置专用的夹紧液压系统，导致夹具成本提高。

3. 气-液组合夹紧

气-液组合夹紧的动力源仍为压缩空气，但要使用特殊的增压器，故结构复杂。然而，由于其综合了气动、液压夹紧的优点，又部分克服了它们的缺点，所以得到了广泛应用。

气-液组合夹紧的工作原理如图4-58所示，压缩空气进入气缸1的右腔，推动增压器活塞3左移，并将活塞杆4推入增压缸2内。因活塞杆4的作用面积小，故使增压缸2和工作缸5内的油压大大增加，并推动工作缸中的活塞6上移，将工件夹紧。

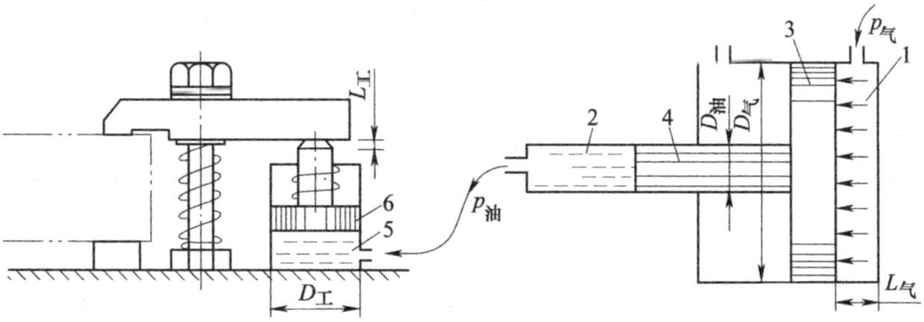

图4-58 气-液组合夹紧的工作原理

1—气缸 2—增压缸 3—活塞 4—活塞杆 5—工作缸 6—活塞

设气缸活塞 3 直径为 $D_{气}$，增压缸活塞杆 4 直径为 $D_{油}$，则由于 $D_{气}>D_{油}$，故增压器输出的油压比输入的气压增大 $\eta(D_{气}/D_{油})^2$，这是它的主要优点；其缺点是行程小。因油液容积不变，故活塞 6 的行程 $L_{工}$ 和活塞 3 的行程 $L_{气}$ 与相应的活塞、活塞杆面积成反比，即 $L_{气}/L_{工}=(D_{工}/D_{油})^2$，这种方式多用于要求夹紧力大、夹紧行程短的场合。

除上述动力源外，还有利用切削力或主轴回转时的离心力作为动力源的自夹紧装置，以及利用电磁吸力、真空吸力和电动机驱动的各种动力源。

4.5 夹具中的其他元件和装置

夹具除定位元件和夹紧元件以外，根据加工需要，为了形成完整的夹具，有时还应配备其他元件和装置，才能完成与机床、刀具和工件的正确联系，保证零件的加工精度。这里对其他元件和装置进行简要介绍。

4.5.1 夹具的连接元件

夹具通过连接元件与机床相连接，连接元件决定了夹具与机床的相对正确位置。各类机床的连接元件虽然各不相同，但基本的连接方式可分为二种：一种是夹具安装在机床工作台上，如铣床、刨床、钻床、镗床、平面磨床等夹具；另一种是夹具安装在机床的主轴上，随主轴一起回转，如车床、内外圆磨床等夹具。这里就以铣床夹具与车床夹具为代表，介绍这两种连接元件的结构形式。

1. 夹具在工作台面上的连接定位

这类夹紧以定位键与机床工作台上 T 形槽配合，达到夹具在机床上的定位并承受部分切削力，以增加夹具在工作中的稳定性的目的。一般每个夹具设置两个定位键，并用埋头螺钉固定于夹具体的键槽中。

定位键有 A 型和 B 型两种结构，如图 4-59 所示，设计时可参考 JB/T 8016—1999。一般尺寸 B_1 留磨量 0.5mm，按机床 T 形槽宽度配作，公差带为 h6~h8。

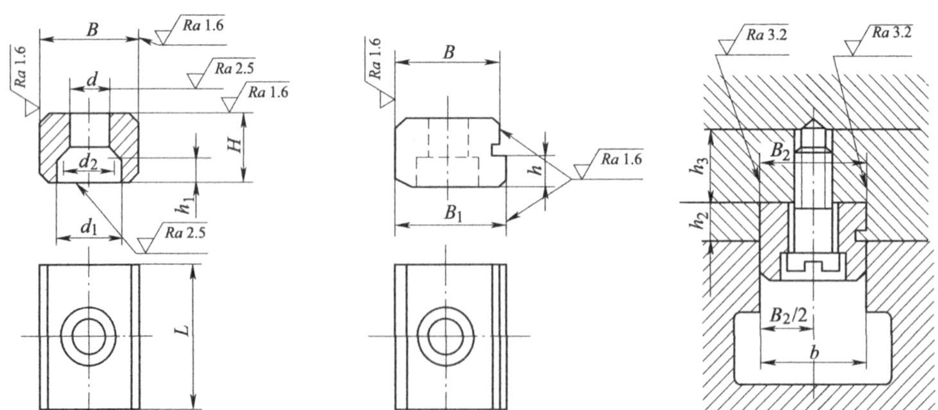

a) A型　　b) B型　　c) 相配件

图 4-59　定位键

在小型夹具中，为制造方便，可采用圆柱销代替定位键。图 4-60 所示为几种圆柱销的结构。其中图 4-60a 所示的圆柱销直接以过盈形式装入夹具体圆柱孔中，而另一端和机床工作台的 T 形槽相配合；图 4-60b 所示的螺纹孔在不通孔中取出圆柱销之用；图 4-60c 所示的月牙槽安装月牙块，用螺钉迫使其向外，起固定和防松作用。

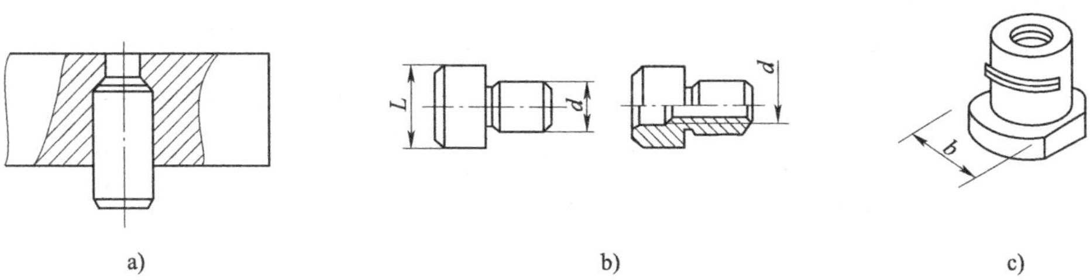

图 4-60　几种圆柱销的结构

为了提高定向精度，定位键或销与 T 形槽应有良好的配合，一般取 H7/h6 或 H8/h8，必要时定位键宽度可按工作台 T 形槽配作。定位键的材料一般选用 45 钢或 40Cr，淬火硬度为 48~55HRC。

通常这类夹具的夹具体纵向两端底边上设计出带 U 形槽的耳座，供紧固夹具体的螺栓穿过。如果每端为单耳座，则应和导向键在同一直线上；而如果每端为双耳座，则应根据 T 形槽的宽度和定位键对称分布。

2. 夹具在主轴上的连接定位

夹具在主轴上的连接定位，主要取决于主轴的端部结构，常见的连接形式主要有以下几种。

夹具以长锥柄装在主轴锥孔中，定位锥柄一般为莫氏锥度或 7∶24 的锥度，如图 4-61a 所示，根据需要可用拉杆从尾部拉紧。这种结构定位精度较高，但刚度较低，一般适用于轻切或小型夹具。

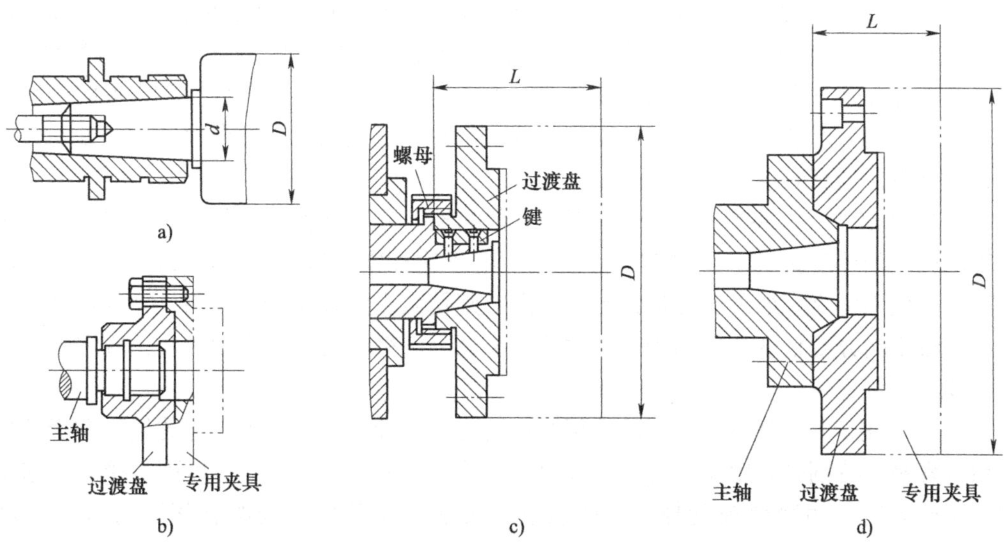

图 4-61　夹具在机床主轴上的连接定位形式

对于径向尺寸较大的夹具，一般用过渡盘与车床主轴轴颈连接。过渡盘与主配轴合处的形状取决于主轴前端的结构，如图 4-61b ~ d 所示。过渡盘常作为车床附件备用，设计夹具时应按过渡盘凸缘确定专用夹具体的止口尺寸。

这类夹具和主轴一起回转，应通过配重的方法实现机构的动平衡。

3. 夹具的找正基面

若夹具在机床上的定位要求很高或者不能设置定位键时，一般要求在夹具上加工出基准表面，供安装时找正使用。安装时用百分表直接在机床上用此表面调整夹具的正确位置，找正后用螺栓紧固，此时不必再用定位键定向，如图 4-62 所示。

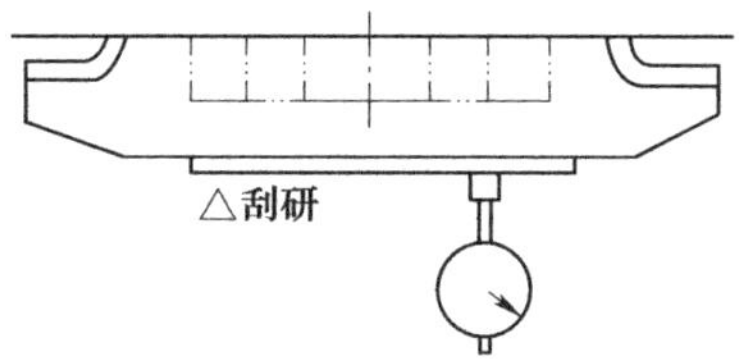

图 4-62　铣床夹具的找正基面

4.5.2　夹具的分度装置

在生产中会经常遇到一些工件，要求加工一组按一定角度或距离均匀分布而形状和尺寸又完全相同的表面。为了使工件在一次装夹中完成这类表面的加工，便产生了加工中的分度问题，即加工好一个表面后，应使夹具带动工件一起转过一定角度或移动一定距离。能实现上述分度要求的装置，称为分度装置。由于直线等分装置与转角分度原理及结构相似，这里仅介绍转角分度装置。

1. 转角分度装置的基本形式

常见的转角分度装置中，关键部分是分度板和分度定位器，两者形成的部件称为分度副。分度装置的工作精度主要取决于分度副的结构形式和制造精度。分度装置中除分度副外，还有分度定位器的操纵机构和分度板的锁紧机构，这样才能保证分度装置正常和可靠工作。

在转角分度副中，分度板一般绕定轴回转，而分度定位器则装在固定不动的分度装置底座中。常用的有轴向分度和径向分度两种形式，如图 4-63 所示。轴向分度是分度和定位沿着分度板回转轴线平行的方向进行；而径向分度是分度和定位沿着分度板的半径方向进行。显然，当分度板的直径相同时，如果分度板上的分度孔（槽）距分度板的回转轴线越远，则由分度副存在某种间隙所引起的分度转角误差就越小。因此，径向分度要比轴向分度精度高。但是，轴向分度装置的尺寸小、结构紧凑，仍有广泛应用。下面介绍各种分度副的结构特点，以供设计选型时参考。

（1）钢球定位　图 4-63a 所示为用钢球定位的轴向分度装置。在分度板上按一定转角要求加工出相应的分度锥坑，以供钢球定位用。由于这种锥坑较浅，其深度不应大于钢球半径，因而定位不可靠。如果分度板锁紧不牢固，则稍微受到外加转矩作用，分度板便会产生转动，以致影响分度精度，仅用于切削载荷很小而分度精度要求不高的场合，或用作某些精密分度装置的预定位。

（2）圆柱销定位　图 4-63b 所示为用圆柱销定位的轴向分度装置。它的优点在于结构简单、制造容易，特别是分度副间有污物或碎屑黏附时，并不直接影响分度副的接触，这是因为圆柱销插入时，污物会被刮掉。它的缺点是无法补偿分度副间配合间隙对分度精度的影响。

（3）圆锥销定位　图 4-63c 所示为用圆锥销定位的轴向分度装置。因为圆锥销与分度孔接触时，能消除两者的配合间隙，所以分度精度比圆柱销定位高。但是，如果圆锥销的锥面上有污物时，将会影响分度副的接触情况，而给分度精度造成不利的影响。

（4）双斜面楔定位　图 4-63d 所示为用双斜面楔定位的径向分度装置。它的定位特点与圆锥销定位特点基本相似，同样可以补偿分度槽槽形尺寸制造误差所引起的间隙影响，所以分度精度高。关键是在使用中要防止污物和碎屑落入分度副，因而应考虑必要的防屑和防尘装置。

（5）单斜面楔定位　图 4-63e 所示为用单斜面楔定位的径向分度装置。它的结构特点在于它能将分度转角误差，始终分布在有斜面的一侧。即使其轴向位置由于分度副上沾有污物等原因而引起后退，而分度槽的直边始终与楔的直边保持接触，所以并不影响分度精度，这种分度副常作为精密分度装置用。

（6）正多面体定位　以上介绍的五种分度装置，其分度板不是用一组孔，就是用一组槽来分度和定位，而图 4-63f 所示为直接利用正多面体上每个边进行分度。常用的方式是利用正多面体分度而用斜楔进行定位。正多面体结构简单，制造精度容易保证。

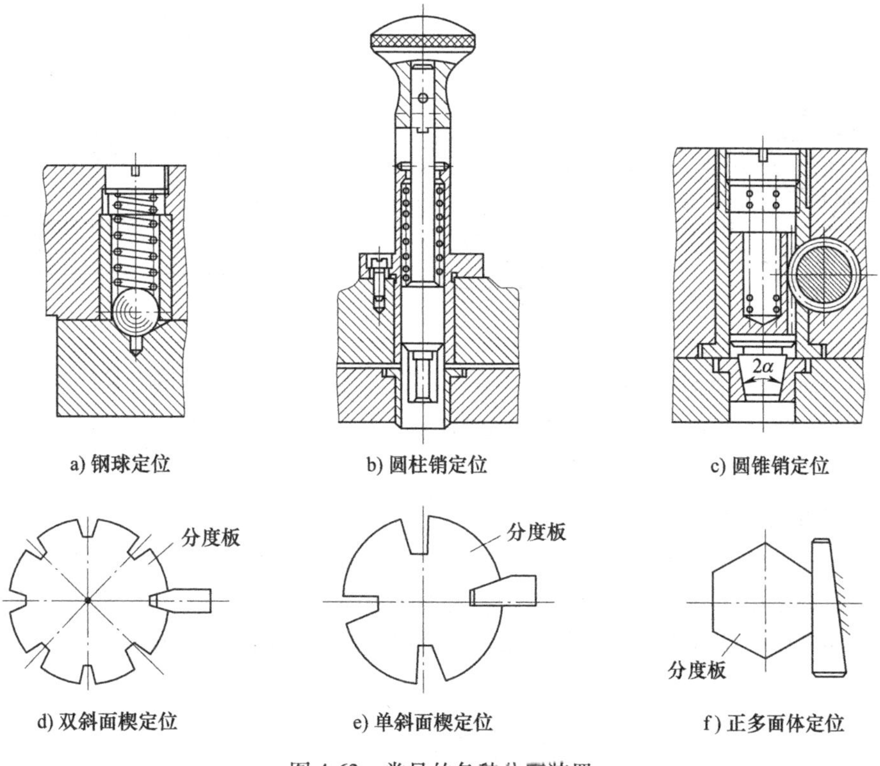

图 4-63　常见的各种分度装置

2. 分度定位器的操纵机构

操纵分度定位器的目的是为了让分度定位器插入或拔出定位板上的定位孔或定位槽，以实现定位或分度功能，凡是能完成这样功能的机构都可以作为操纵机构。它的形式很多，按动力形式可分为手动式、脚踏式、气动式、液动式、电动式等。不管哪种形式，其基本原理都是使定位销产生移动，实现插销和拔销的功能。常用的形式有直拉式、凸轮式、齿轮齿条式、杠杆式等。图 4-64 所示为手动直拉式操纵机构，图 4-65 所示为凸轮式操纵机构，图

4-66所示为齿轮齿条式操纵机构。

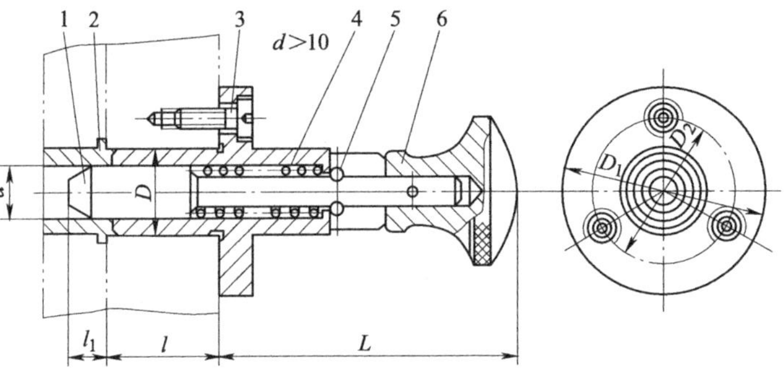

图 4-64 手动直拉式操纵机构

1—定位销 2—导套 3—固定螺钉 4—弹簧 5—销 6—手柄

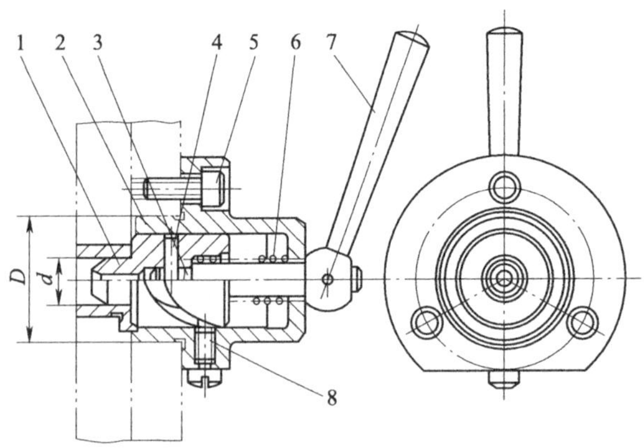

图 4-65 凸轮式操纵机构

1—定位销 2—壳体 3—凸轮轴 4—销 5—固定螺钉 6—弹簧 7—手柄 8—定位螺钉

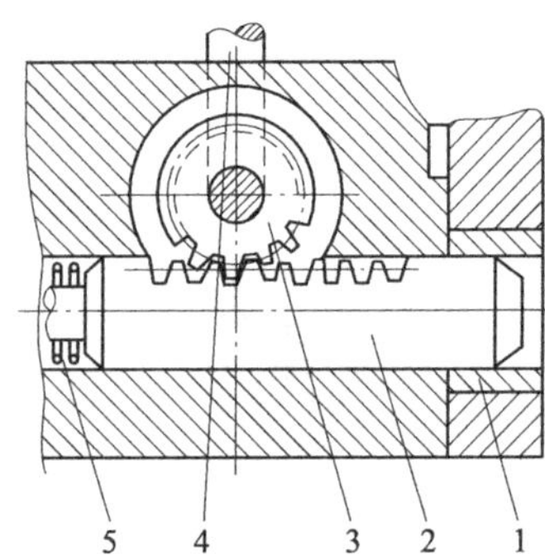

图 4-66 齿轮齿条式操纵机构

1—定位衬套 2—定位销 3—齿轮 4—手柄 5—弹簧

3. 分度板锁紧机构

为了确保正确的分度和定位，在工作中不允许分度装置因受力或力矩的作用而发生变形或损坏，一般都要使用分度板锁紧机构。它的原理就是用螺纹或凸轮等机构把分度板回转轴夹紧，以确保工作中位置不发生变化。常用的分度板锁紧机构如图 4-67 所示。

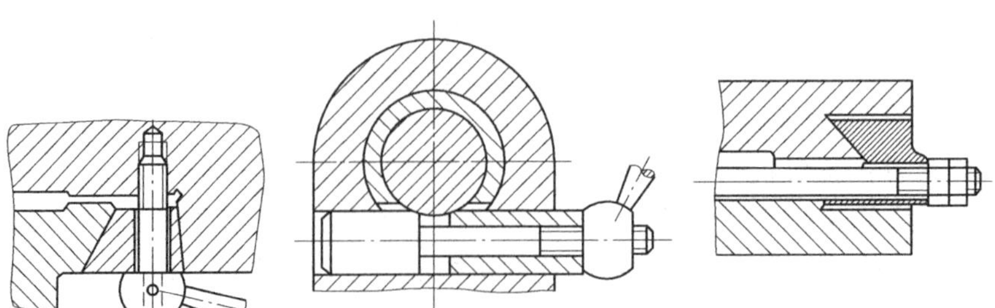

图 4-67 常用的分度板锁紧机构

4.5.3　夹具的对刀导引元件

夹具在机床上安装完毕，开始加工时，还需要确定夹具和刀具之间的关系，使刀具相对于夹具定位元件之间处于正确的位置，能够实现这一功能的元件称为对刀导引元件。最典型的就是铣床夹具与钻床夹具的对刀问题。

1. 铣床夹具的对刀

对刀的方法通常有三种：第一种方法为单件试切，即一边加工，一边调整直到规定尺寸为止；第二种方法是多件试切，即通过试切多个零件，调整到合格为止；第三种方法是通过样件或对刀装置来对刀。常用的方法是在夹具上设计对刀块，通过对刀块与切削刃之间的塞尺调整刀具位置，如图 4-68 所示。

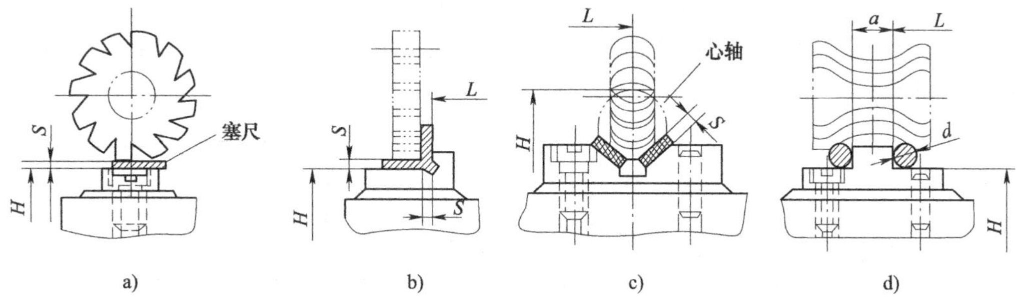

图 4-68　铣床夹具的对刀

2. 钻床夹具的对刀

钻床夹具中，通常用钻套实现刀具的对准，加工中只要钻头对准钻套，则所钻孔的位置就能达到工序要求，当然钻套还有引导钻头和增加钻头刚度的作用。

（1）钻套的结构　图 4-69 所示为标准钻套。

1）固定钻套。如图 4-69a、b 所示，固定钻套是将外圆以 H7/n6 或 H7/r6 的过盈配合直接压入夹具体或钻模板孔中，它又分为无肩的 A 型和带肩的 B 型两种形式。这种钻套的缺点是磨损后不易更换，因此主要用于小批量生产中的钻夹具或孔距精度要求高的夹具中。

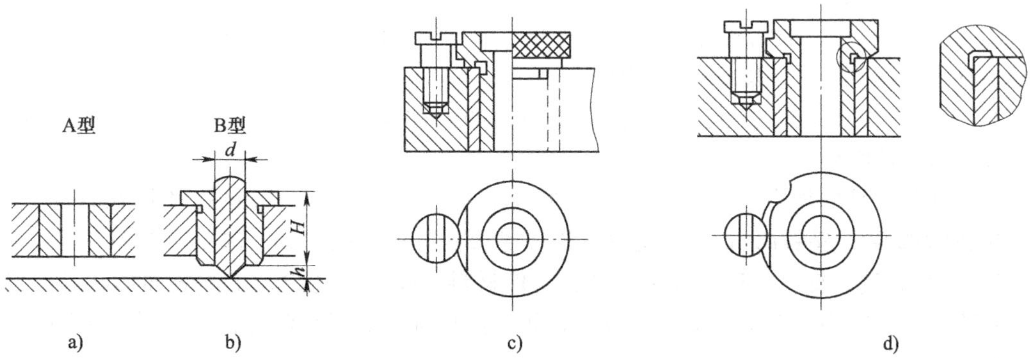

图 4-69　标准钻套

2）可换钻套。如图 4-69c 所示，可换钻套的功用和固定钻套一样，在批量较大时供钻、扩、铰孔工序使用，磨损后可迅速更换。它的结构为钻套的凸缘上铣有台肩，用螺钉头压在台肩上以防止钻套旋转或退刀时带出，为防止频繁更换及钻套旋转磨损夹具体，一般以H7/n6或H7/r6的配合先压入衬套，再以H7/g6或H6/g5的配合把钻套装入衬套中。

3）快换钻套。如图4-69d所示，快换钻套是供同一个孔须经多个加工工步（如钻、扩、铰、锪面、攻螺纹等）所用的一种钻套形式，加工完一个工步后，依次更换刀具和相应的钻套。它的结构和可换钻套相似，但其防转螺钉的突肩比钻套上台阶略高，取出钻套不需拧动防转螺钉，只需将钻套转过一定的角度，使半圆缺口或削边正对螺钉头部即可取出。为了防止磨损夹具体，也必须配有衬套。

4）特殊钻套。上面三种均属于标准钻套。但工业应用中常有一些特殊要求的零件，因此经常要根据加工实际设计特殊形式的钻套，以弥补标准钻套的不足。例如：在斜面或弧面上钻孔用的钻套，在带有凹槽表面上钻孔的钻套，在很小区域内钻多个位置及要求较高的多孔钻套，需要压紧工件的带螺纹的钻套以及各类深孔钻头用钻套等，都属于特殊钻套之列，如图4-70所示。

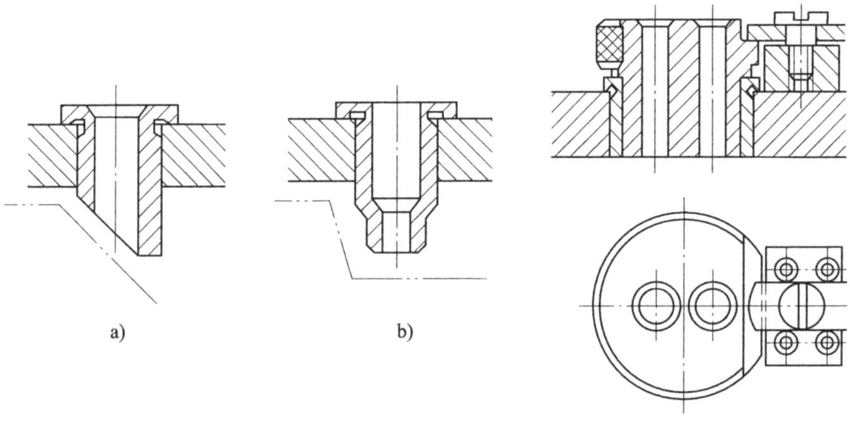

a)　b)　c)

图4-70　特殊钻套

（2）钻套的技术要求

1）钻套材料。一般钻套材料采用工具钢（如T8A、T10A）、模具钢9CrSi、CrWMn、高速钢、轴承钢等，淬火硬度55~65HRC。

2）钻套导引孔的尺寸与公差。钻套导引孔的公称尺寸应等于所导引刀具的上极限尺寸，以防卡住或咬死。

导引孔与刀具的配合应采用基轴制，并应有一定的间隙，一般钻孔和扩孔时选F7或F8，粗铰时选G7，精铰时选G6，枪钻、BTA钻等深孔加工的钻套，选G6或G5。

3）钻套长度。钻套长度由孔距精度、工件材料、孔径与孔深、工件表面形状等因素决定。一般材料强度高，钻头刚度低，或在斜面上钻孔时，采用长钻套，可参考表4-2中的数据选取。

4）钻套端面与工件表面之间的距离。钻套与工件间应留有一定的距离，用h表示，若距离太大，则会增加钻头的倾斜量，降低导向性；而距离过小，切屑排出困难，造成零件表面粗糙度增大，甚至刀具折断。h可参考表4-3中的数值选取。

5）钻套内孔与外圆的同轴度应小于 0.005mm。

表 4-2　钻套长度参考数据

加工孔要求	钻套长度	内孔公差
一般螺栓孔、销孔，孔距精度在±0.25mm 以内或自由尺寸公差时	(1.5~2) d	F8
加工 IT6、IT7 级精度，孔径大于 ϕ12mm，孔距精度±0.1~±0.15mm 孔时	(2.5~3.5) d	G7
加工 IT7、IT8 级精度，孔距精度±0.06~±0.1mm 孔时	(1.25~1.5) d 孔深	G6

注：d 为钻扩直径，单位为 mm。

表 4-3　钻套端面距离 h 参考值

序号	加工条件	h
1	铸铁、黄铜钻孔	$h=(0.3\sim0.7)d$
2	铜件钻孔	$h=(0.7\sim1.5)d$
3	在斜面或弧面上钻孔	$h=(0.2\sim0.3)d$
4	麻花钻钻深孔（长径比>5）时	$h=1.5d$
5	孔的位置精度要求特别高；或用枪钻、BTA 钻头钻深孔，切削液必须密封时	$h=0$

注：d 为钻扩直径，单位为 mm。

4.5.4　夹具体

夹具体是夹具的基础件。在夹具体上，要安装组成该夹具所需要的各种元件、机构和装置，并且还必须便于装卸工件，因此夹具体应具有一定的形状和尺寸。在加工过程中，夹具还要承受夹紧力、切削力和由此产生的冲击和振动，所以夹具体应具有必要的强度和刚度，而且重心要低。另外，在高宽比 $H/B<1.25$ 的加工过程中所产生的切屑，有一部分会落在夹具体上，若夹具体上切屑积聚过多，将影响工件可靠定位和夹紧。为此，在夹具体的结构设计中，还应该考虑便于清除切屑的要求，以及考虑夹具体结构的工艺性，使其能合理、经济、方便地设计与制造出来。

1. 夹具体的毛坯结构

实际生产中所用夹具体的毛坯结构常见的有三种。

（1）铸造结构　夹具体采用铸造结构时，具有下列优点：①可以铸出复杂的结构形状；②铸铁件的抗压强度和抗振性好，因此特别适合加工时振动大和切削载荷大的场合；③铸铁件易于加工，价格低廉，可降低夹具成本。

但是铸造的生产周期长，而且因铸造时残余应力的缘故，易引起变形，从而影响夹具体精度的持久性，因此铸造夹具体必须进行时效处理。

（2）焊接结构　与铸造相比，焊接结构的优点为：①容易制造，生产周期短；②采用钢板或型材焊接而成，如结构合理，布置得当，可减轻夹具重量。

根据这两个优点，焊接结构的夹具体特别适合新产品试制或其他临时急用场合，以及结构简单的小型夹具，如翻转式钻模、盖板式钻模、可卸式钻模等夹具中。

焊接结构的主要缺点是焊接过程中的热变形以及残余应力对夹具工作精度有不利影响。

具体选择夹具体毛坯结构时，必须根据夹具体本身的要求和工厂的实际生产技术情况综合考虑。一般精度要求高，结构复杂，加工时有较大振动的工件，宜选用铸造结构；否则，应考虑充分利用焊接结构。

(3) 组合结构　为克服铸件制造周期长、单件生产成本高、经济性差的缺点，发展了选用标准毛坯件或标准零部件组合成夹具体的结构，这样不但大大缩短了夹具体的制造周期，而且可组织专业化生产，有利于降低生产成本。

2. 夹具体外形尺寸的确定

夹具制造属单件生产性质，在绘制夹具总体设计图时，根据工件、定位元件、夹紧装置、对刀导引元件以及其他辅助机构和装置在总体上的配置，确定夹具体的外形尺寸。

为具体确定夹具体结构尺寸，特提供以下参考数据。

1）采用铸造结构的夹具体，其壁厚一般取 8~25mm，过厚处应挖空。

2）选用钢板和型材制作焊接结构的夹具体时，一般板厚取 6~10mm，若刚度不足，可增设加强筋。

3）夹具体上不加工的毛面与工件表面之间应有一定间隙，以保证工件与夹具体之间不致干涉。当夹具体是毛面，工件也是毛面时，间隙取 8~15mm；当夹具体是毛面，工件是光面时，间隙取 4~10mm。

3. 夹具体的排屑结构

为了便于排除切屑，不使其积聚在定位元件工作表面上而影响工件正确定位，一般在夹具体结构设计时应考虑排屑问题。

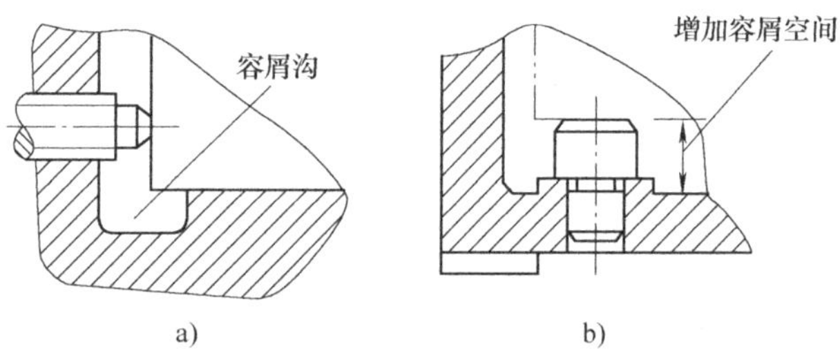

图 4-71　两种常用的增加容屑空间的措施

(1) 增加容纳切屑的空间　在夹具体上增加容屑空间，使落在定位元件上的少量切屑，可向容屑空间中排除。图 4-71 所示为两种常用的增加容屑空间的措施。图 4-71a 所示为在夹具体上增设容屑沟，图 4-71b 所示为增大定位元件工作表面与夹具体之间的距离。

(2) 采用切屑自动排除结构　在夹具体上专门设计排屑用的斜面和缺口，使切屑自动由斜面处滑下而排至夹具体外，即使不能使切屑全部自动排除，也便于操作者来清除切屑。图 4-72 所示为两种自动排屑结构，其中图 4-72a 所示为在夹具体上开出排屑用的斜弧面，使钻孔的切屑，沿斜弧面排至夹具体外；图 4-72b 所示为在铣床夹具的夹具体内，设计排屑腔，使切屑落入腔内后，沿着倾斜角为 α 的斜面，排至夹具体外。

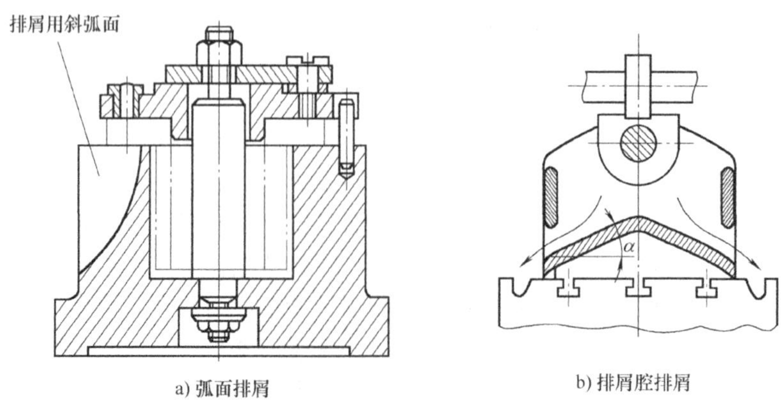

图 4-72　两种自动排屑结构

4. 夹具体的吊装装置

设计大型夹具时，需在夹具体上设置供起吊用的装置，一般采用吊环螺钉或起重螺栓等。

4.6　现代机床夹具

4.6.1　数控机床夹具

数控机床是先进的高精度、高效率、高自动化程度的加工设备。除了机床本身的结构特点要求控制运动和动作准确迅速外，还要求工件的定位和夹紧装置也能够适应数控机床的要求。只有这样，数控机床才能够最大限度地发挥其加工效率高的自动化特点。总的来说，数控机床对数控夹具在满足传统夹具要求的基础上，还提出以下要求。

（1）精度和刚度要求　因为数控机床具有连续多型面自动加工的特点，所以对数控机床夹具的精度和刚度的要求比一般机床夹具要高，这样可以减少工件在夹具上的定位和夹紧误差以及粗加工中的变形误差。

（2）定位要求　工件相对夹具应完全定位，并且工件的基准相对于机床坐标原点应有严格的确定位置，以满足能在数控机床坐标系中实现工件与刀具相对运动的要求。同时，夹具在机床上也应完全定位，夹具上的每个定位面相对数控机床的坐标原点均应有精确的坐标尺寸联系，以满足数控加工中简化定位和安装的要求。

（3）空间要求　由于数控机床能在一次工件安装中加工多个表面，因此数控机床夹具也应能在空间上满足各刀具均有可能接近所有待加工表面的要求。此外，由于支承夹具的托板具有移动、上托、下沉和旋转等动作，夹具还应保证不与机床有关部分有空间干涉。有些定位块可设计成在工件夹紧后卸去，以满足前后左右各个面的加工需要。

（4）快速重调要求　数控加工可通过快速更换程序而改变加工对象。为了不花费过多更换工装的辅助时间，减少贵重设备因等待而闲置的时间，要求夹具在更换加工工件中具有快速重调或更换定位、夹紧元件的功能。另外，由于在数控加工中因多表面加工而单件加工时间增加，夹具结构若能满足机动时间内在机床工作区外也能进行工件更换，则会极大地减少机床停机时间。

数控机床和夹具的设计重点是提高生产率，降低生产成本。数控机床对夹具的要求是小型化、自动化、系列化和柔性化。为此数控机床夹具常采用网格状的固定基础板，它长期固定在数控机床工作台上，板上加工出有准确孔心距位置的一组定位孔和一组紧固螺钉孔，它们成网格分布。网格状基础板预先调整好相对数控机床的坐标位置。利用基础板上的定位孔或定位槽可组装各种夹具，如台虎钳、通用角铁、动力卡盘等通用夹具，如图 4-73 所示 T 形槽角铁结构的通用数控夹具形式。也可使用标准化、模块化的方形、矩形和圆形基础件按照需要形成拼装夹具。

图 4-74 所示为用于数控镗床的拼装夹具，其主要由基础板 10 和多面体模块 8、9 组成。多面体模块常用的几何角度为 30°、60°、90°等，按照工件的加工要求，可将其安装成不同的位置。工件 1 由支承 2、6、7 定位，用压板 3 夹紧，同样的道理可形成另一工位。一般数控机床的通用模块和元件有专用厂家生产，使用时只需根据要求选购即可。

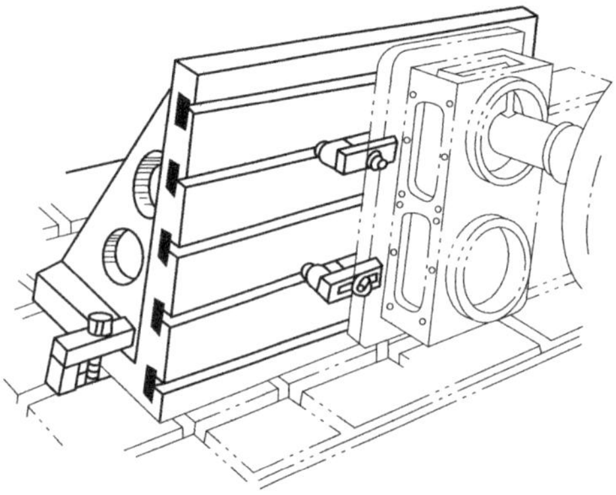

图 4-73　T 形槽角铁

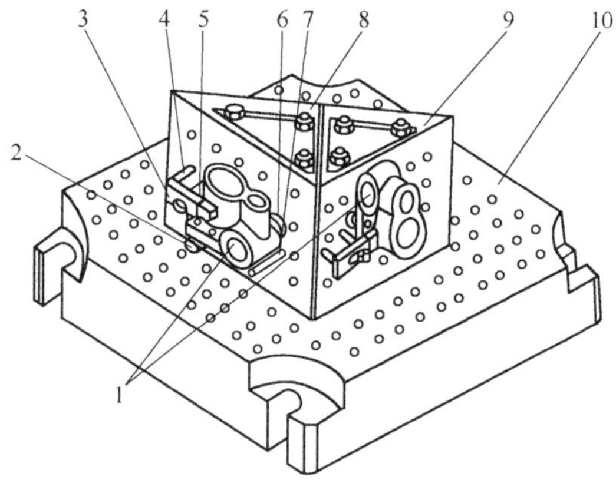

图 4-74　用于数控镗床的拼装夹具

1—工件　2、6、7—支承　3—压板　4—支承螺栓
5—螺钉　8、9—多面体模块　10—基础板

4.6.2　组合夹具

组合夹具是在夹具元件高度标准化、通用化、系列化的基础上发展起来的一种夹具。它由一套预先制造好的，具有各种形状、功用、规格和系列尺寸的标准元件和组件组成。根据工件的加工要求，利用这些标准元件和组件组装成各种不同夹具。这种夹具用后可拆卸存放，当重新组装时又可循环重复使用。由于组合夹具的标准元件可以预先制造备存，还具有多次反复使用和组装迅速等特点，所以在单件和中小批量生产、数控加工和新产品试制中特别适用。组合夹具元件结构可参考 GB/T 2804—2008。

图 4-75 所示为钻斜孔的组合夹具，其中图 4-75a 所示为工件，在其上钻 ϕ2. 9mm 斜孔。工件以背面在支承件上定位，底面则支承在一定位销和一定位盘上。根据斜角要求，按正弦定理计算出定位销轴线和定位盘轴线间的垂直与水平距离尺寸，工件右端则由挡销定位。斜孔加工需要有确定钻模板上钻套轴线位置的工艺孔，在此组合夹具中可利用定位盘兼作工艺辅助基准，计算出定位盘轴线到钻套轴线的水平间距尺寸，按此尺寸要求调整钻模板，即可保证斜孔轴线 47mm 和 18mm 两个位置尺寸。

组合夹具有下列特点。

1）采用组合夹具，不需设计夹具图样，只需根据产品图样、工艺规程和坯件实物，按照各工序的加工要求进行组装，形成某工件的某道工序使用的专用性夹具。所以它特别适合多品种、中小批量生产和产品对象经常变换的生产场合，节约设计和制造夹具的工时、材料和制造费用，缩短生产准备周期。

2）组合夹具是由标准元件组装而成，元件都可多次重复使用。除一些尺寸可采用调节方法保证外，其他精度都靠各元件精度组合来直接保证，不允许进行修配或补充加工，因此要求元件的制造精度高以保证其互换性，而且要有很高的耐磨性。

3）组合夹具的各元件之间采用键定位和螺栓紧固连接，其刚性不如整体结构好，尤其是连接处结合面间的接触刚度是一个薄弱环节，组装时应特别注意提高夹具的刚度。

4）组合夹具各标准元件的尺寸系列的级差有限，使组装成的夹具尺寸不能像专用夹具那样紧凑，体积较为笨重。

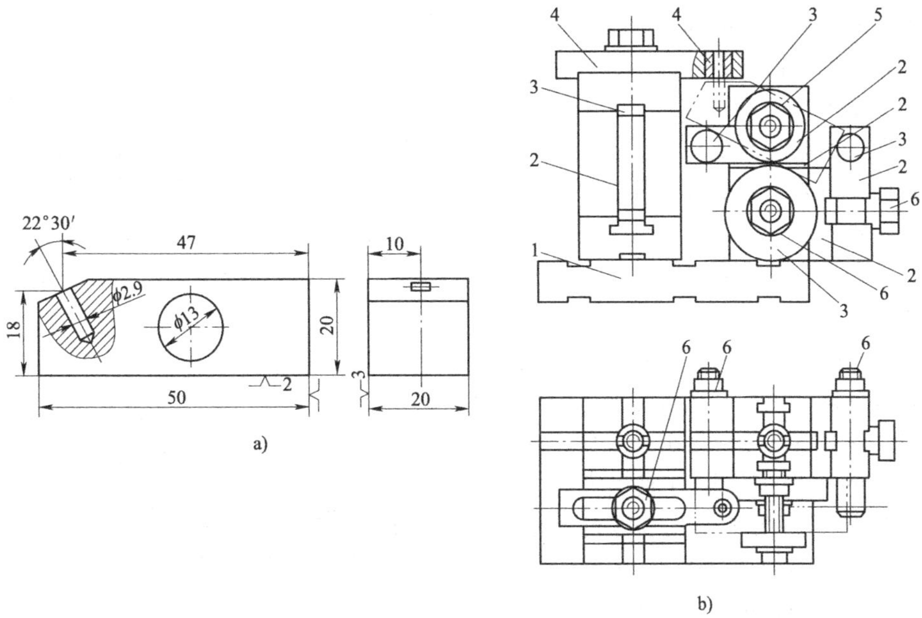

图 4-75　钻斜孔的组合夹具

1—基础件　2—支承件　3—定位件　4—导向件　5—压紧件　6—紧固件

4.6.3　通用可调夹具和成组夹具

通用可调夹具和成组夹具都是按照加工对象工艺相似性、尺寸相近程度对零件进行分类编组进行设计的。两者在原理和结构上比较相似。它们的结构一般由两大部分组成。其一是基本部分，包括夹具体、夹紧传动装置和操纵机构等，可长期固定在机床上，不随加工对象的改变而更换。基本部分约占整个夹具加工量的 80%，占整个夹具重量的 90%左右。其二是可更换调整部分，包括某些定位、夹紧和导向元件等，它随加工对象不同而调整更换。在使用时，对同一组内不同零件的加工，只需更换或调整有关定位和夹紧元件即可。由此可大大减少夹具设计和制造的工作量，从而缩短生产技术准备时间。

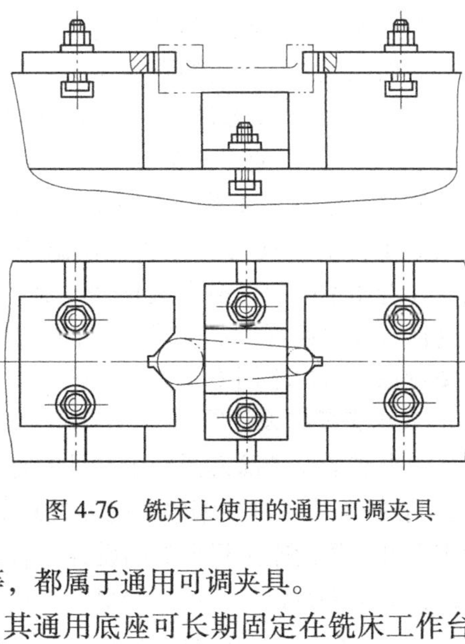

图 4-76　铣床上使用的通用可调夹具

1. 通用可调夹具

对通用可调夹具来说，其基本部分可采用通用标准部件。这种夹具在开始设计时，其加工对象并不很确定，因此其可更换调整部分的结构设计应考虑有较大的适应性，以满足一定类别形状和一定尺寸范围内的零件加工，使夹具具有较大的通用范围。例如：可更换钳口形状的台虎钳、定位件和钻模板可更换的滑柱钻模等，都属于通用可调夹具。

图 4-76 所示为铣床上使用的通用可调夹具，其通用底座可长期固定在铣床工作台上，

而钳口可根据不同工件的加工要求进行设计或更换，分别装在固定钳口、活动钳口和台虎钳底座面上，实现工件的装夹。

2. 成组夹具

成组夹具是针对成组加工工艺中的一组或一族零件的某一工序而专门设计的夹具。在设计时，其加工对象十分明确，其调整范围也只限于在本组内的零件，夹具的基本部分要根据加工对象的要求来专门设计。这种夹具比专用夹具的工艺范围广泛，又比通用可调夹具针对性强，所以它具有结构紧凑和生产率高的特点，适合于工件定位较复杂、具有一定批量的成组加工系统。

图 4-77 所示为钻连杆小头孔的成组夹具。成组夹具的设计是在成组工艺前提下进行的，针对零件分类组中某工序，根据该零件组的代表零件进行成组夹具设计。图 4-77 下部给出了该代表零件的示例，其主要结构参数为两孔径 D_1、D_2 和孔心距 L。该夹具选用标准滑柱式钻模为底座，加上相应的装置组成。为了清晰起见，图 4-77 中省去了标准滑柱式钻模的大部分，只表示了可上下移动的移动钻模板 4，工件以端面装在带游标的定位板 1 和支承套 9 上，若大小头孔端面不在同一平面内而有落差时，可相应更换支承套 9。可换定位销 2 与 D_1 孔相配，并可沿槽纵向移动，根据固定刻度尺 10 的刻度调整孔心距 L 尺寸，调整好后用紧固螺钉 3 紧固。滑动 V 形块 7 在弹簧的作用下定位小头外圆面以保证加工出的孔在连杆对称轴线上，操纵手柄 11 通过挡销 12 操纵滑动 V 形块的进退，便于装卸工件。滑柱式钻模的移动钻模板 4 下降，用压紧套 5 端面压紧工件加工孔的上端面。根据 D_2 孔的尺寸选用不同的可换螺旋钻套 6 旋入压紧套 5 的螺纹内，采用螺纹连接使结构简单紧凑。这样只要更换可换定位销 2、可换螺旋钻套 6 和支承套 9，调整可换定位销 2 的轴线尺寸，便可钻削组内不同 D_1、D_2 孔和孔心距尺寸 L 的各种连杆的小头孔 D_2。

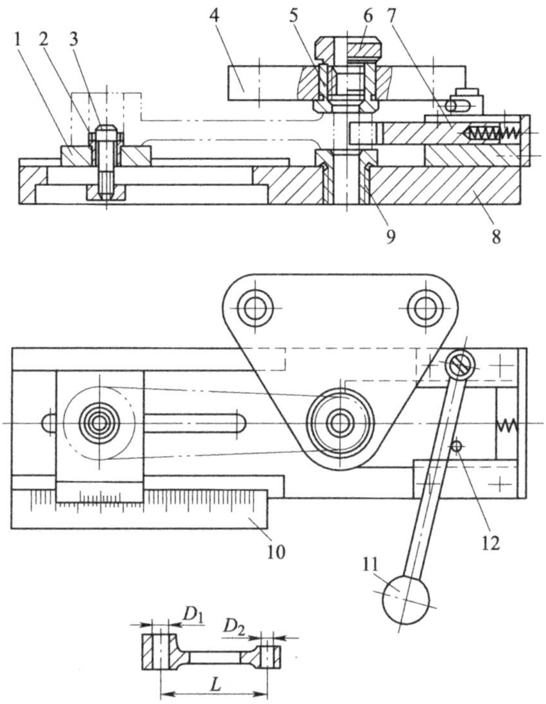

图 4-77　钻连杆小头孔的成组夹具

1—定位板　2—可换定位销　3—紧固螺钉　4—滑柱式钻模的移动钻模板　5—压紧套　6—可换螺旋钻套　7—滑动 V 形块　8—底座　9—支承套　10—固定刻度尺　11—滑动 V 形块的操纵手柄　12—挡销

3. 成组夹具的设计原则

成组夹具的设计除遵循专用夹具的有关设计原则外，还须注意以下几点。

1）在被加工零件按编码系统分类并编制出成组加工工艺的基础上，综合出该组内的典型代表零件，据此来进行夹具的设计。若同组零件中的工件尺寸范围相差过大，则可将其尺寸分段，分别进行设计。一般情况下，在一个成组夹具内的加工零件种类不宜过多。

2）夹具体是成组夹具的基础，其设计的好坏直接影响夹具结构的合理性和使用效果。

通常在保证一定刚度和外形尺寸允许的条件下，使夹具体尽量适用于同组零件的全部或大部分需要。

3）对于可更换调整部分的设计，要求在调整更换有关元件时，应做到快速、准确、简便、可靠。为此要求尽量减少调整件数量，以构思巧妙的结构代替。

4）调整件的工作方式通常可分为更换式、调整式和更换调整复合式三种，需合理选择。更换式具有针对性强、精度可靠、应用范围广等优点，一般适应在形状尺寸和工艺性相差较大的情况下使用；调整式可使成组夹具元件数量减少、成本降低，但在调整时要花费一定时间，且调整精度直接影响夹具精度，适合在批量小、精度要求不高的情况下使用；更换调整复合式可集上述两者之优点，应用较多，通常是将主要定位元件或导向元件设计成更换式，使加工精度由更换件本身精度保证，不受或少受装调误差的影响，对辅助定位元件和夹紧元件等，可尽量采用调整方式，以便在更换加工零件时，简化夹具的调装工作。

4.7 机床夹具设计方法和步骤

机床夹具设计是工艺装备设计的一个重要组成部分。其设计质量的高低，应以能稳定地保证工件的加工质量，生产率高、成本低、排屑方便、操作安全、省力、制造和维护容易等为其衡量指标。为了满足这些要求，夹具设计一般遵循下列方法和步骤。

1. 研究原始资料、分析设计任务

工艺人员在编制零件的工艺规程时，提出相应的夹具设计任务书，其中对定位基准、夹紧方案及有关要求已做了说明。夹具设计人员根据任务书进行夹具的结构设计，为了使所设计的夹具能够满足工序基本要求，设计前要认真收集和研究下列资料。

（1）生产纲领　工件的生产纲领对于工艺规程的制订及专用夹具的设计都有着十分重要的影响。夹具结构的合理性及经济性与生产纲领有着密切的关系。大批大量生产多采用气动或其他机动夹具，自动化程度高，同时夹紧的工件数量多，结构也比较复杂。单件小批生产时，宜采用结构简单、成本低廉的手动夹具以及万能通用夹具或组合夹具，以便尽快投入使用。

（2）零件图及工序图　零件图是夹具设计的重要资料之一，它给出了零件在轮廓尺寸、相关位置等方面的精度要求。工序图则给出了所用夹具加工工件的工序尺寸、工序基准、已加工表面、待加工表面、工序精度要求等，它是设计夹具的主要依据。

（3）零件工艺规程　了解零件的工艺规程主要是指了解该工序所使用的机床、刀具、加工余量、切削用量、工步安排、工时定额、同时安装的工件数目等。关于机床、刀具方面，应了解机床主要技术参数、规格、机床与夹具连接部分的结构与尺寸，刀具的主要结构尺寸、制造精度等。

（4）夹具结构及标准　收集有关夹具零部件标准，典型夹具结构图册。了解本厂制造、使用夹具的情况以及国内外同类型夹具的资料。结合本厂实际，吸收先进经验，尽量采用国家标准。

2. 确定夹具的结构方案

确定夹具的结构方案主要包括：

1）根据工件的定位原理，确定工件的定位方式，选择定位元件。

2）确定刀具的对准及引导方式，选择刀具的对准及导引元件。

3）确定工件的夹紧方式，选择合适的夹紧机构。

4）确定其他元件或装置的结构形式，如定向元件、分度装置等。

5）协调各装置、元件的布局，确定夹具体结构尺寸和总体结构。

在确定夹具结构方案的过程中，定位、夹紧、对刀等各个部分的结构以及总体布局都会有几种不同方案可供选择，应画出草图，经过分析比较，从中选取较为合理的方案。

3. 绘制夹具总图

绘制夹具总图时应遵循相关制图标准，绘图比例应尽量取 1∶1，以便使图形有良好的直观性。如工件尺寸大，夹具总图可按 1∶2 或 1∶5 的比例绘制；工件尺寸过小，夹具总图可按 2∶1 或 5∶1 的比例绘制。夹具总图中视图的布置也应符合制图标准，在清楚表达夹具内部结构及各装置、元件位置关系的情况下，视图的数目应尽可能少。

绘制夹具总图时，主视图应取操作者实际工作时的位置，以便于夹具装配及使用时参考。工件看作为“透明体”，所画的工件轮廓线与夹具的任何线条彼此独立，互不干涉，其外轮廓以双点画线表示。

绘制夹具总图的顺序是：先用双点画线绘出工件的轮廓外形和主要表面，并用网纹线表示出加工余量，围绕工件的几个视图依次绘出定位元件、对刀元件、夹紧机构以及其他元件和装置的具体结构，最后绘制出夹具体及连接件，把夹具的各组成元件、装置连成一体。

夹具总图上应画出零件明细栏和标题栏，标明夹具名称及零件明细栏上所规定的内容。

4. 确定并标注有关尺寸、配合和技术要求

（1）标注的尺寸及配合　在夹具总图上应标注的尺寸及配合有下列五类。

1）工件与定位元件的联系尺寸。它是指工件以孔在心轴或定位销上定位时，工件孔与上述定位元件间的配合尺寸及公差等级。

2）夹具与刀具的联系尺寸。它是用来确定夹具上对刀、导引元件位置的尺寸。对于铣、刨夹具来说，是指对刀元件与定位元件的位置尺寸；对于钻、镗夹具来说，是指钻、镗套与定位元件间的位置尺寸，钻、镗套之间的位置尺寸以及钻、镗套与刀具导向部分的配合尺寸。

3）夹具与机床的联系尺寸。它是用于确定夹具在机床上正确位置的尺寸。对于车、磨床夹具来说，主要是指夹具与主轴端的连接尺寸；对于铣、刨夹具来说，则是指夹具上的定向键与机床工作台上的 T 形槽的配合尺寸。标注尺寸时，还常以夹具上的定位元件作为位置尺寸的基准。

4）夹具内部的配合尺寸。这些尺寸与工件、机床、刀具无关，主要是为了保证夹具装配后能满足规定的使用要求。

5）夹具的外廓尺寸。一般是指夹具最大外形轮廓尺寸，当夹具上有可动部分时，应包括可动部分处于极限位置时所占空间尺寸。例如：夹具体上有超出夹具体的旋转部分时，应标出最大旋转半径；有升降部分时，应标出最高及最低位置。标出夹具最大外形轮廓尺寸，就能知道夹具在空间实际所占的位置和可能活动的范围，以便能够发现夹具是否会与机床、刀具发生干涉。

上述诸尺寸公差的确定可分为两种情况处理：①夹具上定位元件之间，对刀、导引元件之间的尺寸公差，会直接影响工件上相应的加工尺寸，因而根据工件相应尺寸的公差确定，一般取工件相应尺寸公差的 1/2～1/5；②定位元件与夹具体的配合尺寸公差，夹紧装置各组成零件间的配合尺寸公差等，应根据其功用和装配要求，按一般极限与配合原则决定。

（2）应标注的技术要求条件　在夹具装配图上应标注的技术有如下几方面。

1）定位元件之间或定位元件与夹具体底面间的位置要求，其作用是保证加工面与定位基面间的位置精度。

2）定位元件与连接元件或找正基面间的位置要求。例如：用镗模加工主轴箱上孔系时，要求镗模上的导向定位元件与镗模底座上的找正基面保持平行，因为镗套轴线是要与找正基面保持平行的，否则便无法保证所加工的孔系轴心线与机床山形导轨面的平行度要求。

3）对刀元件与连接元件或找正基面间的位置要求。

4）定位元件与导引元件间的位置要求。如图 4-78 所示，若要求所钻孔的轴心线与定位基面垂直，必须以钻套轴线与定位元件工作表面 A 垂直、定位元件工作表面与夹具体底面 B 平行为前提。

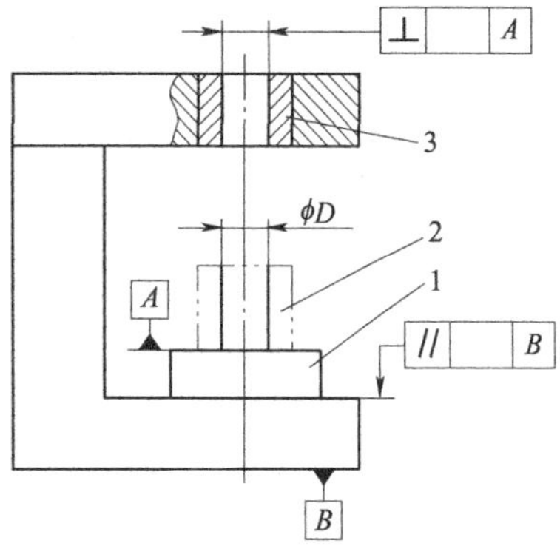

图 4-78　定位元件与导引元件间的位置要求
1—定位元件　2—工件　3—导引元件

上述技术要求是保证工件相应的加工要求所必需的，与工序公差直接相关的夹具公差，其数值应取工件相应技术要求所规定数值的 1/2～1/5。若与工件加工技术要求无直接关系时，可参考下列数据酌情选用。

1）同一平面上的支承钉或支承板的等高公差，一般不大于 0.02mm。

2）定位元件工作表面对定位键槽侧面的平行度或垂直度，一般不大于 0.02mm/100mm。

3）定位元件工作表面对夹具体底面的平行度或垂直度，一般不大于 0.02mm/100mm。

4）钻套轴线对夹具体底面的垂直度不大于 0.05mm/100mm。

5）镗模前后镗套的同轴度不大于 0.02mm。

6）对刀块工作表面对定位元件工作表面的平行度或垂直度不大于 0.03mm/100mm。

7）对刀块工作表面对定位键槽侧面的平行度或垂直度不大于 0.03mm/100mm。

8）车磨夹具的找正基面对其回转中心的径向圆跳动不大于 0.02mm。

思考及练习题

1. 何谓机床夹具？机床夹具由哪几部分组成？各部分起何作用？
2. 工件在机床上的装夹方法有哪些？试述各自的原理及应用场合。
3. 何谓基准？试述设计基准、定位基准、工序基准、测量基准和装配基准的概念，并举例说明。
4. 什么是六点定位原理？为什么六点定位原理只能解决工件自由度的消除问题，即“定与不定”的问题，而不能解决定位精度问题，即“准与不准”的矛盾？并举例说明。

5. 什么是完全定位、不完全定位、过定位和欠定位？过定位和欠定位是否会同时发生？过定位和欠定位是否均不允许存在？决定存在与否的原则是什么？
6. 可调支承与辅助支承在工件定位中所起的作用有何本质区别？两者在结构特点上有何相同之处？
7. 定位与夹紧有什么区别和联系？工件在车床上用自定心卡盘夹持后，即不能运动，工件的六个自由度是否均已被限制？
8. 什么是组合定位？常见的组合定位方式有哪些？
9. 采用一面两销定位时，为什么其中一个应为削扁销？削扁销的安装方向如何确定？
10. 夹紧装置由哪几个部分组成？各部分起何作用？
11. 设计夹具时应满足哪些基本要求？简述夹紧力的确定原则。
12. 常用夹紧机构有哪些？简述它们的特点及应用场合。
13. 气动夹紧与液压夹紧各有哪些优缺点？
14. 根据六点定位原理，分析图 4-79 所示各定位方案中，各定位元件所限制的自由度。如果属于过定位或欠定位，请指出可能出现的不良后果，并提出改进方案。

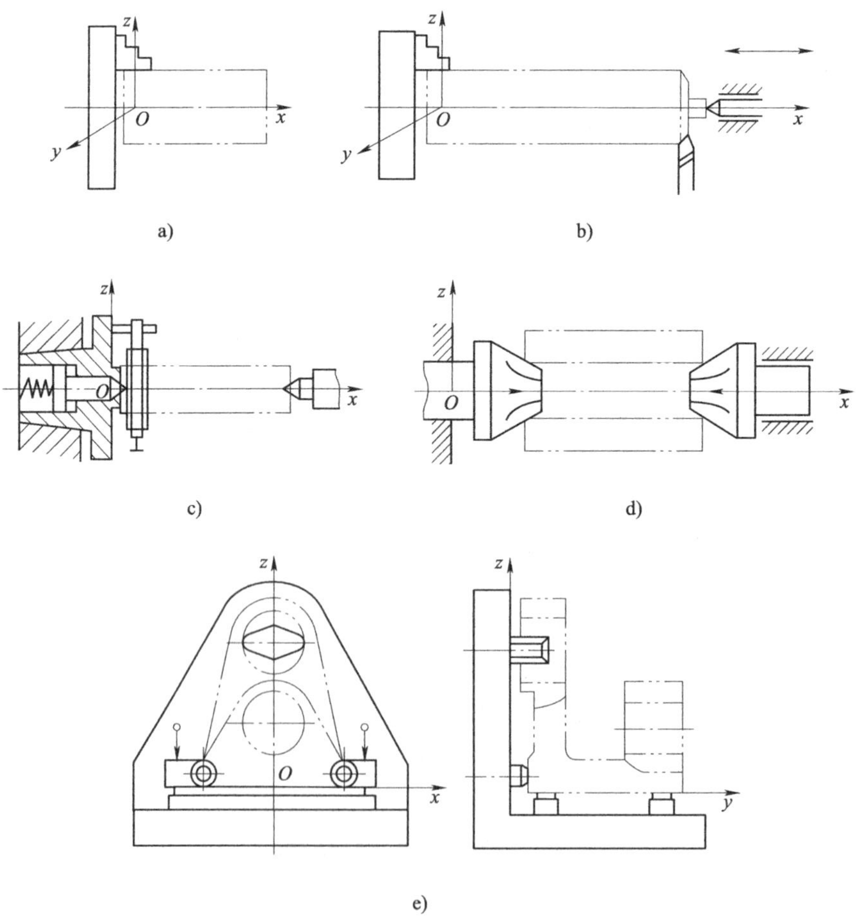

图 4-79　题 14 图

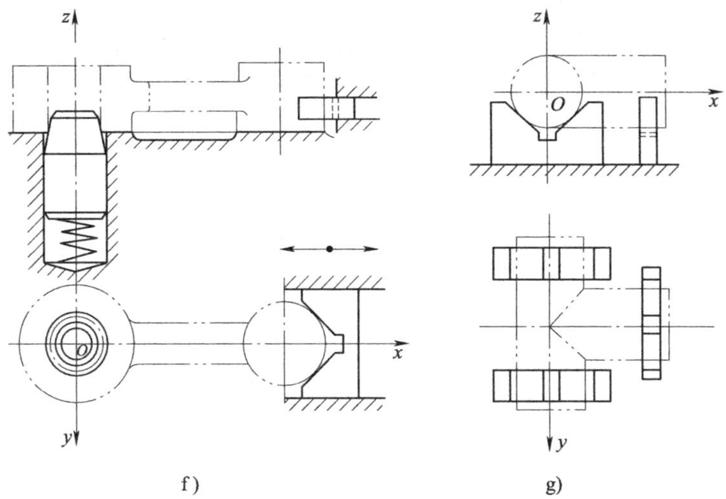

图 4-79　题 14 图（续）

15. 试分析图 4-80 所示各方案夹紧力的作用点与方向是否合理？为什么？如何改进？

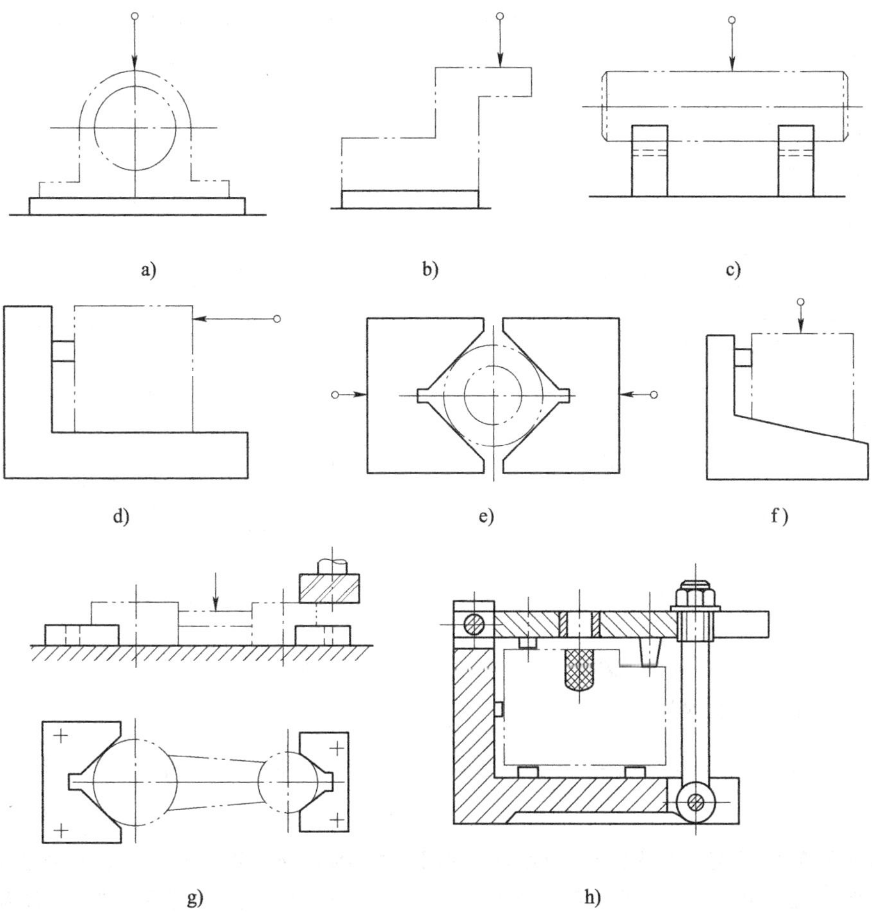

图 4-80　题 15 图

16. 图 4-81 所示两种工件，l 为自由尺寸，孔 O 及其他加工表面均已加工完成。现欲钻 O_1 和 O_2 两孔，孔径尺寸由钻头保证，其位置要求分别为距 A 面尺寸 a_1 和距孔 O 中心尺寸 a_2，且两孔中心线与 A 面平行。试分析确定合理的定位夹紧方案及各定位元件所限制的自由度（绘制定位夹紧方案草图或用文字说明）。

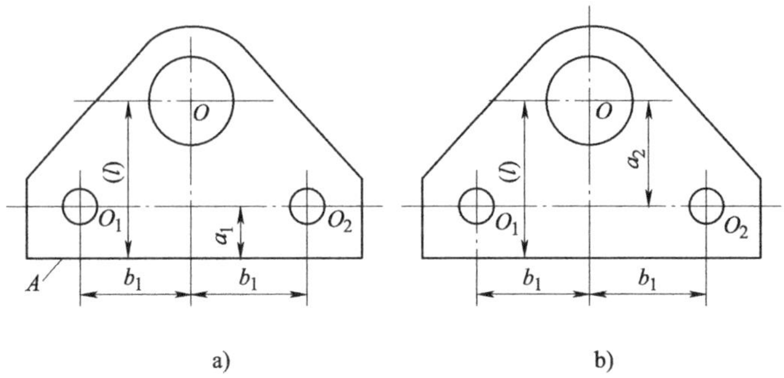

图 4-81　题 16 图

17. 图 4-82 所示拨杆零件毛坯为铸件，其他加工表面均已加工完成，现欲加工 ϕ10H7 孔。试分析确定合理的定位夹紧方案及各定位元件所限制的自由度（绘制定位夹紧方案草图或用文字说明）。

18. 图 4-83 所示零件的 A、B、C 各面及 ϕ10H7 和 ϕ30H7 两孔均已加工完成。试分析确定加工 ϕ12H7 孔时最为合理的定位夹紧方案。

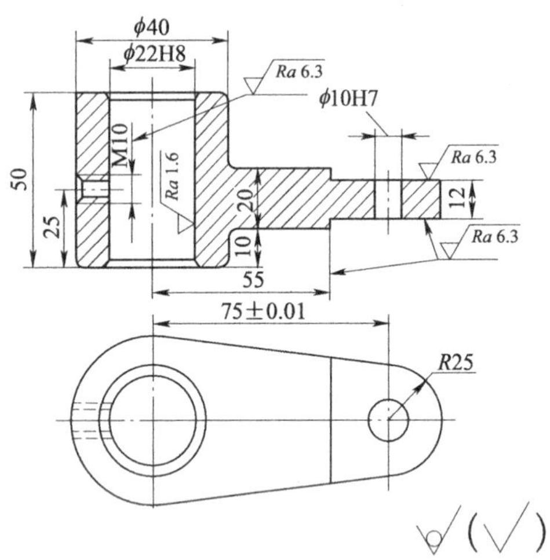

图 4-82　题 17 图

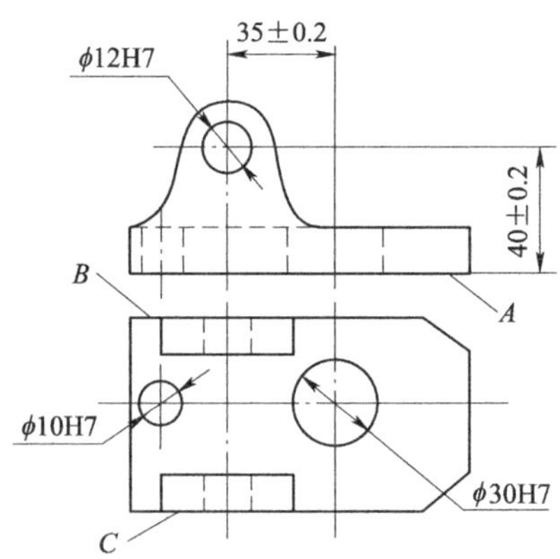

图 4-83　题 18 图

19. 有一批直径为 $d_{-\delta_d}^{\ 0}$ 轴件，欲铣一键槽，工件的定位方案如图 4-84 所示，保证尺寸 m 和 n，试计算定位方案中尺寸 m 和 n 的定位误差。

20. 工件定位如图 4-85 所示，欲加工孔 O，保证 $B\pm\frac{\delta_B}{2}$ 和 $D\pm\frac{\delta_D}{2}$，设 M、P 面相互垂直，试计算基准不重合误差。

21. 图 4-86 所示零件，若按调整法加工，试结合工序图（图 4-86b、c）分析下列问题：①加工平面 2 时的设计基准、定位基准、工序基准和测量基准；②镗孔 4 时的设计基准、定位基准、工序基准和测量基准。

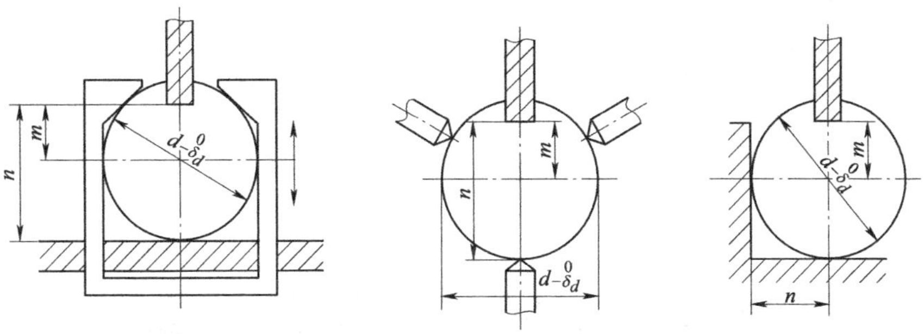

a)　　b)　　c)

图 4-84　题 19 图

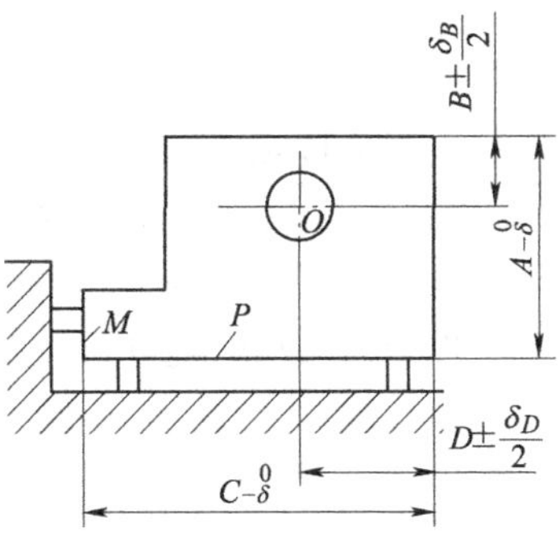

图 4-85　题 20 图

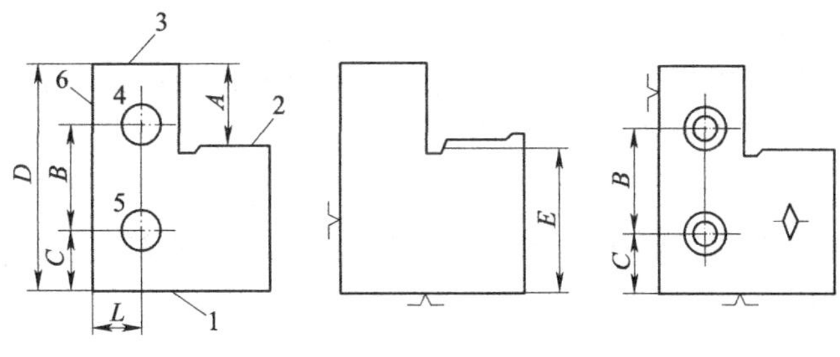

a)　　b)　　c)

图 4-86　题 21 图

22. 图 4-87 所示零件，用 90°V 形块定位，$\delta_d = 0.2\text{mm}$，本工序同时钻 O_1、O_2、O_3三个孔，试分析计算加工尺寸 m_1、m_2、m_3的定位误差。

23. 图 4-88 所示套筒零件，以 $\phi 30^{+0.021}_{0}\text{mm}$ 孔在水平放置的 $\phi 30^{+0.007}_{-0.020}\text{mm}$ 圆柱心轴上定位，铣削键槽，零件外圆尺寸为 $\phi 50^{0}_{-0.006}\text{mm}$，试计算工序尺寸 L 的定位误差。

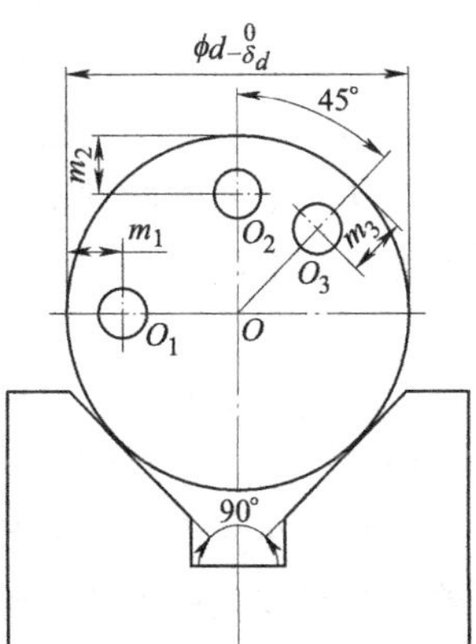

图 4-87　题 22 图

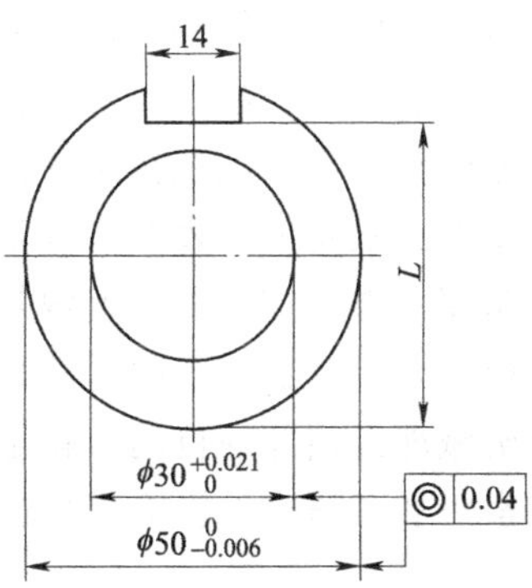

图 4-88　题 23 图

第 5 章

机械加工质量分析与控制

机械产品一般由若干零件装配而成，零件的加工质量是整个产品质量的基础，它直接影响产品的工作性能和寿命。因此，分析研究工艺系统中影响机械加工质量的因素，掌握其变化的基本规律，采取相应的工艺措施，保证零件加工质量是机械加工中的重要任务。

零件的机械加工质量包括加工精度和表面质量两个范畴的内容。本章首先讨论机械加工精度的基本概念、影响加工精度的因素、加工误差的综合分析及提高加工精度的途径等问题；然后研究零件表面层在加工中的变化和发生变化的机理，分析机械加工中各种工艺因素对表面质量的影响规律，给出提高表面质量的途径。最后对加工过程中的振动问题进行简要介绍。

5.1　机械加工精度概述

5.1.1　加工精度的基本概念

加工精度是指零件加工后的实际几何参数（尺寸、形状和位置）与理想几何参数的符合程度。符合程度越好，加工精度就越高。从机器的使用性能来看，没有必要把零件做得绝对准确，只要满足设计时所规定的零件公差等级，便能保证零件在机器中的功用。而且实际加工中也不可能把零件做得与理想零件完全一致，总会有一定的偏差，零件加工后的实际几何参数与理想几何参数的偏差，称为**加工误差**。加工误差的大小反映了加工精度的高低，加工误差越小，加工精度越高。可见，加工误差和加工精度是对同一个问题两种不同的说法。

零件的机械加工精度包括尺寸精度、形状精度、位置精度三个方面。

尺寸精度：限制加工表面与其基准间的尺寸允许误差。

形状精度：限制加工表面宏观几何形状误差，如圆度、圆柱度、平面度、直线度等。

位置精度：限制加工表面与其基准间的相互位置误差，如平行度、垂直度、同轴度等。

研究机械加工精度的目的，就是研究如何把各种加工误差控制在允许的公差范围内，弄清各种因素对加工精度的影响规律，从而找出降低加工误差，提高加工精度的措施。

5.1.2　获得加工精度的方法

1. 获得尺寸精度的方法

（1）试切法　操作者在加工前先进行对刀，然后试切出一小段，测量其尺寸是否合适，如不合适，则重新调整刀具位置，再试切，如此反复进行，直至达到规定尺寸，再加工出整个表面的一种加工方法称为**试切法**。图 5-1 所示为采用试切法进行车削加工。试切法的生产率低，对工人的技术水平要求高，故常用于单件、小批生产。

（2）调整法　先按规定尺寸调整好机床、夹具、刀具和工件的相对位置及进给行程，然后以不变的位置加工一批零件的方法称为**调整法**。这种方法在加工时不再进行试切，生产率高，其精度主要取决于机床、夹具的精度和调整误差，常用于批量生产。

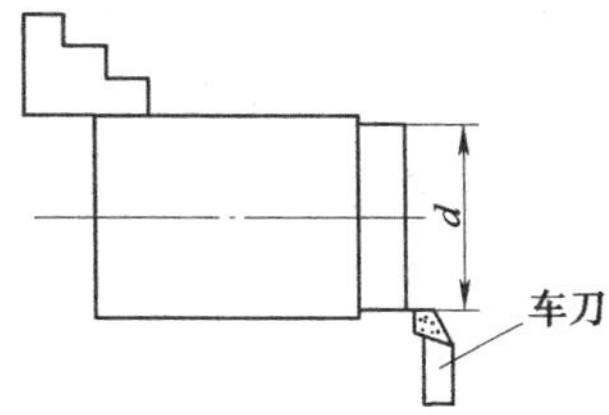

图 5-1　采用试切法进行车削加工

调整法可分为静调整法和动调整法两类。

1）静调整法。静调整法又称为样件法。它是在不切削的情况下，用对刀块或样板来调整刀具的位置。例如：在组合机床上或镗床上，用 V 形块来调整镗刀的位置，以保证镗孔的直径尺寸，如图 5-2 所示；又如图 5-3 所示，在铣床上用对刀块来调整刀具的位置，保证工件的高度尺寸，为了避免刀具与对刀块相撞，可用塞尺来调整。

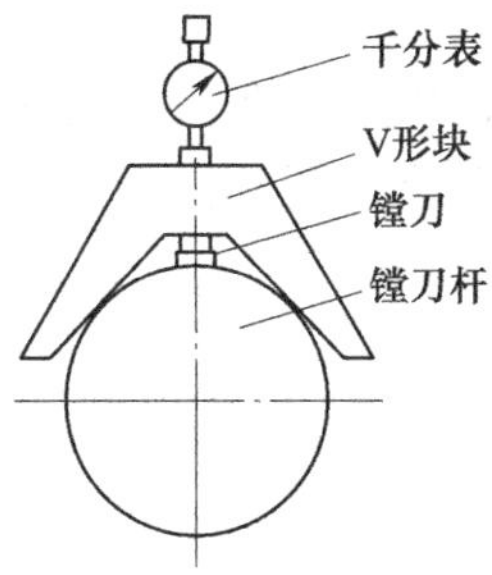

图 5-2　镗孔时静调整法对刀

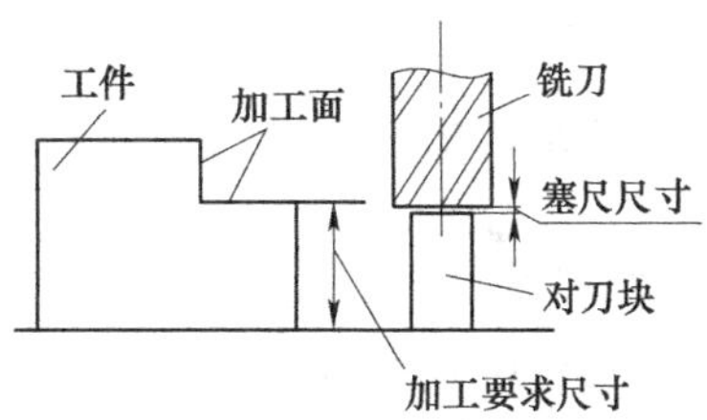

图 5-3　铣削时静调整法对刀

在转塔车床、组合机床、自动车床及铣床上，有时用行程挡块来调整尺寸，这也是一种静调整法，一般来说其调整精度较低。

2）动调整法。动调整法又称为尺寸调整法。它是按试切法进行调整，先试切一个或一组零件，所有试切零件合格，即调整完毕，然后进行批量加工。这种方法多用于大批大量生产中。动调整法由于考虑了加工过程中的让刀等动态影响因素，其精度比静调整法高。

（3）定尺寸刀具法　由刀具的尺寸来保证加工表面尺寸精度的方法称为定尺寸刀具法，如用钻头、铰刀、拉刀来加工孔均属于定尺寸刀具法。这种方法操作简便，生产率较高，加工精度也较稳定。

（4）自动控制法　自动控制法是通过自动测量和数字控制装置，在达到尺寸精度时自动停止加工的一种尺寸控制方法。这种方法加工质量稳定，生产率高，是当前机械制造技术的主要发展方向。

2. 获得形状精度的方法

根据第 2 章的讨论可知，获得加工表面形状的方法有轨迹法、成形法、相切法和展成法。对不同的成形方法，影响形状精度的因素各不相同。轨迹法所获得的形状精度主要取决于刀具和工件间相对成形运动的精度；成形法所获得的形状精度取决于成形刀具切削刃的形状精度、成形运动的精度以及刀具的装夹精度；相切法和展成法所获得的形状精度主要取决于机床展成运动的传动链精度与刀具的制造精度。

3. 获得位置精度的方法

当工件较复杂、加工表面较多时，需要经过多道工序加工，各个表面之间的位置精度在很大程度上取决于工件的安装方式和安装精度。

（1）直接找正获取位置精度法　它是指通过百分表等工具找正工件位置并施以夹紧来直接获取工件位置精度的方法。如图 5-4 所示，用单动卡盘安装工件，来保证加工后的 *B* 与 *A* 的同轴度要求。先用百分表按外圆 *A* 进行找正，夹紧后车削外圆 *B*，从而保证 *B* 与 *A* 的同轴度要求。此法生产率低，精度取决于工人技术水平和测量工具的精度，一般只用于单件小批生产。

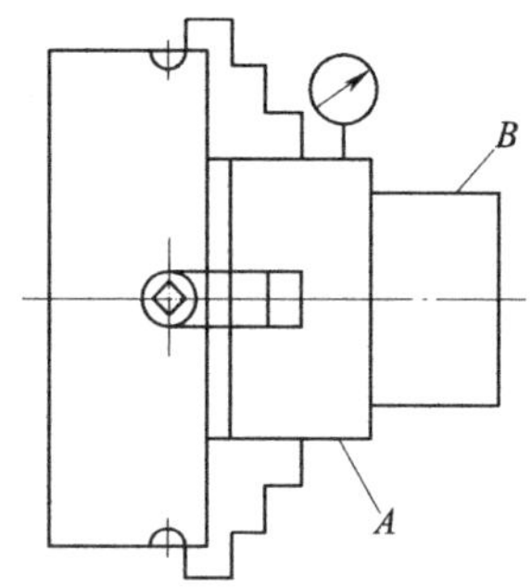

图 5-4　直接找正安装

（2）划线找正获取位置精度法　它是指通过划针在工件上画出要加工表面的位置线段，再按所划线段用划针找正工件在机床上的位置并施以夹紧来获取工件位置精度的方法。由于划线既费时，又需要高技术的划线工，所以一般用于批量不大，形状复杂而笨重的工件或低精度毛坯的加工。

（3）通过夹具获取位置精度法　它是指通过将工件直接安装在夹具的定位元件上以获取工件位置精度的方法。这种方法工件安装迅速方便，定位精度较高而且稳定，生产率较高，广泛应用于大批大量生产中。

5.1.3　经济加工精度

由于在加工过程中有很多因素影响加工精度，所以同一种加工方法在不同的工作条件下所能达到的精度是不同的。任何一种加工方法，只要精心操作，细心调整，并选用合适的切削参数进行加工，都能使加工精度得到较大的提高，但这样做会降低生产率，增加加工成本。统计表明，加工成本与加工误差之间的关系如图 5-5 所示。由图 5-5 可知，加工误差 δ 与加工成本 C 成反比关系。用同一种加工方法，如欲获得较高的精度（即加工误差较小），成本就要提高，反之亦然。但上述关系只是在一定范围内才比较明显，如图 5-5 所示的 *AB* 段。而 *A* 点左侧的曲线几乎与纵坐标平行，这时即使很细心地操作，精心地调整，精度提高得却很少乃至不能提高，但成本却提高了很多。相反，*B* 点右侧曲线几乎与横坐标平行，它表明用某种加工方法去加工工件时，即使工件精度要求很低，但加工成本并不因此无限制地降低，而必须耗费一定的最低成本。**一般所说的经济加工精度是指在正常加工条件下（即采用符合质量标准的设备、工艺装备和标准技术等级的工人，不延长加工时间）所能保证的加工精度。**

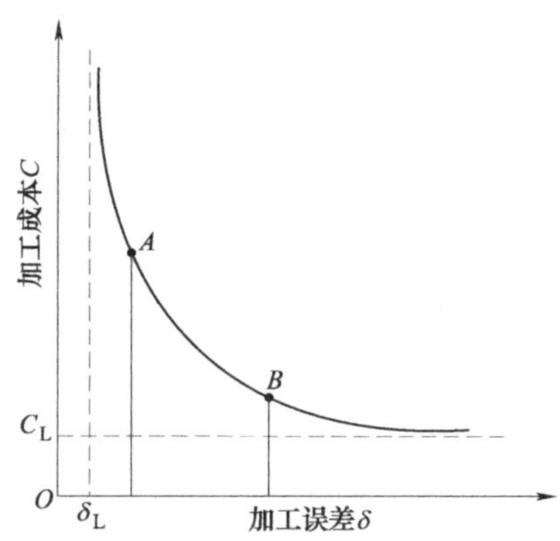

图 5-5　加工成本与加工误差之间的关系

经济加工精度是一个相对的概念，某种加工方法的经济加工精度不应理解为某一个确定值，而应理解为一个范围，在这个范围内都可以说是经济的，如图 5-5 所示 *AB* 范围内对应的加工精度。当然，各种加工方法的经济加工精度并不是固定不变的，随着工艺技术的发展，设备及工艺装备的改进以及生产过程科学化管理水平的不断提高等，各种加工方法的经济加工精度范围也将随之提高。

5.1.4　研究加工精度的方法

研究加工精度的方法一般有因素分析法和统计分析法两种。**因素分析法**是通过分析计算或实验、测试等方法，研究某一确定因素对加工精度的影响，一般不考虑其他因素的同时作用，主要是分析各项误差单独的变化规律。**统计分析法**则是运用数理统计方法对生产中一批工件的实测结果进行数据处理，用以控制工艺过程的正常进行，主要是研究各项误差综合的变化规律，只适用于大批、大量的生产条件。

这两种方法在生产实际中往往结合起来应用。一般先用统计分析法找出误差的发生规律，判断产生加工误差的可能原因，然后运用因素分析法进行分析、实验，以便迅速有效地找出影响加工精度的关键因素。

5.2　影响加工精度的因素及其分析

5.2.1　原始误差及其与加工误差的关系

1. 原始误差

在机械加工中，把由机床、夹具、刀具和工件组成的系统称为**工艺系统**。零件的加工是在工艺系统中进行的。凡是能直接引起加工误差的工艺系统误差称为**原始误差**。原始误差的存在使工艺系统各组成部分之间的位置关系或速度关系偏离理想的状态，致使加工后的零件产生加工误差。图 5-6 所示为活塞销孔精镗工序中的各种原始误差，其中，由于定位基准不是设计基准而产生的定位误差和由于夹紧力过大而产生的夹紧误差属于工件装夹误差；机床制造或使用中磨损产生的导轨误差属于机床误差；调整刀具与工件之间位置而产生的对刀误差属于调整误差；由于受切削热、摩擦热等因素的影响而产生的机床热变形属于工艺系统热变形。此外还有加工过程中的刀具磨损，加工完毕测量工序尺寸时由于测量方法和量具本身的误差而产生的测量误差。

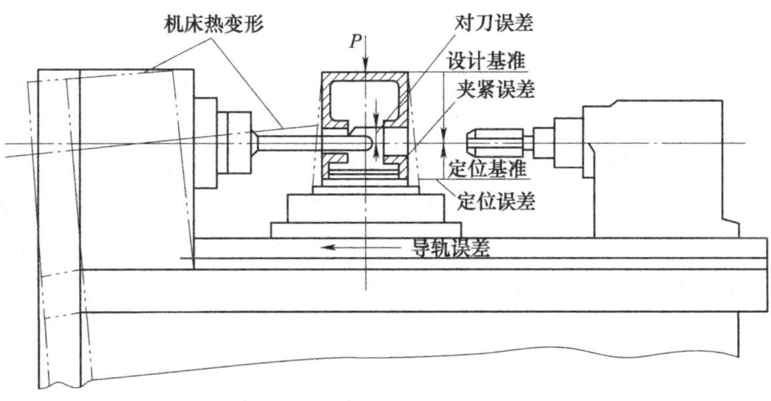

图 5-6　活塞销孔精镗工序中的各种原始误差

在加工前就已存在的原始误差，即在无切削载荷的情况下检验出的误差，称为**工艺系统静误差**；在有切削载荷情况下产生的误差则称为**工艺系统动误差**。机械加工过程中工艺系统可能存在的原始误差如图 5-7 所示。

- 原始误差
  - 与工艺系统原始状态有关的原始误差(几何误差)
    - 原理误差
    - 定位误差
    - 调整误差
    - 刀具制造误差
    - 夹具制造误差
    - 机床制造误差
      - 主轴回转误差
      - 导轨导向误差
      - 传动链的误差
    - （原理误差、定位误差、调整误差、刀具制造误差：工件相对于刀具静止状态下的误差）
    - （主轴回转误差、导轨导向误差、传动链的误差：工件相对于刀具运动状态下的误差）
  - 与工艺过程有关的原始误差(动误差)
    - 工艺系统受力变形(包括夹紧变形)
    - 工艺系统受热变形
    - 刀具磨损
    - 测量误差
    - 工件残余应力引起的变形

图 5-7　机械加工过程中工艺系统可能存在的原始误差

2. 原始误差与加工误差的关系

在加工过程中，由于各种原始误差的影响，使机床、刀具、工件间的正确几何位置关系受到破坏，就会产生加工误差，从而影响加工精度。各种原始误差的大小和方向各不相同，而加工误差则必须在工序尺寸方向度量。因此，不同大小和方向的原始误差对加工精度的影响程度也会不同。下面以外圆车削为例，说明原始误差与加工误差的关系。如图 5-8 所示，工件的回转轴线为 O，刀尖正确位置在 A，设某一瞬时由于各种原始误差的影响，使刀尖位移到 A'，AA'即为原始误差 δ，它与 OA 间夹角为 φ，由此引起工件加工后的半径由 $R_0=OA$ 变为 $R=OA'$，故半径上产生的加工误差 ΔR 为

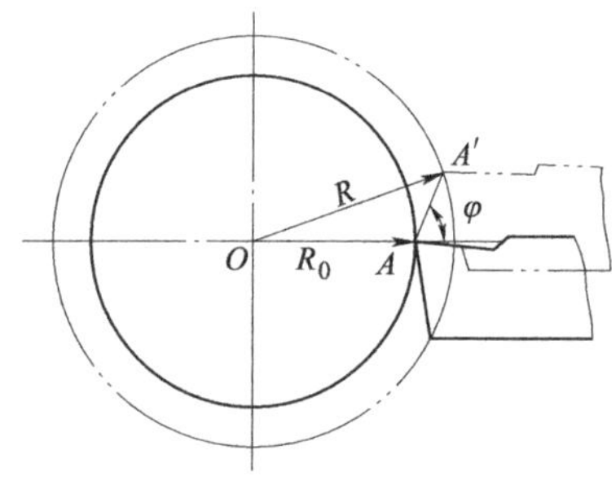

图 5-8　原始误差与加工误差的关系

$$\Delta R = OA' - OA = \sqrt{R_0^2 + \delta^2 + 2R_0\delta\cos\varphi} - R_0 \approx \delta\cos\varphi + \frac{\delta^2}{2R_0} \tag{5-1}$$

由此可知，当原始误差的方向恰为加工表面法向方向时（$\varphi=0°$），$\Delta R=\delta$，引起的加工误差最大；当原始误差的方向恰为加工表面切线方向时（$\varphi=90°$），$\Delta R\approx\delta^2/2R_0$，若设 $\delta=0.01$mm，$R_0=50$mm，则 $\Delta R=0.000001$mm，此值完全可以忽略不计。因此，通常把对加工精度影响最大的那个方向（即刀具与工件接触点表面的法向）称为**误差敏感方向**，而把对加工精度影响最小的那个方向（即刀具与工件接触点表面的切向）称为**非误差敏感方向**。分析原始误差对加工精度的影响时，应重点考虑误差敏感方向的影响。

5.2.2　原理误差

原理误差是由于采用了近似的加工运动或者近似的刀具轮廓而产生的。

例如：在车床上车削模数蜗杆，传动关系如图 5-9 所示，传动比可用下式表示，即

$$i = \frac{P_{工}}{P_{丝}} = \frac{z_1 z_3}{z_2 z_4} \tag{5-2}$$

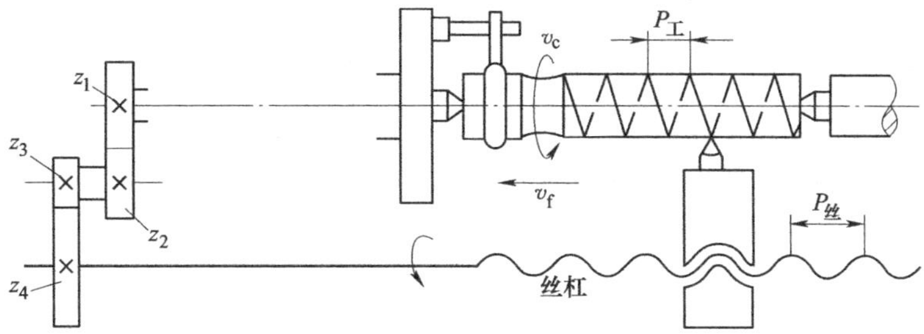

图 5-9　车蜗杆时的传动关系

式中，$P_丝$ 是机床丝杠螺距；$P_工$ 是蜗杆螺距。由于蜗杆的螺距 $P_工=\pi m$，其中 π 是一个无理数（$\pi=3.1415\cdots$），这样在选择交换齿轮齿数 z_1、z_2、z_3、z_4 时，只能取其近似值，因此加工出蜗杆的螺距必然存在误差。

再如，当用模数铣刀加工齿轮时，理论上应要求刀具轮廓与工件的齿槽形状完全相同，即每一种模数、每一种齿数的齿轮都应有相应的铣刀，这样就必须备有大量不同规格的铣刀，这既不经济，也不可能。实际生产中是将每种模数的齿轮按齿数分组，在一定齿数范围内用同一把铣刀。例如：齿数 17~20 为一组，加工这一组各个齿数的齿轮时，都使用组内按最小齿数 17 的齿形设计的铣刀，这样对于组内其他齿数的齿轮来说加工后便会出现误差。

采用近似的加工原理和刀具轮廓形状，一定会产生加工误差。但由于它可减小机床与刀具的制造困难，简化加工过程，使机床结构及刀具形状简化，刀具数量减少，成本降低，因此，只要能将误差合理地限制在规定的精度范围之内，它也是一种行之有效的办法。

5.2.3　机床、刀具、夹具误差

1. 机床的几何误差

加工中刀具相对于工件的成形运动一般都是通过机床完成的，因此，工件的加工精度在很大程度上取决于机床的精度。机床误差来源于机床本身的制造、磨损与安装。机床误差对工件加工精度影响较大的有**主轴回转误差**、**导轨误差**和**传动链误差**。

（1）主轴回转误差

1）主轴回转误差的概念。机床主轴是装夹工件或刀具的基准，并将运动和动力传给工件或刀具，主轴回转误差将直接影响被加工工件的精度。理论上讲，主轴回转时，其回转轴线的空间位置应该是固定不变的，即瞬时速度为零。实际上，由于主轴部件在加工、装配和使用过程中的各种误差和回转时受到力、热等因素的影响，使主轴在每一瞬时回转轴线的空间位置都处于变动状态，造成轴线漂移，也就是存在着回转误差。

主轴回转误差是指主轴各瞬间的实际回转轴线相对其平均回转轴线的变动量。它可分解为**径向圆跳动**、**轴向窜动**和**角度摆动**三种基本形式，如图 5-10 所示。

径向圆跳动：瞬时回转轴线始终沿平均回转轴线方向的径向移动，如图 5-10a 所示。

轴向窜动：瞬时回转轴线始终沿平均回转轴线方向的轴向移动，如图 5-10b 所示。

角度摆动：瞬时回转轴线与平均回转轴线始终成一倾角，并在一个平面上做交点位置固定不变的等幅摆动，如图 5-10c 所示。

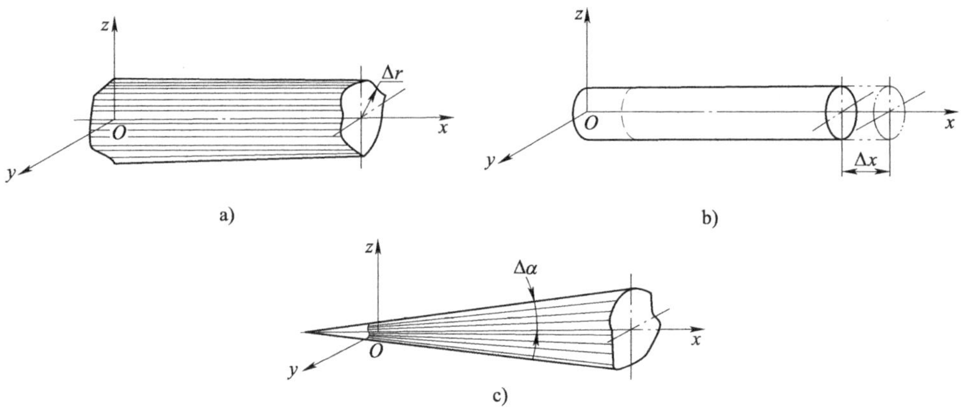

图 5-10　主轴回转误差的三种基本形式

实际上，主轴工作时，其回转误差常常是上述三种基本运动形式的合成，所以主轴在不同横截面内轴心的运动轨迹是截然不同的。

2）主轴回转误差的影响因素。产生主轴径向回转误差（径向圆跳动和角度摆动）的主要原因有：主轴几段轴颈的圆柱度和同轴度误差、轴承本身的各种误差、与轴承配合零件的误差、主轴挠度和热变形等。但它们对主轴径向回转精度的影响大小随加工方式的不同而不同。图 5-11 所示为采用滑动轴承结构的主轴，在工件回转和刀具回转加工时，主轴颈和轴承孔形状误差对主轴回转精度的影响。

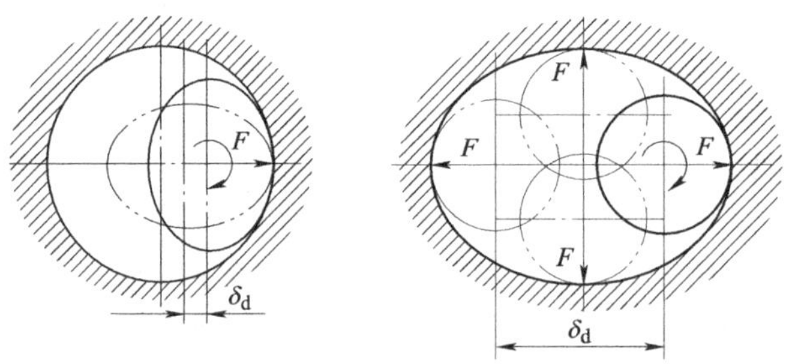

a) 工件回转　　b) 刀具回转

图 5-11　采用滑动轴承时主轴的径向圆跳动

图 5-11a 所示为在车床上采用工件回转车削外圆，此时切削力 F 的作用方向可认为始终是不变的，在切削力 F 的作用下，主轴颈以不同的部位和轴承内径的某一固定部位相接触，因此主轴颈的圆度误差对主轴径向回转精度影响较大，而轴承内径的圆度误差对主轴径向回转精度则影响不大；而在采用刀具回转的镗床上镗孔时，由于镗刀与主轴一起回转，切削力 F 的作用方向随着主轴的回转而变化，如图 5-11b 所示，在切削力 F 的作用下，主轴总是以其轴颈某一固定部位与轴承内表面的不同部位接触，因此，轴承内表面的圆度误差对主轴径向回转精度影响较大，而主轴颈的圆度误差的影响则较小。

产生轴向窜动的主要原因是主轴轴肩端面和轴承承载端面对主轴回转轴线有垂直度

误差。

3）主轴回转误差对加工精度的影响。不同的加工方法，主轴回转误差所引起的加工误差是不同的。

车外圆和内孔时，假设主轴回转中心在 y 方向上做简谐直线运动，其频率与主轴转速相同，如图 5-12 所示，在 1 位置工件靠近刀具，切出工件半径 R_1 等于 $R-\Delta R$，在 3 位置工件远离刀具，切出工件半径为 R_2 等于 $R+\Delta R$，在 2、4 位置切出工件半径为 R，接近于真圆，因此，主轴做转频径向圆跳动时对车削内外圆的圆度和圆柱度误差影响很小。

镗削加工时，在 y 方向主轴每转径向圆跳动或角度摆动一次的情况下，假设刀尖转过一个 φ 角时，如图 5-13 所示，刀尖轨迹的 y、z 坐标分别为

$$y = (A + R)\cos\varphi$$
$$z = R\sin\varphi$$

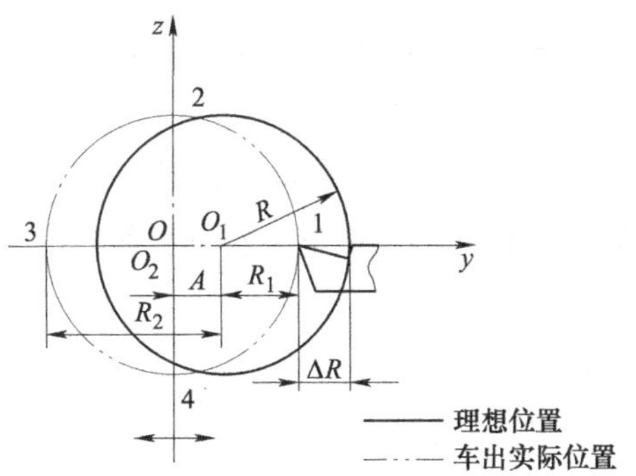

图 5-12　车削时纯径向圆跳动对圆度的影响

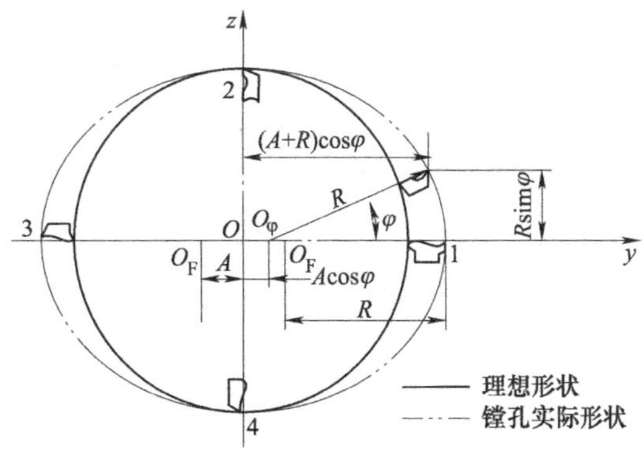

图 5-13　镗孔时纯径向圆跳动对圆度的影响

即有

$$\frac{y^2}{(A + R)^2} + \frac{z^2}{R^2} = 1 \tag{5-3}$$

可见，此时加工出的工件内孔截面形状为椭圆，整体表面形状为椭圆柱，如图 5-13 和图 5-14 所示。因此，主轴径向圆跳动和角度摆动对工件的圆度和圆柱度误差的影响与加工方式有很大关系。

主轴轴向窜动误差一般对加工外圆或内孔的影响不大，但对加工端面的垂直度及平面度则有较大的影响。纯轴向窜动在加工端面时，会使端面呈凸轮状，如图 5-15 所示。

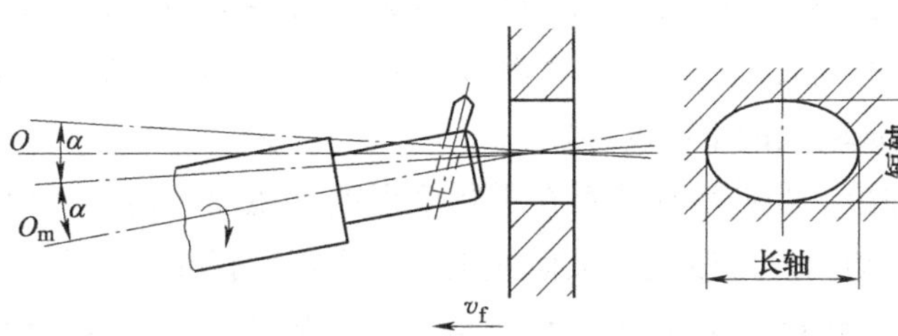

图 5-14　纯角度摆动对镗孔的影响

O—工件孔轴线　O_m—主轴回转轴线

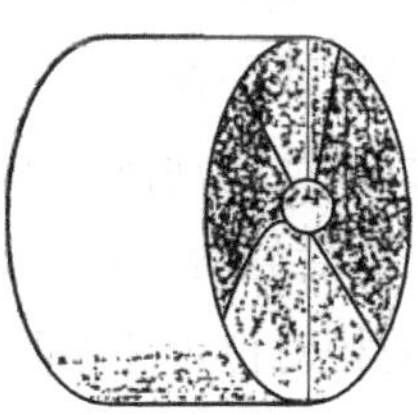

图 5-15　主轴轴向窜动对端面加工的影响

在车螺纹时，主轴轴向窜动可使被加工螺纹的导程产生周期性误差，而径向圆跳动或角度摆动则会使螺纹牙型中径产生误差。

机床主轴回转误差产生的加工误差见表 5-1。

表 5-1　机床主轴回转误差产生的加工误差

主轴回转误差的基本形式	车床上车削			镗床上镗削	
	内、外圆	端面	螺纹	孔	端面
径向圆跳动	圆度误差（转频跳动影响极小）	无影响	牙型中径误差	椭圆孔	无影响
轴向窜动	无影响	端面垂直度误差（凸轮）	螺距误差	无影响	平面度误差 垂直度误差
角度摆动	圆柱度误差	影响极小	牙型中径误差	圆柱度误差	平面度误差

适当提高主轴及箱体的制造精度，选用高精度的轴承，提高主轴部件的装配精度，对高速主轴部件进行平衡，对滚动轴承进行预紧等，均可提高机床主轴的回转精度。

（2）导轨误差　导轨是机床上确定各机床部件相对位置关系的基准，也是机床运动的基准。机床导轨的精度要求主要有以下三个方面：**在水平面内的直线度、在垂直面内的直线度和前后导轨的平行度（扭曲）**。

1）导轨在水平面内的直线度误差。若卧式车床或外圆磨床的导轨在水平面内的直线度误差为 Δ_1，如图 5-16 所示 y 向，将使刀尖的运动轨迹产生同样的直线度误差 Δ_1。当加工外圆或内孔时，将在工件表面产生鼓形或鞍形加工误差，由于机床导轨误差在误差敏感方向上，零件的加工误差 $\Delta R=\Delta_1$，对加工精度影响较大。而对平面磨床、龙门刨床，这时导轨水平方向为非误差敏感方向，造成的加工误差较小，可忽略不计。

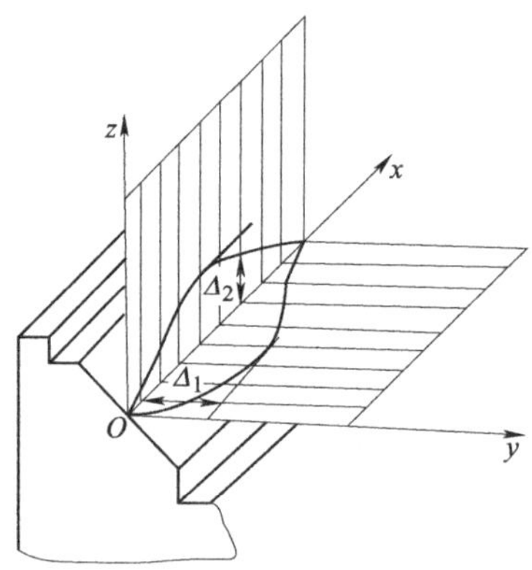

图 5-16　卧式车床导轨直线度误差

2）导轨在垂直面内的直线度误差。若卧式车床或外圆磨床的导轨在垂直面内的直线度误差为 Δ_2，如图 5-16 所示 z 向，在加工外圆或内孔时，将使刀尖沿工件切线方向产生位移 Δ_2，如图 5-17 所示，造成的工件形状误差和尺寸误差为 $\Delta R\approx\delta^2/2R_0$，可见，由于此时导轨误差在非误差敏感方向上，故可忽略不计。而对于平面磨床、龙门刨床等而言，误差将直接反映到被加工表面，造成较大的平面度误差。

3）前后导轨平行度误差（扭曲）。当前后导轨存在平行度误差（扭曲）时，刀架与工件之间的相对位置关系随刀架的运动而发生改变，从而使工件产生形状误差（鼓形、鞍形或锥形）。如图 5-18 所示，当前后导轨存在扭曲误差 Δ_3 之后，由几何关系可求得工件的半径误差 $\Delta R\approx\Delta y=(H/B)\Delta_3$。一般车床的 $H/B\approx2/3$，外圆磨床 $H/B\approx1$。可见，前后导轨平行度误差（扭曲）对加工精度有很大影响，不容忽视。

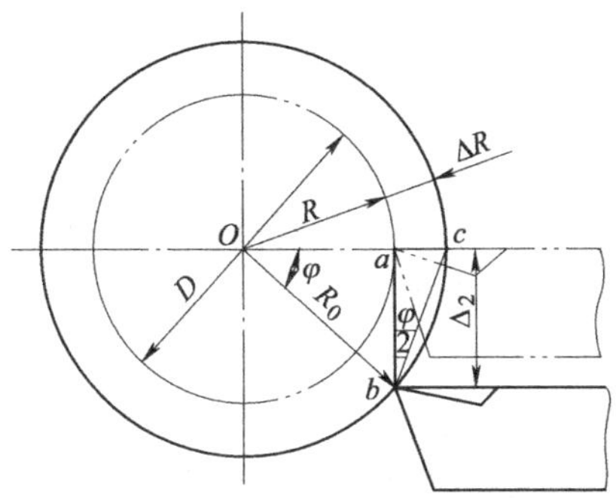

图 5-17　卧式车床导轨垂直面内的直线度误差对工件加工精度的影响

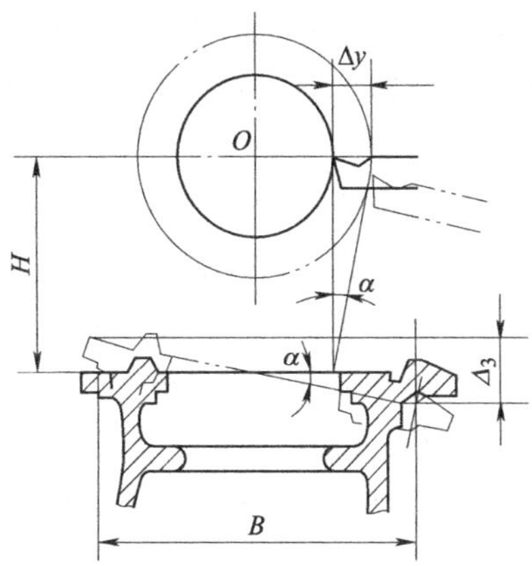

图 5-18　卧式车床导轨扭曲对工件加工精度的影响

另外，在机床装配过程中，导轨与主轴回转轴线之间的平行度装配误差也对加工精度有影响。若车床导轨与主轴回转轴线在水平面内有平行度误差，车出的内外圆柱面就产生锥度误差；若在垂直面内有平行度误差，则加工出的圆柱面产生误差，其形状为双曲线回转体，如图 5-19 所示。

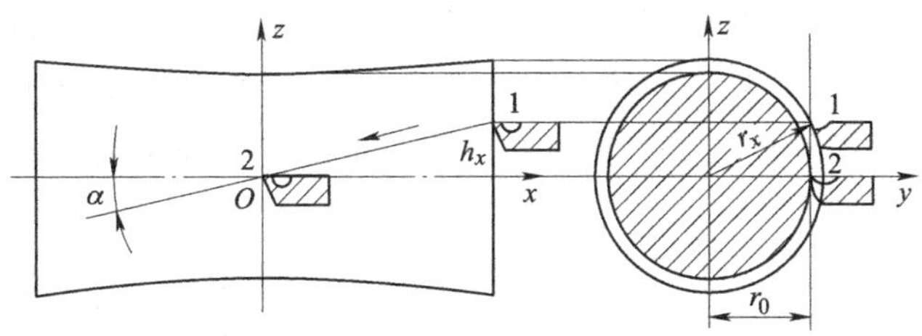

图 5-19　车床导轨与主轴回转轴线平行度误差引起的加工误差

设刀尖运动轨迹与工件轴向夹角为 α，刀具在位置 1 处工件半径为 r_x，刀具在位置 2 处工件半径为 r_0。根据图示关系，可得双曲线回转体的方程为

$$\frac{r_x^2}{r_0^2}-\frac{x^2}{r_0^2\cot^2\alpha}=1 \tag{5-4}$$

通过进一步分析可以发现，由于该误差在非误差敏感方向，故最终反映在工件上的形状误差值很小，可忽略不计。

除了导轨本身的制造、安装误差外，导轨的不均匀磨损和安装质量，也是造成导轨误差的重要因素。例如：有些导轨质量较差的机床，在工作一段时间后，导轨磨损可达 0.03mm，对加工精度造成很大影响；而对大、重型机床，由于安装不当，因机床自重而下沉有时可达 2~3mm，同样造成较大的加工误差。因此，为减少导轨误差对加工精度的影响，除提高导轨制造精度外，还应注意机床的安装和调整，采用耐磨合金铸铁导轨、贴塑导轨、滚动导轨等措施提高导轨耐磨性。

（3）传动链误差　传动链误差是指传动链始末两端传动元件间相对运动的误差。一般用传动链末端元件的转角误差来衡量。对于某些加工方式，如车削或磨削螺纹、滚齿、插齿以及磨齿等，为保证工件的加工精度，除了前述的影响因素外，还要求刀具和工件之间具有准确的传动比，传动链误差是影响这类表面加工精度的主要误差来源之一。例如：车削螺纹时，要求工件每转一周，刀具严格走一个螺距（导程）P，即

$$1 \times i_1 \times i_2 \times \cdots \times i_N \times S_{丝} \equiv P \quad (5\text{-}5)$$

式中，i_N 是交换齿轮和进给箱中各级齿轮的传动比；$S_{丝}$ 是丝杠螺距。

可以看出：各级中间传动齿轮的转角误差 $\Delta\varphi_i$ 以及丝杠螺距误差 $\Delta S_{丝}$，都将对最终拖板的移动距离 P 产生影响。因此要控制螺纹的加工精度，就必须要提高传动链的传动精度。

为减小传动链误差对加工精度的影响，可采取以下的措施。

1）尽量缩短传动链，减少误差源数 N。

2）尽可能采用降速传动，因为传动比 $i>1$，误差将被放大，反之误差缩小。

3）提高传动件的制造精度，特别是末端传动件精度，因为末端传动件误差传递系数为1。例如：滚齿机的分度蜗杆副的精度要比工件齿轮的精度高1~2级，同时还采用增加分度蜗轮的齿数来减少其他元件对滚齿精度的影响。

4）消除间隙。传动副之间存在间隙会使传动比不稳定，造成末端传动件瞬时速度不均匀，从而产生传动误差。例如：数控机床进给系统，在反向转动时，传动链间的间隙会使运动滞后于指令脉冲，造成反向死区而影响传动精度。

2. 刀具的制造误差与磨损

（1）刀具的制造误差　刀具的制造误差对加工精度的影响，根据刀具的种类不同而异。

1）采用定尺寸刀具（如钻头、铰刀、拉刀等）加工时，刀具的制造误差会直接造成工件的加工误差。一些多刃的孔加工刀具，如安装不正确（几何偏心等）或两侧刃刃磨不对称，会使加工表面尺寸扩大。

2）采用成形刀具加工时，刀具在切削基面上的投影就是加工表面的母线形状。因此切削刃的形状误差以及刃磨、安装、调整不正确，都会直接影响加工表面的形状精度。

3）采用一般刀具（车刀、铣刀、镗刀等）加工时，加工表面的形状由机床运动精度保证，尺寸由调整精度决定，刀具的制造误差对加工精度无直接影响。但如刀具几何参数和形状不适当，将影响刀具的磨损和寿命，间接影响工件的加工精度。

（2）刀具的磨损　任何刀具在切削过程中，都不可避免地要产生磨损，由此也会引起工件尺寸和形状的改变。例如：在车削一根长轴的外圆时，车刀磨损将使工件产生锥度；在用调整法加工时，刀具或砂轮的磨损会扩大工件的尺寸分散范围；在用成形刀具加工时，刀具刃口的不均匀磨损将直接反映在工件上，造成工件的形状误差。

假设刀具的尺寸磨损 μ 是在被加工表面法线方向上测量。刀具的尺寸磨损 μ 与切削路程 l 的关系如图5-20所示。

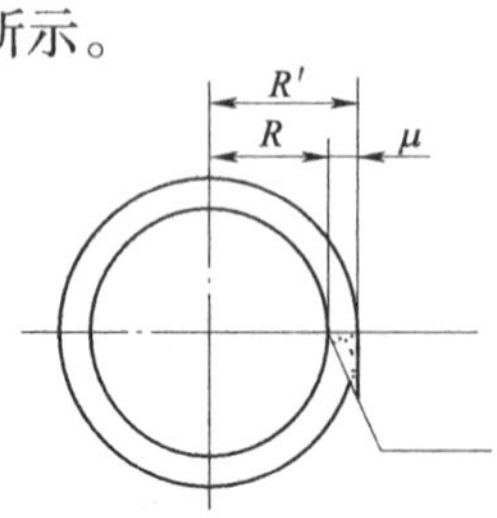

a) 刀具的尺寸磨损

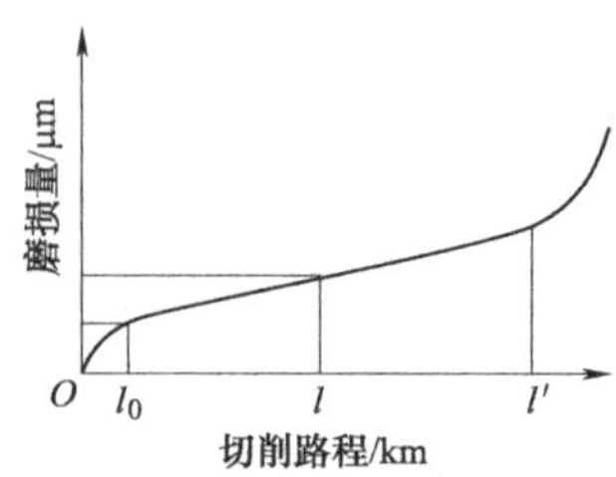

b) 磨损过程

图5-20　刀具的尺寸磨损 μ 与切削路程 l 的关系

在切削初期（$l<l_0$），即初期磨损阶段，刀具磨损较剧烈，这段时间的刀具磨损量称为初期磨损量μ_0。

进入正常磨损阶段后（$l_0<l<l'$），磨损量与切削路程成正比，其斜率k_μ称为单位磨损率，表示每切削 1000m 路程时，刀具的尺寸磨损量，单位为 μm/km。因此刀具的尺寸磨损量可用下式近似计算，即

$$\mu = \mu_0 + k_\mu(l - l_0)/1000 \approx \mu_0 + k_\mu l/1000 \tag{5-6}$$

式中，系数μ_0和k_μ可由表 5-2 查出。

正确地选用刀具材料与新型耐磨刀具材料，合理选用刀具几何参数和切削用量，正确刃磨刀具，合理采用切削液等，均可有效地减少刀具的尺寸磨损。必要时还可采用补偿装置对刀具尺寸磨损进行自动补偿，这些措施都有助于提高加工精度。

表 5-2 精车时刀具的初期磨损量μ_0和单位磨损率k_μ

工件材料	刀具材料	切削用量			初期磨损量 μ_0/μm	单位磨损率 k_μ/(μm/km)
		背吃刀量 a_p/mm	进给量 f/(mm/r)	切削速度 v_c/(m/s)		
45 钢	YT60，YT30	0.3	0.1	7.75~8.08	3~4	2.5~2.8
	YT15	<2	<0.3	<3.33	4~12	8
灰铸铁（187HBW）	YG4	0.5	0.2	1.5	3	8.5
	YG6				5	13
					5	19
	YG8		0.1	1.67	4	13
				2	5	18
				2.33	6	35
合金钢 R_m=920MPa	YT60，YT30	0.5	0.21	2.25	2	2.0~3.5
	YT15				4	8.5
	YG3				5	9.5
	YG4				6	30

3. 夹具的制造误差与磨损

夹具的作用是保证工件相对于刀具和机床具有正确的位置，因此夹具的制造误差对工件的加工精度（特别是位置精度）有很大影响。图 5-21 所示的钻床夹具中，影响孔加工精度的夹具误差有：

1）钻套中心线f与夹具定位平面c之间的距离误差，影响工件孔中心线a与侧面b的尺寸L的精度。

2）钻套中心线f与夹具定位平面c之间的平行度误差，影响工件孔中心线a与侧面B的平行度。

3）夹具定位平面c与夹具体底面d的垂直度误差，影响工件孔中心线a与侧面B间的尺寸精度和平行度。

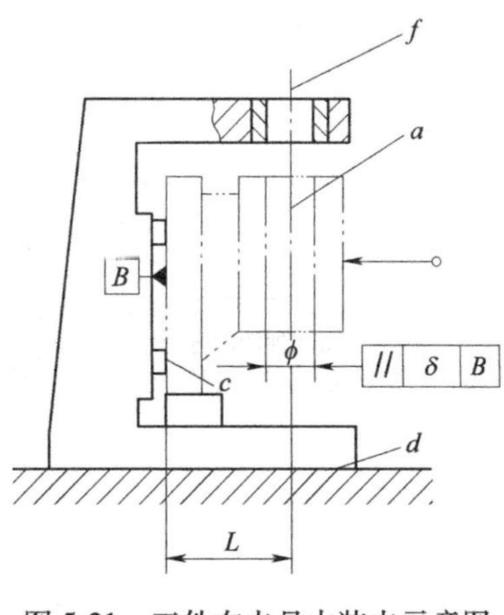

图 5-21 工件在夹具中装夹示意图

4）钻套孔的直径误差也将影响工件孔中心线 a 与侧面 B 的尺寸精度和平行度。

夹具磨损将使夹具的误差增大。为保证工件加工精度，夹具中的定位元件、导向元件、接触元件等关键易损元件均需选用高性能耐磨材料制造。

在设计夹具时，对夹具上直接影响工件加工精度的有关尺寸必须给出严格的制造公差。一般夹具的制造公差取工件相应公差的1/5~1/3。

5.2.4 调整误差

在工艺系统中，工件、刀具在机床上的相对位置精度往往由调整机床、刀具、夹具、工件等来保证。调整时，首先要对工件进行检验测量，再根据测量结果对刀具、夹具、机床进行调整。所以量具、量仪等检测仪器的制造误差、测量方法及测量时的主观要素（如接触力、目测正确度、温度等）都会直接影响测量精度，造成调整误差。

不同的调整方式，引起误差的来源也不同。

（1）试切法调整　试切法调整就是对被加工零件进行试切→测量→调整→再试切，直到符合规定的尺寸要求，再正式切出整个加工表面。这种调整方法主要用于单件小批量产生，这时引起调整误差的因素有以下三种。

1）测量误差。由测量器具误差、测量温度变化、测量力以及视觉偏差等引起的误差，使加工误差扩大。

2）微量进给的影响。在试切中，总是要微量调整刀具的进给量，以便最后达到零件的尺寸精度。但是，在低速微量进给中，常会出现进给机构的“爬行”现象，结果使刀具的实际进给量比手轮转动分度值总要偏大或偏小些，以致难于控制尺寸精度，造成加工误差。

3）切削厚度的影响。在切削加工中，刀具所能切掉的最小切削厚度是有一定限度的。锐利的切削刃最小切削厚度仅5μm，而已钝的切削刃切削厚度达20~50μm，切削厚度再小时切削刃就切不下金属而打滑，只起挤压作用。精加工时，试切的金属层总是很薄的，由于打滑和挤压，试切的金属实际上可能没有切下来。这时如果认为试切尺寸已合格，就继续切削下去，则新切到部分的背吃刀量将比已试切的部分要大，刀具不会打滑，因此，最后所得的工件尺寸会比试切部分要小，如图5-22a所示。粗加工时，新切到部分的背吃刀量大大超过试切部分，切削力突然增加，工艺系统受力变形产生的让刀增大，如图5-22b所示，车削外表面时尺寸就变大了。

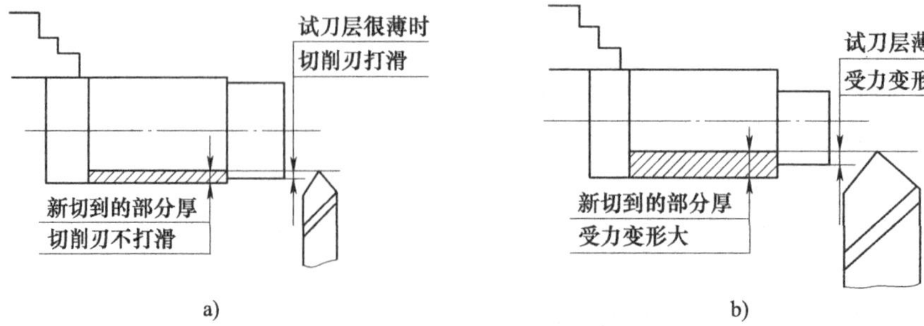

图5-22　试切法调整

（2）按定程机构调整　在半自动机床、自动机床和自动线上，广泛应用行程挡块、靠模及凸轮等机构来保证加工精度。这些机构的制造精度和磨损以及与其配合使用的离合器、行程开关、控制阀等的灵敏度及运动精度就成了影响调整误差的主要因素。

（3）用样件或样板调整　在各种仿形机床、多刀机床和专用机床的加工中，常采用专门的样件或样板来调整刀具、机床与工件之间的相对位置，这样样件或样板本身的制造误差、安装误差、对刀误差就成了影响调整误差的主要因素。

5.2.5　工艺系统受力变形

1. 基本概念

机械加工工艺系统作为一个弹性系统，在切削力、夹紧力、惯性力、重力、传动力等的作用下，会产生相应的变形，从而破坏了刀具和工件之间正确的相对位置，使工件的加工精度下降。如图 5-23a 所示，车细长轴时，工件在切削力的作用下会发生弹性变形而出现“让刀”现象。随着刀具的进给，背吃刀量由大变小，然后再由小变大，使加工出的轴出现中间粗两头细的情况（腰鼓形）；又如在内圆磨床上进行切入式磨孔时，如图 5-23b 所示，由于内圆磨头轴比较细，磨削时因磨头轴受力变形，而使工件孔呈锥形。可见工艺系统的受力变形是一项重要的原始误差，它不但影响加工精度，还对表面质量有显著的影响。

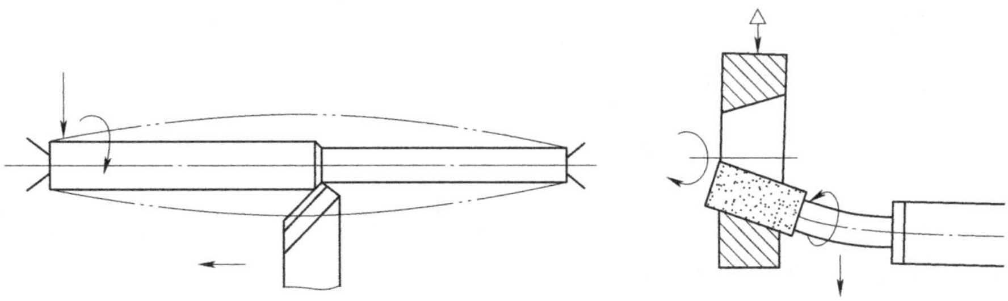

a) 车细长轴　　b) 磨内孔

图 5-23　受力变形对加工精度的影响

工艺系统受力变形通常是弹性变形，一般来说，工艺系统反抗变形的能力越大，加工精度越高，工程上通常用刚度的概念来表示工艺系统反抗变形的能力。工艺系统在切削力的作用下，将在各个方向上产生相应的变形，但是对加工精度影响最大的是误差敏感方向，我们将垂直作用于工件加工表面（加工误差敏感方向）的切削分力 F_y 与工艺系统在该方向上的变形 $Y_{系统}$ 之间的比值，称为**工艺系统刚度 $K_{系统}$**，即

$$K_{系统} = \frac{F_y}{Y_{系统}} \tag{5-7}$$

式（5-7）中的变形 $Y_{系统}$ 不只是由径向切削分力 F_y 所引起，垂直切削分力 F_z 与进给方向切削分力 F_x 也会使工艺系统在 y 方向产生变形，故

$$Y_{系统} = Y_{F_x} + Y_{F_y} + Y_{F_z} \tag{5-8}$$

上式中的 Y_{F_x}、Y_{F_z} 与 Y_{F_y} 可能同向，也可能反向，所以就有可能出现 $Y_{系统} > 0$、$Y_{系统} = 0$ 或 $Y_{系统} < 0$ 三种情况。如图 5-24 所示，刀架系统在力 F_y 作用下产生同向变形 Y_{F_y}，而在力 F_z 作用下产生的变形 Y_{F_z} 则与 Y_{F_y} 方向相反，如果 $Y_{F_y} - Y_{F_z} < 0$，就会出现 $Y_{系统} < 0$ 即负刚度的情况，此时车刀刀尖将扎入工件外圆表面。

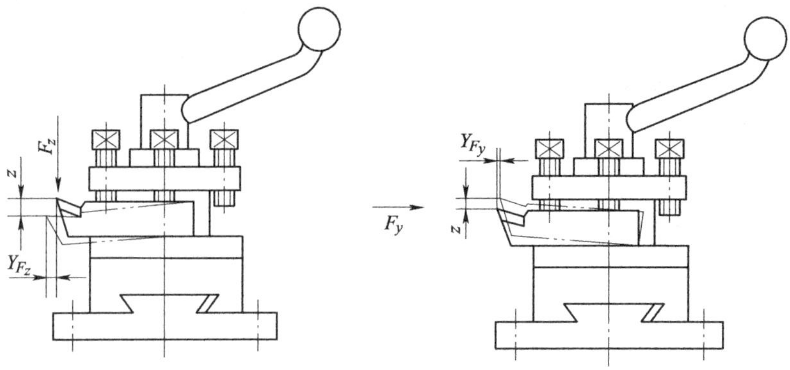

a) 在 F_z 作用下的变形　　b) 在 F_y 作用下的变形

图 5-24　车削加工中 Y_{F_z} 与 Y_{F_y}

2. 工艺系统刚度分析

（1）工件刚度　工艺系统中如果工件刚度相对于机床、刀具、夹具来说比较低，在切削力的作用下，工件由于刚度不足而引起的变形对加工精度的影响就比较大，其最大变形量可按材料力学有关公式计算。图 5-23a 所示细长回转体零件用两顶尖装夹进行加工时，工件的变形 $Y_{工件}$ 可按简支梁计算，即

$$Y_{工件} = \frac{F_y}{3EI}\frac{x^2(l-x)^2}{l} \tag{5-9}$$

式中，l 是工件长度（mm）；x 是刀尖距右顶尖的距离（mm）；E 是工件材料的弹性模量（N/mm^2）；I 是工件截面的惯性矩（mm^4）。

当切削至工件中点时，工件变形最大，且最大变形为

$$Y_{工件max} = \frac{F_y l^3}{48EI} \tag{5-10}$$

此时，工件最小刚度为

$$K_{工件min} = \frac{F_y}{Y_{工件max}} = \frac{48EI}{l^3} \tag{5-11}$$

如果同样的零件用自定心卡盘装夹，则按悬臂梁计算，最大变形为

$$Y_{工件max} = \frac{F_y l^3}{3EI} \tag{5-12}$$

式中，l 是工件悬臂长度（mm）。则此时工件最小刚度为

$$K_{工件min} = \frac{F_y}{Y_{工件max}} = \frac{3EI}{l^3} \tag{5-13}$$

（2）刀具刚度　外圆车刀在加工表面法线（y）方向上的刚度很大，其变形可以忽略不计。对镗削（磨削）直径较小内孔的镗刀（磨头）而言，刀杆刚度很差，刀杆受力变形对孔加工精度有很大影响。刀杆变形也可以按材料力学有关公式计算。

（3）机床部件刚度　与刀具和工件不同，机床和夹具结构复杂，通常由许多零部件组成，其受力和变形关系较为复杂。机床部件刚度迄今尚无合适的简易计算方法，目前主要还

是用实验方法来测定机床部件刚度。

1）机床部件刚度的测定。图 5-25 所示为一种最简单的单向静载测定法。在车床两顶尖之间装一根刚性很好的心轴 1，在刀架上安装一个螺旋加力器 5，在螺旋加力器与心轴之间装一测力环 4。当转动螺旋加力器的加力螺钉时，刀架与心轴之间便产生了作用力，力的大小由事先经过标定的测力环 4 中的千分表读出。作用力一方面传到车床刀架上，另一方面经过心轴传到前、后顶尖上。若螺旋加力器位于心轴的中点，通过螺旋加力器对工件施力 F_y，则主轴箱和尾座各受到 $F_y/2$ 的作用。主轴箱、尾座和刀架的变形 $Y_{主轴}$、$Y_{尾座}$、$Y_{刀架}$ 可分别由千分表 2、3、6 读出，由此测得主轴箱刚度 $K_{主轴}$、尾座刚度 $K_{尾座}$、刀架刚度 $K_{刀架}$ 分别为

$$K_{主轴}=\frac{F_y}{2Y_{主轴}},\ K_{尾座}=\frac{F_y}{2Y_{尾座}},\ K_{刀架}=\frac{F_y}{Y_{刀架}}$$

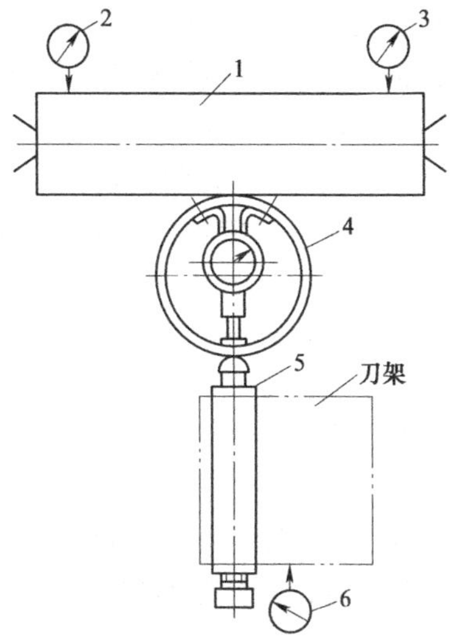

图 5-25　一种最简单的单向静载测定法

1—心轴　2、3、6—千分表

4—测力环　5—螺旋加力器

为使所测刚度与实际相符，必须注意正确选用加载方式。图 5-26 所示为车床刀架部件的实测刚度曲线，经过三次加载、卸载过程。分析图 5-26 所示实验曲线可知，机床部件刚度具有以下特点。

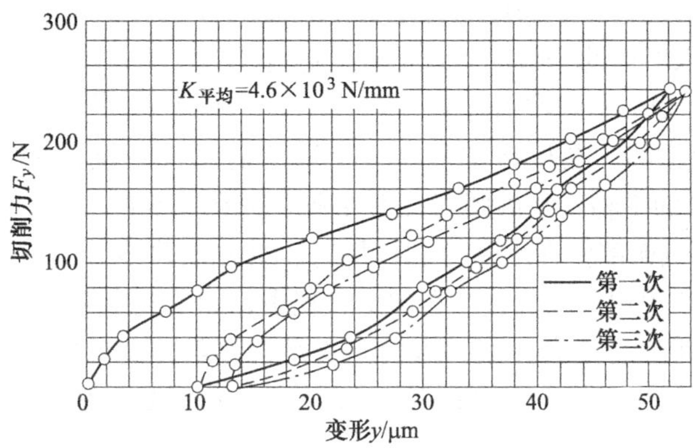

图 5-26　车床刀架部件的实测刚度曲线

① 变形与载荷不呈线性关系。

② 加载曲线和卸载曲线不重合，卸载曲线滞后于加载曲线。两曲线间所包容的面积是在加载和卸载循环中所损耗的能量，它消耗于摩擦力所做的功和接触变形功。

③ 第一次卸载后，变形恢复不到第一次加载的起点，这说明有残余变形存在，经多次加载卸载后，加载曲线起点才和卸载曲线终点重合，残余变形才逐渐减小到零。

④ 机床部件的实际刚度远比我们按实体估算的要小。图 5-26 所示加载时的平均刚度值 $K_{平均}=4.6\times10^3$N/mm，这只相当于一个截面积为 30mm×30mm、悬伸长度为 200mm 的铸铁悬臂梁的刚度。

2）影响机床部件刚度的因素。

① 结合面接触变形的影响。由于零件表面存在宏观几何形状误差和微观几何形状误差，结合面的实际接触面积只是名义接触面积的一小部分，如图 5-27 所示。在外力作用下，实际接触区的接触应力很大，产生较大的接触变形。在接触变形中，既有弹性变形，又有塑性变形，经多次加载卸载循环作用之后，弹性变形成分越来越大，塑性变形成分越来越小，接触状态逐渐趋于稳定。这就是机床部件刚度不呈线性、机床部件刚度远比同尺寸实体的刚度要低得多的主要原因，也是造成残余变形和多次加载卸载循环后残余变形也趋于稳定的原因之一。

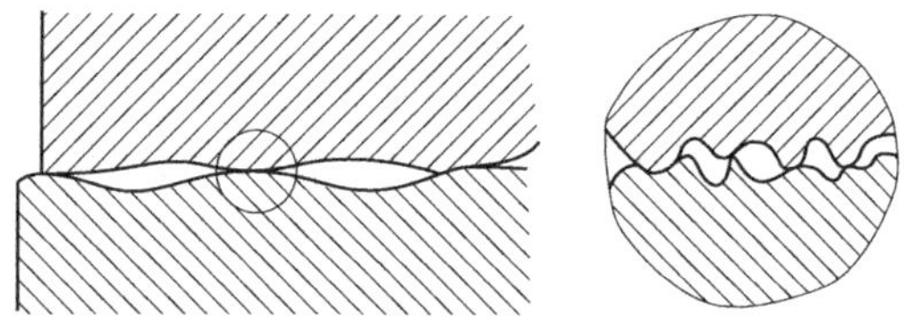

图 5-27 零件结合面间的接触情况

一般情况下，表面越粗糙，接触刚度越小；表面宏观几何形状误差越大，实际接触面积越小，接触刚度越小；材料硬度高，屈服极限高，塑性变形就小，接触刚度就大；表面纹理方向相同时，接触变形较小，接触刚度就较大。

② 摩擦力的影响。如图 5-28 所示，机床部件在经过多次加载卸载之后，卸载曲线回到了加载曲线的起点 D，残余变形不再产生，但此时加载曲线与卸载曲线仍不重合，其原因在于机床部件受力变形过程中有摩擦力的作用。加载时摩擦力阻止其变形的增加，卸载时摩擦力阻止其变形的减小。摩擦力总是阻止其变形的变化，这就是机床部件的变形滞后现象。上述变形滞后现象还与结构阻尼因素的作用有关。

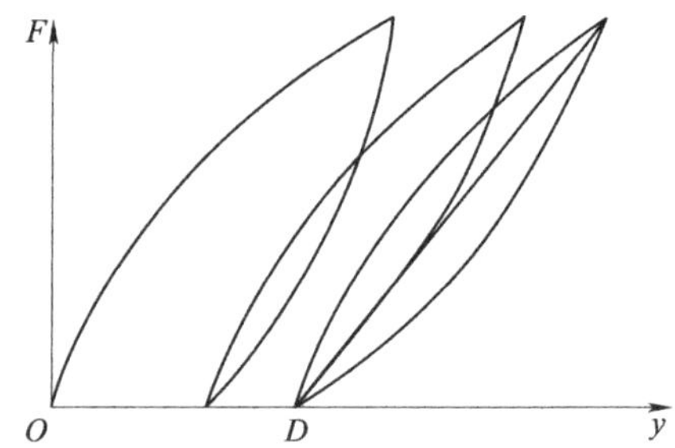

图 5-28 摩擦力对机床部件刚度的影响

③ 低刚度零件的影响。在机床部件中，个别薄弱零件对刚度的影响很大。例如：图 5-23b 所示的内圆磨头的主轴就是内圆磨头部件刚度的薄弱环节。

④ 间隙的影响。机床部件在承受力的作用时，首先消除零件间在受力作用方向上的间隙，这会使机床部件产生相应的位移。在加工过程中，如果机床部件的受力方向始终保持不变，机床部件在消除间隙后就会在某一方向与支承件接触，此时间隙对加工精度基本无影响。但如果像镗头、行星式内圆磨头等部件，受力方向在不断改变，间隙对加工精度的影响就需要认真对待了。

（4）工艺系统刚度　在机械加工过程中，工艺系统中的机床、夹具、刀具和工件在切削力作用下，都将分别产生相应的变形 $Y_{机床}$、$Y_{夹具}$、$Y_{刀具}$、$Y_{工件}$，致使切削刃和被加工表面的相对位置发生变化，使工件产生加工误差。工艺系统的受力总变形 $Y_{系统}$ 是其各组成部分变形的叠加，即

$$Y_{系统} = Y_{机床} + Y_{夹具} + Y_{刀具} + Y_{工件} \tag{5-14}$$

工艺系统及其各组成部分 y 方向的刚度分别为

$$K_{系统} = \frac{F_y}{Y_{系统}},\ K_{机床} = \frac{F_y}{Y_{机床}},\ K_{夹具} = \frac{F_y}{Y_{夹具}},\ K_{刀具} = \frac{F_y}{Y_{刀具}},\ K_{工件} = \frac{F_y}{Y_{工件}}$$

所以工艺系统的刚度为

$$\frac{1}{K_{系统}} = \frac{1}{K_{机床}} + \frac{1}{K_{夹具}} + \frac{1}{K_{刀具}} + \frac{1}{K_{工件}}$$

$$K_{系统}=\frac{1}{\frac{1}{K_{机床}}+\frac{1}{K_{夹具}}+\frac{1}{K_{刀具}}+\frac{1}{K_{工件}}} \tag{5-15}$$

可见工艺系统刚度的倒数等于其各组成部分刚度的倒数和，工艺系统刚度主要取决于薄弱环节的刚度，整个工艺系统的刚度比其中刚度最小环节的刚度还小。

3. 工艺系统受力变形对加工精度的影响

工艺系统受力变形对加工精度的影响主要有以下几种情况。

（1）工艺系统刚度变化引起的误差　现以在车床上用两顶尖加工外圆为例来说明工艺系统刚度变化对加工精度的影响。如图 5-29 所示，假设工件和刀具的刚度很大，工艺系统的刚度主要取决于机床的刚度，切削过程中切削力大小保持不变。此时，工艺系统总变形主要取决于主轴、尾座和刀架的变形。

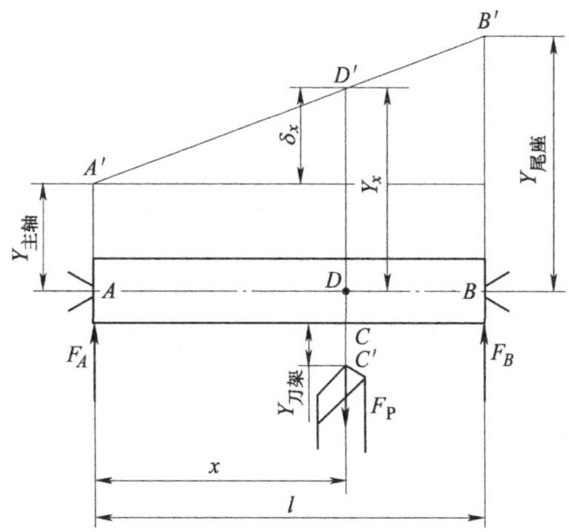

图 5-29　车削外圆时工艺系统受力变形

当刀具切削到工件任意位置 C 时，工件轴线由 AB 位移到 $A'B'$，该位置工艺系统的总变形 $Y_{系统}$ 为

$$Y_{系统}=Y_{刀架}+Y_x \tag{5-16}$$

式中，$Y_x=Y_{主轴}+(Y_{尾座}-Y_{主轴})\dfrac{x}{l}$。

设切深抗力为 F_y，则机床主轴、尾座和刀架所受的力为

$$F_{主轴}=F_A=F_y\left(\frac{l-x}{l}\right),\ F_{尾座}=F_B=F_y\left(\frac{x}{l}\right),\ F_{刀架}=F_y$$

则机床主轴、尾座和刀架的受力变形分别为

$$Y_{主轴}=\frac{F_y}{K_{主轴}}\left(\frac{l-x}{l}\right),\ Y_{尾座}=\frac{F_y}{K_{尾座}}\left(\frac{x}{l}\right),\ Y_{刀架}=\frac{F_y}{K_{刀架}}$$

因此，式（5-16）中的 Y_x 为

$$Y_x=\frac{F_y}{K_{主轴}}\left(\frac{l-x}{l}\right)^2+\frac{F_y}{K_{尾座}}\left(\frac{x}{l}\right)^2$$

所以，刀具切削至 C 点工艺系统的总变形 $Y_{系统}$ 为

$$Y_{系统}=Y_{刀架}+Y_x=F_y\left[\frac{1}{K_{刀架}}+\frac{1}{K_{主轴}}\left(\frac{l-x}{l}\right)^2+\frac{1}{K_{尾座}}\left(\frac{x}{l}\right)^2\right] \tag{5-17}$$

此时工艺系统的刚度为

$$K_{系统}=\frac{1}{\frac{1}{K_{刀架}}+\frac{1}{K_{主轴}}\left(\frac{l-x}{l}\right)^2+\frac{1}{K_{尾座}}\left(\frac{x}{l}\right)^2} \tag{5-18}$$

从式（5-17）和式（5-18）可以看出，工艺系统的变形及刚度在加工过程中是不断变化的，刚度变化产生的最大变形与最小变形之差最终反映为零件的形状误差。若要知道最小变

形 $Y_{系统\min}$ 发生在何处，将式（5-17）中 $Y_{系统}$ 对 x 求导并令其为零，即可求得。为计算方便，令 $\alpha = K_{主轴}/K_{尾座}$，代入求导公式整理得 $x = l/(1+\alpha)$，将其代入式（5-17）可求得工艺系统的最小变形 $Y_{系统\min}$。下面举例说明工艺系统刚度变化对加工精度的影响。

例 5-1 经测得某台车床各部件刚度 $K_{主轴} = 6\times10^4\text{N/mm}$，$K_{尾座} = 5\times10^4\text{N/mm}$，$K_{刀架} = 4\times10^4\text{N/mm}$，现加工长度 $l = 600\text{mm}$ 的刚性轴，径向切削分力 $F_y = 300\text{N}$，试计算该轴加工后的圆柱度误差。

解 根据式（5-17）计算得到工件沿长度方向的变形位移见表 5-3。

表 5-3 工件沿长度方向的变形位移 （单位：mm）

x	0	$\frac{1}{6}l$	$\frac{1}{3}l$	$\frac{l}{1+\alpha}$	$\frac{1}{2}l$	$\frac{2}{3}l$	$\frac{5}{6}l$	l
$Y_{系统}$	0.0125	0.0111	0.0104	0.0102	0.0103	0.0107	0.0118	0.0135

工件加工后圆柱度误差为

$$\Delta_{bx} = Y_{尾座} - Y_{\min} = 0.0135\text{mm} - 0.0102\text{mm} = 0.0033\text{mm}$$

根据表 5-3 的计算结果，绘制机床刚度和工件表面形状如图 5-30 所示。由于机床变形和刚度都是车刀切削位置的二次抛物线函数，车刀刀尖相对于工件之间的运动轨迹为抛物线，因此车出的工件形状呈鞍形。

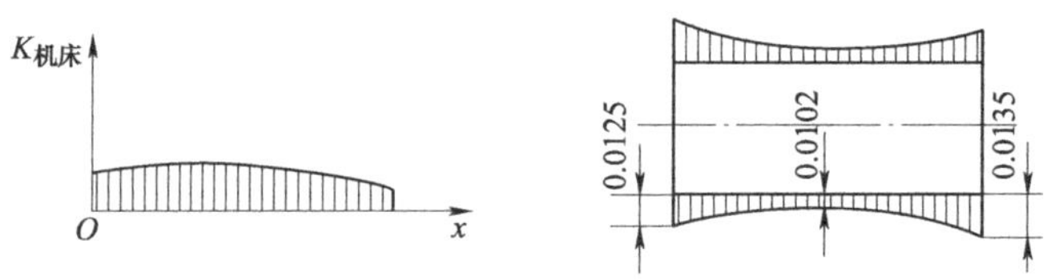

a) 机床刚度　　b) 工件表面形状

图 5-30 机床刚度和工件表面形状

需要注意的是，上面结果是在假设工件刚度很大的情况下获得的，当车削细长轴时，由于工件刚性很差，此时机床的变形可以忽略不计，工艺系统的变形主要取决于工件的变形。在整个工件长度上，工件的变形情况如式（5-9）所示。显然，当车刀处于工件的两端（$x=0$ 或 $x=l$）时，$Y_{工件}=0$；而位于中间（$x=l/2$）时，$Y_{工件}=Y_{工件\max}=F_y l^3/48EI$，导致加工出的工件形状呈腰鼓形。

在一般情况下，机床、工件的变形经常同时存在，此时工艺系统的总变形为

$$Y_{系统} = F_y\left[\frac{1}{K_{刀架}} + \frac{1}{K_{主轴}}\left(\frac{l-x}{l}\right)^2 + \frac{1}{K_{尾座}}\left(\frac{x}{l}\right)^2 + \frac{x^2(l-x)^2}{3EIl}\right] \tag{5-19}$$

因此，工艺系统的总刚度为

$$K_{系统} = \frac{1}{\frac{1}{K_{刀架}} + \frac{1}{K_{主轴}}\left(\frac{l-x}{l}\right)^2 + \frac{1}{K_{尾座}}\left(\frac{x}{l}\right)^2 + \frac{x^2(l-x)^2}{3EIl}} \tag{5-20}$$

由此可见，工艺系统的刚度在沿工件轴向的各个位置是不同的，所以加工出的工件在各个截面上的直径尺寸也不相同，从而造成加工后工件的形状误差。

（2）切削力变化引起的误差　在加工过程中，由于工件毛坯的加工余量发生变化、工

件材质不均等因素引起的切削力变化，使工艺系统变形发生变化，从而产生加工误差。

如图 5-31 所示，车削一个有圆度误差的毛坯。假设毛坯有椭圆形状误差，将刀尖调整到图 5-31 所示虚线位置。由图 5-31 可知，在工件每转一周的过程中，背吃刀量将不断发生变化，当车刀切至毛坯椭圆长轴方向时，背吃刀量 a_{p1} 最大，切至毛坯椭圆短轴方向时，背吃刀量 a_{p2} 最小。由于背吃刀量不同，造成切削力不断发生变化，工艺系统产生的让刀变形也不同，对应于 a_{p1} 产生的让刀为 y_1，对应于 a_{p2} 产生的让刀为 y_2，故加工出来的工件 B 仍然存在椭圆形状误差。由于毛坯存在圆度误差 $\Delta_{毛}=a_{p1}-a_{p2}$，因而引起了工件的圆度误差 $\Delta_{工}=y_1-y_2$，且 $\Delta_{毛}$ 越大，$\Delta_{工}$ 越大，这种现象称为加工过程中的**误差复映现象**。$\Delta_{工}$ 与 $\Delta_{毛}$ 的比值 ε 称为**误差复映系数**，它是误差复映程度的度量。

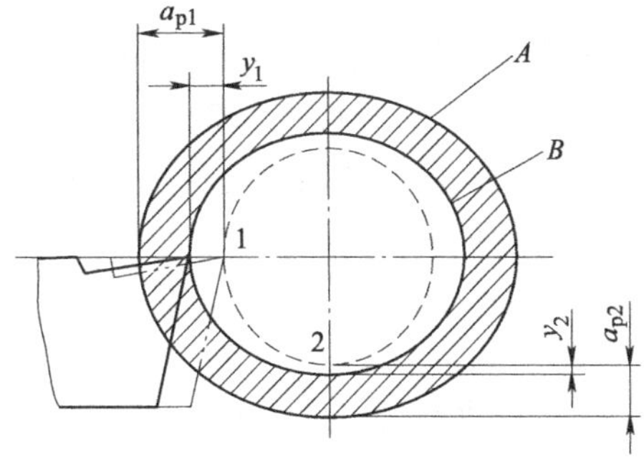

图 5-31　毛坯形状误差的复映

$$\varepsilon=\frac{\Delta_{工}}{\Delta_{毛}} \tag{5-21}$$

尺寸误差（包括尺寸分散）和形状误差都存在复映现象。如果我们知道了某加工工序的复映系数，就可以通过测量毛坯的误差值来估算加工后工件的误差值。

由工艺系统刚度的定义可知

$$\Delta_{工}=y_1-y_2=\frac{F_{y1}}{K_{系统}}-\frac{F_{y2}}{K_{系统}}$$

故

$$\varepsilon=\frac{\Delta_{工}}{\Delta_{毛}}=\frac{y_1-y_2}{a_{p1}-a_{p2}}=\frac{F_{y1}-F_{y2}}{K_{系统}(a_{p1}-a_{p2})} \tag{5-22}$$

而根据金属切削原理，在一定的切削条件下，切削力与背吃刀量成正比，即

$$F_y=Ca_p^{x_{F_y}} \tag{5-23}$$

式中，$C=C_{F_y}f^{y_{F_y}}K_{F_y}$，是径向切削力系数（N/mm），在相同切削条件下为常数；a_p 是背吃刀量（mm）；x_{F_y} 是背吃刀量影响指数，在车削加工中，一般 $x_{F_y}=1$。

所以，$F_{y1}=C(a_{p1}-y_1)$，$F_{y2}=C(a_{p2}-y_2)$。

由于 y_1、y_2 相对于 a_{p1}、a_{p2} 而言数值都很小，可忽略不计，即

$$F_{y1}=Ca_{p1},\quad F_{y2}=Ca_{p2}$$

因此

$$\varepsilon=\frac{C(a_{p1}-a_{p2})}{K_{系统}(a_{p1}-a_{p2})}=\frac{C}{K_{系统}} \tag{5-24}$$

可见，误差复映系数 ε 与工艺系统刚度 $K_{系统}$ 成反比，与径向切削力系数 C 成正比，$K_{系统}$ 越大，误差复映系数 ε 越小。要减小工件的复映误差，应增加工艺系统的刚度或减小径向切削力系数。例如：用主偏角 k_r 接近 90°的车刀，减小进给量 f 等。

一般来说 ε 小于 1，这表明该工序对误差具有修正能力。当毛坯误差较大，一次进给不能满足加工精度时，工件经过多道工序或多次进给之后，工件的误差就会减小到工件公差所许可

的范围内。若每次进给的误差复映系数为 ε_1，ε_2，ε_3，…，ε_n，则总的误差复映系数为

$$\varepsilon = \varepsilon_1\varepsilon_2\varepsilon_3\cdots\varepsilon_n \tag{5-25}$$

例 5-2 具有偏心量 $e=1.5\text{mm}$ 的短阶梯轴装夹在车床自定心卡盘中（图 5-32），分两次进给粗车小头外圆，设两次进给的误差复映系数均为 $\varepsilon=0.1$，试估算加工后阶梯轴的偏心量。

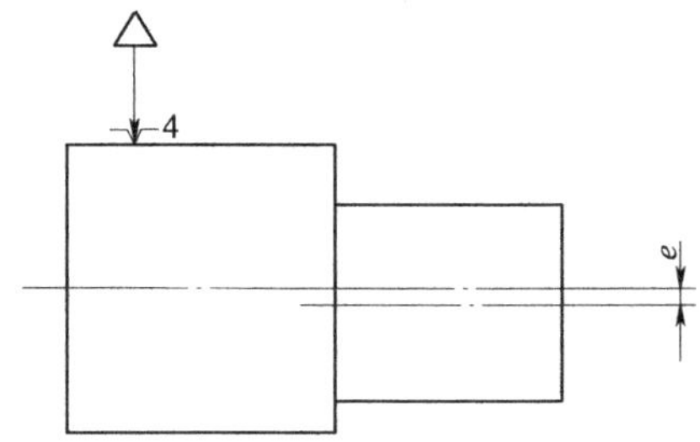

图 5-32 具有偏心误差阶梯轴的车削

解 第一次进给后工件的偏心量 e_1 为

$$e_1 = \Delta_{工1} = \varepsilon\Delta_{毛} = 0.1 \times 1.5\text{mm} = 0.15\text{mm}$$

第二次进给后工件的偏心量 e_2 为

$$e_2 = \Delta_{工2} = \varepsilon\Delta_{工1} = \varepsilon^2\Delta_{毛} = 0.1^2 \times 1.5\text{mm} = 0.015\text{mm}$$

由上述分析，可得出以下几点结论。

1）工件加工前的尺寸误差和形位误差都会以一定比例复映到加工后的工件表面上，产生相应的加工误差，其根本原因是余量不均匀。

2）在采用调整法加工一批工件时，由于工件的毛坯尺寸和它们的硬度各不相同，所以加工过程中切削力也不相同，从而造成一批工件的尺寸不一致，产生尺寸误差。

3）工件的加工过程应是一个渐进过程，需要经过粗加工、半精加工、精加工和光整加工等加工阶段，才能将毛坯的各种误差逐渐修正，将工件的精度逐渐提高。

4）在车削时，由于工艺系统刚度较大，误差复映系数远小于 1，复映规律表现不明显，复映误差只对粗加工有意义，常用复映规律估算粗加工工序的加工误差；对于镗、磨小直径的内孔工序，因工艺系统刚度较小，因而 ε 较大，故复映误差较大，应采取适当措施，减少复映误差，提高加工精度。

（3）夹紧变形引起的误差　工件在装夹过程中，如果工件刚度较低或夹紧力的方向和施力点选择不当，将引起工件变形，造成相应的加工误差。薄壁环装夹在自定心卡盘上镗孔时，夹紧后毛坯孔产生弹性变形（图 5-33a），镗孔加工后孔成为圆形（图 5-33b），松开自定心卡盘后，由于工件孔壁的弹性恢复，使已镗成圆形的孔变成了三棱形孔（图 5-33c）。为了减小此类误差，可用一开口环夹紧薄壁环进行加工（图 5-33d），由于夹紧力在薄壁环内均匀分布，故可减小加工误差。

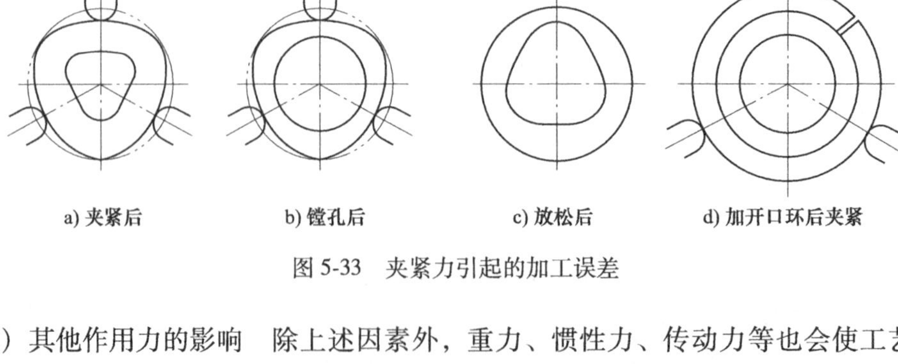

a) 夹紧后　b) 镗孔后　c) 放松后　d) 加开口环后夹紧

图 5-33 夹紧力引起的加工误差

（4）其他作用力的影响　除上述因素外，重力、惯性力、传动力等也会使工艺系统的变形发生变化，引起加工误差。如图 5-34a 所示，龙门铣床横梁在铣削动力头重力作用下变形，该误差致使铣削较大平面时，加工表面产生形状误差。为了解决重力变形引起的加工误

差，可采用如图 5-34b 所示的变形转移方法减小铣床横梁变形误差。

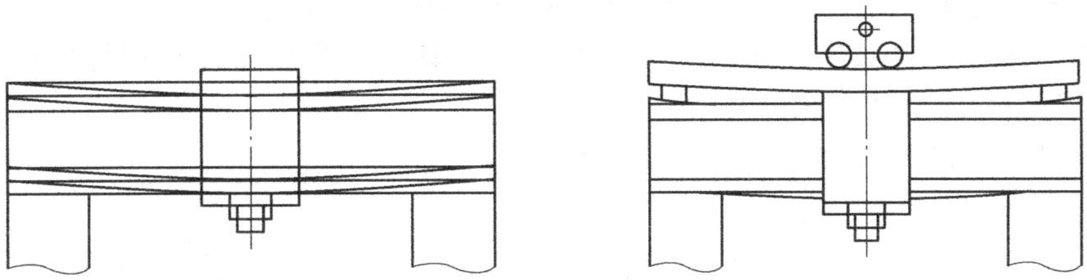

a) 龙门铣床横梁变形　　b) 龙门铣床横梁变形转移

图 5-34　机床部件重力引起的加工误差

4. 减小工艺系统受力变形的途径

由前面对工艺系统刚度的论述可知，若要减小工艺系统变形，就应提高工艺系统刚度，减小切削力及其变化。

（1）提高工艺系统刚度

1）提高工件和刀具的刚度。在钻孔加工和镗孔加工中，刀具刚度相对较弱，常用钻套或镗套提高刀具刚度；车削细长轴时工件刚度相对较弱，可设置中心架或跟刀架提高工件刚度；铣削杆叉类工件时，可在工件刚度薄弱处设置辅助支承等。

2）提高机床的刚度。提高配合面的接触刚度，可以大幅度地提高机床刚度；合理设计机床零部件，增大机床零部件的刚度，并防止因个别零件刚度较差而使整个机床刚度下降；合理调整机床，保持有关部位（如主轴轴承）适当的预紧和合理的间隙等。

3）采用合理的装夹方式和加工方式。在卧式铣床上铣削加工如图 5-35 所示工件的平面，图 5-35b 所示铣削方式的系统刚度显然要比图 5-35a 所示铣削方式的系统刚度要高得多。

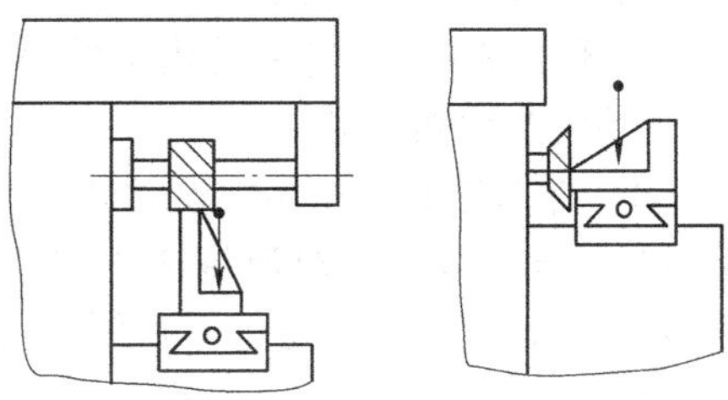

a)　　b)

图 5-35　改变加工方式和装夹方式提高工艺系统刚度

（2）减小切削力及其变化　合理地选择刀具材料，增大前角和主偏角，对工件材料进行合理的热处理以改善材料的加工性能等，都可使切削力减小；切削力的变化将导致工艺系统变形发生变化，使工件产生几何误差，使一批加工工件的加工余量和加工材料性能尽量保持均匀不变，就能使切削力的变动幅度控制在某一许可范围内。

5.2.6　工艺系统受热变形

工艺系统在热源的影响下，常产生复杂的热变形，使工件和刀具相对位置、切削运动、背吃刀量以及切削力均发生变化，从而产生加工误差。据统计，在精密加工中，由于热变形引起的加工误差约占总误差的 40%～70%。因此，在近代精密机床设计和精密加工工艺中，控制热变形对加工精度的影响往往成为重要的课题。

机床、刀具和工件受到各种热源的作用，温度会逐渐升高，同时它们也通过各种传热方式向周围的物质和空间散发热量。当单位时间传入的热量与其散出的热量相等时，工艺系统就达到了热平衡状态。

1. 工艺系统的热源

引起工艺系统变形的热源可分为内部热源和外部热源两大类。

(1) 内部热源　内部热源来自工艺系统内部，其热量主要是以热传导的形式传递的。内部热源主要包括以下几个部分。

1) 切削热。切削热对工件加工精度的影响最为直接。在工件切削过程中，消耗于工件材料弹塑性变形及刀具、工件与切屑之间的摩擦的能量，绝大部分转化为切削热，形成热源。切削热的传导情况随切削条件不同而不同。车削加工中，切削热将随着切削速度的不同而按不同的百分比传到工件、刀具和切屑中去，如图 5-36 所示。

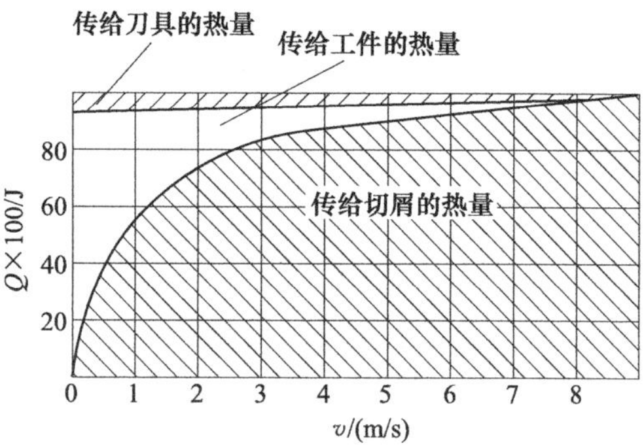

图 5-36　车削切削热的分配示意图

就一般情况来说，车削时传给工件的热量约在 30%左右；铣、刨加工时传给工件的热量小于 30%；钻孔和卧式镗孔时，由于有大量切屑留在孔内，因此传给工件的热量常在 50%以上；磨削加工时传给工件的热量多达 80%以上，磨削区温度可高达 800~1000℃。

2) 摩擦热和能量损耗。工艺系统因运动副（如齿轮副、轴承副、导轨副、螺母丝杠副、离合器等）相对运动所生摩擦热和因动力源（如电动机、液压系统等）工作时的能量损耗而发热。尽管这部分热比切削热少，但它们有时会使工艺系统的某个关键部位产生较大的变形，破坏工艺系统原有的精度。

3) 派生热源。工艺系统内部的部分热量通过切屑、切削液、润滑液等带到机床其他部位，使系统产生热变形。

(2) 外部热源　外部热源来自工艺系统外部。

1) 环境温度。以对流传递为主要传递形式的环境温度的变化（如气温的变化，人造冷、热风，地基温度的变化等）影响工艺系统的受热均匀性，从而影响工件的加工精度。

2) 辐射热。以辐射为传递形式的辐射热（如阳光、灯光照明、取暖设备、人体温度等），因其对工艺系统辐射的单面性或局部性而使工艺系统发生热变形，从而影响工件的加工精度。

2. 工件热变形对加工精度的影响

工件在机械加工中所产生的热变形，主要是由切削热引起的。

(1) 工件均匀受热　在车削或磨削像轴类等一些形状简单的工件时，工件处在相对比较稳定的温度场中，可近似看成是均匀受热的情况。工件热变形量 ΔL 可由下式估算，即

$$\Delta L = \alpha L \Delta\theta \tag{5-26}$$

式中，L 是工件热变形方向的尺寸（mm）；α 是工件的热膨胀系数（$℃^{-1}$）；$\Delta\theta$ 是工件的平均温升（℃）。

例如：磨削丝杠时，设丝杠长度 $L=400\text{mm}$，被磨丝杠的温度比机床母丝杠高 $\Delta\theta=1℃$，$\alpha=1.17\times10^{-5}℃^{-1}$，则被磨丝杠的伸长量为

$$\Delta L = \alpha L \Delta\theta = 1.17\times10^{-5}\times400\times1\text{mm} = 0.0047\text{mm}$$

而对 5 级丝杠在 400mm 长度上累积误差不允许超过 0.005mm。可见对于精密加工，热

变形是一个不容忽视的重要问题，热变形对精密加工件有很大影响。

（2）工件不均匀受热　在铣、刨、磨平面时，工件单面受切削热作用，上下表面之间形成温差 $\Delta\theta$，导致工件向上凸起，凸起部分被工具切去，加工完毕冷却后，加工表面就产生了中凹，造成了几何形状误差。工件凸起量 f 可按图 5-37 所示图形进行估算。由于中心角 φ 很小，故中心层的弦长可近似认为等于工件原长 L，则

$$f = \frac{1}{2}L\tan\frac{\varphi}{4} \approx \frac{L\varphi}{8}$$

由于　$\alpha L\Delta\theta = \widehat{BD} - \widehat{AC} = (AO + AB)\varphi - AO\varphi = H\varphi$

即
$$\varphi = \frac{\alpha L\Delta\theta}{H}$$

所以
$$f = \frac{\alpha L^2\Delta\theta}{8H} \tag{5-27}$$

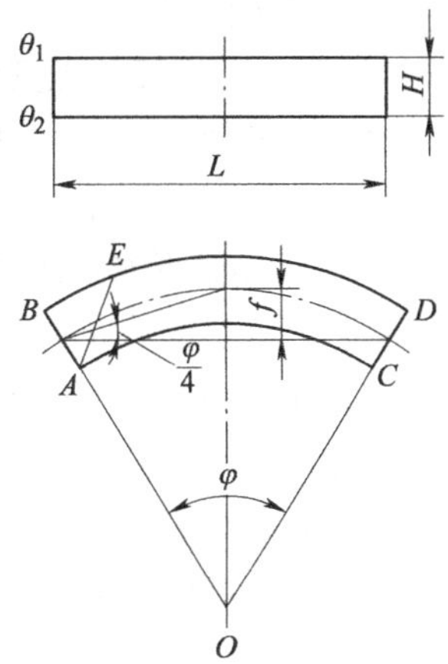

图 5-37　平面加工时热变形的估算

从式（5-27）可知，工件凸起量随工件长度的增加而急剧增加，且工件厚度越小，工件凸起量就越大。对于某一具体工件而言，L、H、α 均为定值，如欲减小热变形误差，就必须设法控制上下表面的温差。

3. 刀具热变形对加工精度的影响

刀具热变形的热源主要是切削热。切削热传给刀具的比例虽然一般都不大，但由于刀具尺寸小，热容量小，刀具温升较高，刀头部位的温升更高，它对加工精度的影响是不能忽视的。例如：用高速钢车刀车削外圆时，切削刃部分的温度可达 700~800℃，刀具的热伸长量可达 0. 03~0. 05mm。

实验及理论推导表明，车削时车刀的热伸长量与切削时间的关系如图 5-38 所示。图 5-38 中曲线 A 是车刀连续工作时的热伸长曲线。开始切削时，刀具的温升和热伸长较快，随着车刀温度的增高，散热量逐渐增大，车刀的温升及热伸长变慢，当车刀达到热平衡时，车刀的散热量等于传给车刀的热量，车刀不再伸长。在切削停止后，车刀温度立即下降，开始冷却较快，以后便逐渐减慢，如图 5-38 中曲线 B 所示。

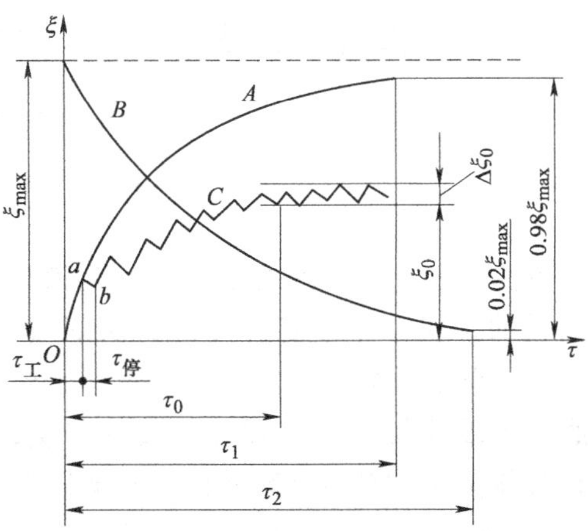

图 5-38　车刀的热伸长量与切削时间的关系

设车刀达到热平衡时的最大伸长量为 ξ_{max}，我们设定若车刀加热伸长量达 $0.98\xi_{max}$ 和车刀冷却缩短至 $0.02\xi_{max}$ 时，即近似认为车刀处于热平衡状态。由图 5-38 可见，刀具冷却至热平衡状态时所需的时间 τ_2 要比刀具加热至热平衡状态时所需的时间 τ_1 长。

在车削一批小轴工件时，车刀做间断切削的热伸长曲线如图 5-38 中曲线 C 所示。在第

一个工件的车削时间 $\tau_{工}$ 内，车刀由 O 伸长到 a，在车刀停止切削时间 $\tau_{停}$ 内，车刀由 a 缩短至 b，以后车刀继续加工其他小轴，车刀的温度时高时低，伸长和缩短交替进行，最后在 τ_0 时刻达到热平衡状态。由图 5-38 可见，间断切削时车刀达到热平衡所需的时间比连续切削时车刀达到热平衡所需的时间要短。

4. 机床热变形对加工精度的影响

由于机床热源分布的不均匀、机床结构的复杂性以及机床工作条件的变化大等原因，机床各个部件的温升是不相同的，甚至同一个零件的各个部分的温升也有差异，这就破坏了机床原有的相互位置关系。

不同类型的机床，其主要热源各不相同，热变形对加工精度的影响也不相同。

车、铣、钻、镗等机床的主要热源是主轴箱。图 5-39 所示车床，主轴箱的温升将使主轴升高；由于主轴前轴承的发热量大于后轴承的发热量，主轴前端将比后端高；由于主轴箱的热量传给床身，床身导轨也将不均匀地向上拱起。

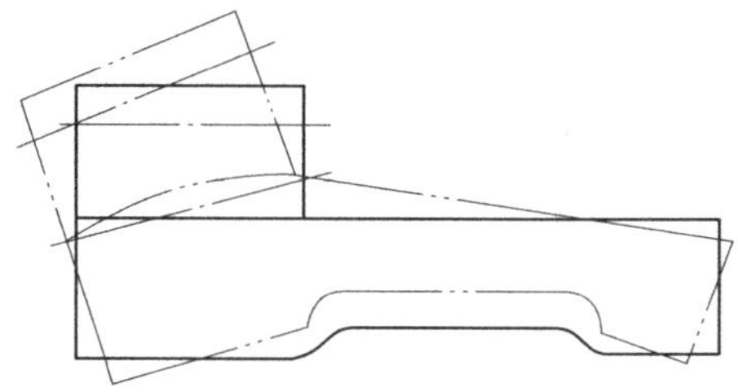

图 5-39　车床的热变形

牛头刨床、龙门刨床、立式车床等机床的工作台与床身导轨间的摩擦热是主要热源。图 5-40a 所示为牛头刨床滑枕截面图，因往复主运动摩擦而产生的热，使得滑枕两端上翘，如图 5-40b 所示，从而影响工件的加工精度。因此，通常设计为图 5-40c 所示的热对称结构，使滑枕热变形得到控制。此外，这类机床在加工时所产生的灼热的切屑若落在工作台上，也会使机床产生热变形。

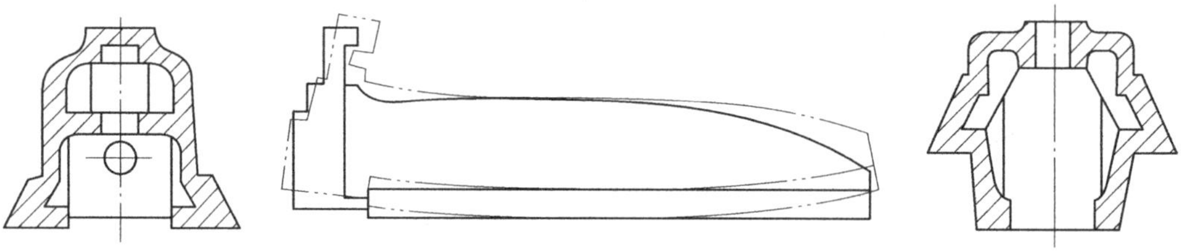

a) 滑枕截面图　b) 原滑枕热变形示意图　c) 滑枕热对称结构

图 5-40　牛头刨床滑枕热变形及结构改进示意图

各种磨床通常都有液压传动系统和高速回转的磨头，并且使用大量的切削液，它们都是磨床的主要热源。图 5-41 所示外圆磨床上砂轮架 5 的主轴轴承发热严重，将使砂轮架主轴轴线升高并使砂轮架以螺母 6 为支点向工件 3 方向趋近；因床身内腔液压油发热，将使装夹工件 3 的主轴箱主轴轴线升高并以导轨 2 为支点向远离砂轮 4 的方向移动。

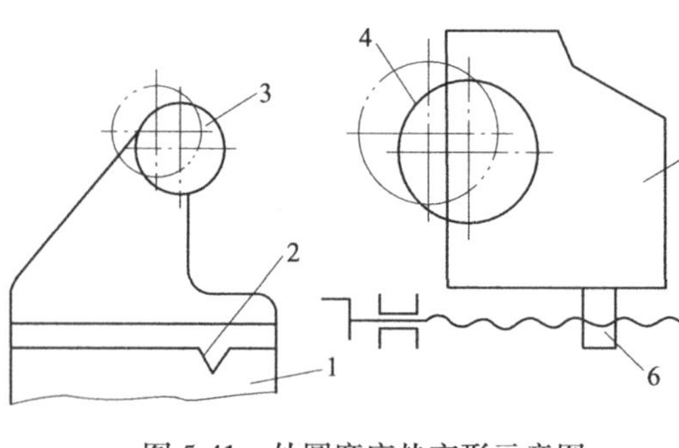

图 5-41　外圆磨床热变形示意图

1—床身　2—导轨　3—工件

4—砂轮　5—砂轮架　6—螺母

对于精密机床来说，还要特别注意外

部热源对加工精度的影响。

5. 减小工艺系统热变形的途径

（1）减少发热和隔热　尽量将热源从机床内部分离出去，如电动机、液压系统、油箱、变速箱等产生热源的部件，只要有可能，就应把它们从主机中分离出去。

对不能分离出去的热源，一方面从结构设计上采取措施，改善摩擦条件，减少热量的发生，如采用静压轴承、空气轴承等，在润滑方面可采用低黏度的润滑油、锂基油脂或油雾润滑等；另一方面也可采取隔热措施。例如：为了解决某立式坐标镗床立柱热变形问题，采用如图 5-42 所示的隔热罩，将主电动机及变速箱与立柱隔开，使变速箱及主电动机产生的热量，通过主电动机上的风扇从立柱下方的排风口排出。

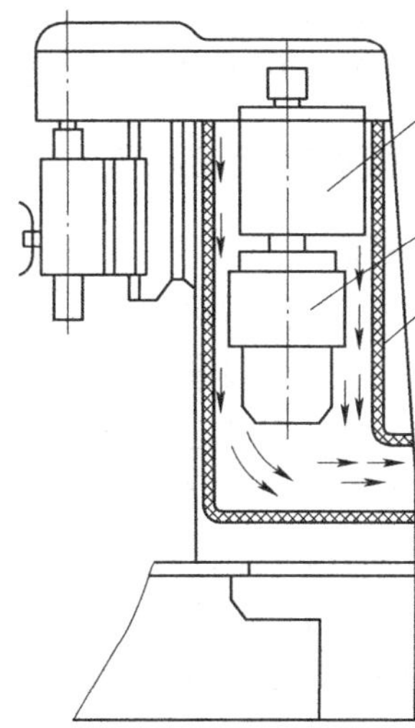

图 5-42　采用隔热罩减少热变形

（2）改善散热条件　采用风扇、散热片、循环润滑冷却系统等散热措施，可将大量热量排放到工艺系统之外，以减小热变形误差。也可对加工中心等贵重、精密机床，采用冷冻机对切削液进行强制冷却，效果明显。

（3）均衡温度场　图 5-43 所示的端面磨床，立柱前壁因靠近主轴箱而温升较高，采用风扇将主轴箱内的热空气经软管通过立柱后壁空间排出，使立柱前后壁的温度大致相等，从而减小立柱的弯曲变形。

（4）改进机床结构　将车床主轴箱在床身上的定位方式由图 5-44a 所示方式改为图 5-44b 所示方式，使误差敏感方向（y 向）的热伸长量尽量小，以减小工件的加工误差。将牛头刨床滑枕的原结构，如图 5-40a 所示，改为如图 5-40c 所示导轨面居中的热对称结构，可使滑枕的翘曲变形下降。

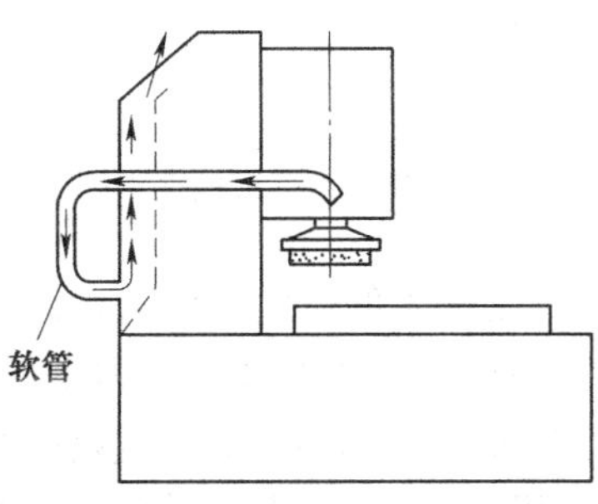

图 5-43　端面磨床均衡立柱前后壁的温度场

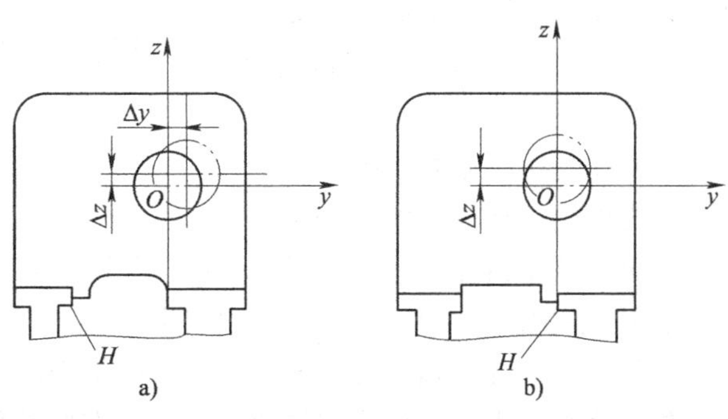

图 5-44　车床主轴箱定位面位置对热变形方向的影响

（5）加快温度场的平衡　为了尽快使机床进入热平衡状态，可在加工工件前便使机床做高速空运转，当机床在较短时间内达到热平衡之后，再将机床速度转换成工作速度进行加工。还可以在机床的适当部位设置附加的“控制热源”，在机床开动初期的预热阶段，人为地利用附加的“控制热源”给机床供热，促使其更快地达到热平衡状态。

(6) 控制环境温度　精密加工机床应尽量减小外部热源的影响，避免日光照射，布置取暖设备时要避免使机床受热不均。精密加工、精密计量和精密装配都应在恒温条件下进行。恒温基数在春、秋两季可取为20℃，夏季可取为23℃，冬季可取为17℃。恒温精度一般级为±1℃，精密级为±0.5℃，超精密级为±0.01℃。

5.2.7　残余应力引起的变形

1. 基本概念

当外部载荷去除后仍然残存在工件内部的应力，称为**残余应力**。

工件上一旦产生残余应力之后，就会使工件金属处于一种高能位的不稳定状态，它自然地要向低能位的稳定状态转化，并伴随有变形发生，从而使工件丧失原有的加工精度。可见，残余应力的后果是伴随工件的变形。

2. 残余应力的产生

(1) 热加工中残余应力的产生　在铸、锻、焊、热处理等工序中由于工件壁厚不均、冷却速度不同以及金相组织的转变产生的体积变化等原因，使工件产生残余应力。今以铸造生产过程为例来分析残余应力的产生过程。

图5-45a所示为一个内外壁厚相差较大的铸件。浇注后，铸件将逐渐冷却至室温。由于壁1、2比较薄，散热较易，所以冷却较快。壁3比较厚，所以冷却较慢。当壁1、2从塑性状态冷到弹性状态时（620℃左右），壁3的温度还比较高，尚处于塑性状态。所以壁1、2收缩时壁3不起阻挡变形的作用，铸件内部不产生残余应力。但当壁3也冷却到弹性状态时，壁1、2的温度已经降低很多，收缩速度变得很慢。但这时壁3收缩较快，就受到了壁1、2的阻碍。因此，壁3受拉应力的作用，壁1、2受压应力作用，形成了相互平衡的状态。如果在这个铸件的壁1上开一个口，如图5-45b所示，则壁1的压应力消失，铸件在壁3、2的应力作用下，壁3收缩，壁2伸长，铸件就发生弯曲变形，直至残余应力重新分布，达到平衡为止。推广到一般情况，各种铸件都难免产生因冷却不均匀而形成的残余应力。铸件的外表面总比中心部分冷却得快。特别是有些铸件（如机床床身），为了提高导轨的耐磨性，采用局部激冷的工艺使它冷却得更快一些，以获得较高的硬度，这样在铸件内部形成的残余应力也就更大些。若导轨表面经过粗加工刨去一层金属，这就像在图5-45b所示的铸件壁1上开口一样，必将引起残余应力的重新分布，并朝着建立新的应力平衡的方向产生弯曲变形，如图5-45c所示。为了克服这种残余应力重新分布而引起的变形，特别是对大型和精度要求高的零件，一般在铸件粗加工后先安排进行时效处理，然后再进行精加工。

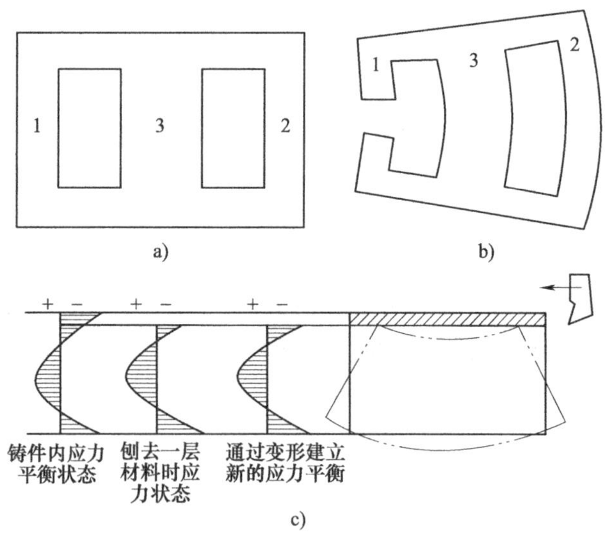

图5-45　铸件因残余应力引起的变形

(2) 冷校直产生的残余应力 冷校直工序产生的残余应力，可以用图 5-46 来说明。丝杠一类的细长轴经过车削以后，棒料在轧制中产生的残余应力要重新分布，产生弯曲，如图 5-46a 所示。冷校直就是在原有变形的相反方向加力 F，使工件向反方向弯曲，产生塑性变形，以达到校直的目的。在力 F 作用下，工件内部的应力分布如图 5-46b 所示，即在轴线以上的部分产生压应力（用“-”表示），在轴线以下部分产生拉应力（用“+”表示），在上下两条虚线之间中心区域是弹性变形区；在两虚线以外的区域是塑性变形区。当外力 F 去除以后，弹性变形部分本来可以完成恢复而消失，但因塑性变形部分恢复不了，内外层金属就起了互相牵制的作用，产生了新的残余应力平衡状态，如图 5-46c 所示。所以说，冷校直后的工件虽然减少了弯曲，但是依然处于不稳定状态，还会产生新的弯曲变形。

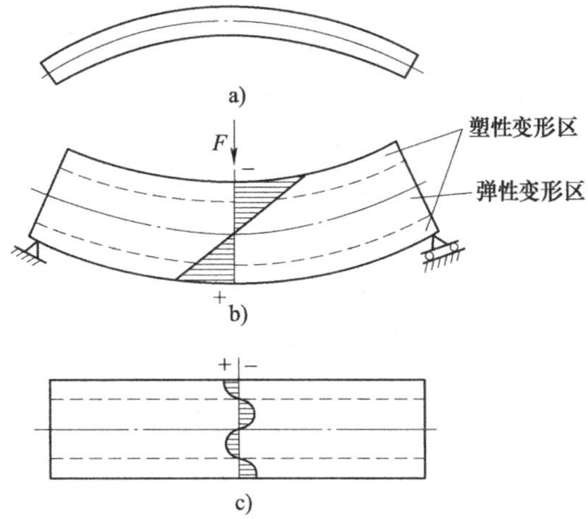

图 5-46 冷校直引起的残余应力

(3) 切削（磨削）产生的残余应力 切削（磨削）过程中产生的切削力和切削热，会使被加工工件表面层产生残余应力。加工方法不同，残余应力状态也不同，具体内容将在表面质量部分进行讨论。

3. 减小残余应力变形误差的途径

(1) 改进零件结构 在设计零件时，尽量做到壁厚均匀，结构对称，以减少残余应力的产生。

(2) 增设消除残余应力的热处理工序 铸件、锻件、焊接件在进入机械加工之前，应进行退火、回火等热处理，加速残余应力变形的进程；对箱体、床身、主轴等重要零件，在机械加工工艺中还需适当安排时效处理工序。

(3) 合理安排工艺过程 粗加工和精加工宜分阶段进行，使工件在粗加工后有一定的时间来松弛释放残余应力。

5.3 加工误差综合分析

5.3.1 加工误差的性质与分析方法

通过上一节的讨论可以看出，在生产实际中，影响加工精度的原始误差种类很多，而且这些原始误差往往交织在一起对加工精度产生综合影响，其中不少原始误差的影响通常还带有随机性。对一个受多个随机性质原始误差影响的工艺系统，只有用概率统计的方法来进行分析，才能得出正确的、符合实际的结果。

在加工过程中，根据误差性质的不同，加工误差可分为系统误差和随机误差两大类。

1. 系统误差

系统误差又可分为**常值系统误差**和**变值系统误差**两种。

在顺序加工一批工件时，加工误差大小和方向基本保持不变的误差，称为**常值系统误差**；而加工误差的大小和方向随工件的加工顺序按一定规律变化的误差，称为**变值系统误差**。

常值系统误差对于同批工件的影响是一致的，不会引起各工件之间的差异；变值系统误差虽然会引起同批工件之间的差异，但它是按照一定的规律而依次变化的，不会造成忽大忽小的波动。原理误差，机床、刀具、夹具、量具的制造误差及调整误差，工艺系统静力变形等原始误差都会引起常值系统误差。刀具的正常磨损是随着加工过程（或加工时间）而有规律地变化的，由此产生的加工误差属于变值系统误差。工艺系统的热变形，在温升过程中，一般将引起变值系统误差，在达到热平衡后，则又引起常值系统误差。

对于常值系统误差，若能掌握其大小和方向，就可以通过调整予以消除；对于变值系统误差，若能掌握其大小和方向随时间变化的规律，则可通过自动补偿消除。

2. 随机误差

在顺序加工一批工件时，有些误差的大小和方向是不规则地变化着的，一般符合统计规律，这些误差称为**随机误差**。例如：加工余量不均匀、材料硬度不均匀、夹紧力时大时小等原因引起的加工误差。对随机误差，只能缩小它们的变动范围，而不可能完全消除。但由概率论与数理统计学可知，随机误差具有一定的统计规律性，可用它的概率分布表示。

随机误差和系统误差的划分也不是绝对的，它们之间既有区别又有联系。有时，同一原始误差在某种情况下引起随机误差，而在另一种情况下又可能引起系统误差。例如：加工一批工件时，如果是在机床一次调整中完成的，则机床的调整误差引起常值系统误差；如果是经过若干次调整完成的，则调整误差就引起随机误差了。

3. 加工误差统计分析法

加工误差统计分析法就是在加工一大批工件中抽检一定数量的工件，这部分工件称为样本，然后运用数理统计的方法对检查结果进行数据处理，从中找出规律性的东西，进而找到解决加工精度问题的途径。常用的统计分析法有两种：分布图分析法和点图分析法。

掌握了工艺过程中各种随机误差的概率分布，知道了变值系统误差的变化规律，就能对工艺过程进行有效的控制，使工艺过程按规定要求顺利进行。

5.3.2 分布图分析法

1. 机械加工中常见的误差分布规律

（1）正态分布　在机械加工中，若加工过程同时满足下列三个条件：

1）无变值系统误差，或有而不显著。

2）各随机误差相互独立。

3）在各随机误差中没有一个起主导作用。

则工件的加工误差就服从正态分布，如图 5-47a 所示。

（2）平顶分布　在影响机械加工中的诸多误差因素中，如果刀具线性磨损的影响显著，说明有比较明显的变值系统误差，则工件的尺寸误差将呈现平顶分布。平顶误差分布曲线可以看成是随时间而平移的众多正态误差分布曲线叠加的结果，如图 5-47b 所示。

（3）双峰分布　同一工序的加工内容中，由两台机床来同时完成，或者一台机床两次调整情况下完成，由于两台（或两次）机床的调整尺寸不尽相同，两台机床的精度状态也有差异，若将这两台机床所加工的工件混在一起，则工件的尺寸误差就呈如图 5-47c 所示的双峰分布。

（4）偏态分布　在用试切法车削轴径或孔径时，由于操作者为了尽量避免产生不可修复的废品，主观地（而不是随机地）使轴颈加工得宁大勿小，而使孔径加工得宁小勿大，则它们的尺寸误差就呈如图 5-47d 所示的偏态分布。

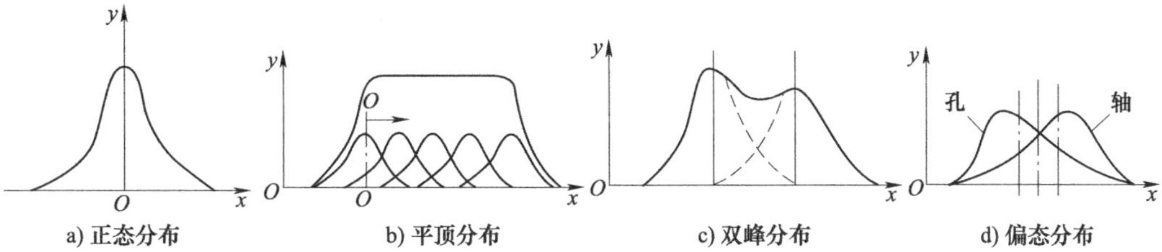

图 5-47　机械加工误差分布规律

2. 正态分布

（1）正态分布的数学模型及特征参数　如前所述，在机械加工中，工件的尺寸误差是由很多相互独立的随机误差综合作用的结果，如果其中没有一个随机误差起决定作用，则加工后工件的尺寸将呈如图 5-48 所示正态分布，正态分布数学模型为

$$y(x)=\frac{1}{\sigma\sqrt{2\pi}}\exp\left[-\frac{(x-\bar{x})^2}{2\sigma^2}\right]\qquad(-\infty< x <+\infty,\ \sigma>0)\tag{5-28}$$

该方程有两个特征参数，一个是算术平均值 $\bar{x}$，另一个是均方根偏差（标准差）σ。

理论上的正态分布曲线是向两边无限延伸的，而在实际生产中产品的尺寸值却是有限的。因此用有限的样本平均值 $\bar{x}$ 和样本标准差 σ 作为理论均值和标准差的估计值，其计算公式如下，即

$$\bar{x}=\frac{1}{N}\sum_{i=1}^{N}x_i\tag{5-29}$$

$$\sigma=\sqrt{\frac{1}{N}\sum_{i=1}^{N}(x_i-\bar{x})^2}\tag{5-30}$$

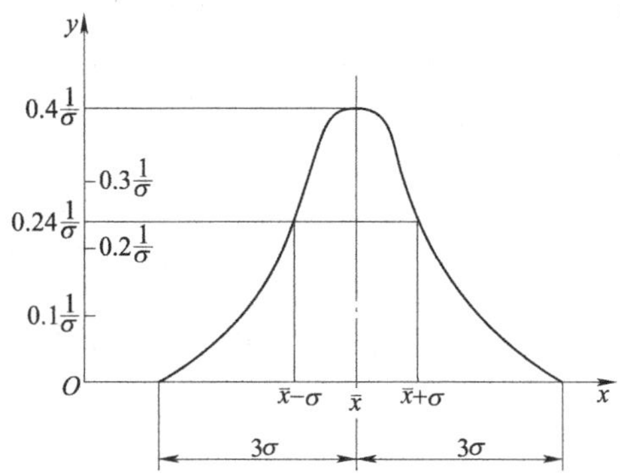

图 5-48　正态分布曲线的特殊点

式中，x_i 是每个样本的实际尺寸；$\bar{x}$ 是样本平均值，即工件平均尺寸；σ 是样本均方根偏差（标准差）；N 是样本容量。

正态分布曲线的特点如下。

1）曲线呈钟形，中间高，两边低。表明尺寸靠近分布中心的工件占大部分，而尺寸越远离分布中心，工件数越少。

2）曲线积分为 1，说明曲线下所包含的全部面积代表了全部工件，即 100%。

3）曲线关于平均值 $\bar{x}$ 对称，说明工件尺寸大于平均值和小于平均值的频率是相等的。

4）平均值 $\bar{x}$ 只影响曲线的位置，而不影响曲线的形状，且在其左右对称，如图 5-49a 所示的平均值分别为 $\bar{x}_1$、$\bar{x}_2$、$\bar{x}_3$ 时的三条正态分布曲线。当 $x=\bar{x}$ 时，概率密度 y 取得的最大值，即

$$y_{max} = \frac{1}{\sigma\sqrt{2\pi}} = 0.4\frac{1}{\sigma} \tag{5-31}$$

5）标准差 σ 只影响曲线的形状，而不影响曲线的位置。如图 5-49b 所示，σ 值越大，y_{max} 越小，曲线将趋于平坦，尺寸分散性增大，说明加工精度越低。相反，σ 值越小，曲线陡峭，尺寸分散性越小，说明加工精度越高。因此，σ 值是衡量一批工件加工精度高低的有效参数。

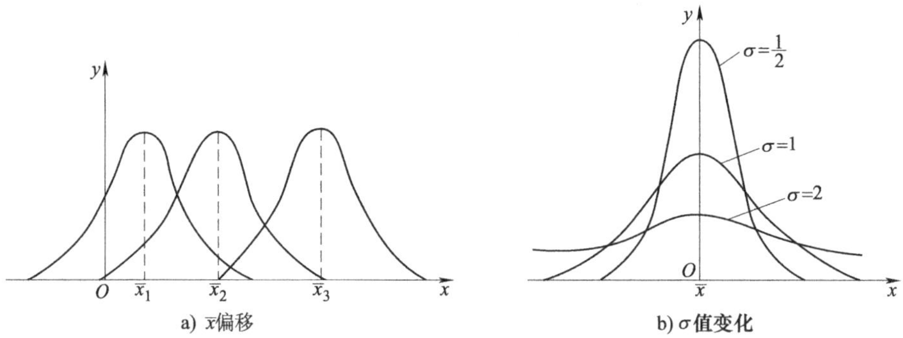

图 5-49 $\bar{x}$、σ 对分布曲线的影响

联系到加工误差的两种表现特性，很显然，随机误差引起尺寸分散，σ 的大小完全由随机误差的大小所决定；常值系统误差决定了分散带中心位置，而变值系统误差则使中心位置随时间按一定规律移动，形成平顶分布。

6）曲线的拐点。令式（5-28）的二阶导数为零，即可求得正态分布曲线在 $x = \bar{x} \pm \sigma$ 处的拐点的纵坐标值为

$$y_{\sigma} = \frac{1}{\sigma\sqrt{2\pi}}\exp\left(-\frac{1}{2}\right) = 0.24\frac{1}{\sigma} \tag{5-32}$$

（2）标准正态分布　算术平均值为 0，均方根偏差为 1 的正态分布为标准正态分布，即

$$y(x) = \frac{1}{\sqrt{2\pi}}\exp\left(-\frac{x^2}{2}\right) \tag{5-33}$$

实际生产中工件的分布通常不是标准正态分布，为计算方便，通过变量代换可转换为标准正态分布。令 $z = \frac{(x-\bar{x})}{\sigma}$，则

$$y(x) = \frac{1}{\sigma\sqrt{2\pi}}\exp\left[-\frac{(x-\bar{x})^2}{2\sigma^2}\right] = \frac{1}{\sigma\sqrt{2\pi}}\exp\left(-\frac{z^2}{2}\right) = \frac{1}{\sigma}y(z) \tag{5-34}$$

（3）工件尺寸在某区间内的概率　正态分布曲线下所包含的全部面积 $A = \int_{-\infty}^{+\infty} y(x)\,dx = 1$，代表一批加工工件的全部，即 100%的工件都分布在这一范围内。理论上正态分布的范围从+∞到-∞，而实际的工件只能分布在公差带所允许的有限范围内。因此，生产上人们感兴趣的往往不是工件为某一尺寸的概率密度是多大，而是加工工件尺寸落在某一区间（$x_1 \leqslant x \leqslant x_2$）或公差带内的概率是多大。

如图 5-50 所示，C 点代表一批工件规定的最小尺寸 x_1，D 点代表规定的最大尺寸 x_2，

曲线下 C、D 之间阴影部分的面积代表加工工件的合格品率，曲线下其余部分的面积则为不合格品率。在加工外圆时，图上左边无阴影部分表示实际工件加工尺寸比规定的最小尺寸还小，相当于不可修复的废品，右边无阴影部分则为可修复的不合格品。加工内孔时，则恰好相反。正态分布的区间概率为

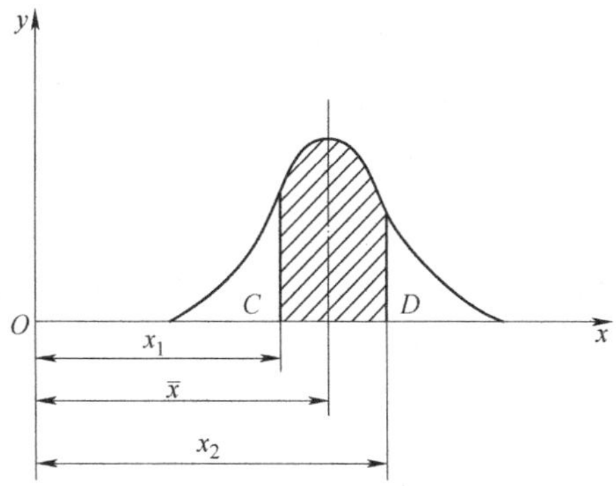

图 5-50　工件尺寸概率分布

$$F=\int_{x_1}^{x_2}y(x)\,\mathrm{d}x=\int_{x_1}^{x_2}\frac{1}{\sigma\sqrt{2\pi}}\exp\left[\frac{-(x-\bar{x})^2}{2\sigma^2}\right]\mathrm{d}x$$

令 $z=\dfrac{(x-\bar{x})}{\sigma}$，则 $\mathrm{d}x=\sigma\mathrm{d}z$，所以

$$F=\int_{-z_1}^{+z_2}\frac{1}{\sigma}y(z)\sigma\mathrm{d}z=\int_{-z_1}^{0}\frac{1}{\sqrt{2\pi}}\exp\left(-\frac{z^2}{2}\right)\mathrm{d}z+\int_{0}^{+z_2}\frac{1}{\sqrt{2\pi}}\exp\left(-\frac{z^2}{2}\right)\mathrm{d}z=\varphi(z_1)+\varphi(z_2)$$

(5-35)

可以看出，非标准正态分布概率密度函数的积分，经标准化变换后，可用标准正态分布概率密度函数的积分表示。为了计算的需要，表 5-4 中给出了标准化正态分布概率密度函数的积分表。通过查表计算可知

表 5-4　$\varphi(z)=\dfrac{1}{\sqrt{2\pi}}\int_0^z\exp\left(-\dfrac{z^2}{2}\right)\mathrm{d}x$

z	$\varphi(z)$	z	$\varphi(z)$	z	$\varphi(z)$	z	$\varphi(z)$
0.01	0.0040	0.29	0.1141	0.64	0.2389	1.50	0.4332
0.02	0.0080	0.30	0.1179	0.66	0.2454	1.55	0.4394
0.03	0.0120	0.31	0.1217	0.68	0.2517	1.60	0.4452
0.04	0.0160	0.32	0.1255	0.70	0.2580	1.65	0.4502
0.05	0.0199	0.33	0.1293	0.72	0.2642	1.70	0.4554
0.06	0.0239	0.34	0.1331	0.74	0.2703	1.75	0.4599
0.07	0.0279	0.35	0.1368	0.76	0.2764	1.80	0.4641
0.08	0.0319	0.36	0.1406	0.78	0.2823	1.85	0.4678
0.09	0.0359	0.37	0.1443	0.80	0.2881	1.90	0.4713
0.10	0.0398	0.38	0.1480	0.82	0.2939	1.95	0.4744
0.11	0.0438	0.39	0.1517	0.84	0.2995	2.00	0.4772
0.12	0.0478	0.40	0.1554	0.86	0.3051	2.10	0.4821
0.13	0.0517	0.41	0.1591	0.88	0.3106	2.20	0.4861
0.14	0.0557	0.42	0.1628	0.90	0.3159	2.30	0.4893
0.15	0.0596	0.43	0.1641	0.92	0.3212	2.40	0.4918
0.16	0.0636	0.44	0.1700	0.94	0.3264	2.50	0.4938
0.17	0.0675	0.45	0.1736	0.96	0.3315	2.60	0.4953
0.18	0.0714	0.46	0.1772	0.98	0.3365	2.70	0.4965
0.19	0.0753	0.47	0.1808	1.00	0.3413	2.80	0.4974
0.20	0.0793	0.48	0.1844	1.05	0.3531	2.90	0.4981
0.21	0.0832	0.49	0.1879	1.10	0.3643	3.00	0.49865
0.22	0.0871	0.50	0.1915	1.15	0.3749	3.20	0.49931
0.23	0.0910	0.52	0.1985	1.20	0.3849	3.40	0.49966
0.24	0.0948	0.54	0.2054	1.25	0.3944	3.60	0.499841
0.25	0.0987	0.56	0.2123	1.30	0.4032	3.80	0.499928
0.26	0.1023	0.58	0.2190	1.35	0.4115	4.00	0.499968
0.27	0.1064	0.60	0.2257	1.40	0.4192	4.50	0.499997
0.28	0.1103	0.62	0.2324	1.45	0.4265	5.00	0.49999997

当 $z=(x-\bar{x})/\sigma=\pm 1$ 时，$2\varphi(1)=2\times 0.3413=68.26\%$。

当 $z=(x-\bar{x})/\sigma=\pm 2$ 时，$2\varphi(2)=2\times 0.4772=95.44\%$。

当 $z=(x-\bar{x})/\sigma=\pm 3$ 时，$2\varphi(3)=2\times 0.49865=99.73\%$。

结果表明：工件尺寸落在 $\bar{x}\pm 3\sigma$ 范围内的概率为 99.73%，而在该范围以外的工件出现的概率只占 0.27%，属小概率事件，可忽略不计。因此，通常近似认为正态分布的事件分散范围为 $\bar{x}\pm 3\sigma$，这就是工程上经常用到的“$\pm 3\sigma$ 原则”，或称为“6σ 原则”。

当工件公差为 δ，并且在加工时调整分布中心与公差带中心重合，则不产生不合格品的条件是 $\delta\geqslant 6\sigma$，反之便有不合格品产生，尺寸过大或过小的不合格品率可由下式计算，即

$$Q_{不合格品率}=0.5-\varphi(z_{右}\text{或}z_{左}) \quad (5\text{-}36)$$

当分布中心与公差带中心不重合，此时，不重合部分即为常值系统性误差，以 $\Delta_{系统}$ 表示，如图 5-51 所示，这时即使允许加工公差 $\delta>6\sigma$，仍有产生不合格品的可能性，而这时不产生不合格品的条件为

$$\delta\geqslant 6\sigma+2\Delta_{系统} \quad (5\text{-}37)$$

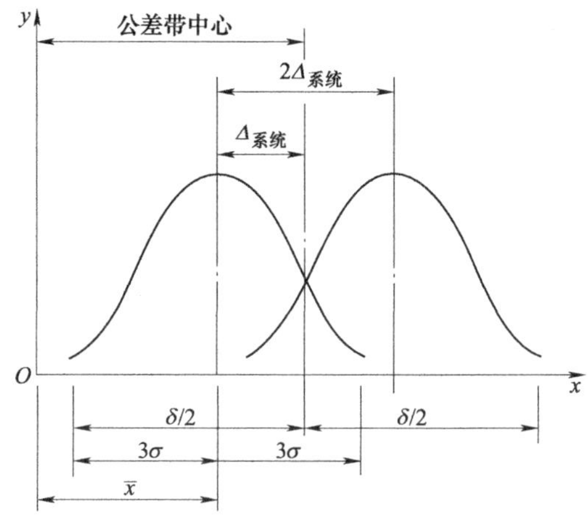

图 5-51　$\delta>6\sigma$ 的情况

例 5-3　在车床上车一批轴，图样要求为 $\phi 25_{-0.1}^{\ 0}$ mm。已知轴径尺寸误差呈正态分布，$\bar{x}=24.96$mm，$\sigma=0.02$mm，问这批加工件的合格品率是多少？不合格品率是多少？不合格品能否修复？

解　根据题意，工件尺寸分布图如图 5-52 所示，将分布图进行标准化变换。令 $z=(x-\bar{x})/\sigma$，则

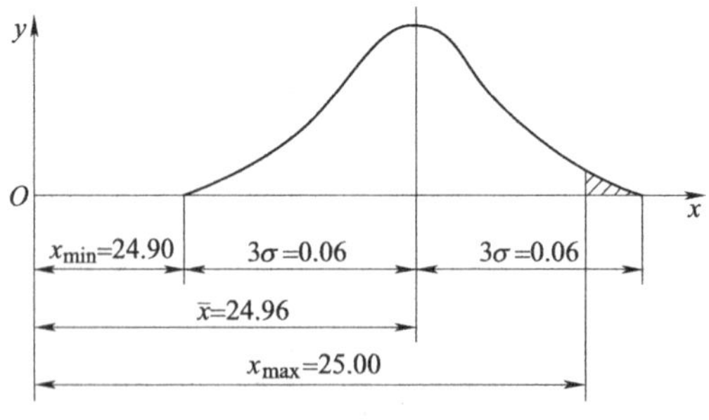

图 5-52　工件尺寸分布图

$$z_{右}=(x_{max}-\bar{x})/\sigma=(25.00\text{mm}-24.96\text{mm})/0.02\text{mm}=2$$

$$z_{左}=(\bar{x}-x_{min})/\sigma=(24.96\text{mm}-24.90\text{mm})/0.02=3$$

查表 5-4 得

$$\varphi(z_{右})=\varphi(2)=0.4772$$

$$\varphi(z_{左})=\varphi(3)=0.49865$$

故合格品率为

$$\varphi(z_{右})+\varphi(z_{左})=0.4772+0.49865=0.97585=97.585\%$$

不合格品率为

$$1-[\varphi(z_{右})+\varphi(z_{左})]=1-0.97585=0.02415=2.415\%$$

偏大不合格品率为：$0.5-\varphi(z_{右})=0.5-0.4772=0.0228=2.28\%$，这些不合格品可修复。

偏小不合格品率为：$0.5-\varphi(z_{左})=0.5-0.49865=0.00135=0.135\%$，这些不合格品不可修复。

3. 工艺过程分布图分析

（1）工艺过程的稳定性　工艺过程的稳定性是指工艺过程在时间历程上保持工件平均值 $\bar{x}$ 和标准差 σ 值稳定不变的性能。如图 5-53 所示，时间由 T 变化到 T_1 时，若瞬时分布中心由 O 变化至 O_1，质量指标的平均值基本不变，即变值系统误差对工艺过程几乎没有影响，而且质量指标分布的标准差由 T 时刻的 σ 到 T_1 时刻的 σ_1 也基本无变化，则认为工艺过程是稳定的。如果工艺过程中质量指标的平均值或标准差其中有一个变化显著，如图 5-53 所示的瞬时分布中心由 O 变化至 O_1' 或标准差由 σ 变化为 σ_1'，则认为工艺过程是不稳定的。

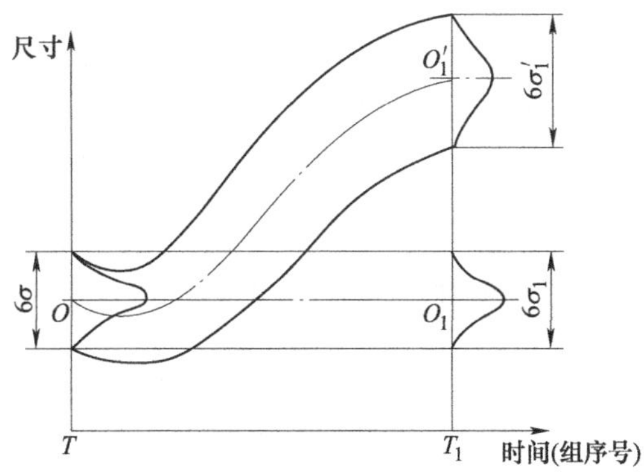

图 5-53　工艺过程稳定性分析图

一般情况下，在不是非常长的加工时间内，分布特征参数 σ 的变化是很小的，因此，工艺过程稳定性主要取决于变值系统误差是否显著。在正常加工情况下，变值系统误差并不显著，可以认为工艺过程是稳定的，也就是说，工艺过程处于可控制状态中。

（2）工艺过程的分布图分析实例　通过制作分布图，我们想要了解所加工的工件质量指标的分布是否是预期的概率分布。如果是预期的概率分布，我们还想要知道该工艺系统的加工能力是比较富裕还是不足？机床调整得好不好？加工过程会不会出废品？废品率是多少？产生废品的原因又是什么？

此处以在无心磨床上加工一批外径为 $\phi 9.65_{-0.04}^{\ 0}$mm 的销子为例，具体介绍工艺过程分布图分析的内容及步骤。

1）样本容量的确定。在从总体中抽取样本时，样本容量的确定是很重要的。样本容量太小，样本不能准确地反映总体的实际分布，失去了取样的本来目的；样本容量太大，虽能代表总体，但又增加了分析计算的工作量。一般生产条件下，样本容量取为 $n=50\sim200$，就有足够的估计精度。本例取 $n=100$。

2）样本数据的测量。应将被测尺寸的公差乘以 0.1～0.15 的测量精度系数，作为选用量具量仪的依据。

测量尺寸时，应按加工顺序逐个测量，并记录于测量数据表（表 5-5）中。

表 5-5 测量数据表 （单位：mm）

序号	尺寸	序号	尺寸	序号	尺寸	序号	尺寸	序号	尺寸
1	9.616	21	9.631	41	9.635	61	9.635	81	9.627
2	9.629	22	9.636	42	9.638	62	9.630	82	9.630
3	9.621	23	9.642	43	9.626	63	9.630	83	9.628
4	9.636	24	9.644	44	9.624	64	9.620	84	9.630
5	9.640	25	9.636	45	9.634	65	9.627	85	9.644
6	9.644	26	9.632	46	9.632	66	9.632	86	9.632
7	9.658	27	9.638	47	9.633	67	9.628	87	9.620
8	9.657	28	9.631	48	9.622	68	9.633	88	9.630
9	9.658	29	9.628	49	9.637	69	9.624	89	9.627
10	9.647	30	9.643	50	9.625	70	9.633	90	9.621
11	9.628	31	9.636	51	9.635	71	9.624	91	9.630
12	9.644	32	9.632	52	9.626	72	9.626	92	9.634
13	9.639	33	9.639	53	9.623	73	9.636	93	9.626
14	9.646	34	9.623	54	9.627	74	9.637	94	9.630
15	9.647	35	9.633	55	9.638	75	9.632	95	9.620
16	9.631	36	9.634	56	9.637	76	9.617	96	9.634
17	9.636	37	9.641	57	9.624	77	9.634	97	9.623
18	9.641	38	9.628	58	9.634	78	9.628	98	9.626
19	9.624	39	9.637	59	9.636	79	9.626	99	9.628
20	9.634	40	9.624	60	9.618	80	9.634	100	9.639

3）异常数据的剔除。在所实测的数据中，有时会混入异常测量数据和异常加工数据，从而歪曲了数据的统计性质，使分析结果不可信，因此，异常数据应予剔除。异常数据通常具有偶然性，它与数学期望的差值的绝对值很大。

当工件测量数据服从正态分布时，测量数据落在 $\bar{x}\pm3\sigma$ 范围内的概率为 99.73%，而落在 $\bar{x}\pm3\sigma$ 范围以外的概率为 0.27%。由于出现落在 $\bar{x}\pm3\sigma$ 范围以外的事件的概率很小，可视为小概率事件，一旦发生，则可认为是异常数据而予以剔除，即若

$$|x_k-\bar{x}|>3\sigma \tag{5-38}$$

则 x_k 为异常数据。式中，σ 是总体标准差，可用它的无偏估计量 $\hat{\sigma}=S$ 来代替，即

$$\hat{\sigma}=S=\sqrt{\frac{1}{N}\sum_{i=1}^{N}(x_i-\bar{x})^2} \tag{5-39}$$

经计算，本例中 $\bar{x}\approx9.632\text{mm}$，$S\approx0.007\text{mm}$，按式（5-38）分别计算可知，$x_{k_1}=9.658\text{mm}$、$x_{k_2}=9.657\text{mm}$、$x_{k_3}=9.658\text{mm}$ 分别为异常数据，应予以剔除。此时 $n=100-3=97$。

4）实际分布图的绘制。

① 确定尺寸间隔数 j。作图的第一步是先对质量指标的实际分散范围进行尺寸分组。尺寸间隔数（尺寸分组数）j 不可随意确定。若尺寸分组数太多，组距太小，在狭窄的区间内频数太少，实际分布图上就会出现许多锯齿形，实际分布图就会被频数的随机波动所歪曲；若尺寸分组数太少，组距太大，分布图就会被展平，掩盖了尺寸分布图的固有形状。尺寸间

隔数 j 可参考表 5-6 中选取。在本例中 $n=97$，所以应初选 $j=10$。

表 5-6　尺寸间隔数 j 与样本容量 n 的关系

n	25~40	40~60	60~80	80~100	100~160	160~250	250~400	400~630	630~100
j	6	7	8	10	11	12	13	14	15

② 确定尺寸间隔大小（区间宽度）Δx。只要找到样本中个体的最大值 x_{max} 和最小值 x_{min}，即可求得 Δx 的大小，即

$$\Delta x=\frac{x_{max}-x_{min}}{j}=\frac{9.647\text{mm}-9.616\text{mm}}{10}=0.0031\text{mm}$$

将 Δx 圆整为 $\Delta x\approx 0.003$mm。有了 Δx 值后，就可以对样本的尺寸分散范围进行分段了。分段时应注意使样本中 x_{max} 和 x_{min} 皆落在尺寸间隔内。因此，本例的实际尺寸间隔数 $j=10+1=11$。

③ 画实际分布图。列出测量数据的计算表格，见表 5-7，根据表中数据即可画出实际分布折线，如图 5-54 所示。画图时，频数值应点在尺寸区间中点的纵坐标上。

表 5-7　计算表格

组号	尺寸间隔 Δx/mm		尺寸间隔中值 x_j/mm	实际频数 f_j
	起	小于		
1	9.615	9.618	9.6165	2
2	9.618	9.621	9.6195	4
3	9.621	9.624	9.6225	6
4	9.624	9.627	9.6255	13
5	9.627	9.630	9.6285	12
6	9.630	9.633	9.6315	16
7	9.633	9.636	9.6345	15
8	9.636	9.639	9.6375	14
9	9.639	9.642	9.6405	7
10	9.642	9.645	9.6435	5
11	9.645	9.648	9.6466	3

5）理论分布图的绘制。工艺过程质量指标的理论分布规律可根据理论公式和工艺过程的实际工作条件分析推断。由于本例在无心磨床上用调整法加工工件，其尺寸误差一般是服从正态分布的，而理论正态分布曲线的最大值、两个拐点可通过式（5-31）和式（5-32）计算得到，且横坐标轴上的 $\bar{x}\pm 3\sigma$ 点也是已知的，故理论分布曲线可画出。但因实际分布图是以频数为纵坐标，因此尚需将以概率密度 y 为纵坐标的理论分布图，转换成以频数为纵坐标的理论分布图。

$$y=\frac{\text{概率}}{\Delta x}=\frac{1}{\Delta x}\frac{f'}{n}=\frac{f'}{n\Delta x}$$

式中，Δx 是尺寸间隔大小；f' 是理论频数；n 是工件总数。

因此理论频数 f' 为

$$f'=n\Delta xy \tag{5-40}$$

本例中，正态分布曲线的理论频数最大值和拐点处值分别为

$$f'_{\max}=n\Delta x y_{\max}=0.4\frac{1}{\sigma}n\Delta x=0.4\times\frac{1}{0.007\text{mm}}\times0.003\text{mm}\times97\approx17$$

$$f'_{\sigma}=n\Delta x y_{\sigma}=0.24\frac{1}{\sigma}n\Delta x=0.24\times\frac{1}{0.007\text{mm}}\times0.003\text{mm}\times97\approx10$$

理论频数曲线最大值的横坐标为 $\bar{x}\approx9.632\text{mm}$；两个拐点的横坐标分别为 $\bar{x}+\sigma=9.632\text{mm}+0.007\text{mm}=9.639\text{mm}$ 和 $\bar{x}-\sigma=9.632\text{mm}-0.007\text{mm}=9.625\text{mm}$；分散范围为从 $\bar{x}+3\sigma=9.632\text{mm}+0.007\text{mm}\times3=9.653\text{mm}$ 到 $\bar{x}-3\sigma=9.632\text{mm}-0.007\text{mm}\times3=9.611\text{mm}$。

有了以上数据，就可作出以频数为纵坐标的理论分布曲线，如图 5-54 所示。

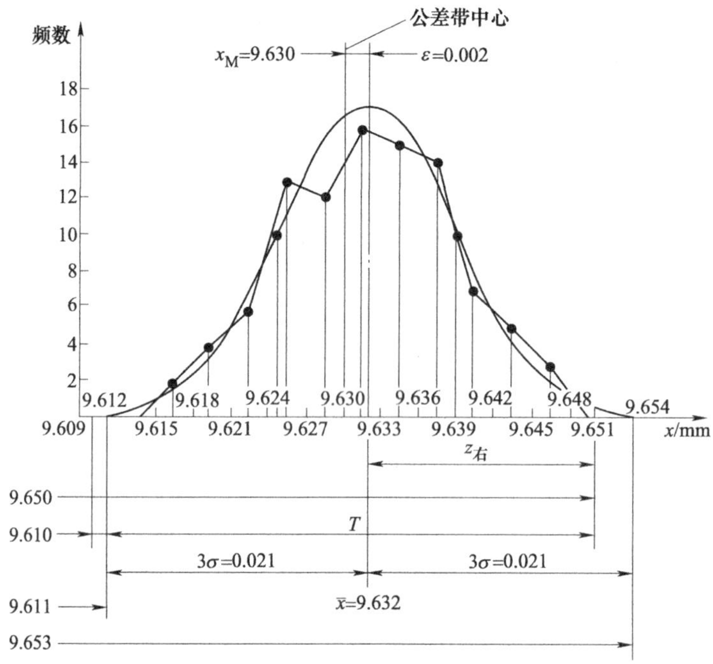

图 5-54　实际分布图与理论分布图

6）工艺过程分布图分析。

① 判断加工误差性质。如果通过评定确认样本是服从正态分布的（正态性评定方法请见相关参考文献），就可以认为工艺过程中变值系统误差很小（或不显著），引起被加工工件质量指标分散的原因主要由随机性误差引起，工艺过程处于可控状态中。如果评定结果表明样本不服从正态分布，就要进一步分析，是哪种变值系统误差在显著地影响着工艺过程，或者工件质量指标不服从正态分布，可能服从其他分布。本例评定结果表明，样本服从正态分布，工艺过程处于控制状态中。

如果工件尺寸误差的实际分布中心 $\bar{x}$ 与公差带中心有偏移 ε，如图 5-54 所示，这表明工艺过程中有常值系统误差存在。本例中的 $\varepsilon=0.002\text{mm}$ 是由于机床调整不准确引起的。

只有在确认实际分布曲线与理论正态分布曲线相符的条件下，才能应用正态分布规律进行以下各项分析。

② 确定工序能力及其等级。**工序能力**就是工序处于稳定状态时，加工误差正常波动的

幅度。根据统计分析结果，6σ 的大小代表了某一种加工方法在规定的条件下所能达到的加工精度，因此，通常用 6σ 来表示工序能力。**工序能力系数**就是工序能力满足加工精度要求的程度。当工序处于稳定状态时，工序能力系数 C_p 按下式计算，即

$$C_p = \frac{T}{6\sigma} \tag{5-41}$$

若工件公差 T 为定值，则 σ 越小 C_p 就越大，就有可能允许工件尺寸误差的分散范围在公差带内做适当的窜动或波动。

根据工序能力系数的大小，可将工序能力分为五级，见表 5-8。一般情况下，工序能力等级不应低于二级，即 C_p 值应大于 1。

表 5-8　工序能力等级

工序能力系数	工序能力等级	说　　明
$C_p>1.67$	特　级	工艺能力过高，可以允许有异常波动
$1.67\geqslant C_p>1.33$	一　级	工艺能力足够，可以有一定的异常波动
$1.33\geqslant C_p>1.00$	二　级	工艺能力勉强，必须密切注意
$1.00\geqslant C_p>0.67$	三　级	工艺能力不够，可能出现少量不合格品
$0.67\geqslant C_p$	四　级	工艺能力差，亟待加以改进

本例的工序能力系数为

$$C_p = T/(6\sigma) = 0.04\text{mm}/(6\times 0.007\text{mm}) = 0.95$$

该工艺过程的工序能力为三级，加工过程要出现少量的不合格品。

③ 确定不合格品率。不合格品率包括废品率和可修复的不合格品率。本例中，根据图 5-54，不合格品率可计算如下，即

$$z_{右} = (x_{max} - \bar{x})/\sigma = (9.650\text{mm} - 9.632\text{mm})/0.007\text{mm} = 2.57$$

$$z_{左} = (\bar{x} - x_{min})/\sigma = (9.632\text{mm} - 9.61\text{mm})/0.007\text{mm} = 3.14$$

故合格品率为：$\varphi(z_{右}) + \varphi(z_{左}) = 0.4948 + 0.5 = 0.9948 = 99.48\%$。

不合格品率为：$1 - [\varphi(z_{右}) + \varphi(z_{左})] = 1 - 0.9948 = 0.0052 = 0.52\%$。

这些不合格品都是尺寸过大的不合格品，属可修复的不合格品。

工艺过程的分布图分析法具有以下特点。

1）分布图分析法采用的是大样本，因而能比较接近实际地反映工艺过程总体情况。

2）能把工艺过程中存在的常值系统误差从误差中区分开来，但不能把变值系统误差从误差中区分开来。

3）只有等到一批工件加工完毕后才能绘制分布图，因此不能在工艺过程进行中及时提供控制工艺过程精度的信息。

4）计算较复杂。

5）只适用于工艺过程稳定的批量生产场合。

5.3.3　点图分析法

应用分布图分析工艺过程加工精度的前提是工艺过程必须是稳定的，如果工艺过程不稳定，用分布图分析讨论工艺过程的精度就会失去意义。由于点图分析法能够反映质量指标随

时间变化的情况，因此，它是进行统计质量控制的有效方法。这种方法既可以用于稳定的工艺过程，也可以用于不稳定的工艺过程。

对于一个不稳定的工艺过程来说，要解决的问题是如何在工艺过程的进行中，不断地进行质量指标的主动控制。工艺过程一旦出现被加工工件的质量指标有超出所规定的不合格品率的趋向时，能够及时调整工艺系统或采取其他工艺措施，使工艺过程得以继续进行。对于一个稳定的工艺过程，也应该进行质量指标的主动控制，使稳定的工艺过程一旦出现不稳定趋势时，能够及时发现并采取相应措施，使工艺过程继续稳定地进行下去。

1. 点图的基本形式

点图分析法所采用的样本是顺序小样本，即每隔一定时间抽取样本容量 $n=5\sim10$ 的一个小样本，逐个地测量每个工件的尺寸，以量得的尺寸（或加工误差）为纵坐标，以工件的加工序号为横坐标，将检验结果标注在一定格式的图表上，绘制成工件加工误差随时间变化的图形。点图可分为单值点图和 $\bar{x}-R$ 点图。

（1）单值点图　将顺序加工出的 n 个工件编为一组，以工件分组的序号为横坐标，以工件尺寸或误差为纵坐标，将每一组内 n 个工件的尺寸大小分别标点在同一组号的垂直线上，则该点图称为“按组序的单值点图”，如图 5-55 所示。这种点图的长度可大为缩短，而且可以看出每个工件尺寸（或加工误差）的变化与加工时间的关系。

为了能清楚地揭示出加工过程中工件误差的性质与变化趋势，以单值点图的上、下极限作包络线 AA'、BB'及中线 OO'，如图 5-55 所示。两包络线的宽度表示每一瞬时加工误差的分散范围，它反映了各时刻的随机误差的大小，图中 $\Delta_{随}$表示其最大值，中线 OO'表示每瞬时的分散中心，其变化情况反映变值系统误差随时间变化的规律，其最大值用 $\Delta_{变}$表示；其起始点 O 的位置则反映常值系统误差的影响，用 $\Delta_{常}$表示；两段样本曲线起始点中心位置的差异表示两次调整的误差，用 $\Delta_{调整}$表示。

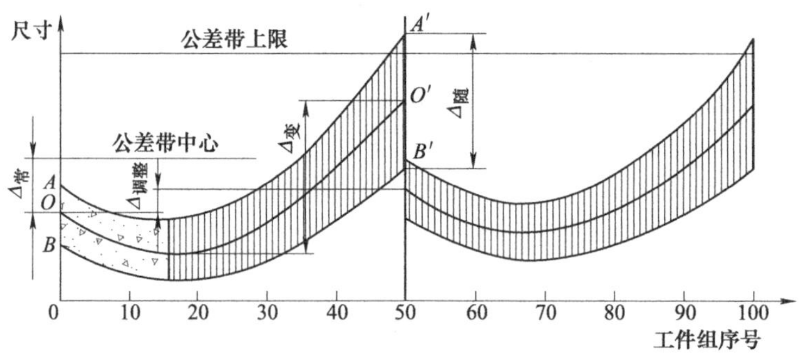

图 5-55　单值点图

（2）$\bar{x}-R$ 点图　$\bar{x}-R$ 点图的基本形式是由小样本平均值 $\bar{x}$ 的点图和小样本极差 R 的点图联合组成的 $\bar{x}-R$ 图，小样本的算术平均值 $\bar{x}$ 和极差 R 通过下式计算，即

$$\bar{x}=\frac{1}{N}\sum_{i=1}^{N}x_i$$

$$R=x_{max}-x_{min} \tag{5-42}$$

式中，x_{max} 与 x_{min} 分别是某小样本中个体的最大值与最小值。

图 5-56 所示为 $\bar{x}-R$ 点图。$\bar{x}-R$ 点图的横坐标是按时间先后采集小样本的组序号，纵坐

标分别为小样本的平均值 $\bar{x}$ 和极差 R。在 $\bar{x}$ 点图上有五根控制线，$\bar{\bar{x}}$ 是样本平均值的均值线，ES、EI 是加工工件公差带的上、下限，UCL、LCL 是样本均值 $\bar{x}$ 的上、下控制限；在 R 点图上有三根控制线，$\bar{R}$ 是样本极差 R 的平均值线，UCL、LCL 是样本极差的上、下控制限。

一个稳定的工艺过程，必须同时具有平均值变化不显著和标准差变化不显著两个条件。而 $\bar{x}$ 点图是控制工艺过程质量指标分布中心的变化的，R 点图是控制工艺过程质量指标分散范围的变化的，因此，这两个点图必须联合使用，才能控制整个工艺过程。

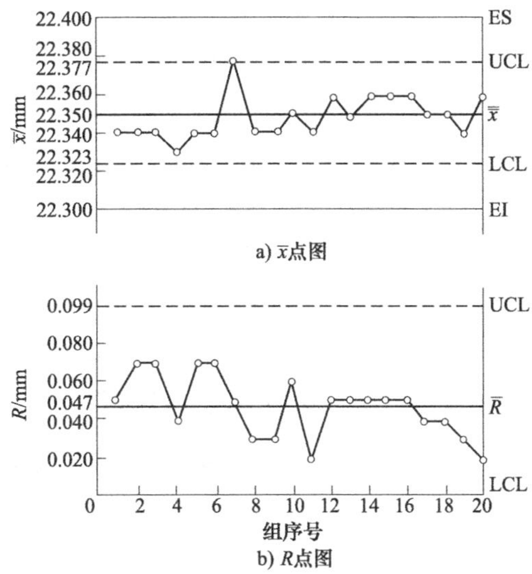

图 5-56　$\bar{x}$-R 点图

使用 $\bar{x}-R$ 点图的目的就是力图使一个满足工件加工质量指标要求的稳定工艺过程不要向不稳定工艺过程转化，一旦发现稳定工艺过程有向不稳定转化的趋势，就应及时采取措施，以防患于未然。

2. $\bar{x}$-R 点图上、下控制限的确定与绘制

要确定 $\bar{x}-R$ 点图的上、下控制限，首先就需要知道样本平均值 $\bar{x}$ 和样本极差 R 的分布规律。

由数理统计学的中心极限定理可以推论，即使总体不是正态分布的，若总体平均值为 μ，方差为 σ^2，则样本平均值 $\bar{x}$ 也是近似服从平均值为 μ、方差为 σ^2/n 的正态分布，n 为样本的个体数。

根据上述推论，不管机械加工过程总体是否是正态分布，只要从总体中抽取数量比较多的小样本，则有

$$\bar{x} \sim N(\mu,\ \sigma^2/n) \tag{5-43}$$

也就是说，样本平均值 $\bar{x}$ 的分散范围为 $\mu \pm 3\sigma/\sqrt{n}$。

数理统计学已经证明，样本极差 R 也近似服从正态分布，即有

$$R \sim N(\bar{R},\ \sigma_R^2) \tag{5-44}$$

也就是说，样本极差 R 的分散范围为 $\bar{R} \pm 3\sigma_R$。

到此，$\bar{x}-R$ 点图上的上、下控制限的位置就可以确定了。

图 5-56a 所示为一个稳定的工艺过程，总体分布若为 $N(\mu,\ \sigma^2)$，样本的分布就为 $N(\bar{x},\ \hat{\sigma}^2)$，$\hat{\sigma}^2=\sigma^2/n$。因此，只要在样本均值 $\bar{x}$ 的分布曲线的 $6\hat{\sigma}$ 范围的两端点，画出两条平行于组序号坐标轴的线 UCL、LCL，就是 $\bar{x}$ 点图的上、下控制限。同理，也可直接在 R 的正态分布曲线的 $6\sigma_R$ 范围的两端点，画两条平行于组序号坐标轴的线 UCL 和 LCL 作为 R 点图的上、下控制限，如图 5-56b 所示。

数理统计学还告诉我们，σ 的估计值 $\hat{\sigma}=a_n\bar{R}$，$\sigma_R=d\hat{\sigma}$，式中 a_n、d 为常数，其值参见表 5-9。因此，$\bar{x}$ 点图的上、下控制限分别为

$$UCL = \bar{\bar{x}} + 3\frac{\hat{\sigma}}{\sqrt{n}} = \bar{\bar{x}} + 3\frac{a_n\bar{R}}{\sqrt{n}} = \bar{\bar{x}} + A_2\bar{R} \quad (5\text{-}45)$$

$$LCL = \bar{\bar{x}} - 3\frac{\hat{\sigma}}{\sqrt{n}} = \bar{\bar{x}} - 3\frac{a_n\bar{R}}{\sqrt{n}} = \bar{\bar{x}} - A_2\bar{R} \quad (5\text{-}46)$$

R 点图的上、下控制限分别为

$$UCL = \bar{R} + 3\sigma_R = \bar{R} + 3da_n\bar{R} = (1 + 3da_n)\bar{R} = D_1\bar{R} \quad (5\text{-}47)$$

$$LCL = \bar{R} - 3\sigma_R = \bar{R} - 3da_n\bar{R} = (1 - 3da_n)\bar{R} = D_2\bar{R} \quad (5\text{-}48)$$

常数 A_2、D_1、D_2 可由表 5-9 查得。

表 5-9　点图控制线参数 d、a_n、A_2、D_1、D_2

n	d	a_n	A_2	D_1	D_2
4	0.880	0.486	0.73	2.28	0
5	0.864	0.430	0.58	2.11	0
6	0.848	0.395	0.48	2.00	0

例 5-4　某小轴要求的加工尺寸为 $\phi 22.4_{-0.1}^{\ 0}$mm，加工时每隔一定时间取 $n=5$ 的一个小样本，共抽取 $k=20$ 个样本，每个样本的 $\bar{x}$、R 值见表 5-10，试绘制小轴加工的 $\bar{x}-R$ 点图。

解　样本平均值的均值 $\bar{\bar{x}}$ 为

$$\bar{\bar{x}} = \frac{1}{k}\sum_{i=1}^{k}\bar{x}_i = \frac{446.97\text{mm}}{20} = 22.35\text{mm}$$

样本极差的平均值 $\bar{R}$ 为

$$\bar{R} = \frac{1}{k}\sum_{i=1}^{k}R_i = \frac{0.94\text{mm}}{20} = 0.047\text{mm}$$

$\bar{x}$ 图上的上、下控制限分别为

$$UCL = \bar{\bar{x}} + A_2\bar{R} = 22.35\text{mm} + 0.58 \times 0.047\text{mm} = 22.377\text{mm}$$

$$LCL = \bar{\bar{x}} - A_2\bar{R} = 22.35\text{mm} - 0.58 \times 0.047\text{mm} = 22.323\text{mm}$$

R 图上的上、下控制限分别为

$$UCL = D_1\bar{R} = 2.11 \times 0.047\text{mm} = 0.099\text{mm}$$

$$LCL = D_2\bar{R} = 0\text{mm}$$

按上述计算结果可做出 $\bar{x}-R$ 点图控制限，将本例表 5-10 中的 $\bar{x}$、R 值逐点标在 $\bar{x}-R$ 点图上，即可获得如图 5-56 所示的 $\bar{x}-R$ 点图。

表 5-10　样本的 $\bar{x}$ 和 R 值数据表　（单位：mm）

序号	$\bar{x}$	R	序号	$\bar{x}$	R	序号	$\bar{x}$	R	序号	$\bar{x}$	R
1	22.34	0.05	6	22.34	0.07	11	22.34	0.02	16	22.36	0.05
2	22.34	0.07	7	22.38	0.05	12	22.36	0.05	17	22.35	0.04
3	22.34	0.07	8	22.34	0.03	13	22.35	0.05	18	22.35	0.04
4	22.33	0.04	9	22.34	0.03	14	22.36	0.05	19	22.34	0.03
5	22.34	0.07	10	22.35	0.06	15	22.36	0.05	20	22.36	0.02

3. 点图的正常波动与异常波动

任何一批产品的质量指标数据都是参差不齐的，也就是说，点图上的点总是有波动的。但要区别两种不同的情况：第一种情况是只有随机波动，属正常波动，这表明工艺过程是稳定的；第二种情况是异常波动，这表明工艺过程是不稳定的。一旦出现异常波动，就要及时查找原因，使这种不稳定的趋势得到消除。根据统计学原理确定的正常波动与异常波动的标志见表 5-11。

表 5-11　正常波动与异常波动的标志

正常波动	异常波动
1）没有数据点超出控制线 2）大部分数据点在中线上下波动，小部分在控制线附近出现 3）数据点没有明显的规律性	1）有数据点超出控制线 2）数据点密集地聚在中线上下附近 3）数据点密集地聚在控制线附近 4）连续 7 个点以上出现在中线一侧 5）连续 11 个点中有 10 个点出现在中线一侧 6）连续 14 个点中有 12 个点以上出现在中线一侧 7）连续 17 个点中有 14 个点以上出现在中线一侧 8）连续 20 个点中有 16 个点以上出现在中线一侧 9）数据点有上升或下降倾向 10）数据点有周期性波动

与工艺过程加工误差分布图分析法相比，点图分析法的特点是：①所采用的样本为顺序小样本；②能在工艺过程进行中及时提供主动控制的资料；③计算简单。

5.4 提高加工精度的措施

5.4.1 减少原始误差法

减少原始误差是生产中应用较广的提高加工精度的一种重要方法。它是在查明产生加工误差的主要因素之后，设法对其直接进行消除或减弱。例如：细长轴的车削，如图 5-57a 所示利用中心架，缩短切削力作用点和支承点的距离，可以提高工件的刚度近 8 倍；图 5-57b 所示采用跟刀架也可提高工件的刚度；图 5-57c 所示为用卡盘夹紧，并用后顶尖支承使工件刚度显著提高；若后顶尖用弹簧活动顶尖，还可进一步消除热变形引起热伸长的危害。

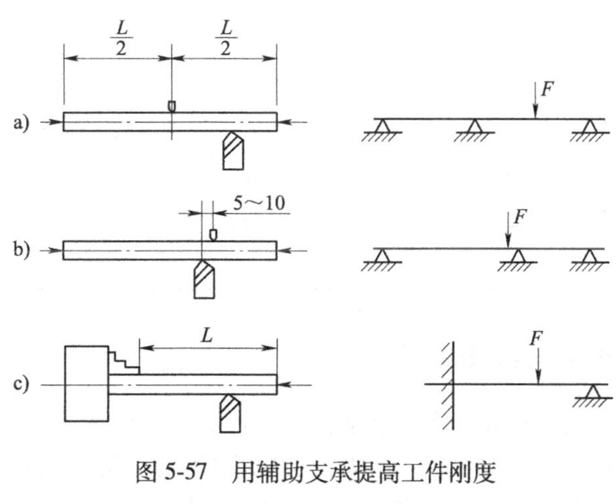

图 5-57　用辅助支承提高工件刚度

5.4.2 误差抵消或补偿方法

误差补偿法是人为造出一种新的误差，去抵消工艺系统中原有的原始误差，或用一种原始误差去抵消另一种原始误差。尽量使两者大小相等，方向相反，从而达到减少加工误差，提高加工精度的目的。在图 5-58 中，由于机床部件和工件自重的影响，使龙门刨床横梁导轨弯曲变形，从而引起加工误差。采用误差补偿法时，在横梁导轨制造时预先使导轨面产生向上的几何形状误差，以抵消横梁因自重而产生下垂的受力变形。

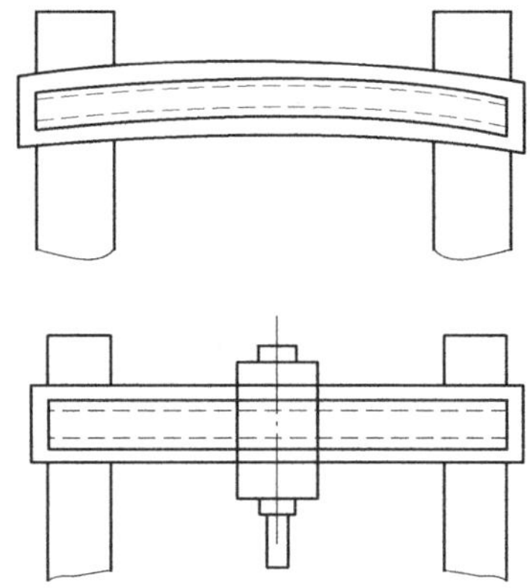

图 5-58　龙门刨床横梁导轨变形

又如采用正反车刀加工细长轴，通过设置两把车刀同时切削以抵消背向力引起的加工误差；用校正机构补偿丝杠车床的传动精度等均可不同程度地提高加工精度。

5.4.3 误差分组法

在加工中，由于上道工序毛坯误差的存在，造成了本工序的加工误差。毛坯误差对工序的影响主要有两种情况：一是误差复映，引起本工序误差的扩大；二是定位误差变化，引起本工序位置误差扩大。

解决这类问题最好是采用分组调整（又称为均分误差）的办法，其实质就是把毛坯按误差的大小分为 n 组，每组毛坯的误差范围就缩小为原来的 $1/n$。然后按各组分别调整加工，使各组工件的分散中心基本上一致，整批工件尺寸的分散范围就小很多。

例如：某厂采用剃齿加工齿轮时，存在心轴与工件定位孔的配合间隙问题。配合间隙大了，加工后的工件产生较大的几何偏心，反映在齿圈径向圆跳动超差。同时剃齿时也容易产生振动，引起齿面波度，使齿轮工作时噪声较大。因此，必须设法限制配合间隙，保证工件孔和心轴间的同轴度要求。由于工件孔已是 IT6 级精度，不宜再提高。为此，夹具采用了多档尺寸的心轴，对工件孔进行分组选配，减少由于间隙而产生的定位误差，从而提高了加工精度，其具体分组见表 5-12。这样可提高配合精度，保证剃齿心轴和被剃齿轮间很高的同轴度，减少齿圈跳动。

表 5-12　误差分组　（单位：mm）

工件孔 $\phi25^{+0.013}_{0}$	ϕ25.00~ϕ25.004	ϕ25.004~ϕ25.008	ϕ25.008~ϕ25.013
心轴尺寸	第一组 ϕ25.002	第二组 ϕ25.006	第三组 ϕ25.011
配合精度	±0.002	±0.002	±0.002

5.4.4 误差转移法

误差转移法实质上是转移工艺系统的几何误差、受力变形和受热变形等。误差转移法现场应用的实例很多。例如：当机床精度达不到工件加工要求时，常常不是一味提高机床精度，而是在工艺上或夹具上想办法，创造条件，使机床的几何误差转移到不影响加工精度的方向上。这种以“粗干精”的方法在箱体孔系加工时经常采用，当镗床主轴线与导轨有平行度误差时，镗杆与主轴之间采用浮动连接，镗杆的位置精度由镗夹具的前后支承确定，机床主轴的原始误差就转移掉了，不再影响加工精度。

图 5-59 所示为转塔车床采用误差转移的例子。由于转塔在使用中需要不断地变换工位，而要长期保证六个工位的定位精度是很困难的。为了避免转塔转位误差对加工误差的影响，在生产中通常采用“立刀”安装法，将切削刃的切削基面由水平面内转移到垂直面内，如图 5-59 所示。这样一来就将转位误差由误差敏感方向转移到非敏感方向，由转位误差引起的加工误差就小到可以忽略不计。

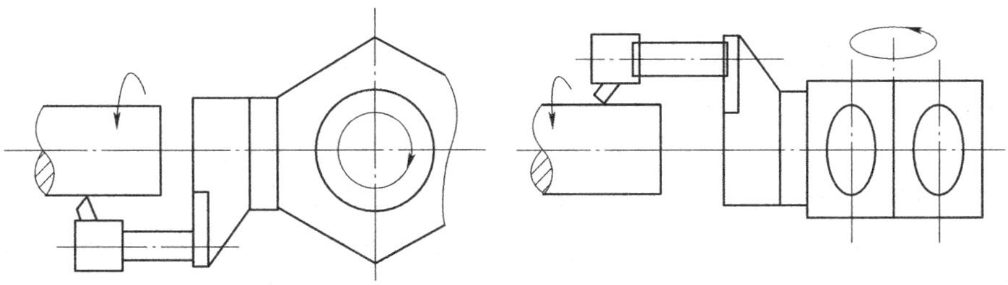

a)　　b)

图 5-59　转塔车床采用误差转移的例子

5.4.5 就地加工法

在加工和装配中,有些精度问题牵涉到零、部件间的相互关系，相当复杂。如果一味地提高零、部件本身的精度，有时不仅困难，甚至不可能。若采用就地加工的方法，就可能很快解决看起来非常困难的精度问题。

例如：转塔车床制造中，转塔上六个安装刀架的孔，其轴心线必须保证和主轴回转中心线重合，而六个面又必须和主轴回转中心线垂直。如果把转塔作为单独零件，加工出这些表面后再装配，要想达到上述两项要求是很困难的。因而实际生产中采用了就地加工的方法，这些表面在装配前不进行精加工，等装配到机床上以后，再在主轴上装上镗杆和能做自动径向进给的刀架，镗和车削六个大孔及端面，如图 5-60 所示，这样精度便能保证。就地加工的要点是要求保证部件间什么样的位置关系，就在相应的位置关系上利用一个部件装上刀具去加工另一个部件。就地加工这个简捷的方法，不但应用于机床装配中，在零件的加工中也常常用来作为保证精度的有效措施。

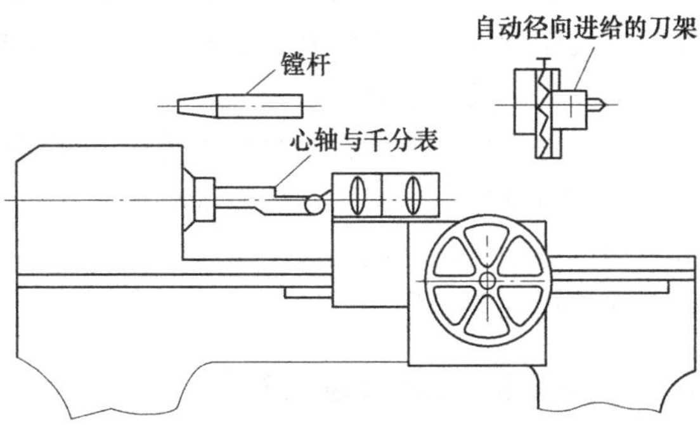

图 5-60　转塔车床转塔上六个大孔和端面的加工与检测

5.4.6 误差平均法

对配合精度要求很高的轴和孔，常采用研磨方法来达到。研具本身并不要求具有高精度，但它却能在和工件做相对运动中对工件进行微量切削，最终达到很高的精度。这种表面间相对研擦和磨损的过程，也就是误差相互比较和相互消除的过程，称为误差平均法。

利用误差平均法制造精密零件，在机械行业中由来已久。在没有精密机床的时代，利用这种方法，已经制造出号称原始平面的精密平板，平面度达几个微米。这样高的精度，是用三块平板合研的误差平均法刮研出来的。像平板一类的基准工具（如直尺、游标万能角度尺、多棱体、分度盘及标准丝杠等），今天还采用误差平均法来制造。

5.4.7 自动控制误差法

原始误差中的常值系统误差比较容易处理，只要测量出来，就可以用前面的误差补偿的方法来消除或减少。对于变值系统误差就不是用一种固定的补偿尺寸所能解决的，于是就有了自动控制误差法。自动控制误差法的特点是在加工循环中，利用测量装置连续地测出工件的实际尺寸，随时给刀具以附加的补偿，控制刀具和工件间的相对位置，直至实际值与调定值的差不超过预定的公差为止。现代机械加工中的自动测量和自动补偿就属于这种形式。自动控制误差法还可以利用精密偶件中的一件为基准，控制另一件的加工精度。加工时自动测量工件的实际尺寸，并与基准件的尺寸比较，直至达到规定的差值时，机床自动停止，从而保证配合件的配合间隙。

5.5 机械加工表面质量分析

为了保证机器的使用性能和延长使用寿命，就要提高机器零件的耐磨性、疲劳强度、耐蚀性、密封性及接触刚度等性能，而机器的这些性能主要取决于零件的表面质量。机械加工表面质量与机械加工精度一样，是机器零件加工质量的一个重要指标，机械加工表面质量是以机械零件的加工表面和表面层作为分析和研究的对象。经过机械加工的零件表面总是存在一定程度的微观不平、冷作硬化、残余应力及金相组织的变化，虽然只是产生在很薄的表面层，但对零件的使用性能却有很大影响。

研究零件表面质量的目的是为了分析表面状态的形成机理，掌握机械加工中各种工艺因素对表面质量的影响规律，对生产现场中发生的表面质量问题，如表面粗糙度、磨削烧伤、裂纹和振纹等问题从理论上做出解释，提出提高表面质量的途径。最终达到改善表面质量，提高产品使用性能的目的。

5.5.1 机械加工表面质量的内容

机械加工表面质量（简称为表面质量）是指机器零件加工后表面的状态，其主要内容涵盖表面形态和表面性态两部分。

1. 加工表面几何形态特征

加工表面的微观几何形态特征，主要由表面粗糙度和表面波度两部分组成，如图 5-61 所示。

（1）表面粗糙度　它是指已加工表面的微观几何形状误差。国家标准 GB/T 1031—2009 规定，表面粗糙度参数从下列两项中选取：①表面轮廓的算术平均偏差 Ra；②轮廓的最大高度 Rz。表面粗糙度是指其波长与波高的比值在 $L_3/H_3<50$ 范围内的微观形貌。

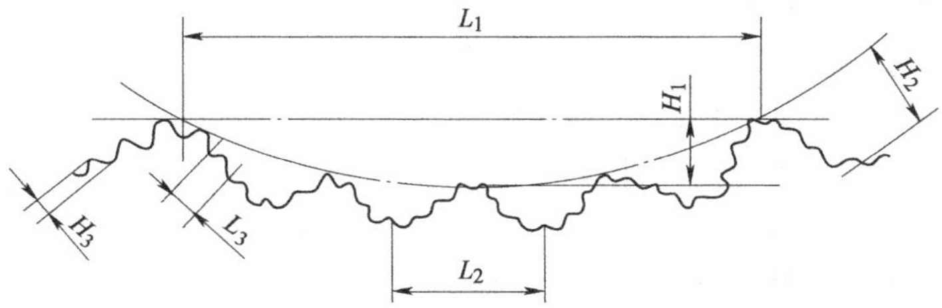

图 5-61　加工表面几何形貌

（2）表面波度　介于加工精度（宏观几何形状精度 $L_1/H_1>1000$）和表面粗糙度之间的一种带有周期性的几何形状误差。其波长与波高的比值在 $50<L_2/H_2\leqslant1000$ 的范围。表面波度主要是在加工过程中工艺系统的振动引起的。表面波度目前尚无评价的国家标准。

2. 表面的性态特征（表面层的物理力学性能）

表面性态特征主要是指加工表面层的物理力学性能，包括以下三个方面的内容。

（1）加工表面层的冷作硬化　它是指工件经机械加工后表面层的强度、硬度有提高的现象，也称为表面层的冷硬或强化。

通常以冷硬层深度 h、表面层的显微硬度 H 或硬化程度 N 表示。硬化程度 N 定义为

$$N=\frac{H}{H_0}\times100\% \tag{5-49}$$

式中，H_0 是金属基体原来的硬度。

（2）加工表面层的金相组织变化　机械加工（特别是磨削）中的高温使工件表层金属的金相组织发生了变化，大大降低了零件的使用性能。

（3）加工表面层的残余应力　它是指机械加工后仍残留在工件表面层的内应力。它对零件使用性能的影响大小取决于它的方向、大小和分布状况。

5.5.2　机械加工表面质量对零件使用性能的影响

在零件的机械加工中，加工表面产生的表面微观几何形状误差和表面层的物理力学性能的变化，虽然只发生在很薄的表面层，但它们都影响机器零件的使用性能，从而进一步影响机器的使用性能和使用寿命。

1. 表面质量对零件耐磨性的影响

在摩擦副的材料、热处理情况和润滑条件已经确定的情况下，零件的表面质量对耐磨性起决定性的作用。当两个零件的摩擦表面接触时，实际上只有占名义接触面积很小一部分的凸峰顶部接触（例如：车、铣加工后表面的实际接触面积仅为名义接触面积的 15%~20%，精磨后达到 30%~50%），在外力作用下，凸峰部分产生了很大的压强，且表面产生弹性变形、塑性变形以及剪切等现象，即产生了接触面磨损。即使在润滑条件下，也因接触点处压强过大，超过了润滑油膜存在的临界值使油膜破坏而形成干摩擦，进而也会产生工作表面的磨损。但若其工作表面的表面粗糙度值太小，则不利于润滑油的储存，致使接触面形成半干或干摩擦，甚至使接触面间的分子吸附力增大而发生黏结（称为冷焊），使磨损加剧。因此表面粗糙度对零件的耐磨性影响很大。一般说来，一对摩擦副在一定的工作条件下通常有一最佳粗糙度值，如图 5-62 所示。在确定机器零件的技术要求时，应根据零件的工作情况及

有关经验，规定合理的粗糙度。

零件加工表面层的冷作硬化减少了摩擦副接触表面的弹性和塑性变形，从而提高了耐磨性。但并不是冷作硬化程度越高，表面耐磨性也越高，当加工表面过度硬化，零件心部和表层硬度差过大，会发生表面层剥落现象，使磨损加剧，因此，任何一种金属材料都有一个表面冷作硬化程度的最佳值。

表面层产生金相组织变化时，由于改变了基体材料原来的硬度，因而也直接影响耐磨性。

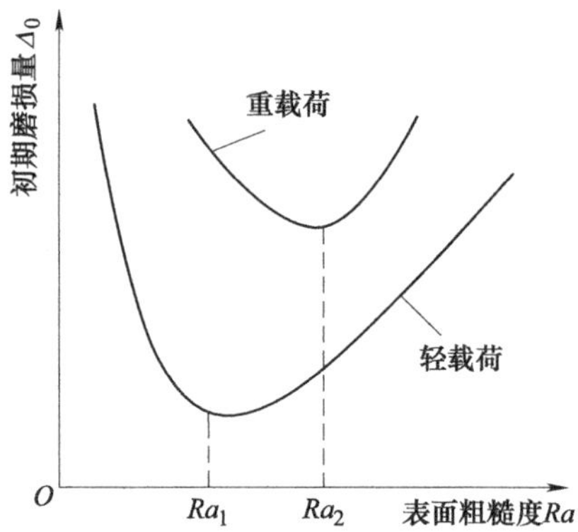

图 5-62　初期磨损量与表面粗糙度的关系

2. 表面质量对零件疲劳强度的影响

在交变载荷作用下，零件表面的微观不平与表面缺陷都会产生应力集中现象，而且表面粗糙度值越大，应力集中越严重，越容易形成和扩展疲劳裂纹而造成零件的疲劳损坏。钢件对应力集中敏感，表面粗糙度对疲劳强度影响大，而含有石墨的铸件以及有色金属对应力集中不敏感，表面粗糙度对疲劳强度的影响就不明显。加工纹路对疲劳强度的影响也很重要，如果刀痕与受力方向垂直，则疲劳强度显著降低。

零件表面的冷硬层能够阻碍裂纹的扩大和新裂纹的出现，因为由摩擦学可知，疲劳源的位置在冷硬层的中部，因此，冷硬可以提高零件的疲劳强度，但过度冷硬反而会降低疲劳强度，所以冷硬程度要适当。

加工表面层残余应力对疲劳强度的影响很大。表面层残余压应力能够部分抵消交变载荷施加的拉应力，阻碍和延缓疲劳裂纹的产生或扩大，从而可以提高零件的疲劳强度。若表面层的残余应力为拉应力，则容易使零件在交变载荷下产生裂纹，并使其迅速扩展。带有不同残余应力表面层的零件，其疲劳寿命可相差数倍至数十倍。

3. 表面质量对零件耐蚀性的影响

化学腐蚀是由于在加工表面粗糙度的凹谷处易积聚腐蚀性介质而产生的化学反应，腐蚀性介质一般容易在凹谷处堆集而产生化学或电化学腐蚀，腐蚀的过程往往是通过凹谷处的微小裂纹向金属层的内部进行，因此，零件的表面粗糙度值越大，就越容易被腐蚀。磨削表面耐蚀性比车削表面好就是这个道理。

表面冷硬和金相组织变化都会产生内应力，零件在应力状态下工作，会产生应力腐蚀。

4. 其他方面的影响

表面质量对零件的配合质量、密封性及摩擦系数都有很大的影响。例如：表面粗糙度值大，对于过盈配合，装配过程中一部分凸峰被挤平，实际过盈量减小；对于间隙配合，使用一段时间后，间隙增大，破坏了要求的配合性质。表面越粗糙，摩擦系数越大。

5.5.3　机械加工表面粗糙度的影响因素

1. 切削表面粗糙度的影响因素

（1）刀具几何形状的复映　刀具相对于工件做进给运动时，在加工表面留下了切削层残留面积，其形状是刀具几何形状的复映，如图 5-63 所示。

如果背吃刀量较大，此时可不考虑切削刃的圆弧半径 r_ε 的影响，根据图 5-63a 可求得切

削加工表面的残留高度为

$$H=\frac{f}{\cot\kappa_r'+\cot\kappa_r} \tag{5-50}$$

如果背吃刀量和进给量都很小时，粗糙度主要由刀尖圆弧形成，此时表面的残留高度为

$$H=r_\varepsilon(1-\cos\alpha)=2r_\varepsilon\sin^2\frac{\alpha}{2}\approx\frac{f^2}{8r_\varepsilon} \tag{5-51}$$

式中，H 是残留面积最大高度；f 是进给量；κ_r 是主偏角；κ_r' 是副偏角；r_ε 是刀尖圆弧半径。

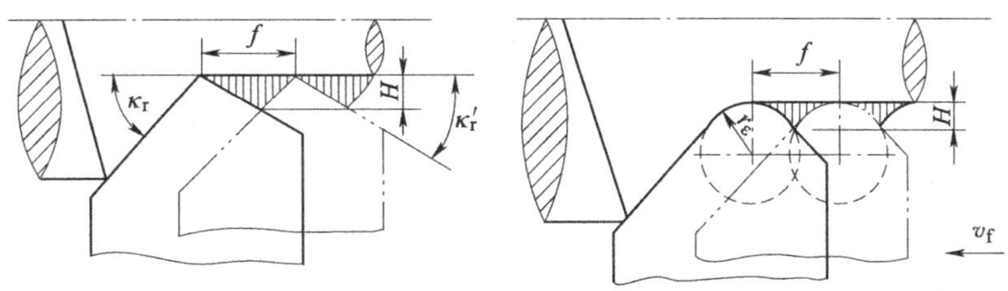

a) 直线刀尖　　b) 圆弧刀尖

图 5-63　外圆车削时工件表面残留面积

（2）工件材料的性质　切削加工后表面的实际粗糙度与理论粗糙度之所以有较大的差异，其原因主要是由于切削过程中塑性变形的影响。

加工塑性材料时，由刀具对工件的挤压产生了塑性变形，加之刀具迫使切屑与工件分离的撕裂作用，使表面粗糙度值加大。工件材料的韧性越好，金属的塑性变形越大，加工表面就越粗糙。中低碳钢工件在加工前常安排调质或正火处理，就是为了改善切削性能，降低表面粗糙度。此外，适当增大刀具的前角以减轻切削时的塑性变形程度，合理选择切削液和提高刀具刃磨质量以减少切削时的塑性变形和抑制刀瘤、鳞刺的生成，也是降低表面粗糙度的有效和实用的措施。

（3）切削用量　切削速度如果处在产生积屑瘤和鳞刺的范围内，加工表面将很粗糙，如图 5-64 所示。由式（5-50）、式（5-51）可知，进给量对粗糙度的影响也较大。

此外，过小的背吃刀量或进给量，将使刀具在被加工表面挤压和打滑，形成附加的塑性变形，也会增大表面粗糙度值。

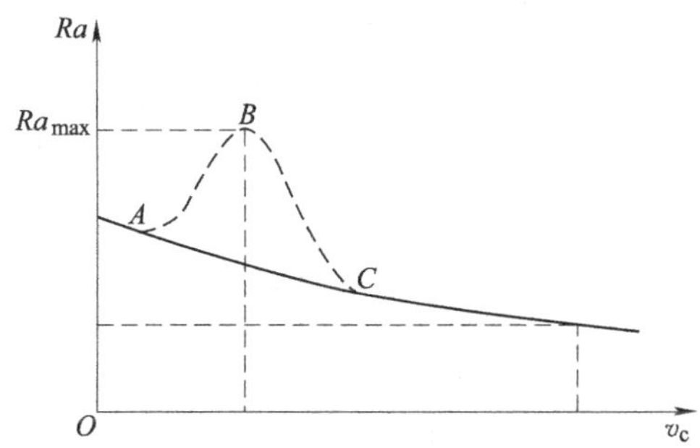

图 5-64　切削速度对表面粗糙度的影响

2. 磨削表面粗糙度的影响因素

磨削加工表面粗糙度的形成，与磨削过程中的几何因素、表面金属的塑性变形以及工艺系统的高频振动等有关。

从纯几何因素考虑，可以认为在单位加工面积上，由磨粒的刻划和切削作用形成的刻痕数越多、越浅，则表面粗糙度值越小。或者说，通过单位加工面积的磨粒数越多，表面粗糙度值越小。

从塑性变形的角度分析，磨削的温度高，磨削加工时金属产生的塑性变形就大，使表面

粗糙度值增大。

影响磨削表面粗糙度的主要因素如下。

（1）砂轮的粒度　砂轮的磨粒越细，在工作表面上留下的刻痕就越多越细，表面粗糙度值就越小。但砂轮太细，只能采用很小的磨削深度（$a_p = 0.0025$mm 以下），还需要很长的空走刀，否则砂轮易被堵塞，造成工件烧伤。为此一般磨削所采用的砂轮粒度号都不超过80号，常用的是40~60号。

（2）砂轮的修整　应当在磨削加工的最后几次走刀之前对砂轮的工作表面进行一次精细修整，使每个磨粒产生多个等高的微刃，从而可以降低工件表面的粗糙度值。

（3）磨削用量　提高砂轮速度，降低工件速度，可以使单位加工面积上的磨粒数增多，表面粗糙度值就小。但不能太小，否则砂轮与工件的接触时间长，传到工件上的热量就多，有可能出现烧伤。由于磨削深度 a_p 对加工表面粗糙度有较大的影响，在精密磨削加工的最后几次走刀总是采用极小的磨削深度。实际上这种极小的磨削深度不是靠磨头进给获得，而是靠工艺系统在前几次进给走刀中磨削力作用下的弹性变形逐渐恢复实现的，在这种情况下的走刀通常称为空走刀（也称为光磨）。

（4）切削液　切削液可以及时冲掉碎落的磨粒和磨屑，减轻砂轮与工件的摩擦，降低磨削区温度，减少塑性变形，使表面粗糙度值变小。

5.5.4　机械加工表面层物理力学性能的影响因素

1. 机械加工表面层的冷作硬化

（1）冷作硬化产生的原因　在机械加工中，由于切削力的作用，表面层金属产生塑性变形，使得晶体产生剪切、滑移，晶格发生拉长、扭曲和纤维化，这些都会使表面层金属的强度和硬度提高，这种现象称为冷作硬化。表面层的硬化程度取决于产生塑性变形的力、变形速度及变形时的温度。力越大，塑性变形越大，产生的硬化程度也越大。变形速度越大，塑性变形越不充分，产生的硬化程度也就相应减小。变形时的温度也影响塑性变形程度，温度高硬化程度相应减小。各种机械加工方法加工钢件后表面层的冷作硬化情况见表5-13。

表5-13　各种机械加工方法加工钢件后表面层的冷作硬化情况

加工方法	平均硬化程度 N(%)	平均冷硬层深度 h/μm
车削	120~150	30~50
端铣	140~160	40~100
周铣	120~140	40~80
钻孔和扩孔	160~170	180~200
滚齿和插齿	160~200	120~150
外圆磨中碳钢	140~160	30~60
外圆磨淬硬钢	125~130	20~40
研磨	112~117	3~7

（2）影响冷作硬化的主要因素

1）切削用量的影响。在切削用量中，影响较大的是切削速度 v_c 和进给量。当 v_c 增大时，则表面层的硬化程度和深度都有所减少。这是由于一方面切削速度增大会使温度增高，有助于冷作硬化的恢复；另一方面由于切削速度的增大，刀具与工件的接触时间短，使工件的塑性变形反而减少。当进给量增大时，则切削力增大，塑性变形程度也增大，因此表面层的冷作硬化现象也更严重。

2）刀具的影响。刀具切削刃圆角较大时，对表层金属挤压次数增多，挤压作用增强，塑性变形加剧，导致冷硬增强。另外，刀具后角小使后刀面磨损增大，则后刀面与工件表面摩擦加剧，塑性变形增大，同样导致冷硬增强。

3）被加工材料。被加工材料的硬度越低和塑性越大，冷硬现象就越严重。例如：用 YT15 车刀，$a_p=0.5\text{mm}$，$f=0.21\text{mm/r}$，$v_c=390\text{m/min}$，车削 10 号钢时，硬化程度 $N=140\%$；而车削 T12A 工具钢，则 $N=115\%$。

2. 机械加工表面层金相组织的变化

（1）金相组织变化产生的原因　机械加工过程中，在加工区由于加工时所消耗的能量绝大部分转化为热能而使加工表面出现温度的升高。特别是磨削加工，其切削力比其他加工方法大数十倍，切削速度也特别高，所消耗功率远远大于其他切削方法。这些热量部分由切屑带走，很小一部分传入砂轮，而很大部分传入工件，在很短的时间内，磨削区的温度可达 400~1000℃，使工件加工表面局部产生瞬时热聚集现象，引起金相组织变化，使材料强度和硬度下降，产生残余应力、裂纹等，这种现象称为磨削烧伤。

磨削淬火钢时，由于磨削烧伤，工件表面呈现出黄、褐、紫、青等不同颜色，不同的烧伤色表示不同的烧伤程度。在磨削淬火钢时，不同条件下可能出现以下三种烧伤。

1）回火烧伤。磨削区温度未超过淬火钢的相变温度，但已超过马氏体的转变温度，则工件表面原来的马氏体组织将产生回火现象，转化成硬度较低的索氏体或屈氏体回火组织。

2）退火烧伤。如果磨削区温度超过了相变温度而磨削区又无切削液进入，表层金属将产生退火组织，表面硬度急剧下降，这种烧伤，称为退火烧伤。

3）淬火烧伤。磨削区温度超过相变温度，马氏体转变为奥氏体，由于切削液的急冷作用，表层会出现二次淬火马氏体，其硬度比原先的回火马氏体高，在它的下层，因冷却较慢，则成为硬度降低的回火组织。

（2）改善加工表面金相组织的途径

1）正确选用砂轮。磨导热性差的材料，应注意选用砂轮的硬度、结合剂和组织。砂轮磨钝之后，磨削力增大，烧伤工件表面的可能性就大，为避免产生烧伤，应选较软的砂轮。选择具有一定弹性的结合剂，也有助于避免烧伤，这是由于单个磨粒钝化后产生较大磨削力时，结合剂的弹性能够使磨粒做一定的径向退让，以缓和因磨削力突增而引起的烧伤。此外，为了减少砂轮与工件的摩擦热，在砂轮的气孔内浸入石蜡之类的润滑物质，对降低磨削区的温度，防止工件烧伤，也有一定的效果。

2）合理选择磨削用量。磨削深度 a_p 对磨削区温度及磨削烧伤影响很大，从减轻烧伤的角度看，a_p 不宜过大，但适当增加轴向（纵向）进给量，反而可以减少烧伤，但增大轴向进给量会使表面粗糙度值增大，为了弥补此缺陷，最好使用较宽的砂轮。适当增加工件的回转速度，也可以减轻烧伤，但同时也会使表面粗糙度值增大。为了减轻烧伤，可以提高砂轮的速度。实践证明，同时提高砂轮速度和工件速度，可以避免烧伤，又能降低表面粗糙度值。

3）改善冷却条件。由于水的比热容与汽化热都很高，在室温条件下，1mL 水变成 100℃以上的水蒸气至少带走 2596J 的热，而磨削区热源每秒钟的发热量在一般磨削用量下都在

4187J 以下。据此可以推算，只要设法保证每秒钟内有 2mL 的水进入磨削区，将有大量的热量被带走，就可以避免烧伤。提高冷却效果的方法有高压大流量冷却、喷雾冷却和内冷却等。

内冷却砂轮的结构如图 5-65 所示。经过严格过滤的冷却水通过中空主轴法兰套引入砂轮中心空腔 3 内，由于离心力的作用，切削液通过砂轮内部的孔隙甩出，直接进入磨削区进行冷却。目前内冷却尚未得到广泛应用，主要有三个原因：一是使用内冷却装置时，磨床附近有大量水雾，操作工人劳动条件差；二是进行精磨加工时无法通过观察火花进行试切对刀；三是切削液必须经过严格过滤，以防脏物堵塞砂轮的空隙。

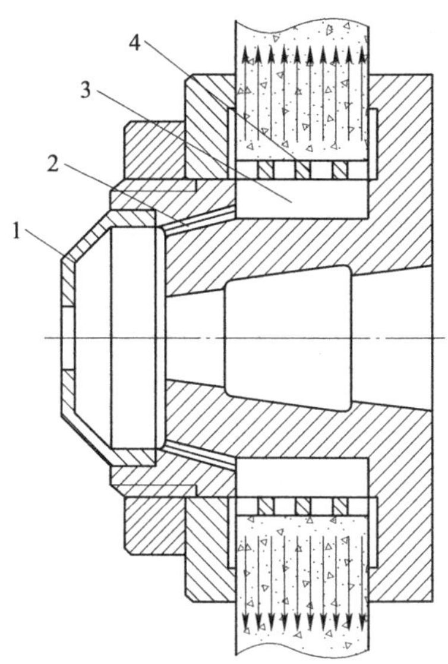

图 5-65 内冷却砂轮的结构
1—锥形盖 2—通道孔
3—砂轮中心空腔 4—薄壁套

3. 机械加工后表面层的残余应力

（1）残余应力产生的原因 在切削过程中，加工表面层相对基体材料发生形状、体积或金相组织变化时，在加工表面层中将残留有应力，应力大小随深度而变化，其最外层的应力和表面层与基体材料交界处（以下简称为里层）的应力符号相反，并相互平衡，其产生原因主要可归纳为以下三个方面。

1）冷塑性变形的影响。加工时在切削力的作用下，已加工表面层受拉压力产生伸长塑性变形，表面积趋向增大，此时，里层仍处于弹性变形状态下，如图 5-66 所示。当切削力去除后，里层金属趋向复原，但受到已产生塑性变形的表面层限制，恢复不到原状，因而在表面层产生残余压应力，而里层则为拉应力与之平衡。切削加工多属于这种情况。

2）热塑性变形的影响。表面层在切削热的作用下，产生热膨胀，此时基体温度较低，因此表面层热膨胀受基体限制产生热压缩应力。当表面层的温度超过材料的弹性变形范围时，就会产生热塑性变形（在压应力作用下体积相对缩小）。当切削过程结束，温度下降到与基体温度一致时，因为表面层已产生热塑性变形，但受到基体的限制产生了残余拉应力，里层则产生了压应力与之平衡，如图 5-67 所示。磨削加工大多属于这种情况。

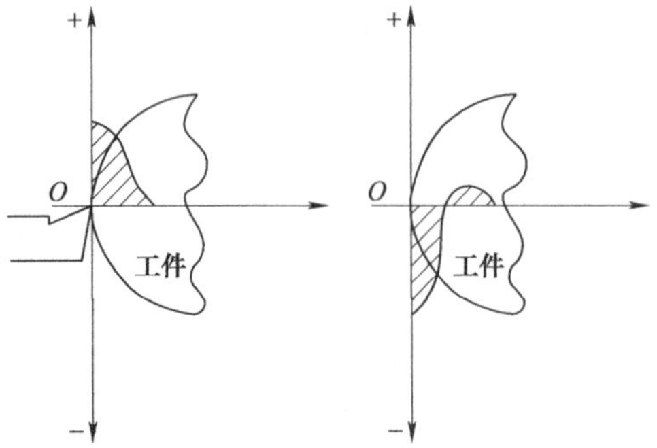

a) 加工时　b) 加工后

图 5-66 由冷塑性变形产生的残余应力

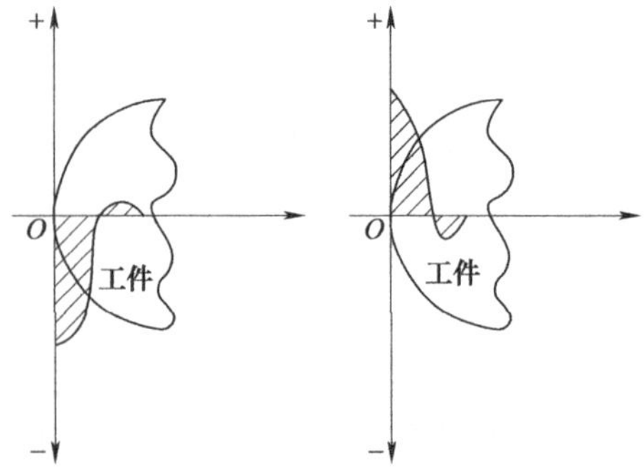

a) 加工时　b) 加工后

图 5-67 由热塑性变形产生的残余应力

3）金相组织变化的影响。不同的金相组织有不同的密度，马氏体的密度为 $7.72\times10^3kg/m^3$，珠光体的密度为 $7.78\times10^3kg/m^3$，奥氏体的密度为 $7.96\times10^3kg/m^3$。前者是各种组织中密度最小、比体积最大的组织，后者是密度最大、比体积最小的组织。当金相组织发生变化时，由于密度的不同，体积就要发生变化。工件表层在加工时的温度超过相变温度时，如果体积膨胀，则受到里层的限制，而产生残余压应力；反之，如果体积缩小，则产生拉压力。例如：磨削淬火钢时，表层可能产生回火，马氏体转变为索氏体或屈氏体，体积缩小，产生残余拉应力。如果表层超过相变温度，冷却又充分，则表层将又转变为马氏体，体积膨胀，产生残余压应力。

实际机械加工后表面层上的残余应力是复杂的，是由上述三方面原因综合作用的结果。在一定的条件下，其中某一种或两种原因起主导作用。例如：在切削加工中，如果切削热不高，表面层中没有产生热塑性变形，而以冷塑性变形而主，此时表面层中将产生残余压应力。

（2）磨削裂纹的产生　一般来说，磨削加工中热塑性变形和金相组织变化的影响较大，故大多数磨削工件的表面层往往有残余拉应力。当残余拉应力超过材料的强度极限时，工件表面就会出现裂纹。有些裂纹可能不在工件的外表面，而是在表面层下成为肉眼难以发现的缺陷。磨削裂纹一般很浅（0.25~0.50mm），裂纹由拉应力引起，且常与烧伤同时出现。

磨削裂纹的产生与材料性质及热处理工序有很大关系。磨削硬质合金时，由于其脆性较大，抗拉强度低及导热性差，所以特别容易产生裂纹。工件在淬火后如果有残余应力，则即使在正常的磨削条件下，也可能会出现裂纹，故在磨削前进行去除应力的工序能收到很好的效果。

例 5-5　在外圆磨床磨削一根淬火钢轴，其强度极限 $R_m=2000MPa$，工件表面温度升至800℃，因使用切削液而产生回火。表面层金属由马氏体转变为珠光体，其密度 ρ 从 $7.72\times10^3kg/m^3$ 增至 $7.78\times10^3kg/m^3$。问工件表面层将产生多大的残余应力？是压应力还是拉应力？是否会产生磨削裂纹？

解　根据前面的分析可知，加工后工件表面层的残余应力主要受热变形和金相组织变化两个因素的影响，两者共同作用的结果决定了表面层的残余应力的状态，下面从两方面进行分析。

1）由于表面层热作用引起高温塑性变形，冷却后表面层产生拉应力。

已知：$T_1=800℃$，$T_0=20℃$，$\alpha=12\times10^{-6}/℃$，$E=2\times10^{11}N/m^2$。

由热变形公式可得表面层的热伸长量为

$$\Delta L=\alpha L\Delta T=\alpha L(T_1-T_0)$$

所以，线膨胀系数为

$$\frac{\Delta L}{L}=\alpha(T_1-T_0)=12\times10^{-6}\times(800-20)=12\times10^{-6}\times780$$

因此，残余拉应力为

$$\sigma_{残余1}=E\frac{\Delta L}{L}=2\times10^{11}\times12\times10^{-6}\times780Pa=1872\times10^6Pa=1872MPa$$

2）由于表面层金相组织的变化引起表面层产生残余应力。在加工过程中，由于表面层产生回火现象，表面层组织由马氏体转变为珠光体，其密度增加，比体积减小，因此表面层产生的收缩受到基体组织的阻碍，就产生了残余拉应力。

已知：$\rho_{马}=7.72\times10^3\text{kg/m}^3$，$\rho_{珠}=7.78\times10^3\text{kg/m}^3$，由容积与密度的关系可得

$$\frac{V-\Delta V}{V}=\frac{\rho_{马}}{\rho_{珠}}$$

因此，可得体膨胀系数为

$$\frac{\Delta V}{V}=1-\frac{\rho_{马}}{\rho_{珠}}=1-\frac{7.72\times10^3}{7.78\times10^3}=\frac{0.06}{7.78}$$

由于体膨胀系数是线膨胀系数的 8 倍，故由于组织密度变化引起的残余拉应力为

$$\sigma_{残余2}=E\frac{\Delta L}{L}=\frac{1}{8}E\frac{\Delta V}{V}=\frac{1}{8}\times2\times10^{11}\times\frac{0.06}{7.78}\text{Pa}=192.8\times10^6\text{Pa}=192.8\text{MPa}$$

3）综合上面两个情况，工件表面总的残余拉应力为

$$\sigma_{残余}=\sigma_{残余1}+\sigma_{残余2}=1872\text{MPa}+192.8\text{MPa}=2064.8\text{MPa}$$

因为残余拉应力 $\sigma_{残余}=2064.8\text{MPa}>$工件强度极限 $R_m=2000\text{MPa}$，所以加工中将产生磨削裂纹，裂纹方向与磨削方向垂直。

5.5.5 控制表面质量的工艺途径

综上所述，在加工过程中影响表面质量的因素非常复杂。为了获得要求的表面质量，就必须对加工方法、切削参数进行适当的选择和控制，但控制表面质量常会增加成本，影响加工效率。所以对于一般常用零件可采用正常的加工工艺保证表面质量，不必提出过高要求；而对于一些直接影响产品性能、寿命和安全性能的重要零件的重要表面就必须加以控制。例如：承受交变载荷的零件需要控制其表面不产生裂纹和残余拉应力，测量用的量块必须严格控制表面粗糙度和残余应力等。

1. 控制磨削参数

磨削是一种很重要的工艺方法。它既可用于低粗糙度磨削代替光整加工，又可用于高效磨削，使粗精加工同时完成。但它也是一种影响因素众多、对产品表面质量有很大影响的工艺方法。因此对于直接影响产品性能、寿命、安全的重要零件，在采用磨削工序时必须很好地控制磨削用量。

前面曾讨论过磨削用量对磨削表面质量单因素的影响，现在综合来看，有的参数的选用对于表面质量的影响是相互矛盾的。例如：修整砂轮，从降低粗糙度考虑砂轮应修整细些，但是却常会引起表面的烧伤；为了避免烧伤，工件速度应选得较大，但又会增大表面粗糙度和容易引起振动（颤振），而且采用小磨削用量又会降低生产率，所以光凭经验与手册通常不能全面地保证加工质量。生产中比较可行的办法是通过试验来确定磨削用量。可以先按初步选定的磨削用量磨削试样，然后通过检查试样的金相组织变化和测定表面层的微观硬度变化，了解磨削表面层热损伤情况，据此调整磨削用量直至最终确定。

近年来，国内外对磨削用量最佳化进行了不少理论研究工作，对如何实现：①高表面质量，包括无烧伤、无裂纹、达到要求的表面粗糙度和表面残余应力；②动态稳定性；③低成本；④高切除率等进行了探索，分析了磨削用量、磨削力、磨削热与表面质量之间的相互关系，并用图表的形式表示各项参数的最佳组合。

另外还有靠控制磨削温度来保证工件质量的方法，主要是利用安装在砂轮间的温度传感

器，在磨削过程中连续测量磨削区的温度然后控制磨削用量。

2. 采用超精加工、珩磨、研磨等光整加工方法作为最终加工工序

光整加工是用粒度很细的磨料对工件表面进行微量切削和挤压、擦光的过程。光整加工是按照随机加工成形原理，加工中磨具与工件的相对运动尽可能复杂，尽可能使磨料不走重复的轨迹，让工件加工表面各点都受到具有很大随机性的磨粒接触条件，进行相互修整，使误差逐步均化而得到消除，从而获得极高的表面质量和高于磨具原始精度的加工精度。

光整加工工艺的共同特点是：没有与磨削深度相对应的磨削用量参数，一般只规定加工时的很低的单位切削压力，因此加工过程中的切削力和切削热都很小，从而能获得很低的表面粗糙度值，表面层不会产生热损伤，并具有一定的残余压应力；所使用的工具都是浮动连接，由工件的加工面自身作为基准导向，而相对于工件的定位基准没有确定的位置，所使用的机床也不需要具有非常正确的成形运动。这些加工方法的主要作用是降低表面粗糙度值，一般不能纠正形状和位置误差，加工精度主要由前面工序保证。对上道工序的表面粗糙度值要求很低，一般要求 Ra 达到 0.32μm 以下，表面不得有较深的加工痕迹。加工余量都小，一般不超过 0.02mm，以免使加工时间过长，产生切削热，降低生产率。

（1）超精加工　超精加工是用细粒度的砂条以一定的压力压在做低速旋转运动的工件表面上，并在轴向做往复振动，工件或砂条还做轴向进给运动以进行微量切削的加工方法，如图 5-68a 所示。超精加工后的表面粗糙度值低，留有网状的加工痕迹，如图 5-68b 所示，形成了良好的储油条件，故表面耐磨性好。

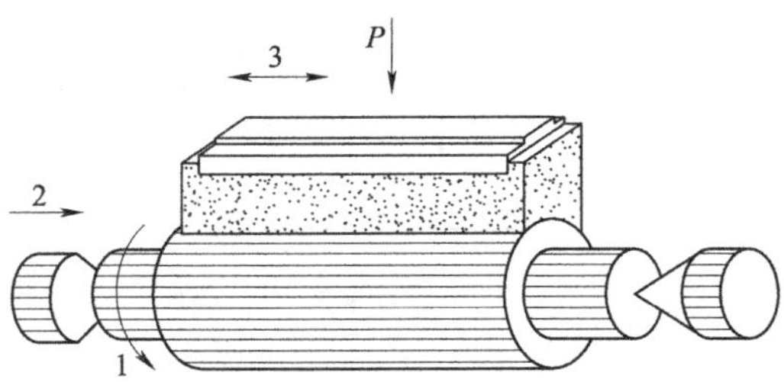

a) 加工原理

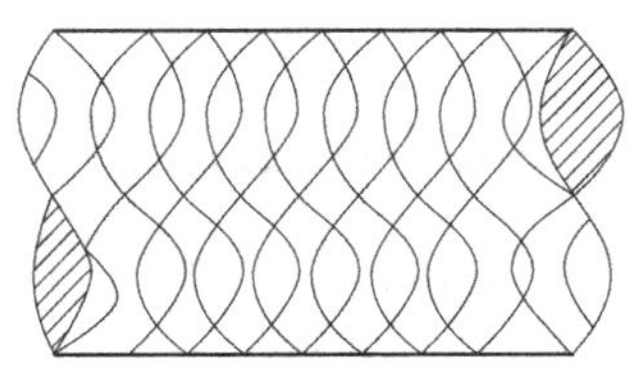
b) 表面网纹

图 5-68　超精加工原理及表面网纹

超精加工一般分为四个加工阶段。

1）强烈切削阶段。加工初期砂条主要起切削作用，砂条与比较粗糙的工件表面接触，由于实际接触面积小，单位面积压力较大，工件与砂条之间不能形成完整的润滑油膜，且砂条做往复振动，切削力方向经常变化，磨粒破碎的机会多，自锐性好，故切削作用强烈。

2）正常切削阶段。工件表面逐渐被磨平后，接触面积逐渐增大，单位面积上的压力减小，切削作用减弱进入正常切削阶段。

3）微弱切削阶段。随着工件表面的接触面积进一步增大，单位面积上的压力更小，切削作用微弱，砂条表面也因而有极细的切屑物嵌入空隙而变得光滑，产生抛光作用。

4）自动停止切削阶段。工件表面被逐渐磨平后，接触面积进一步增大，单位面积上的压力极小，工件与砂条间的润滑油膜逐渐形成，不再接触，故自动停止切削。

（2）珩磨　与超精加工类似，只是使用的工具以及运动方式不同，珩磨头带有若干块细粒度的砂条，靠机械或液压的作用涨紧和施加一定的压力在工件表面上，并相对工件做旋转与往复运动，如图 5-69a 所示，结果在工件表面上形成由螺旋线交叉而成的网状纹路，如图 5-69b 所示。此种方法主要用于内孔的光整加工，孔径范围 $\phi8\sim\phi1200$mm，长径比 L/D 可达 10 或 10 以上。

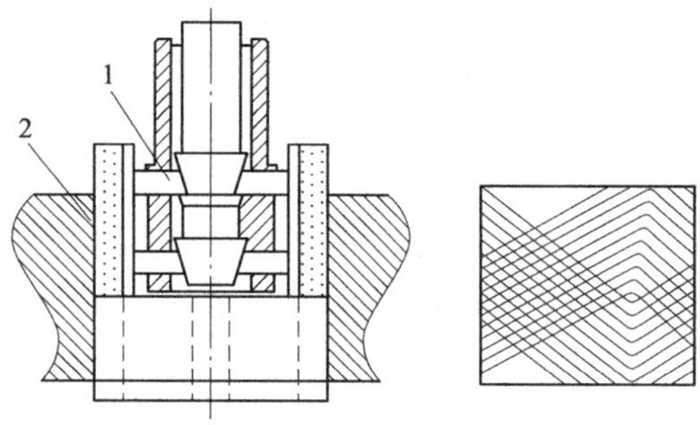

a) 珩磨工作原理　b) 珩磨表面网纹

图 5-69　珩磨加工

1—珩磨头　2—工件

由于珩磨时使用多块较长的砂条，所以与孔表面的接触面积较大，加工效率较高。珩磨头与机床浮动连接，所以珩磨条可以和孔壁有很好的贴合，加工时不改变孔的中心位置。珩磨压力一般在 200～500kPa，交叉角选择在 30°～60°范围内较好。珩磨余量为 0.02～0.03mm，珩磨后表面粗糙度值 $Ra\leqslant0.012\mu m$，孔的形状精度可达 0.002mm。

近年来采用人造金刚石、立方氮化硼磨料制作的砂条，珩磨压力增加，效率显著提高，而磨削温度仍很低，因而使珩磨可取代内圆磨并能直接获得良好的表面质量。

（3）研磨　研磨是将研磨剂涂敷（干式）或浇注（湿式）在研具与工件间，工件与研具在一定的压力下做不断变更方向的相对运动，在磨粒的作用下逐步刮擦并微量切除工件表面很薄的金属层，如图 5-70 所示。

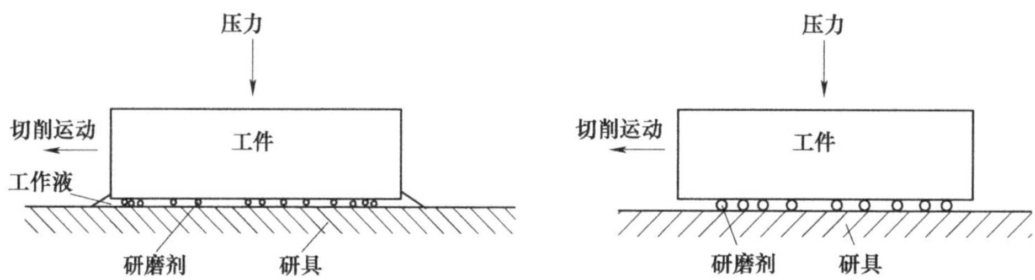

a) 湿式　b) 干式

图 5-70　研磨加工原理示意图

此种方法可适应于各种表面加工。研磨剂一般采用煤油、润滑油或油脂与研磨粉混合而成，有时还加入活性添加剂。研具一般采用比工件软的材料制成，常用的有细小珠光体铸铁、夹布胶木、玻璃、纯铜等。一般研磨效率比较低，且要求工人的技术熟练程度较高。

若对配合偶件进行对研，可达到很好的气、液密封效果，但是对研偶件只能成对使用，不具有互换性。

3. 采用喷丸、滚压等表面强化工艺

对于承受高应力、交变载荷的零件，可以采用喷丸、滚压、辗光等表面强化工艺，使表面层产生残余压应力和冷作硬化并降低表面粗糙度，同时消除了磨削等工序的残余拉应力，因此可以大大提高零件的疲劳强度及抗应力腐蚀性。借助强化工艺还可以用次等材料代替优质材料，以节约贵重金属，但是采用强化工艺时应注意不要造成过度硬化，过度硬化的结果会使表面层完全失去塑性甚至引起显微裂纹和材料剥落，带来不良的后果。因此采用强化工艺时，必须很好地控制工艺参数以获得要求的强化表面。

（1）喷丸　喷丸是利用压缩空气或离心力将大量直径细小（$\phi0.4\sim\phi2$mm）的丸粒（铸

铁丸、玻璃丸）高速喷向零件表面。喷丸可使表面层产生塑性变形，造成表面层的冷作硬化及残余压应力，硬化深度可达 0.7mm，并可将表面粗糙度 Ra 值由 2.5～5μm 减小到 0.32～0.63μm。喷丸后，零件的寿命可提高数倍至数十倍。当粗糙度值要求更低时，也可在喷丸后再进行小余量磨削。

（2）滚压、辗光　滚压、辗光是用工具钢制成的钢滚轮或钢珠在零件表面进行滚压、辗光，使表面层产生塑性流动，从而形成新的光洁表面，粗糙度 Ra 值可从 1.6μm 降低到 0.1μm，表面硬化深度达 0.2～1.5mm，硬化程度 10%～40%。该方法由于使用简单，一般就在卧式车床上装上滚压、辗光工具即可进行加工，所以应用广泛。近年来开发了金刚石工具辗光工件表面的新方法，效果更为显著。由于金刚石的物理力学性能好，且与金属接触时摩擦系数小，所以消耗的动力和能量小，生产率和表面质量高，经金刚石辗光后表面产生压应力，工件疲劳强度显著提高。

5.5.6　机械加工过程中的振动

1. 机械加工过程中振动的基本概念

工艺系统作为一个复杂的机械系统，在加工过程中不可避免地会发生各种形式的振动。加工过程中的振动会使刀具和工件之间产生相对位移，从而影响工件和刀具之间正常的运动轨迹。

振动不仅会使工件加工表面出现振纹，降低工件的加工精度和表面质量，而且振动会引起刀具崩刃打刀现象，加速刀具或砂轮的磨损，严重时使加工无法正常进行。同时，振动使机床连接部分松动，影响运动副的工作性能，导致机床丧失精度；强烈的振动伴随而来的噪声，还会污染环境，危害操作者的身心健康。为减小加工过程中的振动，有时不得不降低切削用量，使机械加工生产率降低。

（1）工艺系统的振动，按振动的性质分类

1）自由振动。工艺系统受初始干扰力冲击或切削力突然变化产生的振动。

2）强迫振动。工艺系统在外界周期性激振力作用下产生的振动。

3）自激振动。在没有外界周期性干扰力作用的情况下，由工艺系统本身产生的交变力所激发和维持的振动，称为自激振动，也称为“颤振”。

（2）按工艺系统的自由度数分类

1）单自由度系统振动。用一个独立坐标就可以确定振动系统。

2）多自由度系统振动。用多个独立坐标才能确定振动系统。两个自由度系统是多自由度系统中的最简单形式。

2. 机械加工过程中的强迫振动

强迫振动是工艺系统在一个稳定的外界周期性干扰力（激振力）作用下引起的振动。除了力之外，随时间变化的位移、速度及加速度，也可以激起系统的振动。

（1）强迫振动产生的原因　强迫振动产生的原因分工艺系统内部和外部振源两方面。

1）内部振源。各个电动机的振动，包括电动机转子旋转不平衡引起的振动；机床回转零件的不平衡，如砂轮、带轮或旋转轴的不平衡引起的振动；运动传递过程中引起的振动，如齿轮啮合时的冲击、带轮圆度误差及皮带厚薄不均引起的张力变化，滚动轴承的套圈和滚子尺寸及形状误差，使运动在传递过程中产生振动；往复部件的冲击；液压传动系统的压力脉动；切削时的冲击振动，切削载荷不均引起切削力的变化而导致的振动。

2）外部振源。其他机床、锻锤、火车、货车等通过机床地基传给机床的振动。

（2）强迫振动的运动方程及特性　工艺系统是个多自由度的振动系统，其振动形态很复杂，但就某一特定情况而言，其振动特性与单自由度系统有相似之处，可以简化为单自由度系统来分析。例如：内圆磨削时工件系统的刚度比磨头系统的刚度大得多，此时磨削系统可简化为由磨杆和砂轮构成的单自由度振动系统，如图 5-71 所示，其中将磨杆简化为“无质量”的弹簧 K，将砂轮简化为“无弹性”的质量 m。

在图 5-71 所示内圆磨削强迫振动模型中，K 是等效弹簧刚度（N/mm）；m 是等效质量（kg），设质量块处于静平衡位置时为坐标原点；c 是等效黏性阻尼系数（N · s/mm）；作用在 m 上的简谐激振力 $F_d = F\sin(\omega t)$ 使 m 偏离平衡位置，这时瞬时振动位移为 x(mm)，取向下为正；振动速度为 $\dot{x}$(mm/s)；振动加速度为 $\ddot{x}$(mm/s^2)。因此质量块 m 任意瞬时的受力情况如图 5-71c 所示，其中 W 为重力，x_m 为重力作用下静位移，$K(x+x_m)$ 为弹簧力，$c\dot{x}$ 为阻尼力，$m\ddot{x}$为惯性力。按牛顿运动定律可建立运动微分方程，即

$$m\ddot{x} + c\dot{x} + K(x + x_m) = F\sin(\omega t) + W \tag{5-52}$$

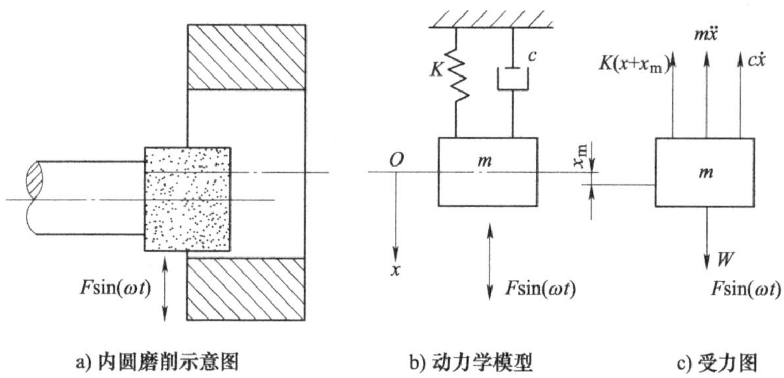

图 5-71　内圆磨削强迫振动模型

因为 $Kx_m = W$，于是上式可简化为

$$m\ddot{x} + c\dot{x} + Kx = F\sin(\omega t)$$

这是一个非齐次线性微分方程，它的解由齐次方程的通解和非齐次方程的一个特解叠加而成。齐次方程的通解为有阻尼的衰减自由振动过程，经过一段时间后，这部分振动会衰减为零。特解是圆频率等于激振力圆频率的强迫振动，它纯粹由激振力 F_d所引起。实际工作中，经过短暂的过渡阶段后，强迫振动起主要作用。只要交变激振力存在，强迫振动就不会被阻尼衰减掉。

根据以上所述，在对式（5-52）进行求解时，不考虑很快衰减为零的自由阻尼振动部分，而只研究经历了过渡过程而进入稳态后的谐振运动，即得其特解为

$$x = A\cos(\omega t + \varphi) \tag{5-53}$$

其中

$$\varphi = \arctan\frac{2\zeta\lambda}{1-\lambda^2} \tag{5-54}$$

$$A=\frac{F}{m}\frac{1}{\sqrt{(\omega_0^2-\omega^2)^2+4\zeta^2\omega^2\omega_0^2}}=x_{系统}\frac{1}{\sqrt{(1-\lambda^2)^2+4\zeta^2\lambda^2}}=x_{系统}V \tag{5-55}$$

式中，A 是强迫振动的幅值（mm）；φ 为强迫振动相对于激振力的相位角（rad）；$x_{系统}=F/K$ 是系统在静力作用下产生的静位移（mm）；K 是系统静刚度（N/mm）；ω_0 是振动系统无阻尼时的固有频率（rad/s），$\omega_0=K/m$；ω 是振动频率（rad/s）；$\lambda=\omega/\omega_0$ 是频率比；$\zeta=c/c_c$ 是阻尼比；$c_c=2m\omega_0$ 是临界阻尼系数（Ns/mm）；V 是动态放大系数。

式（5-54）表示强迫振动中位移与干扰力之间的相位与干扰频率的依从关系，称为单自由度强迫振动相频特性；而式（5-55）则表示单自由度强迫振动振幅与干扰频率的依从关系，称为单自由度强迫振动幅频特性。强迫振动的主要特性如下。

强迫振动是在外界周期性干扰力的作用下产生的，但振动本身并不能引起干扰力的变化。不管振动系统本身的固有频率如何，强迫振动的频率总是与外界干扰力的频率相同。强迫振动的振幅大小在很大程度上取决于干扰力频率与系统固有频率的比值。当这个频率比等于或接近 1 时，振幅达到最大值，出现“共振”现象。干扰力越大，系统刚度及阻尼系数越小，则强迫振动的振幅就越大。

（3）减小强迫振动的措施　强迫振动对加工过程具有重要影响，为了使加工过程能正常进行，并获得良好的加工表面质量，必须将强迫振动的振幅控制在一定范围内。根据上述分析，减小强迫振动的措施如下。

1）减小系统激振力。机床上高速旋转的零部件（如磨床的砂轮、车床的卡盘以及高速旋转的齿轮等），必须进行平衡，使质量不平衡量控制在允许范围内。尽量减小传动机构的缺陷，提高带传动、链传动、齿轮传动及其他传动装置的稳定性。对于高精度机床，尽量不用或少用齿轮、平带等可能成为振源的传动元件，并使电动机、液压系统等动力源与机床本体分离。对于往复运动部件，应采用较平稳的换向机构。

2）调整振源频率。由强迫振动的特征可知，当干扰力的频率接近系统某一固有频率时，就会发生共振。因此，可通过改变电动机转速或传动比，使激振力的频率远离机床薄弱环节的固有频率，以避免共振。

3）采取隔振措施或采用减振装置消除振源对工艺系统的影响。隔振方法有两种，一种是主动隔振，阻止机内振源通过地基外传；另一种是被动隔振，阻止机外干扰力通过地基传给机床。常用的隔振材料有橡皮、金属弹簧、空气弹簧、泡沫乳胶、软木、矿渣棉、木屑等。

3. 自激振动及其控制

（1）自激振动的概念　切削加工时，在没有周期性外力作用的情况下，刀具与工件之间也可能产生强烈的相对振动，并在工件的加工表面上残留下明显的、有规律的振纹。这种由工艺系统本身产生的交变力激发和维持的振动称为自激振动。

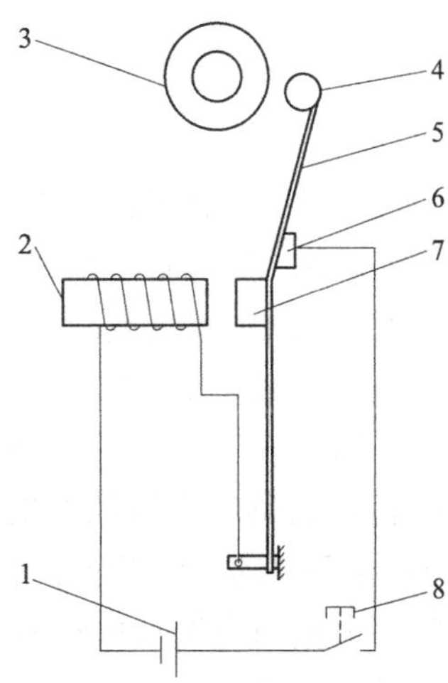

图 5-72　电铃的工作原理

1—电池　2—电磁铁　3—铜铃　4—小锤　5—弹簧片　6—触点　7—衔铁　8—按钮

下面以图 5-72 所示电铃的工作原理为例说明切削过程中的自激振动现象。当压下按钮 8 时，电流通过6-5-2与电池1构成闭合回路，电磁铁2就产生磁力（由零→最大）吸引衔铁7，从而带动小锤4敲击铜铃3。当弹簧片5被吸引瞬时，触点6处断开，电磁铁失电而磁力减小（由最大→零）。小锤靠弹簧片的弹力复位，触点6接通又构成闭合回路，电磁铁再次吸引衔铁使小锤敲击铜铃，如此循环而形成振动。电铃的自激振动系统由两部分组成：弹簧片、小锤和衔铁组成振动元件，以产生振动；电磁铁和电路组成调节元件，以产生交变力。两者的关系为：交变力使振动元件产生振动、位移，又对调节元件产生反馈作用，以便再次产生交变力。小锤敲击铜铃的频率取决于弹簧片、小锤和衔铁本身的参数（质量、刚度和阻尼），而振动消耗于阻尼和动摩擦的能量，则由系统本身的电池供给。由于电铃的振动过程不存在任何周期性的外界振源，其频率近似等于系统固有频率，因此它是区别于强迫振动的自激振动。

（2）自激振动的产生条件及特征　实际加工过程中，工艺系统可简化为一个由振动系统和调节系统组成的闭环系统，如图5-73所示。激励工艺系统产生振动的交变力由切削过程产生，而切削过程同时又受工艺系统振动的影响，工艺系统的振动一旦停止，交变切削力也就随之消失。如果切削过程很平稳，即使系统存在产生自激振动的条件，也因切削过程没有交变切削力，而使自激振动不会产生。但是在实际加工过程中，偶然外界干扰（如工件材料硬度不均、加工余量有变化等）总是存在的，这种偶然外界干扰所产生的切削力的变化，作用在工艺系统上，就会使系统产生振动。系统所产生的这个振动又将引起工件与刀具之间相对位置发生周期性变化，导致切削过程产生维持振动的交变切削力。如果工艺系统不存在产生自激振动的条件，由偶然外界干扰引发的振动将因系统存在阻尼而逐渐衰减。但如果工艺系统存在产生自激振动的条件，就可能会使机床加工系统产生持续的振动。

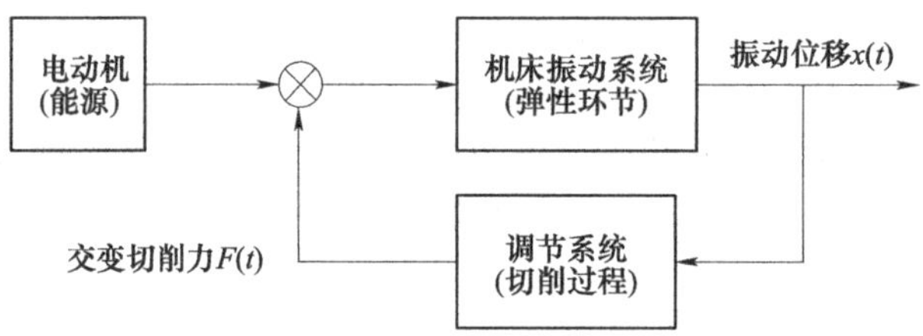

图5-73　自激振动闭环系统

加工过程中维持自激振动的能量来自机床电动机。电动机除了供给切除切屑的能量外，还通过切削过程把能量输给振动系统，使机床系统产生振动运动。

自激振动振幅的增大或减小，取决于每一个振动周期中振动系统所获得的能量与所消耗的能量的多少。由图5-74可知，在一个振动周期内，若振动系统获得的能量E_+等于系统消耗的能量E_-，则自激振动是以SB为振幅的等幅振动；当振幅为S_1A时，振动系统每一个振动周期从电动机获得的能量E_+大于振动所消耗的能量E_-，则振幅将不断增大，直至增大到振幅为SB时为止；反之，当振幅为S_2C时，振动系统每一振动周期从电动机获得的能量E_+小于振

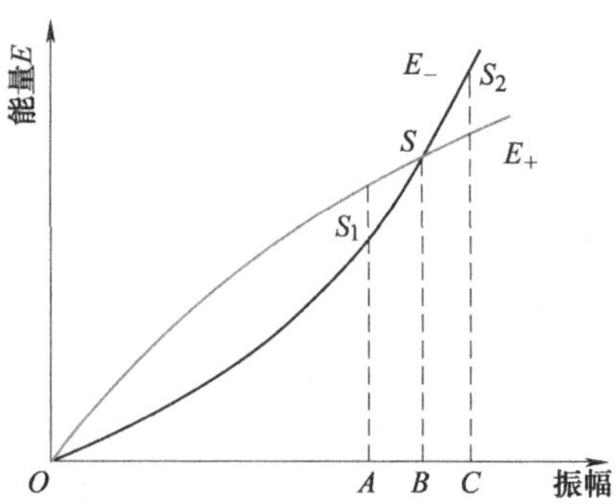

图5-74　自激振动系统能量关系

动所消耗的能量 E_-，则振幅会不断减小，直至减小到振幅为 SB 时为止。

综上所述，加工过程自激振动的主要特点如下。

1）自激振动是一种不衰减的振动。外部振源在最初起触发作用，但维持振动所需的交变力是由振动过程本身产生的，所以切削运动一停止，交变力也随之消失，自激振动也停止。

2）自激振动的频率等于或接近于系统的固有频率。

3）自激振动是否产生以及振幅的大小取决于振动系统在每一周期内获得和消耗能量的对比情况。当获得的能量小于消耗的能量时，则稳定自激振动就不会发生。

（3）自激振动的产生机理　关于机械加工过程的自激振动的学说很多，用以解释各种状态下产生自激振动的原因。现将两种主要的学说（再生效应自激振动原理和振型耦合自激振动原理）分别介绍如下。

1）再生效应自激振动原理。图5-75所示为外圆磨削简图，设砂轮宽度为 B，工件每转进给量为 f，砂轮前一转的磨削区和后一转的磨削区有重叠部分，其大小用重叠度 μ 表示，则

$$\mu=\frac{B-f}{B} \tag{5-56}$$

前后两次走刀完全重叠时，$\mu=1$；无重叠时，$\mu=0$；一般情况下，μ 在0~1之间。

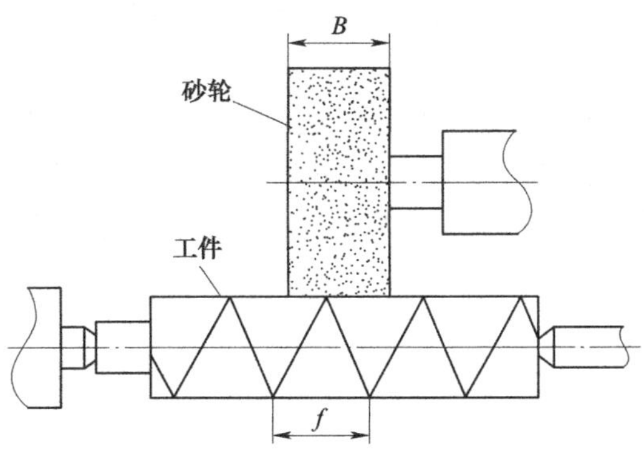

图5-75　外圆磨削简图

如果工件在前一转磨削中，由于偶然的振动（材料的硬度、加工余量不均匀或其他原因的冲击等），在工件表面上留下了振纹。磨削第二转时，因重叠部分的振纹使磨削深度发生变化，引起磨削力的周期性改变，从而使磨削过程产生再生自激振动。

下面用图5-76所示的切削过程产生再生自激振动示意图，来说明加工过程再生效应自激振动的产生机理。

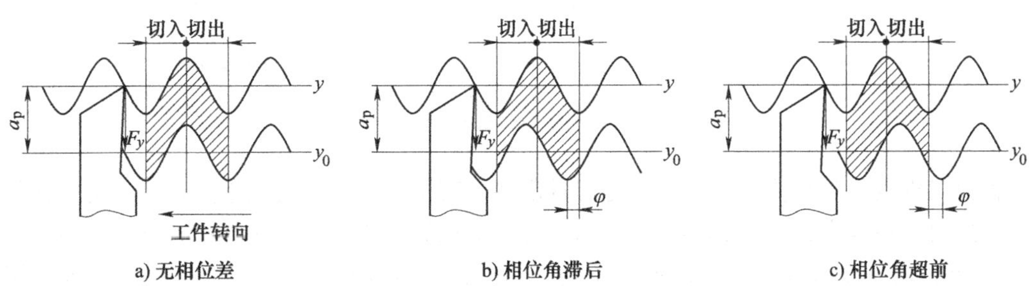

图5-76　切削过程产生再生自激振动示意图

图5-76中 y_0 表示前一转切削的工件表面，y 表示后一转切削的工件表面。从图5-76a中可见，由于前后两转切削所产生的振纹相位相同，振纹的峰谷位置相同，即相位差 $\varphi=0$，背吃刀量 a_p 在一个振动周期内相同，切削力 F_y 基本不变，故再生自激振动就不会产生。在图5-76b中，由于 y 比 y_0 滞后一个相位角 φ，因此刀具在切出工件的半个周期中的平均切深

大于切入工件的半个周期中的平均切深，其切削力 F_y 也比切入时大，故在一个振动周期内，切削力 F_y 在切出时所做的正功（切削力与切出位移同向）大于切入时所做的负功（切削力与切入位移反向），这样便有多余的能量输入到振动系统，使振动得到维持和加强。在图 5-76c 中，由于 y 比 y_0 超前一个相位角 φ，刀具切出时的平均深度小于切入时的平均深度，故在一个振动周期内，切削力所做的负功大于正功，即系统消耗于阻尼的能量大于它所获得的能量。因此，再生自激振动就不可维持。

2）振型耦合自激振动原理。某些切削加工，如图 5-77 所示用刃宽 b 小于螺距的宽刃刀切削矩形螺纹的外圆时，刀具并不发生重叠切削，从理论上排除了再生自激振动的可能性。但实际加工中，当背吃刀量达到一定值时，仍然会产生自激振动，其原因可用“振型耦合理论”解释。

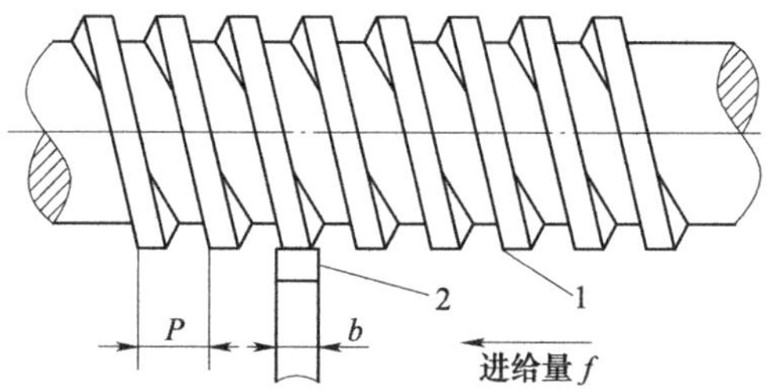

图 5-77　纵车矩形螺纹外圆

1—工件　2—刀具

振型耦合原理又称为坐标联系原理。它主要用于说明多自由度系统的自激振动现象。图 5-78 所示为具有两个自由度振动的力学模型。

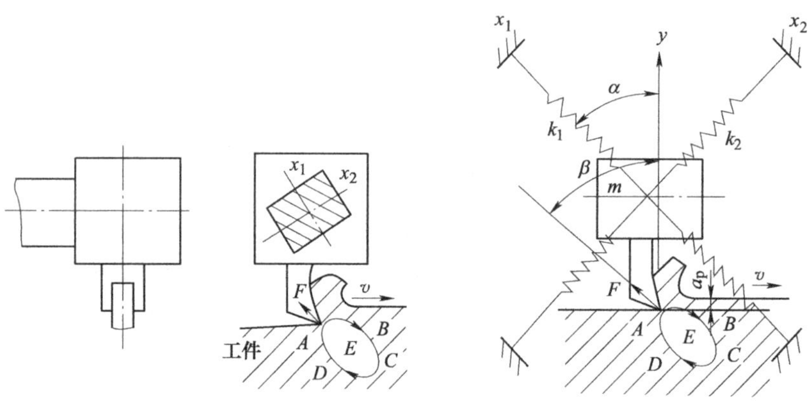

a) 切削模型　　b) 动力学模型

图 5-78　具有两个自由度振动的力学模型

假设工件为绝对刚体，主振系统是刀具部件，其质量为 m，用互相垂直的，刚度分别为 k_1、k_2 的两组弹簧支持着，弹簧的轴线 x_1、x_2 为刚度主轴，表示系统的两个自由度方向。设 x_1 与 y 轴（加工表面的法向）形成 α 角，切削力 F 与 y 轴的夹角为 β。如果系统在切削中一旦产生了角频率为 ω 的振动，则质量 m 同时在 x_1、x_2 两个方向上将以不同的振幅和相位进行振动。假设合成运动的轨迹是一个顺时针方向的椭圆形，前半周刀尖从 $A \to B \to C$ 做切入运动，平均切深较小；后半周刀尖从 $C \to D \to A$ 做切出运动，平均切深较大，切深的变化将引起切削力 F 的变化。由于与刀尖切出运动同向的切削力大于与刀尖切入运动反向的切削力，因此，在一个振动周期内，切削力 F 对刀具部件做的正功大于负功，系统就有多余的能量以增大振幅，直到获得的能量和消耗在阻尼的能量平衡为止，此时，振动便以一定的振幅持续下去。系统的自激振动与系统的参数 k_1、k_2、α、β 有关，当 $k_1<k_2$、$0<\alpha<\beta$ 时，系统最易产生自激振动，因此只要适当调整刚度 k_1、k_2 的比值和选择方位角 α，就可以减小或消除自激振动。

（4）控制自激振动的途径　从上述分析可知，自激振动既与切削过程本身有关，又与工艺系统的结构参数有关，现从工艺角度出发，介绍一些控制自激振动的基本途径。

1）合理选择切削用量。

① 切削速度 v_c的选择。图 5-79 所示为车削时切削速度 v_c与振幅 A 的关系。当切削速度 $v_c=20\sim60\text{m/min}$，振幅 A 较大，最易产生振动。所以选择高速或低速切削可避免自激振动，提高生产率和降低表面粗糙度值。

② 进给量 f 的选择。如图 5-80 所示，增大进给量 f 可使振幅 A 减小，因此在加工表面粗糙度允许的情况下，选择较大的进给量或采用变进给切削可有效防止自激振动的发生。

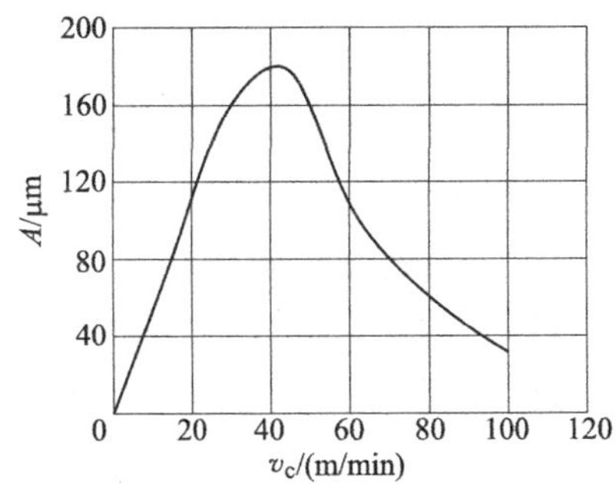

图 5-79　车削时切削速度 v_c 与振幅 A 的关系

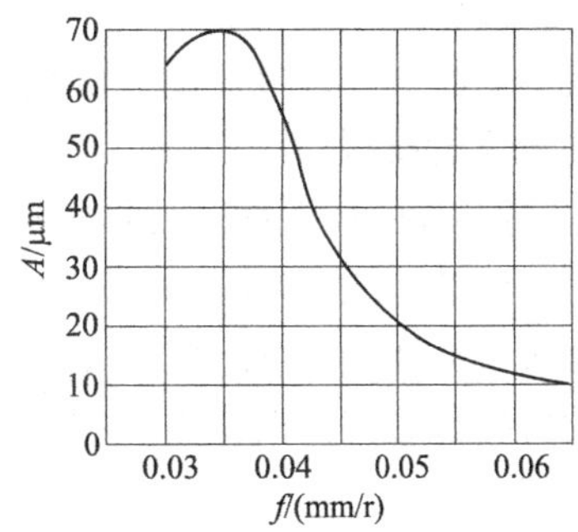

图 5-80　进给量 f 与振幅 A 的关系

③ 背吃刀量 a_p 的选择。根据背吃刀量 a_p 与切削宽度 b 的关系（$b=a_p/\sin\kappa_r$），当主偏角 κ_r 不变时，随着 a_p 增大，b 也增大，振幅 A 也不断增大，如图 5-81 所示。由于切削宽度 b 对振动影响较大，故选择 a_p 时应使 $b<b_{min}$（不会产生自激振动的极限切削宽度）。

2）合理选择刀具的几何参数。

① 前角 γ_0 的选择。前角 γ_0 对振动影响较大，如图 5-82 所示，随着 γ_0 增大，振幅 A 随之下降。但在切削速度较高时，前角对振动的影响将减弱，所以高速切削时即使用负前角的刀具也不致产生强烈的振动。

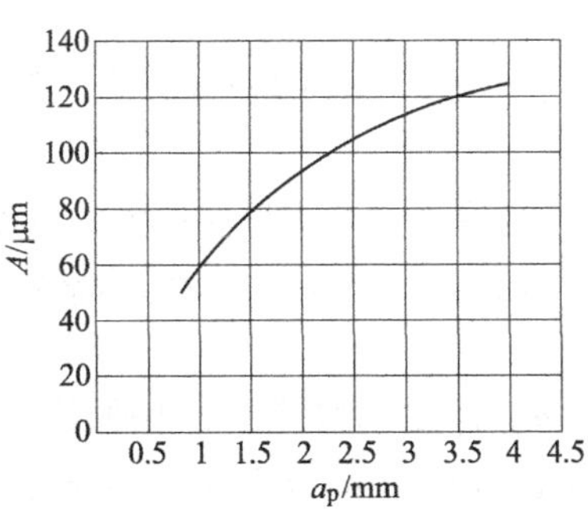

图 5-81　背吃刀量 a_p 与振幅 A 的关系

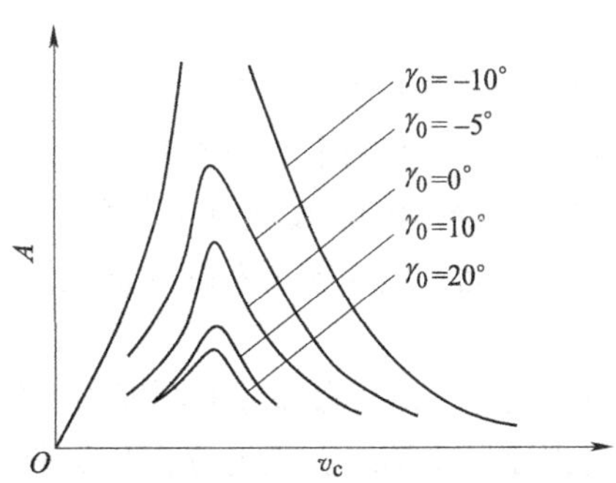

图 5-82　前角与振幅的关系

② 主偏角 κ_r 的选择。主偏角 κ_r 增大时切削力 F_y将减小，同时切削宽度 b 也减小。如图

5-83 所示，随着 κ_r 的增大，振幅将逐渐减小，但当 $\kappa_r = 90°$时振幅最小。

③ 后角 α_0 的选择。后角 α_0 减小到 2°~3°时，使振动有明显的减弱。但不能太小，以免后刀面与加工表面之间发生摩擦，反而引起振动。通常可在刀具主后刀面上磨出一段负倒棱，能起到很好的消振作用。

④ 刀尖圆弧半径 r_ε 的选择。刀尖圆弧半径 r_ε 增大时，F_y 随之增大，因此为减小振动，应选择 r_ε 越小越好，但这会使刀具寿命降低和表面粗糙度值增大，故应综合考虑。

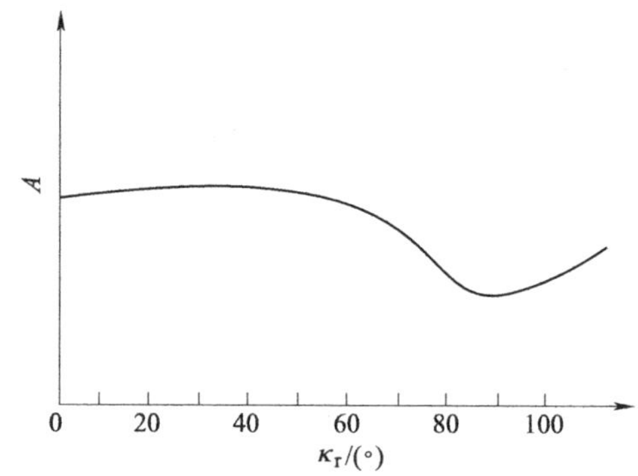

图 5-83 主偏角与振幅的关系

3）提高工艺系统的抗振性。

① 提高机床的抗振性。对于已经使用的机床，主要提高机床零件之间的接触刚度和接触阻尼，如用刮研连接表面和增强连接刚度等方法来提高机床的抗振性。

② 提高刀具的抗振性。刀具应具有较高的弯曲与扭转刚度、高的阻尼系数和弹性模量。图 5-84 所示为复合结构镗刀杆，其夹持端使用高弹性模量的硬质合金杆 2，为提高阻尼性能，在刀头端使用钢管 3，既可减轻重量，又能放置吸振块 4，且加工工艺性好，这种组合式刀杆的抗振性较好。其中图 5-84b 所示为圆锥形刀杆，它具有更高的动、静刚度，因此其抗振性更好。

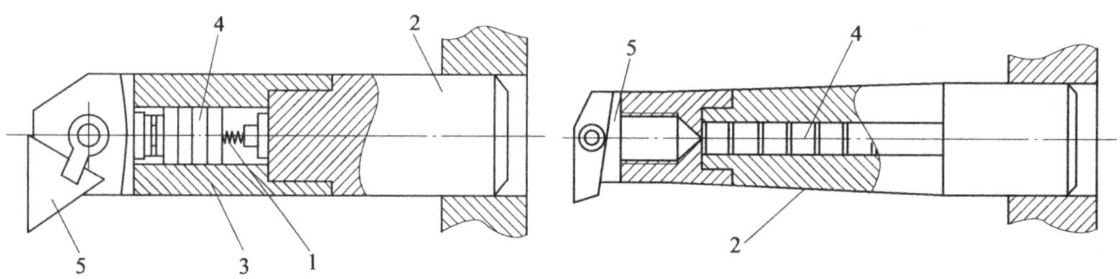

a) 圆柱形刀杆　　b) 圆锥形刀杆

图 5-84 复合结构镗刀杆

1—弹簧 2—硬质合金杆 3—钢管 4—吸振块 5—镗刀

③ 提高工件安装刚性。加工中工件的抗振性主要取决于工件的安装方法。例如：在细长轴的车削中，可以使用中心架或跟刀架。

4）合理调整振型的刚度比和方位角。根据振型耦合原理，合理调整振型的刚度比 k_2/k_1 及选择方位角 α 能有效地提高系统的抗振性，抑制自激振动。图 5-85a 所示为减振镗刀用削扁镗杆。

镗杆直径为 d，其削扁部分的厚度为（0.6~0.8）d。x_1 是削扁镗杆的小刚度轴线，x_2 是削扁镗杆的大刚度主轴线。理论分析与实验结果表明，方位角 α（α 为加工表面法向 y 与镗杆削边垂线的夹角）对镗孔系统的稳定性具有重要影响。图 5-85b 所示削扁镗杆的小刚度轴线的方位角 α 介于切削力 F 与 y 方向的夹角 β 范围内，容易产生振型耦合型颤振。图 5-85c 所示削扁镗杆的小刚度轴线的方位角 α 落在 F 与 y 方向的夹角 β 范围之外，可避免发生振型

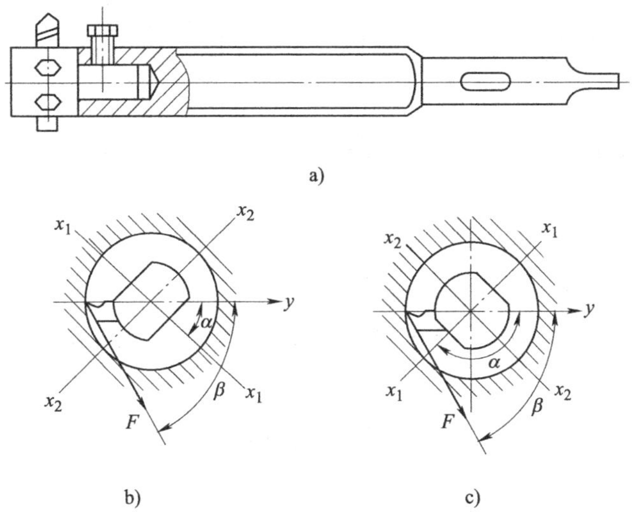

图 5-85　削扁镗杆

耦合型颤振。具有较高稳定性的方位角 α 可通过削扁镗杆实验获得。

5）采用减振装置。当使用上述各种措施还达不到消振目的时，可采用减振装置。减振装置分为阻尼器和吸振器两种。

① 阻尼器。通过阻尼作用，将振动能量转换成热能散发掉，以达到减振目的。阻尼越大，减振效果就越好。常用的有固体摩擦阻尼器、液体摩擦阻尼器和电磁阻尼器等。图 5-86 所示为液压阻尼器，当柱塞随工件振动时，将油液从液压缸前腔经小孔压向液压缸后腔，利用通过小孔的阻尼来减振。

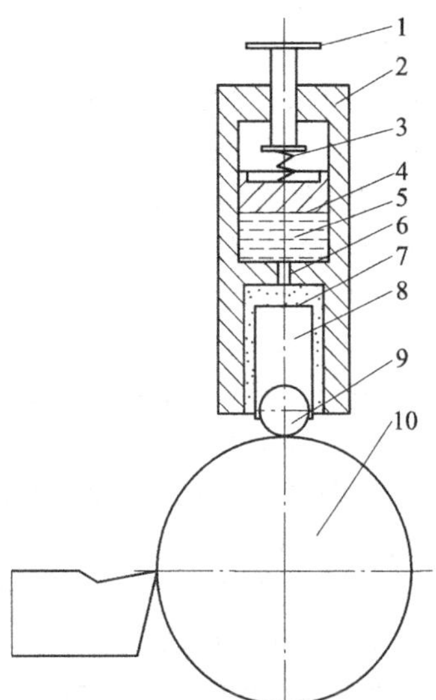

图 5-86　液压阻尼器
1—调节杆　2—壳体　3—弹簧
4—活塞　5—液压缸后腔　6—小孔
7—液压缸前腔　8—柱塞
9—触头　10—工件

② 吸振器。目前常用的吸振器有两种：一种是动力式吸振器，它是通过弹性元件把一个附加质量连接到振动系统上，这个附加质量在振动系统激励下也发生振动。利用附加质量的动力作用与系统的激振力相抵消，以减弱振动。图 5-87 所示为用于镗刀杆的动力式吸振器。它是用微孔橡皮衬垫 2 作为弹性元件，并有阻尼作用，因而能获得较好的消振作用；另一种是冲击式吸振器，它是由一个自由冲击的质量与壳体组成。当系统振动时，由于自由质量的往复运动，产生冲击吸收能量，从而减小振动。图 5-88 所示为镗孔用的冲击式吸振器，镗刀杆 1 内固定镗刀头 2，镗刀杆前端孔中放置冲击块 3，并用端盖 4 封住，冲击块与端孔径向保持 0. 10~0. 20mm 间隙，当镗刀杆发生振动时，冲击块将不断撞击镗刀杆吸收振动能量，因此能消除振动。同样的道理，在卧铣横梁中装入机油和大量的钢球，对铣削振动有很好的抑制作用。

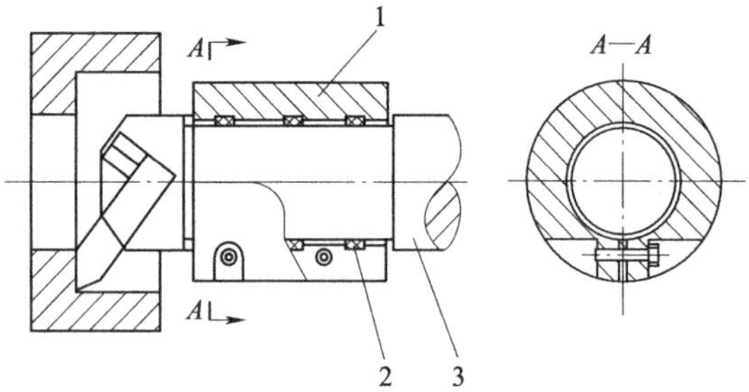

图 5-87 用于镗刀杆的动力式吸振器

1—附加质量 2—微孔橡皮衬垫 3—镗刀杆

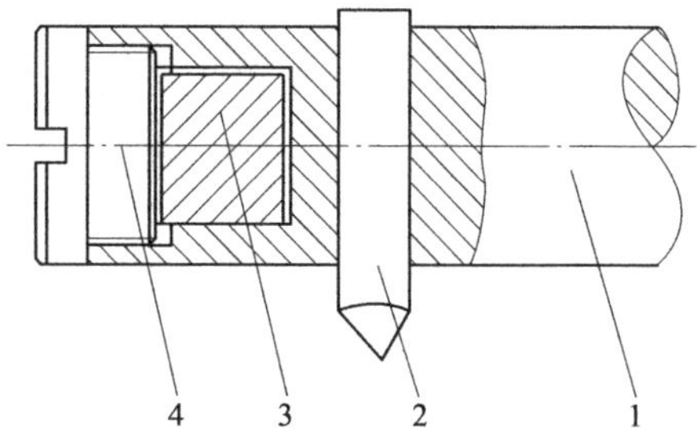

图 5-88 镗孔用的冲击式吸振器

1—镗刀杆 2—镗刀头 3—冲击块 4—端盖

思考及练习题

1. 何谓加工精度？何谓加工误差？两者有何区别与联系？
2. 获得零件尺寸精度的方法有哪些？影响尺寸精度的因素是什么？试举例说明。
3. 获得零件表面位置精度的方法有哪些？影响表面位置精度的因素是什么？试举例说明。
4. 获得零件形状精度的方法有哪些？影响形状精度的因素是什么？试举例说明。
5. 何谓原始误差？举例说明原始误差引起加工误差的实质。
6. 何谓工艺系统静误差与动误差？工艺系统静误差是否就是机床静止时的误差？
7. 何谓原理误差？试分别举出三种近似加工运动和近似刀具轮廓的例子。
8. 在外圆磨床上磨削圆度要求高的外圆时，将工件装夹于固定顶尖间是什么道理？这时对顶尖孔应有哪些要求？如何实现这些要求？
9. 何谓误差敏感方向？试举例说明它在分析机床导轨误差对加工精度的影响时，或制定机床精度标准时，有何作用及意义？
10. 如图 5-89 所示，在车床上精车阶梯轴 *A*、*B* 两个表面，加工后检查发现存在 *A* 表面的圆度误差较大，*B* 表面呈锥形或凹凸形，*A* 对 *C* 的同轴度误差较大等问题。试从机床误差的影响分析产生上述各种误差的原因。

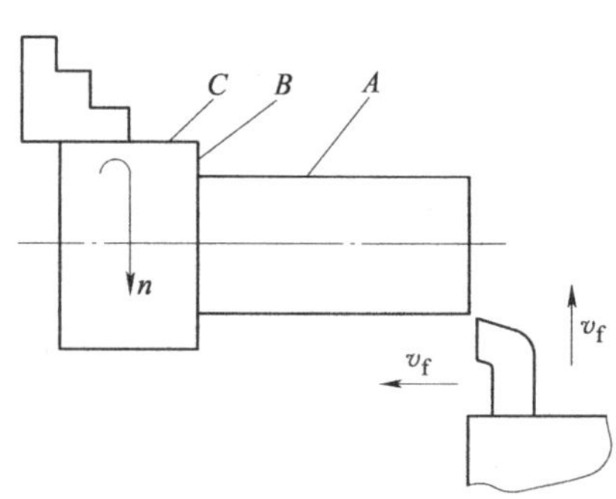

图 5-89 题 10 图

11. 何谓调整误差？试切法调整和试切调整法调整有何区别？采用样板或样件调整时，影响调整误差的主要因素有哪些？
12. 何谓工艺系统刚度？工艺系统刚度有哪些特点（提示：从定义上、刚度值的正负及大小变化方面、刚度值的计算上以及与其各组成环节刚度的大小关系方面进行分析）？
13. 何谓“误差复映”？误差复映系数 ε 的物理意义及影响因素是什么？怎样求 ε？如果用 $\Delta_{工}$ 和 $\Delta_{毛}$ 的比值来确定 ε 时，应注意什么问题？
14. 在牛头刨床上采用直杆或弯杆刨刀刨削中凸或中凹的工件，当只考虑刨刀受力变形对加工精度影响时，试分析加工后工件上平面的形状误差。
15. 车床床身铸件毛坯中的残余应力是怎样产生的？自然时效后的变形趋势如何？
16. 如图 5-90 所示，在转塔车床上用转塔刀具镗削内孔表面，如果转塔上的定位销松动，导致每次转位无法达到固定的位置时，将出现下列哪种情况：孔表面呈锥形？孔轴心线与端面不垂直？孔径不准确？请分析上述误差产生机制。

17. 加工一批工件 $\phi45^{+0.025}_{0}$mm 的内孔，测得孔径尺寸为 $\phi45.01 \sim \phi45.023$mm。试求该批工件的常值加工误差 $\Delta_{常}$是多少？最大和最小加工误差 Δ_{max} 和 Δ_{min} 分别为多少？

18. 若只考虑机床导轨在水平面和垂直面内直线度误差对加工精度的影响，试分别画出下列几种加工方式下，工件加工后的形状：①在车床上车圆柱孔；②在外圆磨床上磨外圆柱；③在镗床上镗刀杆进给或工件进给，镗圆柱孔；④在内圆磨床上磨平面；⑤在卧式矩台平面磨床上磨平面。

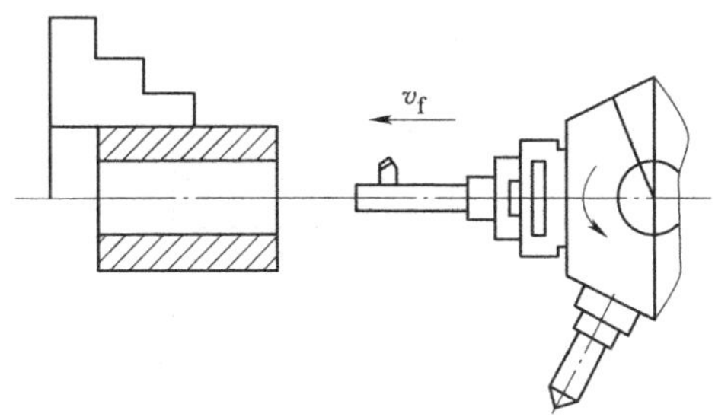

图 5-90　题 16 图

19. 在 CA6140 上车削盘类零件上 $\phi200$mm 的端面，工序技术要求为端面加工后的平面度误差小于等于 0.02mm，设刀架小拖板导轨与主轴回转轴线有 0.025mm/100mm 的垂直度误差，若仅考虑此项误差的影响，试计算加工后能否满足工序技术要求，并画出加工后端面可能呈现的形状。

20. 在 T611 卧式镗床上，镗刀杆悬臂镗削 $\phi120$H7 的短通孔，已知镗床主轴回转轴线与工作台纵向导轨的平行度误差为 0.05mm/300mm。试分析：①镗刀杆进给与工作台进给，镗后孔的形状误差是否相同？②画图计算镗孔后孔圆度误差的大小。

21. 在 X52 立式铣床上，用直径 $\phi110$mm 的端铣刀铣削宽度 $B=75$mm 的条形工件的上平面时，为了避免不参与切削的刀齿划伤已加工表面，实际生产中常采用将铣床主轴倾斜一定角度的办法（图 5-91）。试计算要保证铣削后平面度误差小于等于 0.1mm，主轴倾斜角度是多少？

22. 在车床两顶尖间加工工件，如图 5-92 所示，若工件刚度极大，机床刚度不足，且 $K_{头架}>K_{尾座}$，试分析说明图示三种加工情况下，加工后工件表面的形状误差。

23. 在内圆磨床上磨削钢套的内孔，如图 5-93 所示，试推想孔表面可能产生怎样的加工误差？并说明理由。

24. 在卧式铣床上按图 5-94 所示装夹方式铣削键槽，测量发现工件键槽两端处的深度大于中间，且都比调整的深度值小。试分析产生这种现象的原因，并提出改进措施。

25. 用调整法车削一批 $\phi50$mm 的轴，毛坯为 $\phi54^{+1.3}_{-0.5}$mm，工件材料为 45 钢，工艺系统刚度 $K_{系统}=50000$N/mm，径向切削力系数为 5000N/mm，若不考虑刀具对切削力的影响，试求：①由于毛坯余量变化而引起的加工误差是多少？②为提高加工精度，若增加一次走刀，以残留高度为名义背吃刀量，且通过调整机床使得机床工艺系统刚度增大到 $K_{系统}=90000$N/mm，求第二次走刀后工件的误差是多少？

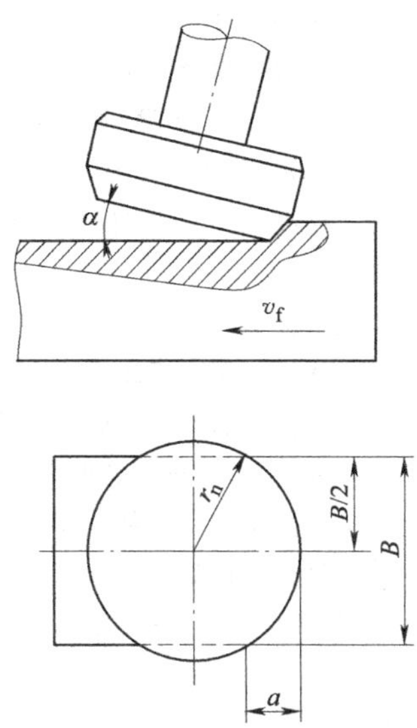

图 5-91　题 21 图

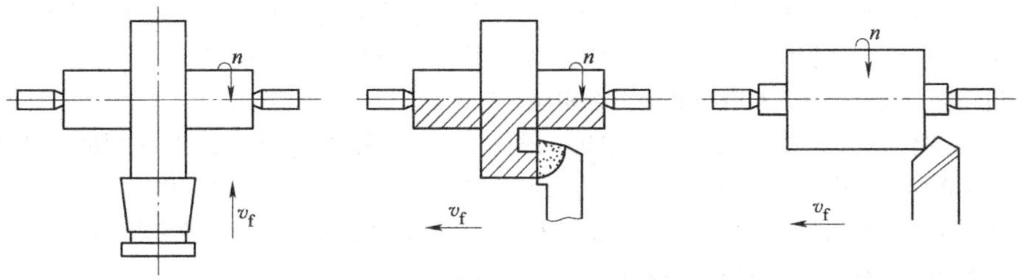

a)　　b)　　c)

图 5-92　题 22 图

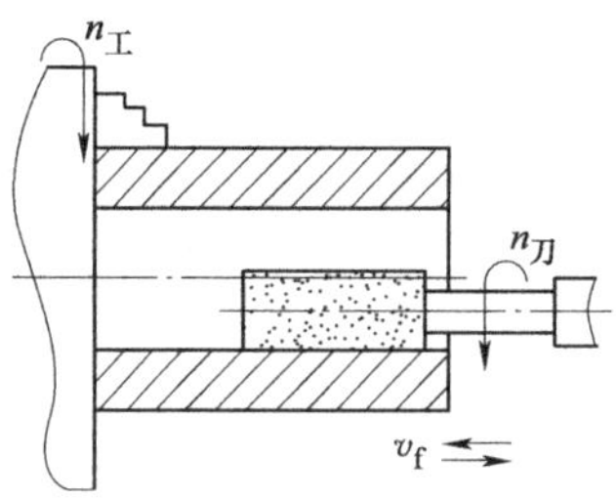

图 5-93　题 23 图

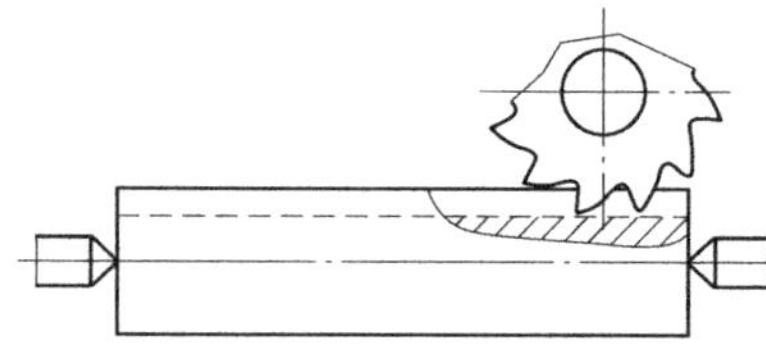

图 5-94　题 24 图

26. 已知某工艺系统的误差复映系数 $\varepsilon=0.25$，工件在本工序前有圆度误差 0.45mm，若本工序要求圆度误差小于等于 0.01mm。试问至少需要几次走刀才能使形状精度满足要求？

27. 磨削一批工件外圆，图样要求保证尺寸为 $\phi 60_{-0.05}^{0}$mm。加工中，车间温度 $T_0=20℃$，工件温度 $T_工=46℃$，若要不等工件冷却下来就直接在机床上测量，试问此时外径尺寸应控制在怎样的范围内才能使其在冷却后保证达到图样要求的尺寸？

28. 在车床上精车丝杠，工件总长 $L=2650$mm，螺纹部分长 $l=2000$mm，工件材料与机床母丝杠的材料均为 45 钢。加工时室温 $T_0=20℃$，工件温度 $T_工=45℃$，机床母丝杠精度为 IT8，其温度为 $T_机=30℃$。试分析计算加工后的丝杠可能产生多大的螺距累积误差。

29. 如图 5-95 所示的钢环，磨后的外圆表面存在残余拉应力。试问将它切为两个半环后，半环将如何变形？

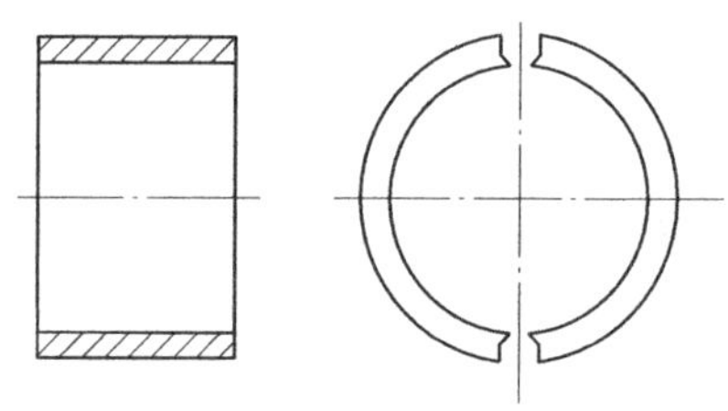

图 5-95　题 29 图

30. 车削一根尺寸为 ϕ200mm×300mm 的 45 钢轴，切削用量为：$v_c=100$m/min，$f=0.05$mm/r，$a_p=0.5$mm，采用 YT30 硬质合金车刀，若只考虑车刀磨损的影响，试求由它引起的工件锥度是多少？

31. 工艺系统受力变形和受热变形所引起的加工误差，什么时候属于 $\Delta_{常系}$、$\Delta_{变系}$ 和 $\Delta_{随}$？

32. 在车床上车削直径公差 $T=0.16$mm 的一批小轴，实际尺寸分布近正态分布，但可修废品率为 24%，不可修废品率为 2%。试求该车床工序能达到的加工精度，并判断车刀的调整误差为多少。

33. 车削一批设计尺寸为 $\phi 40_{-0.18}^{0}$mm 的小轴，若加工后工件尺寸服从正态分布，其标准差 $\sigma=0.025$mm，曲线分布中心偏于公差带中心的左侧 0.05mm。试求工件的合格率和废品率。工艺系统经过怎样的调整可降低废品率？最低废品率是多少？（近似取 $\pm3\sigma$ 为尺寸分布的全部范围）。

34. 表面质量包含哪些内容？为什么说机械零件的表面质量与加工精度对保证零件的工作性能具有同等重要的意义？

35. 车削一铸铁零件的外圆表面时，若 $f=0.5$mm/r，车刀刀尖的圆弧半径为 0.4mm，求车削后可达到粗糙度是多少？

36. 高速精镗内孔时，采用锋利刀具，刀具主偏角 $\kappa_r=45°$，副偏角 $\kappa_r'=20°$，要求加工后内孔表面粗糙度 $Ra=1.6\mu$m，试问：①当不考虑工件塑性变形对粗糙度的影响时，应采用的进给量为多少？②实际加工的表面粗糙度与理论计算的粗糙度数值是否相同？为什么？

37. 加工比较重要零件时，粗加工之前常用球化、退火、正火等处理，粗加工之后常用回火和调质处理，而在精加工前常用渗碳、渗氮即淬火处理。试分析这些热处理工序的目的和作用。

38. 刨削一钢板工件，在切削力的作用下，被加工表面产生冷塑性变形，表层金属的密度从 7.87×10^3kg/m^3 降至 7.735×10^3kg/m^3，试问加工表面将产生多大的残余应力？

39. 一长方形薄板工件（假设毛坯上、下表面是平直的），当磨削平面 A 后，工件产生了弯曲变形（图 5-96）。试分析工件产生中凹的原因？

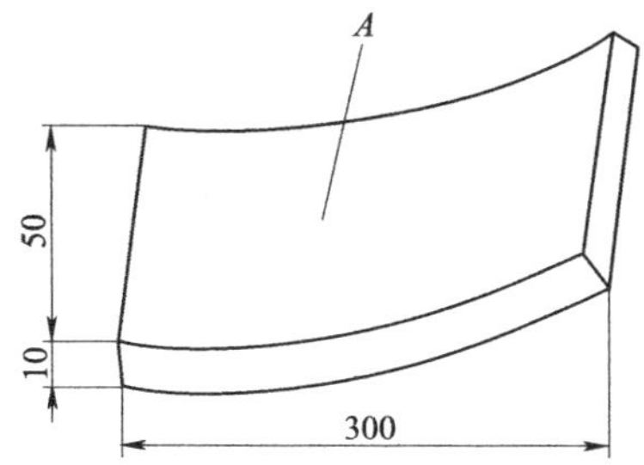

图 5-96　题 39 图

40. 采用喷丸、滚压、辗光等工艺方法，为什么会提高零件表面质量？分析采用这些工艺后，表面产生了什么残余应力？为什么？

41. 什么是强迫振动与自激振动？两者之间最根本的区别是什么？在加工中如何正确辨别？

42. 在安装于防振地基上的车床或外圆磨床上，车削或磨削一根刚度较大的轴时，发现工件表面上有振纹。如何判断该振纹是由强迫振动引起的，还是由自激振动引起的？如果是强迫振动所引起的，如何判断振源在哪里？

43. 磨削花键轴的外圆表面时是否会产生振动？属于何种类型的振动？若已知工件转速为 n，花键槽数为 b，试求系统的振动频率是多少？

44. 采用等效质量为 m，刚度为 K_r 的切断刀，在刚度较大的轴上切槽，在切削过程中发现刀具有较大的振动，试分析振动频率有多大？

第 6 章

机械加工工艺规程制订

零件要经过毛坯制造、机械加工、热处理等不同工艺阶段才能变成成品，把零件所经过的整个工艺过程称为**工艺路线**或**工艺流程**，而把机械加工工艺过程的具体内容以表格的形式写成文件，就是**机械加工工艺规程**（简称为**工艺规程**）。工艺规程是企业生产的指导性和规范性文件，对保障产品质量、规范生产过程、维护生产秩序具有重要意义。

6.1 工艺规程概述

1. 工艺规程的作用

工艺规程主要包括零件加工工序基本任务、切削用量、工时定额以及各工序所采用的设备和工艺装备等内容。工艺规程是在具体的生产条件下，以较合理的工艺过程和操作方法形成的、用以指导生产的文件，对企业的生产、组织和管理具有重要的意义。

（1）工艺规程是指导生产的主要技术文件　工艺规程是在工艺理论和实践经验的基础上制订的、用来指导操作工人工作的基本依据。

（2）工艺规程是组织和管理生产的基本依据　在产品投产前要根据工艺规程进行有关的技术准备和生产准备，如安排原材料的供应、通用工装设备的准备、专用工装设备的设计与制造、生产计划的编排、经济核算、对工人业务的考核等。

（3）工艺规程是新建和扩建工厂的基本资料　新建或扩建工厂和车间时，要根据工艺规程来确定所需机床设备的品种和数量、机床的布置、占地面积、辅助部门的安排等。

（4）工艺规程是企业相互交流和技术推广的依据　企业间可通过工艺规程进行技术交流，不断提高工艺水平，但为了保持企业的竞争优势，工艺规程对企业至关重要，经常是保密的。

2. 工艺规程的基本形式

将工艺规程的内容填入一定格式的表格，即成为工艺文件。目前，工艺文件还没有统一的格式，不同企业都是按照一些基本的内容，根据具体情况自行确定。各种工艺文件的基本格式如下。

（1）机械加工工艺过程卡　工艺过程卡主要列出了零件加工所经过的整个工艺路线以及工装设备和工时等内容。由于各工序的说明不够具体，故一般不能直接指导工人操作，多为生产管理使用。但在单件小批生产中，通常不编制其他更详细的工艺文件，而是以这种卡片指导生产，因此应给出较详细的信息。机械加工工艺过程卡的基本格式见表 6-1。

表 6-1 机械加工工艺过程卡的基本格式

工厂	机械加工工艺过程卡	产品型号		零（部）件图号		共 页
		产品名称		零（部）件名称		第 页

材料牌号		毛坯种类		毛坯外形尺寸		每毛坯件数		每台件数		备注	

工序号	工序名称	工序内容	车间	工段	设备	工艺装备	工时	
							准终	单件

										编制/日期	审核/日期	会签/日期	
标记	处记	更改文件号	签字	日期	标记	处记	更改文件号	签字	日期				

（2）机械加工工艺卡 工艺卡是以工序为单位，详细说明零件工艺过程的工艺文件。它用来指导工人操作，帮助管理人员及技术人员掌握零件加工过程，多在批量生产及一些重要零件的小批量生产中采用，其基本格式见表 6-2。

表 6-2 机械加工工艺卡的基本格式

工厂	机械加工工艺卡	产品型号		零（部）件图号		共 页
		产品名称		零（部）件名称		第 页

材料牌号		毛坯种类		毛坯外形尺寸		每毛坯件数		每台件数		备注	

工序	装夹	工步	工序内容	同时加工零件数	切削用量				设备名称及编号	工艺装备名称及编号			技术等级	工时定额	
					背吃刀量/mm	切削速度/(m/min)	每分钟转数或往复次数	进给量/(mm 或 mm/双行程)		夹具	刀具	量具		单件	准终

										编制/日期	审核/日期	会签/日期	
标记	处记	更改文件号	签字	日期	标记	处记	更改文件号	签字	日期				

（3）机械加工工序卡 工序卡是用来具体指导工人操作的某一工序最详细的工艺文件。在这种卡片上，要画出工序简图，注明该工序的加工表面及应达到的尺寸精度和粗糙度要求、工件的安装方式、切削用量、工装设备等内容，在大批大量生产时应用，其基本格式见表 6-3。

表 6-3　机械加工工序卡的基本格式

工厂	机械加工工序卡	产品型号		零（部）件图号		共　页
		产品名称		零（部）件名称		第　页

材料牌号		毛坯种类		毛坯外形尺寸		每毛坯件数		每台件数		备注	

（工序简图）	车间	工序号	工序名称	材料牌号	
	设备名称	设备型号	设备编号	同时加工件数	
	夹具编号	夹具名称		切削液	
				工序工时	
				准终	单件

工步号	工步内容	工艺装备	主轴转速/(r/min)	切削速度/(m/min)	进给量/(mm/r)	背吃刀量/mm	进给次数	工时定额 机动	工时定额 辅助

										编制/日期	审核/日期	会签/日期	
标记	处记	更改文件号	签字	日期	标记	处记	更改文件号	签字	日期				

3. 制订工艺规程的原则

制订工艺规程是一个复杂的过程，既要符合工艺的基本原理，又要结合企业的生产实际，而且不同条件下制订的工艺规程也会不同，但应遵循的基本原则是一致的。

1）必须能够保证零件图样上所有技术要求的实现。设计零件机械加工工艺规程时，如果发现图样某一技术要求不合理，应向有关部门提出建议，但不得擅自修改图样或不按图样要求去编制。

2）在规定的生产纲领和生产批量条件下，一般要求工艺成本最低。

3）尽量减轻工人的劳动强度，保障生产安全和良好的劳动条件。

4）充分利用现有生产条件，通过适当的工艺措施完成零件的加工。

4. 工艺规程制订的内容和步骤

（1）基本内容　机械加工工艺规程制订的内容主要有以下几方面。

1）阅读装配图和零件图。了解产品的用途、性能和工作条件，熟悉零件在产品中的地位和作用。

2）工艺审查。审查图样上的尺寸、视图和技术要求是否完整、正确、统一；找出主要技术要求，分析关键技术问题；审查零件的结构工艺性。

3）熟悉或确定毛坯。确定毛坯的主要依据是零件在产品中的作用和生产纲领以及零件本身的结构。常用毛坯的种类有铸件、锻件、型材、焊接件、冲压件等。毛坯的选择通常是由产品设计者完成的。

4）拟订机械加工工艺路线。这是制订机械加工工艺规程的核心，其主要内容有选择定位基准、确定加工方法、安排加工顺序以及热处理、检验和其他工序等。

5）确定满足各工序要求的工艺装备，包括机床、夹具、刀具和量具等，对需要改装或重新设计的专用工艺装备应提出具体设计任务书。

6）确定各主要工序的技术要求和检验方法。

7）确定各工序的加工余量，计算工序尺寸和公差。

8）确定切削用量。在单件小批生产中，切削用量多由操作者自行决定，机械加工工艺过程卡中一般不做明确规定。在成批特别是在大批大量生产中，为了保证生产的合理性和节拍要求，必须规定切削用量，并且不得随意改动。

9）确定时间定额，进行技术经济分析。

10）填写工艺文件。

（2）制订工艺规程所需要的原始资料　制订工艺规程所需要的原始资料主要包括：①产品的全套装配图和零件的工作图；②产品验收的质量标准；③产品及零件的生产纲领；④零件毛坯生产条件及毛坯图等资料；⑤工厂现有生产条件；⑥国内外新技术新工艺发展情况；⑦有关的工艺技术手册及图册。

为使制订的工艺规程切实可行，一定要结合现场的生产条件，因此要深入实际，了解加工设备和工艺装备的规格及性能、工人的技术水平以及专用设备及工艺装备的制造能力等；同时，工艺规程的制订，既应符合生产实际，又要采用适用的先进工艺技术，以不断提高工艺技术水平。

（3）工艺规程制订的步骤　工艺规程制订的步骤如图 6-1 所示。

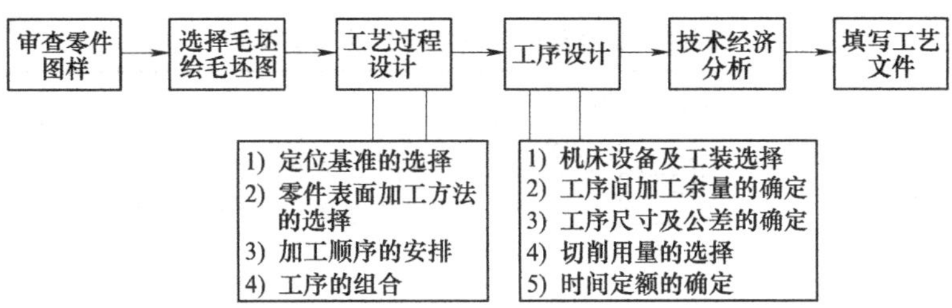

图 6-1　工艺规程制订的步骤

6.2　制订工艺规程的技术准备

6.2.1　零件图的分析

1. 分析研究产品的装配图和零件图

熟悉产品的性能、用途、工作条件，明确各零件的相互装配位置及其作用，研究各项技术要求制订的依据，找出其主要技术要求和关键技术问题。

零件图是制订工艺规程最主要的原始资料，在制订工艺规程时，必须加以认真分析。对零件图进行工艺分析，还应包括以下内容。

（1）检查零件图的完整性及正确性　在了解零件形状和结构之后，应检查零件视图是否正确、足够，表达是否直观、清楚，绘制是否符合国家标准，尺寸、公差以及技术要求的标注是否齐全、合理等。

（2）零件的主要技术特点和要求

1）分析零件的类别，如轴、盘、套、箱体等，以便明确设备可能性。

2）分析材料牌号和特性、零件轮廓，以便选取毛坯和确定加工方法。

3）分析主要加工表面的形状、尺寸和位置精度，以便采用相应的工艺措施和方法。

4）分析尺寸标注，它在很大程度上决定了加工顺序和基准选择以及工序尺寸的计算。

5）分清主次加工表面，一般最高精度的表面决定了零件最终加工方法的选择。

6）分析特殊表面，如齿面、花键、成形面等，以便确定是否需要专门设备。

7）分析热处理要求，以确定加工阶段的划分及加工方法。

8）分析零件结构特点，如刚性大小、长径比大小、箱体复杂程度等，以确定工序集中或分散。

2. 零件结构工艺性审查

零件结构工艺性是指在满足设计要求的前提下，零件制造的工艺可行性和经济性。良好的结构工艺性就是高效率、低消耗、少劳动量、低成本的结构加工工艺性。结构工艺性是一个相对的概念，没有绝对的好坏。

零件结构工艺性的优劣对工艺过程的影响非常大，不同结构的零件尽管都能满足使用性能要求，但其加工方法和制造成本以及装配的难易程度却可能有很大的差别。零件结构工艺性审查是一项复杂而细致的工作，要凭借丰富的实践经验和理论知识，审查时若发现问题应向设计部门提出修改意见加以改进。表 6-4 列出了零件结构工艺性对比的一些实例。

表 6-4　零件结构工艺性对比的一些实例

序号	工艺性不好的结构 *A*	工艺性好的结构 *B*	说　明
1	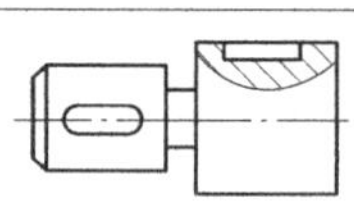	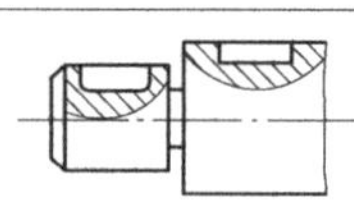	结构 *B* 键槽的尺寸、方位相同，可在一次装夹中加工出全部键槽，以提高生产率
2	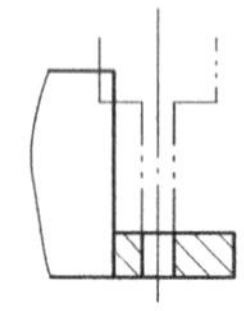	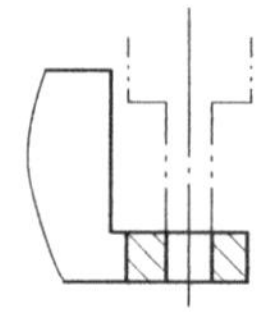	结构 *A* 底面凸沿离箱壁太近，加工时不便引进刀具
3	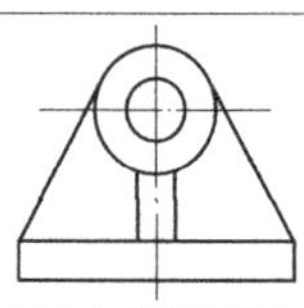	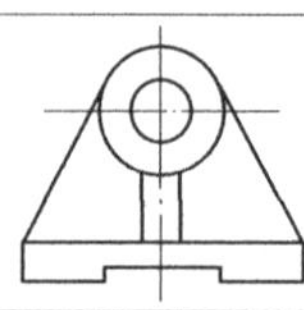	结构 *B* 的底面接触面积小，加工量小，稳定性好
4	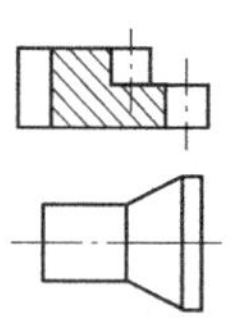	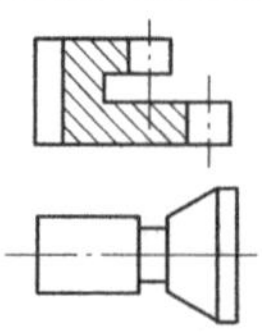	结构 *B* 有退刀槽，保证了加工的可能性，减少刀具（砂轮）的磨损

（续）

序号	工艺性不好的结构 *A*	工艺性好的结构 *B*	说　明
5	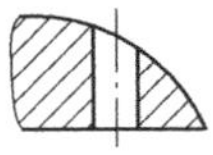	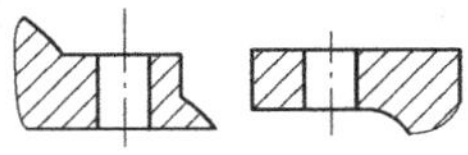	加工结构 *A* 上的孔钻头容易引偏或折断
6	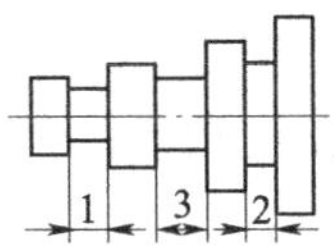	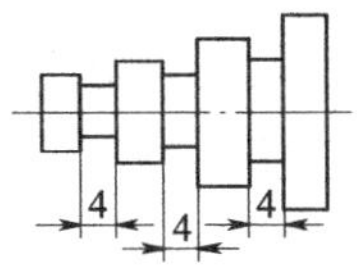	结构 *B* 凹槽尺寸相同，可减少刀具种类，减少换刀时间
7	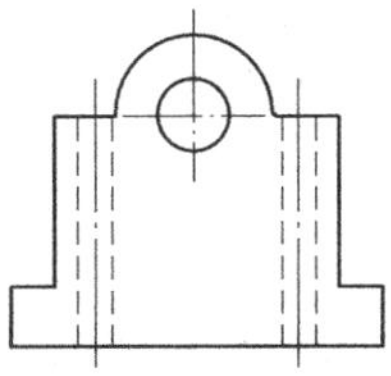	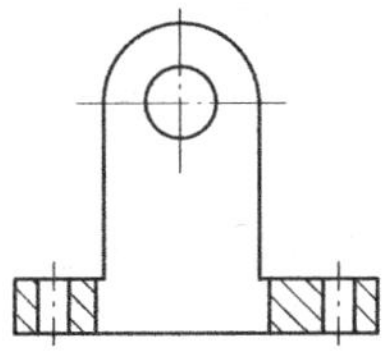	结构 *B* 避免了深孔加工，节约了零件材料，紧固连接稳定可靠

6.2.2　毛坯的选择

选择毛坯的基本任务是选定毛坯的制造方法及其制造精度。毛坯的选择不仅影响毛坯的制造工艺和费用，而且影响到零件机械加工工艺及其生产率与经济性。例如：选择高精度的毛坯，可以减少机械加工劳动量和材料消耗，提高机械加工生产率，降低加工的成本，但是提高了毛坯的费用。因此，选择毛坯要从机械加工和毛坯制造两方面综合考虑，以求得到最佳效果。

1. 毛坯的种类

（1）铸件　铸件适用于形状较复杂以及具有抗振要求的零件毛坯。铸造方法有砂型铸造、树脂砂铸造、精密铸造、金属型铸造、压力铸造等。当毛坯精度要求低、生产批量较小时，采用木模手工造型；当毛坯精度要求高、生产批量很大时，采用金属模机器造型或树脂砂造型等。铸件材料有铸铁、铸钢及铜、铝等有色金属及其合金。

（2）锻件　锻件适用于强度要求高、形状比较简单的零件毛坯。锻造方法有自由锻和模锻两种。自由锻毛坯精度低，加工余量大，生产率低，适用于单件小批生产以及大型零件毛坯。模锻毛坯精度高，加工余量小，生产率高，但成本也高，适用于中小型零件毛坯的大批大量生产。

（3）型材　型材有热轧和冷拉两种类型。热轧型材适用于尺寸较大、精度较低的毛坯；冷拉型材适用于尺寸较小、精度较高的毛坯。

（4）焊接件　焊接件是根据需要将型材或板材焊接而成的毛坯件，是结构件常用的毛坯形式。它简单方便，生产周期短，但需经时效处理后才能进行机械加工。

（5）冲压件　冲压件毛坯可以非常接近成品要求，在小型机械、仪表、汽车、轻工电子产品方面应用广泛，但因冲压模费用较高而常用于大批大量生产。

2. 毛坯选择时应考虑的因素

（1）零件的材料及力学性能要求　由于材料的工艺特性决定了毛坯的制造方法，当零件的材料选定后，毛坯的类型就大致确定了。例如：材料为灰铸铁的零件必用铸造毛坯；对于重要的钢质零件，为获得良好的力学性能，应选用锻件；在形状较简单及力学性能要求不太高时可用型材毛坯，有色金属零件常用型材或铸造毛坯。为节约材料和能源，提高机械加工效率，应充分考虑精密铸造、精密锻造、冷轧、冷挤压、粉末冶金和工程塑料的应用，以减少机械加工量，甚至制成的毛坯可直接使用。

（2）零件的结构形状与大小　大型且结构较简单的零件毛坯多用砂型铸造或自由锻；结构复杂的毛坯多用铸造；小型零件可用模锻件或压力铸造毛坯；板状钢质零件多用锻件毛坯；轴类零件的毛坯，如直径和台阶相差不大，可用棒料，如各台阶尺寸相差较大，则宜选择锻件。

（3）生产纲领和现有生产条件　当零件的生产批量较大时，应选用精度和生产率较高的毛坯制造方法，如模锻、金属模机器造型铸造和精密铸造等。当单件小批生产时，则应选用木模手工造型铸造或自由锻造。

实现少切屑、无切屑加工，是现代机械制造技术的发展趋势之一。但由于受毛坯制造技术的限制，加之对零件精度和表面质量的要求越来越高，所以毛坯上的某些表面仍需留有加工余量，以便通过机械加工来达到质量要求。这样毛坯尺寸与零件尺寸就不同，其差值称为毛坯加工余量，毛坯制造尺寸的公差称为毛坯公差，其数值可参照有关工艺手册确定。

6.3　定位基准选择

第4章介绍了基准的概念及其类型，下面对工艺规程制订时的基准选择问题进行分析。

6.3.1　基准选择问题的提出

图6-2a所示为箱体的设计图，孔Ⅰ轴线在垂直方向上的设计基准是底面 m。加工时为了夹具设计容易，把箱体倒放，用顶面 n 作为定位基面加工一批箱体，如图6-2b所示。

在加工孔Ⅰ时，由于设计基准与定位基准不重合，因此存在基准不重合误差。设工序尺寸 A 和 C 分别是 $A\pm\frac{T(A)}{2}$，和 $C\pm\frac{T(C)}{2}$，则这一批箱体尺寸 B 的可能变化范围为：$B_{max}=C_{max}-A_{min}$，$B_{min}=C_{min}-A_{max}$，即 $T(B)=T(C)+T(A)$。

尺寸 B 原来与 C 无关，但由于改换了基准，使尺寸 B 的误差中引入了一个从定位基准 n 到设计基准 m 之间的基准不重合误差 $T(C)$。

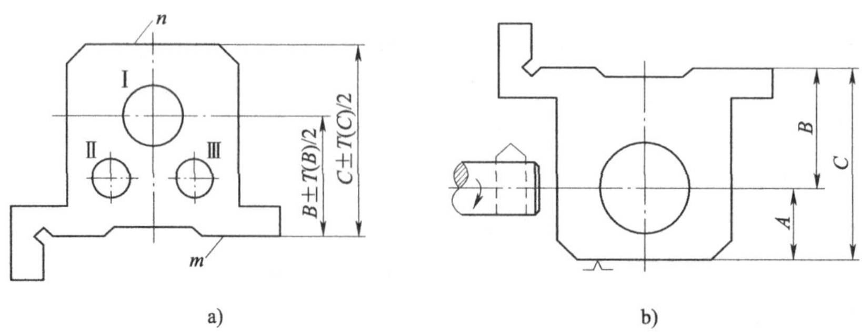

图6-2　箱体的设计图

设零件图中规定的公差 $T(B)=0.6\text{mm}$，$T(C)=0.4\text{mm}$。则若以底面 m 为定位基准直接获得尺寸 B 时，定位基准和设计基准重合，则工序尺寸为设计尺寸 B，工序尺寸的加工误差在±0.3mm 范围内就达到要求；而采用顶面 n 作为定位基准时，由于基准不重合，则工序尺寸的公差 $T(A)=T(B)-T(C)=0.6\text{mm}-0.4\text{mm}=0.2\text{mm}$。此时工序尺寸的加工误差就必须控制在±0.1mm 之内，才能保证整批零件尺寸 B 达到合格要求。可以看出选择不同基准对加工精度的保证以及加工过程的难易程度有很大影响，因此实际生产中必须认真分析，合理选择。

6.3.2 基准的选择

上述分析表明，定位基准选择正确与否，对能否保证零件的尺寸精度和相互位置精度要求，以及零件各表面间的加工顺序安排都有很大影响。当用夹具安装零件时，定位基准的选择还会影响到夹具结构的复杂程度。因此，定位基准的选择是一个很重要的工艺问题。

在加工过程中，定位基准分为粗基准和精基准两种。在机械加工中，用毛坯上未经加工的表面作为定位基准，这种定位基准称为**粗基准**；用加工过的表面作为定位基准，这种基准称为**精基准**。有时为便于安装和保证所需的加工精度，在工件上制造出专门供定位用的表面，称为**辅助基准**。

选择定位基准时，一般从保证加工精度的要求出发，先选择最终加工工序的精基准，再由工艺路线反推，确定选择哪些表面作为粗基准以确保精基准的加工。

1. 基准选择的共同原则

1）使各加工表面有足够的加工余量，至少不应留下黑斑；使不加工表面的尺寸、位置符合零件图要求。

2）定位基面应有足够大的接触面积和分布面积。接触面积大就能承受大的切削力，分布面积大可使定位稳定可靠。

3）基准选择应便于零件装夹。基准选择要使定位方便稳定，夹紧可靠，操作方便，夹具简单。

2. 精基准的选择原则

精基准选择的重点是考虑如何提高加工精度，减少加工误差，因此选择的原则如下。

（1）基准重合原则　应选择设计基准作为定位基准，以避免定位基准与设计基准不重合而引起的基准不重合误差。特别在精加工时，为保证加工精度，更应该注意这个原则。图6-2 的分析正好说明这一点。

（2）基准统一原则　应采用同一组基准定位加工零件上尽可能多的表面，以保证各表面间的位置精度，这就是基准统一原则。例如：加工轴类零件时，采用两中心孔定位加工各外圆表面，可保证各阶梯外圆表面的同轴度；箱体类零件采用一面两孔定位确保各表面与孔系间的位置精度，均属于基准统一原则。这样可以简化工艺规程，降低夹具成本，缩短生产准备周期，保证各加工表面的相互位置精度。

（3）互为基准原则　当加工零件上两个相互位置精度要求很高的表面时，需要用两个表面互相作为基准，反复进行加工，以保证位置精度要求，这就是互为基准原则。如图 6-3 所示，要保证精密齿轮的齿圈跳动精度，在齿面淬火以后，先以齿面定位磨内孔，再以内孔定位磨齿面，从而保证位置精度。

（4）自为基准原则　某些要求加工余量小而均匀的精加工工序，选择加工表面自身作为定位基准，称为自为基准原则。如图 6-4 所示的导轨面磨削，在导轨磨床上，用百分表以导轨面自身为基准，找正导轨相对机床运动方向的正确位置，以保证导轨面余量均匀，满足加工质量要求。采用自为基准原则时，一般只能提高加工表面本身的尺寸和形状精度，而不能提高表面之间的位置精度，加工表面的位置精度应由前道工序保证。浮动镗刀镗孔、铰孔、珩磨孔、无心磨外圆等都是自为基准的实例。这一原则在设备大修中经常使用。

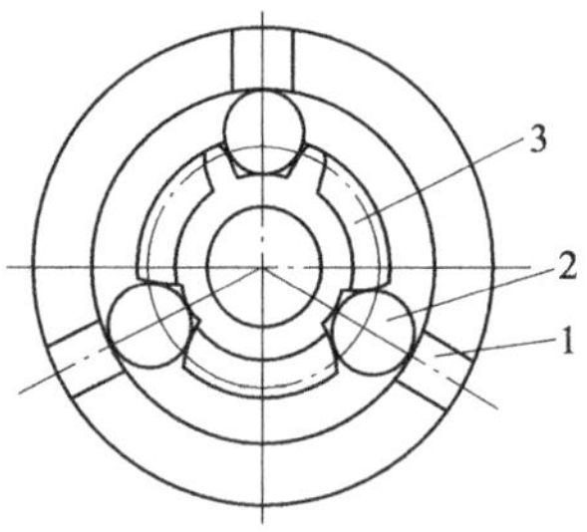

图 6-3　互为基准实例

1—卡盘　2—滚柱　3—齿轮

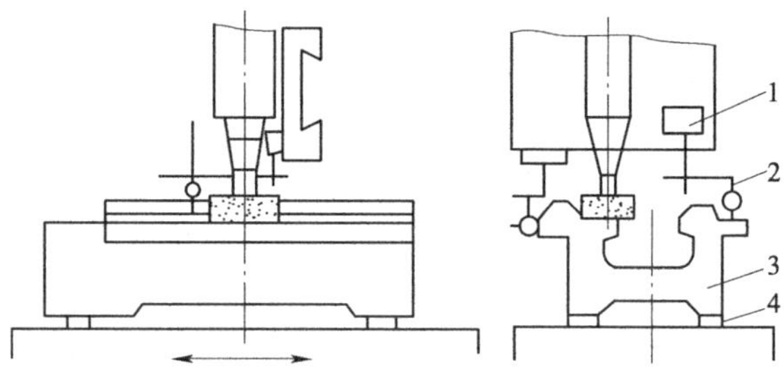

图 6-4　自为基准实例

1—磁力表座　2—百分表　3—床身　4—垫铁

3. 粗基准的选择原则

选择粗基准时，考虑的重点是如何保证后续各被加工表面具有均匀的加工余量，并使加工表面与非加工表面之间尺寸和相对位置精度符合要求，因此选择粗基准的原则如下。

（1）选择不加工表面作为粗基准的原则　零件上有加工表面和不加工表面时，选择不加工表面作为粗基准；若有多个不加工表面，选取与加工表面相互位置精度要求较高的不加工表面作为粗基准。这样可使加工表面与不加工表面有正确的相对位置。如图 6-5 所示的毛坯，在铸造时内孔 2 与外圆 1 有偏心，因此在加工内孔 2 时，应选用不需加工的外圆 1 作为粗基准，用自定心卡盘定心夹紧后加工内孔，以保证加工后的零件壁厚均匀。

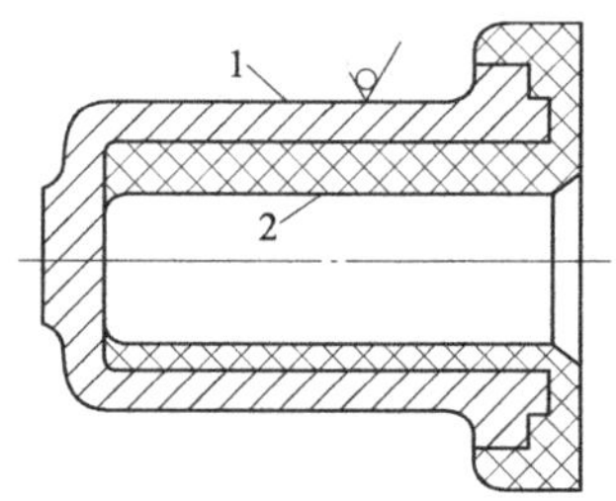

图 6-5　粗基准的选择

1—外圆　2—内孔

（2）加工表面余量均匀及合理分配的原则　如果零件表面要求全部加工，以加工余量最小的表面作为粗基准，以保证各表面都有足够均匀的加工余量。如图 6-6 所示的锻轴毛坯大小端外圆的偏心较大，若以加工余量较大的大端外圆为粗基准，则小端外圆可能无法加工出来，所以应选择加工余量较小的小端外圆作为粗基准。

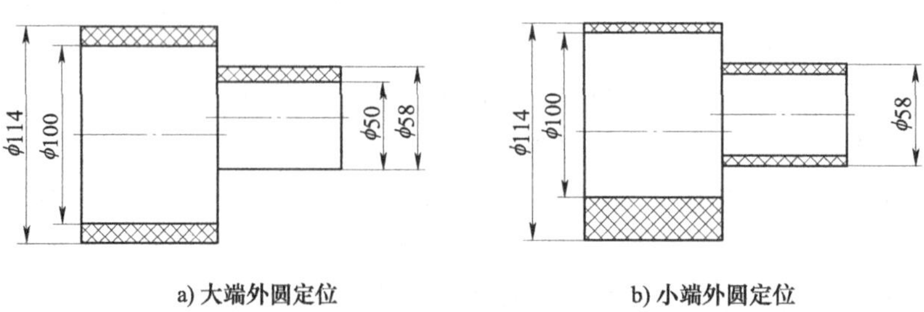

图 6-6　阶梯轴的基准选择

（3）重要表面作为粗基准的原则　重要表面一般都有较高的精度和力学性能要求，所以要重点保证加工余量足够和均匀。图 6-7 所示的床身导轨，铸造时导轨面朝下，使其表面均匀致密，为保证导轨表面质量，加工时先以导轨面 A 作为粗基准加工床脚的底面 B，然后再以底面 B 作为精基准加工导轨面 A，这样才能保证床身导轨面加工时所切去金属层尽可能薄且均匀，以便保留组织致密、耐磨的金属表层。

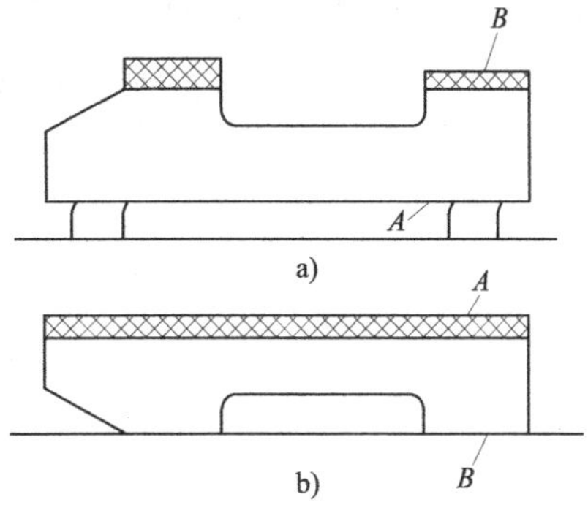

图 6-7　床身导轨加工

（4）便于工件装夹的原则　选择毛坯上位置及尺寸可靠，平整光滑的表面作为粗基准，不应选有飞边、浇口、冒口或其他有缺陷的表面作为粗基准，以使定位准确，夹紧可靠。

（5）粗基准不重复使用的原则　因为粗基准未经加工，表面较为粗糙，在第二次安装时，其在机床上或夹具中的实际位置与第一次安装时不可能完全一致。因此，在一个尺寸方向上粗基准一般只允许使用一次。

对较复杂的大型零件，从兼顾各方面的要求出发，可采用划线的方法来选择粗基准以合理地分配余量。

定位基准的选择原则是从生产实践中总结出来的，上述每一个原则往往只说明了一个方面的问题，选择时经常会发生矛盾。总的思想是，在保证加工精度的前提下，基准选择应使定位简单、准确，夹紧可靠，加工方便，夹具结构简单。因此，应根据具体的加工对象和加工条件，全面考虑，灵活运用。

6.4　工艺路线拟订

拟订工艺路线是制订工艺规程的关键性一步，它与基准选择有密切关系。工艺路线不但影响加工的质量和效率，而且影响到工人的劳动强度、设备投资、车间布局、生产成本等问题，必须周密考虑，其主要内容包括选择各表面的加工方法、安排工序的先后顺序、确定工序集中与分散程度等。因此要求工艺设计者一般应提出几种方案，通过分析对比，从中选择最佳方案。目前还没有一套通用而完整的工艺路线拟订方法，只能总结出一些综合性原则。

6.4.1　表面加工方法的选择

1. 表面加工方法选择时考虑的问题

1）根据每个加工表面的技术要求，确定加工方法，确定零件各表面的加工方法所能达到的经济精度和表面粗糙度。要注意的是所选择的方法必须在保证零件达到图样要求方面的稳定可靠性，并具有合理的生产率和加工成本。表 6-5～表 6-7 分别给出了机械零件三种最基本表面的较常用加工方法及其所能达到的经济精度和表面粗糙度。

经济精度是指在正常加工条件下（采用符合质量标准的设备和工艺装备，标准技术等级的工人，不延长加工时间），所能达到的加工精度。

表 6-5　外圆加工中各种加工方法的经济精度和表面粗糙度

加工方法	加工情况	经济精度 IT	表面粗糙度 Ra/μm	加工方法	加工情况	经济精度 IT	表面粗糙度 Ra/μm
车	粗车	11~12	10~80	外磨	精磨	6~7	0.16~1.25
	半精车	8~10	2.5~10		精密磨（精修整砂轮）	5~6	0.08~0.32
	精车	6~7	1.25~2.5		镜面磨	5	0.008~0.08
	金刚石车（镜面车）	5~6	0.02~1.25	抛光			0.008~1.25
铣	粗铣	12~13	10~80	研磨	粗研	5~6	0.16~0.63
	半精铣	11~12	2.5~10		精研	5	0.04~0.32
	精铣	8~9	1.25~2.5		精密研	5	0.008~0.08
车槽	一次行程	11~12	10~20	超精加工	精	5	0.08~0.32
	二次行程	10~11	2.5~10		精密	5	0.01~0.16
磨	粗磨	8~9	1.25~10	砂带磨	精磨	5~6	0.02~0.16
	半精磨	7~8	0.63~2.5		精密磨	5	0.01~0.04

表 6-6　孔加工中各种加工方法的经济精度和表面粗糙度

加工方法	加工情况	经济精度 IT	表面粗糙度 Ra/μm	加工方法	加工情况	经济精度 IT	表面粗糙度 Ra/μm
钻	ϕ15mm 以下	11~13	5~80	镗	粗镗	12~13	5~20
	ϕ15mm 以上	10~12	20~80		半精镗	10~11	2.5~10
扩	粗扩	12~13	5~20		精镗（浮动镗）	7~9	0.63~5
	一次扩孔（铸孔或冲孔）	11~13	10~40		金刚镗	5~7	0.16~1.25
	精扩	9~11	1.25~10	内磨	粗磨	9~11	1.25~10
铰	半精铰	8~9	1.25~10		半精磨	9~10	0.32~1.25
	精铰	6~7	0.32~2.5		精磨	7~8	0.08~0.63
	手铰	5	0.08~1.25		精密磨（精修整砂轮）	6~7	0.04~0.16
拉	粗拉	9~10	1.25~5	珩	粗珩	5~6	0.16~1.25
	一次拉孔（铸孔或冲孔）	10~11	0.32~2.5		精珩	5	0.04~0.32
	精拉	7~9	0.16~0.63	研磨	粗研	5~6	0.16~0.63
推	半精推	6~8	0.32~1.25		精研	5	0.04~0.32
	精推	6	0.08~0.32		精密研	5	0.008~0.08
				挤	滚珠、滚柱扩孔器，挤压头	6~8	0.01~1.25

注：加工非铁金属时，表面粗糙度 Ra 取小值。

表 6-7　平面加工中各种加工方法的经济精度和表面粗糙度

加工方法	加工情况	经济精度 IT	表面粗糙度 Ra/μm	加工方法	加工情况	经济精度 IT	表面粗糙度 Ra/μm
周铣	粗铣	11~13	5~20	端铣	精铣	11~13	5~20
	半精铣	8~11	2.5~10		半精铣	8~11	2.5~10
	精铣	6~8	0.63~5		精铣	6~8	0.63~5

（续）

加工方法	加工情况	经济精度 IT	表面粗糙度 Ra/μm
车	半精车	8~11	2.5~10
	精车	6~8	1.25~5
	细车（金刚石车）	6	0.02~1.25
刨	粗刨	11~13	5~20
	半精刨	8~11	2.5~10
	精刨	6~8	0.63~5
	宽刀精刨	6	0.16~1.25
插	—	—	2.5~20
拉	粗拉（铸造或冲压表面）	10~11	5~20
	精拉	6~9	0.32~2.5
平磨	粗磨	8~10	1.25~10
	半精磨	8~9	0.63~2.5
	精磨	6~8	0.16~1.25
	精密磨	6	0.04~0.32

加工方法	加工情况		经济精度 IT	表面粗糙度 Ra/μm
刮	25mm×25mm内点数	8~10	—	0.63~1.25
		10~13		0.32~0.63
		13~16		0.16~0.32
		16~20		0.08~0.16
		20~25		0.04~0.08
研磨	粗研		6	0.16~0.63
	精研		5	0.04~0.32
	精密研		5	0.008~0.08
砂带磨	精磨		5~6	0.04~0.32
	精密磨		5	0.01~0.04
滚压	—		7~10	0.16~2.5

注：加工非铁金属时，表面粗糙度 Ra 取小值。

2）决定加工方法时要考虑被加工材料的性质。例如：淬火钢用磨削的方法加工，而有色金属磨削困难，一般采用金刚镗或高速精密车削的方法进行精加工。

3）选择加工方法要考虑生产类型，即要考虑生产率和经济性问题。在大批大量生产中可采用专用的高效率设备和专用工艺装备。在单件小批生产中，则采用通用设备、通用工艺装备及一般的加工方法。如何提高单件小批生产的生产率仍是目前机械工艺的重要课题。

4）选择加工方法还应考虑本厂或本车间的现有设备情况及技术条件。

2. 表面加工方法选择的原则及步骤

（1）加工方法的选择原则　每一种加工方法都有其使用条件和范围，根据零件表面的特征和要求，选择加工方法时应充分考虑该方法的工艺可能性，主要原则是所选择的加工方法：①能达到的经济精度和表面粗糙度；②能达到的生产率；③允许的最小加工余量；④最适应的加工材料。

（2）加工方法的选择步骤　通常零件的各加工表面是经过多道工序加工逐渐达到设计要求的，零件工艺设计时一般按照下列选择步骤进行。

1）先选择主要加工表面的最终加工方法，再选择满足该方法的前续加工方法。

2）选择次要表面的最终加工方法以及该方法的前续加工方法。

为了便于理解，图 6-8~图 6-10 所示分别为外圆表面、孔表面、平面的加工方法和各种加工方法所能达到的经济精度和表面粗糙度，供表面加工方法选择时参考。

6.4.2 加工工序的划分与安排

1. 加工阶段的划分

零件的加工质量要求较高时，必须把整个加工过程划分为几个阶段。

（1）荒加工阶段　对于毛坯余量特别大，表面特别粗糙的一些特大零件，在粗加工前

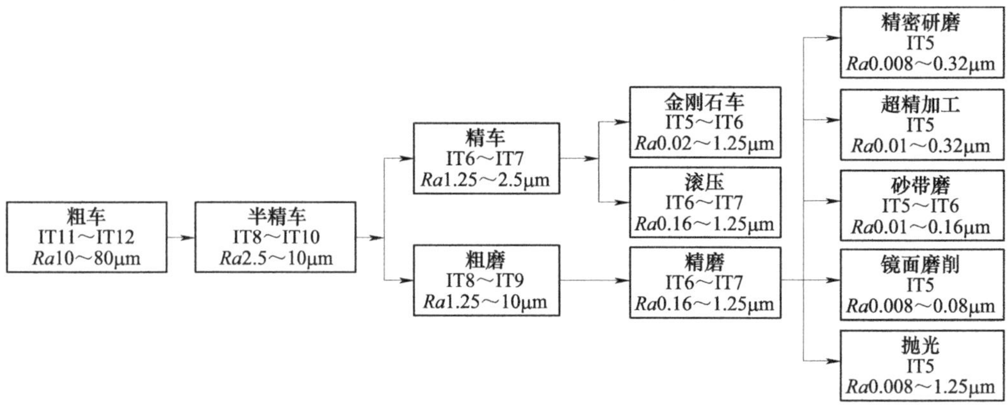

图 6-8　外圆表面的加工方法

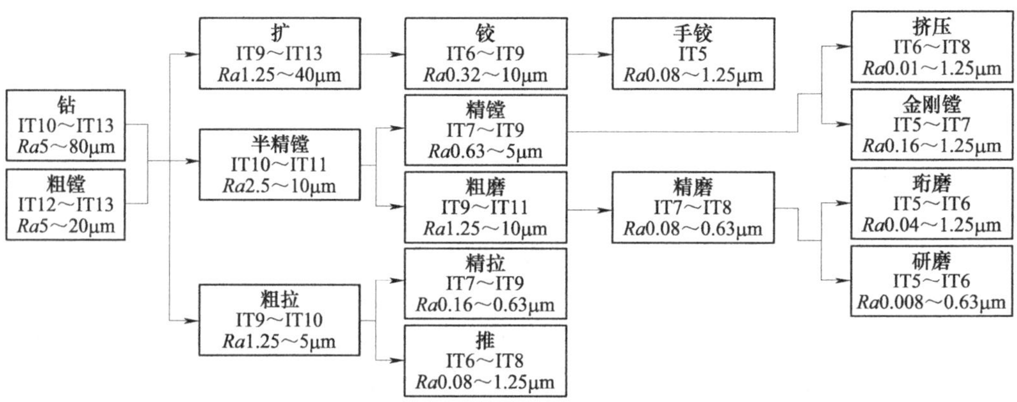

图 6-9　孔表面的加工方法

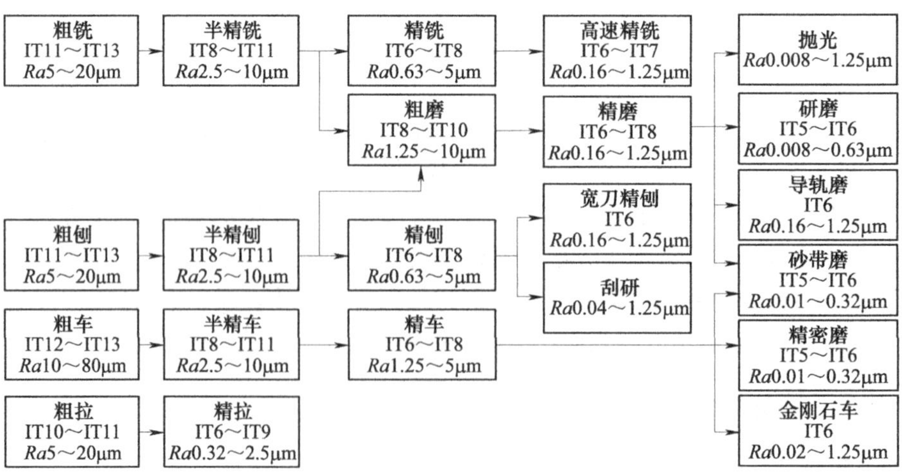

图 6-10　平面的加工方法

安排去皮的荒加工阶段，以及时发现毛坯废品，减少运输工作量，通常把去皮加工放在毛坯生产工厂或准备车间进行。

（2）粗加工阶段　该阶段主要任务是切除较大的加工余量，主要问题是如何获得高的生产率。

（3）半精加工阶段　该阶段应为主要表面的精加工做好准备（达到一定的加工精度，保证一定的精加工余量），并完成一些次要表面的加工（钻孔、攻螺纹、铣键槽等），半精加工一般在热处理工序之前进行。

（4）精加工阶段　保证各主要表面达到图样规定的质量要求。

（5）光整加工阶段　对于精度要求很高、表面粗糙度要求很小的零件，还要有专门的光整加工阶段。光整加工阶段以提高加工的尺寸精度和减小表面粗糙度为主要目的，一般不用以纠正形状精度和位置精度。

划分加工阶段的原因如下。

1）粗加工阶段切除金属多，产生的切削力大，切削热多，所需的夹紧力大，因而使工件产生的残余应力和由此引起的变形也大，不可能达到高的精度和小的粗糙度。因此需要先完成各表面的粗加工，再通过半精加工和精加工逐步减小切削用量、切削力和切削热；逐步修正工件变形，提高加工精度和减小表面粗糙度，最后达到零件图要求。同时各阶段之间的间隔相当于自然时效，有利于消除工件的残余应力，使工件有变形的时间，以便在后一道工序中加以修正。

2）划分加工阶段可合理使用机床设备。粗加工用大功率、高效率的机床，精加工用高精度的机床。这样不但能发挥机床的性能特点，也有利于高精度机床的精度保持。

3）热处理工序的安排，一方面使机械加工阶段自然分开，使零件的力学性能得到提高；另一方面，通过热处理方法可以改善材料的切削加工性能，以提高生产率。

4）粗加工各表面后可及早发现毛坯的缺陷，及时报废和修补，以免继续加工而浪费工时和制造费用。

5）精加工工序安排在最后，可使精加工后的表面少损伤或不损伤。

2. 工序集中与分散

零件的加工往往是由许多工步组成的。如何把这些工步组织成工序，是拟订工艺过程时要考虑的一个问题。工序集中就是把许多可能的工步集中在一道工序中来完成，如加工中心和柔性生产线，就是工序集中的极端情况。由于工序集中总是要使用结构更复杂、自动化程度更高的机床设备，因此工序集中的特点如下。

1）减少了设备的数量，减少了操作工人和生产面积。

2）减少了工序数目和运输工作量，简化了生产计划工作，缩短了生产周期。

3）减少了工件的装夹次数，不仅有利于提高生产率，而且在一次装夹下加工许多表面，易于保证这些表面间的相互位置精度。

4）使用结构更复杂、自动化程度更高的机床，生产率高，但机床和工艺装备的调整、维修费时，生产准备工作量较大。

当然还存在另一个可能性，那就是工序分散，甚至每一个工步都作为一个工序在一台机床上加工，因此工序分散就具有下列特点。

1）采用比较简单的机床和工艺装备，调整容易。

2）对工人的技术要求低，经过较短时间的训练即可操作。

3）生产准备工作量小，容易变换产品。

4）设备和工人数量多，生产面积大。

根据目前情况及今后发展趋势来看，一般多采用工序集中的原则来组织生产。这是因为：①单件小批生产中，生产组织管理要求工序集中；②大批大量生产中，设备特点决定了要工序集中；③数控机床、加工中心及柔性加工系统的发展使工序集中成为可能。

3. 工序顺序的安排

（1）加工顺序的安排原则

1）先粗后精。先安排粗加工，中间安排半精加工，最后安排精加工和光整加工。

2）先主后次。先安排主要表面的加工，后安排次要表面的加工。这里所谓主要表面是指装配基面、工作表面等，而次要表面是指非工作表面，如紧固用的光孔和螺纹孔等。由于次要表面的加工工作量比较小，而且它们又往往和主要表面有位置精度的要求，因此一般都放在主要表面的主要加工结束之后，而在最后精加工或光整加工之前。

3）先基面后其他。加工一开始，总是先把精基面加工出来。如果精基面不止一个，则应该按照基面转换的顺序和逐步提高加工精度的原则来安排基面和主要表面的加工。

4）先平面后孔。在一般机器零件上，平面所占的轮廓尺寸比较大，用平面定位比较稳定可靠，一般零件上的孔和平面都有相互位置关系，因此在拟订工艺过程时总是选用平面作为定位精基面，先加工平面后加工孔。

在安排机械加工工序时，还要注意：①退刀槽、砂轮越程槽、特殊倒角等工作应安排在半精加工阶段；②为保证加工质量要求，有些零件的最后精加工须放在部件装配之后或在总装过程中进行；③加工中容易出现废品的工序应尽可能提前；④加工过程中容易磕碰、划伤的表面应尽可能向后安排。

（2）热处理的工序安排　热处理工序主要用来改善材料的性能及消除残余应力。一般可分为：

1）预备热处理。预备热处理安排在机械加工之前，以改善材料的切削性能、消除毛坯制造时的残余应力为主要目的。例如：对于含碳量（质量分数）超过0.5%的碳钢，一般采用退火，以降低硬度；对于含碳量（质量分数）小于0.5%的碳钢，一般采用正火，以提高材料的硬度，使切削时切屑不黏刀，降低表面粗糙度。由于调质（淬火后再进行500~650℃的高温回火）能得到组织细密均匀的回火索氏体组织，因此有时也用作预备热处理。

2）最终热处理。最终热处理安排在半精加工以后和磨削加工之前。但氮化处理，硬度层很薄，应安排在精磨之后，主要用于提高材料的强度及硬度。由于淬火后材料的塑性和韧性很差，有很大的残余应力，易于开裂，组织不稳定，材料的性能和尺寸要发生变化等原因，所以淬火后必须进行回火。其中调质处理能使钢材既有一定的强度、硬度，又有良好的冲击韧度等综合力学性能，常用在汽车半轴、连杆、曲轴，齿轮和机床主轴等零件中。

3）去除残余应力处理。去除残余应力处理最好安排在粗加工之后、精加工之前，如人工时效、退火。对于精度要求特别高的零件（如精密丝杠），在粗加工和半精加工过程中要经过多次去除残余应力退火，在粗、精磨过程中还要经过多次人工时效，另外，对于机床的床身、立柱等铸件，常在粗加工前以及粗加工后进行自然时效（或人工时效），以消除残余应力。时效的方法主要有热处理方法、冰冷处理方法、振动的方法以及长时间自然放置方法等。

其他热处理方法如渗碳、渗氮、氮化、碳氮共渗等的安排，需根据零件的材料、表面处理层的厚度、用途及加工要求确定其安排位置，以保证能够加工并使处理层均匀保留。

（3）检验工序的安排 检验是主要的辅助工序，它是监控产品质量的主要措施。除了在每道工序的进行中，操作者必须自行检验外，一般在下列情况下应安排单独的检验工序：①粗加工阶段结束之后；②重要工序加工之后；③零件从一个车间转到另一个车间之前；④ 特种性能（磁力探伤、密封性等）检验之前；⑤零件全部加工结束之后。

除检验工序外，有时还要在相应的工序后面考虑安排去毛刺、倒棱边、去磁、清洗、涂防锈油等辅助工序。应该认识到辅助工序仍是必要工序，缺少了辅助工序或是对辅助工序要求不严，将对装配工作带来困难，甚至使机器达不到使用要求。

6.4.3 加工余量的确定

1. 加工余量的概念

加工总余量 Z_0 毛坯尺寸与成品零件的设计尺寸之差称为**加工总余量**，又称为毛坯余量，即为从某加工表面上切除材料层总厚度。

工序余量 Z_i 它是指相邻两工序间工序尺寸之差，即为后一道工序所切除的材料层厚度。

加工总余量 Z_0 与工序余量 Z_i 之间的关系可用下式表示，即

$$Z_0 = \sum Z_i \tag{6-1}$$

工序余量有单边余量和双边余量之分。对于非对称表面，其加工余量用**单边余量 Z_b** 表示，即

$$Z_b = A_a - A_b \tag{6-2}$$

式中，Z_b 是本工序的工序余量；A_a 是上道工序的公称尺寸；A_b 是本道工序的公称尺寸。

对于外圆与内孔这样的对称表面，其加工余量用**双边余量 $2Z_b$** 表示，则有

$$2Z_b = | D_a - D_b | \tag{6-3}$$

由于工序尺寸有偏差，故各工序实际切除的余量值是变化的，因此工序余量有**公称余量**、**最大余量 Z_{max}**、**最小余量 Z_{min}** 之分。对于图 6-11 所示被包容面加工情况，本工序的加工余量关系是

$$Z_b = A_a - A_b$$

$$Z_{b\,max} = A_{a\,max} - A_{b\,min}$$

$$Z_{b\,min} = A_{a\,min} - A_{b\,max}$$

公称余量的变动范围为

$$T_{Z_b} = Z_{b\,max} - Z_{b\,min} = T_a + T_b \tag{6-4}$$

式中，T_a 是上道工序尺寸公差；T_b 是本道工序尺寸公差。

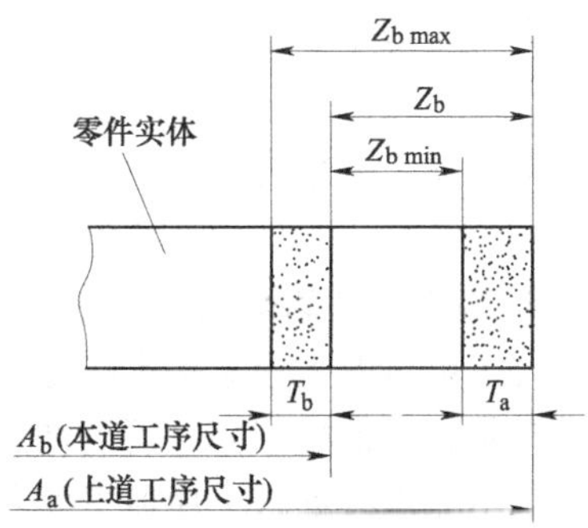

图 6-11 被包容面加工工序余量及公差

工序尺寸公差一般按“入体原则”标注，对被包容尺寸（轴径），上极限偏差为 0，其最大尺寸就是公称尺寸；对包容尺寸（孔径、槽宽），计算方法相似，其中，下极限偏差为 0，其最小尺寸就是公称尺寸。

2. 影响加工余量的因素

为了确定合理的加工余量，必须深入了解影响加工余量的因素，归结起来有以下四个

方面。

(1) 上道工序留下的表面粗糙度 Ra 和表面缺陷层深度 H_a　本道工序必须把上道工序留下的表面粗糙度和表面缺陷层全部切去，因此本道工序加工余量必须包括 Ra 和 H_a 这两项因素。

(2) 上道工序的尺寸公差 T_a　由于上道工序加工表面存在尺寸误差，为了使本道工序能全部切除上道工序留下的表面粗糙度和表面缺陷层，本道工序加工余量应包括该项误差。

(3) 上道工序的空间位置误差 e_a　零件上有一些形状误差和位置误差没有包括在加工表面的工序尺寸公差范围之内。例如：图 6-12 所示轴类零件的轴心线弯曲误差 e_a 就没有包括在轴径公差 T_a 中。在确定加工余量时，必须考虑它们的影响，否则本道工序加工将无法得到所需要的尺寸。

(4) 本道工序的装夹误差 ε_b　如果本道工序存在装夹误差（包括定位误差、夹紧误差），则在确定本道工序加工余量时还应考虑 ε_b 的影响，如图 6-13 所示的自定心卡盘装夹误差就属此类。

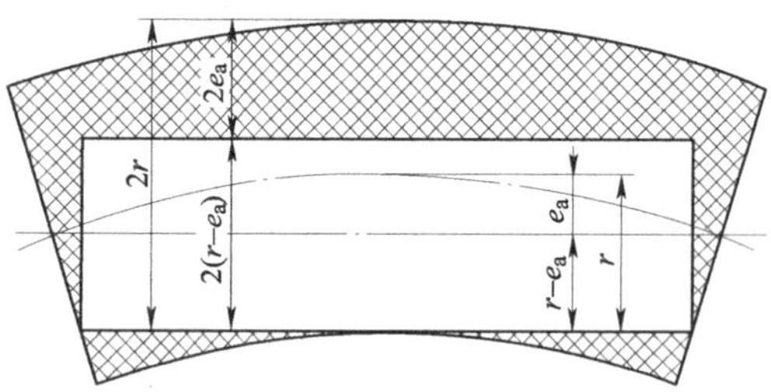

图 6-12　轴的弯曲对加工余量的影响

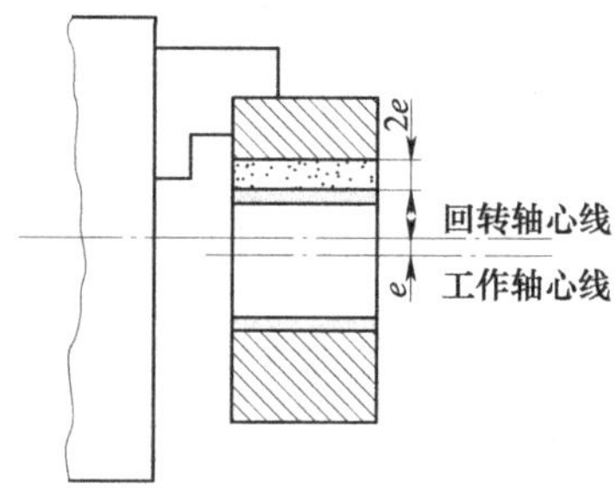

图 6-13　自定心卡盘装夹误差

由于 e_a 与 ε_b 都有方向性，所以要用矢量相加取矢量和的模进行余量计算。

综上分析可知，工序余量的最小值可用以下公式计算。

对于单边余量为

$$Z_{min} = T_a + Ra + H_a + |e_a + \varepsilon_b| \tag{6-5}$$

对于双边余量为

$$2Z_{min} = T_a + 2(Ra + H_a) + 2|e_a + \varepsilon_b| \tag{6-6}$$

3. 加工余量的确定

加工余量的大小直接影响零件的加工质量和生产率。加工余量过大，不仅增加机械加工的劳动量，降低生产率，而且增加材料、工具和电力的消耗，增加成本。但是，加工余量过小，又不能消除前道工序留下的各种误差和表面缺陷，甚至会产生废品。因此，必须合理确定加工余量，目前确定加工余量的方法主要有如下几种。

(1) 经验估计法　经验估计法是根据工艺人员的经验来确定加工余量的方法。为避免产生废品，所确定的加工余量一般偏大，常用于单件小批生产。

(2) 查表修正法　根据有关工艺手册，查得加工余量的数值，然后根据实际情况进行适当修正，这是目前广泛采用的一种方法。

(3) 分析计算法　它是对影响加工余量的各种因素进行分析，然后根据如前所述的公式计算加工余量的方法。此法确定的加工余量较合理，但需要全面的试验资料，计算也较复杂。

(4) 神经网络方法　该方法是对影响加工余量的所有因素进行分析，形成神经网络的输入单元，将最后的加工余量作为神经网络的输出单元，通过在实际生产过程中选取的样本进行学习和训练，获取神经网络的参数和权值，将欲计算的加工余量的影响因素输入该系统，即可迅速获得加工余量，是一种快速估算加工余量的新方法。

6.5　工序尺寸及其公差的确定

工序尺寸是指工序图或工艺规程中标注的供加工使用的尺寸，实际上它是定位表面到被加工表面之间的联系尺寸。当表面的加工工序较多时，往往不能直接采用零件图上的尺寸，需要通过一定的方法计算出各道工序的工序尺寸。

6.5.1　基准重合时工序尺寸及其公差的计算

当工序基准、定位基准或测量基准与设计基准重合时，表面经多次加工，工序尺寸及其公差的计算是比较容易的，只要确定了各工序的加工余量和所能达到的精度，其计算可由最后一道工序开始向前推算获得。计算步骤如下。

1）确定毛坯余量和工序余量。

2）确定工序尺寸公差。最终工序尺寸公差等于设计尺寸公差，其余工序尺寸公差按经济精度确定。

3）确定工序公称尺寸。从零件图上的设计尺寸开始，一直往前推算到毛坯尺寸。计算方法为：某工序公称尺寸等于后道工序公称尺寸加上或减去（按包容表面或被包容表面）后道工序余量。

4）标注工序尺寸公差。最后一道工序的公差按设计尺寸标注，其余工序尺寸公差按“入体原则”标注。

例如：某车床主轴箱箱体主轴孔的设计要求是：$\phi180\text{J}6^{+0.018}_{-0.007}$，$Ra\leqslant0.8\mu\text{m}$。在成批生产条件下，其加工方法为：粗镗→半精镗→精镗→铰孔（用浮动镗刀块）。

从机械加工手册查得的各工序的加工余量和所能达到的经济精度，填在表 6-8 中第 2、3 两列，其计算结果列于第 4、5 两列。其中关于毛坯的公差可根据毛坯的生产类型、结构特点、制造方法和生产厂的具体条件，参照有关毛坯的手册资料确定。

表 6-8　工序尺寸及公差的计算

工序名称	工序双边余量/mm	工序的经济精度		工序公称尺寸/mm	工序公称尺寸及极限偏差/mm
		公差等级	公差值/mm		
铰孔	0.2	IT6	0.025	180	$\phi180^{+0.018}_{-0.007}$
精镗孔	0.6	IT7	0.04	180−0.2=179.8	$\phi179.8^{+0.04}_{0}$
半精镗孔	3.2	IT9	0.10	179.8−0.6=179.2	$\phi179.2^{+0.1}_{0}$
粗镗孔	6	IT11	0.25	179.2−3.2=176	$\phi176^{+0.25}_{0}$
毛坯孔			3	176−6=170	$\phi170^{+1}_{-2}$

6.5.2 基准不重合时工序尺寸及其公差的计算

在零件加工中需要多次转换工艺基准的情况下，会引起测量基准、定位基准或工序基准与设计基准不重合的情况，这时需要利用尺寸链原理进行工序尺寸及其公差的计算。

1. 尺寸链的基本概念

在零件加工或装配过程中，由一系列相互联系的尺寸按一定的顺序首尾相接所形成的封闭尺寸图形称为**尺寸链**。由单个零件在工艺过程中的有关尺寸所形成的封闭尺寸图形，称为**工艺尺寸链**。在装配图上把与某项精度指标有关的零件尺寸相互连接形成的封闭尺寸图形，称为**装配尺寸链**。

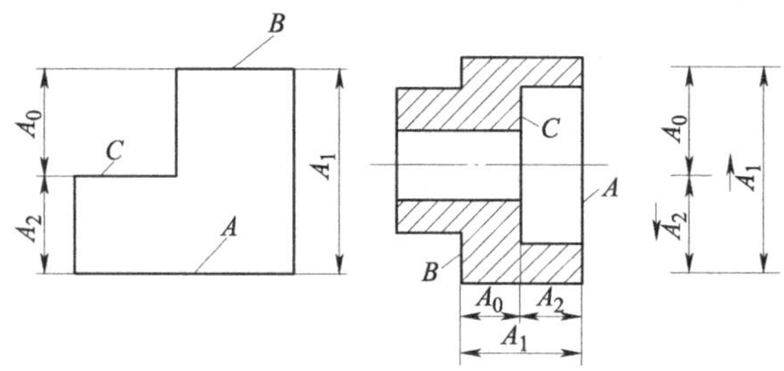

图 6-14 零件的工艺尺寸链

如图 6-14a、b 所示的两个零件，假设零件图上标注设计尺寸 A_1 和 A_0，表面 A、B 已加工完成，当用调整法最后加工表面 C 时，为了使零件定位可靠和夹具结构简单，常选表面 A 为定位基准，按尺寸 A_2 对刀进行表面 C 加工，间接保证尺寸 A_0。则 A_1、A_2 和 A_0 这些相互联系的尺寸就形成一个封闭尺寸图形，即为工艺尺寸链，如图 6-14c 所示。图 6-15 所示为与车床前后顶尖高度有关的尺寸所形成的装配尺寸链。

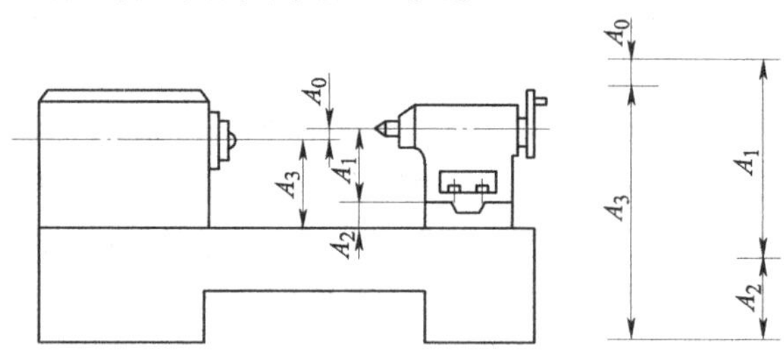

图 6-15 与车床前后顶尖高度有关的尺寸所形成的装配尺寸链

通过以上分析可以知道，尺寸链的主要特征是它的封闭性和关联性。

(1) 封闭性 尺寸链中各个尺寸的排列是首尾相接构成封闭形式的尺寸，不封闭就不成为尺寸链。

(2) 关联性 任何一个直接保证的尺寸及其精度的变化，必将影响间接保证的尺寸及其精度，彼此间具有特定的函数关系。

2. 尺寸链的组成

组成尺寸链的每一个尺寸称为尺寸链的环，尺寸环又可分为封闭环和组成环。

（1）**封闭环**　在加工过程中，最后被间接获得的那个尺寸环称为封闭环，加工工艺尺寸链的封闭环是由零件的加工顺序来确定的。装配尺寸链中，装配后形成的尺寸（一般为某项装配精度要求）为封闭环，通常每个尺寸链只能有一个封闭环。

（2）**组成环**　除封闭环以外的其他环，称为组成环。组成环是直接保证的尺寸，它又影响到封闭环的尺寸，按其对封闭环的影响性质又可分为增环和减环。

在其他组成环不变时，若某组成环的增大导致封闭环增大，则该环为**增环**，用 A_p 表示。

在其他组成环不变时，若某组成环的增大导致封闭环减小，则该环为**减环**，用 A_q 表示。

如何正确理解直接保证、间接获得的尺寸，是掌握尺寸链的关键。例如：如图 6-16 所示，一个身高 A_1 的人从高度为 A_2 的门下走过，形成头顶和门框间的间隙 A_0，可以看出，A_1 和 A_2 是独立存在的，并可直接测量，因此是直接尺寸，而 A_0 原来并不存在，是通过 A_1 和 A_2 的联系间接得到的。从这里可以看出，工艺尺寸链的封闭环是根据加工顺序在不同工序间形成的尺寸，而装配尺寸链的封闭环是在装配后才形成的尺寸。

（3）**增减环的判别方法**　对于一个尺寸链，按照各尺寸头尾相接的方法，顺着一个方向在各尺寸线终端画箭头，凡是和封闭环箭头方向相同的尺寸为减环，和封闭环箭头方向相反的尺寸为增环。如图 6-17 所示的尺寸链，A_0 为封闭环，A_2、A_4、A_5、A_6为增环，而 A_1、A_3为减环。

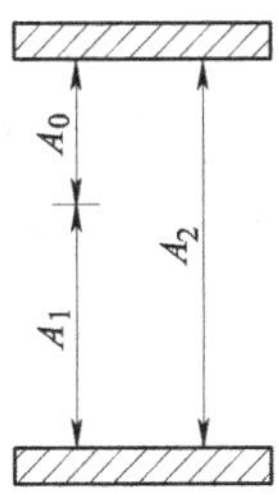

图 6-16　尺寸链示意图

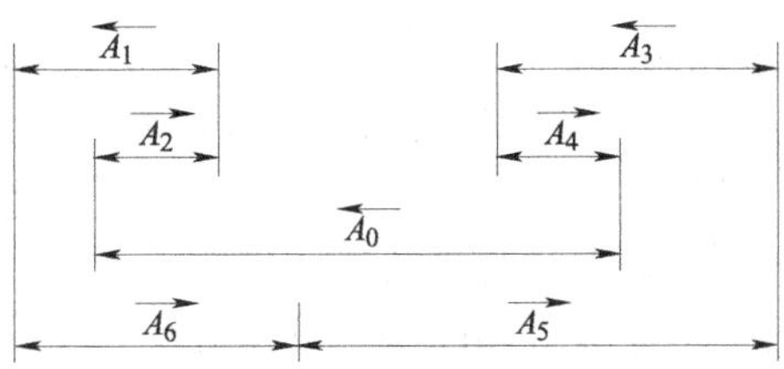

图 6-17　增减环的判别

3. 尺寸链的分类

1）按尺寸链的功能要求，尺寸链可分为工艺尺寸链和装配尺寸链。

① 工艺尺寸链。一个零件在加工过程中所形成的封闭尺寸图形。

② 装配尺寸链。一组零（部）件在机器设计和装配过程中形成的封闭尺寸图形。

2）按尺寸链间的相互联系，尺寸链可分为串联尺寸链和并联尺寸链。

① 串联尺寸链。链内所有尺寸环都只从属于该尺寸链，其中任何一环都不再参与其他尺寸链。

② 并联尺寸链。有一个或几个环，以公共环的形式存在于两个或更多尺寸链中形成的尺寸链。

3）按尺寸环的空间位置，尺寸链可分为直线尺寸链、角度尺寸链、平面尺寸链和空间尺寸链。

① 直线尺寸链。全部尺寸环都位于若干平行线上。

② 角度尺寸链。全部尺寸环都由角度所组成，其最简单的形式是具有公共顶角的封闭角度图形。由于角度尺寸链和直线尺寸链类似，角度尺寸链可以转化成直线尺寸链的形式，因而，角度尺寸链的求解方法和直线尺寸链也类似。

③ 平面尺寸链。各个尺寸环不都位于若干平行线上，但却位于同一平面内，因此，平面尺寸链由直线尺寸和角度尺寸所组成，且具有两个封闭环。

④ 空间尺寸链。同时具有直线尺寸及角度尺寸，而且它们又不都位于同一平面上，此类尺寸链称为空间尺寸链。

4. 尺寸链的建立

工艺尺寸链是设计基准和工艺基准不重合情况下，求解工序尺寸的基本工具，其计算并不复杂，但如何正确建立尺寸链、查找和确定封闭环以及判断组成环是掌握尺寸链的关键。

建立尺寸链涉及零件设计图及技术要求、加工工艺过程及顺序，各表面的设计基准与工艺基准等方面的内容，是一项比较复杂的工作，掌握扎实的工艺知识是建立尺寸链的基础。

为了便于熟悉尺寸链的建立过程，把建立工艺尺寸链的过程归纳成八句话帮助大家理解，即**“加工表面先确定，各面基准要分清，工序尺寸辨清楚，工序顺序记心中，按序画出尺寸线，得到全部直接环，设计图上找联系，最终得出封闭环”**。由此可以得到尺寸链的建立过程如下。

（1）分析零件图及加工工艺过程　确定每道工序要加工的表面及所使用的工艺基准，从工艺基准到加工表面之间的联系尺寸即为本工序的工序尺寸，找出全部工序尺寸及它们的加工顺序。

（2）画尺寸链，确定封闭环　依照加工顺序从每道工序的定位基准开始画工序尺寸至加工表面，所画尺寸为直接得到的工序尺寸，即为尺寸链的组成环。画完所有直接尺寸后，对照零件图的表面关系，找联系尺寸，使尺寸链封闭，这个尺寸就是尺寸链的封闭环（初学者最好在画图之前先按零件图的表面位置关系做出标记，如 A、B、C 等）。

另外应注意以下几点。

1）尺寸链封闭时要使组成的环数最少。

2）封闭环一般是零件图的某一设计尺寸。

3）余量校核中前后工序尺寸直接获得，因此余量是封闭环。

4）装配尺寸链中，封闭环为机械产品的某项装配精度要求。

5）一般一个尺寸链只能解一个封闭环。

（3）判断组成环的性质，解算尺寸链。

下面结合一个实际例子，说明尺寸链的建立过程。零件图如图 6-18a 所示，加工中要求以 A 为基准，铣缺口表面 D，试确定其工序尺寸。

根据零件的特点，为了达到设计要求，同时使定位简单方便，现将零件从毛坯到成品整个加工过程的工序内容、工序简图、定位方式及尺寸链建立过程列于表 6-9 中，从而可以清楚地理解尺寸链的建立方法，最终获得的尺寸链如图 6-18c 所示。

表 6-9　尺寸链建立过程

工序号	工序内容	工序简图	尺寸链建立过程
1	以 B 为基准加工 A，调头以 A 为基准加工 B，获得尺寸（60±0.05）mm	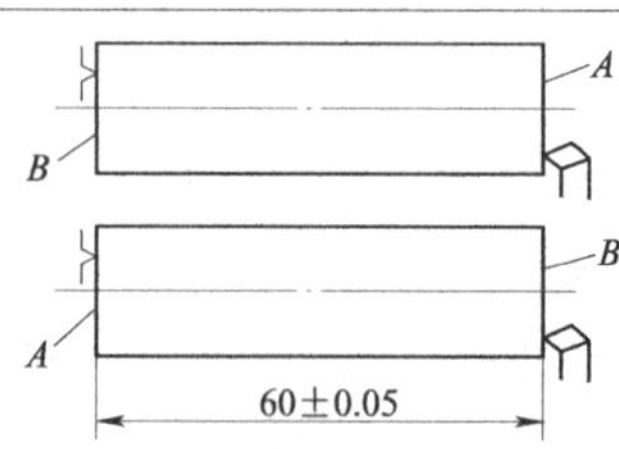	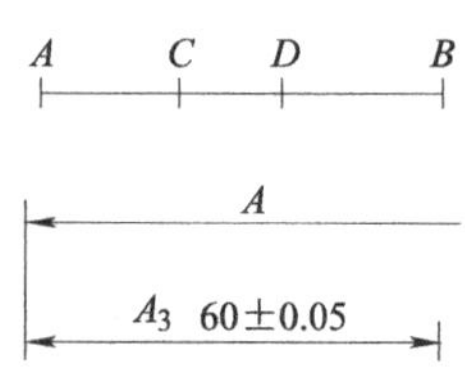

（续）

工序号	工序内容	工序简图	尺寸链建立过程
2	钻底孔，并以 B 为工艺基准镗孔至表面 C，获得尺寸 $30^{+0.04}_{0}$mm	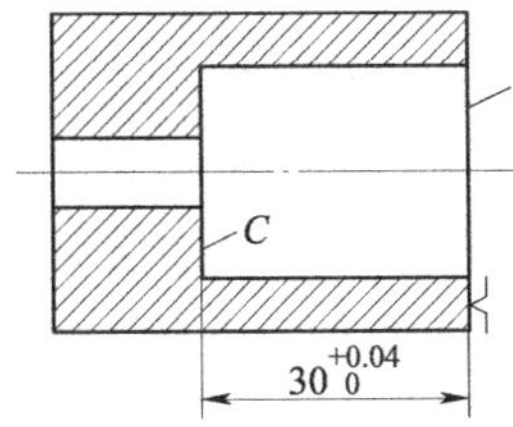	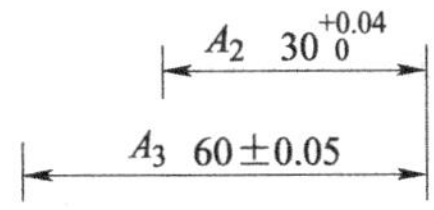
3	以 A 为工艺基准铣缺口 D，从 A 至 D 之间的尺寸 A_1 就是本工序应达到的工序尺寸	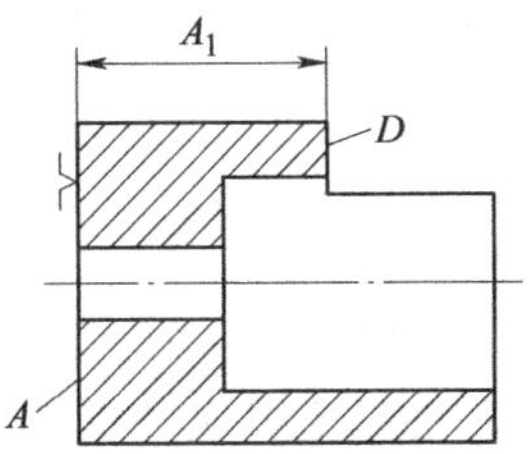	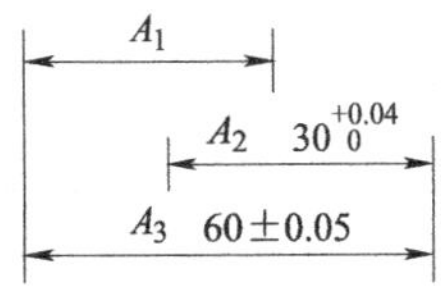
4		全部直接尺寸已得到，结合零件图，使尺寸链封闭。C、D 之间的尺寸 $A_0=10^{+0.18}_{0}$mm 被间接保证，因而是封闭环	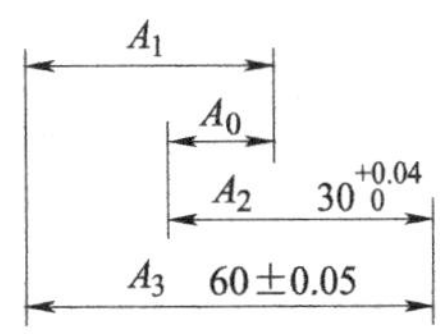

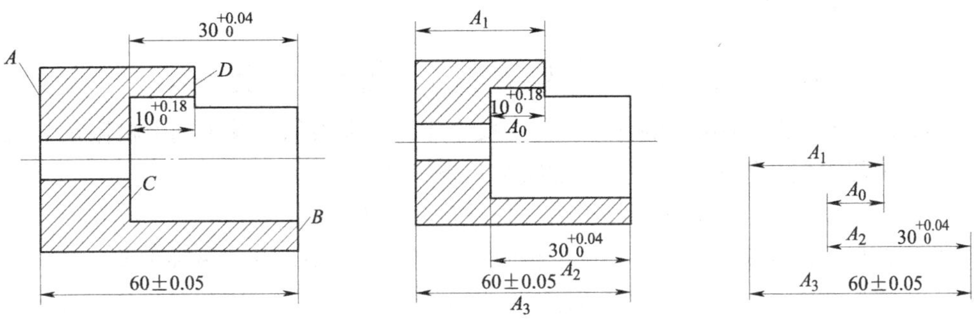

a) 零件图　　b) 尺寸联系图　　c) 尺寸链

图 6-18　尺寸链建立实例

5. 尺寸链的计算形式

在工艺尺寸链计算时，有正计算、反计算和中间计算三种情况。

（1）正计算　已知各组成环尺寸求封闭环的计算，其计算结果具有唯一性，这种情况主要用于设计尺寸校核。

（2）反计算　已知封闭环求各组成环的计算，这种情况实际上是将封闭环的公差值合理地分配给各组成环，分配时一般按照各组成环的经济精度来确定组成环的公差值，加以适当调整后，使各组成环公差之和等于或小于封闭环公差。它主要用于根据机器装配精度，确定各零件尺寸及偏差的情况。

（3）中间计算　已知封闭环和部分组成环，求某一组成环的计算。此法应用最广，主要用于加工中基准不重合时工序尺寸的计算。

6. 尺寸链的基本解算公式

工艺尺寸链的计算，有极值法和概率法两种方法。机械加工过程中，工序尺寸通常用公称尺寸 A、上极限偏差 $ES(A)$、下极限偏差 $EI(A)$ 表示，还可以用上极限尺寸 A_{max} 与下极限尺寸 A_{min} 与公差 $T(A)$ 表示，它们之间的关系如图 6-19 所示。

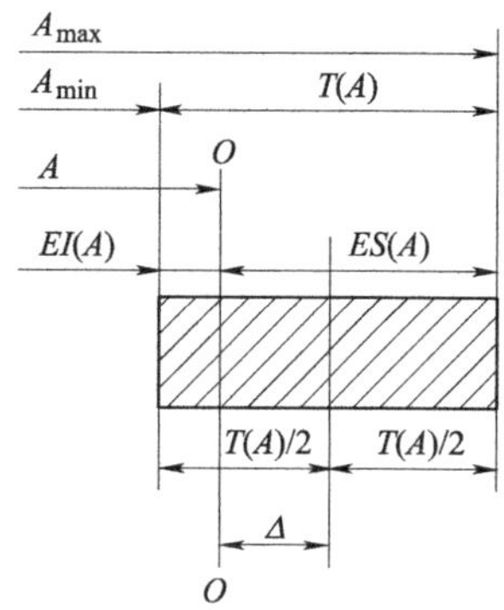

图 6-19　工艺尺寸基本要素

（1）极值法

1）封闭环的公称尺寸计算。封闭环的公称尺寸 A_0 等于所有增环 A_p 的公称尺寸之和减去所有减环 A_q 的公称尺寸之和，即

$$A_0 = \sum_{i=1}^{m} \xi_i A_i = \sum_{p=1}^{k} A_p - \sum_{q=k+1}^{m} A_q \tag{6-7}$$

式中，m 是组成环数；k 是增环数；ξ_i 是第 i 组成环的尺寸传递系数，对直线尺寸链而言，增环的 $\xi_i=1$，减环的 $\xi_i=-1$。

2）封闭环极限尺寸的计算。任一尺寸环的上极限尺寸等于其公称尺寸加其上极限偏差，下极限尺寸等于其公称尺寸加其下极限偏差，即

$$A_{max} = A + ES(A)\text{，}A_{min} = A + EI(A) \tag{6-8}$$

因此，在尺寸链计算中，封闭环的上极限尺寸等于所有增环的上极限尺寸之和减去所有减环的下极限尺寸之和；封闭环的下极限尺寸等于所有增环的下极限尺寸之和减去所有减环的上极限尺寸之和，即

$$A_{0\,max} = \sum_{p=1}^{k} A_{p\,max} - \sum_{q=k+1}^{m} A_{q\,min}\text{，}A_{0\,min} = \sum_{p=1}^{k} A_{p\,min} - \sum_{q=k+1}^{m} A_{q\,max} \tag{6-9}$$

3）封闭环上、下极限偏差的计算。任一尺寸环的上极限偏差等于其上极限尺寸减去其公称尺寸，下极限偏差等于其下极限尺寸减去其公称尺寸，即

$$ES(A) = A_{max} - A\text{，}EI(A) = A_{min} - A \tag{6-10}$$

因此，在尺寸链计算中，封闭环的上极限偏差等于所有增环的上极限偏差之和减去所有减环的下极限偏差之和；封闭环的下极限偏差等于所有增环的下极限偏差之和减去所有减环的上极限偏差之和，即

$$ES(A_0) = \sum_{p=1}^{k} ES(A_p) - \sum_{q=k+1}^{m} EI(A_q)\text{，}EI(A_0) = \sum_{p=1}^{k} EI(A_p) - \sum_{q=k+1}^{m} ES(A_q) \tag{6-11}$$

式中，$ES(A_p)$、$ES(A_q)$ 分别是增环和减环的上极限偏差；$EI(A_p)$、$EI(A_q)$ 分别是增环和减环的下极限偏差。

4）封闭环的公差计算。封闭环的公差等于所有组成环公差之和，即

$$T(A_0) = \sum_{i=1}^{m} T(A_i) \tag{6-12}$$

式中，$T(A_i)$ 是第 i 个组成环的公差值。

5）尺寸链竖式计算法。在多环尺寸链解算中，采用公式法计算，由于尺寸多，有时显得计算比较烦琐，可以用竖式法进行快速计算，竖式计算的方法和步骤如下。

① 做竖式表。表头为“尺寸环、公称尺寸、上极限偏差和下极限偏差”四项，按组成环及封闭环的数目构成竖式表的行，最末一行为封闭环。

② 填表规则。在表中填入尺寸链各环的公称尺寸时，其中增环和封闭环用正号，减环用负号；填上下极限偏差时增环和封闭环照抄，减环上下极限偏差对调，同时正负变号。

③ 计算规则。按列求代数和即得到封闭环的公称尺寸和上下极限偏差。

如果已知封闭环求增环的公称尺寸和极限偏差，把要求的尺寸空缺，其他环的值填相应栏中，求代数和可得增环的公称尺寸和极限偏差。

如果已知封闭环求减环的公称尺寸和极限偏差，方法相同，只是求出的值要对调、变号后成为真正的减环的公称尺寸和极限偏差。

现以图 6-18b 所示的尺寸链解算为例说明用公式法和竖式法解算的过程。本例为已知封闭环和组成环 A_2、A_3，求组成环 A_1 的情况。

① 用公式法解算。

由式（6-7），$A_0=A_1+A_2-A_3$，则 $A_1=10\text{mm}+60\text{mm}-30\text{mm}=40\text{mm}$

由式（6-11），$ES(A_0)=ES(A_1)+ES(A_2)-EI(A_3)$，则

$$ES(A_1)=0.18\text{mm}-0.05\text{mm}-0.04\text{mm}=0.09\text{mm}$$

$$EI(A_0)=EI(A_1)+EI(A_2)-ES(A_3)$$

则

$$EI(A_1)=0\text{mm}-0\text{mm}+0.05\text{mm}=0.05\text{mm}$$

故铣槽工序尺寸为

$$A_1=40^{+0.09}_{+0.05}\text{mm}$$

验算：$T(A_0)=\sum T(A_i)=0.04\text{mm}+0.04\text{mm}+0.10\text{mm}=0.18\text{mm}$

② 用竖式法解算，见表 6-10，方框内的数值为按代数和求得的结果，因 A_1 为增环，故得 $A_1=40^{+0.09}_{+0.05}\text{mm}$，和公式法计算结果完全相同。

表 6-10 竖式法解尺寸链

尺寸环	公称尺寸	上极限偏差	下极限偏差
A_1	+40	+0.09	+0.05
A_2	+30	+0.04	0
A_3	-60	-(-0.05)	-(+0.05)
A_0	+10	+0.18	0

（2）概率法 尺寸链的极值法的优点是简单可靠，容易理解。但缺点是，它是从各个尺寸环的极端情况（即最大尺寸和最小尺寸）出发，推导出封闭环与组成环的关系式。当封闭环的公差一定时，计算得到的组成环的公差过于严格。特别是组成环数目很多（如装配尺寸链），封闭环的公差又很小的情况下，分配到各组成环的公差就更小。公差小就意味着加工成本高，甚至在实际加工过程中无法实现。

根据概率论原理，每个组成环尺寸都处在极限情况下的机会是很少的，特别当生产批量较大时，这种情况几乎不可能发生。因此在这种情况下，应采用概率法进行尺寸链计算。

1）计算原理。假设：①所有组成环的尺寸都服从正态分布，对于非正态分布的情况只需要用分布系数来修正即可；②在制造过程中无系统性误差存在，说明误差分布中心和公差带中心重合。

由概率论知识可知，各独立随机变量（尺寸链的组成环尺寸）的均方根误差 $\sigma(A_i)$ 的平方和等于这些随机变量和（尺寸链的封闭环尺寸）的均方根误差 $\sigma(A_0)$ 的平方，对于 n 环尺寸链有

$$\sigma(A_0)=\sqrt{\sum_{i=1}^{n-1}\sigma\ (A_i)^2} \tag{6-13}$$

在正态分布的情况下，其尺寸误差的分散范围 ω 与均方根误差 σ 间的关系可取为 $\omega=6\sigma$。如果取尺寸公差和分散范围相等，则有 $T(A_i)=\omega(A_i)$，$T(A_0)=\omega(A_0)$，于是得到

$$T(A_0)=\sqrt{\sum_{i=1}^{n-1}T\ (A_i)^2} \tag{6-14}$$

即封闭环的公差等于各组成环公差平方和的平方根。

2）计算公式。对尺寸标注来说有对称分布和非对称分布两种情况。一般要用平均尺寸作为公称尺寸，再进行计算。所谓平均尺寸，就是最大尺寸和最小尺寸的均值。为了避免换算，可采用“公差带中点坐标法”进行方便计算，如图 6-20 所示。

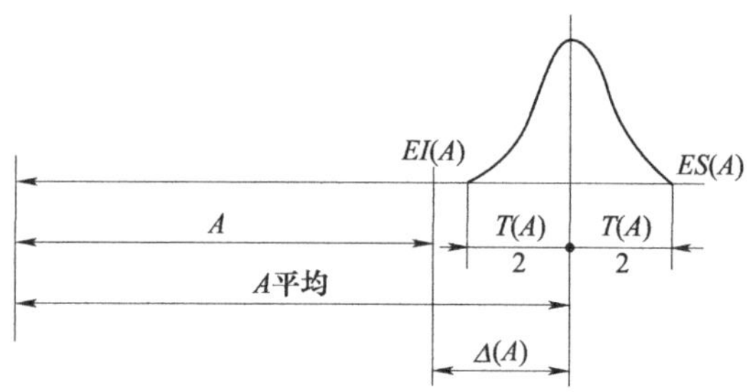

图 6-20　平均尺寸法与公差带中点坐标法的图解

封闭环的公称尺寸等于组成环公称尺寸的代数和，即

$$A_0=\sum_{p=1}^{m}A_p-\sum_{q=m+1}^{n-1}A_q \tag{6-15}$$

各组成环公差带中点相对于公称尺寸的坐标值 $\Delta(A_i)$ 为

$$\Delta(A_i)=\frac{1}{2}[ES(A_i)+EI(A_i)] \tag{6-16}$$

封闭环公差带中点相对其公称尺寸的坐标值 $\Delta(A_0)$ 为

$$\Delta(A_0)=\sum_{p=1}^{m}\Delta(A_p)-\sum_{q=m+1}^{n-1}\Delta(A_q) \tag{6-17}$$

封闭环的上下极限偏差为

$$ES(A_0)=\Delta(A_0)+\frac{T(A_0)}{2},\ EI(A_0)=\Delta(A_0)-\frac{T(A_0)}{2} \tag{6-18}$$

公差对称分布时，$\Delta(A_i)=0\text{mm}$，因此 $\Delta(A_0)$ 也为 0mm。

用概率法进行反计算时，组成环的平均公差

$$T_{平均}=\frac{T(A_0)}{\sqrt{n-1}} \tag{6-19}$$

可以看出，用概率法计算所得到的收益是能够放大公差，对于 n 环尺寸链，它比用极值法求得的组成环的平均公差要大 $\sqrt{n-1}$ 倍。也就是说用比较大的公差，同样能满足封闭环的要求，而且组成环越多，效果越明显，这一点更符合生产实际。但要说明的是，该方法一般只能在批量生产中尺寸分布符合统计规律的情况下使用。

7. 典型尺寸链的建立与解算

（1）定位基准与设计基准不重合的尺寸换算　如图 6-21 所示，主轴孔 3 的轴心线在垂

直方向上的设计基准为底面 2，但在加工时，为了使镗孔夹具简单，往往把箱体倒放，采用顶面 1 作为定位基准，如图 6-21b 所示。当采用调整法加工时，镗孔中心按尺寸 A 调整，这样设计尺寸 $B=(350\pm0.3)\text{mm}$ 是由上道工序尺寸 $C=(600\pm0.2)\text{mm}$ 和本道工序尺寸 A 间接保证的，所以 B 为封闭环，C 为增环，A 为减环，所建立的尺寸链如图 6-21c 所示。

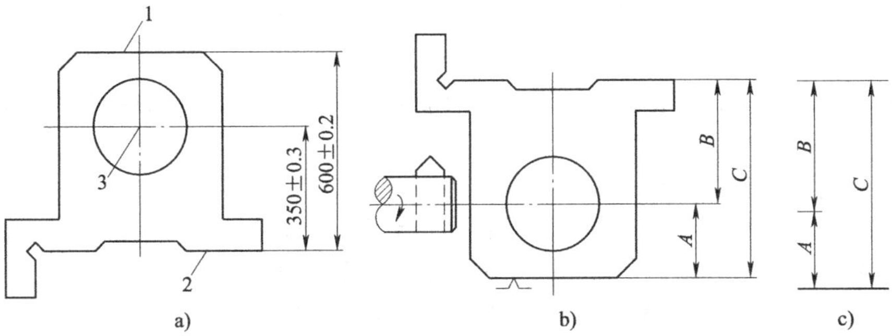

图 6-21　定位基准与设计基准不重合的尺寸换算

由尺寸链解算公式得

$$A = C - B = 600\text{mm} - 350\text{mm} = 250\text{mm}$$

$$ES(A) = EI(C) - EI(B) = -0.2\text{mm} - (-0.3\text{mm}) = 0.1\text{mm}$$

$$EI(A) = ES(C) - ES(B) = 0.2\text{mm} - 0.3\text{mm} = -0.1\text{mm}$$

因此本工序尺寸及其极限偏差为

$$A \pm T(A) = (250 \pm 0.1)\text{mm}$$

这就比采用底面作为定位基准直接获得尺寸 B 的允许误差±0.3mm 大大缩小了，原因就在于基准不重合。

现在，来看另一种情况，若零件图规定的尺寸 B 和 C 的公差为 $T(B)=\pm0.3\text{mm}$，$T(C)=\pm0.4\text{mm}$，按照 $T(B)=T(C)+T(A)$ 的要求，因为此时 $T(C)>T(B)$，就已无法满足工艺尺寸链的基本计算式的关系，即使本工序的加工误差 $T(A)=0$，也无法保证尺寸 B 在规定的公差范围内。这时就必须采取措施，一种办法是提高前道工序的加工精度，缩小尺寸 C 的公差，使 $T(C)<T(B)$；另外还需适当选择加工方法，使本道工序尺寸 A 的加工误差 $T(A)<T(B)-T(C)$，这样才能保证尺寸 B 的误差在允许的范围之内。如果这两种措施都无法保证设计要求，则只能采用基准重合的方法进行加工。

(2) 测量基准与设计基准不重合的尺寸换算　当测量基准与设计基准不重合时也会产生基准不重合误差，其分析方法和定位基准与设计基准不重合时完全一样。例如：图 6-22a 所示的套筒零件，设计时根据装配图要求标注尺寸，大孔深度无明确的尺寸要求。

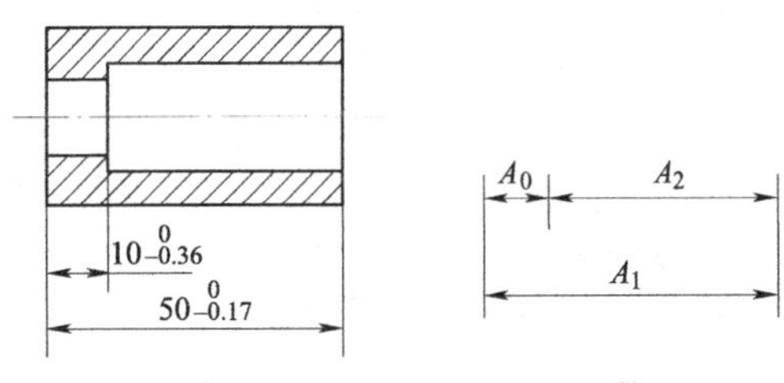

图 6-22　测量基准与设计基准不重合的尺寸换算

在加工时，因为测量尺寸 $10_{-0.36}^{\ 0}\text{mm}$ 比较困难，所以总是用深度游标卡尺直接测量大孔深度，从而间接保证尺寸 $10_{-0.36}^{\ 0}\text{mm}$，因此它成为工艺尺寸链的封闭环 A_0，如图 6-22b 所示。这时 $A_1=50_{-0.17}^{\ 0}$mm 为增环，$A_2=50\text{mm}-10\text{mm}=40\text{mm}$ 为减环。为了可靠地保证 $A_0=10_{-0.36}^{\ 0}$mm，就得用尺寸链原理来确定 A_2 及其极限偏差。

$$A_2=A_1-A_0=50\text{mm}-10\text{mm}=40\text{mm}$$
$$ES(A_2)=EI(A_1)-EI(A_0)=-0.17\text{mm}-(-0.36\text{mm})=0.19\text{mm}$$
$$EI(A_2)=ES(A_1)-ES(A_0)=0\text{mm}-0\text{mm}=0\text{mm}$$

因此得到的测量工序尺寸 A_2 的公称尺寸及其极限偏差为 $40_{\ 0}^{+0.19}$mm。可以看出，本来零件对该尺寸并未有要求，而要通过测量该尺寸保证其他尺寸时，这时就必须对其提出精度要求。

（3）多尺寸保证时工序尺寸及其极限偏差的换算　在一个零件上，某一设计基准往往与许多尺寸相关联，所以对其精加工后要求同时保证多个设计尺寸，在加工中如何正确给出有关中间工艺尺寸，就形成了多尺寸保证的尺寸链计算问题。

例如：图 6-23a 所示为一轴套零件的部分尺寸要求；图 6-23b 所示为该零件的几个相关工序图。

其加工过程为：

1）工序 1 和 2 加工零件外形及内孔。

2）工序 3 以表面 B 为基准钻孔，获得工序尺寸 A_1。

3）工序 4 以表面 B 为基准，精加工大端面 A。

4）工序 5 以端面 A 为基准，精磨表面 B，获得尺寸 $9_{-0.09}^{\ 0}$mm；再以表面 B 为基准，精磨端面 D，获得尺寸 $32_{-0.062}^{\ 0}$mm。

由此过程可知，工序图上的尺寸均为直接获得的尺寸，钻孔在第 3 道工序完成，当第 5 道工序精磨 B 面以后，孔距尺寸（10±0.18）mm 被间接保证，因此是封闭环，从而得到图 6-23c 所示尺寸链。由尺寸链计算公式可得

公称尺寸：$A_0=A_1+A_3-A_2$，则 $A_1=A_0-A_3+A_2=10\text{mm}-9.2\text{mm}+9\text{mm}=9.8\text{mm}$。

上极限偏差：$ES(A_0)=ES(A_1)+ES(A_3)-EI(A_2)$，则 $ES(A_1)=ES(A_0)+EI(A_2)-ES(A_3)=0.18\text{mm}+(-0.09\text{mm})-0\text{mm}=0.09\text{mm}$。

下极限偏差：$EI(A_0)=EI(A_1)+EI(A_3)-ES(A_2)$，则 $EI(A_1)=EI(A_0)+ES(A_2)-EI(A_3)=-0.18\text{mm}+0\text{mm}-(-0.09\text{mm})=-0.09\text{mm}$。

因此，$A_1=(9.8\pm0.09)$mm。

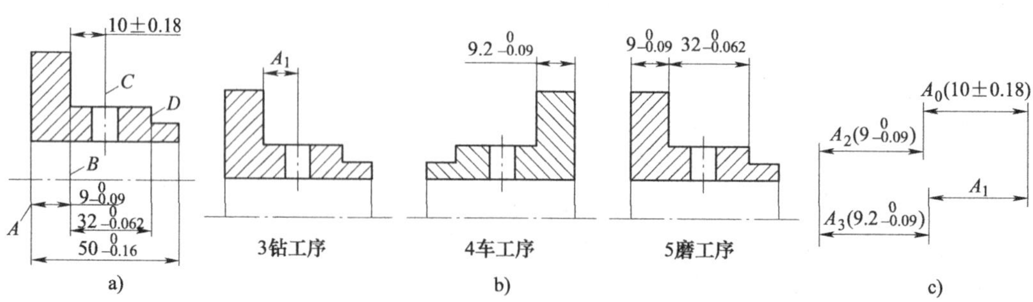

图 6-23　多尺寸保证时尺寸链计算

（4）中间工序尺寸及其极限偏差的换算　在加工过程中，零件经多道工序完成，某些

尺寸需要从尚未加工表面标注，因此要用尺寸链进行中间尺寸换算。现以图 6-24a 所示的零件为例予以说明，内孔最终尺寸为 $\phi40^{+0.05}_{0}$mm，键槽深度尺寸为 43.6$^{+0.34}_{0}$mm，其加工路线为：①工序 1 为镗内孔至 $\phi39.6^{+0.10}_{0}$mm；②工序 2 为插键槽至尺寸 A；③工序 3 为热处理；④工序 4 为磨内孔至 $\phi40^{+0.05}_{0}$mm。

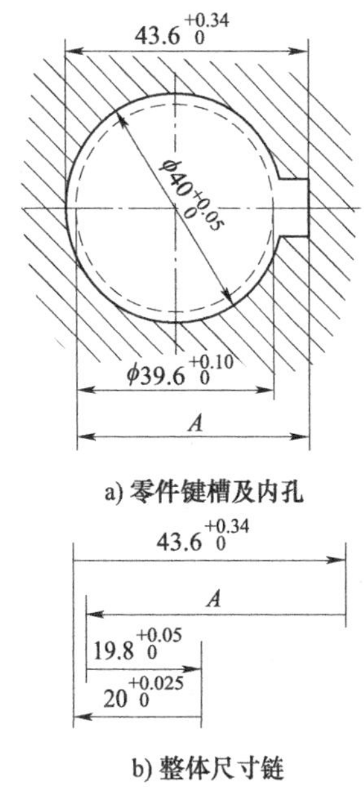

a) 零件键槽及内孔

b) 整体尺寸链

图 6-24　内孔及键槽的工序尺寸链

为了求出中间工序尺寸 A 及其极限偏差，就需按加工路线做出工艺尺寸链。值得注意的是，如果有直径尺寸时，最好以中心为基点，用半径尺寸画尺寸链，这时其公称尺寸和公差均减半。按照尺寸链建立方法，因尺寸 $\phi40^{+0.05}_{0}$mm 由磨削直接获得，同时间接保证尺寸 43.6$^{+0.34}_{0}$mm，所以该尺寸为封闭环，所建立的四环尺寸链如图 6-24b 所示，根据尺寸链基本计算式即可解得。

公称尺寸：43.6mm$=A+$20mm$-$19.8mm，则 $A=$43.4mm。

上极限偏差：+0.34mm $= ES(A)$ + 0.025mm − 0mm，则 $ES(A)=$ +0.315mm。

下极限偏差：0mm $= EI(A)$ + 0mm − 0.05mm，则 $EI(A)=$ +0.05mm。

所以插键尺寸为：$A=43.4^{+0.315}_{+0.050}$mm，按入体原则标注为：$A=43.45^{+0.265}_{0}$mm。

也即在镗孔后插键槽时，中间工序尺寸 A 只要满足 $A=43.45^{+0.265}_{0}$mm，则最终槽深设计尺寸 43.6$^{+0.34}_{0}$mm 就能保证。

(5) 余量校核　工序余量的变化取决于本道工序与上道工序加工误差的大小。在已知本道工序、上道工序的工序尺寸及其公差的情况下，用尺寸链计算余量的变化，可以衡量余量是否满足加工要求，防止余量过小或过大。一般本道工序、上道工序的工序尺寸及其公差都是直接获得的，所以本道工序的余量就成为尺寸链的封闭环。

图 6-25a 所示为小轴轴向尺寸的加工工艺过程。工序内容及相关尺寸如下。

工序 1：粗车端面Ⅰ和Ⅱ，直接获得尺寸 $A_1=28^{\ 0}_{-0.52}$mm 和 $A_2=35^{\ 0}_{-0.34}$mm。

工序 2：调头，粗、精车端面Ⅲ，直接获得尺寸 $A_3=26^{\ 0}_{-0.28}$mm。

工序 3：再调头，精车端面Ⅰ和Ⅱ，直接获得尺寸 $A_4=25^{\ 0}_{-0.14}$mm 和 $A_5=35^{\ 0}_{-0.17}$mm。

要求检查工序 3 精车端面Ⅱ的工序余量 Z_3。

验算过程如下。

1）根据工艺过程，先作轴向尺寸形成过程及余量分布图（图 6-25b），由具体加工过程可知，工序 3 精车端面Ⅱ的工序余量 Z_3为封闭环，即 $Z_3=A_0$。

2）从封闭环 Z_3起，顺序形成有关尺寸的封闭图，如图 6-25c 所示，并判定其为组成环数最少的尺寸链。

3）分析并标定各组成环的性质。

4）用竖式法验算封闭环的公称尺寸和上、下极限偏差，计算过程见表 6-11，计算得：$Z_3=1^{+0.31}_{-0.62}$mm，则最大余量 $Z_{3,\max}=1.31$mm，最小余量 $Z_{3,\min}=0.38$mm，可以满足精车余量要求。

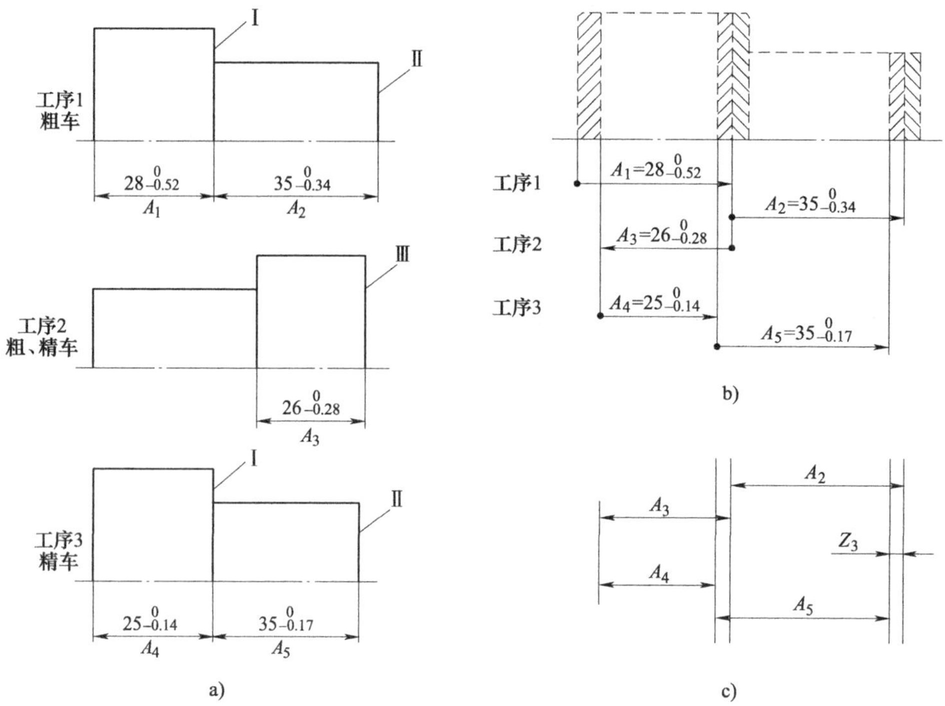

图 6-25　小轴轴向尺寸的加工工艺过程及工艺尺寸链

表 6-11　验算工序余量 Z_3　　（单位：mm）

尺寸环	公称尺寸	上极限偏差 *ES*	下极限偏差 *EI*
A_2	+35	0. 00	−0. 34
A_3	+26	0. 00	−0. 28
A_4	−25	+0. 14	0. 00
A_5	−35	+0. 17	0. 00
Z_3	1	+0. 31	−0. 62

需要注意的是，如果出现最小余量小于或等于零的情况，说明无法进行加工，则必须及时对相关的工序尺寸及其公差进行调整。

6. 5. 3　工序图绘制及其尺寸标注

1. 绘制工序图

工序图是工艺卡片上附加的工艺简图，如图 6-26 所示。工序图的绘制应满足下列要求。

1）用粗实线表示本工序的各加工表面，其他部位用细实线表示。

2）加工表面上应标注表面粗糙度符号。

3）工序图应标出本工序结束时应达到的尺寸、极限偏差及形状、位置公差。与本工序加工无关的技术要求一律不标注。

4）工序图上应标明定位、夹紧符号。

5）工序图以适当的比例，最少的视图，表示出工件在加工时所处的位置状态，与本工序加工无关的部位不用表示。

2. 标注工序尺寸极限偏差

标注工序尺寸极限偏差的要求如下。

1）中间工序的工序尺寸，对于内孔、外圆、平面或沟槽，应按“入体原则”标注成单向极限偏差。

2）中间工序尺寸，若属于孔轴中心距或孔到平面的距离，应标注成双向对称极限偏差。

3）中间工序尺寸的公差可从相应的经济精度表中查得，或通过尺寸链计算获得。

4）最终工序的工序尺寸，应按图样要求标注。

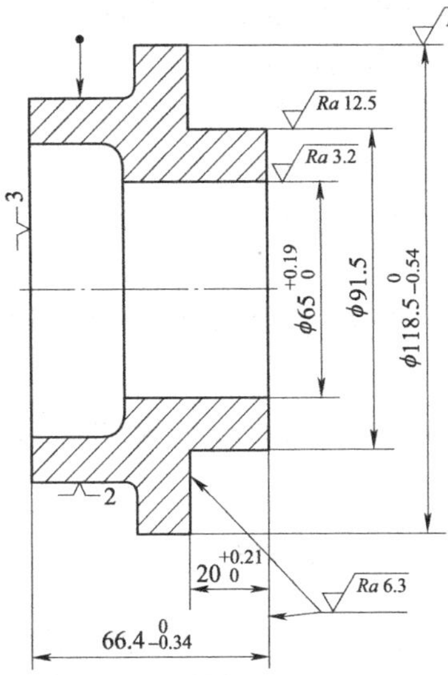

图 6-26　工序图

6.6　机床与工艺装备选择

在机械加工工艺规程制订时，机床、夹具、刀具、量具以及辅具等工艺装备选择对保障加工质量和加工效率有很大影响，因此正确合理的选择具有重要意义。

1. 机床的选择

在选择机床时应注意以下几点。

1）机床的主要规格尺寸应与加工零件的轮廓尺寸相适应，即小零件应选小型机床，大零件应选大型机床，做到设备合理使用。对于大型零件，在缺乏大型设备时，可采用“蚂蚁啃骨头”的办法，实现小设备加工大零件的工艺。

2）机床的精度应与工序要求的加工精度相适应。对于高精度的零件加工，在缺乏精密设备时，可通过设备改装或调整，实现低精度设备加工高精度零件的工艺。

3）机床的生产率与加工零件的生产批量相适应。单件小批生产时选择通用设备，大批大量生产时选择高效率专用设备。

机床选择还应结合企业现场的实际情况，如设备负荷的平衡状况以及设备的分布排列情况等。

2. 夹具选择

单件小批生产，应尽量选用通用夹具，如各种卡盘、台虎钳和回转台等。为提高生产率，应积极推广使用组合夹具。大批大量生产，应采用高生产率的气液传动的专用夹具。应特别注意夹具的精度应与加工精度相适应。

3. 刀具的选择

一般采用标准刀具，必要时也可采用各种高生产率的复合刀具及专用刀具。刀具的类型、规格及公差等级应符合加工要求。在现代生产条件下，高速、高精度加工已经成为重要的发展方向，选择具有良好性能的各类涂层刀具对提高刀具寿命和加工效率有显著效果。

4. 量具的选择

单件小批生产中应采用通用的量具，如游标卡尺与百分表等。大批大量生产中应尽量采用各种量规和一些高效的专用量具。对复杂件或模具等曲面检验，坐标测量机具有明显的优势。应当注意量具的精度必须与加工精度相适应。

6.7 工艺过程的生产率及技术经济分析

在制订机械加工工艺规程时，必须在保证零件质量要求的前提下，提高劳动生产率和降低生产成本。

6.7.1 生产率分析

劳动生产率是指单位时间内制造的合格品数量或者制造单件产品所消耗的劳动时间。劳动生产率一般通过时间指标来衡量。

1. 时间定额

时间定额是在一定的生产条件下制订出来的完成单件产品（如一个零件）或某项工作（如一个工序）所必须消耗的时间。时间定额不仅是衡量劳动生产率的指标，也是安排生产计划、计算生产成本的重要依据，同时也是新建或扩建工厂（或车间）时计算设备和工人数量的依据。

制订合理的时间定额是调动工人积极性的重要手段。它一般是由技术人员通过计算、类比，或者通过对实际操作时间的测定和分析的方法而确定的。

完成零件一个工序所消耗的时间，称为单件时间定额（T_p）。它由下列部分组成。

（1）**基本时间 T_m**　它是指直接改变生产对象的形状、尺寸、相对位置与表面质量等所耗费的时间。对机械加工来说，基本时间为切除金属层所耗费的机动时间（包括刀具的切入和切出时间），可由切削用量、加工余量、行程长度计算获得。例如：车削加工时的基本时间 $T_m=\dfrac{l+l_1+l_2}{fn}i$，其中 i 是走刀次数 $i=z/a_p$，z 是加工余量（mm），a_p 是背吃刀量（mm）；f 是进给量（mm/r）；n 是主轴转速（r/min）；l、l_1、l_2 分别是工件长度、切入和切出长度（mm）。

（2）**辅助时间 T_a**　它是指在每个工序中，为保证完成基本工艺过程所必需的各种辅助动作所耗费的时间。对机械加工而言，辅助动作主要有装卸工件、开停机床、改变切削用量、试切和测量零件、手动进退等手工动作，一般通过查表及实例法获得。

基本时间 T_m 和辅助时间 T_a 的总和称为**单件作业时间 T_o**。

（3）**工作地服务时间 T_s**　它是指为保证加工过程正常进行，工人照管工作地点及保持正常工作状态所耗费的时间。它主要包括调整、更换和刃磨刀具，润滑和擦拭机床，清除切屑，收拾工具等所耗费的时间。工作地服务时间一般可按作业时间的2%~7%来计算。

（4）**休息和自然需要时间 $T_{r,n}$**　它是指工人在工作班内为恢复体力和满足生理需要所消耗的时间。一般可按作业时间的2%来计算。当然可根据加工零件的大小、重量以及加工的复杂程度进行调整。

上述时间的总和称为**单件时间**，则在生产中单件时间定额为

$$T_p = T_m + T_a + T_s + T_{r,n} \tag{6-20}$$

(5) **准备-终结时间 $T_{r,f}$** 准备-终结时间是成批生产中，为了生产一批零件，进行准备和结束工作所消耗的时间。即开始加工前需要熟悉工艺文件、领料、领取夹具刀具等工艺装备、调整机床等；加工一批零件结束时，需要拆卸和归还工艺装备、送交成品等。因该时间对于一批零件（设批量为 N）只消耗一次，故分摊到每个零件上的时间为 $T_{r,f}/N$。

所以，批量生产时单件时间定额为上述时间之和，即

$$T_p = T_m + T_a + T_s + T_{r,n} + T_{r,f}/N \tag{6-21}$$

2. 提高机械加工生产率的工艺措施

劳动生产率是衡量生产效率的一个综合指标，它不单纯是一个工艺技术问题，还与产品设计、生产组织和管理工作有关。所以，改进产品结构设计，改善生产组织和管理工作，都是提高劳动生产率的有效措施。这里讨论的仅是与机械加工有关的工艺措施。

(1) 缩减时间定额　在时间定额的五个组成部分中，缩减每一项都能使时间定额降低，从而提高劳动生产率。但主要应缩减占比例较大的部分，如单件小批生产时主要应缩减辅助时间，大批大量生产时主要应缩减基本时间，$T_{r,n}$本来所占比例就少，不宜作为缩减对象。

1) 缩减基本时间的方法。提高切削用量 v_c、f、a_p 以提高单位时间切除率；采用多刀加工的方法，如用三把刀具同时加工轴的三个台阶面，切削行程减少 2/3；采用多件加工以减少刀具的切入和切出长度或减少走刀长度。

2) 缩减辅助时间的方法。采用先进高效夹具以减少装卸工件的时间；采用多工位连续加工或采用交替夹具以使辅助时间与基本时间重合；采用自动测量装置以减少停机测量工件时间。

3) 缩减工作地服务时间的方法。采用各种快换刀具夹头、自动换刀装置、对刀仪、刀具微调装置以及不重磨刀片等，以减少工人在刀具的装卸、刃磨、对刀等方面所耗费的时间，从而缩减调整和更换刀具的时间，提高刀具或砂轮的寿命。

4) 缩减准备-终结时间的方法。在批量生产时，设法缩减安装工具、调整机床的时间，尽量扩大零件的批量，以使分摊到每个零件上的准备-终结时间减少。

(2) 采用先进工艺方法　采用先进的工艺方法是提高劳动生产率极为有效的手段，主要有以下几种。

1) 采用先进的毛坯制造方法。例如：粉末冶金、失蜡铸造、压力铸造、精密锻造等工艺，可提高毛坯精度，减少切削加工的劳动量，提高生产率。

2) 采用少、无切屑新工艺。例如：用挤齿代替剃齿，生产率可提高 6~7 倍。还有滚压、冷轧等工艺，都能有效地提高生产率。

3) 采用特种加工。对于某些硬、脆、韧性材料及复杂形面等，采用特种加工方法能极大地提高生产率。例如：用电解或电火花加工锻模型腔，用线切割加工冲压模具等，可减少大量的钳工劳动量。

4) 改进加工方法。例如：用拉孔代替镗、铰孔，用精刨、精磨代替刮研等，都可提高生产率。

6.7.2　工艺过程的技术经济分析

经济分析就是通过比较各种不同工艺方案的生产成本，优选出其中最为经济的工艺方

案，也就是指在机械加工中能用最低的成本制造出合格的产品。这样就需要对不同的工艺方案进行技术经济分析，从技术和生产成本等方面进行全面比较。

1. 生产成本和工艺成本

制造一个零件（或产品）所耗费的费用总和称为**生产成本**。把与工艺过程直接有关的费用，称为**工艺成本**。

（1）工艺成本的组成　工艺成本由可变费用和不变费用两部分组成。

1）可变费用 V。它是与零件年产量直接有关，并与之成正比变化的费用。可变费用包括毛坯材料及制造费、操作工人工资、通用机床折旧费和修理费、通用工艺装备（刀具、夹具）的折旧费和修理费以及机床电费等。

2）不变费用 S。不变费用是指与零件年产量无直接关系，不随年产量的变化而变化的费用。它包括专用机床和专用工艺装备的折旧费和修理费、调整工人的工资等。当年产量在一定范围内变化时，这种费用基本保持不变。

（2）工艺成本的计算　零件加工全年工艺成本可按 $E=VN+S$ 进行计算，其中 E 是一种零件全年的工艺成本（元/年）；V 是可变费用（元/件）；N 是零件年产量（件/年）；S 是不变费用（元/年）。

每个零件的单件工艺（工序）成本可按 $E_d=V+S/N$ 进行计算，其中 E_d 是单件工艺（工序）成本（元/件）。

全年工艺成本与年产量的关系可用图 6-27 表示，E 与 N 成正比关系，说明全年工艺成本随着年产量的变化而成正比例地变化。

单件工艺成本与年产量是双曲线关系，如图 6-28 所示。在曲线的 A 段，年产量很小，设备负荷低，单件成本就高，如年产量略有变化时，单件成本将有较大的变化。在曲线的 C 段，大多采用专用设备，年产量很大，当不变费用一定时，则 S/N 值小，故单件成本较低，年产量的变化对单件成本影响很小。

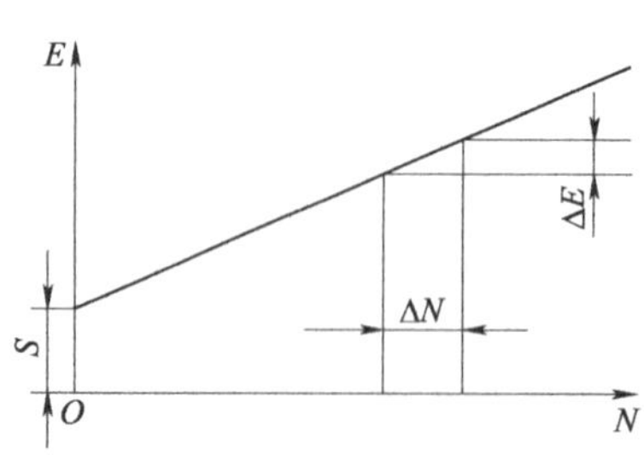

图 6-27　全年工艺成本与年产量的关系

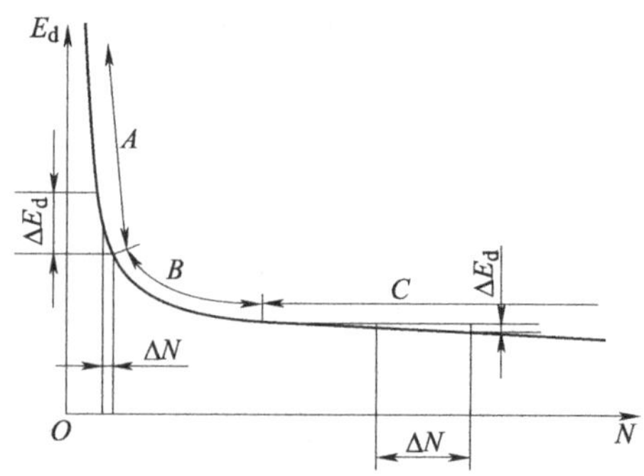

图 6-28　单件工艺成本与年产量的关系

以上分析表明，当不变费用（主要是专用设备费用）一定时，就应该有一个相适应的零件年产量。若年产量较小，则 S/N 与可变费用相比在成本中所占比重就较大，因此年产量的增大就会使成本显著下降，这种情况就相当于单件生产与小批生产；反之，当年产量超过一定范围，使 S/N 所占比重已很小，此时就需采用生产率更高的方案，使可变费用减小，才能获得好的经济效果，这就相当于大量、大批生产情况。

2. 不同工艺方案的经济性比较

不同工艺方案的经济性优劣与零件年产量有关，当两种方案工艺成本相同时的年产量称为**临界年产量 N_k**，按 $N_k=(S_2-S_1)/(V_1-V_2)$ 计算。

1）如果两种工艺方案基本投资相近，或在现有设备的情况下，可比较其工艺成本。

① 如两方案只有少数工序不同，可比较其单件工艺成本，即

方案Ⅰ：$E_{d1}=V_1+S_1/N$；方案Ⅱ：$E_{d2}=V_2+S_2/N$。

这种情况下，参考临界产量 N_k，选择 E_d 值小的方案，如图 6-29 所示。

② 如果两种工艺方案有较多工序不同时，应比较其全年工艺成本，即

方案Ⅰ：$E_1=V_1N+S_1$；方案Ⅱ：$E_2=V_2N+S_2$。

同理，这种情况下应选择 E 值小的方案，如图 6-30 所示。

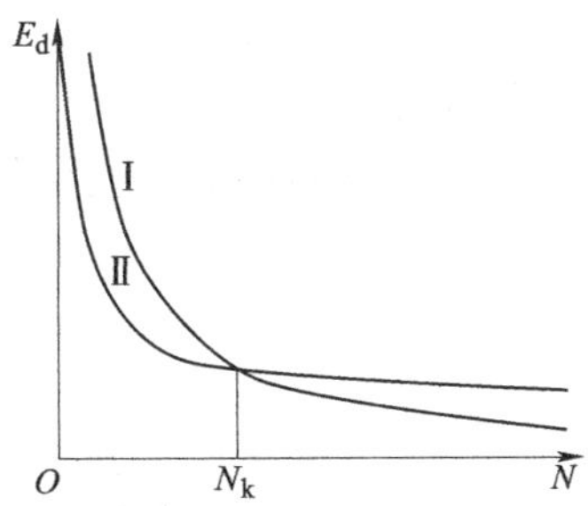

图 6-29　两种方案单件工艺成本的比较

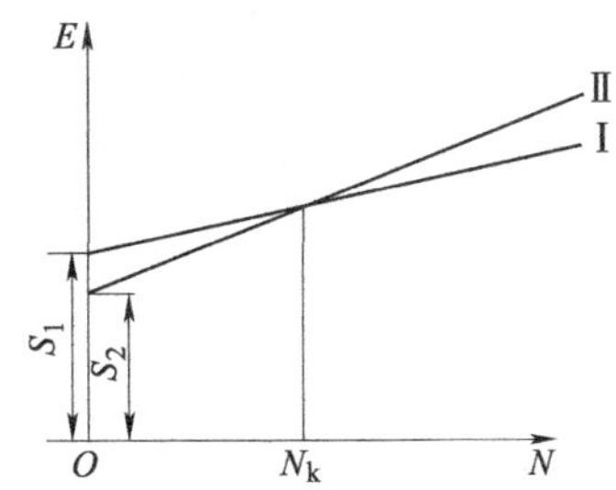

图 6-30　两种方案全年工艺成本的比较

从图上可以看出，当 $N<N_k$ 时选方案Ⅱ；当 $N>N_k$ 时选方案Ⅰ。

2）如果两种工艺方案的基本投资相差较大时，则应比较不同方案的基本投资差额的回收期限。

例如：方案Ⅰ采用生产率高但价格昂贵的工装设备，基本投资 K_1 大，但工艺成本 E_1 低；方案Ⅱ采用了生产率较低但价格便宜的工装设备，基本投资 K_2 小，但工艺成本 E_2 较高。也就是说，方案Ⅰ的低成本是以增加投资为代价的，这时需考虑投资差额的回收期限 T（年），其值可通过 $T=(K_1-K_2)/(E_2-E_1)=\Delta K/\Delta E$ 计算，其中 ΔK 是基本投资差额（元）；ΔE 是全年工艺成本差额（元/年）。所以，回收期限就是指方案Ⅰ比方案Ⅱ多花费的投资，需要多长的时间由于工艺成本的降低而收回。显然 T 越小，则经济效益越好，但 T 至少应满足以下要求。

① 小于所采用设备的使用年限。

② 小于生产产品的更新换代年限。

③ 小于国家规定的使用年限。例如：普通机床为 4~6 年，夹具为 2~3 年。

6.8　数控加工工艺设计

6.8.1　数控加工工艺概述

1. 数控加工与数控加工工艺

数控加工（Numerical Control Machining，NCM）是指在数控机床上进行零件加工的一种

工艺方法，即根据零件图样及工艺要求等原始条件，编制零件数控加工程序，并输入到机床的数控系统，以控制刀具与工件的相对运动，从而完成零件加工。

数控加工工艺是采用数控机床加工零件所采用的各种方法及技术手段的总和。与传统加工工艺相比，它们在许多方面遵循的原则基本上一致，只是数控机床具有更多的功能，可以加工普通机床难以加工或不能加工的具有复杂形面的零件。它是解决零件多品种、小批量、高精度、形状复杂等问题和实现高效化、自动化、智能化加工的有效途径。

2. 数控加工中的常用术语

（1）机床原点　机床原点是指在机床上设置的一个固定点，即机床坐标系的原点。它的物理位置在机床装配、调试时就已由制造厂家确定。一台数控机床，只有一个机床原点。由机床原点确定的坐标系称为机床坐标系或机械坐标系。

数控车床的机床原点一般取在卡盘前端面或后端面与主轴中心线的交点（*M* 点）处，如图 6-31a 所示。不过，通过设置参数的方法，也可将机床原点设定在 *X*、*Z* 坐标正方向的极限位置。数控铣床和加工中心的机床原点，一般设在机床工作台中心，或设在进给行程范围的终点，如图 6-31b 所示。

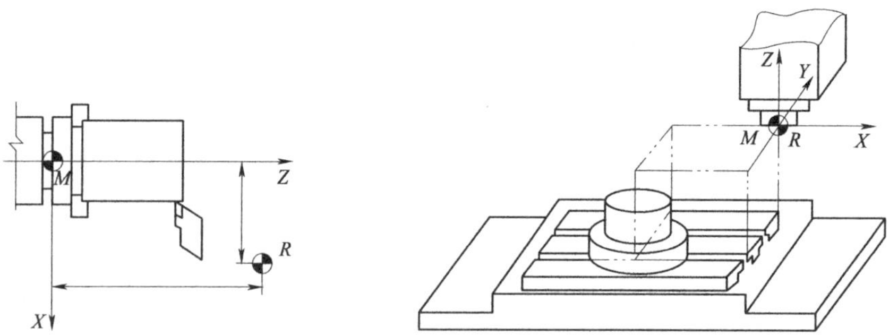

a) 数控车床　　b) 数控铣床

图 6-31　数控机床的机床原点与参考点

（2）机床参考点　机床参考点是用于对机床运动进行检测和控制的固定位置点，其位置是由机床制造厂家在每个进给轴上用限位开关精确调整好的，坐标值已输入数控系统中。如图 6-31 所示，*M* 点是机床原点，*R* 点是机床参考点。通常，在数控铣床和加工中心上，机床原点和机床参考点是重合的；而在数控车床上，机床参考点是离机床原点最远的极限点。数控机床开机、数控系统启动后，首先进行的操作就是“回参考点”，目的就是通过 CNC 收到返参成功的信号后，根据预置在系统内部的参考点数据“反推”确定机床原点的位置，从而建立机床坐标系。

（3）刀架相关点　刀架相关点是机床制造厂家在刀架或主轴上设置的一个位置点，是数控系统默认的刀位点，当机床回参考点运行后，它与机床参考点重合。在工件实际加工中，几乎都要使用多把刀具，各刀具的刀位点相对于刀架相关点的偏离距离将被测出，作为刀具的偏置参数或补偿量，在加工开始前输入数控系统，用于校正各把刀具在机床坐标系中的实际刀位点坐标。

刀位点是用于确定刀具在机床坐标系中位置的刀具上的特定点。常用刀具的刀位点规定：车刀的刀尖或刀尖圆弧中心；钻头的钻尖或底面中心；立铣刀、端铣刀的轴线与底面的交点；球头铣刀的球头中心等，如图 6-32 所示。

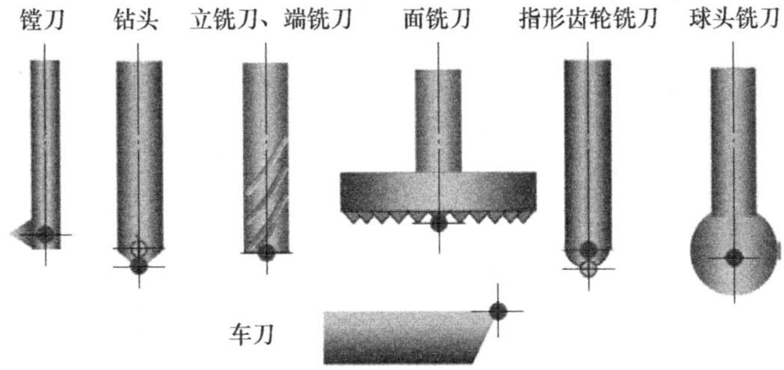

图 6-32　常用刀具的刀位点

（4）编程原点和编程坐标系　编程坐标系也称为工件坐标系，是编程人员在编程时根据零件图样设定的坐标系。编程坐标系的原点称为编程原点或工件原点。进行数控编程时，首先要根据被加工件的形状特点和尺寸，在零件图样上建立编程坐标系，使工件上所有的几何元素都有确定的坐标位置，同时也决定了在数控加工时工件在机床上的放置方向。编程坐标系的建立，包括编程原点选择和编程坐标轴位置、方向确定两部分内容。确定编程坐标系时不必考虑工件毛坯在机床上的实际安装位置。图 6-33 所示为零件的编程坐标系实例。

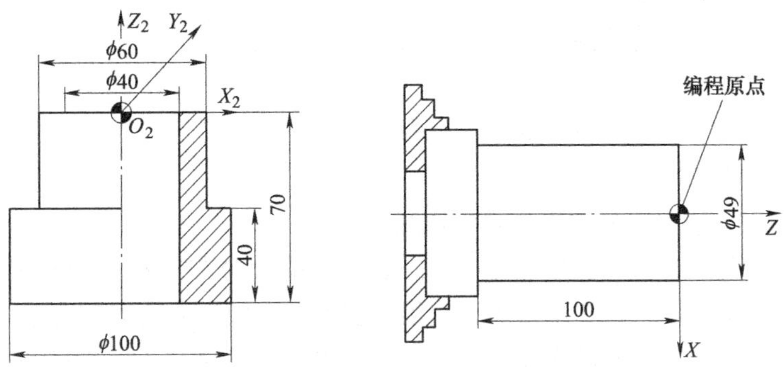

a) 数控铣床　　b) 数控车床

图 6-33　零件的编程坐标系实例

编程原点在工件上的位置虽可任意选择，但一般应遵循以下原则。

1）尽量与零件图样的尺寸基准重合，这样有利于直接把图样标注的尺寸转化成编程坐标值，简化尺寸换算和特征点的坐标计算，方便编程，如图 6-34 所示。

2）尽量选在尺寸精度和表面质量要求高的表面上或其所在区域，以提高加工精度和一致性。

3）对称结构的工件，最好选在工件的对称中心上，如图 6-35 所示。

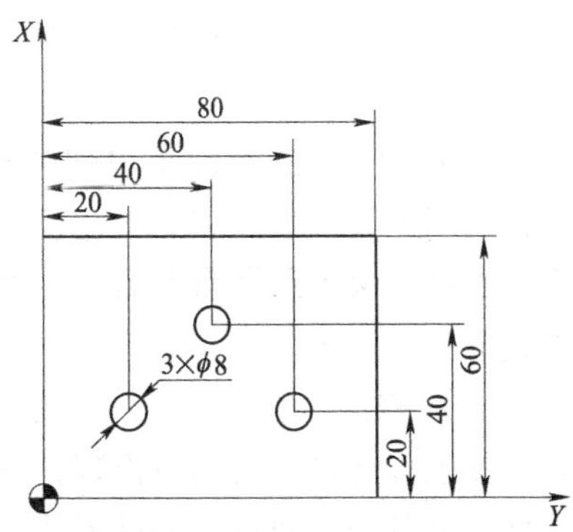

图 6-34　编程原点与尺寸基准重合

4）对于一般工件，选在工件外轮廓的某一角上，尤其以左下角的点为最佳，这样可以让所有点的坐标为正值，便于编程，如图 6-36 所示。

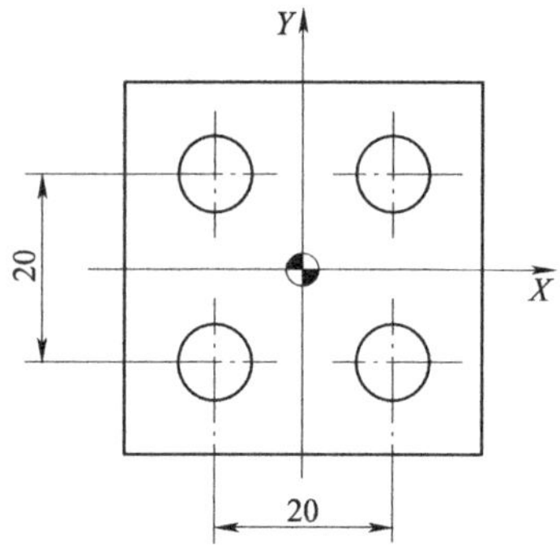

图 6-35　编程原点放在对称中心上

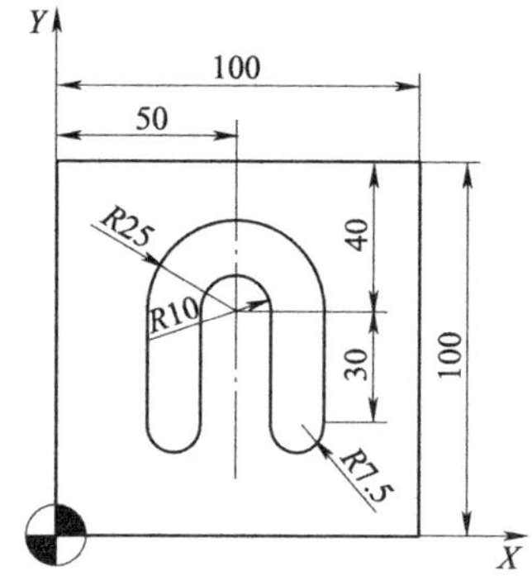

图 6-36　编程原点放在工件的角落上

5）Z 方向零点一般放在工件的表面上，如图 6-37 所示。

6）要便于工件安装、对刀以及工序尺寸检测等，如图 6-37 所示。

3. 数控加工工艺的特点

由于采用计算机控制的数控机床，使得数控加工具有自动化程度高、精度高、生产率高、质量稳定、周期短等特点，因此数控加工工艺与普通加工工艺有一定的差异性。

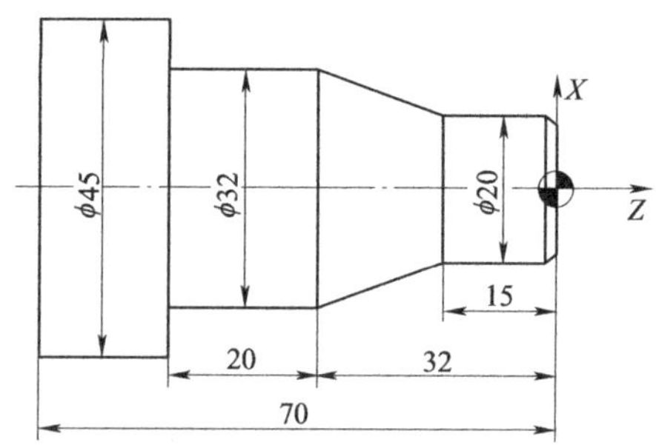

图 6-37　编程原点要便于安装、对刀和检测

（1）数控加工工艺内容要求更加具体详细

1）普通加工工艺。许多具体工艺问题，如工步的划分与安排、刀具的几何形状与尺寸、走刀路线、加工余量、切削用量等，在很大程度上由操作人员根据实际经验和习惯自行考虑和决定，一般无须工艺人员在设计工艺规程时进行过多规定，零件的尺寸精度也可以用试切来保证。

2）数控加工工艺。所有工艺问题必须事先设计和安排好，并编入加工程序中。数控加工工艺不仅包括详细的切削加工步骤，还包括工装夹具型号、规格、切削用量和其他特殊要求的内容，以及标有数控坐标位置的工序图等，在自动编程中更需要确定各种详细的工艺参数。

（2）数控加工工艺要求更加严密精确　普通加工工艺中可以根据加工过程中出现的问题进行人工调整。数控加工工艺按程序进行，加工过程中可能遇到的所有问题必须事先精心考虑，否则将会导致严重的后果。例如：用丝锥加工螺纹时，要考虑是否需要退刀清理切屑再继续加工等问题。

（3）数控加工工艺要进行零件图的数学处理和编程尺寸设定值的计算　编程尺寸并不是零件图上设计尺寸的简单再现，在对零件图进行数学处理和计算时，编程尺寸设定值要根据零件尺寸的公差要求和零件形状的几何关系重新调整计算，才能确定合理的编程尺寸。

（4）切削用量选择要考虑进给速度对工件形状精度的影响　在数控加工中，刀具的移动轨迹是由插补运算完成的。根据插补原理，在数控系统已定的条件下，进给速度越快，则插补精度越低，会导致工件的轮廓形状误差增大，尤其在高精度加工时这种影响更明显。

（5）数控加工工艺特别强调刀具选择的重要性　复杂形面的加工编程通常采用自动编程方式，自动编程中必须先选定刀具，再生成刀具中心轨迹，进行刀具补偿后形成切削轨迹。因此，对不具备刀具补偿功能的数控机床来说，若刀具预先选择不当，加工精度就无法保障。

（6）数控加工工艺的特殊要求

1）通常数控机床比普通机床的刚度高，所配备的刀具质量好，因此在同等情况下，数控机床的切削用量比普通机床大，加工效率高。

2）数控机床的功能复合化程度越来越高，因此数控加工工艺的明显特点是工序集中，表现为工序数目少，工序内容多，所以数控加工工序比普通机床加工工序内容复杂。

3）数控加工在确定安装方式和夹具设计时，要特别注意刀具与夹具、工件的干涉问题。

4）数控加工是通过输入机床数控系统的加工程序来完成零件的加工。因此，数控加工程序的编写、校验是数控加工工艺的一项特殊内容。

6.8.2　数控加工工艺分析和工艺设计

数控加工工艺设计是工件数控加工前期的工艺准备工作，必须在程序编写之前完成。

1. 数控加工工艺分析

（1）零件图样审读

1）零件图尺寸标注是否适应数控加工的特点。数控加工的零件图，应以同一基准标注尺寸或是直接给出坐标尺寸（图 6-38a）。这种标注方法既便于编程，也便于尺寸间的相互协调，在保持设计基准、工艺基准、检测基准与编程原点设置的一致性方面带来很大方便。但在实际生产中，零件设计人员可能较多地考虑装配和功能要求，经常会采用局部分散标注方法（图 6-38b），这样就会给工序安排与数控加工带来许多不便。在这种情况下，为了方便编程，可通过尺寸换算，将局部分散标注的尺寸调整为统一基准标注的尺寸或直接给出坐标尺寸。

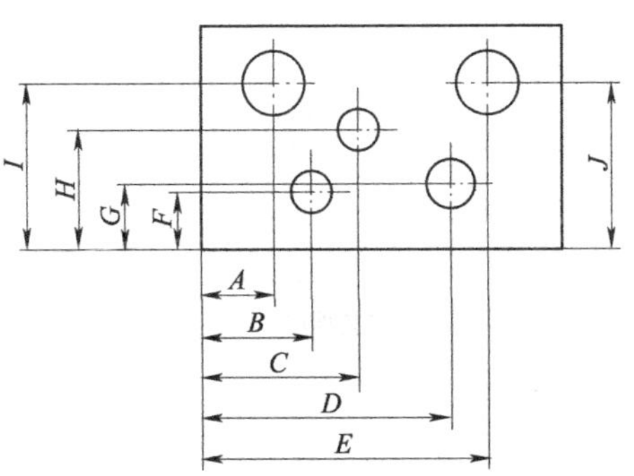

a) 同一基准标注

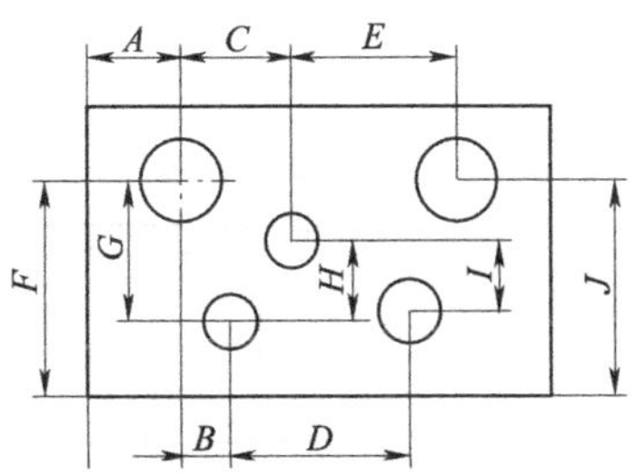

b) 局部分散标注

图 6-38　零件图尺寸标注方法

2）构成零件轮廓几何要素的条件是否充分。在手工编程时，要计算基点或节点坐标。在自动编程时，要对构成零件轮廓的所有几何要素进行定义。因此在分析零件图时，要分析几何要素的给定条件是否充分。例如：圆弧与直线、圆弧与圆弧在图样上相切，但根据图上给定尺寸，在计算相切条件时，变成了相交或相离状态。由于构成零件几何要素条件的不充分，使编程无法进行。遇到这种情况，应与零件设计者协商解决。例如：图 6-39a 所示的圆弧与斜线的关系要求为相切，但经计算后却为相交关系；又如图 6-39b 所示，图样给定的几何条件自相矛盾，各段长度之和不等于其总长。

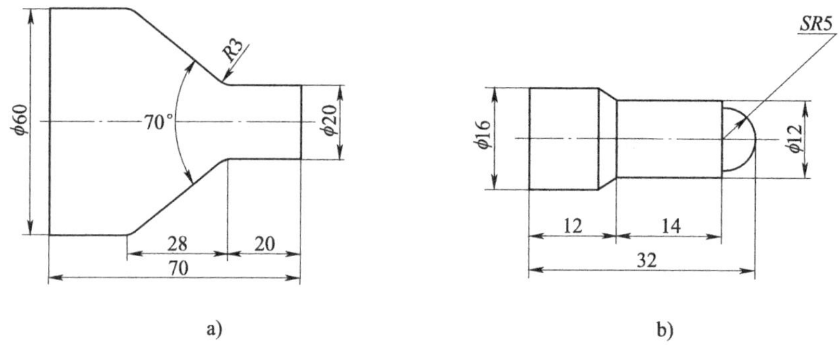

图 6-39　几何要素缺陷实例

（2）数控加工零件结构工艺性审查

1）零件的内腔和外形最好采用统一的几何类型和尺寸，这样可以减少刀具的规格和换刀次数，使编程方便，生产率高。

2）内槽圆角半径 R 的大小决定着刀具半径的大小，如图 6-40 所示。因而，内槽圆角半径 R 不应过小，应尽可能使零件内槽圆角半径 $R>0.2H$，以获得良好的加工工艺性。刀具半径一般取为内槽圆角半径 R 的（0.8~0.9）倍。

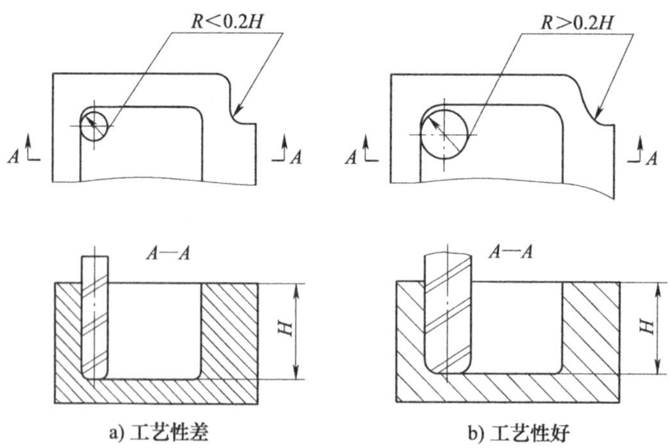

图 6-40　内槽零件的结构工艺性

3）零件铣削底平面时，槽底圆角半径 r 不应过大，槽底圆角半径 r 越大，铣刀端刃铣平面的能力越差，效率越低。因为铣刀与铣削平面接触的最大直径 $d=D-2r$。当 D 一定时，r 越大，铣刀端刃铣削平面的面积越小，加工表面的能力越差，工艺性也越差。当 r 大到一定程度时，甚至必须用球头铣刀加工，应尽量避免，如图 6-41 所示。

4）另外，在不改变零件使用性能的前提下，可从以下几方面着手，对零件的结构形状及尺寸等提出修改意见，以便设计人员进行修改：①有利于使工序集中，充分发挥数控机床的特点，提高加工精度和加工效率；②有利于采用标准刀具，减少刀具的规格与种类；③有利于简化程序，减少编程工作量；④有利于减少机床调整，缩短辅助时间；⑤有利于保证定位刚度与刀具刚度，提高加工精度。

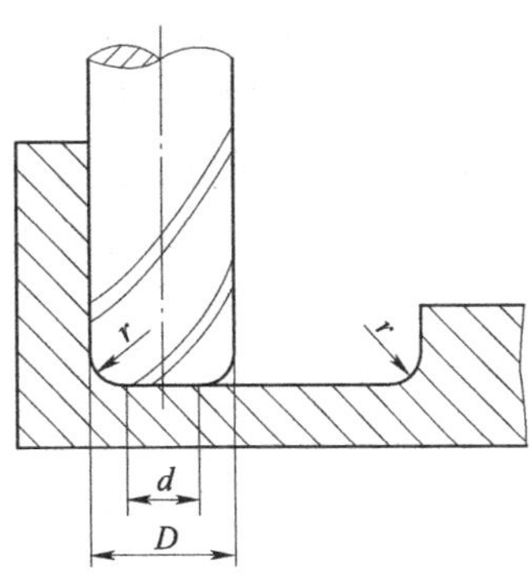

图 6-41　槽底圆角半径对加工工艺的影响

（3）是否有合适的统一基准定位　在数控加工中，若没有统一基准定位，会因零件的重新安装而导致加工后的两个面上轮廓位置及尺寸不协调。为了避免这个问题的产生，保证两次安装加工后其相应位置的准确性，应采用统一基准定位。统一基准可以是工件上的已有表面，也可以是辅助基准。零件上最好有合适的孔作为定位基准孔，若没有，要设置工艺孔作为定位基准孔。例如：图 6-42 所示零件缺少合适的定位基准，在毛坯上铸出两个工艺凸耳，在凸耳上制作定位基准孔。若无法制作定位基准孔时，最起码也要用经过精加工的表面作为统一的基准，以减少两次安装产生的定位误差。

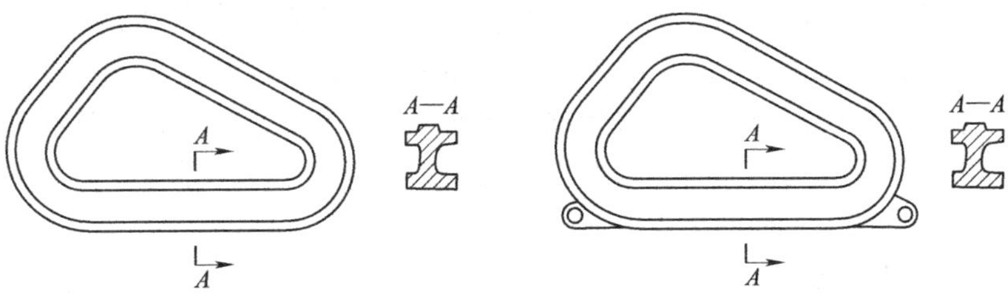

a) 改进前结构　　b) 改进后结构

图 6-42　增加辅助基准实例

2. 数控加工工艺路线设计

确定数控加工工艺路线的原则是：①保证零件的加工精度和表面粗糙度；②缩短加工路线，减小空行程时间；③方便数值计算，减少编程工作量；④充分使用指令功能，简化加工程序等。

（1）工序划分　根据数控机床的加工特点，加工工序的划分有以下几种方法。

1）按安装次数划分工序。以每一次安装完成的那一部分工艺规程作为一道工序。这种方法适用于加工内容较少的工件，加工完成后就达到待检状态。将位置精度要求较高的表面安排在一次安装下完成，以免多次安装所产生误差对位置精度的影响。

2）按所用刀具划分工序。把以同一把刀具完成的那一部分工艺过程作为一道工序。加工中心常用这种方法划分工序。有些工件虽然能在一次安装中加工出很多待加工面，但考虑到程序太长，会受到某些限制，如控制系统内存容量的限制、一个工序在一个工作班内不能结束等机床连续工作时间的限制。因此，程序不能太长，一道工序的内容不能太多。

3）按加工部位划分工序。以完成相同形面（如内腔、外形、曲面或平面等）的那一部分工艺过程作为一道工序。这种方法用于加工表面多而复杂的零件。

4）按粗、精加工划分工序。以粗加工中完成的那一部分工艺过程作为一道工序，精加工中完成的那一部分工艺过程作为一道工序。这种划分方法适用于加工后变形较大，需粗、精加工分开的零件，如毛坯为铸件、锻件或焊接件等。

总之，在工序划分时，要根据工件的结构要求、工件的安装方式、工件的加工工艺性和数控机床的性能，以及工厂生产组织与管理等因素灵活把握，力求合理。

（2）加工顺序安排　加工顺序的安排应根据工件的结构和毛坯状况，选择工件的安装方式，重点保证工件的刚度不被破坏，尽量减小变形，因此加工顺序的安排应遵循以下原则。

1）上道工序的加工不能影响下道工序的定位与夹紧。

2）对既有内表面又有外表面需要加工的零件，安排加工顺序时，应先进行内外表面粗加工，后进行内外表面精加工，内外交替进行，切不可将零件上一部分表面加工完毕后，再加工其他表面。

3）以相同安装方式或用一把刀具加工的工序，最好连续加工，以便减少重复定位次数、换刀次数或挪动压板次数。

4）在一次安装中进行的多道工序，先安排对工件刚性破坏较小的工序。

在加工中心上加工零件时，一般都有很多工步，使用多把刀具，因此加工顺序安排是否合理，直接影响到加工精度、加工效率、刀具数量和经济效益。在安排加工顺序时同样要遵循“基面先行”“先粗后精”及“先面后孔”等一般加工的工艺原则。此外还应考虑：①减少换刀次数，节省辅助时间，一般情况下每换一把新刀具后，应通过移动坐标以及回转工作台等方法将由该刀具切削的所有表面全部完成；②每道工序尽量减少刀具的空行程移动量，按最短路线安排加工表面的加工顺序。

3. 数控加工方法选择

（1）平面孔系零件加工方法的选择　平面孔系零件常用点位控制、直线控制数控机床来加工，选择加工路线时，主要考虑加工精度和加工效率两个原则。例如：图 6-43 所示孔系加工，若只考虑加工效率，采用图 6-43a 所示加工路线较好；若考虑加工精度，则采用图 6-43b 所示加工路线较好。

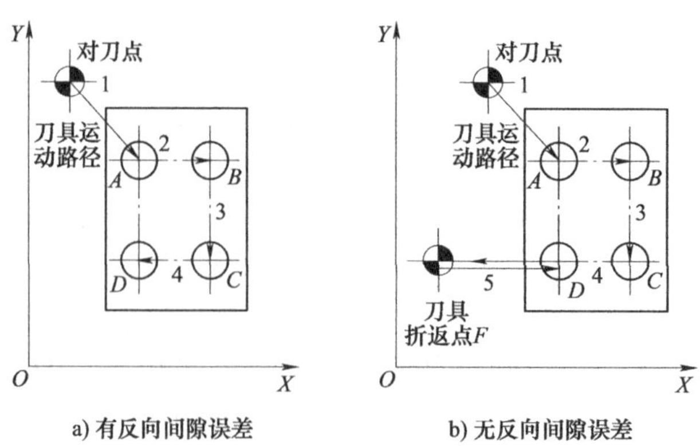

图 6-43　孔系加工路线

（2）旋转体类零件加工方法的选择　这类零件常用数控车床或数控磨床加工。

1）考虑加工效率。在车床上加工时，通常加工余量大，必须合理安排粗加工的走刀路线，以提高加工效率。图6-44所示为粗车零件时三种不同的走刀路线，其中图6-44a所示为沿工件轮廓线的走刀路线；图6-44b所示为三角形走刀路线；图6-44c所示为矩形走刀路线。分析可知，图6-44c所示矩形走刀路线的总长最短，因此，在同等切削条件下切削时间（不含空行程）最短，刀具损耗最少，是常用的粗加工走刀路线；缺点是加工后余量不够均匀，需安排沿工件轮廓线走刀路线的半精车，以此为精车做准备。

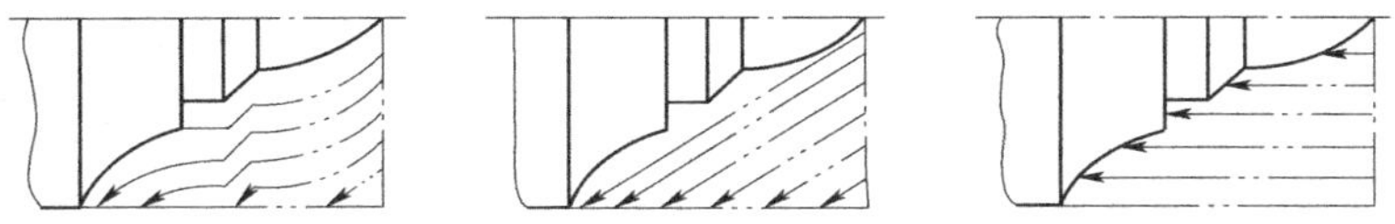

图6-44　粗车零件时三种不同的走刀路线

2）考虑刀尖强度。数控车床上经常用到低强度刀具加工细小凹槽，必须合理安排走刀路线，改善切削条件，防止刀具崩刃。

（3）平面轮廓零件加工方法的选择　这类零件的表面多由直线和圆弧或各种曲线构成，常用联动的三坐标数控铣床加工，是生产上最常见的一种加工方法，编程也较简单。图6-45所示为平面轮廓铣削。采用圆柱铣刀周铣加工，刀具半径为R，双点画线为刀具中心的运动轨迹。一般数控系统具有刀具半径补偿功能，可按零件轮廓编程。为了保证加工表面平滑过渡，应增加切入和切出程序段，尽可能避免法向切入和走刀中途停顿。

当平面轮廓为任意曲线时，由于实现任意曲线的数控装置是相当复杂甚至是不可能的，而一般数控装置只具备直线和圆弧插补功能，所以常用多个直线段或圆弧段去逼近它。图6-46所示为曲线的逼近。逼近线段的交点称为“节点”，并按节点划分程序段。逼近线段的近似区间越大，则节点数越少，但逼近线段的误差δ应小于允许误差。考虑到工艺系统以及计算等误差的影响，δ一般取为零件公差的1/5~1/10。实际加工时，还应计算与逼近线段相对应的铣刀中心轨迹的节点坐标。

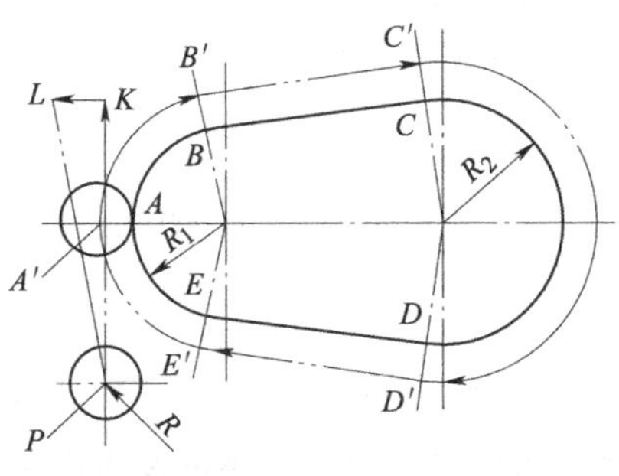

图6-45　平面轮廓铣削

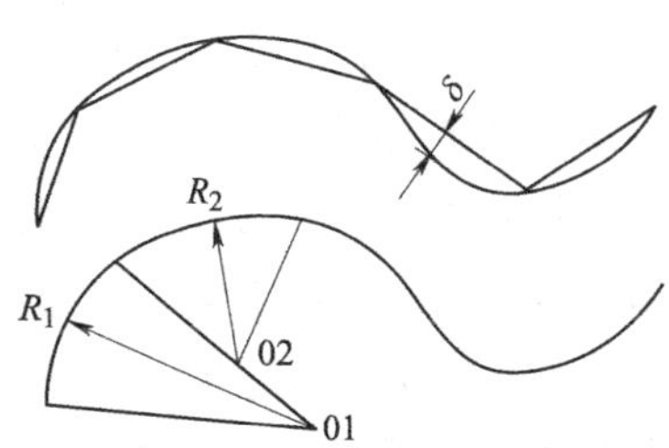

图6-46　曲线的逼近

（4）立体轮廓零件加工方法的选择　立体曲面的加工，根据曲面形状、刀具形状（球状、柱状、端齿）以及精度要求采用不同的铣削方法，如两轴半、三轴、四轴、五轴等插补联动加工。

1）行切加工法。X、Y、Z三轴中任意两轴做插补联动，第三轴做单独的周期进刀。如

图 6-47 所示，沿 X 轴方向分成若干段，圆头铣刀沿 YZ 面所截的曲线进行铣削，每一段加工完后进给 ΔX，再加工另一相邻曲线，如此依次切削即可加工出整个曲面。实际加工时，要根据轮廓表面粗糙度的要求及刀头不干涉相邻表面的原则选取 ΔX。

2）三坐标联动加工。X、Y、Z 三轴可同时插补联动。用三坐标联动加工曲面时，通常也用行切法，如图 6-48 所示。显然，由于是三轴联动加工，这时的刀心轨迹 O_1O_2 变成一条空间曲线，因此三坐标联动加工常用于复杂空间曲面的精加工。

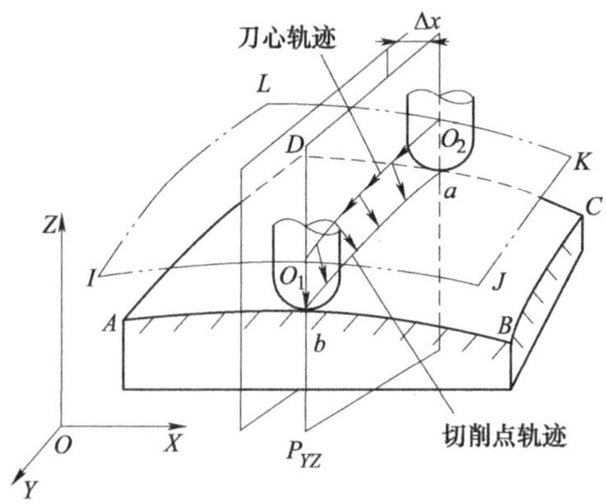

图 6-47 两轴半坐标联动行切加工

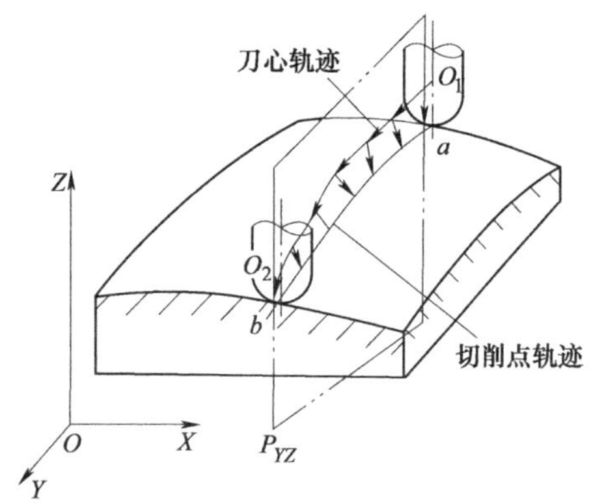

图 6-48 三坐标联动加工

3）四坐标联动加工。图 6-49 所示的侧面为直纹扭曲面的横梁，若在三坐标联动的机床上用圆头铣刀按行切法加工时，不但生产率低，而且表面粗糙度值大。因此，可采用圆柱铣刀周边切削，在四坐标联动铣床上加工，即除了三个直角坐标运动外，为保证刀具与工件在全长始终贴合，刀具还应绕 O_1 或 O_2 做摆角联动。由于摆角运动，导致直角坐标系需做附加运动，其编程计算较为复杂。

4）五坐标联动加工　对于螺旋桨、叶轮之类的零件，因其叶片形状复杂，刀具易与相邻表面干涉，常用五坐标联动加工，其加工原理如图 6-50 所示。为保证铣刀端面始终与曲面贴合，铣刀还应绕 A 轴和 B 轴做摆角运动。在摆角的同时，还应做直角坐标的三个附加运动，以保证铣刀端面中心始终位于编程所规定的位置上，所以需要五坐标联动加工。这种加工的编程计算相当复杂，一般都采用自动编程方法来完成。

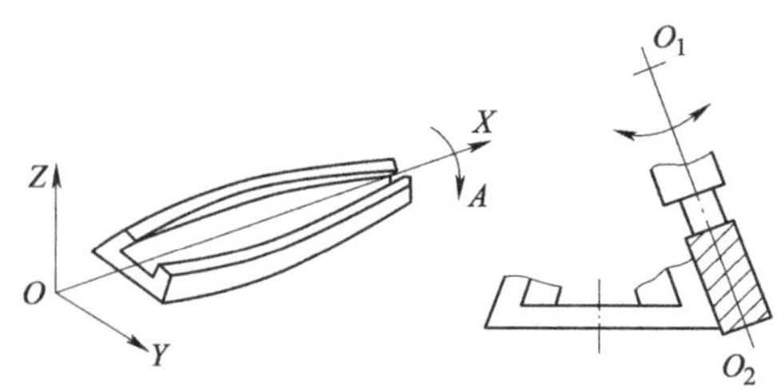

图 6-49 四坐标联动加工

表面加工方法的选择，除了考虑加工质量、零件的结构形状和尺寸、零件的材料和硬度以及生产类型外，还要考虑加工的经济性。常用加工方法的经济加工精度及表面粗糙度可查阅有关工艺手册。

4. 数控加工工序设计

数控加工工序设计的主要任务是确定工序的具体加工内容、切削用量、工艺装备、安装方式及刀具运动轨迹，为编写程序做好预备。

（1）确定走刀路线和安排加工顺序　刀具的走刀路线是数控加工中刀具刀位点相对于

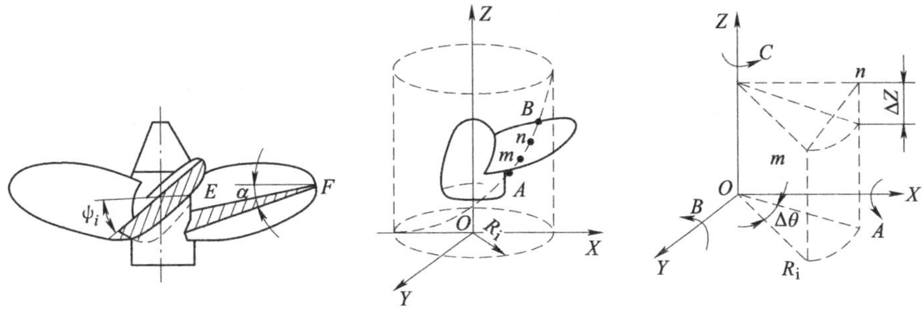

图 6-50　五坐标联动加工

工件的运动轨迹和方向，它不但包括加工内容，还反映出加工顺序，是编程的依据之一。因此，在确定走刀路线时，最好画一张零件简图，将已经拟订出的走刀路线画上去（包括进刀、退刀路线），这样可为编程带来不少方便，而且在加工过程中可以避免撞刀，加工顺序的安排一般可随走刀路线来进行。确定走刀路线时应注意以下几点。

1）对点位控制加工的数控机床，如钻床、镗床，要考虑尽可能缩短走刀路线，以减少空程时间，提高加工效率。图 6-51a 所示零件的孔系加工，采用图 6-51c 所示交替式走刀路线比采用图 6-51b 所示同圆周式走刀路线，可减少空程时间，节省定位时间近一倍。

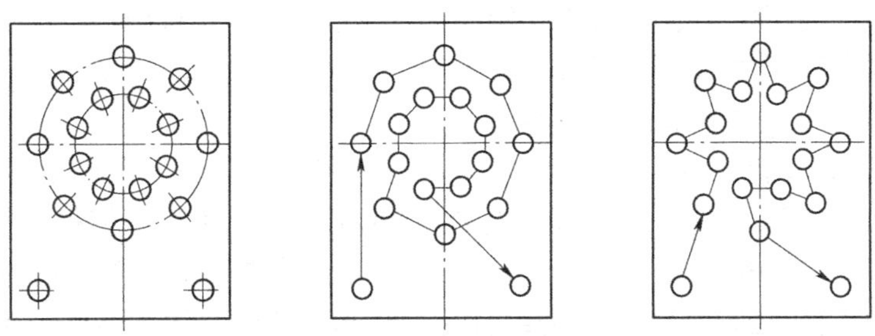

a) 零件简图　　b) 同圆周式　　c) 交替式

图 6-51　最短走刀路线选择

2）为保证工件轮廓表面加工后的粗糙度要求，最终轮廓应安排最后一次走刀连续加工。

3）刀具的进退刀路线必须认真考虑，要尽量避免在轮廓处停刀或垂直切入切出工件，以免留下刀痕。在车削和铣削零件时，应尽量避免图 6-52a 所示的径向切入，而应按图 6-52b 所示切向切入，这样加工后的表面粗糙度较好。

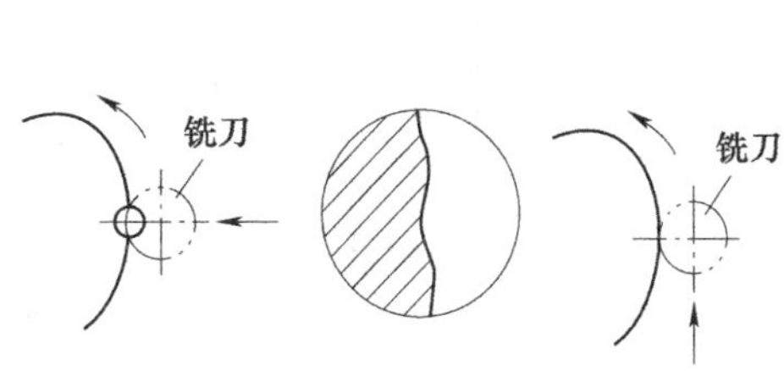

a) 径向切入　　b) 切向切入

图 6-52　刀具的进刀路线

图 6-53 所示为铣削内外圆轮廓时的加工路线。铣削外圆时，刀具应从切向进入圆周进行加工。当加工完成后，不要在切点处取消刀补和退刀，要安排一段沿切线方向继续运动的距离，以避免刀具与工件相撞。铣削内圆时，刀具应沿过渡圆弧切入和切出工件轮廓。

4）铣削轮廓的加工路线要合理选择，一般采用图 6-54 所示的三种走刀路线，Z 字形双

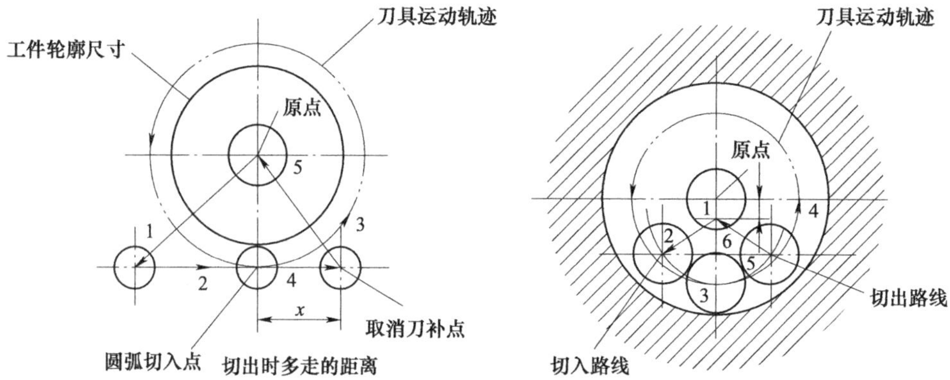

a) 铣削外圆轮廓　　b) 铣削内圆轮廓

图 6-53　铣削内外圆轮廓时的加工路线

向走刀路线、单向走刀路线和环形走刀路线。

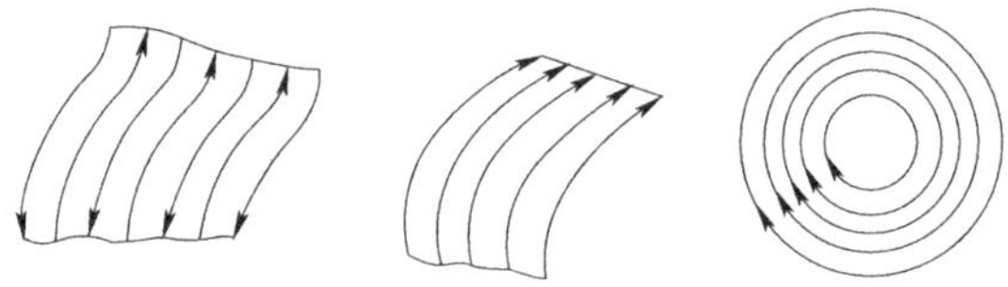

a) Z字形　　b) 单向　　c) 环形

图 6-54　轮廓加工的走刀路线

在铣削封闭的凹槽轮廓表面时，刀具的切入或切出不允许外延，最好选在两面的交界处，否则，会产生刀痕，如图 6-55 所示。用行切法和环切法加工凹槽时其共同点是都能切净内腔中的全部面积，不留死角，不损伤轮廓，同时尽量减少重复走刀的搭接量；不同点是行切法走刀路线比环切法短，但行切法将在每两次走刀的起点与终点间留下残留面积，使得表面粗糙度较大，而用环切法获得的表面粗糙度好于行切法，但环切法需要逐次向外扩展轮廓线，刀位点的计算稍微复杂一些。图 6-55c 所示为综合行切法和环切法的优点形成的走刀路线，即先用行切法切去中间部分余量，最后环切一刀，既能使总的走刀路线较短，又能获得较好的表面粗糙度。

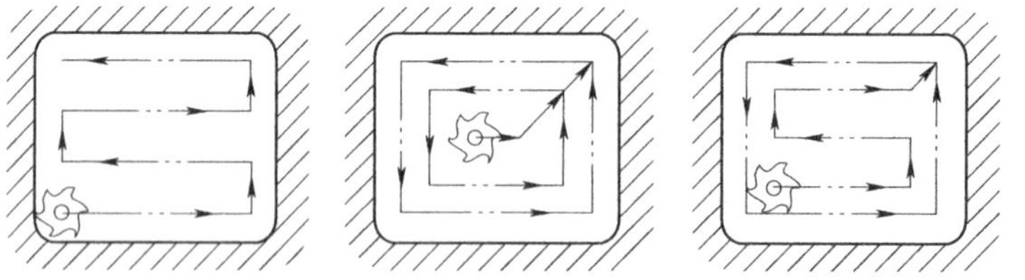

a) 行切法　　b) 环切法　　c) 行切+环切法

图 6-55　铣削凹槽轮廓的走刀路线

加工过程中，若走刀停顿，则切削力明显减小，会改变系统的平衡状态，刀具会在走刀停顿处表面留下划痕，因此，在轮廓加工过程中应避免走刀停顿。另外，为了提高工件表面精度和减小粗糙度，可采用多次走刀方法进行小余量加工。同时采用顺铣方法有利于减小被加工表面粗糙度。

5）旋转类零件的加工一般采用数控车床或数控磨床加工，由于车削零件的毛坯多为棒料或锻件，加工余量大且不均匀，因此合理制订粗加工时的走刀路线，对于编程至关重要。

（2）确定定位和夹紧方案　在数控机床上加工零件时，安装定位的基本原则与普通机床相同，也要合理选择定位基准和夹紧方案。为了提高数控机床的效率，在确定定位基准和夹紧方案时应注意以下几点。

1）尽可能做到设计基准、工艺基准与编程计算基准的统一。

2）尽量将工序集中，减少安装次数，尽可能在一次安装后能加工出全部待加工表面，减少由于定位基准转换带来的误差。

3）避免采用占机人工调整时间长的安装方案，以充分发挥数控机床的优势。

4）夹紧力的作用点应落在零件刚性较好的部位。

（3）夹具的选择　由于夹具确定了零件在机床坐标系中的位置，所以要求夹具能够保证零件在机床坐标系中的正确坐标方向，同时能够协调零件与机床坐标系的尺寸。除此之外，主要考虑下列几点。

1）当零件小批量生产时，选用组合夹具、可调夹具和其他通用夹具，以缩短生产准备时间和节省生产费用。

2）在成批生产时，考虑采用专用夹具，能提高效率，但应力求结构简单。

3）零件的装卸要快速、方便、可靠，以缩短机床的停顿时间。

4）为满足数控加工精度，要求夹具定位、夹紧精度高。

5）夹具上各零部件应不妨碍机床对零件各表面的加工，要求夹具具有敞开性，其定位、夹紧元件不能影响加工中的走刀，避免产生碰撞等。

6）为提高数控加工效率，批量较大的零件加工可采用气动或液压夹具、多工位夹具。

（4）刀具的选择　刀具的选择是数控加工工艺中的重要内容之一，不仅影响机床的加工效率，而且直接影响零件的加工质量。由于数控机床的主轴转速及范围远远高于普通机床，而且主轴输出功率较大，因此与传统加工方法相比，对数控加工刀具也提出了更高的要求，包括精度高、刚性好、装夹调整方便、切削性能强、尺寸稳定、寿命长等方面。刀具选择在数控编程的人机交互状态下进行，应根据机床的加工能力、工件材料的性能、加工工序、切削用量以及其他相关因素正确选用刀具及刀柄。

（5）对刀点和换刀点的确定　对刀点和换刀点的选择主要根据加工操作的实际情况，考虑如何在保证加工精度和生产率的同时，使操作简便。

1）对刀点的确定。对刀点又称为程序起点，就是在数控机床上加工时，刀具相对于工件运动的起始点，如图 6-56 所示。

对刀点的选择原则：①对刀点应选在对刀方便、便于观察和检测的位置；②应尽量选在工件的设计基准或工艺基准上，以提高工件的加工精度；③应选在便于数学处理和简化程序的位置，对于建立了绝对坐标系的数控机床，对刀点最好选在该坐标系的原点上，或者选择在已知坐标值的点上；④应选在引起加工误差

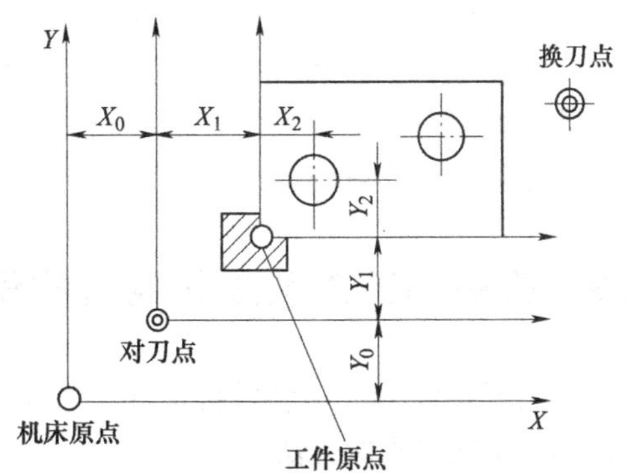

图 6-56　对刀点和换刀点

小，有利于提高加工精度的位置。

对刀点可选在工件上，也可选在夹具或机床上。对刀点若选在夹具或机床上，则必须建立其与工件定位基准的联系，以保证机床坐标系与工件坐标系的关系。对刀点既是程序的起点，也是程序的终点。因此在批量生产时要考虑对刀点的重复定位精度。刀具加工一段时间后或每次机床起动时，都要进行刀具回机床原点或参考点的操作，以减小对刀点的累积误差。

对刀就是确定对刀点在机床坐标系中位置的操作，其目的是确定程序原点在机床坐标系中的位置。对刀方法很多，按对刀精度可分为粗对刀和精确对刀；按是否采用对刀仪可分为手动对刀和自动对刀；按是否基准对刀可分为绝对对刀和相对对刀等。但无论采用哪种对刀方法都离不开试切对刀，试切对刀是最根本的对刀方法。

2）换刀点的确定。换刀点是刀架转位换刀时的位置，如图 6-56 所示。该点可以是某一固定点，如加工中心，其换刀机械手的位置是固定的；也可以是任意的一点，如数控车床。换刀点一般设在工件或夹具的外部，以刀架转位时不碰撞工件及其他部件为原则，并尽量减少换刀时的空行程距离。

（6）确定切削用量　确定数控机床的切削用量时，一定要根据数控机床说明书中规定的要求以及刀具寿命来选择，当然也可结合实际经验采用类比法确定。

1）自动换刀的数控机床主轴或刀库上装刀所费时间较多，所以选择切削用量时，要保证刀具能完成一个工件的加工，或保证刀具寿命不低于一个工作班，最少不低于半个工作班。对易磨损刀具可采用“姐妹刀”形式，以保证加工的连续性。

2）背吃刀量主要受机床刚度的限制，在机床刚度允许的情况下，尽可能使背吃刀量等于工件的加工余量，这样可以减少走刀次数，提高加工效率。

3）对于表面粗糙度和精度要求高的工件，要留有足够的精加工余量，一般可比普通机床小一些。

4）进给速度是数控机床切削用量中的重要参数，可根据工件的加工精度和表面粗糙度要求以及刀具和工件材料的性质选取。

各种加工工艺方法的切削用量具体选取可查阅相关手册。

5. 数控加工主要工艺文件编写

数控加工工艺文件是编程人员编制的与程序单配套的相关技术文件。它既是数控加工和产品验收的依据，也是操作者必须遵守和执行的规程，其目的是让操作者更明确加工程序的内容、安装方式、各个加工部位所选用的刀具及其他技术问题。

数控加工工艺文件主要有数控编程任务书、工件安装和原点设定卡片、数控加工工序卡、数控加工走刀路线图、数控刀具卡等。文件格式可根据企业实际情况自行设计。

6.9　机械加工工艺规程制订实例

现以图 6-57 所示壳体零件为例，按批量生产方式，说明制订零件普通加工工艺规程和数控加工工艺规程的方法。

1. 零件工艺分析

该零件为一壳体零件，图样上各加工部位尺寸标注完整无误。所加工内容为上下端平

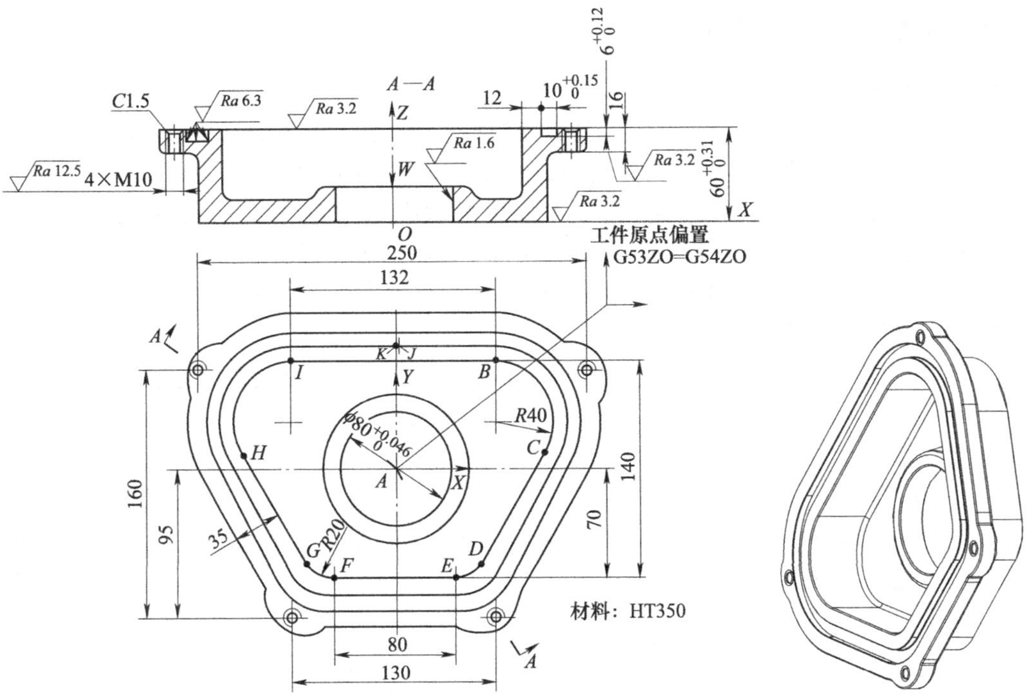

图 6-57　壳体零件简图及三维模型

面、$\phi80_{0}^{+0.046}$mm 孔、环形槽和四个螺纹孔。其中环形槽轮廓比较简单，仅为直线和圆弧相切，尺寸精度 IT12，表面粗糙度 Ra 值为 6.3μm。零件材料为 HT350 灰铸铁，切削加工性好。

2. 选择毛坯

零件为铸铁件，可采用木模手工造型或金属模机器造型。由于结构较复杂，壁厚变化较大，毛坯铸造后需进行时效处理，以消除残余应力。另外还需去除分型面上的飞边和毛刺。

3. 选择装夹方法

该零件各加工面的设计基准是壳体的下端平面和 $\phi80_{0}^{+0.046}$mm 孔，根据基准重合原则，以下端平面为第一定位基准，定位元件采用固定支承板，限制 $\overset{\frown}{X}$、$\overset{\frown}{Y}$、$\vec{Z}$ 三个自由度；以 $\phi80_{0}^{+0.046}$mm 孔为第二定位基准，定位元件采用带螺纹的短圆柱销，限制 $\vec{X}$、$\vec{Y}$ 两个自由度；以后侧面为第三定位基准，定位元件采用可调支承钉，限制 $\overset{\frown}{Z}$ 一个自由度，实现工件的完全定位。夹紧可通过压板从 $\phi80_{0}^{+0.046}$mm 孔的上端平面向下将工件压紧。为了加工出下端平面和 $\phi80_{0}^{+0.046}$mm 孔，加工中应先选择上端平面为第一粗定位基准，定位元件采用一个固定支承钉和两个可调支承钉，限制 $\overset{\frown}{X}$、$\overset{\frown}{Y}$、$\vec{Z}$ 三个自由度；以后侧面为第二粗定位基准，定位元件采用两个可调支承钉，限制 $\vec{Y}$、$\overset{\frown}{Z}$ 两个自由度；以左右对称面为第三粗定位基准，采用自定心夹紧机构，限制 $\vec{X}$ 一个自由度，实现工件的完全定位。夹紧除上述自定心夹紧机构夹紧外，另用两个压板在凸缘左右两侧压紧工件。采用这样的方法完成下端平面和 $\phi80_{0}^{+0.046}$mm 孔的加工。

6.9.1 普通加工工艺规程制订

1. 选择加工方法

上、下端平面用铣削方法加工，因其表面粗糙度 Ra 值为 3.2μm，故采用粗铣→精铣方案；ϕ80mm 孔为已铸出毛坯孔，为达到 IT8 级精度和表面粗糙度 Ra 值为 1.6μm，需经三次镗削，即采用粗镗→半精镗→精镗方案；4×M10 螺纹孔采用先钻底孔，后攻螺纹的加工方法，即采用钻模钻底孔→底孔倒角→攻螺纹方案；$10^{+0.15}_{0}$mm 环形槽用铣削方法加工，因其尺寸精度为 IT12，表面粗糙度 Ra 值为 6.3μm，采用靠模夹具一次铣削方案。

2. 确定加工工艺路线

表 6-12 和表 6-13 分别给出了成批生产壳体时普通加工工艺路线和工艺过程卡。

表 6-12　成批生产壳体时普通加工工艺路线

工序号	工序内容	所用设备	工序号	工序内容	所用设备
10	粗铣上端平面	立式铣床	80	攻 4×M10 螺纹	攻丝机
20	粗铣下端平面	立式铣床	90	铣 $10^{+0.15}_{0}$mm 环形槽	立式铣床
30	精铣上端平面	立式铣床	100	去毛刺	钳工台
40	精铣下端平面	立式铣床	110	清洗	清洗机
50	镗 $\phi80^{+0.046}_{0}$mm 孔	卧式镗床	120	成品检验	检验台
60	钻 4×M10 螺纹底孔	摇臂钻床	130	入库	
70	倒 4×M10 螺纹底孔端角	摇臂钻床			

表 6-13　成批生产壳体时普通加工工艺过程卡

<table>
<tr><td colspan="2" rowspan="2">××机械厂</td><td colspan="4" rowspan="2">机械加工工艺过程卡</td><td colspan="2">产品型号</td><td colspan="2"></td><td colspan="2">零件图号</td><td colspan="1"></td><td colspan="2">共　页</td></tr>
<tr><td colspan="2">产品名称</td><td colspan="2"></td><td colspan="2">零件名称</td><td>壳体</td><td colspan="2">第　页</td></tr>
<tr><td colspan="2">材料牌号</td><td>HT350</td><td>毛坯种类</td><td>铸造</td><td>外形尺寸</td><td colspan="2"></td><td colspan="2">每毛坯件数</td><td>1</td><td>每台件数</td><td>1</td><td>备注</td><td></td></tr>
<tr><td rowspan="2">工序号</td><td rowspan="2">工序名称</td><td colspan="4" rowspan="2">工序内容</td><td rowspan="2">车间</td><td rowspan="2">工段</td><td colspan="2" rowspan="2">设备</td><td colspan="3" rowspan="2">工艺装备</td><td colspan="2">工时</td></tr>
<tr><td>准终</td><td>单件</td></tr>
<tr><td>01</td><td>铸造</td><td colspan="4"></td><td></td><td></td><td colspan="2"></td><td colspan="3"></td><td></td><td></td></tr>
<tr><td>10</td><td>粗铣上端平面</td><td colspan="4">铣至 16.5mm，Ra 值为 6.3μm</td><td></td><td></td><td colspan="2">X51</td><td colspan="3">ϕ100mm 面铣刀</td><td></td><td></td></tr>
<tr><td>20</td><td>粗铣下端平面</td><td colspan="4">铣至 61mm，Ra 值为 6.3μm</td><td></td><td></td><td colspan="2">X51</td><td colspan="3">ϕ125mm 面铣刀</td><td></td><td></td></tr>
<tr><td>30</td><td>精铣上端平面</td><td colspan="4">铣至 60.5mm，保证凸缘厚度 16mm，Ra 值为 3.2μm</td><td></td><td></td><td colspan="2">X51</td><td colspan="3">ϕ100mm 面铣刀</td><td></td><td></td></tr>
<tr><td>40</td><td>精铣下端平面</td><td colspan="4">保证尺寸 $60^{+0.30}_{0}$mm，Ra 值为 3.2μm</td><td></td><td></td><td colspan="2">X51</td><td colspan="3">ϕ125mm 面铣刀</td><td></td><td></td></tr>
<tr><td>50</td><td>镗 $\phi80^{+0.046}_{0}$mm 孔</td><td colspan="4">粗镗至 $\phi78^{+0.120}_{0}$mm，Ra 值为 6.3μm
半精镗至 $\phi79.9^{+0.074}_{0}$mm，Ra 值为 3.2μm
精镗至 $\phi80^{+0.046}_{0}$mm，Ra 值为 1.6μm</td><td></td><td></td><td colspan="2">T68</td><td colspan="3">镗床专用夹具
单刃可调镗刀</td><td></td><td></td></tr>
<tr><td>60</td><td>钻 4×M10 螺纹底孔</td><td colspan="4">钻 4×M10 螺纹底孔至 ϕ8.5mm</td><td></td><td></td><td colspan="2">Z35</td><td colspan="3">钻床专用夹具，ϕ8.5mm 直柄麻花钻</td><td></td><td></td></tr>
</table>

（续）

工序号	工序名称	工序内容	车间	工段	设备	工艺装备	工时	
							准终	单件
70	倒 4×M10 螺纹底孔端角	倒 4×M10 螺纹底孔端角 *C*1.5			Z35	ϕ16mm90°锥柄锪钻		
80	攻 4×M10 螺纹	攻 4×M10 螺纹			攻丝机	M10 丝锥		
90	铣 $10^{+0.15}_{0}$ mm 环形槽	铣环形槽至宽 $10^{+0.15}_{0}$ mm，深 $6^{+0.12}_{0}$mm，*Ra* 值为 6.3μm			X51	铣床专用靠模夹具，ϕ10mm 直柄键槽铣刀		
100	去毛刺	手工去除整个零件上的毛刺				钳工台		
110	清洗				清洗机			
120	成品检验	按零件图样要求全面检查						
130	入库							

										编制/日期	审核/日期	会签/日期		
标记	处记	更改文件号	签字	日期	标记	处记	更改文件号	签字	日期					

3. 确定加工余量、工序尺寸及其公差

各工序的加工余量、工序尺寸及公差，可查阅相关手册，根据壳体零件图样要求，并用工艺尺寸链方法确定。

6.9.2 数控加工工艺规程制订

1. 选择数控机床

根据图样要求可知，下端平面和 $\phi80^{+0.046}_{0}$mm 孔的加工可在一次安装下完成，有粗铣、精铣、粗镗、半精镗、精镗工步，所需刀具较少，可选择数控立式镗铣床或立式加工中心；上端平面、环形槽和螺纹孔的加工可在一次安装下完成，有粗铣、精铣、钻螺纹孔中心孔、钻底孔、底孔倒角、攻螺纹、铣环形槽工步，所需刀具也较少，可选择数控立式铣床或立式加工中心。具体选择可根据企业现有数控机床及使用情况，以及生产周期要求等来确定。

2. 选择加工方法

上、下端平面及 $\phi80^{+0.046}_{0}$mm 孔的加工方案与上述普通加工工艺相同。4×M10 螺纹孔采用先钻底孔，后攻螺纹的加工方法，即按钻中心孔→钻底孔→底孔倒角→攻螺纹方案；$10^{+0.15}_{0}$mm 环形槽用铣削方法加工，因其尺寸精度为 IT12，表面粗糙度 *Ra* 值为 6.3μm，故采用一次铣削方案。

3. 确定加工顺序及走刀路线

按照先面后孔、先粗后精的原则确定。第一道工序：加工顺序为粗、精铣下端平面→粗、半精、精镗 $\phi80^{+0.046}_{0}$mm 孔；第二道工序：加工顺序为粗、精铣上端平面→钻 4×M10 螺纹中心孔（锪窝定位）、钻螺纹底孔、底孔倒角、攻螺纹→铣 $10^{+0.15}_{0}$mm 环形槽，详见表 6-15。

图 6-58 所示为第二道工序的走刀路线。第一道工序的走刀路线略。

4. 选择刀具及切削用量

1）铣削下端平面：采用 ϕ100mm 面铣刀铣削加工。

2）铣削上端平面：采用 ϕ50mm 面铣刀铣削加工。

3）镗削 $\phi80^{+0.046}_{0}$ mm 孔：采用 ϕ68mm ~ ϕ102mm 单刃微调镗刀镗削加工。

4）钻 4×M10 螺纹中心孔（锪窝定位）：采用 ϕ3mm 中心钻。

5）钻 4×M10 螺纹底孔：ϕ8.5mm 麻花钻。

6）倒 4×M10 螺纹底孔端角：ϕ18mm 麻花钻。

7）攻 4×M10 螺纹：M10 丝锥。

8）铣 $10^{+0.15}_{0}$mm 环形槽：ϕ10mm 立铣刀。

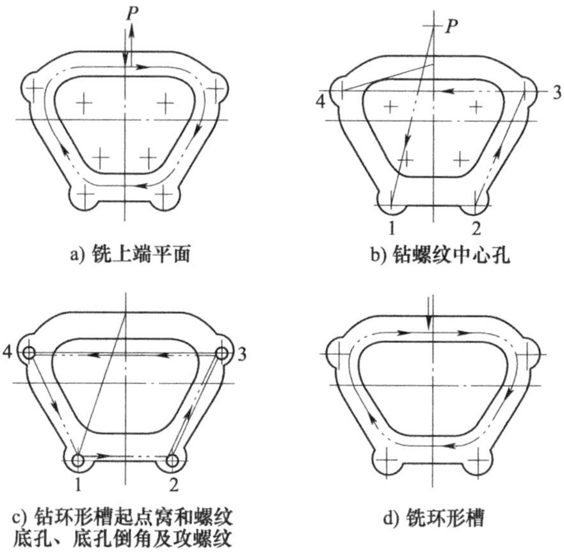

a) 铣上端平面　b) 钻螺纹中心孔　c) 钻环形槽起点窝和螺纹底孔、底孔倒角及攻螺纹　d) 铣环形槽

图 6-58　第二道工序的走刀路线

切削用量可查阅相关手册，采用查表法确定各工步的切削速度和进给量，然后计算出机床主轴转速和进给速度，详见表 6-15。

5. 编制数控加工工艺文件

1）第二道工序数控刀具明细表，见表 6-14。第一道工序数控刀具明细表略。

2）第二道工序数控加工工序卡，见表 6-15。第一道工序数控加工工序卡略。

表 6-14　第二道工序数控刀具明细表

零件图号		零件名称	材料	数控刀具明细表		程序编号		车间	使用设备
		壳体	HT350						
刀号	刀位号	刀具名称	刀具图号	刀具		刀补地址		换刀方式	备注
				直径/mm	长度/mm	半径	长度	手动/自动	
T01	1	面铣刀		ϕ50	实测	D11	D01		长度补偿 半径补偿
T02	2	面铣刀		ϕ50	实测	D12	D02		长度补偿 半径补偿
T03	3	中心钻		ϕ3	实测		D03		长度补偿
T04	4	麻花钻		ϕ8.5	实测		D04		长度补偿
T05	5	麻花钻		ϕ18	实测		D05		长度补偿
T06	6	丝锥		M10	实测		D06		长度补偿
T07	7	立铣刀		ϕ10	实测	D17	D07		长度补偿 半径补偿
编制		审核		批准		年　月　日		共　页	第　页

表 6-15　第二道工序数控加工工序卡

××机械厂		数控加工工序卡		产品名称或代号		零件名称	材料	零件图号
						壳体	HT350	
工序号	程序编号	夹具名称	夹具编号	使用设备				车间
Ⅱ								
工步号	工步内容	加工面	刀具号	刀具规格/mm	主轴转速/$r \cdot min^{-1}$	进给速度/$mm \cdot min^{-1}$	背吃刀量/mm	备注
1	粗铣上端平面		T01	$\phi50$	300	60	2	面铣刀
2	精铣上端平面		T02	$\phi50$	400	50		面铣刀
3	钻 4×M10 螺纹中心孔		T03	$\phi3$	1000	60		中心钻
4	钻 4×M10 螺纹底孔		T04	$\phi8.5$	500	50		麻花钻
5	倒 4×M10 螺纹底孔端角		T05	$\phi18$	500	50		麻花钻
6	攻 4×M10 螺纹		T06	M10	60	50		丝锥
7	铣 $10^{+0.15}_{0}$mm 环形槽		T07	$\phi10$	300	30		立铣刀
编制		审核		批准		共　页		第　页

6.10　计算机辅助工艺设计

6.10.1　概述

传统的工艺设计方法需要大量的时间和丰富的生产实践经验，工艺设计的质量在很大程度上取决于工艺人员的水平和主观性，这就使工艺设计很难做到最优化和标准化。随着计算机在产品设计和制造过程中的应用日渐普及，传统的手工编制工艺规程的方法更显得很不协调，于是产生了计算机辅助编制工艺规程（Computer Aided Process Planning，CAPP）的方法。计算机辅助编制工艺规程，就是通过向计算机输入被加工零件的原始数据、加工条件和加工要求，由计算机自动地进行编码、编程直至最后输出经过优化的工艺规程。采用 CAPP 不仅能克服传统工艺设计的缺点，适应当前日趋自动化和智能化的现代制造的需要，也是实现智能制造的技术基础。

CAPP 系统的主要功能是只要输入零件加工的有关信息，计算机就能自动生成并输出零件的加工工艺规程。有些较完善的系统还能进行动态仿真，对加工过程进行模拟显示，以便检查工艺规程的正确性。

CAPP 系统一般由若干程序模块所组成，如输入输出模块、工艺路线设计模块、工序决策模块、工步决策模块、NC 指令生成模块及控制模块、动态仿真模块等。图 6-59 所示为 CAPP 系统的组成与基本结构。

6.10.2　CAPP 的类型及工作原理

CAPP 系统按其工作原理可分为检索式、派生式、创成式和智能式等类型。

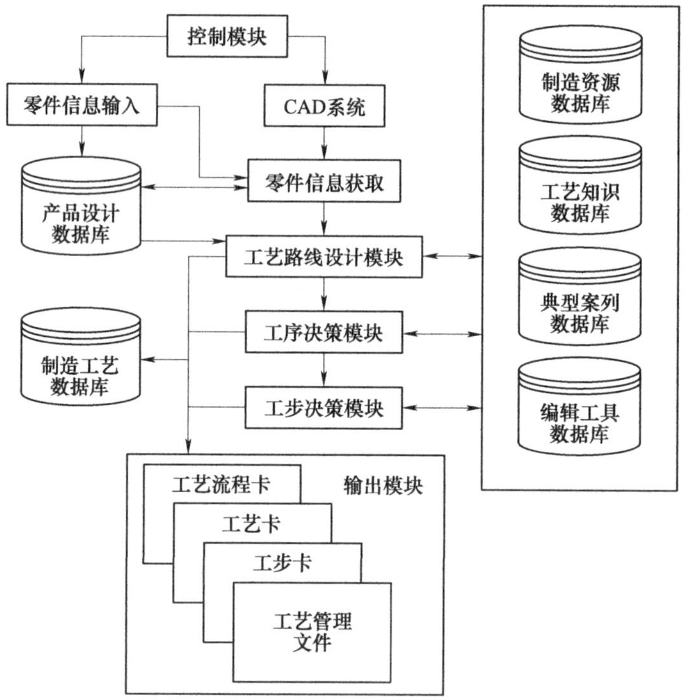

图 6-59　CAPP 系统的组成与基本结构

1. 检索式 CAPP

检索式 CAPP 是事先将已编好的零件工艺过程存入计算机，按照零件编号直接调用。当要编制新的零件工艺时，可先检索已存储的零件加工工艺规程，如不需要修改，可直接调用，否则，根据新零件特点对工艺过程适当修改调整后应用，并将其存入计算机，形成新的零件工艺，以备以后检索应用，同时不断扩大零件工艺库。检索式 CAPP 简单实用，容易实现，但自动决策能力差，适用于批量较大，零件种类较少，零件结构相似程度较高的场合。

2. 派生式 CAPP

派生式 CAPP 是由检索式 CAPP 发展派生而来。根据成组技术原理将零件划分为相似零件族，按零件族内典型代表零件编制出标准工艺规程，并以文件的形式存储在计算机中。设计新的零件工艺规程时，输入该零件族的成组代码，由计算机判别该零件归属的组别，再检索出该零件族的标准工艺规程，根据零件的结构形状、位置、尺寸公差及表面要求进行编辑修改，以获得适合该零件的工艺规程，其工作原理图如图 6-60 所示。该方法结构简单，易于开发和维护，系统性能可靠，但柔性、移植性差，一般能满足部分企业常规生产的需要，适用于结构比较简单的零件，尤其是轴、盘、套类回转体零件。

3. 创成式 CAPP

创成式 CAPP 不同于派生式 CAPP，是根据零件的信息，通过对工艺规则的逻辑推理、准则匹配、分析计算等方式，进行工艺自主决策而自动“创成”一个零件的工艺规程，其工作原理图如图 6-61 所示。

创成工艺规划时常用决策树和决策表方法。

（1）决策树　根据各种确定性条件可建立决策树，图 6-62 所示为选择加工方法的决策

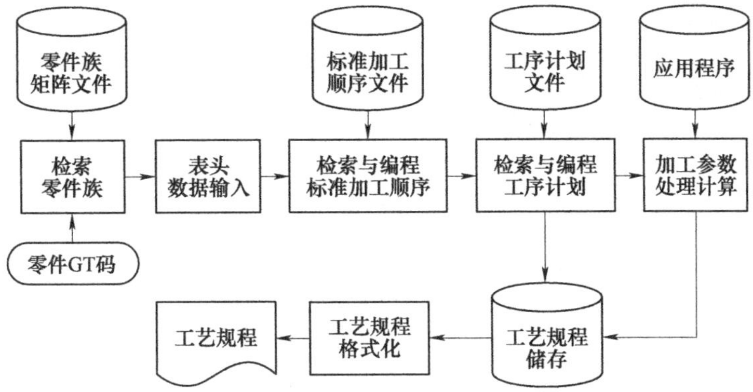

图 6-60　派生式 CAPP 系统工作原理图

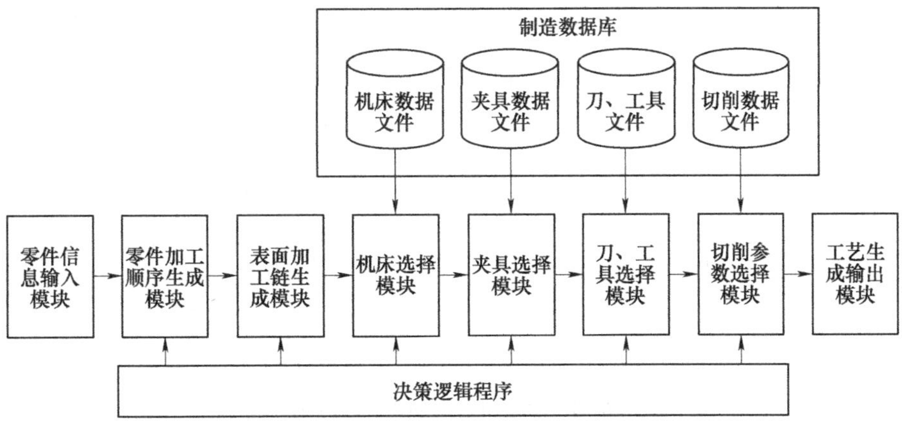

图 6-61　创成式 CAPP 系统工作原理图

树举例。图 6-62 中 E 表示决策语句，即决策条件，可以是一个或一组表达式。例如：E1 表示“表面是孔”。图 6-62 中 A 表示得出的决策行动。例如：A1 表示应采用坐标镗工艺。决策树很容易改写为程序流程框图。图 6-63 所示为决策树对应的程序流程框图。

图 6-62　选择加工方法的决策树举例

工艺人员利用决策树可有效地编写工艺设计规则。决策树改为程序流程框图能直接编写计算机程序。用决策树建立 CAPP 系统较方便，其缺点是难以扩展和修改。

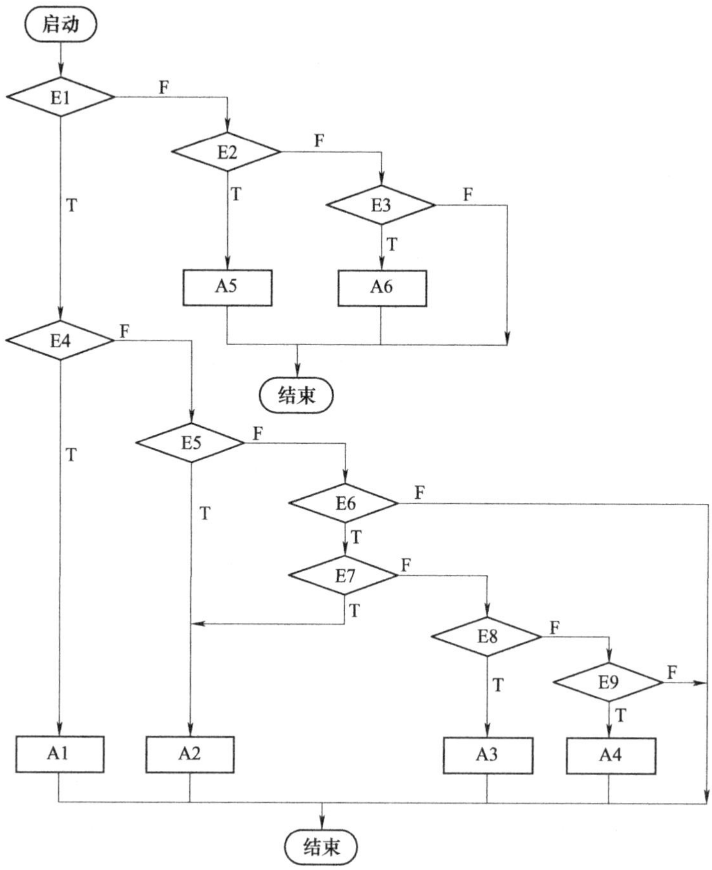

图 6-63　决策树对应的程序流程框图

（2）决策表　决策表是描述事件之间逻辑依存关系的一种表格。图 6-62 所示决策树可以用决策表（表 6-16）来表达。表 6-16 分为四个区域，上面两个区域是条件，其中左上区是条件说明，即列举出各种可能的条件；右上区是各列满足条件的各种可能组合，用 Y 表示满足所在行的条件。下面两个区是决策行动。左下区是决策说明，即列举出各种可能的决策行动，右下区是各列对应的决策行动，用×表示将采取所在行的决策行动。因而决策表右部每列都可视为一条决策规则。决策表的条件之间是“与”的关系，决策行动之间也是“与”的关系。

表 6-16　选择加工方法的决策表举例

孔	Y	Y	Y	Y	Y		
直径	Y	Y	Y	Y	Y		
槽						Y	
内螺纹							Y
位置度≤0. 05mm	Y						
0. 05mm<位置度≤0. 25mm		Y					
0. 25mm<位置度			Y	Y	Y		

（续）

直径公差≤0. 05mm			Y				
0. 05mm<直径公差≤0. 25mm				Y			
0. 25mm<直径公差					Y		
坐标镗		×					
精镗			×	×			
半精镗				×			
钻孔					×		
铣削						×	
钻孔和攻螺纹							×

决策表可通过分解（分成若干子表）、合并（几个合为一个表）、连接等方法来描述多层次联系的复杂决策逻辑。决策表的逻辑关系表达比决策树更清晰且格式紧凑，但也有不便扩充和修改的缺点。

决策表的设计主要有罗列法和递进法两种方法。

罗列法的设计步骤如下。

1）列出所有可能的条件写入左上区。

2）按数学中的排列法，在右上区写出全部可能的条件组合。

3）研究每一条简单规则，确定需要的决策行动，写在左下区决策说明栏（决策行动名称）和右下区决策行动栏（用×表示）中，并注意安排好各个行动的先后次序。

4）把具有同样决策行动的规则合并为一个复合规则，而把不可能的条件组合列删除掉。

罗列法的缺点是必须研究所有可能的条件组合，工作量大；优点是不会有遗漏。

递进法的设计方法是，一步选一个条件设计一个表，依次递进，直到选定预定的条件，就完成整个表的设计。决策表可以先转换成决策树，再写成程序。

把派生式和创成式 CAPP 结合起来形成的工艺设计系统称为综合式或半创成式 CAPP 系统，其基本原理是工艺路线设计采用派生式 CAPP，工序设计采用创成式 CAPP，如图 6-64 所示。该方法综合了派生式和创成式 CAPP 的优点，结构简洁，运行快捷、灵活，实用性强。

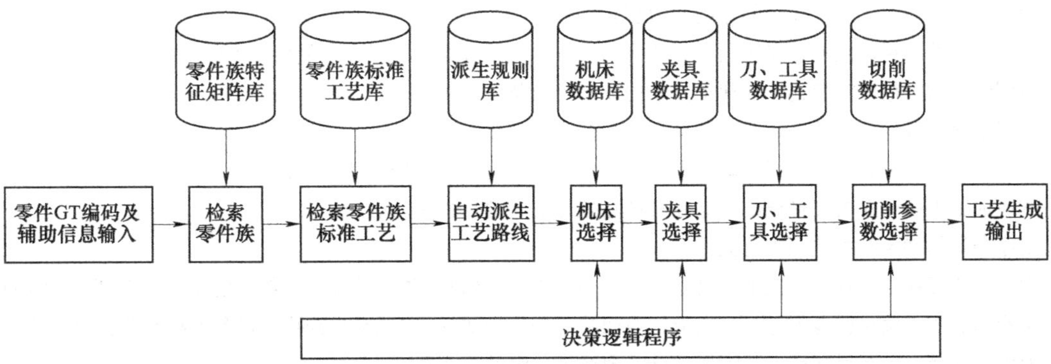

图 6-64　综合式 CAPP 系统工作原理图

4. 智能式 CAPP

智能式 CAPP 系统是将人工智能技术应用到 CAPP 系统中，使 CAPP 系统在知识获取、推理等方面模拟人的思维方式，从而解决复杂的工艺规程设计问题。CAPP 专家系统就是一种智能式 CAPP。与创成式 CAPP 系统相比，虽然两者都可以自动生成工艺规程，但创成式 CAPP 是以逻辑算法加决策表为特征，而智能式 CAPP 专家系统是以知识加推理为特征，以知识结构为基础，以推理机为控制中心，按数据、知识、控制三级结构组织系统。图 6-65 所示为基于知识库的智能化 CAPP 系统结构。

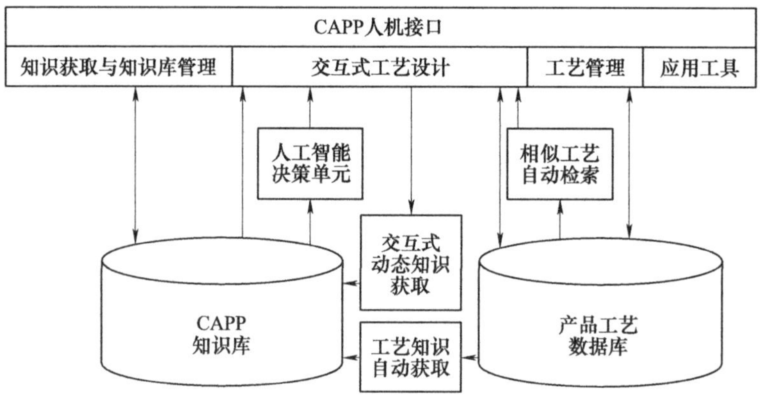

图 6-65　基于知识库的智能化 CAPP 系统结构

工艺设计是一个典型的复杂工程问题，在很大程度上依赖于具体制造资源和设计者的经验和技巧。智能式工艺专家系统可以灵活有效地处理工艺决策和领域专家知识，采用独立的知识库，知识的扩充和修改与程序和推论分离，使得 CAPP 系统可以灵活地适应各种具体场合，扩充功能。模糊理论、遗传算法、神经网络、大数据分析和人工智能技术在 CAPP 中的广泛应用，使得 CAPP 系统更具柔性，能处理更为复杂的工艺过程设计问题。

思考及练习题

1. 简述制订机械加工工艺规程的原则、内容和步骤。
2. 试述精基准与粗基准的选择原则。为什么同一方向上粗基准通常只允许使用一次？
3. 何谓经济加工精度？简述选择加工方法的原则与步骤。
4. 加工过程一般划分为几个阶段？为什么要划分加工阶段？
5. 试述按工序集中原则与工序分散原则组织工艺过程的特点。它们各适用于什么场合？
6. 试述加工工序顺序的安排原则。穿插安排热处理工序的目的是什么？
7. 工序余量的确定与哪些因素有关？
8. 用浮动铰刀在立式钻床上铰削一批 $\phi 16^{+0.062}_{0}$mm 的孔。铰削前先半精镗。半精镗的尺寸公差 $T=0.10$mm，半精镗后的表面粗糙度 Rz 值为 20μm，表面缺陷深度为 30μm。试确定铰孔余量和半精镗孔工序尺寸。
9. 何谓尺寸链、工艺尺寸链、装配尺寸链？简述尺寸链的主要特征。
10. 何谓尺寸链的环？怎样判断尺寸链的增环和减环？
11. 如图 6-66 所示零件在加工过程中，以 A 面定位，用调整法加工 B 面。试计算工序尺寸及其极限偏差。

12. 如图 6-67 所示小轴，外圆及端面均已加工好，现以台阶端面 K 定位，用调整法铣$30^{+0.40}_{0}$mm 槽（槽宽尺寸由铣刀保证）。试完成：①在图上标注出铣槽时的工序尺寸；②作尺寸链图，用极值法求出此工序尺寸及其极限偏差；③计算基准不重合误差的大小。

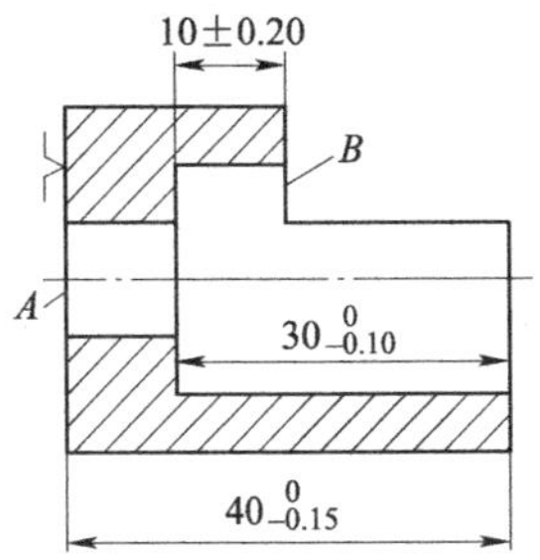

图 6-66 题 11 图

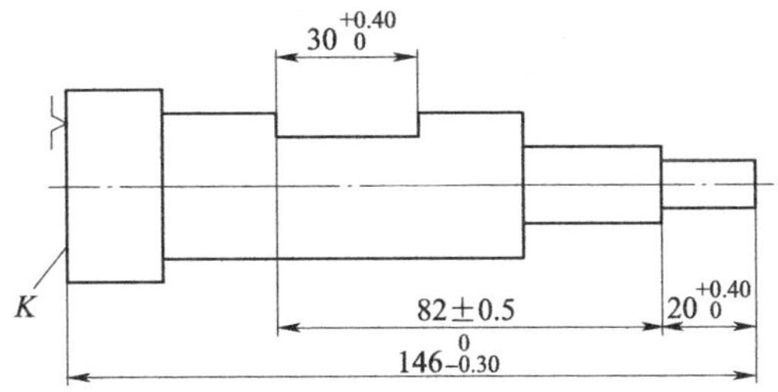

图 6-67 题 12 图

13. 有一带键槽的孔，设计尺寸如图 6-68a 所示。其工艺过程为：①镗内孔至 $\phi 49.8^{+0.046}_{0}$mm（图 6-68b）；②插键槽，槽深至尺寸 L（图 6-68c）；③渗碳淬火 56～62HRC；④磨内孔至 $\phi 50^{+0.030}_{0}$mm（图 6-68d）。要求保证尺寸$53.8^{+0.30}_{0}$mm，试求工序尺寸 L 及其极限偏差。

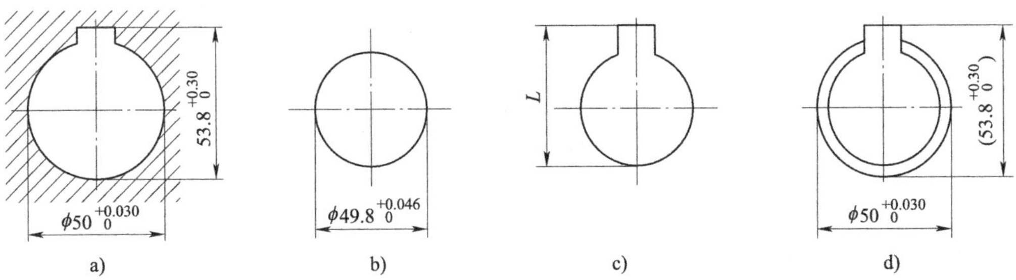

图 6-68 题 13 图

14. 零件图及加工过程如图 6-69 所示。试确定工序尺寸 H_1、H_2 及其极限偏差。

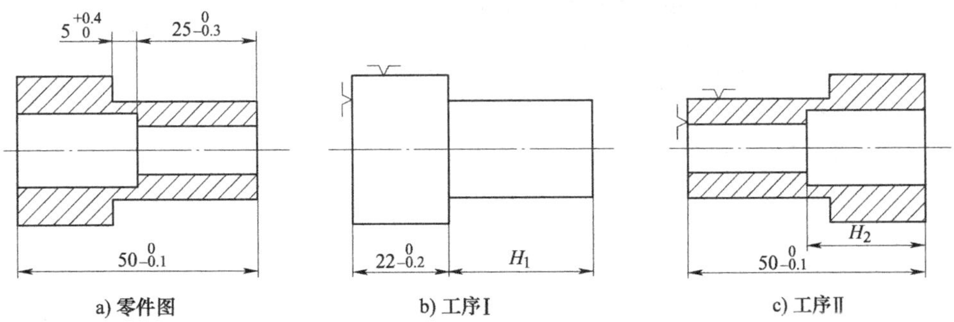

图 6-69 题 14 图

15. 零件图及加工过程如图 6-70 所示。试确定工序尺寸 A_1、A_2 及其极限偏差。
16. 零件加工过程如图 6-71 所示。试校核该工序Ⅲ精车端面 K 时的加工余量是否合适？若余量不够应如何改进？
17. 何谓劳动生产率？提高机械加工生产率的工艺措施有哪些？
18. 生产成本与工艺成本有何区别？
19. 分析比较不同工艺方案的经济性时需考虑哪些因素？

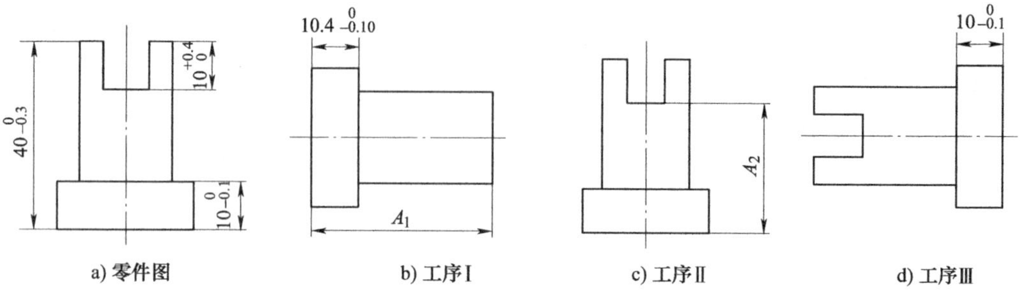

图 6-70　题 15 图

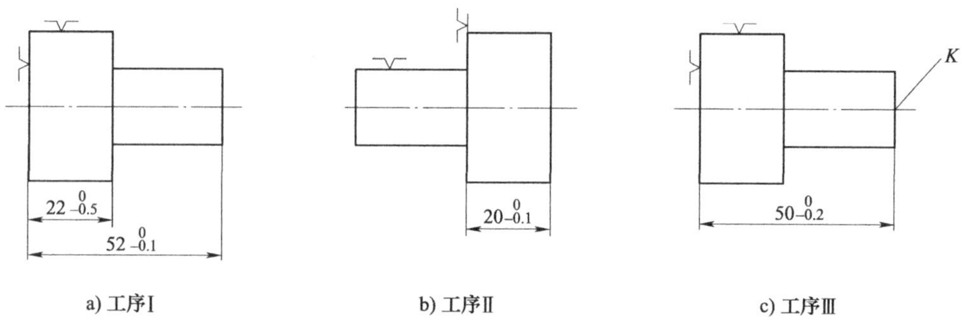

图 6-71　题 16 图

20. 什么是数控加工工艺与数控加工工艺过程？
21. 试述数控加工工艺的特点？
22. 数控加工工艺分析的主要内容有哪些？
23. 试述设计数控加工工艺路线应遵循的原则及划分加工工序的方式。
24. 简述数控加工工艺安排加工顺序时应遵循的原则。
25. 什么是数控加工的走刀路线？确定走刀路线时通常要考虑什么问题？
26. 简述选用数控加工夹具、刀具的注意事项。
27. 什么是对刀点、换刀点和刀位点？选择对刀点应遵循的原则有哪些？
28. 何谓 CAPP？采用 CAPP 有何实际意义？
29. 简述 CAPP 的类型及工作原理。

第7章

机器装配工艺基础

装配是机器制造过程中的最后一个阶段，机器的质量最终是通过装配来保证的，装配质量在很大程度上决定了机器的最终质量。另外，通过机器的装配过程，可以发现机器设计和零件加工质量等所存在的问题，并加以改进，以保证机器的工作质量，因此机器装配在机械制造过程中占有非常重要的地位。

7.1 装配过程概述

7.1.1 机器装配的基本概念

机器是由若干零件和部件构成的，按规定的技术要求将零件或部件进行配合和连接，获得一定的相互位置关系，使之成为半成品或成品的工艺过程称为**装配**。

为保证有效地进行装配工作，通常将机器划分为若干个能进行独立装配的部分，称为装配单元。

零件是组成机器的最小单元，它是由整块金属或其他材料制成的。零件一般都预先装成套件、组件、部件后才安装到机器上，直接装入机器的零件并不太多。

套件是在一个基准零件上，装上一个或若干个零件构成的，它是最小的装配单元。图7-1所示的装配式齿轮，由于制造工艺的原因，分成两个零件，在基准零件1上套装齿轮3并用铆钉2固定，为此而进行的装配工作称为套装。

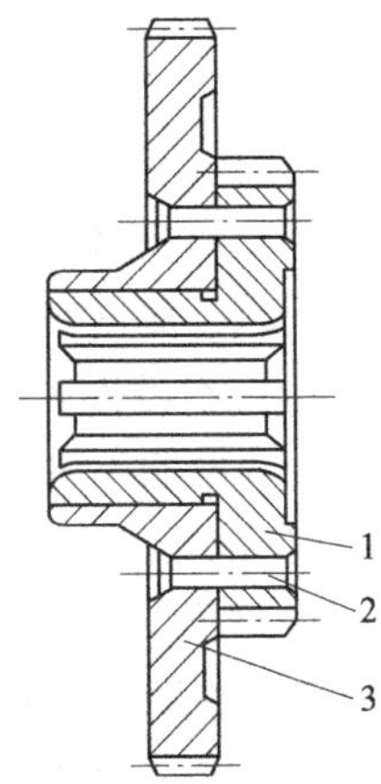

图7-1 装配式齿轮
1—基准零件 2—铆钉
3—齿轮

组件是在一个基准零件上，装上若干套件及零件而构成的，如机床主轴箱中的主轴，在基准轴件上装上齿轮、隔套、垫片、键及轴承的组合件称为组件，为此而进行的装配工作称为组装。

部件是在一个基准零件上，装上若干组件、套件和零件构成的。部件在机器中能完成一定的完整功用。把零件装配为部件的过程，称为部装。例如：车床的主轴箱装配就是部装，主轴箱箱体为部装的基准零件。

机器是在一个基准零件上，装上若干部件、组件、套件和零件而构成的具有特定功能的产品。因此，把零件和部件装配成最终产品的过程，称为**总装**。例如：卧式车床就是以床身为基准零件，装上主轴箱、进给箱、溜板箱等部件及其他组件、套件、零件所组成的。

装配就是套装、组装、部装和总装的统称。

装配工艺过程可分为六个阶段：①零件的装配准备；②部件装配；③产品的总装配；④试验；⑤检验验收；⑥涂防锈油和包装。在某些情况下后四个阶段合并在装配的一个阶段中，而有时在单件生产条件下产品的整个装配过程也可不划分阶段完成。到目前为止，装配工艺过程的划分还不能定义得像划分机械加工工艺过程时所能做到的那样确切。

为了便于组织生产，通常将装配工艺过程划分为若干个相对独立的装配工序。装配工序是指由一个或一组工人在一个装配地点对一个装配单元（或同时被装配的各单元总和）连续不断地完成的一段装配工艺过程。它是装配工艺过程的基本单元，工步和动作是其主要组成要素。

7.1.2 机器装配的主要内容

装配过程是一项复杂的工艺过程，它不仅仅是将合格零件、部件简单地连接在一起. 而且要根据装配的技术要求，通过调整、配作、检验等许多工作，最终保证产品的装配质量。

常见的装配工作有以下几项。

1. 清洗

清洗的目的是去除零件表面和内部的油污和机械杂质，以保证产品的装配质量和延长产品使用寿命。常用的清洗液有煤油、碱液和各种水基化学清洗液等，而清洗方法有擦洗、浸洗、喷洗和超声波清洗等。可根据零件的材料、批量、油污的黏附情况和零件的清洗要求等因素综合考虑所采用的清洗液和清洗方法。清洗后一般用压缩空气吹干或加热烘干。

2. 连接

连接是装配过程中工作量较大的工作，一般连接方式有以下两种。

（1）可拆卸连接　它是指相互连接的零件拆卸时不受任何损坏，而且拆卸后还能重新装在一起。常见的可拆卸连接有螺纹连接、键连接和销连接等，其中以螺纹连接应用最广。

（2）不可拆卸连接　它是指相互连接的零件在使用过程中不拆卸，若拆卸将损坏某些零件。常见的不可拆卸连接有焊接、铆接和过盈连接等。过盈连接大多用于轴、孔的配合，可使用压入法、热胀配合法和冷缩配合法实现过盈连接。

3. 校正、调整与配作

在机器装配过程中，特别是单件小批生产条件下，完全靠零件互换法来保证装配精度往往是不经济甚至是不可能的。因此，常常需要进行一些校正、调整与配作来保证装配精度。

校正是指产品中相关零部件相互位置的校正、找平和相应的调整工作，一般用在大型机械的基体件装配中。例如：在卧式车床总装配过程中，床身安装水平及导轨扭曲的校正等。

调整是指相关零部件相互位置的具体调节工作，它除了配合校正工作去调节零部件的位置精度以外，为了保证机器中运动零部件的运动精度，还用于调节运动副的间隙大小，如轴承间隙和导轨副间隙等。

配作通常是指配钻、配铰、配刮和配磨等，是装配中附加的一些钳工和机械加工工作。通过配作，将调整好的位置固定下来，其中配钻和配铰多用于固定连接，是以连接件之一已有的孔为基准，去加工另一件上相应的孔，配钻用于螺纹连接孔的加工，配铰多用于定位销孔的加工，而配刮、配磨则多用于运动副的结合表面加工。配作通常与校正和调整结合进行。

4. 平衡

对运转平稳性要求较高的机器，为防止在使用过程中因旋转质量不平衡产生离心惯性力所引起的振动，需对回转零部件（有时包括整机）进行平衡作业。平衡方法有静平衡和动平衡两种。对直径较大且长度较小的零件，如飞轮和带轮等，一般采用静平衡法消除静力不平衡；对长度较大的零件，如电动机转子和机床主轴等，为消除质量分布不均匀所引起的力偶不平衡和可能共存的静力不平衡，则要采用动平衡法。

对旋转体内部的不平衡质量，需要结合校正方法进行，常用的方法如下。

1）用补焊、铆接、黏接或螺纹连接等方法加配部分质量。

2）用钻、铣、磨或锉等方法去除部分质量。

3）在预制的平衡槽内改变平衡块的位置和数量，加以平衡。

5. 调试试验

机械产品装配完成后，应根据有关技术标准和产品验收条件进行逐项检验，最后进行空运转试验和负载试验，并逐项检查和调试，直至其性能完全符合技术要求为止。各项验收指标合格后，才能进行涂装、包装和出厂。

7.1.3　装配精度与零件精度的关系

1. 装配精度的概念

装配精度是指机器装配以后，各工作面间的相对位置和相对运动等参数与规定指标的符合程度。

装配精度不仅影响机器或部件的工作性能，而且影响机器的使用寿命。对于机床而言，装配精度将直接影响在机床上加工零件的加工精度。装配精度是制订装配工艺规程的主要依据，也是确定零件加工精度的重要依据。因此，正确处理机器或部件的装配精度问题，是产品设计的一个重要环节。

机器的装配精度是按照机器的使用性能要求而提出的，可以根据国际标准、国家标准、部颁标准、行业标准或其他有关资料予以确定，一般包括以下几方面。

（1）尺寸精度　尺寸精度包括距离精度和配合精度，是指装配后零部件间应该保证的距离和间隙（或过盈），如轴、孔配合间隙或过盈等。

（2）相互位置精度　相互位置精度是指相关零部件间的平行度、垂直度及各种跳动等。例如：卧式铣床刀杆轴心线和工作台面的平行度，车床主轴前后轴承的同轴度等。

（3）相对运动精度　相对运动精度是指有相对运动的零部件间在运动方向和运动准确性方面的精度。例如：车床溜板移动相对主轴轴心线的平行度；车床在车削螺纹时，主轴转一转，刀架在轴向必须准确地移动一个导程的距离。

（4）接触精度　接触精度是指相互接触、相互配合的表面接触面积大小及接触点的分布情况。例如：齿轮侧面接触精度要控制沿齿高和齿长两个方向上接触面积大小及接触点数。接触精度影响接触刚度和配合质量的稳定性，它取决于接触表面本身的加工精度和有关表面的相互位置精度。

不难看出，各装配精度之间存在密切关系，相互位置精度是相对运动精度的基础，尺寸精度和接触精度对相互位置精度和相对运动精度的实现又有较大影响。

2. 装配精度与零件精度的关系

机械产品由众多零部件组成，显然装配精度首先取决于相关零部件精度，尤其是关键零部件的精度。如图 7-2 所示，车床主轴中心线与尾座中心线的等高度 A_0，主要取决于主轴箱、尾座及底板对应的 A_1、A_2及 A_3的尺寸精度。

其次，装配精度的保证还取决于装配方法。图 7-2 所示的等高度 A_0的精度要求很高，如果仅靠控制尺寸 A_1、A_2及 A_3的精度来达到 A_0的精度则很不经济。实际生产中常按经济精度来制造相关零部件尺寸 A_1、A_2及 A_3，装配时则采用修配底板的工艺措施保证等高度 A_0的精度。装配中采用不同的工艺措施，会形成各种不同的装配方法。不同的装配方法，装配精度与零件精度具有不同的关系，装配尺寸链是定量分析这一关系的有效手段。

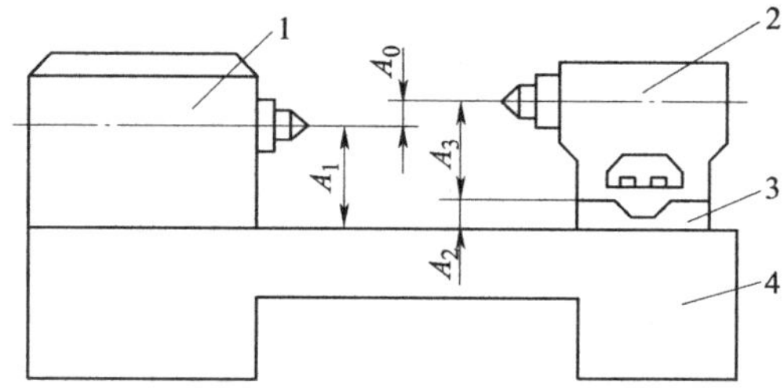

图 7-2　车床主轴中心线与尾座中心线等高装配简图

1—主轴箱　2—尾座　3—尾座底板　4—床身

由此可知，保证装配精度的途径有两条：一条是完全依赖于零件机械加工，严格控制零件的加工误差来保证装配精度；另一条则是组成零件按经济精度加工，装配精度主要依赖于装配工艺方法来保证。

7.2　装配尺寸链

7.2.1　装配尺寸链的基本概念

装配尺寸链是产品或部件在装配过程中，由相关零件的有关尺寸（表面或轴线间距离）或相互位置关系（平行度、垂直度或同轴度等）所组成的尺寸链。装配尺寸链通常有直线尺寸链和角度尺寸链两类。

与工艺尺寸链一样，装配尺寸链也是由封闭环和组成环组成的封闭尺寸组。由于装配精度是零部件装配后最后形成的尺寸或位置关系，因此装配尺寸链的封闭环是装配所要保证的装配精度或技术要求，即封闭环不是某一零部件的尺寸，而是不同零部件之间的相对位置精度和尺寸精度。对装配精度有直接影响的零部件的尺寸和位置关系，都是装配尺寸链的组成环。图 7-3 所示为轴孔配合的装配尺寸，装配后要求轴孔有一定的间隙。轴孔间的间隙 A_0就是该尺寸链的封闭环，它是由孔尺寸 A_1与轴尺寸 A_2装配后形成的尺寸。在这里，孔尺寸 A_1增大，间隙 A_0（封闭环）也随之增大，故 A_1为增环；同理，轴尺寸 A_2为减环。

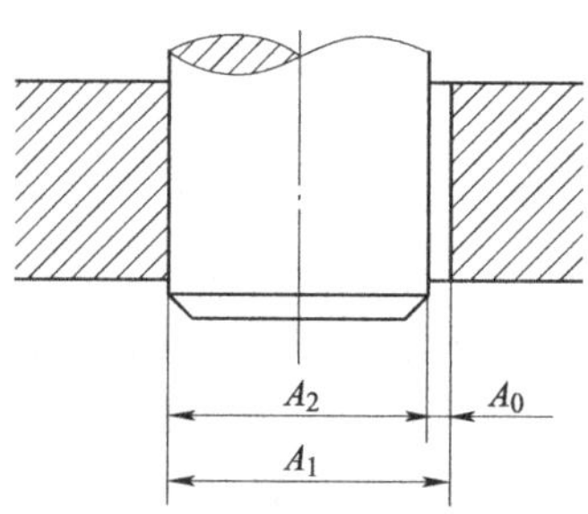

图 7-3　轴孔配合的装配尺寸

7.2.2　装配尺寸链的建立

装配尺寸链的建立是在装配图的基础上，根据装配精度的要求，找出与该精度有关的零件及其相应的有关尺寸，并画出尺寸链图，这是解决装配精度问题的关键。

在装配尺寸链中，封闭环属于装配精度，很容易查找。组成环是与装配精度有关的零部件上的相关尺寸，一般涉及的数量较多，而与该尺寸链无关的零部件尺寸也较多，因此查找组成环是建立装配尺寸链的重点。

1. 查找装配尺寸链的步骤

（1）明确装配关系　读懂产品或部件的装配图，看清各个零件的装配关系以及各个零件在产品或部件中正确的空间位置，从而找出各个零件的装配基准。

（2）确定封闭环　明确装配精度的要求，即准确找到封闭环。

（3）查找组成环　以封闭环两端的那两个零件为起点，沿装配精度要求的方向，以相邻零件装配基准面间的联系为线索，分别找出影响该装配精度要求的相关零件，直至找到同一基准零件，甚至是同一基准表面为止。找到相关零件后，其上边的两装配基准面间的尺寸就是与该装配精度有关的尺寸，即组成环。也可以从封闭环的一端开始，一直找到封闭环的另一端为止；或从共同的基准面开始，分头找到封闭环的两端。无论哪一种方法，关键要使整个尺寸链完全封闭。

（4）画尺寸链图　当相关尺寸齐全后，即可画尺寸链图，并确定组成环性质。

2. 查找装配尺寸链应注意的问题

（1）简化性原则　机械产品的结构通常都比较复杂，对装配精度有影响的因素很多，查找尺寸链时，在保证装配精度的前提下，可以不考虑那些影响较小的因素，使装配尺寸链适当简化。

例如：图7-2所示车床主轴中心线与尾座中心线等高问题，车床主轴中心线与尾座中心线等高装配尺寸链如图7-4a所示，由于e_1、e_2、e_3、e_4的数值相对A_1、A_2、A_3的误差而言是较小的，对装配精度影响也较小，故装配尺寸链可以简化成图7-4b所示的结果。

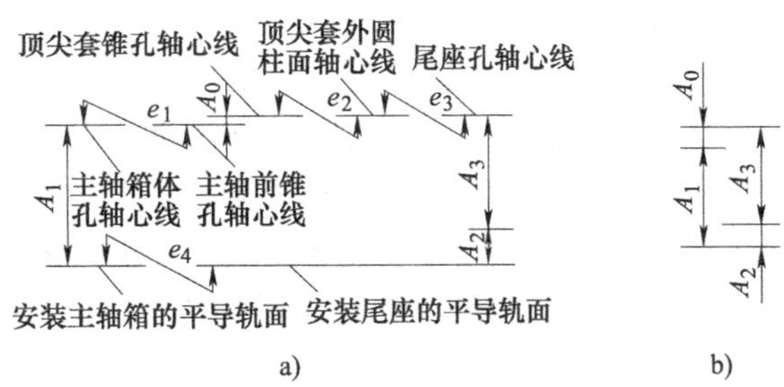

图7-4　车床主轴中心线与尾座中心线等高装配尺寸链

需要指明的是，在精密装配中，此类问题不可随意简化，应慎重考虑所有对装配精度有影响的因素。

（2）最短路线原则　由尺寸链的基本理论可知，在装配精度既定的条件下，组成环数越少，则各组成环所分配到的公差就越大，零件加工越容易、越经济。这样在产品结构设计时，在满足产品工作性能要求的条件下，应尽量简化产品结构，使影响产品装配精度的零件数尽量减少。

在查找装配尺寸链时，每个相关的零部件只应有一个尺寸作为组成环列入装配尺寸链中，即将连接两个装配基准面间的位置尺寸直接标注在零件图上，这样组成环的数目就等于有关零部件的数目，即“一件一环”。最短路线原则也可以称为“组成环数最少”原则或“一件一环”原则。

（3）方向性原则　在同一装配结构中，在不同位置方向都有装配精度的要求时，应按不同方向分别建立装配尺寸链，不同方向上的无关尺寸不可随意混淆。例如：蜗杆副传动结构中，为保证正常啮合，要同时保证蜗杆副两轴线间的距离精度、垂直精度，以及蜗杆轴线与蜗轮中间平面的重合精度，这是三个不同位置方向的装配精度，因而需要在三个不同方向上分别建立尺寸链。

（4）层次性原则　按一定层次分别建立产品总装的尺寸链和部件装配的尺寸链。总装尺寸链以产品精度标准为封闭环，部件装配尺寸链以部件装配精度要求为封闭环（总装时则为组成环），这样，表述的装配关系也更加清楚。

7.2.3　装配尺寸链的计算方法

装配尺寸链的计算方法与装配方法密切相关。同一项装配精度，采用不同装配方法时，其装配尺寸链的计算方法也不相同。通常装配尺寸链的计算可分为正计算和反计算。

当已知与装配精度有关的各零部件的公称尺寸及极限偏差，求解封闭环的公称尺寸及极限偏差的计算过程，称为**正计算**；当已知封闭环的公称尺寸及极限偏差，求解与该项装配精度有关的各零部件公称尺寸及极限偏差的计算过程称为**反计算**。正计算用于对已设计的图样进行校核验算；反计算主要用于产品设计过程中确定各零部件的尺寸和加工精度。

反计算的核心问题是将封闭环的公差合理地分配到各组成环上去，分配的一般原则如下。

1）当组成环是标准尺寸时（如轴承宽度、挡圈厚度等），其公差大小和公差带位置为确定值。

2）当某一组成环是几个不同装配尺寸链的公共环时，其公差大小和公差带位置应根据对其精度要求最严的那个装配尺寸链确定。

3）在确定各待定组成环公差大小时，可根据具体情况选用不同的公差分配方法，如等公差、等精度或按工艺等价原则等方法进行。在处理直线装配尺寸链时，若各组成环尺寸相近，加工方法相同，可优先考虑等公差法；若各组成环加工方法相同，但公称尺寸相差较大时，可考虑使用等精度法；若各组成环加工方法不同，加工精度差别较大，则通常按工艺等价原则（难加工或难测量的组成环，其公差可取较大数值；容易加工或测量的组成环，其公差可取较小数值）。

4）确定各组成环极限偏差时，一般按“入体原则”标注，入体方向不明的长度尺寸，其极限偏差按“对称偏差”标注，但要保留一环作为“协调环”。因为封闭环的公差是装配要求确定的既定值，当大多数组成环取为标准公差值之后，就可能有一个组成环的公差值不是标准公差值，此组成环在尺寸链中起协调作用，这个组成环称为协调环，其上、下极限偏差用尺寸链有关公式求出，以保证装配精度要求。

选择协调环的原则如下。

① 选择不需用定尺寸刀具加工，不需用极限量规检验的尺寸作为协调环。

② 选易于加工的尺寸作为协调环，或将易于加工的尺寸公差从严取标准公差值，然后选一难于加工的尺寸作为协调环。

③ 标准件或公共环不能作为协调环，协调环的加工难度应与其他组成环加工难度基本相当。

装配尺寸链的计算方法有极值法和概率法两种。

极值法是根据装配精度要求，在极大极小的极端情况下，推导出封闭环与组成环之间的相互关系的方法。极值法的优点是简单可靠，但在已知封闭环的情况下，计算得到的组成环公差过于严格。特别是当封闭环精度要求高，组成环数目较多时，组成环公差可能无法采用机械加工来保证。

与极值法相反，概率法面向一批零件中其加工尺寸处于公差带范围的中间部分的零件。实际上，对于一批零件而言，这些零件占大多数，处于极限尺寸的只是极少数。而且一批零件装配时，尤其是多环尺寸链装配时，同一部件的各组成环恰好都处于极限尺寸的情况就更少见。因此，在成批或大量生产中，当装配精度要求高且组成环数目又较多时，可采用概率法计算尺寸链，以扩大零件的制造公差，降低制造成本。

极值法与概率法计算装配尺寸链的基本公式与计算工艺尺寸链的公式相同。

7.3　保证装配精度的工艺方法

装配工艺的核心问题是采用合理的装配方法，实现用经济的零件加工精度，达到较高的产品装配精度。

在长期的装配实践中，人们根据不同的机器和不同的生产类型，创造了许多行之有效的保证装配精度的装配工艺方法，常用的有互换装配法、选配法、修配法和调整法四种。

7.3.1　互换装配法

产品的所有合格零件，在装配时不经任何选择、调整和修配，装配后就可以使全部或绝大部分的产品达到规定的装配精度要求的装配方法称为**互换装配法**。

用互换装配法装配，其装配精度主要取决于零件的加工精度。根据零件的互换程度，互换装配法又分为完全互换装配法和不完全互换装配法。

1. 完全互换装配法

装配时，被装配的每一个零件绝对不做任何挑选、修配和调整，就可以使全部产品达到规定的装配精度，这种装配方法称为**完全互换装配法**。

完全互换装配法基于极值原理建立装配尺寸链封闭环与组成环之间的尺寸关系，即

$$T_0 \geqslant \sum_{i=1}^{N} T_i = T_1 + T_2 + \cdots + T_n \tag{7-1}$$

式中，T_0是装配精度，即装配尺寸链封闭环；T_i是各零件制造公差。

采用完全互换装配法时，装配尺寸链采用极值法计算，即尺寸链各组成环公差之和应不大于封闭环公差，即装配精度要求。因此，必须严格限制各装配相关零件相关尺寸的加工公差，装配时才能完全保证装配精度。

完全互换装配法的特点是：装配质量稳定可靠，装配过程简单，生产率高，易于实现装配机械化、自动化，便于组织生产协作，便于维修中更换零件。因此，只要能满足零件经济精度要求，无论何种生产类型都应首先考虑采用完全互换装配法装配。

完全互换装配法常用于较高精度的少环尺寸链或较低精度的多环尺寸链的大批大量生产中。

2. 不完全互换装配法

装配时绝大多数零件不需挑选或改变其大小、位置，装配后绝大多数产品即能达到装配

精度的要求，而极少数不合格，这种装配方法称为**不完全互换装配法**，也称为大数互换装配法。

采用不完全互换装配法的基础是，在大批量生产中，进入装配的零件加工误差满足统计规律，并符合正态分布的条件下，出现极限尺寸的概率很小，而大部分集中在公差带附近，因此采用概率法进行装配尺寸链计算。根据统计学原理，装配尺寸链封闭环与组成环之间的关系为

$$T_0 \geqslant \sqrt{\sum_{i=1}^{N} T_i^2} = \sqrt{T_1^2 + T_2^2 + \cdots + T_n^2} \tag{7-2}$$

采用不完全互换装配法时尺寸链中的各组成环公差比用完全互换法时的公差适当放大，以利于零件的经济加工，并能满足装配精度要求。这种条件下，会出现封闭环的公差超出规定范围的情况，从而产生极少量的不合格产品。因此，应采取必要的工艺措施，以便降低或排除产生废品的可能性。

不完全互换装配法一般只适用于装配精度要求较高且组成环较多的大批大量生产中。

图 7-5 所示为双联转子泵（摆线齿轮泵）的轴向装配关系简图。已知装配间隙要求为 $A_0 = 0.05 \sim 0.15\text{mm}$，各组成环的公称尺寸为：$A_1 = 41\text{mm}$，$A_2 = A_4 = 17\text{mm}$，$A_3 = 7\text{mm}$。试分别按极值法和概率法确定各组成零件有关尺寸的公差及上、下极限偏差。

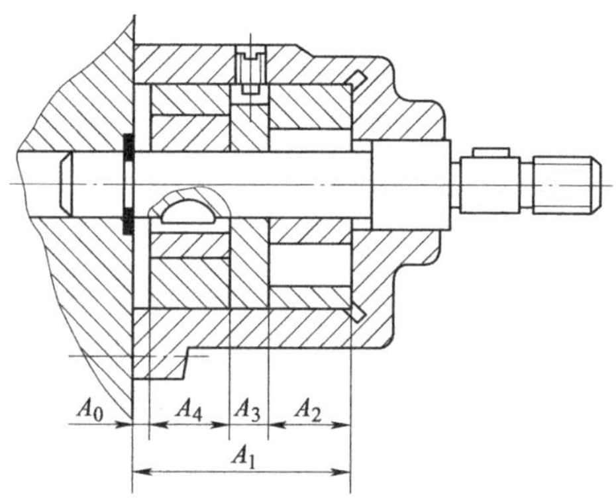

图 7-5 双联转子泵（摆线齿轮泵）的轴向装配关系简图

根据装配尺寸链原理，由题意可知封闭环 $A_0 = 0^{+0.15}_{+0.05}\text{mm}$，绘制装配尺寸链图，如图 7-5 所示。判定 A_1 为增环，A_2、A_3 和 A_4 为减环。

（1）极值法计算步骤

1）设各组成环等公差，则根据式（7-1）可计算出各组成环的平均公差为

$$T_{\text{av}}(A_i) = \frac{T(A_0)}{n-1} = \frac{0.15\text{mm} - 0.05\text{mm}}{5-1} = 0.025\text{mm}$$

2）选择 A_1 作为协调环。

3）确定各组成环的公差。根据尺寸大小、加工的难易程度，按工艺等价原则进行调整，取 $T(A_2) = T(A_4) = 0.018\text{mm}$；$T(A_3) = 0.015\text{mm}$。

则协调环公差为

$$\begin{aligned} T(A_1) &= T(A_0) - [T(A_2) + T(A_3) + T(A_4)] \\ &= 0.1\text{mm} - (0.018\text{mm} + 0.015\text{mm} + 0.018\text{mm}) = 0.049\text{mm} \end{aligned}$$

4）确定各组成环的上、下极限偏差。将组成环 A_2、A_3、A_4 的极限偏差按"入体原则"标注。

$$A_2 = A_4 = 17^{\ 0}_{-0.018}\text{mm}, A_3 = 7^{\ 0}_{-0.015}\text{mm}$$

5）计算协调环 A_1 的上、下极限偏差。

$ES(A_1) = ES(A_0) + EI(A_2) + EI(A_3) + EI(A_4) = 0.15\text{mm} + (-0.018\text{mm}) + (-0.015\text{mm}) + (-0.018\text{mm}) = +0.099\text{mm}$

$EI(A_1)=ES(A_1)-T(A_1)=0.099\text{mm}-0.049\text{mm}=+0.05\text{mm}$

最后协调环的尺寸与上、下极限偏差确定为：$A_1=41^{+0.099}_{+0.050}\text{mm}$。

(2) 概率法计算步骤

1) 设各组成环等公差，则根据式（7-2）可计算各组成环的平均公差为

$$T_{av}(A_i)=\frac{T(A_0)}{\sqrt{n-1}}=\frac{0.15\text{mm}-0.05\text{mm}}{\sqrt{5-1}}=0.05\text{mm}$$

2) 仍然选择A_1作为协调环。

3) 调整各组成环公差（按工艺等价原则），取$T(A_2)=T(A_4)=0.02\text{mm}$，$T(A_3)=0.02\text{mm}$。

则协调环 A_1的公差为

$$T(A_1)=\sqrt{T^2(A_0)-[T^2(A_2)+T^2(A_3)+T^2(A_4)]}$$
$$=\sqrt{0.1^2-(0.02^2+0.02^2+0.02^2)}\text{mm}=0.09\text{mm}$$

4) 确定各组成环的上、下极限偏差。A_2、A_3、A_4均按“入体原则”标注为：$A_2=A_4=17^{\ 0}_{-0.02}\text{mm}$，$A_3=7^{\ 0}_{-0.02}\text{mm}$。

5) 计算协调环的平均尺寸A_{1av}，并把其公差注成双向对称分布，有

$$A_{0av}=A_{1av}-(A_{2av}-A_{3av}+A_{4av})$$

代入相关尺寸有：$0.1\text{mm}=A_{1av}-(16.99\text{mm}+6.99\text{mm}+16.99\text{mm})$，即$A_{1av}=41.07\text{mm}$。

最后确定协调环A_1为：$A_1=(41.07\pm0.045)\text{mm}=41^{+0.115}_{+0.025}\text{mm}$。

其余各环尺寸为：$A_2=A_4=17^{\ 0}_{-0.02}\text{mm}$，$A_3=7^{\ 0}_{-0.02}\text{mm}$。

可见，采用概率法时，各组成环公差与极值法相比均有不同程度的放大，降低了制造成本。

7.3.2 选配法

在成批或大量生产条件下，对于组成环较少而装配精度要求很高的尺寸链，若采用完全互换装配法，则零件的公差将很小，甚至超过了加工工艺的现实可能性，这时，可采用选配法进行装配。

选配法是将尺寸链中组成环零件的制造公差放大到经济精度范围，然后选择合适的零件进行装配，以保证规定的装配精度的一种装配方法。

选配法有直接选配法、分组选配法和复合选配法三种形式。

1. 直接选配法

直接选配法是由装配工人从许多待装配的零件中，凭经验挑选合格的零件通过试凑进行装配的方法。这种方法的优点是简单，不需将零件事先分组，但装配中工人挑选零件需要较长时间，劳动量大，而且装配质量在很大程度上取决于工人的技术水平，因此不宜用于节拍要求较高的大批大量流水作业中。

2. 分组选配法

分组选配法是将组成环公差按极值法求得后，再放大数倍（一般为2~4倍）以达到经济精度的数值，然后依据放大的数值加工零件。加工后对每个零件都进行测量，按实际尺寸

大小分成若干组（分组数与公差放大的倍数相同），并将对应组的零件进行装配以保证装配精度的方法。

采用分组选配法装配时，各组内零件尺寸与封闭环尺寸之间满足极值关系，即封闭环的公差等于或大于各组成环公差之和，所以组内之间可实现完全互换装配。

图 7-6 所示为某活塞销和活塞的装配关系。销子和孔的公称尺寸为 ϕ28mm，在冷态装配时要求有 0.0025~0.0075mm 的过盈量。活塞销采用精密无心磨加工，活塞销孔采用金刚镗加工，其加工经济精度为 0.01mm。现采用分组选配法进行装配，试确定活塞销孔与活塞销直径分组数目和分组尺寸。

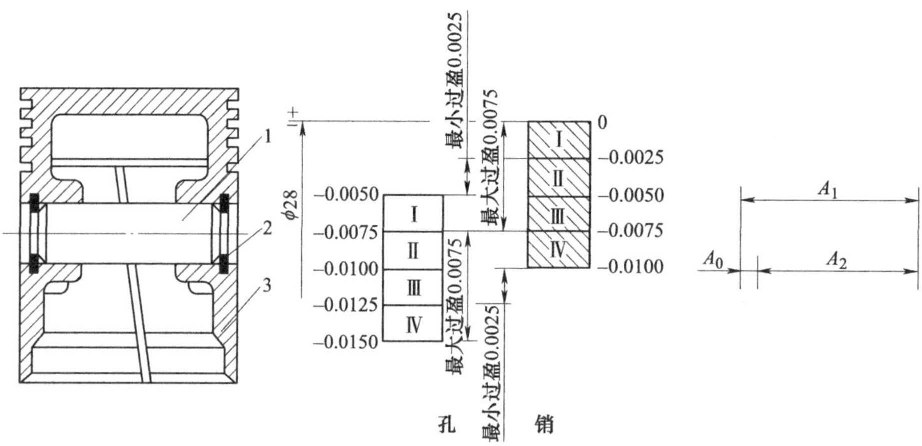

a) 装配关系　　b) 分组尺寸公差带图　　c) 装配尺寸链

图 7-6　某活塞销和活塞的装配关系

1—活塞销　2—挡圈　3—活塞

由装配尺寸链原理，过盈量即装配精度为 0.0075~0.0025mm，则封闭环 $A_0=0^{+0.0075}_{+0.0025}$mm，封闭环公差 $T(A_0)=0.005$mm，根据分组选配法，配合件公差相等的条件应有

$$T(A_1)=T(A_2)=0.0025\text{mm}$$

1）由题意绘制装配尺寸链如图 7-6c 所示。A_0为活塞销与活塞销孔配合的过盈量，是装配尺寸链的封闭环；A_1为活塞销的直径尺寸，A_2为活塞销孔的直径尺寸，这两个尺寸是装配尺寸链的组成环。

2）确定组成环的极限偏差。假设将 A_2确定为协调环，配合采用基轴制，则按“入体原则”销轴尺寸为：$A_1=\phi28^{\ 0}_{-0.0025}$mm，由图 7-6 所示尺寸链，采用极值法求解可得协调环的尺寸与极限偏差为：$A_2=\phi28^{-0.0050}_{-0.0075}$mm（相当 IT2 级）。

3）确定分组数。由上述分析可知，为满足装配精度，零件公差应为 0.0025mm，而活塞销孔与活塞销直径的加工经济精度为 0.01mm，即需将公差扩大 4 倍，于是可得到分组数为 4。

4）确定分组尺寸。根据分组选配法规定的配合件的公差应相等，配合件公差增大的方向也应相同，将活塞销和活塞销孔的公差在相同方向上放大 4 倍，即

$$A_1=\phi28^{\ 0}_{-0.010}\text{mm},A_2=\phi28^{-0.005}_{-0.015}\text{mm}(\text{相当于 IT5 ~ IT6 级})$$

活塞销和活塞销孔，对应的 4 组尺寸如图 7-6b 和表 7-1 所示。

表 7-1　活塞销与活塞销孔直径分组　　　　（单位：mm）

<table>
<tr><th rowspan="2">组别</th><th rowspan="2">标志颜色</th><th rowspan="2">活塞销直径
$d=\phi 28^{\ 0}_{-0.010}$</th><th rowspan="2">活塞销孔直径
$D=\phi 28^{-0.005}_{-0.015}$</th><th colspan="2">配合情况</th></tr>
<tr><th>最小过盈</th><th>最大过盈</th></tr>
<tr><td>Ⅰ</td><td>红</td><td>$\phi 28^{\ 0}_{-0.0025}$</td><td>$\phi 28^{-0.0050}_{-0.0075}$</td><td rowspan="4">0.0025</td><td rowspan="4">0.0075</td></tr>
<tr><td>Ⅱ</td><td>白</td><td>$\phi 28^{-0.0025}_{-0.0050}$</td><td>$\phi 28^{-0.0075}_{-0.0100}$</td></tr>
<tr><td>Ⅲ</td><td>黄</td><td>$\phi 28^{-0.0050}_{-0.0075}$</td><td>$\phi 28^{-0.0100}_{-0.0125}$</td></tr>
<tr><td>Ⅳ</td><td>绿</td><td>$\phi 28^{-0.0075}_{-0.0100}$</td><td>$\phi 28^{-0.0125}_{-0.0150}$</td></tr>
</table>

按此公差加工后，再分为 4 组进行相应装配，既可保证配合精度和性质，又可降低加工难度。分组时，可涂上不同颜色或分装在不同容器内，以便于进行分组装配。

分组选配法的优点是：零件加工精度要求不高，但能获得很高的装配精度；同组的零件仍可以互换，故又称为“**分组互换法**”；其缺点是：增加了零件储存量以及测量、分组工作，使零件的储存、运输工作复杂化。

运用这一方法的关键在于保证分组后各对应组的配合性质和配合精度仍能满足原装配精度的要求，所以分组选配法必须满足如下条件。

1）为保证装配后的配合性质和配合精度不变，配合件的公差范围应相等，公差应同方向增加，增大的倍数应等于以后的分组数，各组的配合公差应相等。

2）为保证零件分组后对应零件组数量匹配，应使配合件的尺寸分布为相同的对称分布（如正态分布），因此零件批量应足够大。

3）配合件的表面粗糙度、相互位置精度和形状精度应保持不变，不能因为公差放大而降低，否则，分组装配后的配合性质和精度将受到影响。

4）分组数不宜过多，零件的公差只要放大到经济加工精度即可，否则，会增加零件测量、分类、保管工作量。

分组选配法适用于大批大量生产中装配精度要求很高而组成环很少（一般 2~3 环）的场合，如活塞销和孔等精密偶件的装配。

3. 复合选配法

复合选配法是上述两种方法的复合，即先测量分组再直接选配。其优点是配合件公差可以不等，装配精度高，装配速度快，能满足一定生产节拍的要求，在发动机气缸与活塞的装配中，多采用这种方法。

7.3.3　修配法

在单件小批生产中，装配精度要求高而且组成环较多时，若采用互换装配法装配，则势必使有关零件的公差很小，由此增加了机械加工的难度并影响经济性。选配法在此也不适用，这时，可采用修配法来装配。

修配法就是各组成环公差均按零件加工的经济精度确定，而选其中一环为修配环，并预留一定的修配量，在装配时用钳工或机械加工的方法去除修配环的部分材料以改变其实际尺寸，来达到装配精度的方法。

采用修配法装配时，首先应正确选定修配环，作为修配环的零件一般选择原则如下。

1）便于装拆，零件形状比较简单，易于修配，如果采用刮研修配时，刮研面积要小。

2）不是公共环，即作为修配环的零件应当只与一项装配精度有关，而与其他装配精度无关，否则修配后，保证了一个尺寸链的装配精度，但又破坏了另一个尺寸链的装配精度。

3）不要求进行表面处理的零件，以免修配后破坏表面处理层。

修配法的优点是能利用较低的制造精度，获得很高的装配精度。但修配工作量大，对工人技术水平要求高，不便组织流水作业。常用的修配法有单件修配法、合并加工修配法和自加工修配法三种。

1. 单件修配法

单件修配法是选定某一固定零件为修配件，在装配时进行修配以保证装配精度的方法。例如：图 7-2 所示车床尾座底板的修配是为保证前后顶尖的等高度，应用广泛的平键修配是为保证其与键槽的配合间隙，这种修配方法在生产中应用最广。

2. 合并加工修配法

将两个或多个零件预先装配在一起进行加工修配，这就是合并加工修配法。这些零件组成的尺寸作为一个组成环，这样就减少了组成环的数目，相应地也减少了修配工作量。但由于零件合并后再进行加工和装配，给组织生产带来了一定不便，因此多用于单件小批生产中。例如：在图 7-2 中进行尾座装配时，也可采用合并加工修配法，即先将加工好的尾座 2 和尾座底板 3 两个零件装配为一体，再以尾座底板的底平面为定位基准，镗削加工尾座顶尖套锥孔。这样组成环 A_2 和 A_3 就合并为一个组成环 A_{23}，此环公差可放大，并且可以给尾座底板的底平面留较小的刮研量，使整个装配工作变得更加简单。

3. 自加工修配法

对于某些装配精度要求很高的产品或部件，若单纯依靠限制各个零件的加工误差来保证，势必要求各个零件具有很高的加工精度，甚至无法加工，而且不易选择一个适当的修配件。此时，可采用自加工的方法来保证装配精度，这就是自加工修配法。它在机床总装时经常使用。例如：平面磨床装配时自己磨削自己的工作台面，以保证工作台面与砂轮主轴平行；又如牛头刨床在装配时，用自刨法加工自身工作台面，使滑枕与工作台面平行。

采用修配装配时，由于组成环公差放大后，各组成环公差之和超出了装配精度要求，超出部分通过修配补偿。因此，最大修配量即为该超出部分。装配尺寸链计算的主要问题是在保证修配量足够且最小的原则下，计算修配环的尺寸和验算修配量是否合适，其计算方法一般采用极值法。

修配环被修配时会引起封闭环尺寸变大或变小，因此用修配法解装配尺寸链时，可根据这两种情况进行计算。

如果修配时使封闭环尺寸变大，则应使组成环公差放大后得到的封闭环实际尺寸的上极限尺寸 $A'_{0\max}$ 不大于规定的封闭环的上极限尺寸 $A_{0\max}$，如图 7-7a 所示；如果修配时使封闭环尺寸变小，则应使组成环公差放大后得到的封闭环实际尺寸的下极限尺寸 $A'_{0\min}$ 不大于规定的封闭环的下极限尺寸 $A_{0\min}$，否则无法进行修配，如图 7-7b 所示。

（1）修配使封闭环尺寸变小的情况　当修配环的修配引起封闭环尺寸变小时，应保证 $A'_{0\min}=A_{0\min}$。因此封闭环实际尺寸最小值 $A'_{0\min}$ 和公差放大后的各组成环之间的关系按极值公式计算时有

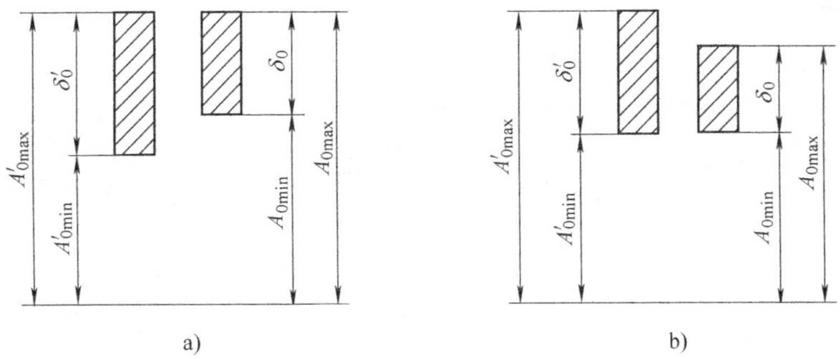

图 7-7　封闭环的实际位置与规定值的相对位置

$$A'_{0min} = A_{0min} = \sum_{i=1}^{m} \overrightarrow{A_{imin}} - \sum_{i=1}^{n} \overleftarrow{A_{imax}} \tag{7-3}$$

即可求出修配环的一个极限尺寸。修配环为增环时可求出最小尺寸，修配环为减环时可求出最大尺寸。由于修配的公差也可按经济加工精度给出，当一个极限尺寸求出后，其另一极限尺寸也就可以确定。

（2）修配使封闭环尺寸变大的情况　当修配环的修配会引起封闭环尺寸变大时，应保证 $A'_{0max}=A_{0max}$。因而修配环的一个极限尺寸可按下式求出，即

$$A'_{0max} = A_{0max} = \sum_{i=1}^{m} \overrightarrow{A_{imax}} - \sum_{i=1}^{n} \overleftarrow{A_{imin}} \tag{7-4}$$

修配环另一极限尺寸，在公差按经济精度给定后也就确定了。

按照以上方法确定的修配环尺寸，装配时可能出现的最大修配量为 $Z_{max} = \sum_{i=1}^{m+n} T(A_i) - TA_0$，可能出现的最小修配量为零。此时修配环不需修配加工，即能保证装配精度；但有时为保证修配环被修配的表面有良好的接触刚度，保证配合质量，应确保最小的修配量 Z_{min}。一般取最小修磨量 $Z_{min}=0.05\sim0.10$mm，取最小刮研量 $Z_{min}=0.10\sim0.20$mm。

在按以上方法算出的修配环尺寸上必须加上（修配环为被包容尺寸）或减去（修配环为包容尺寸）最小修配量的值。但必须注意，在修配环修配时，封闭环尺寸变小的情况下，总是应当加上。

7.3.4　调整法

对于精度要求高且组成环数又较多的产品和部件，在不能用互换装配法进行装配时，除了用分组互换和修配法外，还可用调整法来保证装配精度。在装配时，用改变产品中可调整零件的相对位置或选用合适的可调整零件，以达到装配精度的方法称为**调整法**。

调整法与修配法的实质相同，即各零件公差仍然按经济加工精度的原则来确定，选择一个零件为调整环（也可称为补偿环，此环的零件称为调整件），来补偿其他组成环的累积误差。但两者在改变补偿环尺寸的方法上有所不同。修配法采用机械加工的方法去除补偿环零件上的金属层，而调整法采用改变补偿环零件的相对位置或更换新的补偿环零件的方法，以保证装配精度的要求。

最常见的调整方法有可动调整法、固定调整法、误差抵消调整法三种。

1. 可动调整法

可动调整法是通过改变调整件的相对位置（移动、旋转或移动旋转同时进行）来保证装配精度的方法。图7-8a 所示结构是靠拧螺钉来调整轴承外环相对于内环的位置，从而使滚动体与内环、外环间具有适当间隙，螺钉调到位后，用螺母锁紧。图 7-8b 所示结构为车床刀架横向进给机构中丝杠螺母副间隙调整机构，丝杠螺母间隙过大时，可拧动调节螺钉，调节楔块的上下位置，使左、右螺母分别靠紧丝杠的两个螺旋面，以减小丝杠与左、右螺母之间的间隙。

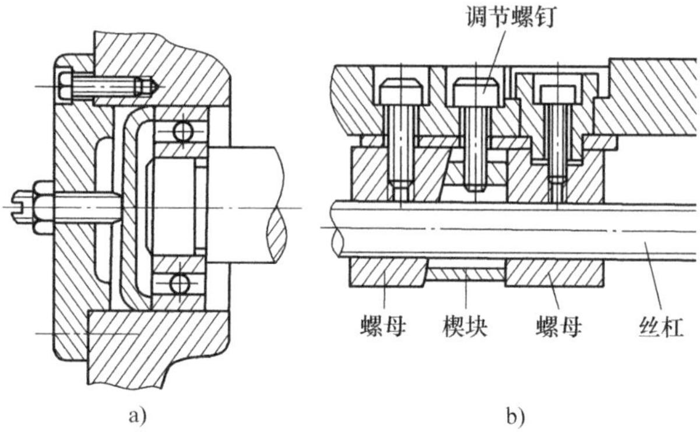

图 7-8　可动调整法

可动调整法装配方便，零件制造精度不高，但却可获得比较高的装配精度。在机器使用中可随时通过调节调整件的相对位置来补偿由于磨损、热变形等原因引起的误差，使之恢复到原来的装配精度，比修配法操作简便，易于实现。不足之处是需增加一套调整机构，增加了结构复杂程度。可动调整法在生产中被广泛应用。

2. 固定调整法

在以装配精度要求为封闭环建立的装配尺寸链中，组成环均按加工经济精度制造，由于扩大组成环制造公差，造成了封闭环过大的累积误差，需加垫不同尺寸的固定调整件进行补偿，以达到装配精度要求，这种装配方法，称为**固定调整法**。

调整件是按照一定尺寸间隔预先制成的若干组专门零件，根据装配时的需要，选用其中的某一级别的零件进行误差补偿，常用的调整件有垫圈、垫片、轴套等。

采用固定调整法时必须处理好三个关键问题：①选择调整范围；②确定调整件的组数；③确定每组调整件的尺寸。因此必须应用装配尺寸链的极值法来进行分析计算，进而确定调整件的分级和各级调整件的尺寸大小。

固定调整法适用于在大批大量生产中装配那些装配精度要求较高的机器结构。调整件还可以采用多件拼合的方式组成，装配时根据所测实际空隙的大小，把不同厚度的调整件拼成所需尺寸，然后装到空隙中去，使装配结构达到装配精度要求。这种调整装配方法比较灵活，在汽车、拖拉机生产中广泛应用。

3. 误差抵消调整法

在产品或部件装配时，通过调整有关零件的相互位置，使其加工误差的大小和方向相互抵消一部分，以提高装配精度的方法称为**误差抵消调整法**。这种装配方法在机床装配时应用广泛，如在机床主轴部件装配中，通过调整前后轴承的径向圆跳动方向来控制主轴的径向圆跳动；在滚齿机工作台分度蜗轮装配中，可以通过调整两者的偏心量和偏心方向，来提高分度蜗轮的工作精度。

调整法的主要优点是：组成环均能以加工经济精度制造，但却可获得较高的装配精度；装配效率比修配法高；不足之处是要另外增加一套调整装置。可动调整法和误差抵消调整法适用于小批生产，固定调整法则主要用于大批量生产。

7.4 装配工艺规程的制订

7.4.1 装配工艺规程概述

装配工艺规程是用文件、图表等形式规定下来的装配工艺过程。它是装配生产的指导性技术文件，是进行装配生产计划及技术准备、装配工装设计、装配车间设计的主要依据。

装配工艺规程对保证产品装配质量、提高装配生产率、缩短装配周期、减轻工人劳动强度、缩小装配车间面积、降低生产成本等方面都有重要作用。

1. 装配工艺规程制订的原则

1）保证产品装配质量，以延长产品的使用寿命。

2）合理安排装配顺序和工序，尽量减少钳工和手工劳动量以提高装配效率。

3）尽量减少装配占地面积，提高单位面积的生产率。

4）尽量降低装配工作成本。

2. 装配工艺规程制订的原始资料

（1）产品装配图及验收技术条件　包括总装配图和部件装配图，并能清晰地表示出：①零部件的相互连接关系及其联系尺寸；②装配精度和其他技术要求；③零件明细栏等。为了在装配时对某些零件补充机械加工和核算装配尺寸链，有时还需要某些零件图作为原始资料。验收的技术条件应包括验收的内容和方法。

（2）产品的生产纲领　生产纲领决定了产品装配的生产类型，生产类型不同，装配的组织形式、装配方法、工艺过程的划分等均有很大不同。

大批大量生产应尽量选择专用的装配设备和工具，采用流水线作业方式——现代装配生产中大量使用机器人组成自动装配线。成批、单件小批生产，则大多数选择固定装配方式，通用设备多，手工操作比重大。

（3）生产条件　在制订装配工艺规程时，要考虑工厂现有的生产和技术条件，如装配车间的生产面积、装配工具和装配设备、装配工人的技术水平等，使所制订的装配工艺能够符合工厂的生产要求。

7.4.2 装配工艺规程制订的方法和步骤

1. 产品分析

制订装配工艺规程的第一步是对产品图样进行分析，掌握装配的技术要求和验收标准；分析产品的结构，根据装配精度要求，建立适当的装配尺寸链，并对装配尺寸链进行分析和验算，以确认尺寸、结构的合理性；对结构的工艺性进行分析，确定产品结构是否便于装配拆卸和维修。

（1）机器装配的生产类型及其特点　机器装配的生产类型，按装配产品的生产批量大小可分为单件小批生产、成批生产和大批大量生产三种类型。生产类型不同，装配工作的组织形式、装配工艺方法、工艺装备等方面均有较大区别。各种生产类型的装配工作特点见表7-2。

表 7-2 各种生产类型的装配工作特点

生产类型		大批大量生产	成批生产	单件小批生产
基本特征		产品固定，生产活动长期重复，生产周期较短	产品在系列化范围内变动，分批交替投产或多品种同时投产。生产活动在一定时期内重复	产品经常变换，不定期重复，生产周期较长
装配工作特点	组织形式	多采用流水装配线：有连续移动、断续移动及可变节奏移动等。还可采用自动装配机或自动装配线	笨重而批量不大的产品，多采用固定流水装配；批量较大时，采用流水装配；多品种平行投产时用多品种可变节奏流水装配	多采用固定装配或固定流水装配进行总装，同时，对批量较大的部件也可采用流水装配
	装配工艺方法	按互换装配法装配，允许有少量的简单调整，精密偶件成对供应或分组装配，无任何修配工作	主要采用互换装配法，但灵活运用其他保证装配精度的装配方法，如调整法、修配法及合并法等，以节约加工费用	以修配法和调整法为主，互换件比例较少
	工艺过程	工艺过程划分很细，力求达到高度的均衡性	工艺过程划分须适合于批量的大小，尽量使生产均衡	一般不制订详细工艺文件，工序可适当调动，工艺也可灵活掌握
	工艺装备	专业化程度高，宜采用专用高效工艺装备，易于实现机械化、自动化	通用设备较多，但也采用一定数量的专用工、夹、量具以保证装配质量和提高工效	一般为通用设备及通用工、夹、量具
	手工操作要求	手工操作比重小，熟练程度容易提高，便于培养新工人	手工操作有一定比重，技术水平要求较高	手工操作比重大，要求工人有高的技术水平和多方面的工艺知识
	应用实例	汽车、拖拉机、内燃机、滚动轴承、手表、缝纫机、电气开关	机床、机动车辆、中小型锅炉、矿山采掘机械	重型机床、重型机器、汽轮机、大型内燃机、大型锅炉

由表 7-1 可以看出，对于不同的生产类型，其装配工作特点也不一样，装配工艺方法也各有侧重。例如：内燃机生产一般属于大批大量生产，其装配工艺是互换性装配，只允许少量简单调整或不进行调整，工序采用分散原则划分得比较细，以便达到较高的均衡性和严格的节奏性。在这种装配工艺方法和专用高效工艺装备的基础上，才能建立移动式流水线或自动装配线。至于单件小批生产的装配工作，如重型机床的装配，则以修配法及调整法为主，而互换件比例较少，工序集中，设备通用，工艺文件简单，手工操作比重大，并要求工人具有较高的技术水平和工艺方面的知识。在单件小批生产中如何提高装配工作效率是一个重要问题，此时应尽量采用机械化工具代替手工操作，以提高效率，减轻工人劳动强度。在组织形式上可采用固定流水装配，以先进的调整法及测试手段来提高工作效率。至于成批生产类型，其特点介于大批大量和单件小批生产类型之间，所采用的装配工艺方法和工艺装备应视产品批量及产品特征灵活确定。

（2）机器结构的装配工艺性 **装配工艺性**是指按产品的设计要求，使装配过程中相互连接的零部件不用或少用修配和机械加工、较少的劳动量和装配时间，实现机器快速方便装配的机器结构。机器结构的装配工艺性可以从以下几方面进行评价。

1）机器结构应能划分成几个独立的装配单元。机器结构划分成独立的装配单元，可以实现：①组织平行的装配作业，缩短装配周期，或组织厂际协助生产；②相关部件预先调整和试车，保证总装质量；③利于产品的改进和更新；④利于机器的维护修理和运输。以图 7-9 所示两种传动轴结构为例，图 7-9a 所示结构的齿顶圆直径大于箱体轴承孔孔径，轴上零件须依次逐一装到箱体中去；图 7-9b 齿顶圆直径小于轴承孔直径，轴上零件可以先组装成组件后，一次装入箱体，这样简化了装配过程，可缩短装配周期。

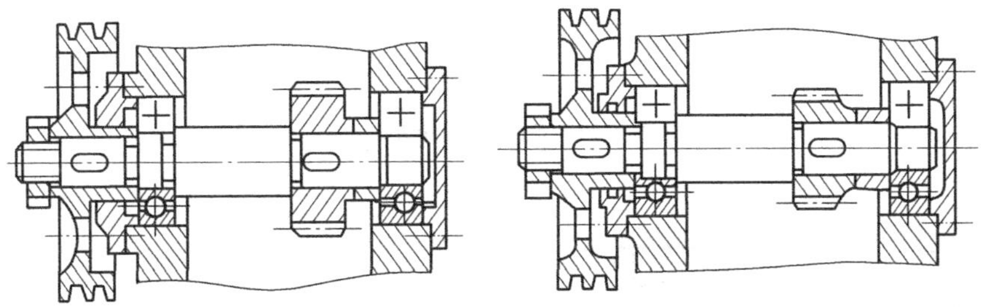

a)　　　　b)

图 7-9　两种传动轴结构比较

2）尽量减少不必要的配合面，减少装配时的修配和机械加工。装配过程中，机械加工工作越多，装配工作越不连续，装配周期越长；同时加工设备既占面积，又易引起装配工作混乱，其加工切屑还有可能造成机器不必要磨损，甚至产生严重事故而损坏整台机器。图 7-10 所示的轴润滑结构，前者在轴套装配后，需在箱体上配钻油孔，增加了装配的加工工作量，改为在轴套上预先加工好油孔，便可省去装配时的机械加工。

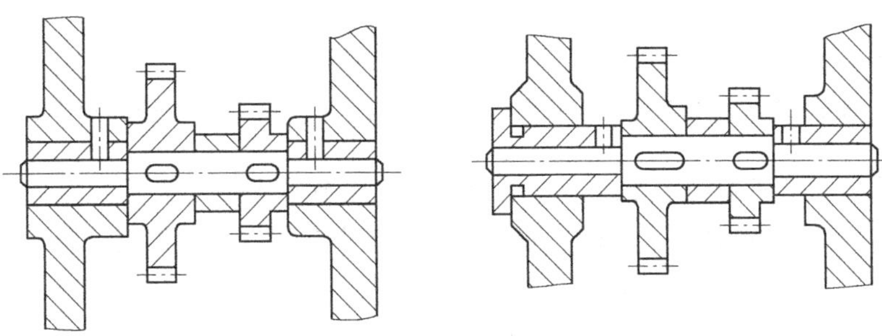

a) 不合理　　　　b) 合理

图 7-10　两种不同轴上的油孔结构

3）机器结构应便于装配和拆卸。

① 机器的结构设计应使装配工作简单、方便，其重要的一点是组件的几个表面不应该同时装入基准零件的配合孔中，而应该有先后次序进入装配。如图 7-11a 所示，轴上的两个轴承同时装入箱体零件的配合孔中，既不便于观察，导向性又差，给装配工作带来困难。若改为图 7-11 所示的结构形式，轴上的右轴承先行装入，再开始左轴承的装配，就使装配过程变得容易。

② 机器的结构设计应便于拆卸和检修。由于磨损及其他原因，所有易损零件都要考虑拆卸方便问题。图 7-12a 所示的轴承在更换时很难拆卸下来，改为图 7-12b 所示结构就容易拆卸多了。在图 7-13a 中，定位销孔为不通孔，取出定位销很困难，改为图 7-13b 所示的通孔结构或图 7-13c 所示的带有螺纹孔的定位销，就可方便地取出定位销。

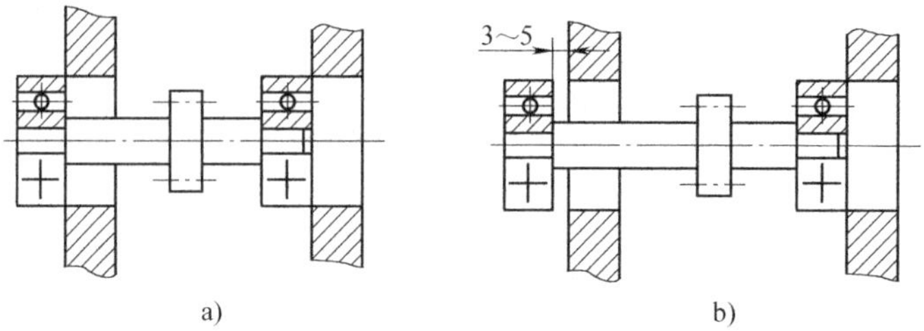

图 7-11　轴依次装配的结构

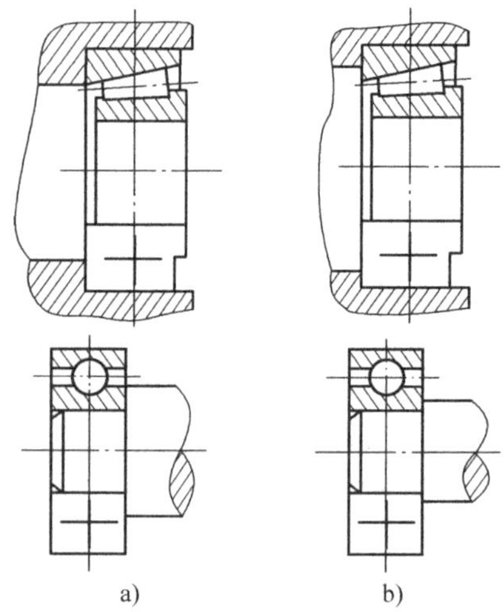

图 7-12　轴承结构应考虑拆卸问题

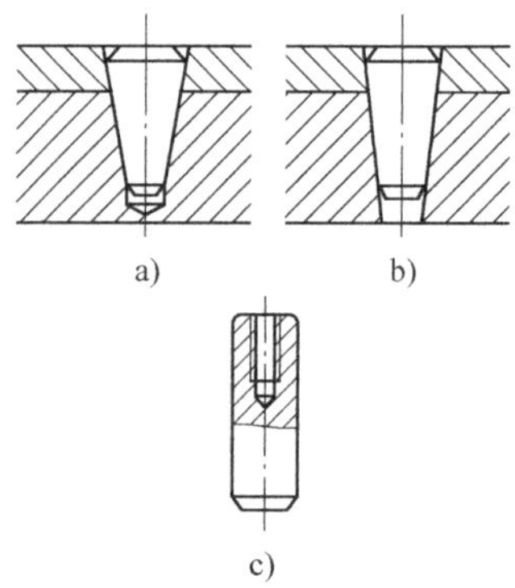

图 7-13　销孔的不同结构

4）自动化装配的机器结构要求。自动化装配可以节省大量的人力，保证产品的装配质量，但同时又对零件结构提出了严格的要求，主要集中在零件自动供料、自动传送和自动装配三个方面。

图 7-14 所示零件在自动供料、传送和抓取时会产生缠结现象，难以分离，可以设计成封闭结构或局部改型加以改进。图 7-15 所示零件将难以识别的特征用增加较易识别的特征来标识，使之易于识别。

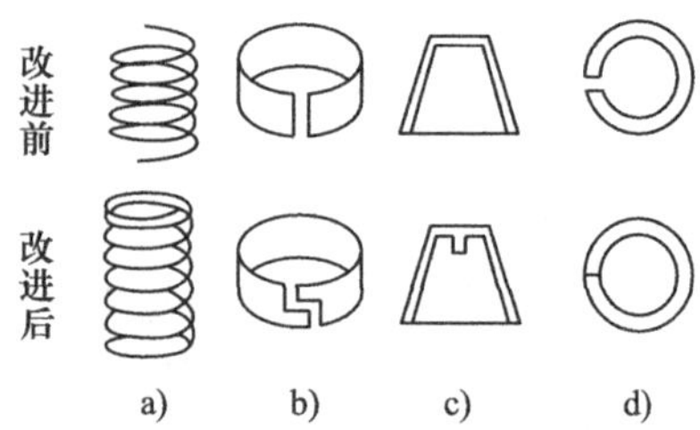

图 7-14　零件结构自动传送特性比较

自动装配时，机器结构应该满足如下工艺性要求。

① 结构简单并确保容易组合，不容易纠结、缠绕和重叠。

② 能划分成完全互换的装配单元和连接，以保证装配夹具简单又便于抓取、引入、移动、安装和调节。

③ 有选择工艺基准定位面的依据。

④ 装配单元能互换，从而完全取消修配工作。

⑤ 有选择基准面和配合面的表面粗糙度和装配尺寸公差的依据。

⑥ 装配单元高度的通用化和标准化。

⑦ 装配单元中包含的零件数目应最少。

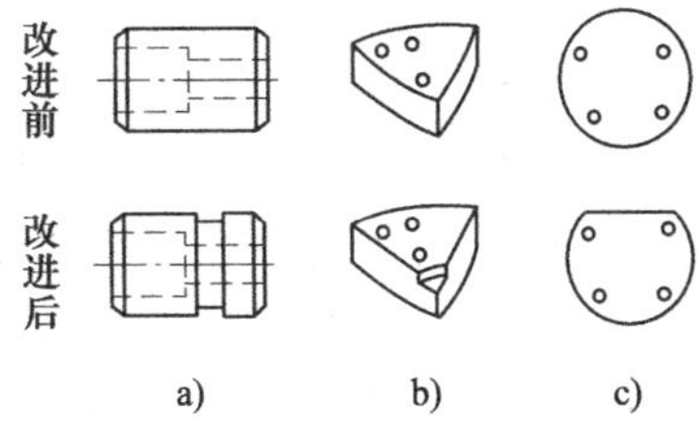

图 7-15 零件结构自动识别性比较

2. 确定装配工艺方法与组织形式

（1）装配工艺方法 装配工艺方法随生产纲领和现有生产条件的不同而不同，要综合考虑加工和装配间的关系，使整个产品获得最佳技术经济效果。表 7-3 列举了各种装配工艺方法的适用范围和应用举例。

表 7-3 各种装配工艺方法的适用范围和应用举例

装配工艺方法	适用范围	应用举例
完全互换装配法	适用于零件数较少、批量很大、零件可用经济精度加工时	汽车、拖拉机、中小型柴油机、缝纫机及小型电动机的部分部件
不完全互换装配法	适用零件数较多、批量大、零件加工精度需适当放宽时	机床、仪器仪表中某些部件
分组法	适用于成批或大量生产中，装配精度很高，零件数很少，又不便采用调整装配时	中小型柴油机的活塞与缸套、活塞与活塞销、滚动轴承的内外圈与滚子
修配法	单件小批生产中，装配精度要求高而且零件数较多的场合	车床尾座垫板、滚齿机分度蜗轮与工作台装配后精加工齿形、平面磨床砂轮（架）对工作台台面自磨
调整法	除必须采用分组法选配的精密配件外，调整法可用于各种装配场合	机床导轨的楔形镶条，内燃机气门间隙的调整螺钉，滚动轴承调整间隙的间隔套、垫圈，锥齿轮调整间隙的垫片

究竟采取何种装配工艺方法来保证产品的装配精度要求，通常在设计阶段即应由工艺人员与设计人员共同确定，因为只有在装配工艺方法确定之后，才能通过尺寸链的计算，合理确定各个零部件在加工和装配中的技术要求。

（2）装配的组织形式 装配的组织形式主要取决于产品的结构特点（包括尺寸、重量和复杂程度等）、生产纲领和现有生产条件，按产品在装配过程中是否移动分为固定式装配和移动式装配两种形式。

1）固定式装配。固定式装配是指装配工作在固定的场地上进行，产品位置不变，装配过程所需的零部件都集中在场地附近。其特点是装配周期长，装配面积利用率低，并且需要技术水平较高的装配工人。根据装配地点的集中程度和装配工人流动与否，又可分为：

① 集中固定式装配。整机的全部装配工作在同一固定的地点完成。

② 分散固定式装配。产品及各部件分别由数个小组同时平行地进行装配。

③ 固定流水装配。工人专业分工，按装配顺序轮流到各产品点进行装配。

集中固定式装配多用于单件小批生产；分散固定式装配多用于劳动量很大的重型产品的成批生产；固定流水装配多用于成批生产中结构较复杂、工序数量较多的产品，如机床、汽轮机的装配。

2）移动式装配。移动式装配是将产品用传送带或输送小车，按装配顺序从一个工作位置有节奏地移动到下一个工作位置，在每一工位上固定的工人只完成一个或几个工序的装配工作，经过若干个工作位置后完成产品的全部装配工作。移动式装配的特点是装配过程分工较细，每个工人完成固定的工作，专业化程度高，技术水平要求较低，广泛采用高效的专业设备和工具，生产率高，多用于大批大量生产的装配。

移动式装配按装配节拍是否变化有自由移动和强制移动之分。

① 自由移动式装配。节拍不固定，即变节奏移动，具有柔性，适合多品种装配。

② 强制移动式装配。节拍固定，各工位的装配工作必须在规定的时间内完成。强制移动式装配按移动方式不同，又可分为连续移动和断续移动两种。

a. 连续移动式装配。传送带做连续缓慢移动，工人在装配时随传送带走动，一个工位的装配工作完毕后即返回原地，继续重复装配。

b. 断续移动式装配。装配时产品不动，工人在规定的时间节拍内装配完后，产品再被传送带或小车送到下一工作地。

3. 划分装配单元和确定装配顺序

（1）装配单元的划分　将产品划分为套件、组件及部件等装配单元是制订装配工艺规程中最重要的步骤。划分了装配单元，可组织平行作业和流水作业，合理确定产品和各级装配单元的装配顺序，构成装配单元系统图。画装配单元系统图时，首先选择装配的基准件，基准件可选一个零件，也可选低一级的装配单元。基准件是产品的主要零部件，其体积较大、重量较重，有足够的支承面，可以满足陆续装入其他零部件作业的需要和稳定性需求。基准件还应有利于装配过程中的检测，工序间的传递和翻身转位等作业。例如：床身零件是床身组件的装配基准零件；床身组件是床身部件的装配基准组件；床身部件是机床产品的装配基准部件。

（2）装配顺序的确定　安排装配顺序遵循以下原则。

预处理工序先行——零件的清洗、倒角、去毛刺和飞边、防锈、油漆等工序要安排在前。

先基准件后其他件——基准件先装配，然后再装配其他相关件。

先下后上——先安装处于机器下部的有关零部件，再安装处于机器上部的零部件，使机器在整个装配过程中重心始终处于稳定状态。

先内后外——应使先装配的部分不妨碍后续作业的顺利进行。

先难后易——开始装配时，基准件上有较开阔的安装调整、检测空间，有利于较难装配的零部件的装配工作。

先重大后轻小——先安排体积较大、重量较重的零部件，再装配较小较轻的零部件。

先精密后一般——先将影响整台机器精度的零部件安装、调试好，再安装一般要求的零部件。

安排必要的检验工序——检验对产品质量和性能有影响的工序，合格后方可进行后工序作业。

此外，还应考虑以下情况。

1）处于同一基准件方位的装配，应尽可能集中安排。

2）使用相同设备及工艺装备或有共同特殊装配环境要求的装配，应集中安排。

3）电线、油气管路的安装应与相应的工序同时进行。

4）易燃、易爆、易碎或有毒物质的零部件安装，应尽可能安排在最后，以减少安全防护工作量，保证装配工作的顺利完成。

（3）绘制装配单元系统图和装配工艺系统图　装配单元的划分及其装配顺序可通过装配单元系统图直观地表示，如图 7-16 所示。

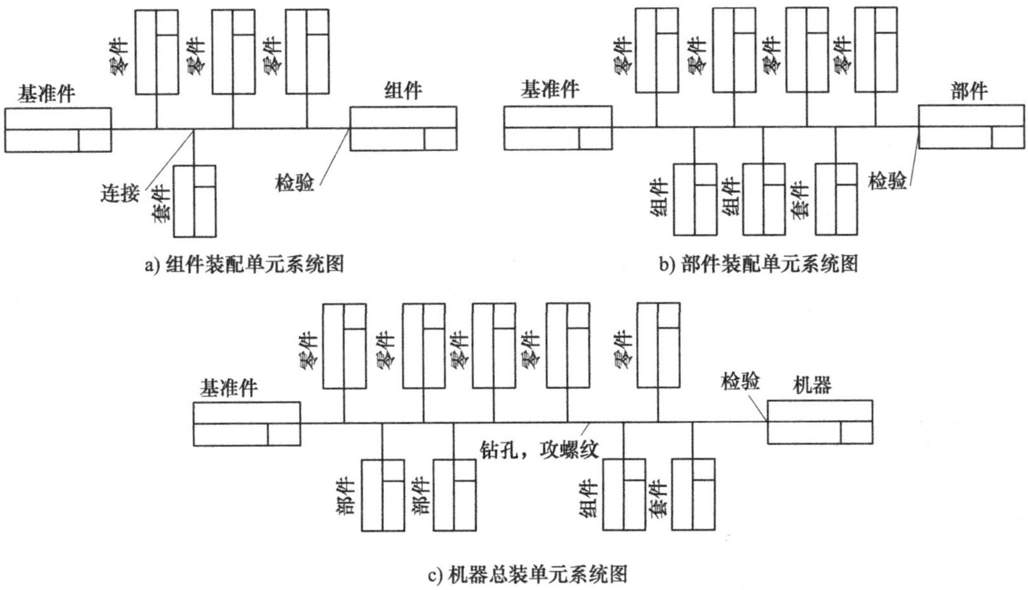

图 7-16　装配单元系统图

装配单元系统图的画法是：先画一条横线，横线左端为基准件的长方格，横线右端为所装成组件、部件或机器的长方格。然后按装配顺序由左向右依次将装入基准件的零件、套件、组件和部件引入。表示零件的长方格画在横线上方；表示套件、组件和部件的长方格画在横线下方。每一长方格内，上方注明零件、套件、组件或部件的名称，左下方填写该件编号，右下方填写该件数量。

在装配单元系统图上可加注工艺说明，如冷压、热压、焊接、配钻、攻螺纹、配刮、铰孔及检验等，则成为装配工艺系统图。

装配工艺系统图比较清楚而全面地反映了装配单元的划分、装配顺序和装配工艺方法等内容，是装配工艺规程制订中的主要文件之一，也是划分装配工序的依据。

对于结构比较简单、组成零部件较少的产品，只绘制产品装配工艺系统图，可把套件、组件、部件和机器的装配系统图合在一起。

4. 装配工序的划分与工序内容设计

装配顺序确定后，就可将工艺过程划分为若干个工序、工步及动作。进行具体装配工序设计的主要内容如下。

1）确定工序集中与分散的程度——装配工序数目的多少。装配工序与装配单元有关，因此，装配单元系统图便预先确定了装配过程的工序将划分到某种程度，即工序集中和分散程度。

在单件和小批生产时所制订的装配工艺规程中，多采用合并的方法使工序集中，其目的是用较少的工人完成整个装配工作；在大批和大量生产中，多采用工序分散，将装配过程划分成数目较多的独立工序。

2）选择装配所需的设备与工艺装备，若需用专用设备与工艺装备时，应提出设计任务。

3）制订各工序装配操作范围和操作规范，如过盈配合的压入方法、变温装配的温度值、紧固螺栓连接的预紧扭矩、配作要求等。

4）制订各工序装配质量要求及检测方法、检测项目等。

5）确定各工序的时间定额并协调各工序内容。在大批大量生产时，要平衡各工序的节拍，均衡生产。

5. 编制装配工艺文件

单件小批生产时，通常只绘制装配工艺系统图，不编制装配工艺卡，工人按照装配图和装配工艺系统图进行装配即可；在成批生产时，应根据装配工艺系统图分别制订总装和部装的装配工艺过程卡。

7.5 自动化装配

7.5.1 自动化装配概述

1. 实现自动化装配的意义

随着柔性制造技术、计算机集成制造技术和信息技术的发展，当今世界机械制造业即将进入全盘自动化的时代。然而，由于加工技术超前于装配技术许多年，两者已经形成了明显的反差，装配工艺已成为现代化生产的薄弱环节，现代制造技术的发展使传统的手工装配工艺面临着严峻的挑战。

由于装配大多是人工操作的劳动密集型过程，生产率在很大程度上取决于装配过程对人的依赖性，其劳动量在产品制造总劳动量中占有相当高的比例。即使是发达国家，某些部门从事装配的工人人数也要占工人总数的50%~60%。据有关资料统计分析，一些典型产品的装配时间占总生产时间的53%左右。因而装配对产品的原始成本影响重大，已成为昂贵的生产过程。所以，实现机器装配自动化是制造工业中需要解决的关键技术。

装配自动化在于提高生产率、降低成本、保证产品质量，特别是减轻或取代特殊条件下的人工装配劳动。实现装配自动化是生产过程自动化或工厂自动化的重要标志，也是系统工程学在机械制造领域里实施的重要内容。

2. 实现自动化装配的条件

通常，机器的装配作业比其他加工作业复杂，它需要依靠人的感觉器官来综合观察和检测零部件的机械加工质量及配套情况，根据装配的技术要求，运用人的智慧和装配知识来进行判断，做出决策，并采取一定的工艺措施，才能获得装配质量完好的机器。为保证自动化装配的顺利实施，通常需具备以下条件。

1）实现自动化装配的机械产品的结构和装配工艺应该保持一定的稳定性和先进性。

2）采用的自动化装配设备或装配自动线应能确保机器的装配质量。

3）所采用的装配工艺应该保证容易实现自动化装配。

4）待装配的机械产品及其零部件应具有良好的自动化装配结构工艺性。

3. 自动化装配系统的组成

自动化装配系统包括装配过程的物流自动化、信息流自动化和装配作业自动化。装配过程中的物流自动化是指装配工艺过程的物料运储系统的自动化。物流系统一般包括产品及零部件出入库、运输和储存，其作业设备是自动化立体仓库、堆垛起重机、自动导向小车和搬运机器人等。

装配过程中的信息流自动化是指装配过程中的各种信息数据的收集、处理和传送的自动化，主要包括市场预测、订货与生产计划间信息数据的汇集、处理和传送自动化；外购件的存取、自动仓库堆垛配套发放等管理信息自动化；使各种设备工作协调的信息自动化，以及装配过程中的监测、统计、检查和计划调度的信息自动化等。

装配作业自动化是指各个自动装配工序的自动化。自动装配工序是指在确定的工位上所完成的装配对象的连接动作，工序之间由传送机构连接起来。自动装配工序包括装配工序、检测工序、调整工序以及清洗、去毛刺等辅助工序。常见的自动装配作业有：轴孔类零件的组合装配；螺钉连接、热压过盈连接；开口销连接、铆接；折边连接、卷边；黏接、焊接、缠绕；加润滑油脂、镶嵌零件等。此外，为完成装配作业还经常进行一些辅助作业。

7.5.2 自动化装配工艺设计注意的问题

自动化装配工艺设计要比人工装配工艺设计复杂得多。例如：几何形状复杂的装配件的定向问题，凭借人工操作很容易解决，可是在自动化装配中可能成为难以解决的问题。又如，按照已装入件的配合间隙，通过手工测量、修配或选择相应厚度的垫片装入，这是传统的人工装配工艺的方法。在自动化装配中，就需要配备自动检测装置和储料器，根据自动检测结果，驱动执行结构，从储存不同厚度的各组垫片中取出厚度合适的垫片再进行自动装入。由以上列举的情况可知，自动化装配的工艺设计要比人工装配的工艺设计复杂得多，为使自动化装配工艺设计先进可靠，经济合理，在设计中应注意如下几个问题。

1）自动化装配工艺的节拍。自动化装配设备中，多工位刚性传送系统多采用同步方式，故有多个装配工位同时进行装配作业。为使各工位工作协调，并提高装配工位和生产场地的效率，必然要求各工位同时开始和同时结束。因此，要求装配节拍同步。对装配工作周期较长的工序，可分散几个装配工位，这样可以平衡各个装配工位上的工作时间，使各个装配工位的工作节拍相等，而对非同步装配系统则无严格要求。

2）避免或减少装配中基准件的位置变动。自动化装配过程是将装配件按规定顺序和方向装到装配基准件上。通常，装配基准件需要在传送装置上自动传送，并要求在每个装配工位上准确定位。因此，应尽量减少装配基准件在自动装配过程中的位置变动，如翻身、转位、升降等动作尽量最少，以避免重新定位。由此要求合理设计自动装配工艺，减少装配基准件的位置变动。

3）合理选择装配基准面。合理选择装配基准面，才能保证装配定位精度，装配基准面通常是精加工面或面积大的配合面，同时应考虑装配夹具所必需的装夹面和导向面。

4）对装配件进行分类。为提高装配自动化程度，就必须对装配件进行分类。多数装配件是一些形状比较规则、容易分类分组的零件。按几何特性，零件可分为轴类、套类、平板类和小杂类 4 类，每类根据尺寸比例又分为长件、短件、匀称件 3 组，每组零件又分为 4 种稳定状态。因此，共有 48 种状态。经分类分组后，采用相应的料斗装置即可实现多数装配件的自动供料。

5）装配件的自动定向。对于形状比较规则的多数装配件可以实现自动供料和自动定向，还有少数关键件和复杂件往往不能实现自动供料和自动定向，并且往往成为自动装配失败的一个主要原因，必须慎重选择。

6）易缠绕零件的定量隔离。装配件中的螺旋弹簧、纸箔垫片等都是容易缠绕的，其中小尺寸螺旋弹簧更易缠绕，需要定量隔离。

7）精密配合副的分组选配。自动化装配中精密配合副的装配由选配（选择装配）来保证。根据配合副的配合要求（如配合尺寸、质量、转动惯量）来确定分组选配，一般可分 3~20 组。分组数越多，配合精度越高。选配、分组、储料的结构越复杂，占用车间的面积和空间尺寸也越大。除机械式手表因部件多，装配分组也较多外（15~20 组），一般不宜分组过多。

8）装配自动化程度的确定。装配自动化程度的确定是一项十分重要的设计问题，需要根据工艺的成熟程度和实际经济效益确定，具体如下。

① 在螺纹连接工序中，由于多轴工作头对螺纹孔位置偏差的限制较严，又往往要求检测和控制拧紧力矩，使自动装配机构十分复杂，因此，用单轴工作头较多，而且检测拧紧力矩多用手工操作。

② 形状规则、对称而数量多的装配件易于实现自动供料，故其供料自动化程度较高；复杂件和关键件往往不易实现自动定向，所以自动化程度较低。

③ 装配件送入储料器的动作以及装配完成后卸下产品或部件的动作，常按较低的自动化程度考虑。

④ 装配质量检测和不合格件的调整、剔除等工作的自动化程度宜较低，或可用手工操作，以免自动检测工作头的机构过分复杂。

⑤ 品种单一的装配线，其自动化程度常较高，多品种则较低，但在装配工作头的标准化、通用化程度日益提高的基础上，多品种装配的自动化程度也可以提高。

⑥ 对于不甚成熟的工艺，除采用半自动化外，需要考虑手动的可能性；对于采用自动或半自动装配而实际经济效益不显著的工序，宜同时采用人工监视或手工操作。

⑦ 在自动装配线上对下面各项装配工作一般应优先达到较高的自动化程度，包括装配基准件的工序间传送，装配夹具的传递、定位和返回，形状规则而又数量多的装配件的供料和传送，清洗作业、平衡作业、过盈连接作业、密封检测等工序优先达到较高的自动化程度。

7.5.3 提高装配自动化水平的技术措施

为使所设计的自动装配线不断提高水平，在重要的装配工艺及其装置和供料、传送、检测等方面都要予以考虑。提高自动化水平措施主要有以下几方面。

1）自动装配线日益趋向机构典型化，形式统一，部件通用，仅需要更换或调整少量装配工作头和装配夹具，即可适应系列产品或多品种产品组织轮番装配，扩大和提高自动装配线的通用化程度。

2）由小型产品面向大中型产品发展，由单一的装配工序自动化向综合自动化发展，形成由装配件上线到成品下线的综合制造系统，即将加工、检验等工序与装配工序结合起来，采用通用性强而又易于调整的程序控制装置进行全线控制，实现更大规模的自动化生产。

3）向自动化程度较高的数控装配机或装配中心发展，通过装配工位实现数控化和具有自动更换工具的机能，能同时适应自动装入、压合、拧螺纹等操作，如此即可使多品种的自动装配线适应系列产品装配的需要，或为多品种成批生产产品实现装配自动化提供条件。

4）扩大和推广应用非同步式自动装配线，充分利用其可调整性，使得复杂的装配工序在应用了自动化装配的同时，可少量采用手工装配，两者实现柔性连接，扩大装配线的通用程度。

5）采用电子计算机控制装配线，带有存储系统和可调整性，促使两者实现柔性连接，扩大装配线的通用程度。例如：自动装配车轮螺柱在轮壳上的位置与车轮上螺纹孔位置的自动对准，都是由电子计算机控制的电视摄像头加以识别和确定的。

6）应用具有触觉和视觉的智能装配机器人。这种装配机器人上配置传感器，能适应装配传送和从事各种装配操作，如抓取、握住、对准、插入、转动、拧紧等。由于具有触觉和视觉特性，所以能从传送带上自动识别和抓取装配件而后准确装入。这种机器人还可进一步发展成为可以看图装配的高级智能机器人。它的发展趋势是研究用语音向智能机器人下达指令，建立人机直接联系的统一指令系统。

7.5.4　自动化装配工艺过程设计

1. 自动化装配阶段的划分

机器装配工艺的难度与产品的复杂性成正比，零部件数目大的产品则需通过若干装配操作程序完成。因此在设计装配工艺过程时，将整个机器的装配过程划分为若干个部件的装配过程，从而使某些部件预先完成装配，这对整个机器的自动化装配是十分必要的。

在划分装配工艺过程时，应注意下列事项。

1）整个装配工艺过程必须按适当的部件形式划分为几个装配阶段进行。

2）部件的一个装配单元完成装配后，再以单个部件与其他部件继续装配。

3）部件装配程序必须经过分别检验合格。

4）部件与部件间的连接形式和装配程序的数目应最小。

2. 选择装配基准件

装配基准件是在装配过程中需在其上面继续安装其他零部件的基准零件（往往是底盘或底座），电子工业中较典型的例子是印制电路板。在回转式传送装置或直线式传送装置的自动化装配系统中，一定程度上把随行夹具看成装配基准件。

设计基准件时应当使它在装配时可以在随行夹具中自动定心，尽量避免因夹紧工件而增加其复杂性和费用。基准件在夹具上的定位精度是很重要的。当基准件为底盘或底座时，定位误差应满足自动装配工艺要求，使基准件内各连接点有足够的定位精度。

3. 拟订自动化装配工艺

自动化装配需要详细编制工艺，包括装配工艺过程图并建立相应的图表，表示出每个工序对应的工作工位形式。具有确定工序特征的工艺图，是设计自动化装配设备的基础。按装配工位和基准件的移动状况不同，自动化装配过程可分为两种类型。

一类为基准件移动式的自动装配线，在对应工位上对装配对象完成各装配操作，每个工位上的动作都有独立的特点，工位之间的变换是由传送系统连接起来的。另一类为基准件固定式的自动装配中心，零件按装配顺序供料，依次装配到基准件上，这种装配方式实际上只有一个装配工位，因此装配过程中装配基准件是固定的。

每个独立形式的装配操作还可详细分类，如检验工序包括零件就位检验、尺寸检验、物理参数测定等；固定工序包括螺纹连接、压配连接、铆接、旋铆、焊接等。同时，确定完成每个工序时间，即根据连接结构、工序特点、工作头运动速度和轨迹、加工或固定的物理过程等来分别确定各工序时间。

4. 确定自动化装配工艺的工位数量

拟订自动化装配工艺从采用工序分散的方案开始，对每个工序确定其工作头及执行机构的形式及循环时间，然后研究工序集中的合理性和可能性。减少自动化装配系统的工位数量会导致工序过于集中而使工位上的机构太复杂，既降低了设备的可靠性，也不便于调整和排除故障。

确定最终工序数量（即相应的工位数），应尽量采用规格化传送机构，并留有几个空工位，以预防因产品结构的改变，随时可以增加装配工位。例如：工艺过程需 10 道工序，可选择标准系列 12 工位周期旋转工作台的自动装配机。

5. 估算完成各装配工序的时间

自动化装配工艺过程确定后，可分别根据各个工序工作头或执行机构的工作时间，在规格化和试验数据的基础上确定完成单独工序的规范。每个工序单独持续的时间，既包括装配工步的持续时间，也包括其他工步（如加工、检测、辅助工步等）的持续时间。

完成某单独工序的持续时间为

$$t_i = t_T + t_X + t_Y$$

式中，t_i 是第 i 个工序的工序时间；t_T 是完成工序所必需的操作时间；t_X 是空行程时间（辅助运动）；t_Y 是系统自动化元件消耗的时间。

通常，单独工序的持续时间可用于预先确定自动化装配设备的工作循环的持续时间。这对同步循环的自动化装配机设计非常有用，分别列出每个工序的持续时间，可以区分出哪个工位必须改变工艺过程参数或改变完成辅助动作的机构，以减少该工序的持续时间，使各工序实现同步。

6. 自动化装配工艺的工序集中

在自动化装配设备上确定工位数后，可能会发生装配工序数量超过设备工位数量的情况，此时，若想在给定工位数的自动化装配设备上完成装配工艺过程，就必须把有关工序集中，或者把部分装配过程分散到几个自动化装配设备上完成。

工序集中有两种方法，其一是在整个装配工艺过程中找出工序时间很短的工序，设法将其合并到相邻工位上；其二是研究在一个工位上平行进行几个装配工步。此外，在传送机构运转过程中，也可以把一些零件人工安装到夹具或基准件上，以减少自动化装配设备上的工序数量。但工序过于集中会导致装配设备过于复杂，可靠性降低。

7. 加工与装配一体化的自动化装配工艺

装配工艺过程中往往包括一些机械加工（如冲压、配作、热处理、各种涂覆等）附加工序。通常，装配循环时间比加工循环时间短，如在压力机上用压制塑料的方式使塑料件和金属件连接，就可以在自动装配机（或线）上把零件制造工序和装配工序集中在统一的流程上，以达到一体化。

8. 自动化装配工艺过程的检验

检验工序一方面保证装配质量，另一方面使装配过程中由于各种故障原因引起的损失减为最小。在自动化装配工艺中安排检验工序，可以查明装配零件有无和就位正确性，检验装配部件的尺寸。在利用选配法时测量零件，也可以检测固定零件的有关参数（螺纹连接的力矩、压配的作用力等）。

检验工序是自动化装配工艺的重要组成部分，可在装配过程中同时进行检测，也可单设工位用专门的检测装置来完成检验工作。

思考及练习题

1. 何谓装配？装配包括哪些内容？如何区分装配过程中的套装、组装、部装和总装？
2. 装配精度一般包括哪些内容？装配精度与零件的加工精度有何区别？它们之间又有何关系？试举例说明。
3. 什么是机器的结构工艺性？结构的装配工艺性包括哪些主要内容？分析结构工艺性对装配工作的影响。
4. 如何建立装配尺寸链？什么是装配尺寸链的最短路线原则？为什么应遵循这一原则？
5. 完全互换装配法和大数互换装配法有何区别？
6. 什么是分组选配法？其适用条件如何？如果相配合的零件公差不相等能否适用分组选配？
7. 什么是修配法？其适用条件怎样？采用修配法获得装配精度时，选取修配环的原则是什么？
8. 调整法有哪几种？各适用于何种场合？
9. 什么是装配工艺规程？制订装配工艺规程的依据是什么？试述装配工艺规程制订的主要内容及其步骤。
10. 分析固定式装配及移动式装配的优缺点及适用场合。
11. 图 7-17 所示为 CA6140 车床主轴法兰盘装配图。根据技术要求，主轴前端法兰盘与主轴箱端面间应保持有 0.38～0.95mm 间隙。已知推力球轴承与双列滚子轴承的轴向尺寸与上、下极限偏差分别为：$A_{25}=25_{-0.12}^{\ 0}$mm，$A_{41}=41_{-0.12}^{\ 0}$mm。试确定影响装配精度的有关零件尺寸 A_{24}、A_{94} 和 A_4 的公差及其上、下极限偏差（分别按极值法和概率法解此装配尺寸链）。

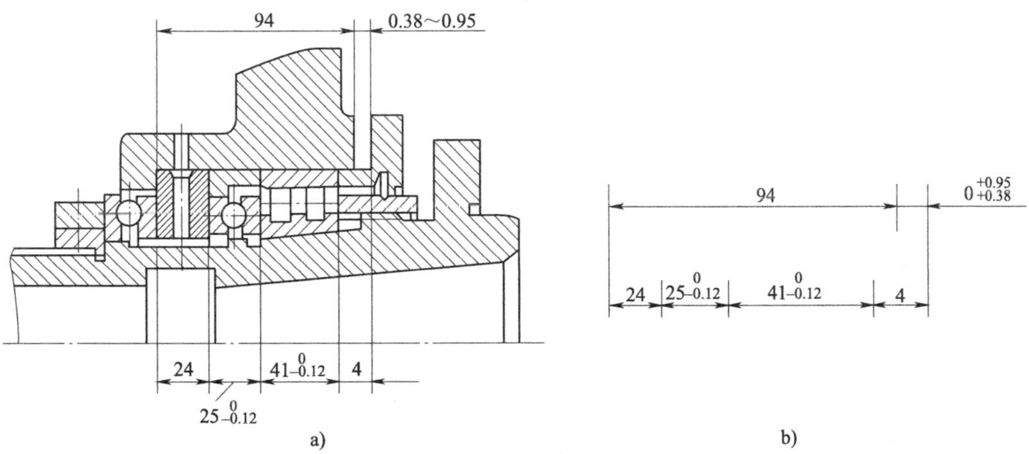

图 7-17　题 11 图

12. 某偶件装配，要求保证配合间隙为 0.003～0.009mm。若按互换装配法装配，则阀杆应为 $\phi 25^{+0.006}_{+0.003}$mm，因精度高而难于加工，现将轴、孔制造公差都扩大到 0.015mm，采用分组装配法来达到要求。试确定分组数和两零件直径尺寸的极限偏差，并用公差带位置图表示出零件各组尺寸的配合关系。

13. 图 7-18 所示为键与键槽的装配关系。已知 $A_1=20$mm、$A_2=20$mm，要求配合间隙为 0.08～0.15mm，试求解：

1）当大批大量生产时，采用互换装配法装配时各零件的尺寸及其极限偏差。

2）当小批量生产时，$A_2=20^{+0.13}_{0}$mm，$T_1=0.052$mm。采用修配法装配，试选择修配件，并计算在最小修配量为零时修配件的尺寸和极限偏差及最大修配量。

3）当最小修配量 $F_{min}=0.005$mm 时，试确定修配件的尺寸和极限偏差及最大修配量。

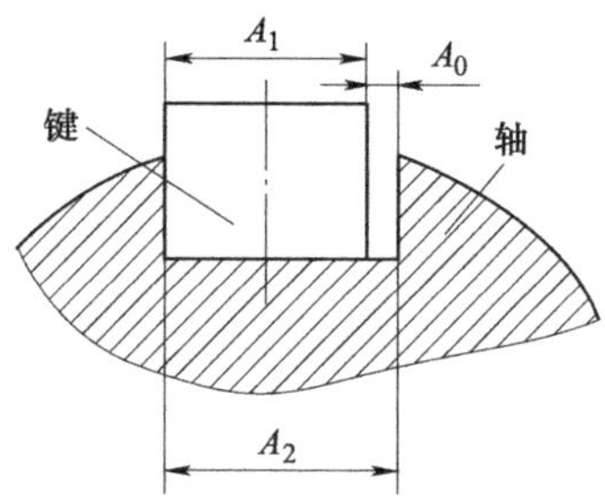

图 7-18　题 13 图

14. 图 7-19 所示为某卧式组合机床的钻模简图。装配要求定位面到钻套孔中心线距离为（110±0.03）mm，现用修配法来解此装配链，选取修配件为定位支承板，$A_3=12$mm，$T_3=0.02$mm。已知 $A_2=28$mm，$T_2=0.08$mm，$A_1=$（150±0.05）mm，钻套内孔与外圆同轴度为 ϕ0.02 mm，根据生产要求定位支承板上的最小修磨量为 0.1mm，最大修磨量不得超过 0.3mm。试确定修配件的尺寸和极限偏差以及 A_2的尺寸和极限偏差。

15. 图 7-20 所示为曲轴轴颈与齿轮装配图，结构设计中采用固定调整法装配，保证间隙 $A_0=0.01～0.06$mm。现选取 A_2为调整件，试求调整件的分级数及各组尺寸。已知：$A_1=43.5^{+0.10}_{+0.05}$mm，$A_2=2.5$mm，$A_3=38.5^{0}_{-0.07}$mm，$A_4=2.5^{0}_{-0.04}$mm，调整件的制造公差为 $A_k=0.01$mm。

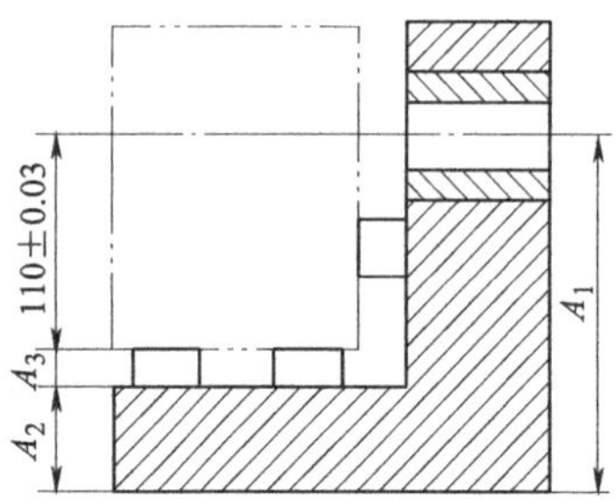

图 7-19　题 14 图

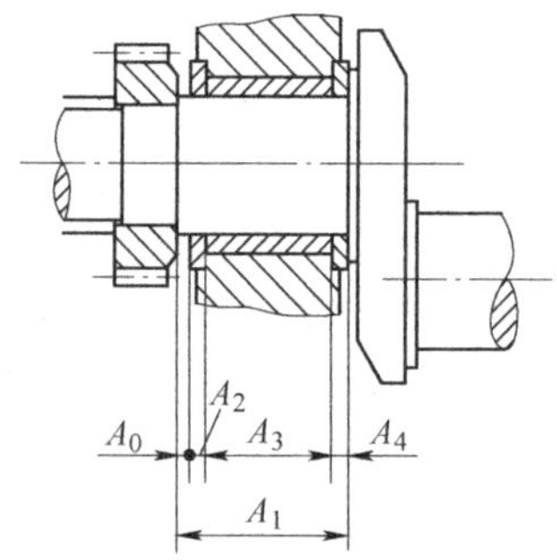

图 7-20　题 15 图

16. 试说明自动化装配的意义和提高装配自动化水平的途径。

第 8 章

智能制造基础

科学技术快速发展，市场竞争不断加剧，产品更新换代周期越来越短，对传统制造业提出了极大的挑战。互联网、大数据、云计算和人工智能技术的日益成熟和应用，极大地推动了制造技术和信息技术的深度融合，催生了以新技术、新产业、新业态、新模式为代表的新经济形态。在此背景下兴起的智能制造技术无疑是应对制造业面临的挑战，实现企业转型升级和可持续发展的关键。

8.1 智能制造概述

8.1.1 智能制造的概念

智能制造的概念起源于20世纪80年代，它是伴随信息技术的不断普及而发展起来的。1988年，美国纽约大学的P. K. Wright教授和卡内基梅隆大学的D. A. Bourne教授在《智能制造》一书中首次提出了智能制造的概念，指出智能制造的目的是通过集成知识工程、制造软件系统、机器人视觉和机器控制来对制造技工们的技能和专家知识进行建模，以使智能机器在没有人工干预的情况下进行小批量生产。

智能制造在国际上还无公认的定义。目前比较通行的是：智能制造技术是指制造工业的各个环节，以一种高度柔性与高度集成的方式，通过计算机来模拟人类专家的制造智能活动，对制造问题进行分析、判断、推理、构思和决策，旨在取代或延伸制造环境中的部分脑力劳动，并对人类专家的制造智能进行收集、存储、完善、共享、继承和发展。

我国工业和信息化部组织领域专家对智能制造所下的定义为：基于新一代信息技术，贯穿设计、生产、管理与服务等制造活动各个环节，具有信息深度自感知、智慧优化自决策、精准控制自执行等功能的先进制造过程、系统和模式的总称。它具有以智能工厂为载体、以关键制造环节智能化为核心、以端到端数据流为基础、以网络互联为支承等特征，可有效满足产品的动态需求，缩短产品研制周期，降低运营成本，提高生产率，提升产品质量，降低资源和能源消耗。

智能制造是一种集自动化、信息化和智能化于一体的制造模式，是信息技术特别是互联网技术与制造业的深度融合、创新集成，目前主要集中在智能设计、智能生产、智能管理、智能制造服务这四个关键环节，如图8-1所示。

1. 智能设计

智能设计是指应用智能化的设计手段及先进的数据交互信息化系统（CAX、网络化协同

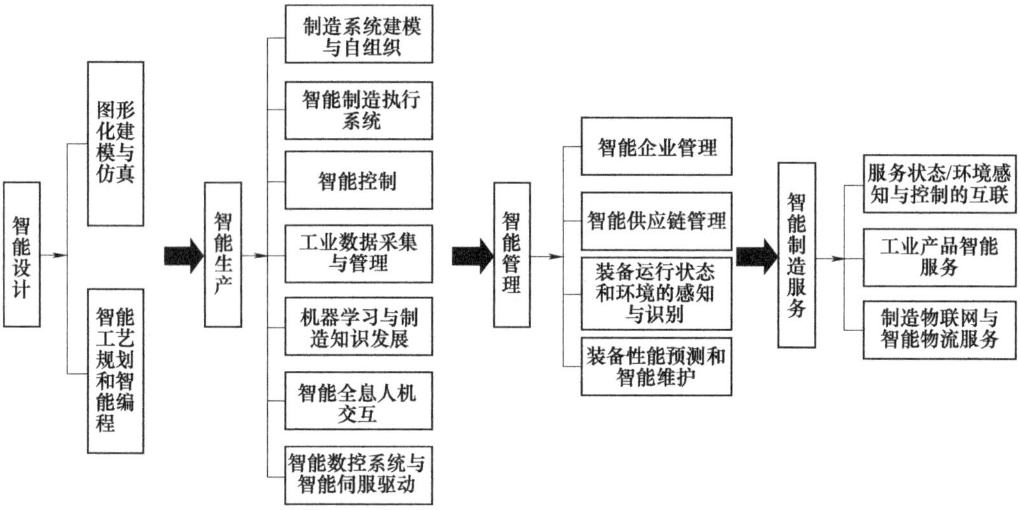

图 8-1 制造过程的智能化关键环节示意图

设计、设计知识库等）来模拟人类的思维活动，从而使计算机能够更多、更好地承担设计过程中的各种复杂任务，不断地根据市场需求设计多种方案，从而获得最优的设计成果和效益。

2. 智能生产

智能生产是指将智能化的软硬件技术、控制系统及信息化系统（如分布式控制系统 DCS、分布式数控系统 DNC、柔性制造系统 FMS、制造执行系统 MES 等）应用到整个生产过程中，从而形成高度灵活、个性化、网络化的产业链，这是智能制造的核心。

3. 智能管理

智能管理是指在个人智能结构与组织（企业）智能结构基础上实施的管理，既体现了以人为本，也体现了以物为支承的基础。它通过应用人工智能专家系统、知识工程、模式识别、人工神经网络等方法和技术，设计和实现产品的生产周期管理、安全、可追踪与节能等智能化要求。智能管理主要体现在与移动应用、云计算和电子商务的结合方面，是现代管理科学技术发展的新动向。

4. 智能制造服务

智能制造服务是指服务企业、制造企业、终端用户在智能制造环境下围绕产品生产和服务所进行的活动。智能制造服务强调知识性、系统性和集成性，强调以人为本的精神，能够为用户提供主动、在线、全球化的服务。通过工业互联网，以感知产品的状态，从而进行预防性维修维护，及时帮助用户更换备品备件；通过了解产品运行的状态，帮助用户寻找商业机会；通过采集产品运营大数据，辅助企业做出市场营销的决策。

8.1.2 智能制造的意义

20 世纪以来，大规模的生产模式在全球制造领域中曾长期占据统治地位，促进了全球经济的飞速发展。在过去的 30 多年中，随着经济浪潮一次又一次的冲击，作为经济发展支柱的制造业也迎来了一次次生产方式的变革。

1. 智能制造是传统制造业转型发展的必然趋势

在经济全球化的推动下，发达国家最初是将制造企业的核心技术、核心部门留在本土，将其他非核心部分、劳动密集型产业向发展中国家和地区转移，形成了全球化的制造格局。制造全球化引发了劳动力和原材料成本的上涨，对传统制造业发展构成的压力在逐渐增大。人们越来越意识到传统制造业受资源短缺、环境压力、产能过剩等因素的制约日益加剧，这就要求制造业必须转型升级。

随着世界经济和生产技术的迅猛发展，产品更新换代步伐加快，生命周期大幅缩短，多样化、个性化的消费需求日益呈现。这就要求制造企业不但要有对产品更新换代快速响应的能力，还要能够满足用户个性化、定制化的需求，同时具备生产成本低、效率高、交货快的优势。之前大规模的自动化生产方式已不能满足这种时代进步的需求。

新的制造业模式利用先进制造技术与迅速发展的互联网、物联网等信息技术，以及计算机技术和通信技术的深度融合来助推新一轮的工业革命，从而催生了智能制造。智能制造已成为世界制造业发展的客观趋势和工业发达国家大力发展的国家战略。

智能制造的兴起为解决上述问题带来了曙光，在生产方式上，制造过程呈现出数字化、网络化、智能化等特征；在分工方式上，呈现出制造业服务化、专业化、一体化等特征；在商业模式上，将从以制造企业为中心转向以产品用户为中心，体验和个性成为制造业竞争力的重要体现和利润的重要来源。

2. 智能制造是实现我国制造业高端化的重要路径

我国已经具备了成为世界制造大国的条件，如何使制造业由大而变强，面临着来自发达国家加速发展与发展中国家以更低生产成本承接劳动密集型产业的“双重挤压”。大力发展先进制造和智能制造是我国制造业由大变强的重要途径。

在国际制造业发展的大背景下，国际化、市场化、工业化、信息化、智能化已成为制造业不可阻挡的发展方向，只有通过制造业升级才能将潜在的生产力转化为现实生产力。因此，必须加快推进信息技术与制造技术的深度融合，提升智能制造技术研发和产业化水平，从根本上突破我国制造业发展的瓶颈，塑造我国制造业新优势，实现制造业高质量转型升级，为国家发展目标实现奠定基础。

8.2　智能制造核心要素

制造的核心要素可以用 5 个 M 来表述，即材料（Material）、装备（Machine）、工艺方法（Methods）、测量（Measurement）和维护（Maintenance），过去的三次工业革命都是围绕着这 5 个要素进行技术升级。然而，设备的精度和自动化水平提升、使用统计科学进行质量管理、状态监测带来的设备可用率改善、精益制造体系带来的工艺和生产率的进步等活动，依然是围绕着人的经验展开的，人依然是驾驭这 5 个要素的核心。生产系统在技术上无论如何进步，运行逻辑始终是：通过人发现问题→依靠人的经验分析问题→依据人的经验调整 5 个要素→解决问题→人自身积累经验。

智能制造区别于传统制造最重要的要素在于第六个 M，就是建模（Modeling），正是通过这第六个 M 来驱动其他 5 个要素，从而解决和避免制造系统的问题。因此，智能制造系统运行的逻辑是：发生问题→模型（或在人的帮助下）分析问题→模型调整 5 个要素→解决问题→模型积累经验，并分析问题的根源→模型调整 5 个要素→避免问题。因此，一个制造系统是否能够被称为智能，主要判断其是否具备以下两个特征。

1）是否能够学习人的经验，从而替代人来分析问题和形成决策。

2）能否从新的问题中积累经验，从而避免问题的再次发生。

不难看出，无论是机器换人、物联网或是互联网+，解决的只是 5M 要素的调整方式和途径，只是在执行端更加高效和自动化，并没有解决智能化的核心问题。

所以，智能制造所要解决的核心问题是，如何对制造系统中的 5M 要素的活动进行建模，并通过模型（第六个 M）驱动 5M 要素。

经过第二次、第三次工业革命，人们对制造工程中确定性问题的认识和控制已趋成熟，但在制造过程中无论是涉及效率、质量、成本还是绿色服务和协作等，都存在大量不确定性和非模式问题。因此，智能制造的本质和核心是利用数字化和网络化环境，采用大数据、云计算和人工智能技术认识和控制制造系统中的不确定性问题，以达到更高的智能技术目标，而数据和互联则是智能制造的基础。

8.3 智能制造系统架构

一般情况下，智能制造系统通过生命周期、系统层级和智能功能三个维度构建而成，如图 8-2 所示。

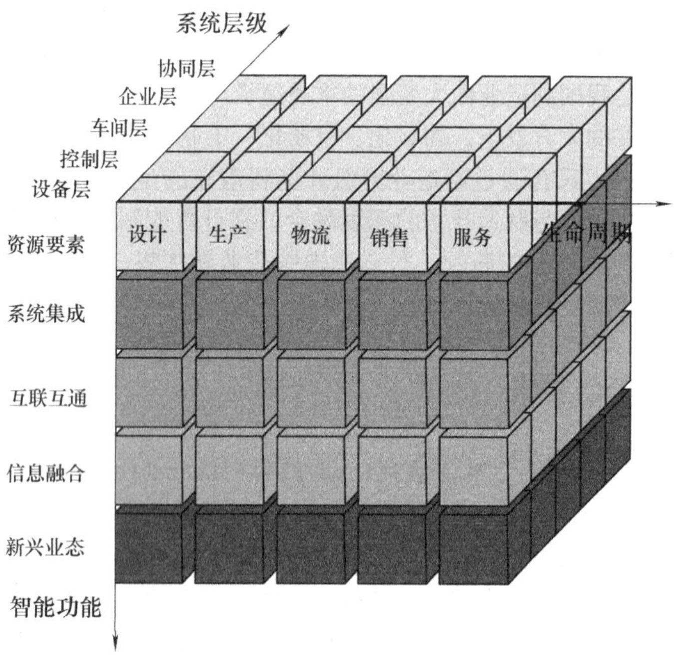

图 8-2 智能制造系统架构

1. 生命周期

生命周期是由设计、生产、物流、销售、服务等一系列相互联系的价值创造活动组成的链式集合。生命周期中各项活动相互关联、相互影响。不同行业的生命周期构成不尽相同。

2. 系统层级

系统层级自下而上共五层，分别为设备层、控制层、车间层、企业层和协同层，如图8-2所示。智能制造的系统层级体现了装备的智能化和互联网协议（IP）化以及网络的扁平化趋势。具体包括：

1）设备层包括传感器、仪器仪表、条码、射频识别装置、机器和机械装置等，是企业进行生产活动的物质技术基础。

2）控制层包括可编程逻辑控制器（PLC）、数据采集与监视控制（SCADA）系统、分布式控制系统（DCS）和现场总线控制系统（FCS）等工控系统。

3）车间层实现面向工厂/车间的生产管理，包括制造执行系统（MES）等。

4）企业层实现面向企业的经营管理，包括企业资源计划（ERP）系统、产品生命周期管理（PLM）、供应链管理（SCM）系统和客户关系管理（CRM）系统等。

5）协同层由产业链上的不同企业通过互联网共享信息实现协同研发、智能生产、精准物流和智能服务等。

3. 智能功能

智能功能包括资源要素、系统集成、互联互通、信息融合和新兴业态五个方面。

1）资源要素包括产品设计图样、工艺文件、原材料、制造设备、生产车间和工厂等物理实体，也包括电力、燃气等能源。此外，人员也可以视为资源的一个组成部分。

2）系统集成是指通过二维码、射频识别、软件等信息技术集成原材料、零部件、能源、设备等各种制造资源，由小到大实现智能生产单元、智能生产线、数字化车间、智能工厂乃至智能制造系统的集成。

3）互联互通是指通过有线、无线等通信技术，实现机器之间、机器与控制系统之间、企业之间的互联互通。

4）信息融合是指在系统集成和通信的基础上，利用云计算、大数据等新一代信息技术，在保障信息安全的前提下，实现信息协同共享。

5）新兴业态包括个性化定制、远程运维和工业云等服务型制造模式。

在系统实施过程中，目前大部分工厂主要解决了产品、工艺、管理的信息化问题，很少触及制造现场的数字化、智能化，特别是制造现场设备及检测装置等硬件的数字化交互和数据共享。智能制造可以从5个方面认识和理解，即产品的智能化、装备的智能化、生产的智能化、管理的智能化和服务的智能化，要求装备、产品之间，装备、人之间，以及企业、产品、用户之间全流程、全方位、实时的互联互通，能够实现数据信息的实时识别、及时处理和准确交换的功能。其中实现设备、产品和人的互联互通是智能工厂的主要功能。智能设备和产品的互联互通、生产全过程的数据采集与处理、监控数据利用、信息分析系统建设等都是智能工厂建设的重要基础。智能仪器及新的智能检测技术主要集中在产品的智能化、装备的智能化、生产的智能化等方面，处在智能工厂的设备层、控制层和车间层。

在智能制造系统中，其控制层级与设备层级涉及大量仪器、数据采集等方面的需求，尤其是在进行车间内状态感知、智能决策的过程中，更需要实时、有效的检测设备作为辅助，所以智能检测技术是智能制造系统中不可缺少的关键技术，可以为上层的车间管理、企业管理与协同层级提供数据基础。

8.4 智能制造关键技术

智能制造技术是指与多个制造业务活动相关，并为智能制造提供基础支撑的共性技术，其中涉及的一些关键技术如下。

1. 先进制造技术

（1）先进制造工艺技术 它使得制造过程更加灵活和高效，如高效精密加工技术和增材制造技术。增材制造技术是基于离散-堆积原理，由零件三维数据驱动直接制造零件，由于其灵活性，人们在设计产品时可以更多地关注产品的物理性能而非可实现性。

（2）数字建模与仿真技术 以三维数字量的形式对产品、工艺、资源等进行建模，并通过基于模型的定义（Model Based Definition，MBD），实现将数字模型贯穿于产品设计、工程分析、工艺设计、制造、质量和服务等产品生命周期全过程，用于计算、分析、仿真与可视化。由MBD技术进而演变成基于模型的系统工程（Model Based Systems Engineering，MBSE）和基于模型的企业（Model Based Enterprise，MBE）。随着信息物流系统（Cyber Physical System，CPS）等技术的发展，未来的数字模型和物理模型将呈现融合的趋势，如西门子和PTC等公司正在倡导的数字孪生（Digital Twin）技术。

（3）现代工业工程技术 综合运用数学、物理和社会科学的专门知识和技术，结合工程分析和设计的原理与方法，对人、物料、设备、能源和信息等所组成的集成制造系统，进行设计、改善、实施、确认、预测和评价。

（4）先进制造理念、方法与系统 例如：并行工程、协同设计、云制造、可持续制造、精益生产、敏捷制造、虚拟制造、计算机集成制造、产品全生命周期管理（PLM）、制造执行系统（MES）、企业资源规划（ERP）等。

2. 新一代信息技术

新一代信息技术正成为制造业创新的重要原动力，通过信息获取、处理、传输、融合等各方面的先进技术手段，为人、机、物的互联互通提供基础。这些技术具体如下。

（1）智能感知技术 例如：传感器网络、RFID、图像识别等。

（2）物联网技术 例如：泛在感知、网络通信、物联网应用等。

（3）云计算技术 例如：分布式存储、虚拟化、云平台等。

（4）工业互联网技术 例如：CPS、服务网架构、语义互操作、移动通信、移动定位、信息安全等。

（5）虚拟现实（Virtual Reality，VR）和增强现实（Augmented Reality，AR） 构建三维虚拟空间或虚拟融合空间，在视觉、听觉、触觉等感官上让人们有沉浸式虚拟视觉。VR/AR技术可广泛应用于产品体验、设计与工艺验证、工厂规划、生产监控、维修服务等环节。

3. 人工智能技术

人工智能技术是让机器人或软件系统具有如同人类一般智能的技术，在制造过程中的各个环节，这种智能是非常有价值的，如智能产品设计、智能工艺设计、加工过程智能控制、智能排产、智能故障诊断等，同时它也是一些智能优化算法的基础。人工智能的实现离不开感知、学习、推理、决策等基本环节，其中知识的获取、表达和利用是关键。分布式人工智能（Distributed Artificial Intelligence，DAI）是人工智能的重要研究领域，多智能系统（Multi Agent System，MAS）是DAI的一种实现手段。“工业4.0”强调CPS为核心，CPS可视为依附于物理对象（小到设备、产品，大到车间、企业）并具备感知、计算、控制和通信能力的一套系统，它可以感知环境变化并自主运行，物理实体与虚拟映像共存同变。同时，远程对象也能通过它来监控并操作这个物理对象。在未来分散制造的大趋势下，CPS是分布式制造智能的一种体现。

4. 智能优化技术

制造系统中许多优化决策问题的性质极其复杂，解决十分困难，其中大部分已被证明是NP（Non-deterministic Polynomial）难问题，不可能找到精确求得最优解的多项式时间算法。近年来，通过模拟自然界中生物、物理过程和人类行为，提出了许多具有约束处理机制、自组织自学习机制、动态机制、并行机制、免疫机制、协同机制等特点的智能优化算法，如遗传算法、禁忌搜索算法、模拟退火算法、粒子群优化算法、蚁群优化算法、蜂群算法、候鸟算法等，为解决优化问题提供了新的思路和手段。这些基于生命行为特征的智能算法广泛应用于智能制造系统的方方面面，包括智能工艺过程的编制、生产过程的智能调度、智能监测诊断及补偿、设备智能维护、加工过程的智能控制、智能质量控制、生产与经营的智能决策等。

5. 大数据分析与决策支持技术

数据挖掘、知识发现、决策支持等技术早已在制造过程中得到应用，大数据的发展进一步拓展了这方面的研究与应用。来源于设备实时监控、RFID数据采集、产品质量在线检测、产品远程维护等环节的大数据，和设计、工艺、生产、物流、运营等常规数据一起，共同构成了工业大数据。一般认为，在制造领域，通过大数据分析，可以提前发现生产过程中的异常趋势，分析质量问题产生的根源，发现制约生产率的瓶颈，从而为工艺优化、质量改善、设备预防性维护甚至产品的改进设计等提供科学的决策支持。

8.5 智能切削加工技术

智能切削加工技术是智能制造的核心。机械切削加工过程非常复杂，对于切削过程的控制一直以来都是切削研究的重点，切削过程的智能加工技术已经成为切削研究的热点，在切削过程中应用智能加工技术是必然的发展趋势。在高性能、难加工材料（如钛合金、高温合金、复合材料）零件的加工过程中采用智能加工工艺，可以对加工系统和实时工况进行在线监测，获取加工过程的状态信息。在此基础上，针对实时工况变化采用智能化方法对工艺过程进行自主学习及决策控制，实现高品质零件制造过程的智能决策和自主控制。采用智能制造加工技术，可以最大限度地提高难加工材料及其结构件的加工质量、加工效率，减少或者避免不必要的损失，降低生产成本。

常规数控加工技术在机械加工中占有非常重要的地位，一直以来都是机械加工的主要方式与手段，但常规数控加工技术没有把加工过程中机床、刀具、工件的状态变化一并纳入加工过程进行考虑。在常规数控加工过程中，数控机床只是根据工件的几何形状与给定切削用量生成数控加工程序，并按照已定的数控加工程序进行加工。但工件材料去除加工过程中存在着非常复杂的状态变化，其中包括机床位姿变化、机床功率变化、机床刚度变化、刀具空间位置变化、刀具受力情况变化、刀具变形情况变化、刀具磨损状态变化、刀具温度变化、工件受力情况变化、工件变形情况变化、工件材料去除程度和机床、刀具及工件的振动情况变化等。常规的数控加工技术没有把状态变化量纳入考虑的范围内，只是按照给定的工件几何轮廓、加工参数、刀具路径进行加工，对于加工过程出现的“突变”状况不能进行实时处理，不能根据加工过程中状态的变化采取相应的应对措施，也不能实现对加工状态的实时优化，设备加工能力得不到充分发挥，同时难以保证工件的最终加工质量。

通过采用智能加工技术，可以对上述问题进行很好的解决。智能加工技术是对现有加工技术的一次技术变革，通过加工前的仿真分析与优化、加工过程中的状态监测、智能优化与控制、贯穿于整个加工过程的数据处理与共享，使得切削过程中的各种状态变化量可以被“预测”“感知”“控制”与“优化”，从而实现智能切削加工。在切削过程中引入智能加工技术是必然趋势，将智能加工技术贯穿加工的整个过程是未来产品或零件制造加工的发展方向。智能加工技术在加工过程中的应用如下。

1）加工前。机床、刀具、工件、夹具几何建模，加工过程仿真，加工路径优化，切削用量优化，刀具角度优化，以及切削过程中的状态与最终加工质量预测等。

2）加工中。加工过程中加工状态的在线监测、数据处理、特征提取、状态判断、智能推理与决策、实时优化与控制。

3）加工后。工件几何尺寸与精度、表面粗糙度、表面形貌、残余应力等加工质量的检测与判断。

8.5.1 智能切削加工流程及关键技术

1. 智能切削加工流程

智能切削加工是基于切削理论建模及数字化制造技术，对切削过程进行预测及优化。在加工过程中采用先进的数据监测及处理技术，对加工过程中的机床、工件、刀具状态进行监测与特征提取，并结合理论知识与加工经验，通过人工智能技术，对加工状态进行判断。通过数据对比、分析、推理、决策，实时优化切削用量、刀具路径，调整自身状态，实现加工过程的智能控制，完成最优加工，获得理想的工件质量及加工效率。

智能切削加工流程如图 8-3 所示，具体包括：在加工之前结合以往制造工艺数据，基于大数据、云计算等技术，对加工工艺进行整体规划，并通过仿真技术对加工过程进行预测与优化；在进行加工的过程中，通过多传感器对加工状态进行监测，并通过数据处理判断加工状态，通过智能优化决策模块实现加工过程在线优化控制，并对工件加工质量进行在线检测，最终完成工件的智能化加工。

数据处理与应用贯穿于整个智能加工过程，包括机床、工件、刀具、夹具数据信息和加工参数数据信息、加工过程的数据信息及加工完成后的数据信息。智能加工的数据处理功能需要对数据进行收集、分类、管理、储存、提取、优化、共享等一系列操作。数据库、互联网+、大数据、云计算技术的发展，给智能加工技术在切削过程中的应用带来了更大的发展空间。由于切削过程的复杂性，从工艺规划、仿真优化、切削过程优化与控制、质量检测到完成加工，涉及大量的数据信息，通过建立数据库、知识库使得加工过程的数据得到很好的管理和继承。与此同时，通过大数据技术对数据进行挖掘，实现快速访问，快速分析，有效地挖掘加工参数。通过互联网技术与云平台实现数据云端通信与共享，加大了切削过程中数

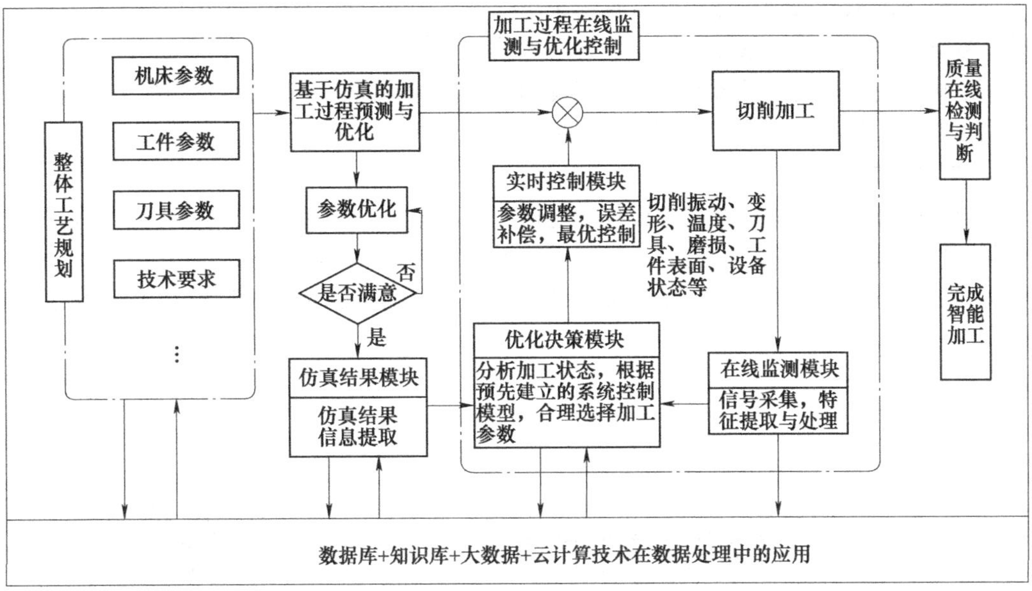

图 8-3　智能切削加工流程

据的流通性，使得加工经验得到很好的共享与利用。

（1）整体工艺规划　在工件进行实际加工之前，首先需要对工件的几何特征进行分析，综合考虑机床参数、工件参数、刀具参数与技术要求等，对工件的加工工艺进行规划，通过运用大数据技术，结合以往理论知识与加工数据确定相应的加工参数与流程。

（2）基于仿真的加工过程预测与优化　在机床、刀具、切削用量选取之后，通过数控加工仿真、加工过程物理仿真、数据仿真等手段对加工过程进行仿真。在实际加工之前预测加工过程中机床、刀具、工件的状态变化情况，并通过优化算法对切削路径、切削用量等进行优化，通过仿真分析使切削用量达到最优状态。

（3）加工过程在线监测与优化控制　加工过程的在线监测与优化是智能加工技术的核心技术，主要包括在线监测模块、优化决策模块、实时控制模块，涉及在线监测、数据处理、特征提取、智能决策与优化、在线实时控制等多项技术。

通过在线监测模块对加工过程状态信号进行监测与特征提取，可以“感知”机床、刀具、工件的具体工况，对加工状态进行判断。通过优化决策模块对加工过程进行优化，主要内容为采用智能算法，对预先获得的仿真数据、系统理论模型数据、实际加工数据进行对比分析与优化，在加工过程中通过调节切削用量参数、刀具位置姿态、刀具刚度、角度、机床夹具补偿位置等实现加工过程的智能调整，从而使加工过程始终处于理想的优化状态。

（4）质量在线检测与判断　质量在线检测环节为加工的最后环节，通过对工件加工质量的在线检测，完成对工件几何轮廓、加工尺寸精度、表面质量等的检测，最终完成工件加工质量检测。

（5）智能加工中的数据处理　加工过程中涉及的数据包括机床、夹具、刀具和工件的基本参数数据、切削用量数据、加工过程中所测得的状态参数数据、优化参数数据、控制参数数据、检测数据等全过程数据。

加工过程的数据处理操作包括数据采集与挖掘、数据处理、数据优化、数据存储、数据通信、数据管理等。基于数据库、知识库、大数据、云计算技术，结合人工智能与优化算法对加工过程中的数据进行挖掘与优化，实现加工中的智能优化。通过数据通信，实现多终端的数据提取；通过将数据上传云端，实现数据云平台共享。

2. 关键技术

智能切削加工流程所涉及的关键技术包括智能加工工艺规划、基于仿真的加工过程预测与优化、加工过程状态变化的监测、加工过程中的智能决策与控制，以及贯穿于整个加工过程的数据处理技术。智能切削加工关键技术在智能切削加工具体技术路线中的应用如图 8-4 所示。

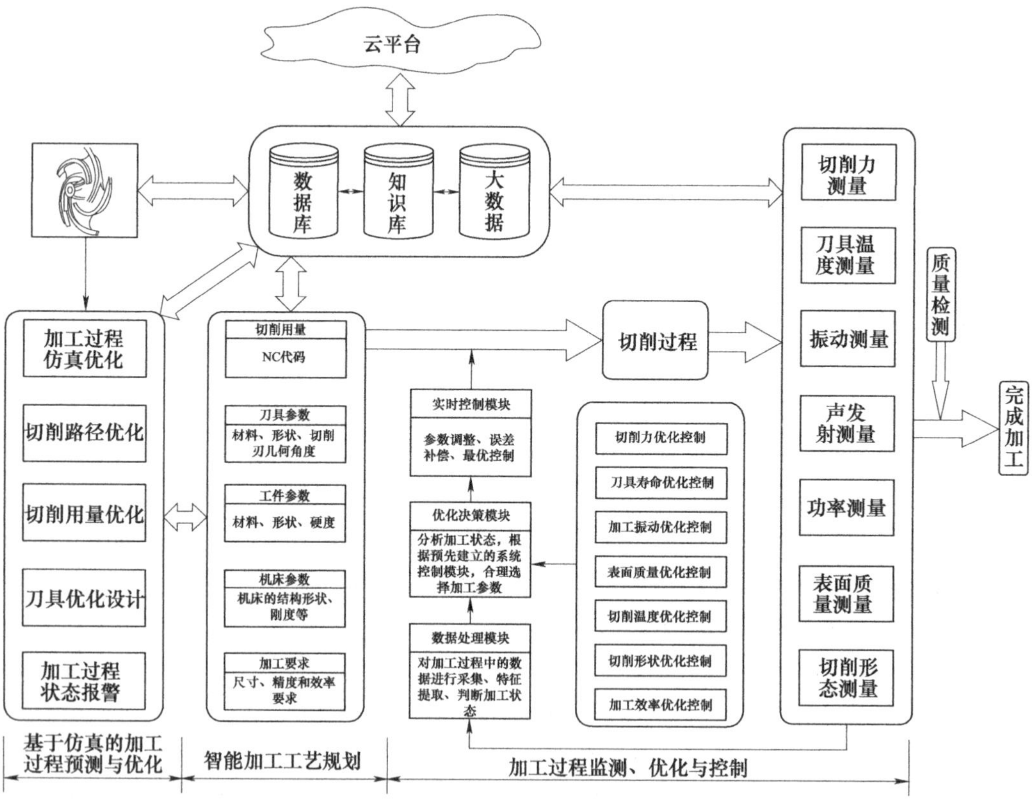

图 8-4　智能切削加工关键技术在智能切削加工具体技术路线中的应用

8.5.2　切削加工质量智能预测

1. 智能预测系统基本原理

预测就是鉴往知来，借助对过去的探索以求对未来的了解，其目的是获取未来的信息。现代预测理论是建立在定量分析为基本内容的现代科学管理条件下，由人（预测者）、知识（预测依据）、手段（预测方法）、事物未来或未来状况（预测对象）、预先推知和判断（预测结果）五个基本要素组成。

用专家系统、人工神经网络、模糊逻辑和进化算法等人工智能理论和技术，或将它们中的几种结合起来，建立预测模型，通过运用人工智能理论和技术所建立的预测模型来完成确定性和不确定性问题的预测，这就是智能预测的基本原理。

2. 加工质量智能预测

工序质量控制就是以各工序节点为基本单元，对加工过程中工件质量数据及工况参数进行离线或在线采集，运用各类技术手段分析数据的变化特征，揭示加工质量状态的变化规律，据此对加工要素进行优化调整。

实现过程质量预测控制的核心是构建高效、精确的预测模型。早期的预测算法是以时间序列预测法、统计回归预测法为主，此类方法运算量小、操作方便、效率高，但是模型简单且在复杂多变的环境下鲁棒性差、泛化能力不强。近几年，新的理论和技术的出现促进了新的预测算法的出现，这些新算法逐渐成了质量预测的主流工具，主要有灰色（GM）预测法、人工神经网络预测法、支持向量回归（SVR）预测法、模糊预测控制法及各种组合预测法。图 8-5 所示为切削加工质量智能预测系统工作流程。

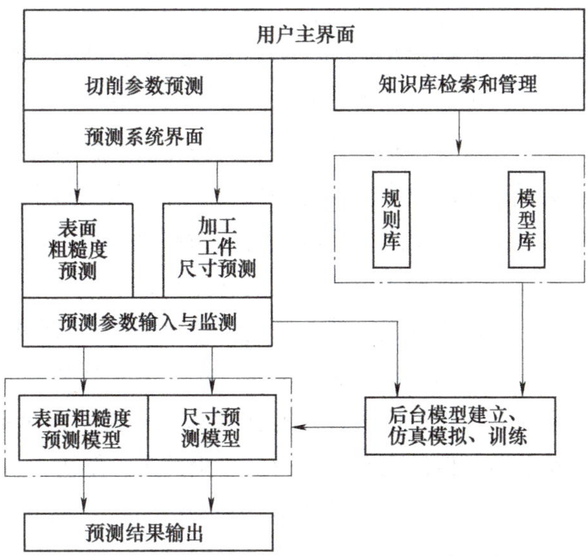

图 8-5　切削加工质量智能预测系统工作流程

思考及练习题

1. 什么是智能制造？
2. 智能制造有哪些特征？
3. 智能制造的核心是什么？
4. 智能制造有哪些关键技术？
5. 机械加工过程智能预测系统基本原理是什么？
6. 智能切削加工过程的基础关键技术有哪些？

附录

循机械制造技术之法，铸机械制造技术之魂

立德树人是教育的根本任务，课堂教学是教育的主渠道。如何在传授专业知识的同时，以润物细无声的方式引导学生坚定理想信念，树立正确的世界观、人生观、价值观，锤炼意志品质，培养思维能力，激发学习动力是应该积极探索的课题。

“机械制造技术”是机械类专业的核心专业课，所研究的对象是制造过程中的共通性规律，与发展产品品种、保证和提高产品质量与生产率、节约能源、降低材料和成本的消耗有着十分密切的关系。课程内容涉及材料特性、毛坯制备方法及材料处理等材料方面知识；加工工艺方法及机床设备知识；切削、磨削及特种加工原理与刀具知识；加工过程质量及其控制方法等方面知识。课程具有“理论性、综合性、实践性和多样性”的特点，几乎涵盖了制造过程所必需的所有知识，具有融入思政元素的载体和容量。

从技术的发展角度看，制造技术经历从手工到自动化、从普通到精密、从宏观到微观的过程，前人创造发明了无数新工艺、新方法，取得了一个又一个制造奇迹。我国现代制造技术基本是在一穷二白的基础上，经过广大科技工作者和工程技术人员艰苦努力、不断革新、不断实践，才逐步发展起来的，他们克服了一个又一个困难，解决了许多工程难题，从万吨水压机、武汉长江大桥、宝成铁路、第一辆汽车、“两弹一星”，发展到今天的“嫦娥奔月”“天宫遨游”“蛟龙潜海”、高铁驰骋、航母下水、3D 打印、纳米制造等，为国家经济建设和社会发展做出了卓越贡献。在这期间涌现了大批优秀制造技术人才的光辉事迹，树起了一座座具有开创性的工程丰碑，创新了一批具有代表意义的制造技术和方法，才有了这些融入思政元素的素材和案例。

在长期的教学实践中，我们坚持教书与育人相结合，不断探索“以制造技术的发展成就激发学生的家国情怀；以制造技术的应用效益树立学生正确的科技道德观；以制造技术的多样性训练学生正确的思维方式；以工匠精神激励学生在实践中创新探索；从制造技术和谐发展中引导学生发现‘真、善、美’；从制造技术存在的差距中激发学生的学习原动力”的教学方法。为了使这一方法在教学过程真正应用，我们挖掘整理了 25 个思政主题，按照理论原理、思维启迪、融合应用的逻辑结构，把教材中 100 多个知识点贯穿起来，以便师生思考、分析及应用。教师在授课过程中，可结合自身教学实践情况和特点，把所讲述的专业知识与思政原理通过思维启迪的方式融合在一起，达到为“课程铸魂、为学生引路”的课程育人目标。

一、不忘初心，迎难而上，努力攻克制造技术“卡脖子”问题

1. 理论原理

习近平总书记曾语重心长地指出：“装备制造业是制造业的脊梁，要加大投入、加强研发、加快发展，努力占领世界制高点、掌控技术话语权，使我国成为现代装备制造业大国。”“装备制造业是国之重器，是实体经济的重要组成部分，要把握优势，乘势而为，做强做优做大。”

2. 思维启迪

装备制造业是国之重器。按照国民经济行业分类，装备制造业分为金属制品业，通用设备制造业，专用设备制造业，汽车制造业，铁路、船舶、航空航天和其他运输设备制造业，电气机械和器材制造业，计算机、通信和其他电子设备制造业，仪器仪表制造业 8 大类 185 个小类。可以看出，装备制造业涵盖了从通用类装备（如农业机械、工程机械），到基础类装备（如机床、工装模具），再到成套类装备（如石油、化工、煤化工、盐化工及电力成套设备等），以及更高级的安全保障类装备和高技术关键设备（如军事，航空航天航海设备等）。这些产品的产业链长，技术含量高，生产工艺精密，组织过程复杂，对研发水平、技术实力、知识产权、人力物力投入要求高，是典型的技术密集型产业，其高质量发展对我国整体工业体系的优化提升具有基础性、决定性、战略性作用。

3. 融合应用

（1）制造技术发展历程 制造技术经历了从手工作坊式劳作，到机械化、自动化、数字化、网络化乃至今天的智能化的阶段，实现了从传统到现代再到集成制造，从普通到精密再到超精密加工，从宏观到介观再到微观精细加工的不断演化和变迁，人们发明了无数新原理、新工艺、新技术、新方法，创造了一个又一个制造奇迹。

我国的制造业和制造技术是在一穷二白的基础上逐渐发展起来的。新中国成立后，国家统筹规划、合理布局，广大科技工作者和工程技术人员艰苦努力，不断革新，不断实践，战胜了重重困难，攻克了道道难关，基本建立了完整的工业体系。改革开放后，通过引进、消化、吸收与自力更生再创新相结合，我国的制造业体系变得更加完善，门类变得更加齐全，这也有力推动了制造业在更高层次和水平上发展。今天的中国已成为世界上产业链最完整、产品门类最齐全的制造业大国，进入新时代，并正以昂扬的斗志和自信的勇气向制造强国迈进。

（2）制造技术发展成就 新中国成立后，国家工业基础几乎为零，在一无所有的条件下，广大科技和工程技术工作者发扬自力更生、艰苦奋斗的精神，克服国外的处处封锁和限制的不利条件，边学习、边劳动、边创新、边生产，在祖国大地上树起了一座座制造技术发展的丰碑。从万吨水压机、武汉长江大桥、宝成铁路，到第一辆国产汽车下线、第一颗人造卫星上天、第一颗原子弹氢弹试验成功，发展到今天航母下水、高铁驰骋、“蛟龙潜海”“天宫遨游”“嫦娥奔月”并成功采样返回、新一代战机和大飞机翱翔蓝天。这些成就固然是多学科共同协作、共同攻关的结晶和成果，但基础是高水平设计技术、高性能材料技术、高精度高质量加工和装配技术、高端基础元器件技术相互配合，不断发展。就“蛟龙号”而言，如果没有好的设计结构和高强度材料，没有精密的加工和密封技术，潜入万米水下，一旦发生材料巨大变形、破裂、泄漏等问题，会产生什么可怕的结果不堪设想。所以说，制

造技术是国民经济和国防建设的基础和支柱，是国与国竞争和发展的重要因素。作为从事制造技术的科技工作者和工程技术人员，一定不能忘记这一初心和使命，要担负起国家振兴的历史重任。

（3）制造技术现实差距　我国经过70多年的不懈追求和努力，在工业体系、产品门类、制造技术等方面取得了长足进展，也攻克了不少难题，取得了伟大的发展成就。但我们要清醒地看到，与发达国家相比，我们制造技术的水平仍有差距，还存在许多瓶颈和“卡脖子”问题，如高端材料制备，高端数控加工设备，高性能轴承、丝杠、导轨及液压元件等基础零部件，以及大规模集成电路芯片等制造技术还存在很多难题。我们只有看到问题，承认差距，以愚公移山的精神，坚定理想信念，持之以恒，坚韧不拔，勇于创新，迎难而上，一步一个脚印地踏实工作，才能战胜前进道路上的艰难险阻，破解技术上的难题，推动我国制造技术高水平发展。

（4）制造技术发展趋势　在新一代信息技术、新工业革命，以及制造业与服务业融合发展的背景下，以大数据、云计算、数字孪生、人工智能等新一代信息技术广泛嵌入和深化为基础，以技术创新、应用创新、模式创新为内核，并促进产业和产品不断交叉融合，形成了当今社会新的产业和经济形态，使传统的产业界限变得模糊，例如对于MEMS、3D打印、健康医疗、高端制造等一些新领域，其往往涉及材料、机械、电子、控制、计算机、软件、通信甚至生物工程等众多专业的知识，很难划分具体的专业领域，因此必须用发展的眼光看待和理解制造技术。一方面，通过多学科协同攻关解决极端（极大尺寸、极小尺寸、极端精度、极端性能等）制造“卡脖子”难题。例如8万t压力机的成功研制，标志着大飞机铝合金结构件、核电管板等高性能制件国产化成为可能；大型光学透镜磨削、研磨和抛光系列装备的成功研制，结束了我国不能生产大型天文望远镜的历史；我们也相信，经过不懈的努力和协同攻关，7nm甚至更小的光刻加工技术一定能实现，从而助力我国微纳制造的健康发展。另一方面，要大力推进制造技术与物联网、大数据、人工智能等技术的深度融合，促进制造过程中非确定性、非结构化和非模式化难题的解决，有效提高产品质量和生产率，降低生产成本及资源、能源的消耗。同时不断催生新产品和新产业，依托技术创新和应用，从现有产业和领域中衍生叠加出新环节、新链条、新活动等新的产业形态，为制造业可持续发展创造更好的条件。

二、前途光明，道路曲折，不断追求制造技术发展新高度

1. 理论原理

“否定之否定”是唯物辩证法的基本规律。事物的发展是通过自身的辩证否定实现的，是肯定与否定的统一。当肯定方面居于主导地位时，事物保持原有的性质、特征和倾向；而当事物内部的否定方面战胜肯定方面，并居于矛盾的主要方面时，事物的性质、特征和趋势发生变化，旧事物就转化为新事物。否定是对旧事物的质的根本否定，但不是对旧事物的简单抛弃，而是变革与继承相统一的扬弃，正如古人的“沉舟侧畔千帆过，病树前头万木春”和“山重水复疑无路，柳暗花明又一村”所描述的景象一样。

2. 思维启迪

事物发展过程中的每一个阶段都是对前一阶段的否定，同时，其自身也被后一阶段再否定。经过“否定之否定”，事物运动就表现为一个周期，在更高阶段上重复旧阶段的某些特

征，由此构成了事物从低级到高级、从简单到复杂的周期性、螺旋式上升和波浪式前进的发展过程。正所谓，前途是光明的，道路是曲折的。我们要充分运用“否定之否定”规律，认识事物发展的复杂性、曲折性，敢于否定自己，敢于打破常规，这才是创新的不竭动力。

3. 融合应用

（1）材料技术的发展　人类社会是伴随着材料的不断发现、发明和创造而发展的。从原始的石器时代、青铜器时代、铁器时代一路走来，在蒸汽机时代，主要工程材料是低碳钢和铸铁，这持续了很长一段时间。由于动力的改变，各种高性能机器的需求不断增加，出现了各种强度更高而耐磨性、耐热性更好的合金钢。航空技术的发展对轻质材料的需求日益增加，高强度铝合金、钛及钛合金材料也被开发出来。随着航天技术及极端制造需求的增加，各种超高强度材料，陶瓷、硅及碳化硅单晶材料、石墨烯及各类复合材料纷纷登场亮相，以满足不同的工程需求。可以看出，社会发展需求推动了材料发展；而新材料的不断出现，又推动了社会和科学技术在更高层次上的发展。可以预期，只要人类社会的发展不止步，材料技术的发展就永远不会停歇。

（2）加工技术的发展　无论什么材料和零件，都要采用一定的工具和方法，经过加工才能达到使用的目的。开始是采用人力、畜力、水力等自然动力和简单的工具或手工方法来完成物品制作。随着蒸汽机、电动机的发明，出现了由机械能和电能驱动的机械加工装置，逐渐形成了车削、刨削、铣削及磨削方法，适应了零件加工制造需求的不断变化，产品的种类越来越多，零件的结构也越来越多样化和复杂化。同时，各类更加复杂零件（如齿轮、涡轮等）的加工方法也逐渐被发明出来。材料强度进一步提高，加工难度不断增加，加之各类特殊需求（如半导体集成电路）不断出现，导致传统加工方法难以完成加工。广大科技工作者积极探索，把各种物理、化学、生物等理论和方法应用到机械加工领域，开发出各类新型特种加工方法，如电火花线切割、电解加工、电化学磨削、超声加工、激光加工、电子束和离子束加工等，许多加工难题才得以解决。加工技术的发展带动了刀具材料及刀具结构的改进，从最初的碳素工具钢逐步发展出合金工具钢、高速钢、硬质合金、陶瓷刀具、聚晶金刚石刀具，以及适应各类性能要求的涂层刀具，并出现了整体式、焊接式、可换刀片式等不同刀具结构，满足了不同的加工需要。

（3）制造自动化技术的发展　随着制造业对产品加工精度、加工效率和制造过程自动化的新需求变得越来越迫切，各类数控加工技术和装备应运而生，从 NC、CNC、DNC、FMS 到 CAD、CAPP、CAM、CAE 和 CIMS，整个加工过程数字化、自动化、网络化和集成化的实现已变成可能，目前的主要矛盾就变成了如何利用已有的加工方法，深度融合信息技术、互联网大数据技术和人工智能技术，实现加工过程智能化，攻克各类关键技术，促进制造技术在更高层次和更高水平上发展。

（4）生产组织和模式的发展　生产组织和模式的变化是根据社会发展水平及需求的变化逐步演化的过程。最初由于生产力水平低下，人们的需求简单，一般的木匠铺、铁匠铺等手工作坊就可以基本满足人的日常需求。随着机械动力的出现，单件小批量的工厂化生产逐渐形成。随着人们生活水平的提高，自行车、汽车等日常所需的产品急剧增加，人们不仅要求产品质量好，而且要求成本低，在这样的背景下，出现了以福特汽车为代表的大批大量生产模式，这极大地满足了人们的需求。大批大量生产依据泰勒科学管理理论，按照工序划分生产单元，严格执行互换性原理，采用专用生产设备，使得生产率大大提高，生产成本显著降低。但大批大量生产也带来了产品品种单一、产品更新换代困难等问题。

为此，人们把单件小批生产和大批大量生产的特点相结合，形成了成批生产模式，缓和了品种产量和成本的矛盾。同时，丰田公司提出“按时、按质、按量”的生产方式，并对产品开发、生产组织、设备布局、物料传输、在制品管理进行了系统改进，从而形成了精益生产模式，使企业综合效益大大提高。随着人们对个性化产品需求的日益旺盛，加之数字化、自动化、柔性化设备的广泛应用，生产组织和产品加工过程的柔性调整变得简单易行。在这种条件下，大规模定制生产模式应运而生，该模式的主要目标是用大批大量生产方式解决单件小批生产中的问题，使生产过程的效率和成本具有大批大量生产的优势，而产品种类和个性化具备单件小批生产的特征，因此这是现代生产的理想模式，应对其涉及的关键技术和理论方法进行系统深入的研究和实践。

三、不畏浮云遮望眼，透过现象看本质，理解加工现象背后的因素

1. 理论原理

任何事物都是现象与本质的统一体。本质是决定客观事物具有各种表现的根据，是客观事物内在的相对稳定的方面；现象是本质的表现形式，是通过经验可以认识到的客观事物外部的特性和特征，是客观事物外在的、相对活动易变的方面。本质总要表现为现象，二者既对立又统一。本质与现象的真实关系，要求人们必须从现象入手去认识本质，运用理论思维从现象寻找本质，从表面的实际寻找深层的实质，只有认识了事物的本质，才能更好地理解现象，指导具体实践。

2. 思维启迪

本质与现象的差别表现在本质是现象中一般的东西，是现象的根据，而现象则是本质的个别表现。由于本质是一种多等级的构成物，表现着现实的复杂层次结构，因此人对事物和问题的认识，不仅要由现象到本质，而且还要由所谓的初级本质到二级本质，这样不断地加深下去，以至无穷。这就要求我们要透过现象发现本质，必须不断地认识事物更深刻的本质，从感性上升到理性，从经验形成理论。正像王安石在《登飞来峰》中所描述的那样，“飞来山上千寻塔，闻说鸡鸣见日升。不畏浮云遮望眼，自缘身在最高层”。只有站得高才能望得远，志存高远方能一览无余。

3. 融合应用

机械加工过程是一个复杂的多场耦合作用过程，普遍存在着运动场、位移场、力场、温度场和其他因素的相互作用。因此，有许多现象被大家熟知，比如加工过程振动、噪声、加工件的变形等，对加工质量有很大影响。如何通过这些现象探究其内涵本质，就是一个重要的课题。

（1）变形现象　制件变形是一个普遍存在的问题和工程现象。为什么会变形？是因为有力的作用，加工过程中受切削力、工件自重、夹紧力等的影响，机床、刀具、工件会发生变形，从而影响刀具的运动轨迹，造成零件的几何形状、相互位置和尺寸变化，从而引起加工误差。但是另一方面，在没有外力作用的情况下，毛坯和制件也会有变形，那么是什么使零件变形呢？肯定也存在某种力的作用，这种力称为内应力，内应力释放的过程就是促使制件变形的过程。因此，变形是现象，内应力的存在是问题的本质。那么为什么会产生内应力？这又是一个复杂的问题。铸造过程冷却速度不均匀、热处理过程的金相组织变化、切削

等加工过程的冷塑性变形、磨削等加工过程的热塑性变形、焊接过程的局部过热等过程，会使材料不同部位受力、受热和变形不均，发生内部相互作用，从而产生内应力。内应力不稳定，一定会寻找途径释放，造成零件变形。因此要消除变形，就要消除内应力，更重要的是要减少内应力的产生。生产中的自然时效、振动、热处理等人工时效方法就是要促使内应力的消除，以减少零件的最终变形。

（2）振动现象　加工过程中的振动也是普遍存在的现象。加工系统的刚度和阻尼特性，加工过程中的高速运动或转动，运动件质量的不平衡，切削用量和材料性能的不均匀，加工过程切削力、摩擦的影响等因素都会引发系统振动，从而使得加工过程不平稳、产生加工噪声及导致加工质量变差。这些都是加工过程中的突出问题，要解决这些问题首先就要消除或抑制振动。如何消除和抑制振动？其本质就是通过振动的幅频特性，查明振动的性质，发现自由振动、强迫振动或自激振动的源头和致振因素，通过平衡质量、调整加工工艺参数、采用减振装置或采取振动主动控制等方法，有的放矢，消除或抑制振动的产生。

（3）噪声现象　机械制造是指在一定的制造环境中通过各种加工设备、运输设备、检测设备、装配设备对零件进行加工或装配，以获得功能和性能满足设计要求的合格产品。在这一过程中，各种机械运动和加工作业中存在各种各样的噪声，主要表现为各类加工变形产生的噪声、各类电机和电器开关引发的电磁噪声、运动冲击引起的振动噪声、液压气动元件引起的噪声、运动摩擦造成的噪声等。正常情况下，这些噪声均满足一定的标准规范；但在系统中出现异常时，噪声的频率、声压级别及声能会发生较大的变化，这就必须高度重视，寻找产生异常噪声的源头。因此，在生产车间要求工作人员“眼观六路、耳听八方”就是这个道理。好在科技发展的今天，可以通过各类声音传感器对设备和生产过程进行监测，一旦检测到异常声音，比如刀具严重磨损、崩刃甚至断裂引发的异常声音，控制系统会马上发出指令，停止加工过程，以避免造成更大的损失。

（4）磨损现象　任何运动接触表面，如机床导轨、丝杠、轴承等，由于受力或热载荷的作用，在运动过程中都会产生表面磨损。磨损程度和速度受配对材料强度、硬度等特性，以及载荷大小和方向、运动速度大小、接触表面形貌特征、润滑条件等多方面因素影响。工程中经常采用以滚动代替滑动，采用液浮、气浮、磁浮的方式代替直接接触，以减小结合面的磨损和运动阻力，提高设备的运动精度和性能，一旦过度磨损则应更换相关运动部件，甚至也可以使设备报废。

在切削、磨损加工中，刀具和砂轮作为加工工具与工件强力接触，完成对工件的加工，会造成刀具和砂轮的磨损，使其变钝而丧失切削能力，因此要经常对刀具和砂轮进行刃磨和修整，以保持其工作在锋利状态。在切削加工过程中，刀具的磨损与常规状态下机械零件磨损有明显的不同，主要表现在刀具与切屑、刀具与工件的接触表面始终是变化的新鲜表面，刀具表面承受着巨大的接触压力，切削接触面呈高温状态，如硬质合金刀具加工合金零件时的切削区温度可达800~1000℃，甚至更高，因此刀具磨损是在机械、热力、化学三种因素作用下的综合结果，主要有机械磨损、磨粒磨损、黏结磨损、扩散磨损、氧化磨损和相变磨损六种形式。工程实践中，通常采用合理选择刀具材料、刀具结构和角度、切削用量，以及改善冷却润滑条件等方式减少刀具磨损，提高刀具耐用度，保障加工质量。在分析一些刀具严重或过度磨损的情况时，要结合工件材料和刀具材料特性、切削条件等的实际状态，探寻影响磨损的主要因素，采取针对性的措施，才是解决问题的根本途径。

四、精准把握量变到质变规律，不断创造新的制造技术和方法

1. 理论原理

量变到质变规律是唯物辩证法的基本规律之一，它揭示了事物发展过程中量变和质变的两种状态，以及由于事物内部矛盾所决定的由量变到质变，再到新的量变的发展过程。世界上任何事物都是量变到质变的统一，量变是质变的前提和必要准备，质变是量变的必然结果。“滴水穿石”“绳锯木断”“冰冻三尺非一日之寒”“只要功夫深，铁杵磨成针”的故事，都蕴含着量变到质变的深刻道理。

2. 思维启迪

学习需要日积月累，成就事业也需要日积月累。目标专一、持之以恒、锲而不舍、日雕月琢就一定会实现美好的理想，正像荀子《劝学》中所言“锲而舍之，朽木不折；锲而不舍，金石可镂”的道理一样，我们做学问、搞研究、谈创新都要注重积累，实现从量变到质变的转化，才能达到新的境界。

3. 融合应用

(1) 创新加工方法　在机械制造领域，人们采用相对坚硬的工具对各种原材料进行加工，形成了各种加工方法。车削、铣削、刨削、磨削、钻削等都是这些方法的典型应用。然而材料性能不断提高，对加工精度的要求不断变化，能不能用相对柔软的工具，通过一定的工艺条件转化实现加工，就成为一个新的命题。经过大量的研究和实验，工程技术人员开发出了一系列新的加工方法，实现了工艺创新：①利用高压水流带动适量硬质磨料进行加工，形成了高压水射流加工；②利用混合磨料在不同介质（如铸铁、橡胶、沥青、布垫等）与制件之间的运动，实现表面加工，形成了研磨工艺；③利用布轮等柔性材料高速运动，实现提高工件表面质量的加工，形成了抛光工艺技术；④利用固结砂带和柔轮实现加工，形成了砂带磨削技术。

(2) 磨损和断裂问题　当然量变到质变规律也可以用来分析制造过程的许多现象。比如刀具磨损问题，新的刀具在加工过程中，刚开始的初始磨损速度比较快；达到一定量后进入正常磨损阶段，这一阶段可持续很长时间，磨损量小而均匀；积累到一定程度，突然进入剧烈磨损阶段，刀具快速磨损，失去切削能力，这时就要重新刃磨或更换刀具。又比如，材料疲劳断裂也是如此，在交变载荷作用下，材料受应力作用在表面产生微裂纹，反复的交变载荷作用，使裂纹逐渐扩展，直至断裂。一般情况下，表面拉应力会加速裂纹扩展，而表面压应力则有抑制裂纹扩展的作用，因此机械零件表面不允许拉应力存在。这些类似问题都是量变到质变的典型案例。

(3) 材料热处理问题　热处理是工程领域中重要的材料处理方法，其主要任务是改善材料性能和去除内应力，是将金属或合金零件放在一定的介质中加热到适宜温度，并在此温度中保持一定时间后，在不同的介质中冷却，通过改变金属材料表面或内部的显微组织结构来控制其性能的一种工艺方法。常用的有低碳钢正火处理，以及中高碳钢及其合金的回火、退火、淬火及调质等方法。所谓适宜温度，就是各种材料中铁素体、奥氏体、渗碳体等不同组织的相变临界温度，当超过这个温度，热处理才有作用，组织才能转变，才能实现质变的目的。例如45#钢的淬火临界温度为850℃，对不同材料的热处理温度应查阅相关相图予以确定。同样的道理，在磨削加工中，当磨削温度超过相变温度，由于冷却速度不同，同样会

产生回火烧伤、退火烧伤或淬火烧伤等缺陷，应当通过合理选择磨削用量和进行强制冷却等方法，控制好磨削温度，以避免烧伤缺陷的产生。

（4）高速切削技术　20 世纪 30 年代，德国学者萨洛蒙（Carl Salomon）研究发现，当金属切削时的切削速度大于一定值后，切削速度越快，其切削温度越低，可以实现改善材料切削性、降低切削力和提高加工精度的目的，从而提出了高速切削的概念。

随着机床和刀具技术的发展，高速切削技术获得了快速的发展和应用。研究和工程应用结果表明，当切削速度高出传统切削速度 5~10 倍以上时，金属切除率会提高 3~6 倍，切削力降低 30%以上，并且由于切削过程非常快，95%以上的切削热被切屑带走，使工件受力受热变形大大减小，从而有效提高零件加工精度，特别适用于薄壁易变形零件的加工。目前对于铝合金加工的切削速度已达 2000~7500m/min，对于钛合金已达 150~1000m/min，对于纤维增强塑料已达 2000~9000m/min，因此发展以高速机床、高性能切削刀具为核心的高速切削加工技术是制造业发展的重要方向之一。

五、打破思维惯性藩篱，逆向思维开创新路

1. 理论原理

思维是人脑借助于语言对事物的概括和间接的反应过程。它以感知为基础，又超越感知的界限，探索和发现事物的内部本质联系和规律性，常见的有系统思维、辩证思维、联想思维、形象思维、逻辑思维、逆向思维和创新思维等。

2. 思维启迪

人们对事物的认识和间接反应，往往是借助已有的知识和经验，在已知的条件下，通过形象思维、逻辑思维、灵感思维或者顿悟等方式，推测未知的事物。这样很容易产生正向思维或向心思维等思维惯性，形成书本定势、权威定势、从众定势、经验定势的思维习惯。打破思维定势，跳出固有圈子，有时会产生奇迹。通常逆向思维是获得原创性成果的重要方式之一。

3. 融合应用

（1）增材制造技术　长期以来，机械制造的主要任务是通过机械加工的方法，去除毛坯上的多余材料，以达到零件功能和性能的要求，因此材料去除率就成为衡量生产效率的重要指标。那么我们反过来想一想，去除材料的加工方法存在浪费材料、刀具消耗及环境污染等问题，能不能把去除材料的方法变成如堆焊和增加材料的方法，实现“无中生有”的零件制造？为此，广大科技工作者进行了大量的研究，开发出光固化成形、激光烧结成形等多种 3D 打印及增材制造技术和装备，部分已在工业中应用，取得了很好的效果，特别是为一些特殊材料和减材加工难以完成的特殊结构零件的制造提供了新的解决途径。同时，把增材制造与减材制造或等材（如塑性成形）制造结合，从而形成增-减材复合、增-等材复合加工制造方法，使切削加工和塑性成形方法得以扩展和延伸，实现了对功能、性能和效率提出了更高要求的零件制造。我们理解“自古加工去材料，多余部分变废屑。机电光控立体印，无中生有能制造”，这就是创新。

（2）振动加工技术　振动是切削过程中普遍存在的伴生现象，只要切削加工存在，振动都会或多或少地存在。长期以来，广大科技工作者和工程技术人员对切削过程中的振动问题进行了大量研究，提出了许多减振和抑振的方法，但始终没能完全消除振动。这就出现了

一个值得我们思考的问题，难道振动永远都是有害的吗？试想一下，没有振动就没有美妙的音乐，没有振动世界也将是一片寂静。这样来看，振动的优势也不容忽视，能否把加工过程中的振动加以利用，或者在加工过程中施加有规律的可控振动，形成一种新的加工方法，这就是一个值得深入探究的问题。所谓“振动其实很有用，寂寞世界便有声。趋利避害显优势，脉冲聚能展雄风。纵横弯扭激励源，车铣刨磨钻深孔。断屑减力提质量，关键因素是调控”。

为此，学者们进行了大量的开创性研究，形成了重要的研究成果，国内外学者开发了自激振动镗削和车削工艺，在内燃机缸套上形成有规律的振纹以便于润滑油存储，有效提高了缸体耐磨性。采用自激振动刀架加工金属纤维或者实现黏性材料的断屑处理。日本学者将超声振动与各种机械加工方法相结合，发明了超声振动加工技术。西安理工大学的科研团队将低频振动与深孔加工技术相结合，发明了振动深孔加工技术和装备系统，通过振动参数和切削工艺参数的合理匹配，实现切削过程自主可控，有效解决了深孔加工过程中的断屑、排屑难题，显著提高了加工效率和加工质量。

（3）切削-挤压成形　切削加工的基本任务是去除多余材料层，达到零件功能和性能的设计要求。而在实际的生产、生活中存在着大量的功能制件，比如散热管，要求通过缠绕、焊接、冷挤压等方法在管壁表面增加散热片、散热肋等，以扩大散热面积，提高散热效率。那么有没有可能在切削加工时，让金属切屑不脱离基体，而使其成为功能表面的一部分，以达到扩大散热面积的目的？本团队受国家自然基金资助，开展研究，通过设计特殊的车刀结构和角度，按照所需的翅片或肋的要求调整切削用量参数，在车床上实现了切屑不脱落的加工，创新了切削-挤压复合翅片管加工工艺。加工的翅片散热管在企业热交换器中得到应用，其散热效率高，受到企业欢迎。

（4）塑性加工技术　塑性加工是制造技术的重要分支，采用锻压、轧制、冲压、挤压、拉拔和旋压等冷塑性变形或热塑性变形工艺方法实现零件或毛坯制造。一般情况下，通过设备运动和模具控制零件成形精度，存在设备吨位大、模具制造周期长、能源消耗大的问题，符合批量生产要求。能不能通过工艺改进来解决这些问题呢？学者们提出了多种新型成形方法：①单点增量成形方法，通过旋转工具头使薄壁件局部产生变形，在工具不断运动过程中产生累积变形效应，在没有模具约束的情况下，获得所需零件的形状和功能；②多点成形方法，吉林大学李明哲等学者开发了多点成形方法，设计出多点可调支点的柔性模具系统，根据零件形状调节上下不同支撑点的相对位移，就可以实现不同形状零件的成形，具有很好的适应性和经济性；③高速单点冷滚打成形方法，该方法是利用金属材料自身具有的塑性，使用特定廓形、高速旋转的滚打轮对毛坯进行逐点断续滚压和打击，迫使坯料表层金属流动产生塑性变形，利用滚打轮与坯料之间的相对运动关系将连续的微小变形形成累积效应，最终形成特定形状要求的一种无模具约束的自由塑性成形技术，在齿轮、齿条、花键制造等领域有广阔的应用前景。本团队在国家自然基金的资助下，对高速单点冷滚打成形方法的成形原理、变形行为及控形控性方法进行了系统研究，获得了良好的结果。

（5）特种加工技术　特种加工是在传统加工的基础上，利用电、磁、光、声、热和化学、生物等能量形式及其各种组合，作用在工件的被加工部位，通过力、热及化学效应实现对材料的去除、变形、改性或涂覆而达到加工的目的。国内外学者进行了大量的研究和开发，形成了各式各样的实用加工方法，例如：电火花、线切割加工；电子束、离子束及激光束加工技术；化学研磨和抛光加工技术；超声加工技术；磁控溅射和磁性成形技术。同时把各种形式的能量进行合理组合，又可以形成新的方法和技术，解决了实际生产中的许多难题。这正是“世间万物真神奇，无非生化与物理。交叉融合创新法，特种加工解难题”。按照这样的思路去思考，相信随着技术的不断完善和发展，我们一定会创造出更多、更好、更新的加工技术和方法，以满足不同材料、不同精度、不同形态零件的加工需求，推动制造业的健康可持续发展。

六、深刻理解物质运动的规律性，提高认识的主观能动性

1. 理论原理

一切事物都是运动的，物质是运动的物质，运动是物质的根本属性和存在方式。静止是运动的特殊状态，运动是无条件的、绝对的，静止是有条件的、相对的，规律是事物运动过程中固有的本质和必然联系。毛泽东主席就曾指出：“情况是在不断的变化，要使自己的思想适应新的情况，就得学习。”

2. 思维启迪

承认物质是运动的、变化的，正所谓“树欲静而风不止”。我们要用运动的、变化的眼光看问题，处理和解决问题，而不应用孤立的、静止的、不变的立场和思想去分析、观察和处理问题，这样才能抓住事物发展的本质和方向，正像诗人李白在《把酒问月》中写下的“今人不见古时月，今月曾经照古人”的诗句，就反映了事物发展既有规律又有变化的特征。

3. 融合应用

（1）受力变形误差　机械加工是在机床、刀具、夹具和工件组成的工艺系统中，通过刀具和工件的相对运动实现切削加工，以满足零件的形状、位置、尺寸及表面质量的要求。由于工艺系统中的各组成环节不是刚性体，同时由于机械结合面的存在，系统的刚度和阻尼特性发生了改变，在切削点位置变化时，各部分的受力状态也会变化，引起部件发生变形，这些变形直接影响了刀具与工件之间的相互位置关系，使理想切削点位置发生改变，产生零件的加工误差，甚至导致零件不合格而报废。例如，在车床上车削一根长轴，刀具从尾座端向主轴箱部分车削，开始时尾座刚度不足而变形，使工件产生偏移，尾端尺寸将大于理想尺寸；随着刀具逐渐移动，工件受力点变化，工件产生弯曲而让刀，在工件中心附近让刀最大，使工件产生“鼓”形加工误差；当刀具靠近主轴箱时，受力使其变形，也会使工件的直径比理想尺寸要大。假如不考虑其他变形，仅考虑刀架和刀具受力的变形，会导致刀尖位置后移，造成整个轴的直径变大。又如，用较宽的砂轮磨削外圆时，砂轮沿轴向运动，开始磨削时参与磨削的磨粒少，磨削力小，砂轮与工件之间的变形小，磨除的余量相对较大，随着磨削过程进行，参与磨削的磨粒数量增加，磨削力增大，导致变形增大，磨除量减少，这样就造成越靠近零件端部尺寸越小的加工误差。磨削内孔时情况正好相反，形成“喇叭”形。因此对零件受力变形引起的加工误差，按照这样变化的思路去分析，结合最终零件的检验结果，就可以找到加工误差的最主要来源，以便采取针对性的措施予以消除。

（2）加工误差问题　加工误差归根到底是工艺系统误差反映在工件上的结果。工艺系统的各种误差称为原始误差，是“因”，是根源，而加工误差是“果”，是表现。工艺系统的原始误差很多，与力、热、磨损，以及加工设备制造和装配精度等多种因素有关。在分析

加工误差时，我们当然可以按每一种误差分别进行分析，找出问题的根源。但实际上，生产中出现的精度和误差问题是更综合更复杂的问题，因此更重要的方法应该是采用多因素分析方法，找出加工误差产生、变化和发展的规律，发现影响加工误差的关键和主要因素。通常可以采用统计分析、相关分析等方法把加工误差分为系统误差和随机误差。在加工一批零件时，误差的大小和方向基本保持不变的，称为常值系统误差，这类误差通过调整和检修工艺装备就可以消除；而误差大小和方向按一定规律变化的，称为变值系统误差，这类误差可以通过误差抵消或者误差补偿的方法来消除。加工一批零件时，加工误差大小和方向表面上存在着不规律的变化，按统计分析方法可以找出总体分布规律的误差，称为随机误差。这类误差没有明显的变化规律，很难完全消除，但经过长期大量的数据积累和统计分析，找到其产生误差的根源，采用适当方法可以缩小其影响，比如提高毛坯精度以减少毛坯余量不均匀带来的加工误差，提高工艺系统刚性抵抗干扰因素的影响等减小加工误差。因此用发展变化的眼光看待加工误差问题，总会找到影响加工误差的最主要因素。

（3）误差复映原理　在加工过程中，由于工件毛坯的加工余量变化、工件材质不均匀等因素引起的切削力变化，工艺系统变形发生变化，导致刀具与工件之间的相对位置变化而引发加工误差，这种现象称为误差复映原理或遗传原理。用一句通俗的话来说就是，毛坯是什么形状，加工后的零件就是什么形状，只是误差减少了而已。误差复映大小用复映系数来度量，它是本道工序加工误差与上道工序加工误差的比例，一般小于 1。复映系数越小，说明经过加工遗传或复映过来的误差就越小。误差复映原理说明加工过程应是一个渐进的过程，随着加工过程的不断进行，余量逐渐减少，精度不断提高，这就是加工过程要分为粗加工、半精加工、精加工及光整加工等不同阶段的原因之一。

（4）热变形问题　热是自然界普遍存在的物理现象。没有热，整个世界将是一片冰冷。热给人们带来温暖，热创造了美好文明的生活。热胀冷缩也是一个基本的物理规律，有热的变化，物体就会变形，因此制造过程中必须高度重视热变形的问题。

机械加工设备高速运动部件的摩擦会产生热，电器和液压泵工作会生热，加工变形和切屑带入的热，以及环境温度变化带来的热，都会使机械构件产生热变形。当各部分的热不均匀时，各部件之间的相对误差会发生变化，从而产生加工误差。因此一般机床开始加工之前都要进行空转运行，使其达到热平衡，同时在加工过程中通常采用对主轴箱等发热部件进行循环冷却的方式，以限制热量过度产生；而一些精密加工和检测设备要在恒温环境中工作，这也是为了减少热变形带来的误差。

加工过程中由于刀具和磨削工具与工件强力摩擦挤压，加之材料的弹、塑性变形都会有大量热产生，加工面处于高温高热状态，这些热会进入刀具、工件，使刀具磨损和产生热伸长，也会使工件因为受热而膨胀，导致规定的切除余量发生变化，影响工件精度。同时由于热的存在，材料会发生局部变形而产生内应力、微裂纹甚至金相组织变化等缺陷，影响零件的使用性能。因此加工过程中通过改变刀具角度和切削用量，以及增加强制冷却等措施来消除切削热的影响，是提高加工质量的有效途径。

七、深刻认识事物普遍联系规律，把握制造技术的系统整体性

1. 理论原理

世界是充满矛盾、普遍联系、永恒运动的整体，作为客观实际存在的事物，是多种属

性、方面和关系的统一体。事物之间，以及每一个事物内部的要素、部分、方面及其发展的各个阶段、过程都是相互联系、相互影响、相互制约和相互作用的，同时世界上一切事物与其周围事物之间都有着这样或者那样复杂的联系。因此联系是普遍的规律，世界是一个相互联系的整体。

2. 思维启迪

我们在观察处理和分析问题时必须坚持联系的观点，对事物的联系进行具体的分析，不能用孤立的、相互隔绝的眼光看问题，而要用联系的和运动的观点去观察和分析，这样才能把握事物的系统性和整体性。正如战国时期法家代表人物尸佼在《尸子》中所述“见骥一毛，不知其状；见画一色，不知其美”的道理一样，对任何问题都不能以点带面、以偏概全。

3. 融合应用

(1) 机械制造系统　制造系统是由人、生产设备、生产工具、物料运输设备及其他辅助设备组成的硬件环境，以及各种信息、生产方法、工艺手段和管理模式所形成的软件支持条件构成的有机整体，其根本目标是把原材料转变为合格产品。在这样一个系统中，物质流、信息流、能量流、资金流、误差流和人员流相互联系、协调配合、高效运转，以达到优质、高效、节能、环保的目标。为了达到这样的目标，在系统规划设计、运行管理中就必须坚持系统思维，深刻认识制造过程各个环节和功能普遍联系的规律，进行合理的系统布局、功能设置、资金匹配、流程优化、信息共享；并且对六大要素进行优化配置，建立高效运行机制，达到提高系统综合效益的目的。

(2) 工艺成本问题　制造一个零件或一台产品所必需的一切费用总和，就是该零件或产品的生产成本。生产费用根据生产过程的组织又可分为与工艺过程直接相关的费用及与工艺过程无关的费用（如公益捐助、管理费用、广告费用等）。与工艺过程相关的费用称为工艺成本，它又可以分为可变费用和不变费用。可变费用包括材料费、操作人员工资、机床电费、通用机床折旧费和维修费，以及通用刀具和夹具费等与年产量成正比的费用；不变费用包括调整工人工资、专用机床折旧费和修理费，以及专用刀具和夹具费等与年产量没有直接关系的费用。因此要提高制造企业的效益，获得最大的投入产出比，就必须总体把握，优化协调各方面的资源配置，减少不必要的开支，减少浪费，控制各环节的成本，这样才能使企业整体效益最大化。

(3) 质量效益问题　质量和效益是企业永恒不变的两大主题，追求高质量、低成本是重要的目标。机械加工遵循的基本规律是随着一道道工序的加工，余量逐步减少，精度逐步提高。但是精度和成本是成正相关关系的，也就是精度越高，加工成本也越高，而同时精度又是通过一系列的加工和处理逐渐达到的。这就涉及每道工序的余量和精度如何确定的问题，应使整个零件加工达到成本最低，而不是仅仅考虑某一道工序如何达到最优。按照相互联系的原理，采用多目标优化技术，合理分配每道工序的余量和加工精度，使整个零件加工在达到精度和质量要求的前提下获得最大的经济和社会效益。

(4) 尺寸链原理　任何机械零件都是有由点、线、面包络形成的，合格的机器是由一个个零件组装而成的。零件和产品要达到合格的设计要求，其组成要素之间的形状、位置和尺寸关系则必须达到设计精度要求。多种要素相互联系、互相影响，要使整个零件或产品全部达到合格要求是一个难题，而尺寸链原理给我们解决相互联系的尺寸和位置问题提供了有力的手段。尺寸链是指由相互联系的尺寸按一定的顺序首尾相接所形成的封闭尺寸图形。这种以尺寸为组成要素的图形称为线性尺寸链，以角度或平行度、垂直度等为要素组成的尺寸链称为角度尺寸链，在零件加工中使用的称为工艺尺寸链，在产品装配过程应用的称为装配尺寸链。相关性和封闭性是尺寸链的基本属性，就是把与某项加工精度或者把装配精度相关的尺寸或角度相互联系起来，形成一个封闭系统，通过封闭环（间接保证尺寸或角度）和组成环（直接保证的尺寸或角度）的相互作用关系，协调各尺寸或角度的精度，确保每一个尺寸或角度环节都达到所必需的精度要求，确保整个零件或机器的精度合格。

八、分清主次，直击要害，通过消除原始误差提高加工精度

1. 理论原理

矛盾存在于一切事物中，并且贯穿于事物发展过程的始终，即事事有矛盾，时时有矛盾。在复杂事物的很多矛盾中，主要矛盾与次要矛盾相互依赖，相互影响，在一定条件下可以相互转化。抓住客观事物的主要矛盾和予盾的主要方面，才能把握事物的主流，找到解决问题的方法。杜甫在《前出塞》诗中写到“挽弓当挽强，用箭当用长。射人先射马，擒贼先擒王”，就是该原理的恰当描述。

2. 思维启迪

既然矛盾是普遍存在的，复杂问题中各种矛盾相互交织、相互影响。这就要求我们看问题、办事情，既要善于抓住重点，集中力量解决主要矛盾，又要学会统筹兼顾，恰当处理次要矛盾，防止眉毛胡子一把抓。例如，机械加工过程的原始误差类型很多，在不同条件下对加工精度的影响程度也不尽相同，只要我们掌握了抓主要矛盾的原理，针对不同情况，实事求是地进行分析，总会找出解决的方法和途径。

3. 融合应用

在机械加工精度分析中，影响零件加工精度的原始误差通常可归纳为十一类，如机床误差、调整误差、工艺系统受力受热变形等。这些原始误差在零件加工中都不同程度地存在并影响着加工精度的提高。但针对不同材料、不同结构及不同加工方法，各种原始误差的影响程度不尽相同，往往有一种或几种影响因素起关键和决定性作用，这就是主要矛盾。抓住这些主要因素并加以解决，就会显著提高加工精度和零件质量。

（1）车削细长轴　由于细长轴刚度弱，在切削力的作用下会产生弯曲，造成加工后零件呈现出两端小中间大的“鼓”形，这是车削细长轴的主要难题，因此有“车工怕细长”之说。在径向切削力较大的刀具会顶弯工件，同时刀具轴向切削力又不通过工件中心，偏移也会造成力的不均衡而压弯工件，因此受力变形引起加工误差是车削细长轴的主要矛盾。工程上通常采用中心架、跟刀架支承工件，以减少工件变形；采用正反车刀加工，以平衡车削力；采用活动顶尖反向车削，使工件有伸缩余地而减少弯曲变形；采用大主偏角（如93°偏角）刀具，产生反向切削力以部分抵消顶压力作用，减少工件弯曲。这些方法和措施会使细长轴的加工误差大大减小。

（2）磨削薄片件　薄片件磨削加工中的主要矛盾是工件薄且刚性差，很容易引起夹紧变形。这类薄片零件一般在平面磨床上完成加工，弯曲、翘曲等变形的毛坯件在磨床磁性吸盘工作台上装夹后，会变平整。磨削后，松开夹紧工件又反弹变形回去，无论多少次磨削都无法彻底消除已有变形。工程上通常采用的办法是在工作台上放置橡胶软垫、环氧树脂、发

泡材料等柔性支撑材料，将薄片工件置于其上，在磁性力的作用下，工件以自由状态（原始变形状态）被固定。在这种情况下，磨削工件上表面，保证其平整，再反过来磨另一面，则会使整个工件磨削平整，彻底消除原始变形。

（3）切削热和刀具磨损　在机械加工过程中，切削热引起的变形和刀具磨损是影响加工质量的重要因素。特别是在难加工材料切削加工及强力磨削和深孔加工等加工工序中，其影响更加突出。切削热一方面影响工件的热变形，造成加工误差；另一方面切削热也是刀具磨损的关键因素，刀具磨损又复映在工件表面上，影响加工精度和表面质量。因此在工程上，一方面要优化切削用量和刀具几何参数以减少切削热的产生；另一方面要增加强制冷却和润滑系统，提高散热效率。例如用涡流管制冷空气直接喷射切削区、深孔加工中采用高压切削液直接冷却刀具并带走切屑、浸液式磨削或钻孔等，都是为减少刀具磨损和切削热引起加工误差的有效方法和途径。

（4）误差控制与补偿　在机械加工过程中，对于诸如机床、工具和夹具制造误差等常值性原始误差，可以通过调整、修磨或数控补偿等方法来消除或减少加工误差；对一些具有一定变化规律的原始误差，如刀具和砂轮磨损、受力受热变形等引起的误差，则可以通过精密检测和自适应控制等方法来进行误差补偿的方式予以解决。

（5）工序顺序安排　为了确保零件加工精度要求，在安排工序顺序时一般遵循先粗后精、先主后次、先平面后孔系、先基准后其他的原则。这些原则的本质是先加工主要表面后加工次要表面。所谓主要表面是指装配基面、工作表面、运动结合面等，这些面分布面积大、精度和表面质量要求高；次要表面是非工作表面，如螺纹孔、过孔等，这些表面加工量小，而且与主要表面之间有位置要求，一般安排在主要表面后加工，以利于保证整个零件的精度。

九、正视矛盾，人为设误，通过原始误差抵消提高加工精度

1. 理论原理

客观世界的矛盾是普遍存在的，有些矛盾的解决需要付出时间和经济代价。在这种情况下，能否人为制造一种矛盾来抵御或消除原来矛盾的影响？于谦在《石灰吟》中写的“千锤万凿出深山，烈火焚烧若等闲。粉骨碎身浑不怕，要留清白在人间”，就呈现了另一种思路。

2. 思维启迪

在人们日常生活和工业生产中，矛盾是普遍存在的，有些矛盾带来的问题是难以克服的，这时就要发挥人的主观能动性，用一种新的思路去解决存在的问题。比如汽车的发展带来了交通上的极大方便，但是也造成了交叉路口的交通混乱；人们发明了红绿灯和斑马线，交叉路口的通过率有所降低，但交通秩序大大改善。另外，汽车的高速运行带来了交通的快速便捷，但同时安全隐患也不断增加，为此汽车下坡、转弯及人流稠密处人为设置减速带，强制减速以提高运行的安全性都是很好的应用实例。

3. 融合应用

（1）设置反向误差　制造大型龙门铣床和刨床时，加工合格的横梁在铣削头或刨削头重量的影响下，会使横梁向下弯曲，不能满足加工要求。这种情况下无外乎两种办法：一种情况是加大横梁截面积，抵抗重力引起的弯曲变形，这在结构和实际使用上都有较大的实现

困难；另一种情况是在加工和刮研横梁导轨时，人为设置误差，使横梁初始状态时向上凸起，在安装铣削头或刨削头后，横梁在重力的影响下自然变直以达到水平的设计要求。

（2）装配预留误差　在车削加工中，一般是将零件前端装夹在车床主轴箱主轴端的自定心卡盘上，后端用尾架的顶尖顶紧，因此主轴和顶尖中心的同轴度就是很重要的机床精度要求。但是我们都知道，机床主轴箱内一般都有齿轮和轴承等传动件，在机床运转过程中会发热，使床头箱受热而变形，主轴中心随之升高，这时就造成主轴和尾座顶尖孔不同心。因此在机床制造和装配过程中，规定机床尾座孔要比主轴孔中心高 0.03~0.06mm，这样使机床达到热平衡后可以保持两孔轴线的同心度。

（3）进行动静平衡　机械加工过程中一般是主轴高速旋转驱动工件或工具运动，完成加工任务，所以转动部件（包括磨削砂轮）的平衡就是非常重要的问题。一旦出现不平衡，就会引起振动，影响加工质量，甚至使加工无法顺利进行下去，因此高速旋转部件必须进行静、动平衡。其实平衡的过程实质是人为制造矛盾的过程，通过在零件上局部去重（如打孔、铣平台）或在零件不同位置增重（如增加平衡块等）等方法实现部件的静态和动态平衡，以减少为追求平衡而增加的加工难度和制造成本。日常生活中，在汽车维修和更换轮胎时，通过在轮毂上装夹小型质量块对轮胎进行动平衡也是这个道理。

（4）平衡移动质量　对于加工机床的快速移动部件特别是上下移动部件，由于重力的原因，驱动系统惯量增大，并且上下行程驱动力变化较大，容易造成运动不稳定，电机负荷不均，给系统控制带来困难。实际工程中采用配重质量块、平衡油缸等方法把部件自身重量平衡掉，以达到减少驱动力、提高系统响应速度的目的。

十、创造条件，转化矛盾，转移原始变形和误差而提高加工精度

1. 理论原理

矛盾的普遍性（共性）和特殊性（个性）是辩证统一且相互联系的，普遍性寓于特殊性，通过特殊性表现出来，而特殊性区别出事物不同的本质，二者同时存在，不可分割，不同场合下可以相互转化。正所谓“人间四月芳菲尽，山寺桃花始盛开”“梅须逊雪三分白，雪却输梅一段香”“骏马能历险，力田不如牛；坚车能载重，渡河不如舟”。

2. 思维启迪

我们实际工作中要把问题的共性和个性两个方面辩证统一起来，要从一般到特殊，再从特殊到一般，把事物发展的普遍原理与具体实践结合起来，对一些问题，创造条件，使特殊矛盾转化而符合普遍规律的问题，以获得有效解决。

3. 融合应用

（1）变形误差转移　机械结构件受力的作用就会产生变形，在大型龙门式机床结构中，横梁是带动刀具实现加工的重要部件，在受到自身重量和刀架重量的作用下，会产生弯曲变形，从而影响刀具的运动轨迹，造成加工误差。这时可以在横梁顶部再加一道横梁，通过移动部件和柔性连接把刀架悬挂起来，重量和变形由上横梁承担，下横梁只承担直线运动的职能，使刀具轨迹保持恒定，成功实现变形与误差的转移。与该方法类似的还有在快速移动的部件上，通过配重质量、弹簧或液压机构，平衡掉部件重量，以有效减少驱动力和运动冲击，提高系统响应速度。

（2）运动误差转移　磨削是回转类零件精加工的主要工序和方法，砂轮装在具有高精

度液压滑动轴承的砂轮架上高速旋转作为主运动，工件安装在主轴上作为辅助运动，这样主轴的振动和径向跳动就会传递到工件上而影响加工精度。为此，一般采用两种办法解决：一种方法是把工件安装在由高精度V形块组成的磨削夹具上，通过柔性部件与主轴连接，消除主轴精度的影响；另一种方法是在主轴和尾架上，通过中间过渡部件安装不旋转的固定顶尖，用一个拨盘带动工件旋转，这样消除主轴误差的影响。这两种方法都是将主轴运动误差这一矛盾转移，这时支撑V形块的制造和安装精度，以及顶尖和顶尖孔的研磨精度就变成了问题的主要矛盾，但解决这一问题的难度要远小于消除主轴运动误差的难度，这一工程难题也就得到了有效解决。

（3）镗杆误差转移　在主轴箱、变速箱、发动机缸体等孔系批量加工中，传统生产过程中，通常采用镗削加工方法完成，这既要保证孔与孔之间的相互位置关系，又要确保每一个孔的形状和尺寸满足设计要求。加工中既有镗杆主轴精度的影响。又有为了达到孔距要求，工作台移动精度的影响。所以要使多个不同尺寸和相互之间的位置关系都满足要求，是一项非常困难的事情。为此，工程上一般采用制造一套高精度镗模，镗杆和主轴之间柔性连接，孔与孔之间的位置关系完全由镗模精度保障，每个孔的尺寸和精度由高精度对刀仪的精确调整达到。当然在高精度数控机床发展的今天，孔系加工也可以由数控编程方法完成，但是对一些较深的孔系加工，数控机床仍然没有办法解决主轴与镗杆连接误差带来的影响。

（4）光整加工技术　工程上对一些精密接触表面（如发动机缸套、连杆孔、油缸和气缸等内表面），一般都有较高的精度和表面质量和形貌要求，通常采用粗镗、半精镗、精镗方法达到表面的位置和形状要求，再经过珩磨加工达到最终要求。珩磨加工时，珩磨工具头与机床主轴浮动连接，多块珩磨条通过机械或液压作用与工件表面紧密贴合，在组合运动驱动下实现磨削。这一过程的最大特点是把刚性连接变成浮动连接，把由机床主轴定位转化为工件内表面自身定位，从而实现在不改变内孔表面位置关系的前提下使表面质量大大提高，同时降低了加工难度。平面的超精密加工、研磨、抛光等光整加工技术也是同样的道理。

十一、集中优势，各个击破，分散化解主要矛盾的影响

1. 理论原理

事物总是在一定环境和条件下形成、存在和发展的，受到多方面因素的影响和制约，造成各种矛盾交织在一起，许多问题因而难以彻底解决，而精准分析、集中优势、各个击破则是有效的处理方法。毛泽东“集中优势兵力，各个歼灭敌人”的军事思想就是这一原理的重要体现。习近平总书记指出：“我们最大的优势是我国社会主义制度能够集中力量办大事。这是我们成就事业的重要法宝。”

2. 思维启迪

制造过程是一个相关性、综合性、复杂性很高的系统工程问题，涉及物流、信息、能源及各种资源的集成。在有些情况下，采用集中或统一的方法解决问题往往是困难的，或者是不经济的。那么可以针对主要问题和目标，采用统一协调、分散处置的方法使问题得到经济、快速、有效的解决。

3. 融合应用

（1）分组加工　在机械加工中经常会遇到这样的问题，工艺系统的精度是稳定的，但是由于铸、锻、焊所获得的毛坯精度差而引起加工误差变化，若按照原工艺方式加工就会造

成超差。一般毛坯精度差主要是指毛坯形状变化大、毛坯余量严重不均匀等，在这种情况下，一方面由于误差复映原理（毛坯误差按一定比例复映或遗传到零件上的误差）的作用，一批零件的加工误差范围扩大；另一方面，由于毛坯误差大，定位误差引起各表面位置和形状误差范围扩大，造成一批零件不合格数增加。实际生产中可以首先按形状和尺寸对毛坯进行分组，每组毛坯误差为原误差的 $1/n$，然后按分组进行刀具和工艺系统调整，减少毛坯误差的影响使得整批零件的误差分散范围大大缩小，这个方法比直接提高整个工艺系统精度要简易和经济得多。

（2）分组装配　多缸发动机装配过程中，连杆大头孔与曲轴连接，小头孔通过轴销与活塞连接。为了使发动机工作时平稳无振动，燃油消耗和噪声低，就要求几个连杆的中心孔距、活塞裙部与缸套之间的配合尺寸、连杆总重量及大小头重量、活塞重量等匹配结果基本一致。但是，要对所有零件全部的尺寸和重量要素做到完全一致是非常困难的事情，工程上经常采用按正常工艺要求对零件进行加工，然后对连杆按中心尺寸、总重量和大小头重量分组，同时对活塞也按尺寸和重量分组，装配时组别相同的零件装在同一台发动机上。这样可保证发动机的装配要求，又相对降低了零件加工成本，使问题通过分散处理得到整体解决。

（3）分组选配　在批量生产精密偶件（如柱塞泵、阀体、精密轴承等）时，如果按互换法的思想进行装配，则会使零件公差要求过严，甚至超过加工工艺的实现可能性，此时可以采用选配法进行装配。选配法一般分为直接选配或分组选配等方法。零件加工时仍然按经济精度进行加工，装配时由工人对配合件进行选配，根据经验或相关仪器检测，合适则配对成功，不合适则选择另外件进行适配，直到合格为止。另一种方法是事先按配合公差要求对零件测量分组，然后相同组零件直接装配，确保每一个装配间隙都在规定范围内。当然也可以先分组，对应组内再进行选配，以达到最佳的装配间隙要求。这些方法的本质是把装配精度难以保证解决的矛盾分散到加工、检测和装配过程中再处理，以达到解决问题的最终目的。

（4）分段加工　零件加工质量要求较高时，一般把整个加工过程分成粗加工、半精加工、精加工和光整加工等不同阶段。粗加工阶段主要任务是切除较大的加工余量，主要矛盾是如何获得高的生产率；半精加工阶段主要任务是为精加工准备合适的余量和精度，并完成次要表面加工；精加工阶段主要任务就是要零件达到设计图样规定的要求；而光整加工阶段主要任务是对一些特殊要求的表面进行特殊精加工，以减小表面粗糙度。在零件的不同加工阶段，切削余量及方法不同，关注的问题和存在的主要矛盾不一样，例如切削力、切削热及其导致的刀具或砂轮磨损、零件变形就有很大不同，那么分阶段加工有利于零件应力释放，消除工件变形，有利于合理使用粗、精机床，提高机床使用效率，有利于安排热处理工艺，有利于及时发现零件缺陷，避免加工浪费，也有利于零件表面保护，避免划伤、破坏等。

十二、简单思维，临门一脚，就地解决加工精度问题

1. 理论原理

世界是一个复杂的存在，有些问题看似比较单一，但涉及的方面很多，让人总有雾里看花的感觉，解决起来并不容易。遇到这种情况，不如不管过程，针对需求简单处理，可能会收到更好的效果。陆游的“纸上得来终觉浅，绝知此事要躬行”说的也是这个道理。

2. 思维启迪

在机械加工和装配中，有些精度问题牵扯到很多零部件的相互关系，解决起来并不简单，通常会用不同的方法不断提高零件制造精度，从而造成时间和成本的浪费，有时甚至无法实现。工程实践中“就地加工”则是很好的简单解决办法。

3. 融合应用

（1）多工位同轴问题　许多机床都设置转塔，用于安装多把刀具或操作工具，以满足对零件不同工序的加工需求，比如六角转塔、八角转塔、换刀机构等。装配时要求每一个转塔刀座孔都必须与主轴同轴，完全靠零件加工精度和装配调整难以达到全部要求。这种情况下，在机床装配完成后，在主轴上安装镗孔刀具，然后旋转转塔，对每个孔精镗一次，使所有孔与主轴孔保持同心，这是典型的就地加工的案例，它的实质是合并误差，一次性整体解决，简单易行，非常实用。

（2）卡盘自修复　车床上加工一些特殊零件时，有时在主轴前端装一花盘，并将工件安装在花盘上进行加工，这时花盘平面与主轴的垂直度就成为装配时的关键因素，但保证该垂直度有一定的困难。这时采用就地加工的方法，把花盘表面精车一次，就能很好满足垂直度要求。同样道理也可精修自定心卡盘夹持表面、中心架、跟刀架支撑表面，使其与主轴旋转中心同心。

（3）定位面精修　在批量加工中，经常通过夹具对工件进行安装，工件的安装精度靠夹具上的定位元件来保证。为了保证几个定位块或支撑钉的平面度和垂直度等要求，夹具安装好以后，利用机床自身的刀具或砂轮，对定位元件进行精修加工，确保定位元件的尺寸和相互位置关系精度，这些都是就地加工的典型事例。在工程应用中经常碰到类似的问题，例如一些机床在使用一段时间后，某些精度损失，可以采用这种方法对机床进行精修；平面磨床在使用中，磁性工作台经常会磕碰划伤，长时间的受力也会造成工作台与砂轮主轴不平行，这时可以用自身砂轮对工作台进行修磨，以提高机床精度，保证加工质量。这种加工方法的前提是要有过渡环节，比如转塔孔中设有过渡套，确保有精修余量。

（4）增-减材复合制造　最近发展起来的增-减材复合制造是一种具有很大潜力和前景的技术，在一台机床上把切削加工和激光熔覆增材集成在一起，在切削加工的同时，根据零件机构需要通过激光熔覆的方法，增加一些凸台、法兰等结构特征，并对这些特征部位再进行加工，直至完成整个零件。这种方法的最大好处是简化了毛坯制造，可以制造出结构复杂的零件，提高生产效率。

十三、事先谋划，留有余地，整体解决加工精度难题

1. 理论原理

事物总是交织在一起，并相互作用、相互影响。若想要找到一条能彻底解决矛盾和问题的途径，则往往会顾此失彼，此消彼长。因此不如事先总体谋划，统筹兼顾，留有余地，当问题出现时整体解决。唐寅的“立锥莫笑无余地，万里江山笔下生”，梁启超的“立身岂患无余地，报国惟忧或后时”，都有“留得青山在，不怕没柴烧”的意味。

2. 思维启迪

机电产品是由许多零部件通过各种方法连接在一起，以达到某种功能和性能要求。通常情况下，如果某项装配精度要求很高，因此提高每个组成件加工精度，以互换法的方式进行

装配，则势必造成零件加工精度高而难以实现，或使加工成本大大提高。这种情况下，需要在设计产品时增加一些调整环节或修配环节，最后通过调整或修配达到装配要求，使其余零件加工难度降低，以提高整体经济效益。

3. 融合应用

（1）增加调整环节　在机器装配时，经常在一些配合件之间会有严格的间隙要求，如轴承间隙、齿轮轴向游隙等，如果靠零件加工精度直接保障，则会有很大困难。一种经济实用的方法是在机构设计时，增加一个可动的调整零件，通过调整其位置，以达到装配精度或补偿运行过程中磨损造成的间隙变化，如自行车等机构的轴承可动挡圈、机床导轨可调压板等。调整件也可以是垫片、垫圈、套筒等固定尺寸零件，通过采用不同尺寸来调整所需的间隙。

（2）现场检测调整　在双端支承的旋转轴（如机床主轴）装配时，轴、轴孔及轴承加工精度和制造偏心都会影响轴的旋转精度，造成轴端径向跳动。当主轴上安装零件或刀具时，同样产生跳动而影响零件的加工精度。在装配时，有经验的工人师傅一般都会调整主轴前、后端轴承安装方位，通过调整和检测，找到径向跳动最小的位置作为最终安装位置，并做上记号，以便在维修时能够找到同样的位置。

（3）增加修配环节　与调整法相似的还有修配装配法。在设计产品时，选择某一个组成零件作为修配环并留有合适的余量，其他零件按经济精度加工，装配时通过人工刮研、配磨、研磨等方法对修配件进行修正，以达到装配要求，比如为确保车床主轴和尾座中心高度误差，采用对尾座垫板进行修磨的方法来达到要求，这一方法的发展就是自干自和就地加工方法。

（4）加工余量问题　加工余量是典型的留有余地的实际应用。机械加工是经过一道道工序或工作行程，逐步切除多余材料层，使零件精度逐步提高从而最终达到设计要求的过程。因此，在毛坯制造或备料时，就要按照零件材料特性、结构形状、尺寸大小、精度和表面质量要求、毛坯制造方法进行综合分析，确定合理的加工余量。加工余量的大小直接影响产品质量、生产效率和能源消耗，若余量过大，则不仅增加了机械加工的劳动量，而且会使毛坯制造和机械加工过程的材料、工具、能量消耗增加，提高制造成本；若余量过小，则可能难以校正上道工序产生的形状、位置、尺寸误差和表面缺陷，达不到产品设计要求。近年来发展起来的各种精密铸造、锻造和 3D 打印等近净成形方法，使毛坯精度大大提高，余量大大减小，通过少切削或无切削的加工就可达到使用要求，经济和社会效益明显。

十四、物以类聚，人以群分，相似原理助力制造技术

1. 理论原理

相似是表述现象的所有物理量在空间相对应的各点及时间上相对应的各瞬间各自互成一定的比例关系，并且被约束在一定的数学关系之中。由于相似原理的存在，才有“物以类聚，人以群分”“近朱者赤，近墨者黑”的古训。

2. 思维启迪

以相似理论为指导，形成一种具体研究自然界和工程中各种相似现象的新方法，是一种把个别现象的研究结果推广到所有相似的现象上的科学方法。比如用数学上的相似三角形定理，做成各种尺寸规格的三角尺，其角度关系不变。把物理学中构件或物体的位移、运动、

动力等物理过程，采用相似的方法，建立起模拟系统，用模型化的数学方程分析物理系统的特性，保持物理本质的一致。

3. 融合应用

（1）成组技术　由于许多问题是相似的，把相似的问题归并成组，便可以找到一个单一的解决一组问题的答案，从而节省时间和精力，这就是成组技术（Group Technology，GT）。

在机械加工方面，就是将被加工零件，根据其几何形状、结构及加工工艺相似性进行分类分组；并根据零件加工工艺要求，将机床分为若干机床组；按照被加工零件组的工艺流程排列各机床组内的机床，即零件组与机床组一一对应。被纳入同一组的零件也可以按共同的工艺过程，在同一组机床中稍加调整就可以加工完成，从而形成成组工艺，这样可以大大提高工作效率。

成组工艺的本质是将结构和工艺相似的零件集中在一起，以扩大零件的生产批量，使得本不完全相同的零件也可以重复使用相同的机床、夹具、刀具及工艺文件，是单件小批量生产企业提高效率、降低制造成本的有效途径。把成组技术原理应用在产品设计中，可以开发出模块化、系列化产品，提高产品设计质量和产品部件互换性；应用在夹具领域，可以开发出成组夹具，这类夹具通过适当调整就可以满足一批相似零件的加工要求；应用在生产过程中，可以形成成组生产计划和调度方案，按组建立典型工艺方案，便于计划和调度安排。

（2）仿生技术　仿生学是研究生物系统的结构和性质以便为工程技术提供新的设计思路及工作原理的学科，属于边缘交叉学科。仿生技术是模仿生物系统的功能、行为和结构来构建技术系统的一种科学方法。利用仿生技术可以创造新的机械原理和机器、新的结构和功能、新的设计和工艺方法。飞机、仿生机器人、雷达、声呐系统，以及蜂窝结构、不粘泥犁铧、疏水表面织构，还有3D打印、喷丝工艺、仿生建筑、人工心脏和肾脏等，都是仿生技术的结晶。

（3）建模仿真　加工过程中刀具运动、切削力、切削热、材料变形等仿真分析，也是利用相似原理，首先建立加工过程运动或几何模型，并通过数学、物理和力学方法及相关仿真软件获得加工过程各类物理信息，从而可以有效地解决工程问题。数字孪生技术在各行各业都得到了快速发展和应用。数字孪生是以数字化方式创建物理实体的虚拟模型，借助数据模拟物理实体在现实环境中的行为，通过虚实交互反馈、数据融合分析、决策迭代优化等手段，为物理实体增加或扩展新的能力。数字世界为了服务物理世界而存在，物理世界因为数字世界变得高效有序，因此，开发和应用制造领域的数字孪生技术是重要的发展方向。

（4）实物模型　在工程应用领域，许多大型设备或构件、一些高附加值的产品或有特殊要求的外形制件，可以利用3D打印，或通过机械加工或手工制作的方法，按照一定比例制造出木材、金属、塑料、泥料等材质的产品模型，用于直观分析、性能检测、外观评价等，这也是相似原理的典型应用。

十五、不以规矩，不能成方圆，明确规范要求保证加工精度

1. 理论原理

“不以规矩，不能成方圆”出自《孟子》，通常强调做任何事情都要有一定的规矩、规则、做法，否则无法成功。其实“规矩”二字来自木匠术语，“规”指圆规，“矩”是一竖

一横做成的直角尺，有了这两样东西就可以完成木匠做工时成圆成方的各种需求。国有国法，家有家规，从国家到家庭，从组织到个人都要有规矩，都要有标准，以遵纪守法为荣，以违法乱纪为耻。

2. 思维启迪

制造的根本任务就是要为社会和人类提供生产生活所需的产品。要达到这一目标，就要建立一套满足产品设计、制造和使用的整套标准、规范和准则，才能保障制造业的健康可持续发展。

3. 融合应用

（1）标准意识　目前在制造领域已经建立了种类繁多的国际标准、国家标准、行业标准及企业标准，这些标准对规范产品设计、制造、服务和维护起到了不可取代的作用。我们必须树立标准意识，制定标准、使用标准、遵守标准，用标准规范我们的制造行为。在产品设计中依据相关标准进行零件材料的选择、加工精度和加工质量的确定、产品性能（如振动、噪声等）和规范参数的选定，这样才能保证产品达到合格要求并顺利进入市场。

（2）工程文件　在加工阶段，通过合理的工艺过程达到产品设计要求是产品制造的根本任务，达到图样规定的加工精度和表面质量是零件制造的基本要求。为达到基本要求，就必须制定可以指导生产的各类工艺文件。要完成这样的工作，设计图是制造的纲领性文件，是生产过程最重要的标准依据，生产过程任何人无权修改和变更，对不够合理和经济的设计结构和要求，工艺和制造工程师可以提出优化建议，经产品设计者认可并进行变更设计，形成新版本的设计图样，这些图样、文档和文件就构成了产品生产的完整工程技术文件。

（3）零件定位　我们都知道，一个刚体零件在空间有六个自由度（三个转动、三个移动）。如何使一个零件在机床上占据正确的位置，以满足加工精度的要求，就是首先要解决的问题，这实质上就是工件定位。工件定位的实质就是给某一方向施加约束限制其自由度。工程上通常通过点、线、面给零件施加约束，使工件某个方向或全部自由度被限制，以达到准确确定零件空间位置的目的。因此，建立约束的过程就是给零件“立规矩”的过程，要谨记“零件定位须确定，限制三转三移动；面三线二点一配，大小形面支撑钉”的定位要求。

（4）质量意识　质量是企业的生命线，产品性能参数、零件加工精度和质量参数是通过各种仪器设备和检测工具，按照一定的检测流程和规范，通过实际测量和检测获得的结果，是真实性的具体反映，因此任何组织或个人不得随意修改和调整。在工程实践中，为了小团体或某些个人的利益，对产品质量检测数据和结果进行更改、调整都是一种违法违纪行为，根据情节应当受到相应的行政处罚或承担相应的法律责任。这是一条红线，绝对不允许超越，而这也正是制造的真实美所在。

十六、随机应变，处乱不惊，统计方法助力复杂问题分析

1. 理论原理

陈继儒辑录的《小窗幽记》中记录的明人洪应明的对联“宠辱不惊，看庭前花开花落；去留无意，望天空云卷云舒”，告诉我们花开花落、云卷云舒是自然存在的，有必然规律，也有变化莫测的偶然，而做人做事也应符合自然规律。数理统计理论告诉我们，如果一个随机变量被许多独立随机因素影响，那么这个随机变量则呈现出正态分布或近似正态分布，用平均值μ和标准差σ描述。在自然界和社会活动中，许多独立随机变量都服从正态分布，

如某地人的身高等。

2. 思维启迪

实践表明，在调整好的机床上加工一批零件，引起加工误差的因素很多，在这些众多因素中，如果没有特别显著或突出的影响因素，而且机床、刀具、夹具和操作人员均在良好状态下进行零件加工，则一批工件的实际尺寸满足正态分布。当然也可以通过统计分析方法（特别是大数据方法）对制造过程的多种问题进行有效分析，以获得规律性的结果和结论。

3. 融合应用

（1）分布曲线法　在批量生产中，若引起系统性误差的因素不变，引起随机误差的多种因素等微作用大致在同一个数量级上，则加工所得到的工件尺寸服从正态分布。这时分布曲线呈“钟”形，中间高两边低，说明大部分尺寸靠近分布中心。曲线的形态用标准差 σ 表示，σ 越小，曲线越陡峭，尺寸越集中，即加工精度越高；反之则加工精度越低。

当工件尺寸 x 减去平均值 μ 等于 3σ 时，即 $x-\bar{\mu}=3\sigma$，落在这个区间的尺寸概率为 $F=49.865\%$，则落在 $\pm3\sigma$（即 6σ）范围内的概率为 $2F=99.73\%$。在这个区间以外的概率仅占 0.29%，是小概率事件，可以忽略不计。因此工程上把 6σ 称为分布范围。

6σ 是一个重要的工程概念，其大小代表了某种加工方法在规定条件（毛坯余量、切削量、机床、刀具和夹具都正常）下所能达到的加工精度，可以与某工序公差带宽度比较，以确定是否满足该工序的加工要求。

在分布曲线不完全呈对称“钟”形曲线时，可能有其他显著影响因素存在。比如：①如果出现双峰或多峰情况，可能是两次或者多次调整后加工的零件混在一起进行统计，说明有常值系统误差存在；②如果出现平顶曲线，可能是由于刀具或砂轮均匀快速的磨损所致，故有变值系统误差存在；③如果出现偏峰情况，可能是由热变形、刀具初期磨损等短时变值系统误差所致。因此，通过正态分布可以对加工误差进行系统全面的分析。

（2）时序点图法　分布曲线法是在加工一批零件后进行分析的方法，属于“马后炮”方式，它不考虑零件加工时间顺序，难以实现在线质量检测，这时可以考虑用点图法进行分析。点图法是在加工过程中按照零件加工时间顺序，对每个零件或每隔一段时间对零件尺寸进行检测，绘制成散点图。在这种情况下，机床的调整，或刀具磨损，或在加工过程中存在显著的系统误差，以及随机误差引起的尺寸分散等情况，都可以在点图上直观反映出来，因此点图法是在线质量监测和控制的有效方法。

（3）六西格玛管理　σ（西格玛）是希腊文字中的一个字母，在统计学上用于表示标准差，用于描述总体中的个体偏离平均值的程度。对于连续可计量的质量而言，σ 越大，说明数据的离散性越大。对同一质量特性而言，将 σ 控制在不同范围之内，就意味着失误和缺陷数量的多少，显示了企业的产品质量和竞争能力。当落在 6σ 范围内时，产品的合格率达到了 99.73%；而当落在 12σ 范围内时，产品的合格率达到了 99.9997%，而失误或缺陷率仅为 0.00034%。

20 世纪 90 年代开始，六西格玛从一种全面质量管理方法演变成一个高度有效的企业流程设计、改善和优化技术，并提供了一系列适应于设计、生产和服务新产品开发工具，逐步发展成以顾客为主体来确定企业战略目标和产品开发设计的标尺，以及追求持续改进的一种质量管理哲学。

综合而言，六西格玛管理就是以质量为主线，以顾客需求为中心，利用对事实和数据的分析改进，提升一个组织的业务流程能力，从而增强企业竞争力的一套灵活综合的管理方法体系，其目标是又精又准，并使过程趋于目标而减少波动，追求零缺陷，追求完美。

（4）新技术助力分析　制造过程是一个人、机、料、法、环有机集成的复杂工业系统，在这样一个系统中，确定性和结构化的问题一般都可以通过人的知识和经验及自动化技术得以解决，比如零件加工工艺中的加工方法选择、基准确定、夹具设计、切削用量选用等，加工过程中的精度检测、误差补偿、数控程序编制等，生产执行过程中的计划编制、调度排产、生产状态监控等。然而在制造过程中仍存在大量不确定性或非结构化问题，比如加工材料性能的微小变化、生产材料和新工艺设备的使用、环境状态的随机变化、能源的不稳定波动、外部振动的传入、人员岗位的变动、操作人员的情绪波动、加工和检测设备的随机故障等引发的产品质量问题，这些问题有些是人们事先可以预计到的，但没有很好的解决办法；而有些隐性因素是人们事先无法预知的，故难以控制和有效解决。好在随着技术的发展，物联网、大数据、人工智能等先进技术为我们认识制造系统的整体联系，控制和驾驭系统中的不确定性、非结构化、非固定模式问题提供了解决思路和手段。通过数据的采集、控制和积累，借助人工智能等手段，经过大量的统计分析，找到制造系统各环节之间的整体联系，来实现不确定性问题的有效解决。

十七、扬长避短，突出优势，发挥各种加工方法的综合优势

1. 理论原理

“夫尺有所短，寸有所长，物有所不足。智有所不明数有所不逮，神有所不通”出自《楚辞》，其意思是尺虽比寸长，也会有它的短处，寸虽比尺短，也有它的长处。任何事、任何人都各有所长，也各有所短，我们要善于取人之长，补己之短。

2. 思维启迪

任何事物都包含着既对立又统一的两个方面。在分析和解决问题时，要弄清事物的本来面目，坚持一分为二的矛盾分析方法，既要看到事物的优势和长处，又不回避其劣势和短处，做到扬长避短，突出优势。做人也是如此，多看别人的长处，提高和弥补自己的不足。

3. 融合应用

（1）依据零件结构合理选择加工方法　制造工艺是指将原材料转化成具有一定几何形状、材料性能和精度要求的可用零件的一切过程和方法的总称。在长期研究和工程实践中，人们已经发明创造出适应各种加工需求的制造方法，如铸、锻、焊、切削、磨削及各种特种加工方法。就切削、磨削加工而言，也有车、铣、刨、磨、钻、滚、插、拉、镗、珩等不同的方法。例如对轴类零件加工，车削是粗加工和半精加工的典型工艺，具有安装方便、工艺简单的特点，但是对淬硬表面的细长轴、丝杠表面，用车削加工相对困难，这时采用在车床上进行“旋风铣”工艺，就显示出明显优势。又比如，铣削和刨削都是平面加工的重要方法，在窄长条状表面加工时，铣削的效率就没有刨削有优势；而在大平面加工中，端面铣削的能力会得到充分发挥。再比如，工程上各类孔加工占加工总量的20%左右，对于浅孔加工，由于麻花钻的安装、移动快捷方便，所以麻花钻是首要选择；对深孔特别是超长深孔，由于断排屑困难，强制排屑成为主要矛盾，所以用枪钻、BTA钻、喷吸钻就有更多优点；而对精密孔系加工，镗削则显示出其优势性。因此在加工工艺方法的选择时要根据零件的结

构特征，结合加工方法的适应性，进行合理的匹配，才能发挥各类加工方法的优势，取得良好的综合效益。

（2）依据材料特性合理选择加工方法　材料特性是影响加工方法选择的重要因素，在机械制造领域，金属材料一般可分为以铸铁、钢及其合金为代表的黑色金属和以铜、铝及其合金为代表的有色金属两大类。切削加工可以适应各类金属材料的加工，但对于硬度很高的材料（如淬火钢、超硬铸铁等），可选择磨削方法加工；而有色金属由于其塑性好，在磨削和研磨类加工中，容易造成砂轮堵塞、工件划伤等问题，所以工程上一般不建议用磨削的方法加工有色金属，而是用金刚石刀具通过高速车削、铣削、镗削等进行有色金属精加工。

（3）依据表面要求合理选择加工方法　工程上存在大量对加工表面粗糙度、表面形貌、表面纹理有较高要求的表面，如精密机床导轨面、发动机缸套内表面等，这些表面既要承受载荷，又有着润滑减磨的要求。所以在精加工之后，对这些表面要安排人工刮研、研磨、珩磨、抛光等精加工，这类加工极少改变零件的最终尺寸，而仅以改善表面质量为最主要的目的。另外，对在工作中受力和受热较大的零件，特别是受交变载荷的零件，其表面不允许存在拉应力，可以采用冷挤压、滚压、喷丸等方法对表面进行加工，以消除拉应力、提高表面强度；对有特殊强度、硬度、防腐防锈要求的零件，在加工的不同阶段，可以采用调质、淬火、渗碳渗氮淬火，以及法兰、涂层、电镀等处理方法解决。

（4）依据加工要求合理选择刀具材料　机械加工所需要的工具是各类切削刀具和磨削工具，工具切削部分的材料性能决定着刀具的切削性能。常用的切削刀具材料有高速钢和硬质合金两大类。高速钢由于其良好的韧性、可加工性及热处理特性，在麻花钻、丝锥、滚刀等复杂刀具中占有重要的位置，但其硬度和耐热性比硬质合金差，所以难以适应硬脆材料及高速加工要求。硬质合金刀具也有各式各样的牌号和性能指标，比如钨钴类硬质合金，比较适用于铸铁等脆性材料的粗加工，而钨钛钴类硬质合金就比较适用于钢材的高速精加工。当然随着技术发展，新的刀具材料及涂层技术不断出现，我们也有了更多的选择。只有发挥刀具和材料的匹配性能优势，才能取得更好的效果。例如人造金刚石刀具是当今硬度最高的刀具，非常适用于有色金属的精加工；但受高温影响会碳化，影响切削性能，故并不适用于黑色金属加工。常用的磨削工具主要材料是磨料，一般有氧化物、碳化物和高硬磨料，要根据加工零件特性合理选择。

十八、坚定理想，认清现实，知道差异才能发展

1. 理论原理

哲学原理讲到，理想源于现实又高于现实，但又可以通过自己的艰苦奋斗转化为现实。理想距现实是那么近，是因为理想是现实的缩影，但又是那么遥不可及，因为理想终究是理想。没有艰苦奋斗，理想就永远是理想，进而形成幻想，甚至是妄想。

2. 思维启迪

理想之所以称为理想，正因为其难以实现。试想如果人的欲望和想法总是轻易地被满足，就会失去目标和兴趣，原本期待的东西轻易得到后就不再珍惜，而不珍惜就不会有满足感。要树立远大的理想，就要承认理想与现实之间是有差别的。只有努力奋斗，才能到达理想的彼岸。理想与现实之间总有落差，奋斗才是硬道理。工程上也是如此，我们要追求高质量、高效益的目标，就要不断研究和开发新技术、新工艺，以不断提高加工精度和质量，否

则制造技术就会停滞不前。

3. 融合应用

（1）加工精度和加工误差问题　加工精度是指加工后零件的实际几何参数（尺寸、形状和位置）与理想零件几何参数的符合程度，符合程度越高则精度越高。所谓理想几何参数就是按照数学规定的绝对准确，没有误差和偏离的几何参数，圆就是绝对的圆，尺寸是10就是准确的10，不带任何误差。从制造技术和机器装备的使用性能来看，理想几何参数既没有必要，在实际加工中也做不到，总会有一定的偏差。为此工程上引入精度的概念，就是根据实际使用需求和实际加工所能达到的要求制定出相应的精度标准，并划分成不同精度等级。规定不同精度等级应达到的公差范围，便于在工程中实施，这就是规定了实际生产加工中不同精度零件应达到的目标，也是追求的理想。

加工误差是指加工后的实际几何参数与理想几何参数的差值。由于加工系统各种原始误差的影响，加工后的零件形状、位置和尺寸不可能与理想参数完全一致，一定会有偏差，而这个偏差值就是加工误差。加工误差的大小反映了实际加工精度的高低，加工误差越小，加工精度就越高。可见加工精度和加工误差是对同一问题的两种不同描述。加工精度是目标，是期望；加工误差是结果，是实效。它们都是与理想几何参数进行比较而获得的，加工精度是事先规定给出的，加工误差则是事后检验得到的。

（2）基准问题　所谓基准就是产品或零件上用于确定其点、线、面位置的那些点、线、面。按其作用和应用场合的不同，基准又可分为设计基准和工艺基准两大类。按照基准的概念，基准就是点、线、面，那么几何上的点、线、面是理想的点、线、面，没有尺寸，没有大小。大家都知道三点确定一个平面，两点确定一条直线，但在工程实际中，若要确定零件的正确位置，则要通过定位元件消除零件在空间自由度的方式来实现。而定位元件都是由一定尺寸和面积的表面来代替理想的点、线、面，那么有尺寸和面积，就会有误差，同时对零件定位表面的精度就会有一定的要求，比如尺寸分布足够大，表面平整光滑等，将加工过的表面作为精基准就是这个道理。

（3）原理误差问题　原理误差是指采用了近似运动或近似刀具轮廓而产生的加工误差。在工程上，许多运动和刀具轮廓计算（如内链挂轮传动、成形刀具等）时经常会用到无理数π，或者计算结果为无理数时，通常会采用近似的办法解决。如果按精确计算制造刀具或传动系统，会导致成本大大提高，或者会引入其他累积误差，反而会造成更大的加工误差。这时采用近似的办法就是最好的选择，这个误差就是原理误差，因此要用尽可能好的近似方法来减少原理误差。

（4）数控加工中的插补处理　数学中的极限问题就是无限逼近的重要理论基础。数控机床由电动机驱动丝杠沿不同的坐标方向移动，带动刀具与工件相对运动完成加工任务。实际上各个方向的运动只是简单的直线运动，而零件是由各种平面或曲面构成的，要完成复杂零件加工，就必须使机床的各个运动协调联动，形成全方位、全空间的任意运动轨迹。这就要用到插补技术，通过不同方向微小直线运动组合联动，近似和逼近各种复杂曲线运动，实现零件加工。虽然插补运动也会有加工误差，但只要将误差控制在允许范围内即可。因此我们要用工程思维和工程方法解决工程中的实际问题，可以说能简单、经济、快速、绿色地达到制造目标的方法就是好方法。

十九、精益求精，追求卓越，充分发挥工程人员的主观能动性

1. 理论原理

客观规律和主观能动性是辩证统一的关系。一方面，人们认识、利用规律，按规律办事，必须以发挥主观能动性为前提，因为规律是隐藏在现象之中的有关本质的东西。不同的运动形式，有不同的规律，只有发挥主观能动性，才能真正把握规律。另一方面，人们按规律办事，需要有一定的物质条件，或者创造条件、改变条件，这都需要人们发挥主观能动性。

发挥主观能动性，必须以掌握客观规律为基础，因为人们的主观能动性是以客观规律和客观物质条件为前提的，可以说主观能动性发挥的程度、大小，归根到底，取决于人们对客观规律的把握程度。当然主观能动性的发挥，必须通过实践来实现，也依赖于一定的物质条件和物质手段，还要受世界观、人生观和价值观等主观因素的制约。因此，人们必须首先树立正确的价值观。

2. 思维启迪

在社会实践和制造活动中，我们必须把尊重客观规律和发挥主观能动性结合起来。机械制造的根本任务是采用合理、经济的方法制造出合格的产品，机械加工就是通过各种切削、磨削或特种加工方法，生产出功能和性能满足要求的零件，装配成合格的产品。实际上，机械加工过程遵循着遗传规律，由于加工过程存在着各种影响加工精度和质量的因素，如果没有非常规措施使加工过程产生突变，那么一般加工方法制造不出高于设备自身精度的零件。产品性能和精度要提高，就是一个非常困难的工程问题，在这种情况下，只有开动脑筋、发挥工程技术人员的主观能动性，以精益求精、追求卓越的工匠精神，开拓新思路、创造新方法，以“蚂蚁啃骨头”的勇气，才能制造出超高精度的产品，推动产品性能和质量不断提高。

3. 融合应用

（1）刮研工艺　人工刮研是高端精密机床和装备、精密测量基础平台及精密测量工具必需的加工工艺，其目的是降低表面粗糙度，提高接触精度和几何精度，从而提高整机配合精度、刚度、润滑性能及使用寿命。虽然现在的磨削加工精度已经很高，但仍难以达到精密配合表面的最佳效果。对此，工程上常用刮研工艺解决。刮研工艺是采用刮刀、基准表面、测量工具和显示剂（如丹红粉），以手工操作方式，边刮、边研、边测量，使工件表面达到规定的尺寸、几何形状、表面粗糙度和密合性的一项精密加工工艺。该工艺加工余量小，可以达到非常高的精度，是提高产品制造精度的最有效的途径之一。

例如，高铁转向架上的定住臂是困扰转向架制造的极端难题。在高铁时速超过 200km 的情况下，定住臂接触面承受高达 20~30t 的冲击力。按照工艺要求，必须确保定位臂和轮对节点有 75%以上的接触面，间隙小于 0. 05mm；否则可能影响行车安全。手工研磨是确保接触间隙精确性的唯一可行方法，机械加工后给工人研磨留有少许余量，磨少了，达不到要求；磨多了，几十万元的构件就可能报废。例如，中车四方股份公司高级技师宁允展，经过潜心琢磨，发明了“风动砂轮纯手工研磨操作法”，研磨效率提高一倍，接触面贴合度由原来的 75%提高到 90%以上。宁允展以其扎实的基本功，成功解决了这一难题，有效保障了高铁转向架高质、高效制造。又如，北京第一机床厂刘海旺以其精湛的装配技艺解决了具有

“上帝手指”美称的高精密“双摆角铣头”装配的世界难题。

（2）研磨工艺　三块平板合研也是重要的精密制造方法，三块相同规格的平板，加入一定程度的研磨剂，两两互研，使平板上高点被磨除，通过互研，高点逐渐减少，平面度逐渐提高，从而达到所需的平面度要求。将该方法延伸，可以用同样的办法研磨相同尺寸的球体及精密零件。例如：①某企业用三块板研磨三个 ϕ90mm 的球，达到了尺寸误差和球度误差均不大于 3μm 的效果，解决了高级微动旋转平台的支承难题；②块规是测量设备的基准测量和校正工具，精度和稳定性都有极高的要求，纳米高精度块规目前还没有任何机械加工方法能够达到要求，我国成都新成量工具公司，靠工人师傅手工研磨完成，为世界各国精密计量单位提供纳米块规，展现了中国工人精益求精、追求卓越的精湛技术和工匠精神。

（3）钻头创新——群钻　群钻是指将标准麻花钻的切削部分修磨成特殊形状的钻头，是由中国人倪志福于 1953 年创造的，原名“倪志福钻头”，后经本人倡议改名为“群钻”，寓群众参与改进完善之意。标准麻花钻切削部分由两条主切削刃和一条横刃组成，最主要的缺点是横刃和钻心处的负前角过大，不利于切削。倪志福等人进行了大胆的尝试，把标准麻花钻的切削部分磨出两条对称的月牙槽，形成圆弧刃，并在横刃和钻心处经修磨形成两条内直刃，从而形成“三尖七刃锐当先，月牙弧槽分两边；外侧直刃再开槽，横刃磨低窄又尖”的钻头结构，使切削力、切削扭矩和切削热大大降低，而切削效率和刀具寿命显著提高。

（4）重点工程攻关　我国工业技术基本是在一穷二白的基础上发展起来的，这一艰难的发展过程始终凝聚着广大科技工作者和工程技术人员的辛勤劳动和不断创新，而这无一不是他们充分发挥主观能动性的真实体现。从“两弹一星”“嫦娥奔月”到空间站的建设，从海底探测、海上油气开发到航母下水，从基础设施建设、大型桥涵到高铁驰骋，从精密加工、特种加工到微纳加工，从自动化、数字化到智能化，各个领域各个方面都有突飞猛进的发展，为我国从制造大国向制造强国稳步迈进奠定了坚实的基础。

二十、刚柔并济，协调统一，促进制造技术和谐可持续发展

1. 理论原理

《易经》中有云，“刚柔交错，天文也；文明以止，人文也。观乎天文以察时变，观乎人文以化成天下。”天文之道为阴阳，地文之道为刚柔，刚柔交错，而生变化，变化而生生不息，这是讲天地万物变化的自然规律。那么人类所创造的一切文化成果和从事的实践活动，都属于“人文”范畴，文明的标志就是要有节制。

2. 思维启迪

自然界的万事万物都是以阴阳交替规律变化的，冬去春来，此消彼长，有序发展，大柔则靡，大刚则折。在当今世界，资源浪费、环境污染、气候变化等问题越发严重，文明以止的观念尤显其价值和意义。这就要求我们在改造自然的同时，要善待自然，尊重自然规律，要有节制，而不是无限度地开发和扩张，这样才能促进社会的和谐可持续发展。

3. 融合应用

（1）刚柔互补　在机械制造领域，体现刚柔互补这一哲学思想的案例随处可见，例如：①淬火是金属材料热处理的主要工序之一，它可以使材料的硬度提高，但脆性也相应变大，为了使齿轮花键等承载零件具有良好的综合性能，而接触表面又有很高的硬度，工程上经常采用淬火加高温回火的调质工艺，再配合表面淬火来实现；②新刃磨的刀具切削刃非常锋

利，加工中容易崩刃，因此对磨削后的刀具进行刃部研磨、喷丸等钝化工艺处理，可以有效防止崩刃，提高刀具寿命；③机械产品通过电动机或其他方式驱动，通过齿轮、蜗轮蜗杆、丝杠螺母等传动机构，完成运动和动力传递，实现各种机械动作和运动功能。因此存在着大量运动结合面，工程上采用各种方式对运动部件进行润滑，在结合面上形成油膜，避免金属表面直接接触造成的划擦、黏结和磨损，达到以柔润刚的目的；④振动是加工过程中普遍存在的问题，振动的形式多种多样，振动来源无处不在，在工程上对系统刚度进行合理设计，加强系统薄弱环节（包括零件、部件和系统）刚度，以提高机械系统总刚度，从而提高系统的共振频率，降低振动响应，达到抗振的目的，而另一方面，就是增加结构阻尼，采用阻尼器、消声器等达到减振和消噪的目的。所谓阻尼是指消耗振动的能力，也就是将振动及声振的能量转化成热能或其他可以耗损的能量，从而达到减振和消噪的目的。阻尼值较高的结构和材料有弹簧、橡胶垫、充气垫、多孔材料、阻尼涂层等。精密机床和测量设备的地基就是由砂石、软垫、弹簧等构成，以达到隔振和减振的目的。

（2）振型耦合　切削加工过程中，切削本身某种原因（如切削宽度变化，切削厚度变化、材质不均匀等）使切削力产生周期性变化，并由这个周期性变化的动态力反过来对系统做功（输入能量）以补充系统由阻尼作用所耗散的能量，以加强和维持这种振动，就称为自激振动。切削加工过程中的自激振动一般称为切削颤振。切削颤振可以简化成两自由度振动系统，以镗削为例，刀具装夹在镗杆端部，镗杆截面可以是正方形、矩形或圆形，不同的截面形式使 X、Y 两个方向的刀杆刚度也不同。研究表明，采用矩形刀杆情况下，由于强刚度轴和弱刚度轴的耦合作用，刀尖的振动轨迹为椭圆形（李沙育曲线），造成切入切出时的瞬时切削厚度发生变化，这样就可以通过切入、切出时切削力做功情况（刀具系统消耗能量多还是从切削功率中获得能量多）判断振动是否可以持续。以此原理为基础，俄罗斯专家设计出一种削扁镗杆（削扁部分厚度是直径的60%~80%），通过可以旋转的端部刀头，调整刀具轴线与弱刚度轴之间的夹具，就可以使振动维持或对振动进行抑制，从而很好地解决镗孔振动难题，当然也可以通过调整使振动维持，形成一种振动加工方法。这都是典型的刚柔并济的加工案例。

（3）故障诊断　以机床为代表的高精度工作母机，是由加工合格的零部件装配而成的，主要包括基础部件、支承部件、运动部件、传动系统、动力系统及相关辅助系统。零部件各司其职，精密配合，分工协作，共同完成系统工作任务。正常的机床应该运动平稳、动作协调、位置精确、工作可靠，是一种和谐的工作状态，当出现连接松动、零部件磨损或损坏、过载等故障时，则会产生异常振动和噪声等不良表现，说明和谐的工作状态被破坏。实际上，加工过程通过振动、噪声等进行系统状态检测和故障诊断就是依据这个原理，不和谐则有故障。

（4）绿色制造　机械加工在根本上是切除多余金属层获得合格零件的过程，所以输入的是毛坯，输出的是合格零件及切屑等废料。毛坯余量越大，则材料浪费多、能源消耗大、刀具损耗也大，加之大量使用切削液也会造成环境污染。习近平总书记指出“绿水青山就是金山银山”，制造过程是环境污染的重要源头之一，当然不能置之度外。在当今社会，如何走绿色制造之路，开发出环境友好的绿色制造工艺是制造领域重要的研究课题。一方面，可以采用近净成形工艺提高毛坯制造精度，减少切削量，降低材料及能源消耗；另一方面，可以提高刀具性能，采用干式切削或微量冷却润滑加工方式等高效加工工艺，减少切削液的使用，实现制造过程绿色化。

(5) 软性加工　机械加工的基本原理是用硬质的工具（如淬硬高速钢、硬质合金、陶瓷、立方氮化硼、金刚石刀具和各种砂轮等）加工相对软质的工件材料，常规的切削加工和磨削加工都是这个道理。但对于一些特殊结构，如冲模腔体、窄缝切割、复杂曲面磨削、大型回转类零件磨削等加工问题，刚性刀具和砂轮就难以适用。为此，工程技术人员把金刚石、碳化硅、氧化锆等硬质微颗粒采用涂覆、焊接、黏结等方法固定在相对柔软的金属丝线、强化纸或布料上，形成了线锯切割、砂带磨削等加工技术。硬质颗粒承担切削或磨削职能，而柔性砂线、砂带及压轮则可以很好地调节磨粒与工件加工表面的贴合状态，从而满足刚柔并济、自适应调节的复杂特征表面的加工需求。另外高压水切割、柔轮抛光等技术也都是这一原理的典型应用。

(6) 柔性制造技术　柔性制造系统（FMS）是以网络为基础，面向车间的开放式集成制造系统，具有 CAD、CAPP、CAM、分布式数控加工、刀具量具管理、生产计划与调度、数据采集和质量管理等功能。其一般由四部分构成：①独立工作的数控机床、清洗设备和检测设备；②立体仓库（包括工件、夹具、刀具等），以及工件和刀具的传输系统（包括堆垛机、小车、机器人、对刀仪、托盘和转运站等）；③网络和计算机软硬件系统；④切屑清理及切削液处理等辅助系统。

柔性制造系统以网络为基础，实现了制造过程各种信息的互联和共享，以计算机为中心实现了制造过程的数字化和可视化，以数控机床等设备为载体，实现了制造过程可编程、可调整，使得系统适应加工对象尺寸、重量、精度和批量变化的能力大大提高，克服了刚性生产线加工对象单一、设备调整困难、难以适应产品快速升级和用户个性化要求的问题。随着物联网、大数据、人工智能技术的发展，制造过程中许多难以模式化和不确定性问题也会逐渐得到妥善解决，可以预期，以柔性制造系统为基础的智能制造将是制造技术发展的重要方向和必由之路。

二十一、珍惜时间，多措并举，不断提高制造过程生产效率

1. 理论原理

时间是用于描述物质运动或事件发生过程的一个物理参数，是物质运动和变化的持续性和顺序性的表现，它包含时刻和时段两个概念。中外贤哲常说“时间是最不值钱的东西，也是最宝贵的东西，因为有了时间，我们就有了一切”，以及“合理安排时间，就等于节约时间”。我国也有“尺璧非宝，寸阴是竞”和“一寸光阴一寸金，寸金难买寸光阴”的古训，这些都强调了时间的重要性。科技发展、人的日常生活和生产更是离不开时间。

2. 思维启迪

在生产和管理过程中，标准时间能带来极大的便利，它化繁为简，把不同的工作对象、不同作业人员、不同的工作条件统一起来，以时间这样一个相同的单位来表征，使得生产计划、设备管理、成本预算、绩效考核乃至加工过程监测与控制、生产节拍调节更加精准可靠。珍惜时间、把握机遇、不断积累是社会发展及个人成长成才不可缺少的品质。

3. 融合应用

(1) 生产效率问题　如果说金钱是商品的价值尺寸的话，那么时间就是效率的价值尺度。所谓效率是指工作产出与投入之比，通俗地讲就是进行某项任务时，取得的成绩与所用

时间、精力、金钱的比值。在机械领域，效率是有用功率与驱动功率的比值，可以引申出许多含义，比如机械效率、热效率、加工效率、管理效率和生产效率等。

在机械制造领域，我们追求的目标是，必须在保证和提高产品质量的前提下，不断提高劳动生产率和降低产品生产成本。劳动生产率是衡量生产效率的一个综合性指标，它表示一个人在单位时间内为社会创造财富的价值。在实际生产过程中，可以通过产品设计、技术革新、改善管理等方法，有效提高劳动生产率。

1）在产品设计方面：可以通过减少零件数量、改进零件结构工艺性的办法，减轻零件加工、装配和维修工作量，提高生产效率，降低生产成本。例如三星公司在洗衣机设计中，倡导“减少一个螺钉”的设计，少一个螺钉，模具上少一个冲孔工步，装配时少拧一个螺钉节约时间，经过优化，可以减少两个螺钉。还可以采用标准化、通用化、模块化、系列化的设计方法，减少零件设计工作量，提高零件重复使用率，还可以通过扩大零件生产批量的方法提高生产效率降低成本。例如，当前许多机床都采用标准的滚动丝杠、滚动导轨和主轴使机床的设计和制造效率大大提高。

2）在技术改新方面：采用新工艺、新技术使生产效率提高。例如用线切割、电火花进行模具加工，可以使其他方法很难完成的复杂特征变得容易，并且大大减少钳工工作量；以粗磨代替铣削和刨削平面，不仅可以切削大部分余量，加工精度更高，汽车连杆两端面加工就是在多工位端面磨床上采用以磨代铣加工的典型应用。在毛坯制造领域，用精密铸造和锻造、冷挤压及各种近净成形工艺，使毛坯非常接近零件形状，从而节约材料，减少切削余量，可显著提高加工效率。

3）在改善管理方面：采用流水线、可变流水线、成组加工流水线及柔性制造等先进生产组织方式，合理制订生产计划，提高生产调度的准确性和实时性，进行充分的生产准备和物料供应等措施提高劳动生产率。

（2）提高效率的工艺途径　通过合理的工艺措施提高生产效率是制造过程的基本任务之一，时间定额不仅是衡量劳动生产率高低的依据，也是企业安排生产计划、核算生产成本的重要依据。通常把完成零件一个工序所必需的时间称为时间定额，也称为单件工时。其包括基本加工时间，安装、调整、测量等辅助时间，在加工过程中调整和刃磨刀具、修正砂轮、润滑和擦拭机床、清理切屑等耗费的工地服务时间，休息和自然需要时间，以及成批生产中为了准备工艺、借还刀夹量具、调整机床等消耗的准备—终结时间等。要想提高每道工序的加工效率，就是要有效缩短每道工序的各类时间消耗。

切削速度 v_c、背吃刀量 a_p 和进给量 f 的乘积为材料去除率，因此可以通过提高切削用量，缩短加工行程，优化加工路径，多刀同时加工，改变加工方法，实时在线检测，以及使用高性能刀具、快换刀具及自动换刀装置等方式提高生产率。例如大批大量生产中经常采用组合机床多刀同时加工，可大大减少加工时间；数控加工中，用对刀仪、自动换刀系统缩短辅助时间。近年来快速发展的高速切削技术，通过高性能刀具和极高的切削速度，不仅使切削效率显著提高，而且可以有效改善零件加工质量，是极有发展前景的优质高效加工技术。

（3）生产计划问题　计划就是根据组织内、外部的实际情况，权衡客观需要的主观可能性，通过科学预测，提出在一定的未来时期内组织所要达到的目标及实现目标的方法。具体来说，计划就是预先决定要做什么、为何要做、如何去做、何时何地由谁去做的具体工作方案，它是连接可能与实现、今天与明天、现实与未来的桥梁。而把按照计划标准来衡量所取得的成果并纠正所发生的偏差，以确保计划目标实现的过程称为生产控制。古人说的“运筹帷幄”是对计划概念和功能的最早概括。

（4）生产调度问题　生产调度也称为作业计划，通常把确定工件在机床上的加工顺序，并给出每台设备加工不同工件的开始时间和结束时间的工作称为作业计划或生产调度。其实给出一个加工顺序并不十分困难，问题的难点在于不同的作业排序的结果差异很大，这是因为在安排作业任务时，零件的每道工序在哪个机床上加工是在工艺编制时事先确定的，同时一个零件加工过程中的各工序有先后顺序的约束，前道工序没有加工完成，后道工序则不能安排；另外还有一个零件不能同时在两台机床上加工，一台机床又不能同时加工两个以上零件的约束；当然还有设备维修或损坏，有特别急件的紧急插入等问题，使得调度问题成为一个多目标多约束优化难题。广大学者为此开展了大量研究，提出了基于规划模型的调度方法、启发式调度方法，也研发出基于神经网络、遗传算法等的智能调度方法，还有实时调度、动态调度等策略，凡此种种，其目的都是要解决生产调度和作业计划的准确性、实时性问题，从而提高生产效率。

二十二、集中统一，分散处置，以辩证思想理解问题

1. 理论原理

民主与集中是事物发展过程始终存在的一对矛盾统一体，民主和集中是辩证统一的关系，二者既相互矛盾、相互制约，又相互依存、相辅相成，缺一不可。民主是集中的基础，集中是民主的必然要求和归宿。

2. 思维启迪

所谓民主就是分散处置。在工程领域也大量存在着分散与集中的辩证统一关系，从管理模式、生产组织、设备控制等方面都可以看到这一原理分析和思考问题的案例。

3. 融合应用

（1）工序集中与分散　在编制工艺规程过程中，经常会遇到如何划分工序的问题。一种情况是把许多加工内容安排到一个工序中去完成，这就是工序集中原则。这种安排方式下，设备数量少、工序数目少、夹具和装夹次数少，因此减少了操作人员、占地面积、运输时间和生产周期，也有利于保证各表面的相互位置精度，但会使设备变得复杂，调整和维修困难增大。另一种情况是把加工内容做更细的分解，安排更多的工序去完成这种方式，称为工序分散，其优缺点和工序集中正好相反。

从目前的生产组织和发展趋势看，多采用工序集中的方式组织生产，这是因为单件小批量生产中，采用工序集中，便于组织管理，减少中间环节；大批大量生产中，组合机床、专用机床等设备特点决定了工序集中；现代生产中，由于数控机床加工中心的综合加工能力，加之自动换刀等设备的应用，工序能够很好地集中。但在特殊或紧急情况下，为了减轻每道工序的加工负担，缩短加工时间，采用多人力、多设备同时加工的工序分散组织方式。

（2）统一基准问题　在零件制造过程中，把采用一定的方法，确定工件在机床或夹具中

占有正确位置的过程称为定位。定位的目的是保证加工表面有适当的余量，加工表面与已加工表面和不加工表面之间的尺寸和位置符合该工序的要求。实现定位的方法是要求工件上选定的定位表面与夹具的定位元件之间紧密接触，消除工件在空间的自由度，使其位置得到确定。

这里就有一个如何选择基准的问题，在长期的工程实践中，工程技术人员总结出基准重合、基准统一、互为基准和自为基准的精基准选择原则。其中自为基准就是以加工表面自身作为基准，主要为提升形状精度和表面质量，一般在最终工序或设备维修中使用。互为基准是相对位置和尺寸要求比较高的两个表面，互相作为基准进行加工，以保证其精度要求。基准重合是指设计基准和工艺基准重合，这样不会产生因基准不重合而带来的误差，这是最重要的一条原则。但一个零件由若干个表面组成，要达到基准重合的要求，并且在加工过程中，减少基准转换，减少夹具数量，就要求尽可能采用统一的基准加工多个表面，使各表面之间的位置和尺寸都能得到保证，这就是基准统一原则。好在机械加工零件中回转类和箱体类零件占了很大比例，它们的组成表面多，而且精度往往要求很高，对回转类特别是轴类零件，以两端中心孔作为统一基准；而箱体类零件，多采用一面两销作为统一基准。

实际上在基准选择中依然存在着分散的要求。通过限制自由度确定零件的位置的过程，就是把零件上的表面简化成点、线、面来与夹具上的支撑钉或支撑板相接触实现的，两个点确定一条直线，可以限制两个自由度，三个点确定一个平面，则可以限制三个自由度。为了提高支撑稳定性，减少定位误差，要求支撑点尽可能分散，因此选择面积比较大的表面作为主定位面，窄长表面作为导向定位表面，而一个点的支撑作为止推或防转定位面。因此，统一中蕴含着分散，分散是为了更好地统一。

（3）集成制造系统　企业生产中，从市场分析、产品设计、加工制造、经营管理到售后服务的全部活动是一个不可分割的整体，要紧密联系、统一考虑。也就是说把各分散的功能活动进行集中统一的筹划和布局，做到相互衔接、密切协作配合。另一方面，整个生产过程实质上是一个对数据采集、传输和加工处理的过程，最终形成的产品可以看成是数据的物质表现形式，因此，产品设计图样、工艺文件、生产计划和调度指令等信息和数据都是生产过程各环节的决策依据和执行命令。

随着计算机网络和数据库、互联网、大数据等技术的不断发展，分散的功能和数据的集中分析与处理成为可能，相应地出现了计算机集成制造、网络制造、智能制造等制造新模式。它们共同的特点是通过先进的数据采集和传输，对企业的产品信息、生产信息、管理信息、决策信息及生产中的各种状态信息做到快速收集、融合、判断和决策，以提高系统的响应速度和生产效率，及时处理生产过程中的各种应急和随机事件，维持生产过程的系统性、连续性和平稳性。

（4）生产组织方式　企业管理模式多种多样，因企业的产品性质、生产类型、企业规模的不同而不同。但一般而言，当企业规模比较小，生产产品比较单一时，基本都是采用递阶式集中管理方式，高层决策、底层执行。这种方式便于统一意志，集中优势解决关键问题；缺点是整个系统响应速度比较慢，底层管理者积极性、主动性难以发挥。随着公司规模扩大，集中式管理难以适应，企业的组织结构逐渐向扁平式方向发展。分公司、事业部、跨国公司等大多采用这种模式，其特点是总公司制定中长期发展战略和企业发展目标，给基层充分放权、独立决策、独立经营、独立考核，共同完成企业目标，充分体现了集中统一、分散处置的思想。

二十三、过犹不及，物极必反，恰到好处是制造的真谛

1. 理论原理

《道德经》中有“持而盈之，不如其已；揣而锐之，不可长保”之说，意思是说执持盈满，不如适时停止，显露锋芒，锐势难以保持长久。《论语》中也有“过犹不及”之说，是指事情做过分了，就像做得不够一样，都是不好的。这都是充满哲理的中华传统文化中的精髓。

2. 思维启迪

我们经常说“过犹不及、矫枉过正、物极必反”“满招损、谦受益”。其实就是说做人、做事做过了不好，就像一杯水，灌满了就会溢出；做不到位也不好，无法达到预期目标。因此把握分寸、恰到好处是做人做事的本分和原则。

3. 融合应用

（1）零件定位问题　零件加工时，要使各表面的形状、位置和尺寸精度达到设计要求，就必须以一定的方式对零件定位。定位就是限制零件在空间的自由度。任何一个刚体零件在空间有六个自由度，如果这六个自由度全部被限制，则零件处于唯一确定的位置，称为完全定位。如果限制的自由度不足六个，但能完全满足零件加工要求，则称为不完全定位，如在平面磨床上磨一个平面，只要求保证上下表面的平行度和尺寸精度，这时用下平面定位，限制三个自由度即可达到要求。因此，完全定位和不完全定位都是定位的正常情况。还有另一种情况是不正常定位，当零件精度要求的某一个自由度没有被限制的称为欠定位，出现欠定位情况时，零件某些精度一定不能达到要求，因此欠定位绝对不允许出现。如果零件某个自由度被重复限制，则称为过定位，例如齿轮加工时，用长心轴和底平面同时定位，就会产生过定位。如果中心孔和端面垂直度很好，则对零件没有太大影响；当垂直度较差时，在夹紧力的作用下，就会引起心轴或齿坯变形，所以说过定位可能导致零件变形，应尽量避免过定位。过定位和欠定位是通过是否满足零件加工精度要求判断的，而不是用限制自由度的数量来判断的，有时也有过定位和欠定位同时存在的情况，例如在上述齿轮端面上还要加工两个90°分布的孔，旋转自由度没有限制就是这种情况。分析定位问题时还应注意两个问题：①位置确定与否和夹紧没有直接关系；②虽然表面上看似自由度被限制，但由于支撑点的位置选择不合理，造成定位不可靠或不稳定，在夹紧或切削力等影响下，定位会被破坏，达不到定位的目的。

（2）零件校直问题　长轴类零件在加工和处理过程中一般会产生弯曲变形，在这种情况下，人们总会想到用校直的方法解决。所谓校直就是矫枉过正的办法，两端支撑，沿高点向下压，如果压下位移小，材料仍在弹性变形区，外力移除后，零件变回原形；如果压下位移足够大，达到塑性变形域，外力去除以后，弹性变形部分恢复，而塑性变形部分恢复不了而保持下来，达到校直的目的。但要特别注意冷校直后零件虽然减少了弯曲，但又会产生新的内应力使零件处于不稳定平衡状态，再一次加工、处理或随时间推移，零件又会产生新的弯曲变形。因此对精度要求高的零件一般不允许采用冷校直的方法解决。工程上大多采用加大毛坯直径，在不同加工工序后采用热处理或振动等方法消除内应力，逐步消除弯曲变形的

方式处理，或者用多辊轧制的热校直方法解决。

（3）公差配合问题 工程上的配合是指基本尺寸相同的相互结合的孔和轴公差带之间的关系，允许间隙或过盈的变动量称为配合公差。其值为轴和孔的公差之和，决定了结合的松紧程度。一般分为过盈配合、间隙配合和过渡配合三种形式。孔的尺寸减去相配合的轴的尺寸所得的代数差为正时称为间隙配合，为负时称为过盈配合，有时为正有时为负时称为过渡配合；间隙配合主要用于孔、轴间活动连接，如滑动轴承与轴的配合；过盈配合主要用于孔、轴间不允许有相对运动的紧固连接中，一般采用压装或热胀冷缩的方法进行装配；过渡配合主要用于有较好的对中性和同轴度且易于拆装的定位连接，如滚动轴承与轴和孔的连接。实际工程中间隙过大会造成运动精度不高，冲击振动和噪声大；而过盈量过大，则会造成零件变形和装配困难。

（4）工程问题实例 制造工程中，还存在着大量过犹不及、物极必反的案例。掌握此原理，对我们思考和解决问题大有益处。例如：①工件和刀具淬火太硬，就会变脆，容易折断，而刀具刃磨过于锋利容易崩刃；②构件的尺寸、壁厚大则强度和刚性相对较好，但会造成结构笨重、浪费材料，而尺寸和壁厚过小，则强度和刚度不足，会影响构件的承载等力学性能；③螺栓拧不紧，连接不牢固，使用时会松动，造成振动甚至螺栓断裂，而如果拧得过紧，超过螺栓的屈服极限，反而使螺栓失效，失去连接功能；④加工过程中增大切削用量，会提高切削效率，但过大的切削用量可能导致切削力、切削热过大，引发振动、刀具剧烈磨损，甚至刀具折断；⑤速度过低材料变形困难，反而不利于切削，同时低速时，由于传动系统的间隙、摩擦、变形等因素会产生爬行现象，造成切削过程不平稳；⑥切削深度过小时，由于工艺系统弹性变形加之刀尖圆弧半径等影响，刀具无法切入工件，反而影响了表面质量。因此合理地选择和匹配切削用量，是工艺设计的重要任务之一。

二十四、有心栽花花不开，无心插柳柳成荫，在偶然之中找必然

1. 理论原理

现实世界中的任何事物、任何现象、任何过程都是偶然性和必然性的辩证统一，必然是由事物的本质决定的，在变化中具有确定性联系，偶然则是事物发展过程中所表现出的不确定性联系。“有心栽花花不开，无心插柳柳成荫”出自古训《增广贤文》，比喻想做一件事情，费了很大精力，但结果并不令人满意，而不经意做的一件事情，反而得到意想不到的结果。从马克思主义哲学的角度去理解，就是客观事物的发展变化规律是不以人的意志为转移的，人可以发挥主观能动性，这个规律可以被人把握利用，但不以人的意志而使客观规律改变。

2. 思维启迪

用道家思想来说，有心栽花的时候动了心机，过于在意，可能违背了某些自然规律；而插柳的时候采取了无心而为的态度，无意中符合了“道”，也就是说遵从了自然规律。这就告诫我们做人做事不能刻意而为，应尊重自然规律，在偶然中发现必然规律，只有正确理解事物的必然性和偶然性及其辩证关系，才能在实际工作中分清偶然和必然，进而发现事物的必然结果。

3. 融合应用

（1）路径优化问题 某设计院为一个单位设计了多栋办公楼，并规划了各楼之间的连

接道路。讨论方案时，使用单位认为道路连接方式很不科学，希望进行修改以设计出通行时间最少的人行通道方案，设计师提出的方案一一被否决，大家一筹莫展。突然一个设计师提出，现正值春季，种上草，让大家走，人们常走的路线肯定是最便捷的路线，最终事实也证明这是最满意的路线。这一实例中设计师的设计变成了行人自己的设计。实际上，目前普遍使用的蚁群算法、蜂群算法等优化算法也源于科学家无意观察中获得的启示。

（2）设备维修问题　某企业在解决一台机器的泄漏问题时，发现该密封部件由数百根弯曲管纵横排布组成，要查清楚泄漏问题，首先就要弄清每根管子的出口和入口，但没有任何图样可查，大家想尽了办法，甚至动用了各种仪器进行探测，结果都不理想。但这时工厂的一个老花匠很快把问题解决了。老花匠用两根粉笔和几支香烟，很快找到了每根管子的出入口，用的什么方法大家也很容易能想清楚。

（3）仿生结构问题　中国科学院任露泉院士年轻时出差在外，在一个建筑工地无意中发现挖掘机挖土时，挖几下，土就会粘在挖斗里，影响挖土效率，需要人工清理一下。他想我们生长在土地上，要挖土、要耕种都有粘土的问题，能不能有一种结构让土不粘在挖斗、犁铧上？他暗自下决心，把此问题作为自己的研究方向。他发现不是越光滑的表面越不粘土，例如玻璃表面反而很容易粘土，于是他开始关注小动物的爪子结构及表面特征。经过潜心观察、分析和研究，他终于开发出了不粘土的仿动物爪子结构和表面形貌的犁铧结构，开创了我国仿生机械新领域。以此为基础，他继续开发出各种不粘土、不粘泥、不粘水、不粘油的仿生材料、结构、表面形式，为我国仿生机械研究贡献了智慧和力量。

目前各种仿生材料和结构的研究蓬勃发展，出现了仿肋骨结构的建筑构架、仿生爬墙机器人、仿生疏水表面结构、仿树根和树枝结构的大型构件筋和肋板结构等。本团队研究和设计出一种仿肺气管结构的汽车排气歧管，该结构具有气流通畅、不产生涡流、流场和热场均匀等优点，可以很好地解决因热应力不均而产生的断裂问题。

（4）深孔偏斜问题　深孔加工中，孔中心偏斜是一个很难解决的问题，特别是在超长深孔加工中问题更加突出。本团队为国外某公司开发的炼钢炉铜冷却壁深孔加工钻削系统，在调试过程中，发现孔中心偏斜超差，达不到要求。冷却壁孔一般在 ϕ32～36mm，长度超过 4000mm，采用 BTA 刀具，刀杆长度接近 6000mm。经过多次钻削实验，发现孔中心线大多向上偏斜，这就是俗称的深孔加工中的“开天窗”问题。采用各种方法很难解释此现象，而一般的理解是刀具不断伸长，孔中心应朝下偏斜才对，当时本团队一时间一筹莫展。一天中午，编者无意间在看一份报纸，双手捧起，报纸中间自然下垂，看着手中报纸的状态，这不是与卧式钻床上钻孔时钻杆一样的道理吗？钻削时刀具导向条和孔壁接触，刀杆在主轴上夹持，形成两端支撑效果，由于刀杆受重力影响自然弯曲下垂，造成刀头微微向上倾斜，沿着钻斜的孔导引前行，自然会使孔中心向上偏斜。基于这样的认识，多次试验和计算验证了这一规律的存在，为此我们在刀杆上设置了一个小型带槽的支撑环，顺利地解决了该问题，大大提高了孔的直线度。

二十五、横看成岭侧成峰，远近高低各不同，从不同视角看制造问题

1. 理论原理

“横看成岭侧成峰，远近高低各不同。不识庐山真面目，只缘身在此山中。”这是苏轼描写庐山风景的一首诗作《题西林壁》。诗人从自然山水的正面、侧面看到连绵起伏、山峰

耸立，以及远近高低不同的美景变化和各种不同形态，引发出之所以认不清庐山的真正面目，只因身处其中的人生感悟。

2. 思维启迪

这首诗告诉了我们一个重要的哲理，就是人们观察事物的立足点、侧重点和视角不同，就会得到不同的结论，只有摆脱主客观的局限，置身度外，高瞻远瞩，才能真正看清事物的真面目。也就是说，要弄清事物的本质，就必须从不同角度去观察，既要客观，又要全面，否则就会盲人摸象、管中窥豹。

3. 融合应用

（1）产品设计图样　任何机电产品都是通过工程图样描述和表达出来的。一般情况下一个产品都遵循市场调研、功能分析、原理构思、结构设计，最终转化成产品设计图样，依据图样进行加工、装配、调试的生产流程。因此工程图样就成为生产过程不可缺少的生产资料。工程图样规定用主视图、俯视图和左视图表达，其目的是要从不同方向清楚表达产品结构细节，对一些复杂产品或内部结构，必须用不同方向的剖视图来表示，形成了全剖、阶梯剖、局部剖等剖面形式，直到产品结构的每一个细节都能完整地表达出来为止。因此熟练掌握画法几何和工程制图是每一位机械工程技术人员必备的能力和素质，勤于观察、勤于实践是获得这一能力的根本途径。

（2）加工表面形貌　机械加工表面是加工工具与被加工材料之间的挤压、划擦作用迫使材料变形，使多余金属切除而形成的。在这一过程中由于切削刃的几何形状、切削用量大小不同，加之受切削和摩擦力及其他因素引起的振动等影响，在加工表面留下了高低不平的加工痕迹，通常用粗糙度和波纹度来表示。由于加工材料、刀具结构、加工方法不同，表面不同方向的波纹度和粗糙度也不相同，用粗糙度仪可以给出精确的度量结果，在显微镜或白光干涉仪下更能清楚地观察到加工表面的三维形貌。在工程上，提高表面加工质量就是要使留在表面上的加工纹理均匀，波峰波谷之间的差距小，这对提高零件表面接触刚度，减少运动表面磨损有很大好处，通常磨削、研磨和抛光是降低表面粗糙度的重要方法。当然也可以通过一些特殊工艺方法，如振动、滚压、激光、腐蚀、刮研等方式，在零件表面上加工出不同形式的图案和形貌织构，以满足表面亲水、疏水、亲润、散热、减摩或增摩等不同的功能。

（3）切削刀具结构　金属切削工具由刀体和切削部分构成，由于切削方法不同，刀具的形式和结构有很大差异，形成了各式各样的简单刀具和复杂刀具。不管什么刀具，就其切削部分而言，都可以看成是由简单的车刀切削部分演化而来的。其结构为前刀面、后刀面和副后刀面相交形成的主切削刃和副切削刃，以及两条切削刃相交构成的刀尖，因此把“三面两刃一尖”构成的区域称为刀具的切削部分。简单刀具与复杂刀具的区别是参与切削区域的多少，例如麻花钻可以简化成两把车刀在加工。为了便于记忆，将其归纳为“加工刀具少不了，切削部分最重要。一尖两线三交面，前后主副刃倾角”。

刀具切削部分看似简单，但可以完成切削重任，“三面两刃一尖”的结构布置和角度变化的多样性，使刀具呈现出不同的切削性能。观察一个刀具时，从不同方向看，其结构会完全不同。为了准确反映刀具的空间位置，工程上规定了刀具角度标注的坐标系，并给出了基面、切削平面和正交平面作为参考平面，这样就可以通过刀具的前角、后角、主偏角、副偏角和刃倾角，把刀具的主切削刃部分准确地描述出来，为刀具制造、刃磨、使用提供了依据。因此掌握刀具角度的含义、表达方式及其在切削加工中的作用是机械工程师应具有的重要能力。

（4）磨削工具砂轮　砂轮是重要的磨削工具，它是由硬质粒料和结合剂按照一定的工艺方法制作而成的，其性能由磨料类型、粒度大小、结合剂、硬度、磨粒脱落难易程度、磨粒和结合剂配比等方面来衡量。砂轮表面上随机分布着高低不同的带有锐锋的磨粒，通过磨粒与工件之间的划擦产生切削效应，因此磨粒的分布高度应比较均匀，否则会产生比较突出的深沟，影响表面质量。但是，随着磨削进程增加，会产生锐锋磨钝、磨粒脱落或者磨屑堵塞的情况，使砂轮失去磨削能力，这时就要用金刚石工具对砂轮进行修正，使砂轮重新获得磨削能力。从这个实例中可以看出，磨粒分布上高低过分悬殊会影响加工质量，而过于平整则会导致砂轮磨削能力不足，因此峰谷的合理分布才是关键。

参 考 文 献

[1] 李言，李淑娟. 先进制造技术与系统 [M]. 西安：陕西科学技术出版社，2000.

[2] 南京工学院，无锡轻工学院. 金属切削原理 [M]. 福州：福建科学技术出版社，1984.

[3] 华南工学院，甘肃工业大学. 金属切削原理及刀具设计：上册 [M]. 上海：上海科学技术出版社，1981.

[4] 韩秋实. 机械制造技术基础 [M]. 2 版. 北京：机械工业出版社，2005.

[5] 顾崇衔，等. 机械制造工艺学 [M]. 3 版. 西安：陕西科学技术出版社，1988.

[6] 赵雪松，赵晓芬. 机械制造技术基础 [M]. 武汉：华中科技大学出版社，2006.

[7] 龚定安，蔡建国. 机床夹具设计原理 [M]. 西安：陕西科学技术出版社，1981.

[8] 冯之敬. 机械制造工程原理 [M]. 北京：清华大学出版社，1999.

[9] 周泽华. 金属切削原理 [M]. 上海：上海科学技术出版社，1993.

[10] 张幼帧. 金属切削原理及刀具 [M]. 北京：国防工业出版社，1990.

[11] 陆剑中，孙家宁. 金属切削原理与刀具 [M]. 5 版. 北京：机械工业出版社，2016.

[12] 吴善元，张永标，史维明. 金属切削原理与刀具 [M]. 北京：机械工业出版社，1995.

[13] 王世清. 深孔加工技术 [M]. 西安：西北工业大学出版社，2003.

[14] 李伯民，赵波. 现代磨削技术 [M]. 北京：机械工业出版社，2004.

[15] 刘志峰，张崇高，任家隆. 干切削加工技术及应用 [M]. 北京：机械工业出版社，2005.

[16] 沈志雄，徐福林. 金属切削原理与数控机床刀具 [M]. 上海：复旦大学出版社，2012.

[17] 王启平. 机械制造工艺学 [M]. 哈尔滨：哈尔滨工业大学出版社，1994.

[18] 吴圣庄. 金属切削机床概论 [M]. 北京：机械工业出版社，1985.

[19] 袁哲俊. 精密和超精密加工技术 [M]. 北京：机械工业出版社，1999.

[20] 李梦群，庞学慧，王凡. 先进制造技术导论 [M]. 北京：国防工业出版社，2005.

[21] 宾鸿赞，曾庆福. 机械制造工艺学 [M]. 北京：机械工业出版社，1990.

[22] 卢秉恒. 机械制造技术基础 [M]. 4 版. 北京：机械工业出版社，2019.

[23] 朱平. 制造工艺基础 [M]. 北京：机械工业出版社，2019.

[24] 王先逵. 机械制造工艺学 [M]. 4 版. 北京：机械工业出版社，2019.

[25] 李凯岭. 机械制造技术基础：3D 版 [M]. 北京：机械工业出版社，2017.

[26] 陈日曜. 金属切削原理 [M]. 2 版. 北京：机械工业出版社，2012.

[27] 张世昌，李旦，张冠伟. 机械制造技术基础 [M]. 3 版. 北京：机械工业出版社，2014.

[28] 肖继明. 现代加工技术 [M]. 北京：电子工业出版社，2018.

[29] 孔令飞，李言，吕延军. BTA 深孔加工钻杆系统的稳定性及分岔 [J]. 兵工学报，2009，30 (12)：1684-1690.

[30] 李淑娟，李言，洪伟. 基于神经网络的加工时间定额确定方法 [J]. 机械科学与技术，2000，119 (2)：266-268.

[31] 李淑娟，李言，袁启龙，等. 铸件机械加工余量及尺寸公差快速确定方法的研究 [J]. 铸造技术，2005，26 (1)：10-13.

[32] 郑建明，李言，肖继明，等. 基于功率谱小波分解的神经网络钻头磨损监测 [J]. 应用科学学报，2004，22 (4)：513-517.

[33] 孔令飞，李言，吕延军，等. BTA 深孔加工非线性流体力的分布特性 [J]. 机械科学与技术，2009，

28（3）：340-345.
[34] 李正峰．数控加工工艺［M］．上海：上海交通大学出版社，2004.
[35] 宋书善．数控加工工艺［M］．成都：电子科技大学出版社，2008.
[36] 贺曙新，张思弟，文少波．数控加工工艺［M］．2版．北京：化学工业出版社，2011.
[37] 李秀霞．数控加工工艺与编程［M］．上海：上海交通大学出版社，2014.
[38] 徐福林，周立波．数控加工工艺与编程［M］．上海：复旦大学出版社，2015.
[39] 王庆明．机械制造工艺学［M］．上海：华东理工大学出版社，2017.
[40] 徐福林，包幸生．机械制造工艺［M］．上海：复旦大学出版社，2019.
[41] 范君艳，樊江玲．智能制造技术概论［M］．武汉：华中科技大学出版社，2019.
[42] 巩亚东，史家顺，朱立达．机械制造技术基础［M］．北京：科学出版社，2017.
[43] 李杰，倪军，王安正．从大数据到智能制造［M］．上海：上海交通大学出版社，2016.
[44] 李杰．工业大数据［M］．北京：机械工业出版社，2018.
[45] 国家制造强国建设战略咨询委员会，中国工程院战略咨询中心．智能制造［M］．北京：电子工业出版社，2016.
[46] 葛英飞．智能制造技术基础［M］．北京：机械工业出版社，2019.